简明建筑工程施工手册

JIAN MING JIAN ZHU GONGCHENG SHI GONG SHOU CE

周 胜 主编

中国电力出版社
CHINA ELECTRIC POWER PRESS

内 容 提 要

本书分为十八章，其内容主要包括施工准备、施工测量、土方工程、爆破工程、地基与基础工程、脚手架与垂直运输工程、砌体工程、钢筋混凝土工程、预应力混凝土工程、钢结构工程、结构安装工程、防水工程、防腐蚀工程、保温隔热工程、装饰装修工程、季节性施工、施工管理、工程建设监理。

本书从施工前的准备工作到一系列的施工技术，再到最后的施工管理和监理，都跟普通的书籍有不一样的优点所在。可供工程技术人员和相关岗位人员学习参考，也可作为施工人员操作的参考书籍。

图书在版编目（CIP）数据

简明建筑工程施工手册/周胜主编. —北京：中国电力出版社，2017.2
ISBN 978-7-5198-0111-3

Ⅰ.①简… Ⅱ.①周… Ⅲ.①建筑工程-工程施工-手册 Ⅳ.①TU7-62

中国版本图书馆 CIP 数据核字（2016）第 296014 号

中国电力出版社出版发行
北京市东城区北京站西街 19 号 100005 http://www.cepp.sgcc.com.cn
责任编辑：未翠霞 联系电话：010—63412611
责任印制：蔺义舟 责任校对：朱丽芳
北京天宇星印刷厂印刷・各地新华书店经售
2017 年 2 月第 1 版・第 1 次印刷
700mm×1000mm 1/16 开本 32.5 印张・615 千字
定价：78.00 元

前言

随着我国经济与社会的不断发展，现在工程建设的速度不断加快，规模逐渐扩大，如何保证工程施工的质量，确保施工人员的安全，提高工程建设的效率，降低工程建设的成本，这些问题成了贯穿建设工程的核心问题。

《简明建筑工程施工手册》从施工准备工作，施工测量开始讲起，先后介绍了土方工程、爆破工程、地基与基础工程、脚手架与垂直运输工程、砌体工程、钢筋混凝土工程、预应力混凝土工程、钢结构工程、结构安装工程、防水工程、防腐蚀工程、保温隔热工程、装饰装修工程的具体施工方法、施工技术，最后还详细地介绍了施工管理。

本书具有以下特点：

1. 全面性。内容全面，包括施工准备、施工工艺、质量标准、成品保护、应注意的质量问题等内容。

2. 针对性。针对设备安装的特点，运用最有效的施工方法，提高劳动生产率，保证工程质量，安全生产，文明施工。

3. 可操作性。工艺流程严格按照施工工序编写，操作工艺简明扼要，满足材料、机具、人员等资源和施工条件要求，在施工过程中可直接引用。

4. 知识性。在编写过程中，对新材料、新产品、新技术、新工艺尽量进行了较全面的介绍，淘汰已经落后的、不常用的施工工艺和方法。

本书与其他施工手册相比，优点是根据现行的施工标准、规范进行编写。

本书在编写过程中承蒙有关高等院校、建设主管部门、建设单位、工程咨询单位、设计单位、施工单位等方面的领导和工程技术、管理人员，以及对本书提供宝贵意见和建议的学者、专家的大力支持，在此向他们表示由衷的感谢！书中参考了许多相关教材、规范、图集等文献资料，在此谨向这些文献的作者致以诚挚的敬意。

由于作者水平有限，书中若出现疏漏或不妥之处，敬请读者批评指正，以便改进。

编　者

目 录

第一章

施 工 准 备

第一节　施工准备工作计划的编制

施工准备工作是指为了保证工程顺利开工和施工活动正常进行而事先做好的各项准备工作。它不仅在工程开工前要做，开工后也要做，它贯穿于整个工程建设的始终。

一、施工准备工作的意义和要求

1. 施工准备工作的意义

建筑施工是一项综合性、复杂性的生产活动，它涉及大量材料的供应，多种机械设备的使用，还有很多专业化施工班组的组织安排与配合协调等，而且还要处理许多复杂的施工技术难题。因此，充分做好施工准备工作，可以加快施工进度，提高工程质量，降低工程成本。施工准备工作做得越充分，考虑越周到，实际施工就越顺利，施工速度就越快，经济效益就越好。相反，如果忽视施工准备工作，仓促开工，则可能会导致现场混乱，进度迟缓，物资浪费，质量低劣，甚至被迫停工、返工，造成不应有的损失。因此，在施工前，必须坚持做好各项准备工作。

施工准备工作，不是仅指开工前的准备工作，而是贯穿于整个施工过程中。拟建工程开工前，施工准备工作是为工程正式开工创造必要的条件；工程开工后，继续做好各项施工准备工作，是施工顺利进行和工程圆满完成的重要保证。

2. 施工准备工作的要求

(1) 建立施工准备责任制。把施工准备工作计划落实到部门和人，明确自己的责任和任务。

(2) 建立施工准备检查制度。部门组长和有关负责人要经常监督、检查，发现薄弱环节，不断改善工作。

(3) 坚持按基本建设程序办事，严格执行报告制度，落实到个人身上。

二、施工准备工作的内容

施工准备工作的主要内容一般可以归纳为原始资料的调查研究、施工技术资料准备，资源准备、施工现场准备、季节施工准备。

第二节　建筑工地临时设施的准备

一、工地临时房屋设施

1. 一般要求

(1) 结合施工现场具体情况，统筹规划，合理布置。布点要适应施工生产需要，方便职工工作与生活，并且不能占据工程位置，留出生产用地和交通道路。尽量靠近已有交通线路，或即将修建的正式或临时交通线路。选址应注意防止洪水、泥石流、滑坡等自然灾害，必要时应采取相应的安全防护措施。

(2) 认真执行国家严格控制非农业用地的政策，尽量少占或不占农田，充分利用山地、荒地、空地或劣地。

(3) 尽量利用施工现场或附近已有的建筑物。

(4) 必须搭设的临时建筑，应因地制宜，利用当地材料和旧料，尽量降低费用。

(5) 必须符合安全防火要求。

2. 临时房屋设施分类

(1) 生产性临时设施。生产性临时措施是直接为生产服务的，如临时加工厂、现场作业棚、机修间等。

(2) 物质储存临时设施。物资储存临时设施专为某一项工程服务。要保证施工的正常需要，又不宜贮存过多，以免加大仓库面积，积压资金。

(3) 行政生活福利临时设施，如办公室、宿舍、食堂、俱乐部、医务室等。

二、临时道路

临时道路的路面强度应满足要求。为保证混凝土路面的使用耐久性，应设置防止路面温度收缩及不均匀沉降的变形缝。

临时道路的宽度不得小于 4m，转弯直径不小于 6m，同时应考虑钢筋运输车辆等加长车辆的转弯直径。临时道路离建筑物的距离应满足建筑物开挖及施工要求。

第三节　施工技术资料的准备

一、熟悉和审查施工图纸

(1) 熟悉、审查施工图纸的依据。

1) 建设单位和设计单位提供的初步设计或扩大初步设计（技术设计）、施工图设计、建筑总平面、土方竖向设计和城市规划等资料文件。

2）调查、搜集的原始资料。

3）设计、施工验收规范和有关技术规定。

（2）熟悉、审查设计图纸的目的。

1）能够按照设计图纸的要求顺利地进行施工，生产出符合设计要求的最终建筑产品（建筑物或构筑物）。

2）在拟建工程开工之前，便于从事建筑施工技术和经营管理的工程技术人员充分地了解和掌握设计图纸的设计意图、结构与构造特点和技术要求。

3）通过审查发现设计图纸中存在的问题和错误，使其在施工开始之前改正，为拟建工程的施工提供一份准确、齐全的设计图纸。

（3）熟悉、审查设计图纸的内容。

1）审查拟建工程的地点、建筑总平面图同国家、城市或地区规划是否一致，以及建筑物或构筑物的设计功能和使用要求是否符合卫生、防火及美化城市方面的要求。

2）审查设计图纸是否完整、齐全，以及设计图纸和资料是否符合国家有关工程建设的设计、施工方面的方针和政策。

3）审查设计图纸与说明书在内容上是否一致，以及设计图纸与其各组成部分之间有无矛盾和错误。

4）审查建筑总平面图与其他结构图在几何尺寸、坐标、标高、说明等方面是否一致，技术要求是否正确。

5）审查工业项目的生产工艺流程和技术要求，掌握配套投产的先后次序和相互关系，以及设备安装图纸与其相配合的装饰施工图纸在坐标、标高上是否一致，掌握装饰施工质量是否满足设备安装的要求。

6）审查地基处理与基础设计同拟建工程地点的工程水文、地质等条件是否一致，以及建筑物或构筑物与地下建筑物或构筑物、管线之间的关系。

7）明确拟建工程的结构形式和特点，复核主要承重结构的强度、刚度和稳定性是否满足要求，审查设计图纸中的工程复杂、施工难度大和技术要求高的分部分项工程或新结构、新材料、新工艺，检查现有施工技术水平和管理水平能否满足工期和质量要求并采取可行的技术措施加以保证。

8）明确建设期限、分期分批投产或交付使用的顺序和时间，以及工程所用的主要材料、设备的数量、规格、来源和供货日期；明确建设、设计和施工等单位之间的协作、配合关系，以及建设单位可以提供的施工条件。

（4）熟悉、审查设计图纸的程序。熟悉、审查设计图纸的程序通常分为自审阶段、会审阶段和现场签证三个阶段。

1）设计图纸的自审阶段。施工单位收到拟建工程的设计图纸和有关技术文件后，应尽快组织有关的工程技术人员熟悉和自审图纸，写出自审图纸的记录。自审图纸的记录应包括对设计图纸的疑问和对设计图纸的有关建议。

2）设计图纸的会审阶段。一般由建设单位主持，由设计单位和施工单位参加，三方进行设计图纸的会审。图纸会审时，首先由设计单位的工程主设计人向与会者说明拟建工程的设计依据、意图和功能要求，并对特殊结构、新材料、新工艺和新技术提出设计要求；然后，施工单位根据自审记录以及对设计意图的了解，提出对设计图纸的疑问和建议；最后，在统一认识的基础上，对所探讨的问题逐一地做好记录，形成"图纸会审纪要"，由建设单位正式行文，参加单位共同会签、盖章，作为与设计文件同时使用的技术文件和指导施工的依据，以及建设单位与施工单位进行工程结算的依据。

3）设计图纸的现场签证阶段。在拟建工程施工的过程中，如果发现施工的条件与设计图纸的条件不符，或者发现图纸中仍然有错误，或者因为材料的规格、质量不能满足设计要求，或者因为施工单位提出了合理化建议，需要对设计图纸进行及时修订时，应遵循技术核定和设计变更的签证制度，进行图纸的施工现场签证。如果设计变更的内容对拟建工程的规模、投资影响较大时，要报请项目的原批准单位批准。在施工现场的图纸修改、技术核定和设计变更资料，都要有正式的文字记录，归入拟建工程施工档案，作为指导施工、竣工验收和工程结算的依据。

二、原始资料的调查分析

为了做好施工准备工作，除了要掌握有关拟建工程的书面资料外，还应该进行拟建工程的实地勘测和调查，获得有关数据的第一手资料，这对于拟定一个先进合理、切合实际的施工组织设计是非常必要的，因此应该做好以下几个方面的调查分析：

（1）建设地区自然条件的调查分析。主要内容有：地区水准点和绝对标高等情况；地质构造、土的性质和类别、地基土的承载力、地震级别和裂度等情况河流流量和水质、最高洪水和枯水期的水位等情况；地下水位的高低变化情况，含水层的厚度、流向、流量和水质等情况；气温、雨、雪、风和雷电等情况；土的冻结深度和冬雨季的期限等情况。

（2）建设地区技术经济条件的调查分析。主要内容有：地方建筑施工企业的状况；施工现场的动迁状况；当地可利用的地方材料状况；国拨材料供应状况；地方能源和交通运输状况；地方劳动力和技术水平状况；当地生活供应、教育和医疗卫生状况；当地消防、治安状况和参加施工单位的力量状况。

三、编制施工图预算和施工预算

（1）编制施工图预算。施工图预算是技术准备工作的主要组成部分之一，这是按照施工图确定的工程量、施工组织设计所拟定的施工方法、建筑工程预算定额及其取费标准，由施工单位编制的确定建筑安装工程造价的经济文件，它是施工企业签订工程承包合同、工程结算、建设银行拨付工程价款、进行成本核算、加强经营管理等方面工作的重要依据。

（2）编制施工预算。施工预算是根据施工图预算、施工图纸、施工组织设计或施工方案、施工定额等文件进行编制的，它直接受施工图预算的控制。它是施工企业内部控制各项成本支出、考核用工、“两算”对比、签发施工任务单、限额领料、基层进行经济核算的依据。

四、编制施工组织设计

施工组织设计是施工准备工作的重要组成部分，也是指导施工现场全部生产活动的技术经济文件。建筑施工生产活动的全过程是非常复杂的物质财富再创造的过程，为了正确处理人与物、主体与辅助、工艺与设备、专业与协作、供应与消耗、生产与储存、使用与维修以及它们在空间布置、时间排列之间的关系，必须根据拟建工程的规模、结构特点和建设单位的要求，在原始资料调查分析的基础上，编制出一份能切实指导该工程全部施工活动的科学方案。

施工准备阶段监理工作程序：审查施工组织设计→组织设计技术交底和图纸会审→下达工程开工令→检查落实施工条件→检查承建单位挂质保体系→审查分包单位→测量控制网点移交施工复测→开工项目的设计图纸提供→进场材料的质量检验→进场施工设备的检查→业主提供条件检查→组织人员设备→测量、试验资质→监理审图意见→承建单位审图意见→业主审图意见→汇总交设计单位→四方形成会议纪要。

施工监理工作的总程序：签订委托监理合同→组织项目监理机构→进行监理准备工作→施工准备阶段的监理→召开第一次工地会议、施工→监理交底会→审批《工程动工报审表》→签署审批意见→施工过程监理→组织竣工验收→参加竣工验收→在单位工程验收纪录上签字→签发《竣工移交证书》→监理资料归档→编写监理工作总结→协助建设单位组织施工招投标、评标和优选中标单位→承包单位提交工程保修书→建设单位向政府监督部门审办竣工备案。

第四节 施 工 现 场 准 备

一、施工现场准备工作的范围

施工现场准备工作由两个方面组成：一是建设单位应完成的施工现场准备工作；二是施工单位应完成的施工现场准备工作。

二、施工现场准备工作的主要内容

（1）做好施工场地的控制网测量，按照设计单位提供的建筑总平面图及给定的永久性经纬坐标控制网和水准控制基桩，进行厂区施工测量，设置厂区的永久性经纬坐标桩，水准基桩和建立厂区工程测量控制网。

（2）搞好“三通一平”。

1）路通：施工现场的道路是组织物资运输的动脉。拟建工程开工前，必须按照施工总平面图的要求，修好施工现场的永久性道路（包括厂区铁路；厂区公路）以及必要的临时性道路，形成完整畅通的运输网络，为建筑材料进场、堆放创造有利条件。

2）水通：水是施工现场的生产和生活不可缺少的。拟建工程开工之前，必须按照施工总平面图的要求接通施工用水和生活用水的管线，使其尽可能与永久性的给水系统结合起来，做好地面排水系统，为施工创造良好的环境。

3）电通：电是施工现场的主要动力来源。拟建工程开工前，要按照施工组织设计的要求，接通电力和电信设施，做好其他能源（如蒸汽、压缩空气）的供应，确保施工现场动力设备和通信设备的正常运行。

4）平整场地：按照建筑施工总平面图的要求，首先拆除场地上妨碍施工的建筑物或构筑物，然后根据建筑总平面图规定的标高和土方竖向设计图纸，进行挖（填）土方的工程量计算，确定平整场地的施工方案，进行平整场地的工作。

（3）做好施工现场的补充勘探。对施工现场做补充勘探是为了进一步寻找枯井、防空洞、古墓、地下管道、暗沟和枯树根等隐蔽物，以便及时拟定处理隐蔽物的方案，为基础工程施工创造有利条件。

（4）建造临时设施。按照施工总平面图的布置，建造临时设施，为正式开工准备好生产、办公、生活、居住和储存等临时用房。

（5）安装、调试施工机具。按照施工机具需要量计划，组织施工机具进场，根据施工总平面图将施工机具安置在规定的地点或仓库。对于固定的机具要进行就位、搭棚、接电源、保养和调试等工作。对所有施工机具都必须在开工之前进行检查和试运转。

（6）做好建筑构（配）件、制品和材料的储存和堆放。按照建筑材料、构（配）件和制品的需要量计划组织进场，根据施工总平面图规定的地点和指定的方式进行储存和堆放。

（7）及时提供建筑材料的试验申请计划。按照建筑材料的需要量计划，及时提供建筑材料的试验申请计划。如钢材的机械性能和化学成分等试验；混凝土或砂浆的配合比和强度等试验。

（8）做好冬雨期施工安排。按照施工组织设计的要求，落实冬雨期施工的临时设施和技术措施。

（9）进行新技术项目的试制和试验。按照设计图纸和施工组织设计的要求，认真进行新技术项目的试制和试验。

（10）设置消防、保安设施。按照施工组织设计的要求，根据施工总平面图的布置，建立消防。保安等组织机构和有关的规章制度，布置安排好消防、保安等措施。

第五节 资 源 准 备

一、劳动力组织准备

（1）劳动力准备根据工程情况分基础工程、主体工程和装饰工程三个阶段准备。

（2）根据工期和分段流水施工计划，确定劳动组织和劳动计划。

（3）所有施工班组均有经验丰富、技术过硬、责任心强的正式工带班，施工人员均为技术熟练的合同工。

（4）劳动力进场前必须进行专门培训及进场教育后持证上岗。

（5）制订劳动力安排计划表。

二、物资准备

（1）制订完善的材料管理制度，对材料的入库、保管及防火、防盗制订出切实可行的管理办法，加强对材料的验收，包括质量与数量的验收。

（2）根据工程进度的实际情况，对建筑材料分批组织进场。

（3）现场材料严格按照施工平面布置图的位置堆放，以减少二次搬运，便于排水与装卸。做到堆放整齐，并插好标牌，以便于识别、清点、使用。

（4）根据安全防护及劳动保护的要求，制订出安全防护用品需用量计划。

（5）组织安排施工机具的分批进场及安装就位。

（6）组织施工机具的调试及维修保养。

（7）施工机具的需用量。

第六节 季节性施工准备

一、冬期的施工准备

（1）合理安排施工进度计划，尽量安排能保证施工质量且费用增加不多的项目在冬期施工。

（2）进行冬期施工的项目，在入冬前编制冬期施工方案。

（3）组织人员培训。

（4）与当地的气象台保持联系。

(5)安排专人测量施工期间的室外气温、暖棚内气温、砂浆温度、混凝土的温度并做好记录。

二、雨期的施工准备

(1)合理安排雨期施工。工作人员应经常看天气预报,合理安排工作时间,对于无雨天气多安排室外作业,有雨天气尽量安排室内作业。

(2)加强施工管理,做好安全教育。在施工前对工人进行安全教育。

(3)做好现场排水工作。

1)地面截水。根据工程情况,预先做好下水道。根据自然排水的流向,配合将外线工程做好。结合总平面图利用自然地形确定排水方向,找出坡度,开挖纵横排水沟。排水沟如不能通往泄水处时,可选择离建筑物远的地点挖集水池。

2)排除坑内积水。基坑开挖时,施工遇雨天时,地下水和地表水的渗入会造成积水。为防止坍塌,在挖方前应做好排水方案,并准备相关的机械设备,保证顺利开挖。

(4)做好道路维护。道路维护是一项经常而重要的工作,需要专人负责,对不平路面或积水处,要在晴天时及时修好。

(5)做好物资的储存。水泥应按不同种类分别堆放,遵循“先收先发,后收后发”的原则,避免久存的水泥受潮而影响活性,并要保证储存的房屋不受潮。

砂石、炉渣应集中大量堆放,排水要有出路。石灰要做到随到随淋,根据实际情况可搭雨棚。砖、钢门窗等存放地点要注意排水,并准备抽水泵等相关器材。

(6)做好机具设备的防护。对塔式起重机或高于15m的高车架或其他临时设施,要安装避雷装置,并经常进行检查。

三、夏季的施工准备

(1)编制夏季施工项目的施工方案。夏季天气炎热,不利于建筑工程施工。在高温期间,一定要做好各种防暑降温的措施。

(2)施工材料的准备。砂浆和混凝土施工时,应特别注意在拌制、运输和施工中的水分蒸发问题,严防脱水。

(3)施工人员防暑降温工作的准备。南方夏季高温,除早晚尚可进行施工作业外,一般白天的露天作业应予停止。

第二章

施 工 测 量

第一节 测量的基本工作

一、点位的测设

点的平面位置测设方法有很多种，包括直角坐标法、极坐标法、角度交会法、距离交会法、方向线交会法、正倒镜投点法等。一般常用方法是前四种。在实际工作中，应根据控制网的形式、现场情况、精度要求等因素来选择。

1. 直角坐标法

直角坐标法是根据直角坐标原理，利用纵横坐标之差测设点的平面位置。直角坐标法适用于施工控制网为建筑方格网或建筑基线的形式，且量距方便的建筑施工场地。该方法计算简单，操作方便，应用广泛。具体操作步骤如图 2-1 所示。

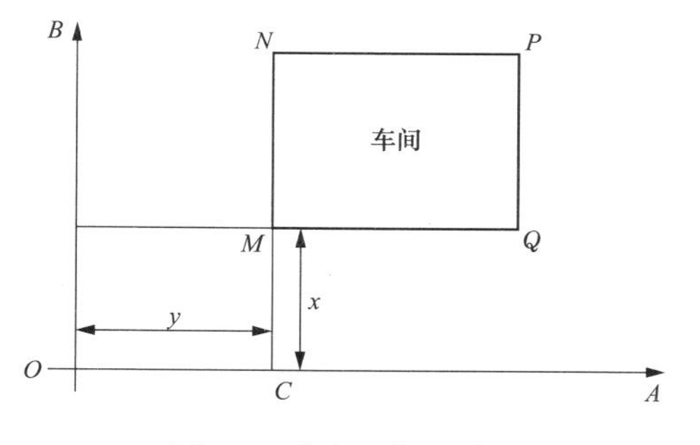

图 2-1 直角坐标法放样

(1) 设 O 点为坐标原点，M 点的坐标 (x, y) 已知。

(2) 先在 O 点安置经纬仪，瞄准 A 点，沿 OA 方向从 O 点向 A 测设距离 y 得 C 点。

(3) 将经纬仪搬至 C 点，仍瞄准 A 点，向左测设 90°角，沿此方向从 C 点测设距离 x 即得 M 点。沿此方向测设 N 点。

(4) 同法测设出 Q 点和 P 点。

(5) 应检查建筑物的四角是否等于 90°角，各边是否等于设计长度，误差是否在允许范围内。

2. 极坐标法

极坐标法是根据一个水平角和一段水平距离，测设点的平面位置。极坐标法适用于量距方便，且待测设点距控制点较近的建筑施工场地。

如图 2-2 所示，A、B 为已知测量控制点，P 为放样点，测设数据计算如下：

(1) 计算 AB、AP 边的坐标方位角：

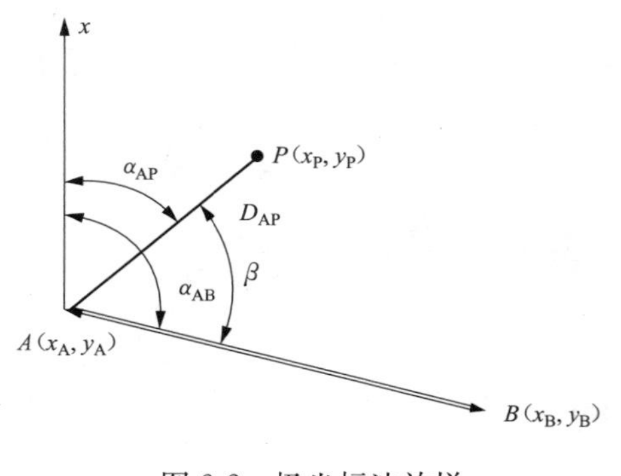

图 2-2　极坐标法放样

$$\alpha_{AB} = \arctan\frac{\Delta y_{AB}}{\Delta x_{AB}}$$

$$\alpha_{AP} = \arctan\frac{\Delta y_{AP}}{\Delta x_{AP}}$$

(2) 计算 AP 与 AB 之间的夹角：

$$\beta = \alpha_{AB} - \alpha_{AP}$$

(3) 计算 A、P 两点间的水平距离：

$$D_{AP} = \sqrt{(x_P - x_A)^2 + (y_P - y_A)^2} = \sqrt{\Delta x_{AP}^2 + \Delta y_{AP}^2}$$

测设过程如下：

(1) 将经纬仪安置在 A 点，按顺时针方向测设$\angle BAP=\beta$，得到 AP 方向。

(2) 由 A 点沿 AP 方向测设距离 D_{AP} 即可得到 P 点的平面位置。

3. 角度交会法

角度交会法是在两个或多个控制点上安置经纬仪，通过测设两个或多个已知水平角角度，交会出未知点的平面位置。此法适用于受地形限制或量距困难的地区测设点的平面位置测设。

如图 2-3 所示，A、B、C 为已知测量控制点，P 为放样点，测设过程如下：

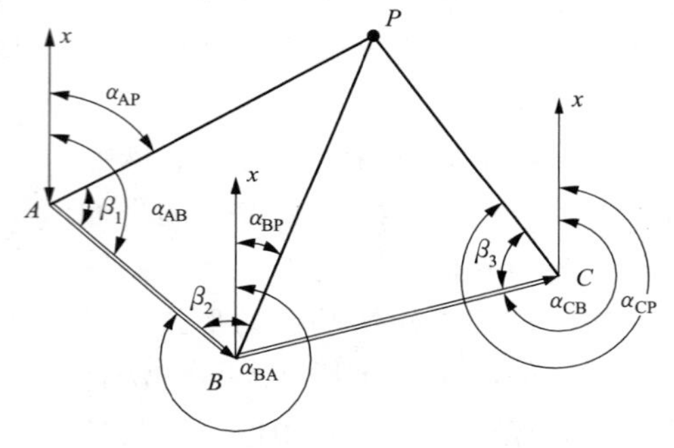

图 2-3　角度交会法放样

(1) 按坐标反算公式，分别计算出 α_{AB}、α_{AP}、α_{BP}、α_{CB}、α_{CP}。

(2) 计算水平角 β_1、β_2、β_3 角值。

(3) 将经纬仪安置在控制点 A 上，后视点 B，根据已知水平角 β_1 盘左盘右取平均值放样出 AP 方向线；同理在将仪器架在 B、C 点分别放样出方向线 BP 和 CP。

4. 距离交会法

距离交会法是由两个控制点测设两段已知水平距离，交会定出未知点的平面位置。距离交会法适用于待测设点至控制点的距离不超过一尺段长，且地势平坦、量距方便的建筑施工场地。

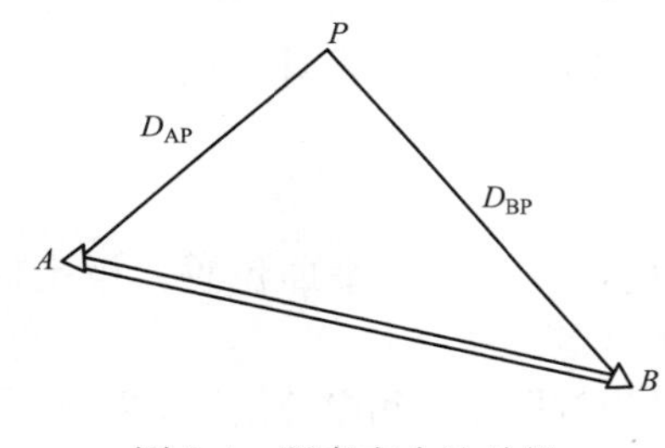

图 2-4　距离交会法放样

如图 2-4 所示，A、B 为已知测量控制点，P 为放样点，测设过程如下：

(1) 根据 P 点的设计坐标和控制点 A、B 的坐标，先计算放样数据 D_{AP} 与 D_{BP}。

(2) 放样时，至少需要三人，甲、乙分别拉两根钢尺零端并对准 A 与 B，丙拉两根钢尺使 D_{AP} 与 D_{BP} 长度分划重叠，三人同时拉紧，在丙处插一测钎，即求得 P 点。

5. 方向线交会法

如图 2-5 所示，根据厂房矩形控制网上相对应的柱中心线端点，以经纬仪定向，用方向线交会法测设柱基础定位桩。在施工过程中，各柱基础中心线则可以随时将相应的定位桩拉上线绳，恢复其位置。

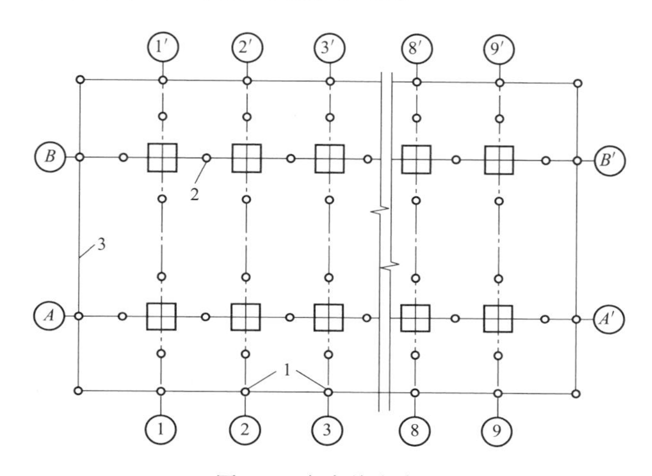

图 2-5 方向线交会法

1—柱中心线端点；2—柱基础定位桩；3—厂房控制网

6. 正倒镜投点法

如图 2-6 所示，设 A、C 两点不通视，在 A、C 两点之间选定任意一点 B'，使之与 A、C 通视，B'应靠近 AC 线。在 B'点处安置经纬仪，分别以正倒镜照准 A，倒转望远镜前视 C。由于仪器误差的影响，十字丝交点不落于 O 点，而落于 O'、O''。为了将仪器移置于 AC 线上，取 $O'O''/2$ 定出 O 点，若 O 点在 C 点左边，则将仪器由 B'点向右移动 $B'B$ 距离，反之亦然。$B'B$ 按下式计算：

$$B'B = \frac{AB}{AC} \times CO$$

重复上述操作，直到 O'和 O''点落于 C 点的两侧，且 $CO' = CO''$时，仪器就恰好位于 AC 直线上了。

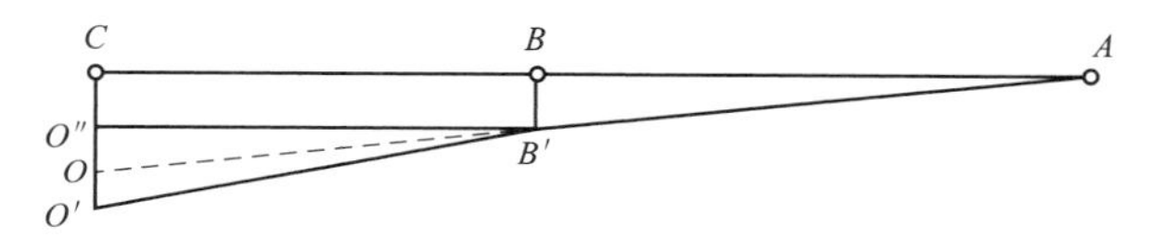

图 2-6 正倒镜投点法

二、水平距离、水平角度和高程的测设

1. 已知水平距离的测设

(1) 钢尺测设。

1) 一般方法。当测设精度要求已知方向在现场已用直线标定，且测设的已知水平距离小于钢卷尺的长度时，水平距离测设的一般方法很简单，只需将钢尺的零端与已知始点对齐，沿已知方向水平拉紧钢尺，在钢尺上读数等于已知水平距离的位置定点即可。为了校核和提高测设精度，可将钢尺移动 10～20cm，用钢尺始端的另一个读数对准已知始点，再测设一次，定出另一个端点，若两次点位的相对误差在限差（1/5000～1/3000）以内，则取两次端点的平均位置作为端点的最后位置。

若已知方向在现场已用直线标定，已知水平距离大于钢尺的长度，沿已知方向依次水平丈量若干个尺段，在尺段读数之和等于已知水平距离处定点即可。为了校核和提高测设精度，应进行两次测设，取中，方法同上。

当已知方向没有在现场标定出来，只是在较远处给出的另一定向点时，则要先定线再量距。对建筑工程来说，若始点与定向点的距离较短，可用拉一条细线绳的方法定线；若始点与定向点的距离较远，则应用经纬仪定线，方法是将经纬仪安置在 A 点上，对中整平，照准远处的定向点，固定照准部，望远镜视线即为已知方向，沿此方向定线、量距，使终点至始点的水平距离等于要测设的水平距离，并位于望远镜的视线上。

2) 精密方法。当测设精度要求较高时，应使用检定过的钢尺，用经纬仪定线，根据已知水平距离 D，经过尺长改正 Δl_{d}、温度改正 Δl_{t} 和倾斜改正 Δl_{h} 后，用下式计算出实地测设长度：

$$L = D - \Delta l_{\mathrm{d}} - \Delta l_{\mathrm{t}} - \Delta l_{\mathrm{h}}$$

然后根据计算结果，用钢尺进行测设，现举例说明测设方法。

(2) 光电测距仪测设法。由于光电测距仪的普及应用，目前水平距离的测设，尤其是长距离的测设多采用光电测距仪或全站仪；测设精度要求较高时，通常也采用光电测距仪测设法，如图 2-7 所示。

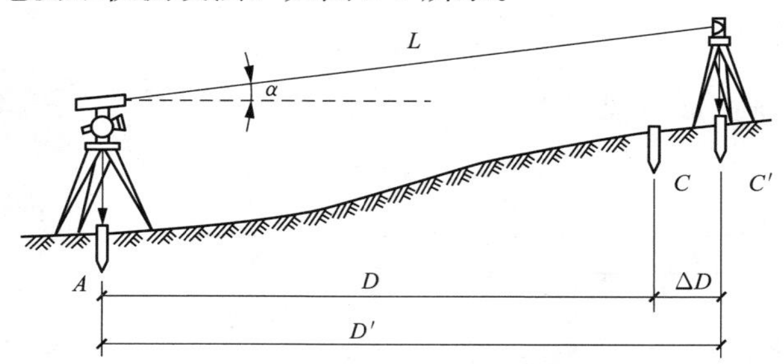

图 2-7 用测距仪测设已知水平距离

在 A 点安置光电测距仪，反光棱镜在已知方向上前后移动，使仪器示值略大于测设的距离，定出 C' 点。在 C 点安置反光棱镜，测出垂直角 α 及斜距 L（必要时加测气象改正），计算水平距离 $D=L\cos\alpha$，求出 D' 与应测设的水平距离 D 之差 $\Delta D=D-D'$。根据 ΔD 的数值在实地用钢尺沿测设方向将 C' 改正至 C 点，并用木桩标定其点位。将反光棱镜安置于 C 点，再实测 AC 距离，其不符值应在限差之内，否则应再次进行改正，直至符合限差为止。

2. 已知水平角的测设

已知水平角的测设，是从地面上一个已知方向开始，通过测量按给定的水平角值把该角的另一个方向标定到地面上。

（1）一般方法。当测设水平角的精度要求不高时，可采用盘左、盘右分中的方法测设，如图 2-8 所示。

设地面已知方向 OA，O 为角顶，β 为已知水平角角值，OB 为欲定的方向线。测设方法如下：

1）在 O 点安置经纬仪，对中整平；盘左位置瞄准 A 点，使水平度盘读数略大于 $0°00'00''$。

2）转动照准部，当水平度盘读数恰好为 β 值时，固定照准部，在此视线上定出 B' 点。

3）盘右位置，重复上述步骤，再测设一次，定出 B'' 点。

4）取 B' 和 B'' 的中点 B，则 $\angle AOB$ 就是要测设的 β 角。

（2）精密方法。当测设精度要求较高时，应采用做垂线改正的方法，如图 2-9 所示。

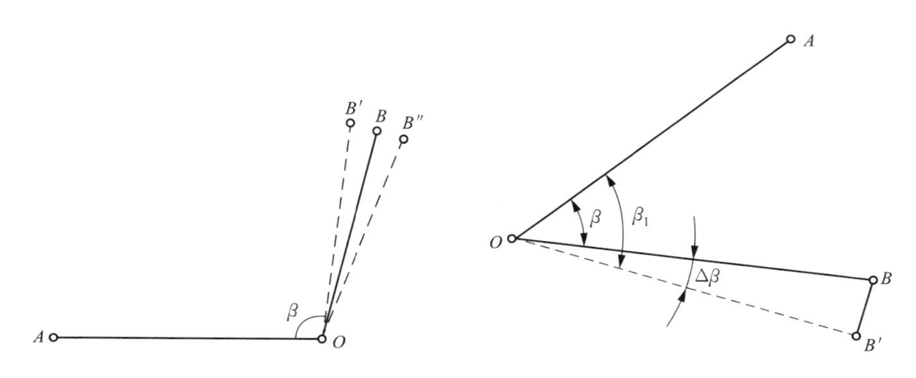

图 2-8 已知水平角测设的一般方法　　图 2-9 已知水平角测设的精确方法

1）先用一般方法测设出 B' 点。

2）用测回法对 $\angle AOB'$ 观测若干个测回（测回数根据要求的精度而定），求出各测回平均值 β_1，并计算出 $\Delta\beta=\beta-\beta_1$。

3）量取 OB' 的水平距离。

4）计算改正距离：

$$BB' = OB'\tan\Delta\beta \approx OB'\frac{\Delta\beta}{\rho}$$

式中　$\rho = 206265''$。

5）自 B'点沿 OB'的垂直方向量出距离 BB'，确定出 B 点，则$\angle AOB$ 就是要测设的角度。量取改正距离时，若 $\Delta\beta$ 为正，则沿 OB'的垂直方向向外量取；若 $\Delta\beta$ 为负，则沿 OB'的垂直方向内量取。

3. 测设高程

（1）高程视线法。如图 2-10 所示，根据某水准点的高程 H_R，测设 A 点，使其高程为设计高程 H_A。则 A 点尺上应读的前视读数为

$$b_{应} = (H_R + a) - H_A$$

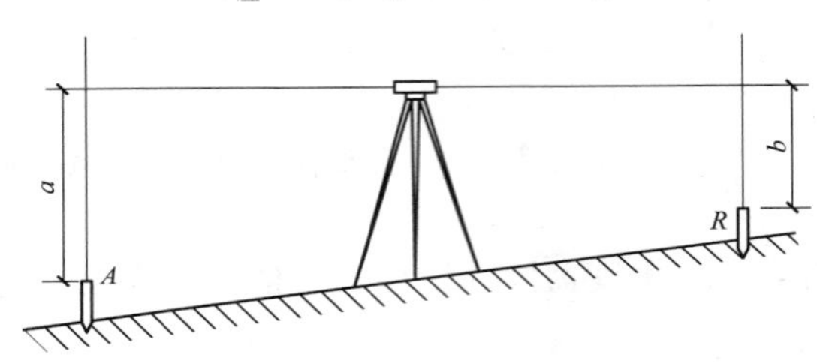

图 2-10　高程视线法

测设方法如下：

1）安置水准仪在 R 与 A 中间，整平仪器。

2）后视水准点 R 上的立尺，读得后视读数为 a，则仪器的视线高 $H_i = H_R + a$。

3）将水准尺紧贴 A 点木桩侧面上下移动，直至前视读数为 $b_{应}$ 时，在桩侧面沿尺底画一横线，此线即为室内地坪±0.000 的位置。

（2）高程传递法。如图 2-11 所示，为深基坑的高程传递，将钢尺悬挂在坑边的木杆上，下端挂 10kg 重锤，在地面上和坑内各安置一台水准仪，分别读取地面水准点 A 和坑内水准点 P 的水准尺读数 a_1 和 a_2，并读取钢尺读数 b_1 和 b_2，则可根据已知地面水准点 A 的高程 H_A，按下式求得临时水准点 P 的高程的 H_P：

$$H_P = H_A + a_1 - (b_1 - b_2) - a_2$$

为了进行检核，可将钢尺位置变动 10～20cm，用上述方法再次读取这四个数，两次高程相差不得大于 3mm。

从低处向高处测设高程的方法与此类似。如图 2-12 所示，已知低处水准点 A 的高程 H_A，需测设高处 P 的设计高程 H_P，应在低处安置水准仪，读取读数 a_1 和 b_1，在高处安置水准仪，读取读数 a_2，则高处水准尺的读数 b_2 为

$$b_2 = H_A + a_1 + (a_2 - b_1) - H_P$$

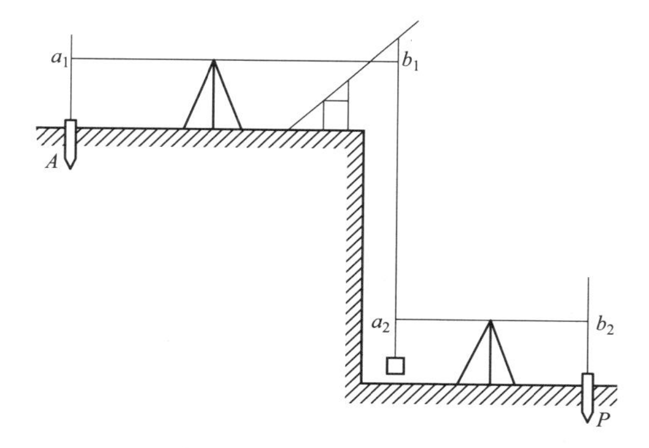

图 2-11　高程传递法（一）

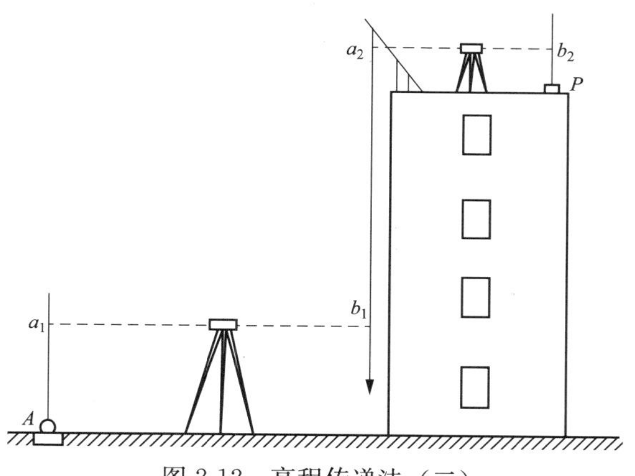

图 2-12　高程传递法（二）

三、已知坡度直线的测设

在修筑道路、敷设排水管道等工程中，经常要测设设计时所指定的坡度线。若已知 A 点设计高程为 H_A，设计坡度 i_{AB}，则可求出 B 点的设计高程：

$$H_B = H_A + i_{AB} D_{AB}$$

如图 2-13 所示，测设过程如下：

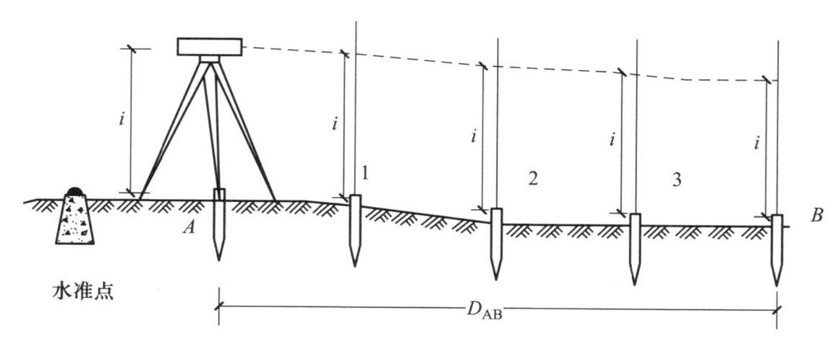

图 2-13　已知坡度直线的测设

(1) 先用高程放样的方法，将坡度线两端点 A、B 的设计高程标定在地面木桩上，则 AB 的连线已成为符合设计要求的坡度线。

(2) 细部测设坡度线上中间各点 1、2、3 等，先在 A 点安置经纬仪，使基座上一只脚螺旋位于 AB 方向线上，另两只脚螺旋的连线与 AB 方向垂直，量出仪器高 i，用望远镜瞄准立在 B 点上的水准尺，转动在 AB 方向上的那只脚螺旋，使十字丝横丝对准尺上读数为仪器高 i。此时，仪器的视线与设计坡度线平行。

(3) 在 AB 的中间点 1、2、3 等的各桩上立尺，逐渐将木桩打入地下，直到桩上水准尺读数均为 i 时，各桩顶连线就是设计坡度线。

第二节　定位和放线

一、建筑物定位

建筑物定位是房屋建筑工程开工后的第一次放线，是指根据建筑规划定位图及设计图纸计算标定数据，绘制测设略图，将建筑物外墙轴线交点（也称角点）测设到实地，最后在施工现场形成不少于 4 个定位桩，并以此作为基础放线和细部放线的依据。放线工具为全站仪或比较高级的经纬仪。

1. 施工控制网的特点

施工控制网是房屋定位测量的基础与依据。由于设计方案常根据施工场地条件来选定，对于不同的设计方案及其施工控制测量方案，其建筑物的定位方法也不一样。

(1) 控制范围小，控制点的密度大，精度要求高。与测图的范围相比，工程施工场区范围比较小，各种建筑物布置复杂。没有密度足够的控制点无法满足施工放样工作的要求。

施工控制网的主要任务是进行建筑物轴线的放样。这些轴线的位置偏差都有一定的限值。因此，施工控制网的精度比测图控制网的精度要高很多。

(2) 受施工干扰较大，使用频繁。平行施工交叉作业的建设流程，使场区高度相差悬殊的各种建筑在同时施工；施工机械的设置（如吊车、建筑材料运输机、混凝土搅拌机等）妨碍了控制点之间的相互通视；控制点容易被碰动、不易保存。因此，应恰当分布施工控制点的位置，易于通视和长久保存，要有足够的密度，必须埋设稳固，方便长期使用。

此外，建筑物施工的各个阶段都要进行测量定位、检查，控制点使用频繁。

在勘测时期建立的控制网，由于它是为测图而建立的，未考虑施工的要求，控制点的分布、密度和精度，都难以满足施工测量的要求。另外，由于平整场地控制点大多被破坏，因此，在施工之前，为了保证各类建筑物和构筑物的平面及高程位置能够按设计要求，合理精确地标定到实地，互相连成统一的整体，必须重新建立统一的平面和高程施工控制网，以测设各个建筑物和构筑物的位置。

遵循“由整体到局部，先控制后碎部”的原则，建立施工控制网，可利用原场地内的平面与高程控制网（点）。当原场地内的控制网（点）在密度、精度上不能满足施工测量的技术要求时，应重新建立统一的施工平面控制网和高程控制网。

施工控制网的布设形式，应以经济、合理和适用为原则，根据建筑设计总平面图和施工现场的地形条件来确定。

2. 建筑定位的基本方法

（1）根据控制点定位。待定位建筑物的定位点设计坐标已知，且附近有导线测量控制点和三角测量控制点可供利用时，可根据实际情况选用极坐标法、角度交会法或距离交会法来测设定位点，其中，极坐标法适用性最强，是用得最多的一种定位方法。

（2）根据建筑方格网定位。为简化计算或方便施测，施工平面控制网多由正方形或矩形格网组成，称为建筑方格网。建筑方格网的布设应根据总平面图上各种已建和待建的建筑物、道路及各种管线的布置情况，结合现场的地形条件来确定。方格网的形式有正方形、矩形两种。当场地面积较大时，常分两级布设，首级可采用“十”字形、“口”字形或“田”字形，然后再加密方格网。建筑方格网适用于按矩形布置的建筑群或大型建筑场地。建筑方格网的轴线与建筑物轴线平行或垂直，因此，可用直角坐标法进行建筑物的定位，测设较为方便且精度较高。但由于建筑方格网必须按总平面图的设计来布置，测设工作量成倍增加，其点位缺乏灵活性，易被破坏，所以在全站仪普及的情况下，正被导线或三角网所取代。根据建筑方格网定位，应确定方格网的主轴线后，再布设方格网。

在建筑场地上，如果已建立建筑方格网，且设计建筑物轴线与方格网边线平行或垂直，则可根据设计的建筑物拐角点和附近方格网点的坐标，用直角坐标法在现场测设。

（3）根据与原有建筑物红线或原建筑物的关系定位。设计图上若未能提供建筑物定位点的坐标，周围又没有测量控制点、建筑方格网和建筑基线可供利用，只给出新建筑物与附近原有建筑物或道路的相互关系；可根据原有建筑物的边线或道路中心线，将新建筑物的定位点测设出来。

需要在现场先找出原有建筑物的边线或道路中心线，再用经纬仪和钢尺将其延长、平移、旋转或相交，得到新建筑物的一条定位轴线，然后根据这条定位轴线，用经纬仪测设角度（一般是直角），用钢尺测设长度，得到其他定位轴线或定位点，最后检核四个大角和四条定位轴线长度是否与设计值一致。下面分两种情况说明具体测设的方法。

1）根据与原有建筑物的关系定位。如图 2-14（a）所示，拟建建筑物的外墙边线与原有建筑的外墙边线在同一条直线上，两栋建筑物的间距为 10m，拟建建筑物四周长轴为 40m，短轴为 18m，轴线与外墙边线间距为 0.12m，可按下述方法测设其四个轴线交点：

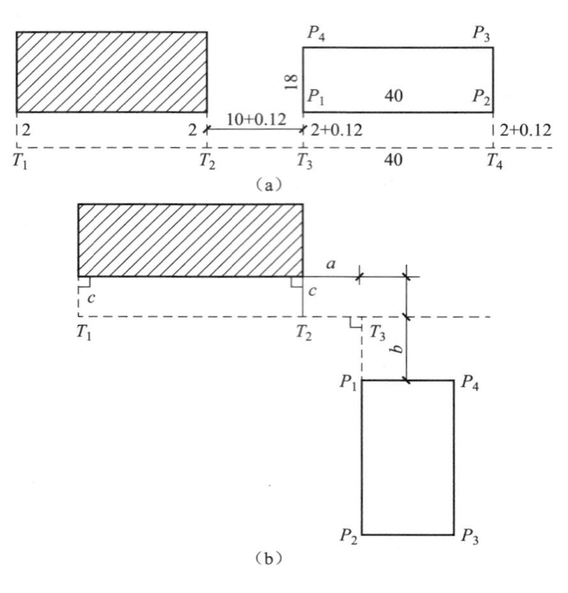

图 2-14　与原有建筑物的关系定位

A. 沿原有建筑物的两侧外墙拉线，用钢尺顺线从墙角往外测量一段较短的距离（这里设为 2m），在地面上定出 T_1 和 T_2 两个点，T_1 和 T_2 的连线即为原有建筑物的平行线。

B. 在 T_1 点安置经纬仪，照准 T_2 点，用钢尺从 T_2 点沿视线方向量 10m+0.12m，在地面上定出 T_3 点，再从 T_3 点沿视线方向量 40m，在地面上定出 T_4 点，T_3 和 T_4 的连线即为拟建建筑物的平行线，其长度等于长轴尺寸。

C. 在 T_3 点安置经纬仪，照准 T_4 点，逆时针测设 90°，在视线方向上量 2m+0.12m，在地面上定出 P_1 点，再从 P_1 点沿视线方向量 18m，在地面上定出 P_4 点。同理，在 T_4 点安置经纬仪，照准 T_3 点，顺时针测设 90°，在视线方向上量 2m+0.12m，在地面上定出 P_2 点，再从 P_2 点沿视线方向量 18m，在地面上定出 P_3 点。则 P_1、P_2、P_3 和 P_4 点即为拟建建筑物的四个定位轴线点。

D. 在 P_1、P_2、P_3 和 P_4 点上安置经纬仪，检核四个大角是否为 90°，用钢尺丈量四条轴线的长度，检核长轴是否为 40m，短轴是否为 18m。

如图 2-14（b）所示，在得到原有建筑物的平行线并延长到 T_3 点后，应在 T_3 点测设 90°并量距，定出 P_1 和 P_2 点，得到拟建建筑物的一条长轴，再分别

在 P_1 和 P_2 点测设 90°并量距，定出另一条长轴上的 P_4 和 P_3 点。注意不能先定短轴的两个点（如 P_1 和 P_4 点），再在这两个点上设站测设另一条短轴上的两个点（如 P_2 和 P_3 点），否则误差容易超限。

2）根据与原有道路的关系定位。如图 2-15 所示，拟建建筑物的轴线与道路中心线平行，轴线与道路中心线的距离见图，测设方法如下：

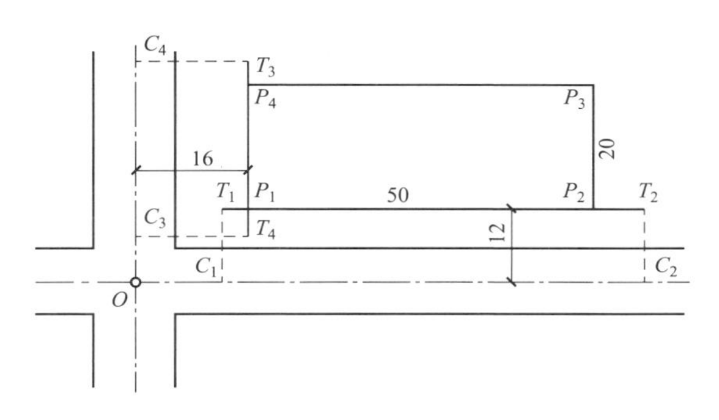

图 2-15 与原道路的关系定位

A. 在每条道路上选两个合适的位置，分别用钢尺测量该处道路宽度，其宽度的 1/2 处即为道路中心点，如此得到路一中心线的两个点 C_1 和 C_2，同理得到路二中心线的两个点 C_3 和 C_4。

B. 分别在路一的两个中心点上安置经纬仪，测设 90°，用钢尺测设水平距离 16m，在地面上得到路一的平行线 T_1T_2，同理作出路二的平行线 T_3T_4。

C. 用经纬仪内延或外延这两条线，其交点即为拟建建筑物的第一个定位点 P_1，再从 P_1 沿长轴方向的平行线 50m，得到第二个定位点 P_2。

D. 分别在 P_1 和 P_2 点安置经纬仪，测设直角和水平距离 20m，在地面上定出 P_3 和 P_4 点。在 P_1、P_2、P_3 和 P_4 点上安置经纬仪，检核角度是否为 90°，用钢尺丈量四条轴线的长度，检核长轴是否为 50m，短轴是否为 20m。

二、建筑物的放线

建筑物的放线，是指根据现场已测设好的建筑物定位点，详细测设其他各轴线交点的位置，并将其延长到安全的地方做好标志。然后，以细部轴线为依据，按基础宽度和放坡要求用白灰撒出基础开挖边线。

建筑物的轴线放样就是放线，是指根据已测设的外墙轴线交点桩，详细测设出建筑物各细部轴线的交点桩，并将交点桩用控制桩引测到场地外侧。然后，按基础宽度和放坡宽度用石灰撒出基槽开挖边界线。建筑物施工放线也称为建筑物施工放样，一般包括基础施工放线与主体施工放线。

1. 测设细部轴线交点

按照建筑物平面图的尺寸及建筑物的主轴线，将建筑物各轴线交点位置测设于地面，并以木桩标定，称为交点桩。

如图 2-16 所示，A 轴、E 轴、①轴和⑦轴是建筑物的四条外墙主轴线，其交点 A_1、A_2、E_1 和 E_7，是建筑物的定位点，这些定位点已在地面上测设完毕并打好桩点，各主次轴线间隔见图，需要测设次要轴线与主轴线的交点。

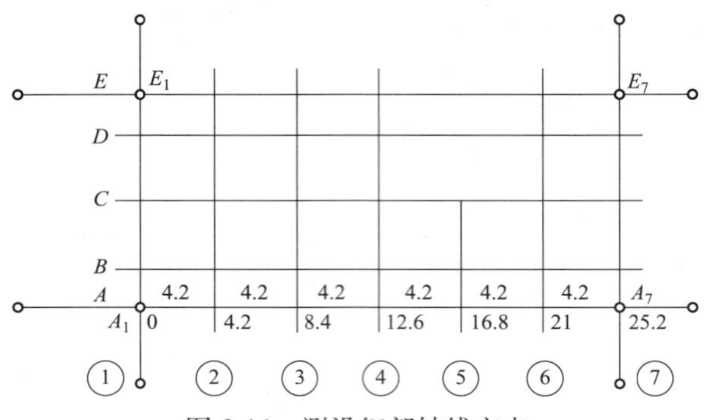

图 2-16　测设细部轴线交点

在 A_1 点安置经纬仪，照准 A_7 点，把钢尺的零端对准 A_1 点，沿视线方向拉钢尺，在钢尺上读数等于①轴和②轴间距（4.2m）的地方打下木桩，打的过程中要经常用仪器检查桩顶是否偏离视线方向，并不时拉一下钢尺，钢尺读数是否还在桩顶上，如有偏移要及时调整。打好桩后，用经纬仪视线指挥在桩顶上画一条纵线，再拉好钢尺，在读数等于轴间距处画一条横线，两线交点即 A 轴与②轴的交点 A_2。

在测设 A 轴与③轴的交点 A_3 时，方法同上，注意仍然要将钢尺的零端对准 A_1 点，并沿视线方向拉钢尺，而钢尺读数应为①轴和③轴间距（8.4m），这种做法可以减小钢尺对点误差，避免轴线总长度增长或减短。如此依次测设 A 轴与其他有关轴线的交点。测设完最后一个交点后，用钢尺检查各相邻轴线桩的间距是否等于设计值，相对误差应小于 1/3000。

测设完 A 轴上的轴线点后，用同样的方法测设 E 轴、①轴和⑦轴上的轴线点。如果建筑物尺寸较小，也可用拉细线绳的方法代替经纬仪定线，然后沿细线绳拉钢尺量距。此时，要注意细线绳不要碰到物体，风大时也不宜作业。

2. 引测轴线

引测轴线是将各轴线延长到开挖范围以外的地方并做好标志，开挖后再通过这些引测轴线准确的恢复到原来的位置。引测轴线用于应对基槽或基坑开挖时，定位桩和细部轴线桩被挖掉的情况；包括设置龙门板和轴线控制桩两种形式。通常情况下，轴线控制桩离基槽外边线的距离可取 2～4m，并用木桩做点位标志。

（1）龙门板法。如图 2-17 所示，在建筑物四角和中间隔墙的两端，距基槽边线约 2m 以外，牢固地埋设大木桩，称为龙门桩，并使桩的一侧平行于基槽。

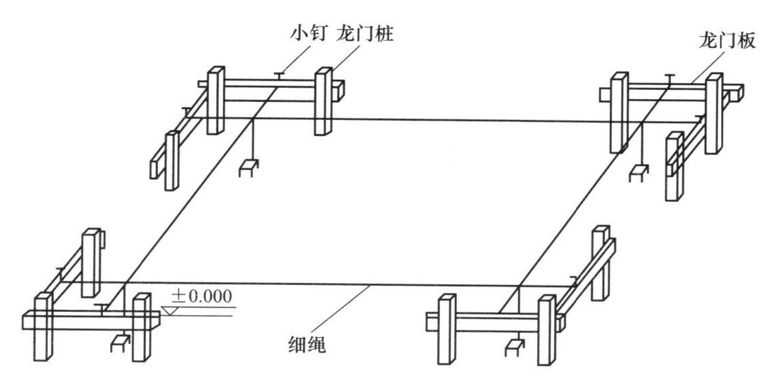

图 2-17 龙门板法

1）根据水准控制点，用水准仪将±0.000m 标高测设在每个龙门桩的外侧上，并做好标志。如果现场条件不允许，也可测设比±0.000m 高或低一定数值的标高线，同一建筑物尽量使用一个标高，如确需使用两个标高时，一定要标注清楚，避免混淆。

2）在相邻两龙门桩上，沿±0.000m 高程线钉设的水平木板，称为龙门板，龙门板顶面标高的误差应在±5mm 以内。

3）用经纬仪将各轴线投测到龙门板的顶面，并钉上小钉作为轴线标志，称为轴线钉。如事先已打好龙门板，可在测设细部轴线的同时钉设轴线钉，以减少重复安置仪器的工作量。

4）用钢尺沿龙门板顶面检查轴线钉的间距，其相对误差不应超过 1/3000。

5）恢复轴线时，将经纬仪安置在一个轴线钉上方，照准相应的另一个轴线钉，其视线即为轴线方向，往下转动望远镜，便可将轴线投测到基槽或基坑内。也可用白线将相对的两个轴线钉连接起来，借助于垂球，将轴线投测到基槽或基坑内。

（2）轴线控制桩法。由于龙门板需要较多木料，而且占用场地，使用机械开挖时容易被破坏，因此也可以在基槽或基坑外各轴线的延长线上测设轴线控制桩，作为以后恢复轴线的依据。即使采用了龙门板，为了防止被碰动，对主要轴线也应测设轴线控制桩，如图 2-18 所示。

轴线控制桩一般设在开挖边线 4m 以外的地方，并用水泥砂浆加固。最好是附近有固定建筑物和构筑物，这时应将轴线投测在这些物体上，使轴线更容易得到保护，但每条轴线至少应有一个控制桩是设在地面上的，以便今后能安置经纬仪来恢复轴线。

轴线控制桩的引测主要采用经纬仪法，当引测到较远的地方时，要注意采用盘左和盘右两次投测取中法来引测，以减少引测误差和避免错误的出现。

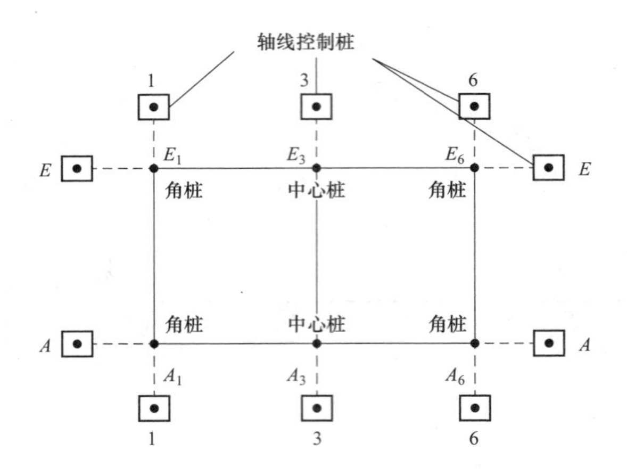

图 2-18　控制桩法引测轴线

三、基础施工测量

基槽开挖至接近槽底高程时，应在距离槽底一定高度的位置上设置水平桩，用于控制挖槽深度，同时作为槽底清理和打基础垫层时掌握标高的依据。水平桩的高度以槽底设计高程为标准，向上一段距离，保证水平桩的上表面与槽底设计高程之间的距离为一个整分米数。如图 2-19 所示，一般在基槽各拐角处均应打水平桩，在基槽上则每隔 10m 左右打一个水平桩，然后拉上白线，线下 0.5m 即为槽底设计高程。

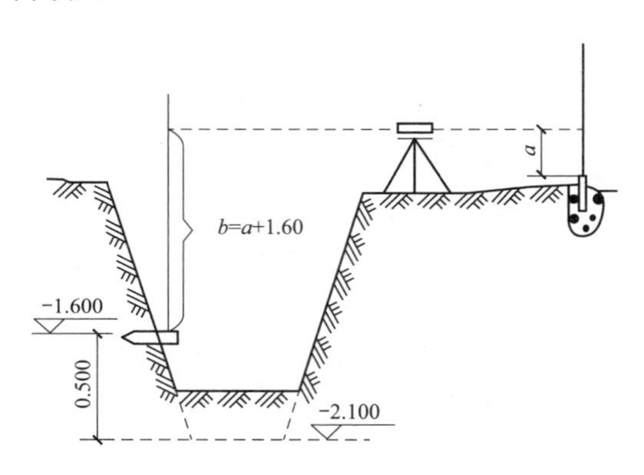

图 2-19　基槽开挖深度控制

用水准仪测设水平桩时，以画在龙门板或周围固定地物±0.000m 标高线为已知高程点，水平桩上的高程误差应在±10mm 以内。

垫层面标高的测设可以水平桩为依据在槽壁上弹线，也可在槽底打入垂直桩，使桩顶标高等于垫层面的标高。如果垫层需安装模板，可以直接在模板上弹出垫层面的标高线。垫层打好后，根据龙门板上的轴线钉或轴线控制桩，用经纬仪或用拉线挂吊坠的方法，把轴线投测到垫层面上，并用墨线弹出基础中心线和边线，以便砌筑基础或安装基础模板。

基础墙的标高一般用基础“皮数杆”控制，皮数杆是用一根木桩做成，在杆上注明±0.000m的位置，按照设计尺寸将砖和灰缝的厚度，分别从上往下一一画出来，此外还应注明防潮层和预留洞口的标高位置，如图2-20所示。

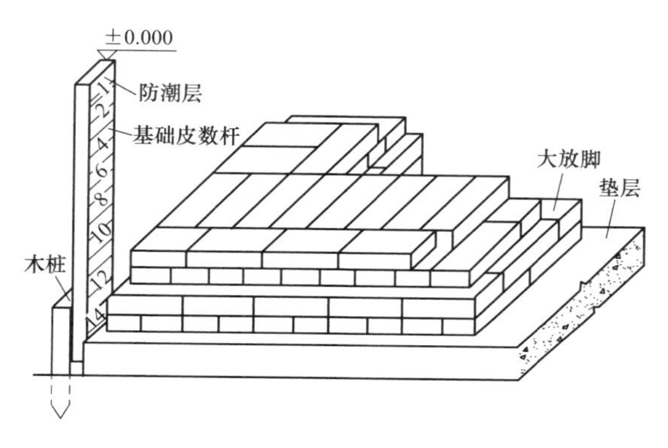

图2-20 基础标高控制

立皮数杆时，可先在立杆处打一木桩，用水准仪在木桩侧面测设一条高于垫层设计标高某一数值的水平线，然后将皮数杆上标高相同的一条线与木桩上的水平线对齐，并用铁钉把皮数杆和木桩钉在一起，这样立好皮数杆后，即可作为砌筑基础墙的标高依据。

对于采用钢筋混凝土的基础，可用水准仪将设计标高测设于模板上。

第三节 控 制 测 量

一、概述

控制测量是指在整个测区范围内，选定若干个具有控制作用的点，设想用直线连接相邻的控制点，组成一定的几何图形，用精密的测量仪器和工具，进行外业测量获得相应的外业资料，并根据外业资料用准确的计算方法，确定控制点的平面位置和高程的作业，以其统一全测区的测量工作。

控制测量分为平面控制测量和高程控制测量两种。测定控制点平面位置的工作，称为平面控制测量。按照控制点之间组成几何图形的不同，平面控制测量又分为导线控制测量和三角控制测量。根据采用测量方法的不同，高程控制测量又分为水准测量和三角高程测量。

在全国范围内建立的控制网，称为国家控制网，它是由国家专门的测量机构布设，用于全国各种测绘和工程建设以及施工的基本控制，为空间科学技术和军事提供精确的点位坐标、距离和方位资料；并为确定地球的形状和大小、地震预报等提供重要的研究资料。

二、平面控制测量

1. 概述

国家平面控制网的常规布设方法为：用于三角测量的三角网和用于导线测量的导线网。按其精度分成一、二、三、四等。其中，以一等网精度最高，逐级降低；控制点的密度以一等网最小，逐级增大。国家控制网还有惯性大地测量、卫星大地测量等多种形式。

（1）三角测量。三角测量是在地面上选择一系列具有控制作用的控制点，组成互相连接的三角形并扩展成网状，称为三角网，如图 2-21 所示。在控制点上，用精密仪器将三角形的三个内角测定出来，并测定其中一条边长，根据三角形公式解出各点的坐标。用三角测量方法确定的平面控制点，称为三角点。

（2）导线测量。导线测量是在地面上选择一系列控制点，将相邻点连成直线且构成折线形，称为导线网，如图 2-22 所示。在控制点上，用精密仪器依次测定所有折线的边长和转折角，根据解析几何的知识解出各点的坐标。用导线测量方法确定的平面控制点，称为导线点。

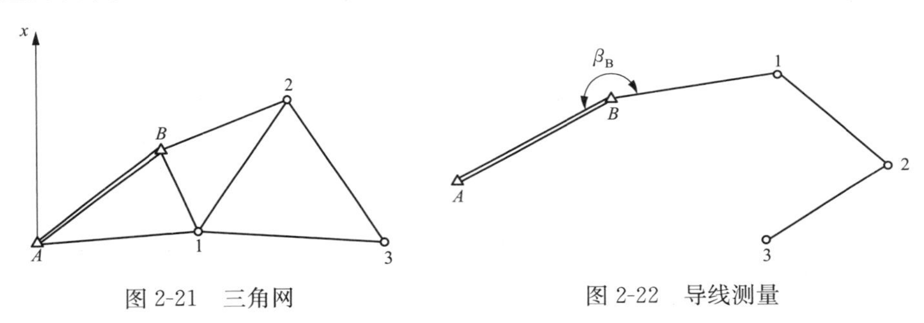

图 2-21　三角网　　　　图 2-22　导线测量

2. 导线测量

导线测量的方法是利用经纬仪测得转折角，用钢尺丈量边长，根据起点的已知坐标和起始边的方位角，求得导线点的平面坐标。

（1）导线布设。导线是将测区内的相邻控制点用直线连接而构成的连续折线，这些控制点即为导线点。导线测量就是依次量测各导线边的长度和转折角，然后根据起算边的方位角和起算点的坐标，推算各导线点的坐标。

导线的布设主要以下几种形式：

1）闭合导线。从一个已知点 B 出发，经过若干个导线点 1、2、3、4 后，回到原已知点 B 上，形成一个闭合多边形，称为闭合导线，如图 2-23 所示。

2）附合导线。从一个已知点 B 和已知方向 AB 出发，经过若干个导线点 1、2、3，最后附合到另一个已知点 C 和已知方向 CD 上，称为附合导线，如图 2-24 所示。

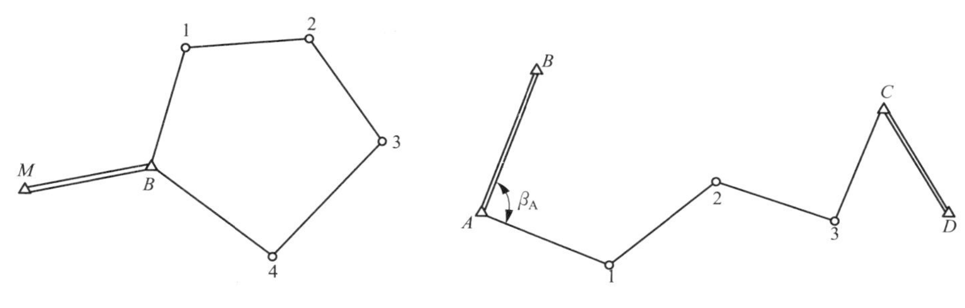

图 2-23 闭合导线

图 2-24 附合导线

3）支导线。导线从一个已知点出发，经过 1～2 个导线点既不回到原已知点上，也不附合到另一已知点上，称为支导线。由于支导线无检核条件，故导线点不宜超过 2 个，如图 2-25 所示。

4）无定向附合导线。由一个已知点 A 出发，经过若干个导线点 1、2、3，最后附合到另一个已知点 B 上，但起始边方位角不知道，且起、终两点 A、B 不通视，只能假设起始边方位角，称为无定向附合导线。适用于狭长地区，如图 2-26 所示。

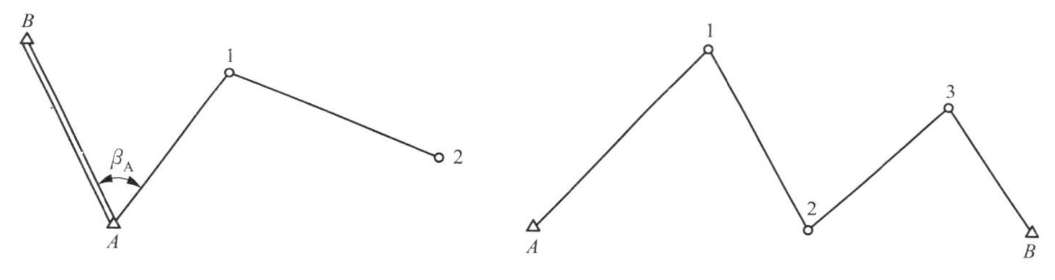

图 2-25 支导线

图 2-26 无定向附合导线

（2）技术要求。

1）公路工程的导线按精度由高到低的顺序划分为：三等、四等、一级、二级和三级导线，其主要技术指标见表 2-1。

表 2-1 **导线测量的技术指标**

等级	附合导线长度（km）	平均边长（km）	每边测距中误差（mm）	测角中误差（″）	导线全长相对闭合差	方位角闭合差（″）	测回数		
							DJ_1	DJ_2	DJ_6
三等	30	2.0	13	1.8	1/55000	$\pm3.6\sqrt{n}$	6	10	—
四等	20	1.0	13	2.5	1/35000	$\pm5.0\sqrt{n}$	4	6	—
一级	10	0.5	17	5.0	1/15000	$\pm10\sqrt{n}$	—	2	4
二级	6	0.3	30	8.0	1/10000	$\pm16\sqrt{n}$	—	1	3
三级	—	—	—	20.0	1/2000	$\pm30\sqrt{n}$	—	1	2

2）钢尺量距图根导线测量的技术要求，见表 2-2。

表 2-2　　钢尺量距图根导线测量的技术要求

比例尺	附合导线长度（m）	平均边长（m）	导线相对闭合差	测角中误差（″）		测回数 DJ6	方位角闭合差（″）	
				一般	首级控制		一般	首级控制
1∶500	500	75	≤1/2000	±30	±20	1	$\pm60\sqrt{n}$	$\pm40\sqrt{n}$
1∶1000	1000	120						
1∶2000	2000	200						

注：n 为测站数。

（3）外业观测。

1）踏勘选点。先到有关部门收集原有地形图、高一级控制点的坐标和高程，以及已知点的位置详图。在原有地形图上拟定导线布设的初步方案，到实地踏勘修改并确定导线点位。选点时应合理确定点位。

2）边角观测。导线边长可用电磁波测距仪或全站仪单向施测完成，也可用经过检定的钢尺往返丈量完成。导线的转折角有左、右之分，以导线为界，按编号顺序方向前进，在前进方向左侧的角称为左角，在前进方向右侧的角称为右角。对于附合导线，可测左角，也可测右角，但全线要统一。对于闭合导线，可测其内角，也可测其外角，若测其内角并按逆时针方向编号，其内角均为左角，反之为右角。角度观测采用测回法，各等级导线的测角要求。为了控制导线的方向，在导线起、止的已知控制点上，必须测定连接角，此项工作称为导线定向，或称导线连接测量。定向的目的是为确定每条导线边的方位角。

3）埋设标志。导线点位置选定后，若为长期保存的控制点，应埋设如图 2-27 所示的混凝土标志，中心钢筋顶面刻有交叉线，其交点即为永久标志。若导线点为临时控制点，则只需在点位上打一木桩，桩顶面钉一小铁钉，铁钉的几何中心即为导线点中心标志。

4）联测。如图 2-28 所示，导线与高级控制网连接时，需观测连接角 β_A、β_1 和连接边 D_{A1}，用于传递坐标方位角和坐标。若测区及附近无高级控制点，经过主管部门同意后，可用罗盘仪观测导线起始边的方位角，并假定起始点的坐标为起算数据。

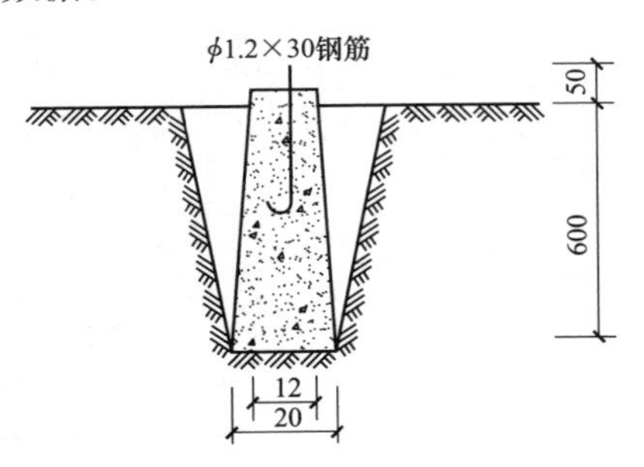

图 2-27　埋设标志示意图

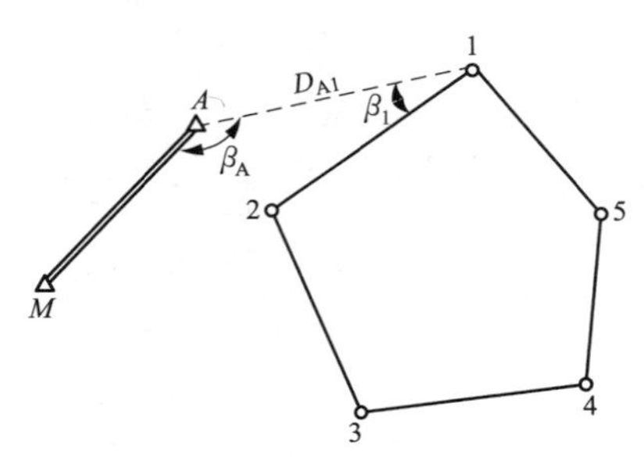

图 2-28　联测示意图

（4）内业计算。

1）闭合导线的计算。如图 2-29 所示的闭合导线为例，介绍闭合导线内业计算的步骤，具体运算过程及结果，见表 2-3。

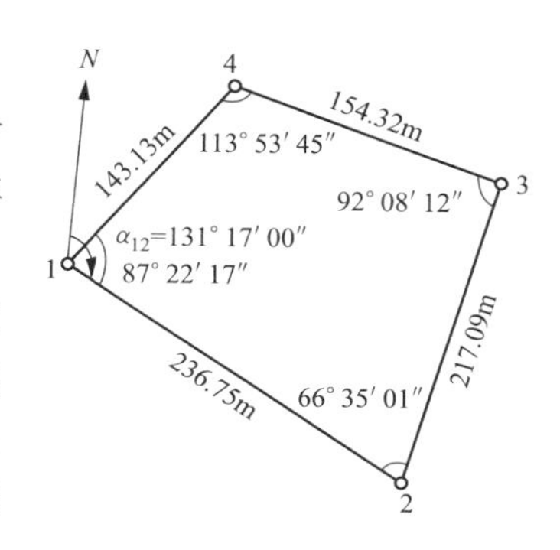

图 2-29 闭合导线

计算之前，应将导线草图中的点号、角度的观测值、边长的量测值以及起始边的方位角、起始点的坐标等填入“闭合导线坐标计算表”中，见表 7-3 中的第 1 栏、第 2 栏、第 6 栏、第 5 栏的第 1 项、第 13、14 栏的第 1 项所示。按以下步骤进行计算。

① 角度闭合差的计算与调整。闭合导线是一个 n 边形，其内角和的理论值为：

$$\sum \beta_{理} = (n-2) \times 180°$$

在实际观测过程中，由于存在着误差，使实测的多边形的内角和不等于上述的理论值，二者的差值称为闭合导线的角度闭合差，以 f_β 表示。即

$$f_\beta = \sum \beta_{测} - \sum \beta_{理} = \sum \beta_{测} - (n-2) \times 180°$$

式中 $\sum \beta_{理}$——转折角的理论值；

$\sum \beta_{测}$——转折角的外业观测值。

如果 $f_\beta > f_{\beta容许}$，则说明角度闭合差超限，不满足精度要求，应返工重测至满足精度要求；如果 $f_\beta \leqslant f_{\beta容许}$，则说明所测角度满足精度要求，在此情况下，可将角度闭合差进行调整。因为各角观测均在相同的观测条件下进行，所以可认为各角产生的误差相等。因此，角度闭合差调整的原则是：将 f_β 以相反的符号平均分配到各观测角中，若不能均分，可将余数分配给短边的夹角，即各角度的改正数为：

$$\upsilon_\beta = -f_\beta / n$$

则各转折角调整以后的值（又称为改正值）为：

$$\beta = \beta_{测} + \upsilon_\beta$$

调整后的内角和必须等于理论值，即 $\sum \beta = (n-2) \times 180°$。

② 导线边坐标方位角的推算。根据起始边的已知坐标方位角及调整后的各内角值，可以推导出，前一边的坐标方位角 $\alpha_{前}$ 与后一边的坐标方位角 $\alpha_{后}$ 的关系式：

$$\alpha_{前} = \alpha_{后} \pm \beta \mp 180°$$

在具体推算时要注意以下几点。

A. 上式中的“$\pm\beta\mp180°$”项，若 β 角为左角，则应取 $+\beta-180°$；若 β 角为右角，则应取“$-\beta+180°$”。

表 2-3

闭合导线坐标计算

点号	转折角观测值（°′″）	角度改正数（″）	改正后角值（°′″）	坐标方位角（°′″）	边长（m）	纵坐标增量 Δx 计算值（m）	纵坐标增量 Δx 改正数（cm）	纵坐标增量 Δx 改正后值（m）	横坐标增量 Δy 计算值（m）	横坐标增量 Δy 改正数（cm）	横坐标增量 Δy 改正后值（m）	纵坐标 x(m)	横坐标 y(m)	点号
1	2	3	4	5	6	7	8	9	10	11	12	13	14	15
1												500.00	500.00	1
				131 17 00	236.75	−156.20	−3	−156.23	+177.91	−8	+177.83			
2	66 35 01	+11	66 35 12									343.77	677.83	2
				17 52 12	217.09	+206.62	−3	+206.95	+66.62	−8	+66.54			
3	92 08 12	+11	92 08 23									550.36	744.37	3
				290 00 35	154.32	+52.80	−2	+52.78	−145.00	−6	−145.06			
4	113 53 45	+11	113 53 56									603.14	599.31	4
				223 54 31	143.13	−103.12	−2	−103.14	−99.26	−5	−99.31			
1	87 22 17	+12	87 22 29									500.00	500.00	1
				131 17 00										
2														2
$\sum$	359 59 15	+45	360 00 00		751.29	+0.10	−10	0.00	+0.27	−27	0.00			

辅助计算

$$f_\beta=\sum\beta_{测}-\sum\beta_{测}=359°59'15''-360°00'00''=-45''$$

$$f_{\beta容}=\pm60\sqrt{4}=\pm120''\ (f_\beta<f_{\beta容})$$

$$f_x=\sum\Delta x=+0.10\text{m}$$

$$f_y=\sum\Delta y=+0.27\text{m}$$

$$f_D=\sqrt{f_x^2+f_y^2}=0.29\text{m}$$

$$K=\frac{f_D}{\sum D}=\frac{0.29}{751.29}\approx\frac{1}{2500}$$

$$K_{容}=\frac{1}{2000}\ (K<K_{容})$$

B. 如用公式推导出来的 $\alpha_{前}<0°$，则应加上 360°；若 $\alpha_{前}>360°$，则应减去 360°，使各导线边的坐标方位角在 0°～360°的取值范围内。

C. 起始边的坐标方位角最后也能推算出来，推算值应与原已知值相等，否则推算过程有误。

③ 坐标增量的计算。一导线边两端点的纵坐标（或横坐标）之差，称为该导线边的纵坐标（或横坐标）增量，以 Δx（或 Δy）表示。

设 i、j 为两相邻的导线点，量两点之间的边长为 D_{ij}，根据观测角调整后的值推出坐标方位角为 a_{ij}，由三角几何关系可计算出 i、j 两点之间的坐标增量（在此称为观测值）Δx_{ij} 和 Δy_{ij} 分别为

$$\begin{cases}\Delta x_{ij测}=D_{ij}\cos\alpha_{ij}\\ \Delta y_{ij测}=D_{ij}\sin\alpha_{ij}\end{cases}$$

④ 坐标增量闭合差的计算与调整。闭合导线从起始点出发经过若干个导线点以后，回到起始点，其坐标增量之和的理论值为零，如图 2-30（a）所示。即

$$\begin{cases}\sum\Delta x_{ij理}=0\\ \sum\Delta y_{ij理}=0\end{cases}$$

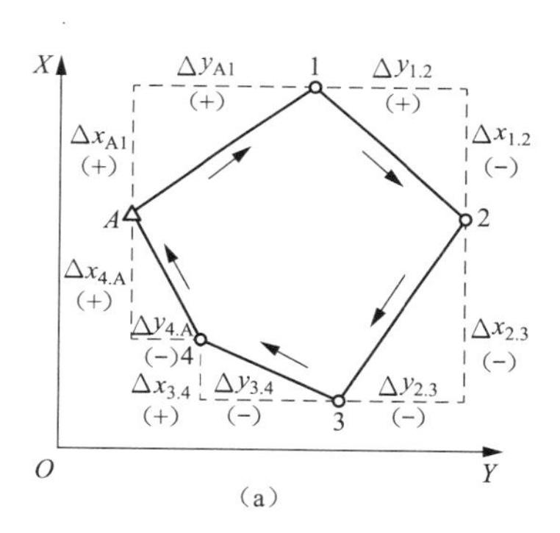

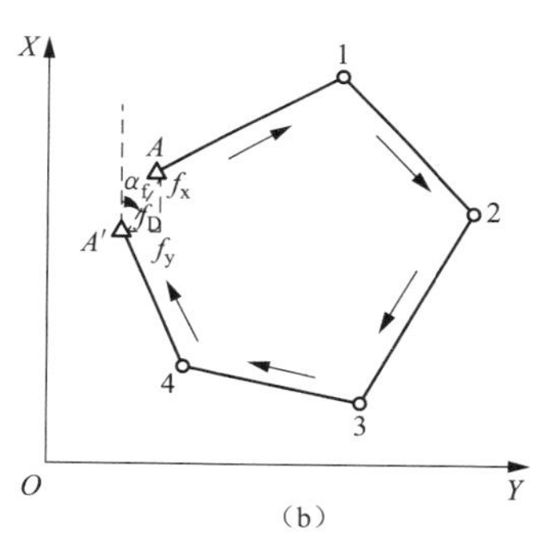

图 2-30 闭合导线坐标增量及闭合差

实际上从公式中可以看出，坐标增量由边长 D_{ij} 和坐标方位角 a_{ij} 计算而得，但是边长同样存在误差，从而导致坐标增量带有误差，即坐标增量的实测值之和 $\sum\Delta x_{ij测}$ 和 $\sum\Delta y_{ij测}$ 一般情况下不等于零，称为坐标增量闭合差，以 f_x 和 f_y 表示，如图 2-30（b）所示，即

$$\begin{cases}f_x=\sum\Delta x_{ij测}\\ f_y=\sum\Delta y_{ij测}\end{cases}$$

由于坐标增量闭合差存在，根据计算结果绘制出来的闭合导线图形不能闭合，如图 2-30（b）所示，不闭合的缺口距离，称为导线全长闭合差，通常以 f_D

表示。按几何关系，用坐标增量闭合差可求得导线全长闭合差 f_D。

$$f_D = \sqrt{f_x^2 + f_y^2}$$

导线全长闭合差 f_D 是随着导线的长度增大而增大，导线测量的精度是用导线全长相对闭合差 K（即导线全长闭合差 f_D 与导线全长 $\sum D$ 之比）来衡量的，即

$$K = \frac{f_D}{\sum D} = \frac{1}{\sum D / f_D}$$

导线全长相对闭合差 K 常用分子是 1 的分数形式表示。

若 $K \leqslant K_{容}$ 表明测量结果满足精度要求，可将坐标增量闭合差反符号后，按与边长成正比的方法分配到各坐标增量上去，从而得到各纵、横坐标增量的改正值，以 ΔX_{ij} 和 ΔY_{ij} 表示：

$$\begin{cases} \Delta X_{ij} = \Delta x_{ij测} + \upsilon \Delta x_{ij} \\ \Delta Y_{ij} = \Delta y_{ij测} + \upsilon \Delta y_{ij} \end{cases}$$

式中　$\upsilon_{\Delta xij}$、$\upsilon_{\Delta yij}$——称为纵、横坐标增量的改正数，即

$$\begin{cases} \upsilon_{\Delta x_{ij}} = -\dfrac{f_x}{\sum D} D_{ij} \\ \upsilon_{\Delta y_{ij}} = -\dfrac{f_y}{\sum D} D_{ij} \end{cases}$$

⑤ 导线点坐标计算。根据起始点的已知坐标和改正后的坐标增量 ΔX_{ij} 和 ΔY_{ij}，可按下列公式依次计算各导线点的坐标：

$$\begin{cases} x_j = x_i + \Delta X_{ij} \\ y_j = y_i + \Delta Y_{ij} \end{cases}$$

2）附合导线的计算。

① 角度闭合差的计算。附合导线首尾有 2 条已知坐标方位角的边，称为始边和终边。由于已测得导线各个转折角的大小，所以，可以根据起始边的坐标方位角及测得的导线各转折角，推算出终边的坐标方位角。这样导线终边的坐标方位角有一个原已知值 $\alpha_{终}$，还有一个由始边坐标方位角和测得的各转折角推算值 $\alpha'_{终}$。由于测角存在误差，导致两个数值的不相等，两值之差即为附合导线的角度闭合差 f_β。即

$$f_\beta = \alpha'_{终} - \alpha_{终} = \alpha_{始} - \alpha_{终} \pm \sum \beta \mp n \times 180^\circ$$

② 坐标增量闭合差的计算。附合导线的首尾各有一个已知坐标值的点，如表 7-3 中的附合导线示意图的 A 点和 C 点，称之为始点和终点。附合导线的纵、横坐标增量的代数和，在理论上应等于终点与终点的纵、横坐标差值，即

$$\begin{cases} \sum \Delta x_{ij理} = x_{终} - x_{始} \\ \sum \Delta y_{ij理} = y_{终} - y_{始} \end{cases}$$

由于量边和测角有误差，根据观测值推算出来的纵、横坐标增量之代数和 $\sum \Delta x_{ij测}$ 和 $\sum \Delta y_{ij测}$，与理论值通常是不相等的，二者之差即为纵、横坐标增量闭合差：

$$f_x = \sum \Delta x_{ij测} - (x_{终} - x_{始})$$

$$f_y = \sum \Delta y_{ij测} - (y_{终} - y_{始})$$

③ 支导线计算。

A. 角度闭合差。观测角的总和与导线几何图形的理论值不符。

B. 坐标增量闭合差。从已知点出发，逐点计算各点坐标，最后闭合到原出发点或附合到另一个已知点时，其推算的坐标值与已知坐标值不符。

C. 支导线。根据已知边的坐标方位角和已知点的坐标，把外业测定的转折角和转折边长，直接代入公式计算出各边方位角及各边坐标增量，最后推算出待定导线点的坐标。支导线只适用于图根控制补点使用。

3. 小区域平面控制测量

为满足小区域测图和施工所需要而建立的平面控制网，称为小区域平面控制网。

小区域平面控制网应由高级到低级分级建立。测区范围内建立最高一级的控制网，称为首级控制网；最低一级即直接为测图而建立的控制网，称为图根控制网。首级控制与图根控制的关系，见表 2-4。

表 2-4　　首级控制与图根控制的关系

测区面积（km²）	首级控制	图根控制
1～10	一级小三角或一级导线	两级图根
0.5～2	二级小三角或二级导线	两级图根
0.5 以下	图根控制	

直接用于测图的控制点，称为图根控制点。图根点的密度取决于地形条件和测图比例尺，见表 2-5。

表 2-5　　图 根 点 的 密 度

测图比例尺	1∶500	1∶1000	1∶2000	1∶5000
图根点密度（个/km²）	150	50	15	5

三、高程控制测量

1. 概述

国家高程控制网的建立主要采用水准测量的方法，其按精度分为一、二、三、四、五等。一等水准网是国家最高级的高程控制骨干，它除用作扩展低等级高程控制的基础以外，还为科学研究提供依据；二等水准网为一等水准网的加密，是国家高程控制的全面基础；三、四等水准网为在二等网的基础上进一步加密，直接为各种测区提供必要的高程控制；五等水准点又可视为图根水准点，它直接用于工程测量中，其精度要求最低。

用于工程的小区域高程控制网，也应根据工程施工的需要和测区面积的大小，采用分级建立的方法。一般情况下，是以国家水准点为基础在整个测区建立三、四等水准路线或水准网，再以三、四等水准点为基础，测定图根水准点的高程。

对于山区或困难地区，还可以采用三角高程测量的方法建立高程控制。

2. 三、四等水准测量

小区域地形测图或施工测量中，多采用三、四等水准测量作为高程控制测量的首级控制。

（1）技术要求及其参数。

1）三、四等水准测量起算点的高程一般引自国家一、二等水准点，若测区附近没有国家水准点，也可建立独立的水准网，起算点的高程采用假设高程。三、四等水准网布设时，如果是作为测区的首级控制，一般布设成闭合环线，如果进行加密，多采用附合水准路线或支水准路线。三、四等水准路线一般沿公路、铁路或管线等坡度较小，便于施测的路线布设。点位应选在地基稳固，能长久保存标志和便于观测的地点。水准点的间距一般为1～1.5km，山岭重丘区可根据需要适当加密，一个测区一般至少埋设三个以上水准点。

2）三、四等水准测量及等外水准测量的精度要求，见表2-6。

表2-6　　水准测量的主要技术要求

等级	路线长度（km）	水准仪	水准尺	观测次数		往返较差、闭合差	
				与已知点联测	附合或环线	平地（mm）	山地（mm）
三等	≤45	DS1	铟瓦	往返各一次	往一次	$\pm 12\sqrt{L}$	$\pm 4\sqrt{L}$
		DS2	双面		往返各一次		
四等	≤16	DS3	双面	往返各一次	往一次	$\pm 20\sqrt{L}$	$\pm 6\sqrt{n}$
等外	≤5	DS3	单面	往返各一次	往一次	$\pm 40\sqrt{L}$	$\pm 12\sqrt{n}$

注： L为路线长度（km）；n为测站数。

3）三、四等水准测量一般采用双面尺法观测，其在一个测站上的技术要求，见表2-7。

（2）观测程序。

1）三等水准测量每测站照准标尺分划顺序。

① 后视标尺黑面，精平，读取上、下、中丝读数，记为（A）、（B）、（C）。

② 前视标尺黑面，精平，读取上、下、中丝读数，记为（D）、（E）、（F）。

表 2-7　　水准观测的主要技术要求

等级	水准仪的型号	视线长度（m）	前后视较差（m）	前后视累积差（m）	视线离地面最低高度（m）	黑红面读数较差（mm）	黑红面高差较差（mm）
三等	DS1	100	3	6	0.3	1.0	1.5
	DS3	75				2.0	3.0
四等	DS3	100	5	10	0.2	3.0	5.0
等外	DS3	100	大致相等	—	—	—	—

③ 前视标尺红面，精平，读取中丝读数，记为（G）。

④ 后视标尺红面，精平，读取中丝读数，记为（H）。

三等水准测量测站观测顺序简称为：后—前—前—后（或黑—黑—红—红），其优点是可消除或减弱仪器和尺垫下沉误差的影响。

2）四等水准测量每测站照准标尺分划顺序。

① 后视标尺黑面，精平，读取上、下、中丝读数，记为（A）、（B）、（C）。

② 后视标尺红面，精平，读取中丝读数，记为（D）。

③ 前视标尺黑面，精平，读取上、下、中丝读数，记为（E）、（F）、（G）。

④ 前视标尺红面，精平，读取中丝读数，记为（H）。

四等水准测量测站观测顺序简称为：后—后—前—前（或黑—红—黑—红）。

（3）测站计算与校核。

1）视距计算。

后视距离：　$(I)=[(A)-(B)]\times100$

前视距离：　$(J)=[(D)-(E)]\times100$

前、后视距差：　$(K)=(I)-(J)$

前、后视距累积差：　本站 (L)＝本站 (K)＋上站 (L)

2）同一水准尺黑、红面中丝读数校核。

前尺：　$(M)=(F)+K_1-(G)$

后尺：　$(N)=(C)+K_2-(H)$

3）高差计算及校核。

黑面高差：　$(O)=(C)-(F)$

红面高差：　$(P)=(H)-(G)$

校核计算：红、黑面高差之差　$(Q)=(O)-[(P)\pm0.100]$ 或 $[(Q)=(N)-(M)]$

高差中数：　$(R)=[(O)+(P)\pm0.100]/2$

在测站上，当后尺红面起点为 4.687m，前尺红面起点为 4.787m 时，取＋0.1000；反之，取－0.1000。

4）每页计算校核。

① 高差部分。每页后视红、黑面读数总和与前视红、黑面读数总和之差，应等于红、黑面高差之和，且应为该页平均高差总和的2倍，即：

对于测站数为偶数的页为：

$$\sum[(C)+(H)]-\sum[(F)+(G)]=\sum[(O)+(P)]=2\sum(R)$$

对于测站数为奇数的页为：

$$\sum[(C)+(H)]-\sum[(F)+(G)]=\sum[(O)+(P)]=2\sum(R)\pm 0.100$$

② 视距部分。末站视距累积差值：

$$末站(L)=\sum(I)-\sum(J)$$

$$总视距=\sum(I)+\sum(J)$$

（4）成果计算与校核。在每个测站计算无误后，且各项数值都在相应的限差范围之内时，根据每个测站的平均高差，利用已知点的高程，计算出各水准点的高程。

3. 三角高程测量

（1）测量原理。三角高程测量，是根据两点间的水平距离和竖直角计算两点的高差，计算得出所求点的高程。

如图2-31所示，在 M 点安置仪器，用望远镜中丝瞄准 N 点觇标的顶点，测得竖直角 a，并量取仪器高 i 和觇标高 v，若测出 M、N 两点间的水平距离 D，则可求得 M、N 两点间的高差，即

$$h_{MN}=D\tan\alpha+i-\upsilon$$

N 点高程为：

$$H_{N}=H_{M}+D\tan\alpha+i-\upsilon$$

三角高程测量一般应采用对向观测法，如图2-31所示，即由 M 向 N 观测称为直觇，再由 N 向 M 观测称为反觇，直觇和反觇称为对向观测。采用对向观测的方法可以减弱地球曲率和大气折光的影响。对向观测所求得的高差较差不应大于 $0.1D$（D 为水平距离，以km为单位，结果以m为单位）。取对向观测的高差中数为最后结果，即

$$h_{中}=1/2(h_{MN}-h_{NM})$$

上述公式适用于 M、N 两点距离较近（小于300m）的三角高程测量，此时水准面可看成平面，视线视为直线。当距离超过300m时，应考虑地球曲率及观测视线受大气折光的影响。

（2）观测与计算。

1）安置仪器于测站上，量出仪器高 i；觇标立于测点上，量出觇标高 v。

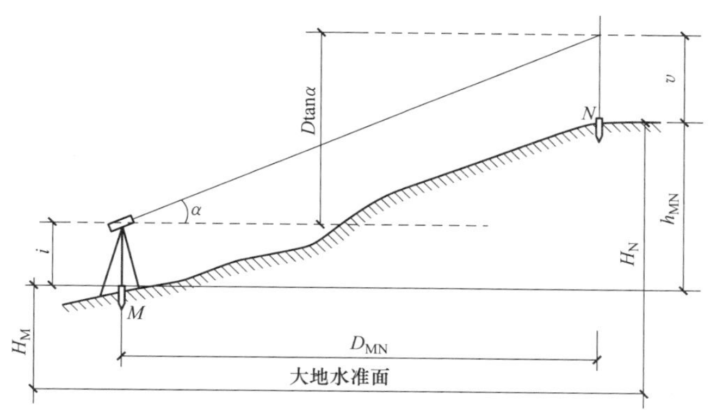

图 2-31 三角高程测量原理

2）用经纬仪或测距仪采用测回法观测竖直角 α，取其平均值为最后观测结果。

3）采用对向观测，其方法同前两步。

4）根据公式计算出高差和高程。

4. 图根水准测量

图根水准测量用于测定测区首级平面控制点和图根点的高程。在小区域，图根水准测量可用作布设首级高程控制，其精度低于国家四等水准测量，又称等外水准测量。图根水准测量可将图根点布设成附合路线或闭合路线。图根水准测量的主要技术要求，见表 2-8。

表 2-8　　图根水准测量主要技术要求

仪器类型	1km 高差中误差（mm）	附合路线长度（km）	视线长度（m）	观测次数		往返较差附合或环线闭合差（mm）	
				与已知点连测	附合或闭合路线	平地	山地
DS10	20	≤5	≤100	往返各一次	往返一次	$40\sqrt{L}$	$12\sqrt{n}$

注：表中 L 为往返测段、附合或环线的水准路线的长度（km）。n 为测站数。

四、交会法测量

1. 前方交会

如图 2-32 所示，为前方交会基本图形。已知 O 点坐标为 x_A、y_A，M 点坐标为 x_B、y_B，在 O、M 两点上设站，观测出 α、β，通过三角形的余切公式求出加密点 P 的坐标，这种方法称为测角前方交会法，简称前方交会。

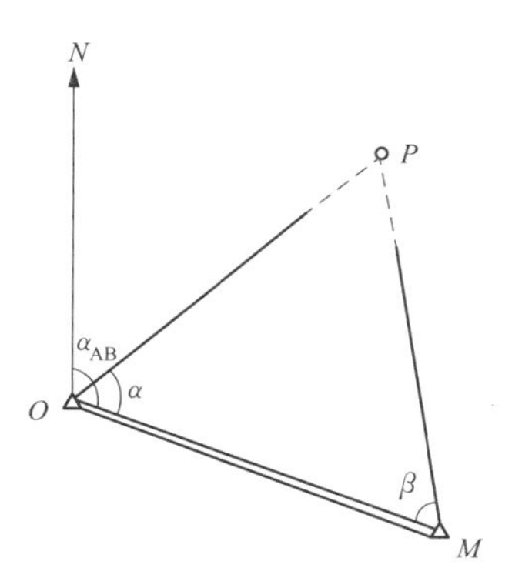

图 2-32 前方交会法基本图形

按导线计算公式，由图 2-32 可知：

因

$$x_p = x_o + \Delta x_{om} = x_o + D_{op}\cos\alpha_{op}$$

而

$$\alpha_{op}=\alpha_{om}-\alpha$$
$$D_{op}=D_{om}\sin\beta/\sin(\alpha+\beta)$$

则

$$x_p=x_o+D_{op}\cos\alpha_{op}=x_o+\frac{D_{om}\sin\beta\cos(\alpha_{om}-\alpha)}{\sin(\alpha+\beta)}$$
$$=x_o+\frac{(x_m-x_o)\cot\alpha+(y_m-y_o)}{\cot\alpha+\cot\beta}$$

同理得

$$\begin{cases}x_p=\dfrac{x_o\cot\beta+x_m\cot\alpha+(y_m-y_o)}{\cot\alpha+\cot\beta}\\ y_p=\dfrac{y_o\cot\beta+y_m\cot\alpha+(x_o-x_m)}{\cot\alpha+\cot\beta}\end{cases}$$

在实际工作中，为校核和提高 P 点坐标的精度，常采用三个已知点的前方交会图形，如图 2-33 所示。在三个已知点 1、2、3 上设站，测定 a_1、β_1 和 a_2、β_2，构成两组前方交会，按上式分别解出两组 P 点坐标。由于测角有误差，所以解算得两组 P 点坐标不可能相等。如果两组坐标较差不大于两倍比例尺精度时，取两组坐标的平均值作为 P 点最后的坐标。即

$$f_D=\sqrt{\delta_x^2+\delta_y^2}\leqslant f_{容}=2\times0.1M$$

式中　δ_x、δ_y——两组 x_p、y_p 坐标值差；

M——测图比例尺分母。

2. 后方交会

如图 2-34 所示为后方交会基本图形。1、2、3、4 为已知点，在待定点 P 上设站，分别观测已知点 1、2、3，观测出 α 和 β，根据已知点的坐标计算 P 点的坐标，这种方法称为测角后方交会，简称后方交会。

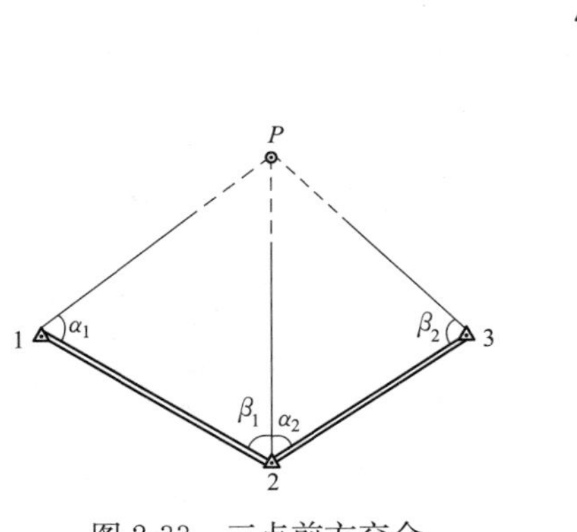

图 2-33　三点前方交会

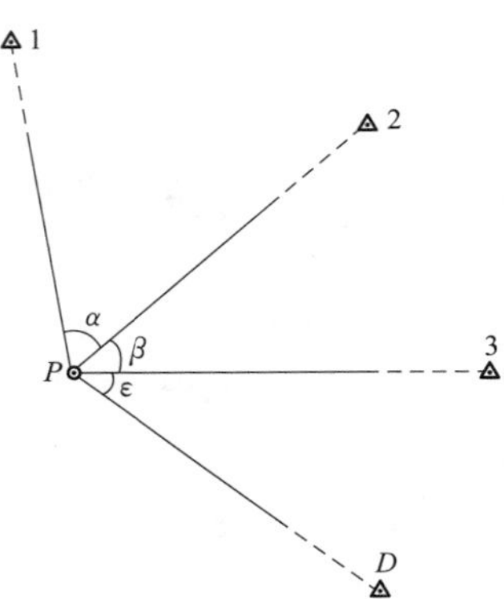

图 2-34　后方交会

P 点位于 1、2、3 三点组成的三角形之外时的简便计算方法，可用下列公式求得：

$$a = (x_1 - x_2) + (y_1 - y_2)\cot\alpha$$
$$b = (y_1 - y_2) + (x_1 - x_2)\cot\alpha$$
$$c = (x_3 - x_2) - (y_3 - y_2)\cot\beta$$
$$d = (y_3 - y_2) + (x_3 - x_2)\cot\beta$$

$$k = \tan\alpha_{3P} = \frac{c - a}{b - d}$$

$$\Delta x_{3P} = \frac{a + bk}{1 + k^2}$$

$$\Delta y_{3P} = k\Delta x_{3P}$$

$$\left.\begin{aligned} x_P &= x_3 + \Delta x_{3P} \\ y_P &= y_3 + \Delta y_{3P} \end{aligned}\right\}$$

为了保证 P 点坐标的精度，后方交会还应该用第四个已知点进行检核。在 P 点观测 1、2、3 点的同时，还应观测 D 点，测定检核 $\varepsilon_{测}$，计算出 P 点坐标后，可求出 a_{3P} 与 a_{PD}，由此得 $\varepsilon_{测} = a_{PD} - a_{3P}$。若角度观测和计算无误时，则 $\varepsilon_{测} = \varepsilon_{计}$。

第四节 地上主体结构施工测量

一、混凝土结构施工测量

1. 现浇混凝土柱基础施工测量

现浇混凝土柱基中线投点、抄平、挖土、浇筑混凝土、弹中线等过程与杯形基础相同，只是没有杯口，基础上配有钢筋，拆模后在露出的钢筋上抄出标高点，以供柱身支模板时定标高用。

2. 钢柱基础施工测量

(1) 垫层中线投点和抄平。垫层混凝土凝固后，应进行中线点投测，由于基坑较深，投测中线时经纬仪必须置于基坑旁，照准矩形控制网上基础中心线的两端点，用正倒镜法，先将经纬仪中心导入中心线内；然后进行投点，并弹出墨线，绘出地脚螺栓固定架的位置，接着在固定架外框四角处测出四点标高，以便用来检查并整平垫层混凝土面；使之符合设计标高，便于固定架的安装。如基础过深，从地面上引测基础底面标高，标尺不够长时可采用挂钢尺法。

(2) 固定架中线投点和抄平。固定架是用钢材制作的，用来固定地脚螺栓及其他埋设件的框架，如图 2-35 所示。根据垫层上的中心线和所画的位置将其

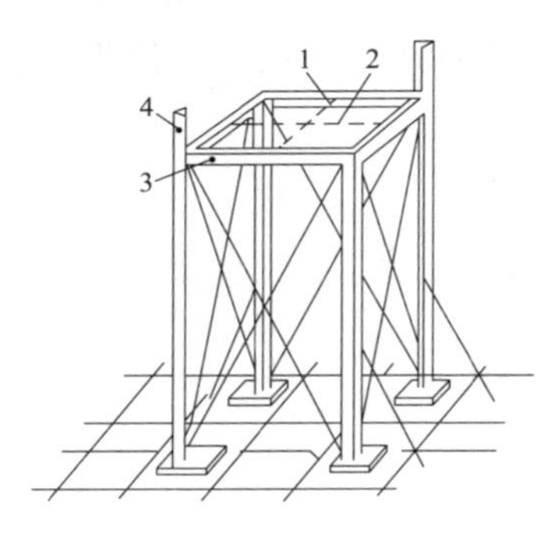

图 2-35　固定架安置

1—固定架中心投点；2—拉线；3—横梁抄平位置；4—标高点

安置在垫层上，然后根据在垫层上测定的标高点找平地脚，将高的地方混凝土凿去一些，低的地方垫上小块钢板并与底层钢筋网焊牢，使其符合设计标高。

固定架安置好后，用水准仪测出四根横梁的标高，容差为－5mm，满足要求后，应将固定架与底层钢筋网焊牢，并加焊钢筋支撑，若为深基固定架则应在其脚下浇筑混凝土，使其稳固。然后，再用经纬仪将中线投点于固定架横梁上，并做好标志，其容差为±1～±2mm。

（3）地脚螺栓安装和标高测量。根据上述测得中心点，将地脚螺栓安放在设计位置上。为了准确测设地脚螺栓的标高，在固定架的斜对角焊两根小角钢，引测同一数值的标高点并刻绘标志，其高度略低于地脚螺栓设计的标高。然后，在两角钢的标点处拉一细钢丝，便于控制螺栓的安置高度。安好螺栓后，测螺栓第一丝扣的标高，允许偏高 5～25mm。

（4）支模和浇筑混凝土的测量。支模测量与混凝土杯形基础相同。浇筑混凝土时，应保证地脚螺栓位置及标高的正确，若发现问题，应及时处理。

3. 设备基础施工测量

（1）基础定位。中小型设备基础定位的测设方法与厂房基础定位相同；大型设备基础定位，应先根据设计图纸编绘中心线测设图，然后据此施测。

（2）基坑开挖与基础底层放线。测量工作和容差按下列要求进行：根据厂房控制网或场地上其他控制点测定挖土范围线，测量容差为±5cm；标高根据附近水准点测设，容差为±3cm；在基坑挖土中应经常配合检查挖土标高，接近设计标高 1m 时，应全面测设标高，容差为±3cm；挖土竣工后，应实测挖土标高，容差为±2cm。设备基础底层放线的坑底抄平和垫层中线投点的测设方法同前。测设成果可供安装固定架、地脚螺栓和支模用。

（3）设备基础上层放线。固定架投点、地脚螺栓安装抄平及模板标高等测设工作方法同前。大型设备基础应先绘制地脚螺栓图，绘出地脚螺栓中心线，将同类的螺栓分区编号，并在图旁附地脚螺栓标高表，注明螺栓号码、数量、标高和混凝土标高，作为施测的依据。

（4）设备基础中心线标板的埋设与投点。作为设备安装和砌筑依据的重要中心线，如联动设备基础的生产轴线；重要设备基础的主要纵横中心线；结构复杂的工业炉基纵横中心线、环形炉及烟囱的中心位置等，均应按规定埋设牢固的标板。

标板的形式和埋设如图 2-36 所示，在基础混凝土未凝固前，将标板埋设在中心线位置，且露出基础面 3～5mm，至基础的边缘 50～80mm；若设备中心线通过基础凹形部分或地沟时，则埋设 50mm×50mm 的角钢或 100mm×50mm 的槽钢。设备中线投点与柱基中线投点的方法相同。

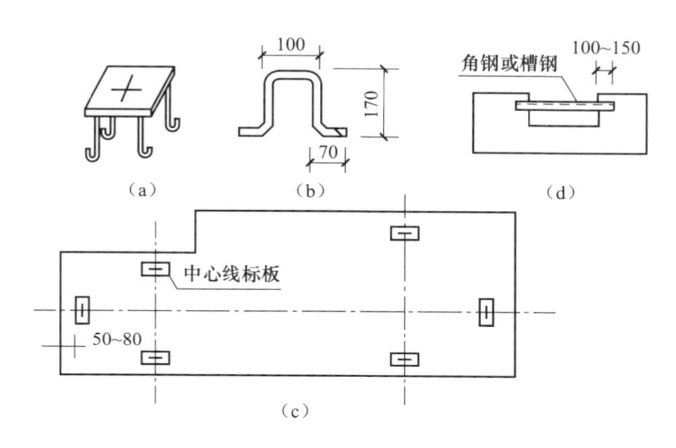

图 2-36 设备基础中心线标板的埋设

4. 现浇混凝土柱的施工测量

（1）柱子垂直度测量。柱身模板支好后，必须用经纬仪检查柱子垂直度。由于现场通视困难，一般采用平行线投点法来检查柱子的垂直度，并将柱身模板校正。其施测步骤如下：先在柱子模板上弹出中中心线，然后根据柱中心控制点 A、B 测设 AB 平行线 $A'B'$，其间距为 1～1.5m，将经纬仪安置在 B'点照准 A'。此时，由一人在柱模上端持木尺，将木尺横放，使尺的零点水平地对正模板上端中心线（见图 2-37），纵转望远镜仰视木尺，若十字线正好对准 1m 或 1.5m 处，则柱子模板正好垂直，否则应调整模板，直至垂直为止。

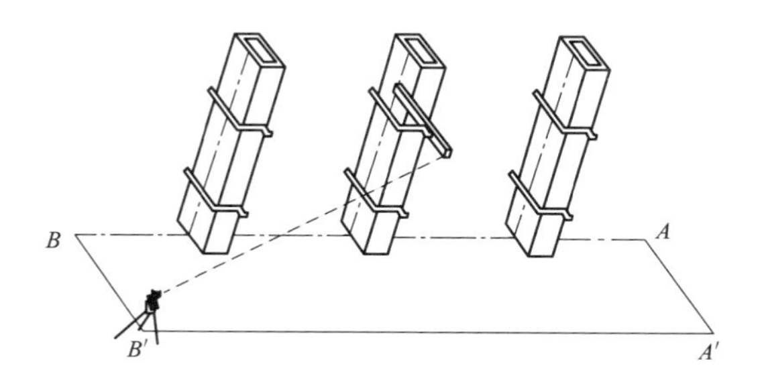

图 2-37 现浇柱垂直校正

柱子模板校正后，选择不同行列的两三根柱子，从柱子下面已测好的标高点，用钢尺沿柱身往上量距，引测两三个同一高程的点于柱子上端模板上，然后在平台模板上设置水准仪，以引上的任一标高为后视，施测柱顶模板标高，再闭合于另一标高点以资校核。平台模板支好后，必须用水准仪检查平台模板的标高和水平情况，其操作方法与柱顶模板抄平相同。

（2）柱中心线投点与高层标高引测。第一层柱子和平台混凝土浇筑完成后，应将中线及标高引测到第一层平台上，作为第二层柱子、平台支模的依据，以此类推至以上各层。中线引测方法：将经纬仪安置于柱中心线端点上，照准柱子下端的中心线点，仰视向上投点。若经纬仪与柱子之间距离过近，仰角大不便投点时，可将中线端点用正倒镜法向外延长至便于测设的地方。纵横中心线投点容差：当柱高在 5m 以下时为±3mm，5m 以上时为±5mm。标高引测方法：用钢尺沿柱身量距向上引测，标高测量容差为±5mm。

二、钢结构安装测量

1. 地脚螺旋埋设

地脚螺栓埋设是钢结构安装工序的第一步，埋设精度对钢结构安装质量有重要的影响，因此，要求安装精度高，其中平面误差小于 2mm，标高误差在0～30mm。

地脚螺栓施工时，根据轴线控制网，在绑扎楼板梁钢筋时，将定位控制线投测到钢筋上，再测设出地脚螺栓的中心“十”字线，用油漆作标记。拉上小线，作为安装地脚螺栓定位板的控制线。浇筑混凝土过程中，要复测定位板是否偏移，并及时调正。地脚螺栓定位如图 2-38 所示。埋设过程中，要用水准仪抄测地脚螺栓顶标高。

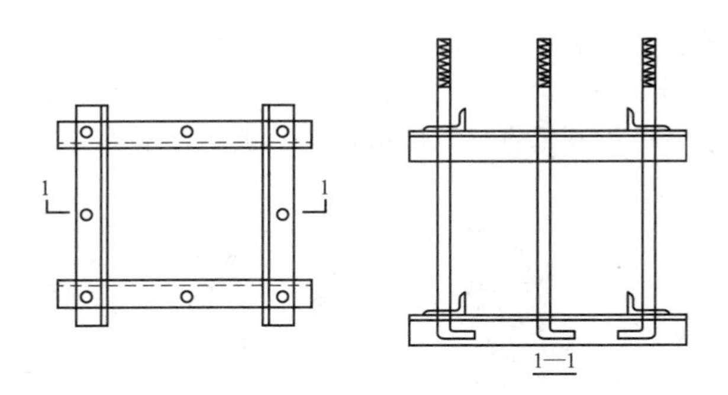

图 2-38　地脚螺栓定位

2. 钢柱垂直度校正

（1）线坠法或激光垂准仪法。线坠法是最原始而实用的方法，当单节柱子高度较低时，通过在两个互相垂直的方向悬挂两条铅垂线与立柱比较，上端水平距离与下端分别相同时，说明柱子处于垂直状态。为避免风吹铅垂线摆动，可把锤球放在水桶或油桶中。

激光垂准仪法是利用激光垂准仪的垂直光束代替线坠，量取上端和下端垂直光束到柱边的水平距离是否相等，判断柱子是否垂直，如图 2-39 所示。

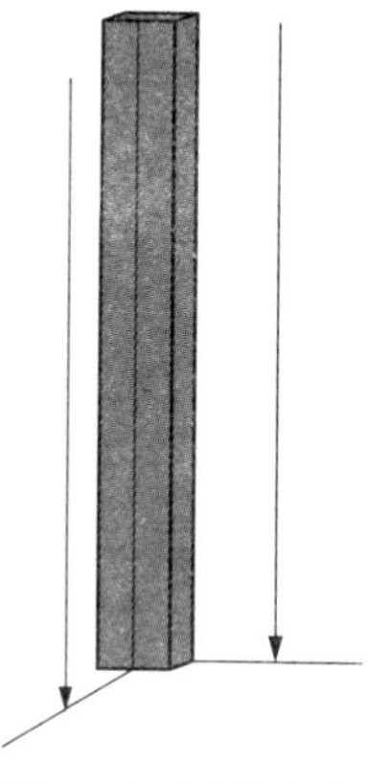

图 2-39 垂球校正钢柱垂直度

(2) 经纬仪法。经纬仪法是用两台经纬仪分别架在互相垂直的两个方向上，同时对钢柱进行校正，如图 2-40 所示。此方法精度较高，是施工中常用的校正方法。

(3) 全站仪法。采用全站仪校正柱顶坐标，使柱顶坐标等于柱底的坐标，钢柱就处于垂直状态。此方法适于只用一台仪器批量地校正钢柱而不用将仪器进行搬站。如图 2-41 所示。

(4) 标准柱法。标准柱法是采用以上三种方法之一，校正出一根或多根垂直的钢柱作为标准柱，相邻的或同一排的柱子以此柱为基准，用钢尺、钢线来校正其他钢柱的垂直度。校正方法如图 2-42 所示，将四个角柱用经纬仪校正垂直作为标准垂直柱，其他柱子通过校正柱顶间距的距离，使之等于柱间距。然后，在两根标准柱之间拉细钢丝线，使另一侧柱边紧贴钢丝线，从而达到校正钢柱的目的。

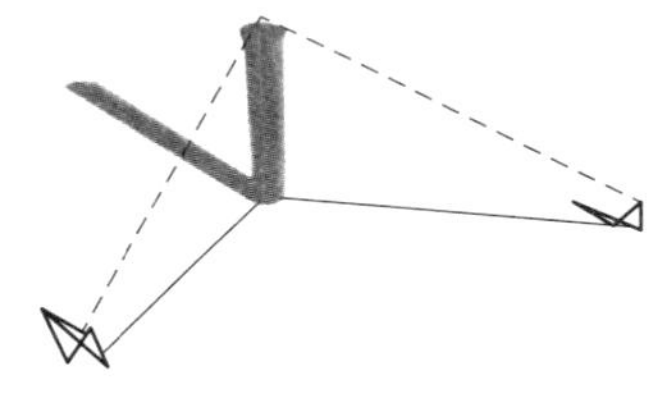

图 2-40 经纬仪校正钢柱垂直度

(5) 组合钢柱的垂直度校正。某组合钢柱如图 2-43 所示。进行组合钢柱垂直度校正时，采用 (1)～(3) 的方法之一或多种方法同时进行校正。其中，组合钢柱结构有铅垂的构件，宜用经纬仪进行校正；若构件全为复杂异形结构，则选用全站仪法测定构件上多个关键点的坐标，从而将组合钢柱校正到位。

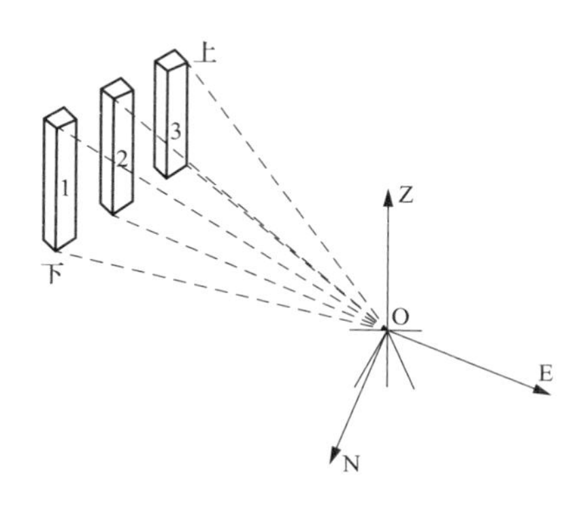

图 2-41 全站仪校正钢柱垂直度

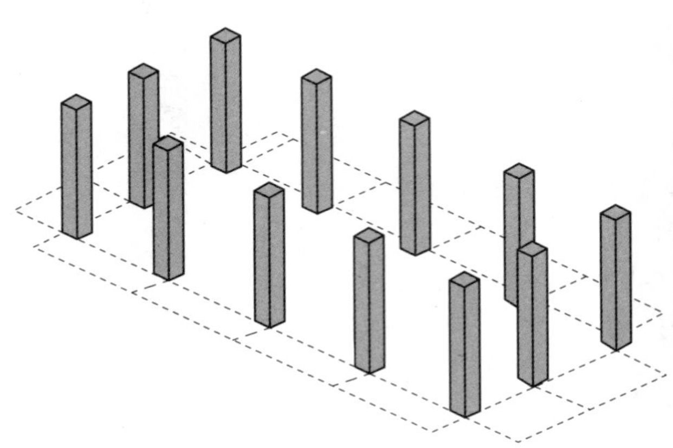

图 2-42　标准柱法校正钢柱垂直度

图 2-43　组合钢柱实体

3. 轴线、平面控制点的竖向投测

(1) 外控法。外控法又分为挑直线法和坐标法。该方法是在建筑物外部布设施工测量控制网，将经纬仪或全站仪安置在控制点上，把地面上的轴线或控制线引测到较高的作业面上的方法，外控法适用于较低的建筑物。

(2) 内控法。内控法是将施工测量控制网布设在建筑物内部，在控制点的正上方的楼面上预留出 200mm×200mm 的孔洞，采用铅垂仪逐一将控制点垂直投测到上部的作业面上，再以投测上来的控制点为依据进行放样。当建筑物超过 100m 时，宜分段进行接力投测。接力楼层应选在已经浇筑过混凝土楼板的稳定的楼层。

钢柱从地下结构出首层楼面后，在首层楼板上建立的施工测量控制网的方格网精度要达到一级方格网的要求，标高控制点精度不低于±2mm，同时要将标高+50 线抄测到钢柱上。

(3) 后方交会法。将全站仪架设在高层作业面上自由设站，分别后视地面上的三个以上的控制点，通过观测距离或角度，从而计算出测站点的坐标，并进行定向，然后再进行作业面的测量放线工作。此方法要求地面控制点离建筑物本身较远，俯仰角较小的情况。

第五节　装饰施工测量

一、室内装饰测量

1. 楼、地面施工测量

(1) 标高控制。引测装饰标高基准点，标高基准点应可靠、便于施工。根据装饰标高基准点，采用 DS3 型水准仪在墙体、柱体引测出装饰用标高控制线，并用墨斗弹出控制线。等标高基准点和标高控制线引测完毕后，用水准仪对所有高程点和标高控制线进行复测。

（2）平面控制。对于装饰地面施工来说，一般都需要进行地面的平面控制。造型相对简单的地面砖铺贴，通常在排版后需要进行纵横分格线的测设和相对墙面控制线的测设。但对于造型复杂的拼花地面来说，就需要对每个拼花的控制点进行准确的放线和定位。因此在测量放线前，首先要根据现场情况和拼花形状建立平面控制的坐标体系，一般应遵守便于测量、方便施工控制的原则，平面控制坐标系可采用极坐标系、直角坐标系或网格坐标系等。

通常应先在图纸上找出需要进行控制的关键点，如造型的中心点、拐点、交接点等，通过计算得出平面拼花各个关键控制点的平面坐标。在计算室内关键控制点的坐标时，要考虑和顶棚吊顶造型的配合与呼应，不能只按房间几何尺寸进行计算；在计算室外关键控制点的坐标时，也要考虑与周边建筑物、构筑物的协调呼应，同样不能只考虑几何尺寸；现场关键控制点定位前还要注意检查结构尺寸偏差，并根据偏差情况调整关键控制点的坐标值，以保证造型观感效果的美观大方，并充分体现设计意图。然后，用经纬仪、钢尺或全站仪根据计算出的坐标值测设现场关键控制点。直角坐标系对于多点同时施工更方便。

控制点的定位完成后，根据尺寸和计算得到的坐标值进行复核，确认无误后方可进行施工。

2. 吊顶施工测量

（1）标高控制。根据室内标高控制线弹出吊顶龙骨的底边标高线，并用水准仪进行测设。根据各层标高控制线拉小白线检查机电专业已施工的管线是否影响吊顶，并对管线和标高进行调整。

标高控制线全部测设完成后，应进行复核检查验收，合格后进行下一道工序的施工。

（2）平面控制。针对吊顶造型的特点和室内平面形状，建立平面坐标系，建立方法同地面平面坐标系。

建立了坐标系之后，先在图纸上找出需要进行控制的关键点，如造型的中心点、拐点、交接点、标高变化点等，通过计算得出平面内各个关键控制点的平面坐标；然后，按照吊顶造型关键控制点的坐标值在地面上放线；最后，再用激光铅直仪将地面的定位控制点投影到顶板上，施工时再按照顶板控制点位置，吊垂线进行平面位置控制。

关键控制点的设置，还应考虑吊顶上的各种设备（灯具、风口、喷淋、烟感、扬声器、检修孔等），以便在放线时进行初步定位，施工时调整龙骨位置或采取加固措施，避免吊顶封板后设备与龙骨位置出现不合理现象。

完成所有控制点的定位之后，根据设计图纸和实际几何尺寸进行复核，确认无误后方可进行下步施工。在施工过程中还应随时进行复查，减少施工粗差。

(3) 综合放线。针对吊顶造型的复杂程度、特点和室内形状，可建立综合坐标系，综合坐标系可采用直角坐标、柱坐标、球坐标或它们的组合坐标系。

综合坐标系建立后，同样在图纸上找出关键点，如造型的中心点、拐点、交接点、标高变化点等关键点，计算出各个关键点的空间坐标值；再用激光铅直仪将地面放出的关键控制点投影到顶板上，并在顶板上各关键控制点位置安装辅助吊杆。辅助吊杆安好后，根据关键点的垂直坐标值分别测设各个关键点的高度，并用油漆在辅助吊杆上做出明确标志。这样，复杂吊顶的造型关键控制点的空间位置就得到了确定。

各种曲面造型的吊顶，同样根据图纸和现场实际尺寸，计算得到空间坐标值之后来进行定位。一般曲面施工采取折线近似法（将多段较短的直线相连近似成曲线），通过调整关键点（辅助吊杆）的疏密控制曲面的精确度。

3. 墙面施工测量

根据图纸要求在墙面基层上画出网格控制坐标系，网格边长可根据图形复杂程度控制在0.1～1m。

(1) 立体造型墙面，依据建筑水平控制线（+50线或其他水平控制线），按照图样控制点在网格中的相对位置，用钢尺进行定位。同时，标示出造型与墙体基层大面的凹凸关系（即出墙或进墙尺寸），便于施工时控制安装造型骨架。所标示的凹凸关系尺一般为成活面出墙或进墙尺寸。

(2) 平面内造型墙面，关键控制点一般确定为造型中心或造型的四个角。放线时先将关键控制点定位在墙面基层上，再根据网格按1∶1尺寸进行绘图即可。也可将设计好的图样用计算机或手工按1∶1的比例绘制在大幅面的专用绘图纸上，然后在绘好的图纸上用粗针沿图案线条刺小孔，再将刺好孔的图纸按照关键控制点固定到墙面上，最后用色粉包在图纸上擦抹，取下图纸图案线条就清晰地印到墙面基底上了。还可采用传统方法，将绘制好的1：1的图纸按关键控制点固定在需要放线的墙面上，然后用针沿绘制好的图案线条刺扎，直接在墙面上刺出坑点作为控制线。

完成所有控制点的定位之后，根据设计图纸进行复核，确认无误后方可进行下步施工，并在施工过程中随时进行复查，减少施工粗差。

二、幕墙结构施工测量

1. 幕墙结构的测设方法

(1) 首层基准点、线测设。放线之前，要通过确认主体结构的水准测量基准点和平面控型测量基准点，对水准基准点和平面控制基准点进行复核，并依据复核后的基准点进行放线。

一般现场提供基准点线布置图和首层原始标高点图，测量放线人员依据结构施工或总包单位提供的基准点、线布置图，对基准点、线和原始标高点进行复核。复核结果与原成果差异在允许范围内，一律以原有的成果为准，不作改动；对经过多次复测，证明原有成果有误或点位有较大变动时，应报总承包、监理，经审批后才能改动，使用新成果。

(2) 投点测量实施方法。将激光垂准仪架设在底层的基准点上对中、调平，向上投点定位，定位点必须牢固、可靠，如图 2-44 所示。投点完毕后进行连线，在全站仪或经纬仪监控下将墨线分段弹出。

(3) 内控线的测设。各层投点工作结束后，进行内控线的布控。以主控制线为准，通常把结构控制线进行平移得到幕墙内控线，内控线一般应放在离结构边缘 1000mm、避开柱子便于连线的位置，平移主控制线、弹线过程中，应使用全站仪或经纬仪进行监控。最后，检查内控线与放样图是否一致，误差是否满足要求，有无重叠现象，最终使整个楼层内控线成封闭状。检查合格后再以内控线为基准，进行外围幕墙结构的测量。

(4) 钢丝控制线的设定。用 ϕ1.5 钢丝和 5×50 角钢制成的钢丝固定支架挂设钢丝控制线。角钢支架的一端用 M8 膨胀螺栓固定在建筑物外立面的相应位置，而另一端钻 ϕ1.6～1.8 的孔。支架固定时用铅垂仪或经纬仪监控，确保所有角钢支架上的小孔在同一直线上，且与控制线重合。最后，把钢丝穿过孔眼，用花篮螺栓绷紧。钢丝控制线的长度较大时稳定性较差，通常水平方向的钢丝控制线应间隔 15～20m 设一角钢支架，垂直方向的钢丝控制线应每隔 5～7 层设一角钢支架，以防钢丝晃动过大，引起不必要的施工误差，如图 2-45 所示。

2. 屋面装饰结构测量

(1) 首层基准点、线布置。首先，施工人员应依据基准点、线布置图，进行基准点、线及原始标高点复核。采用全站仪对基准点轴线尺寸、角度进行检查校对，对出现的误差进行适当、合理的分配，经检查确认后，填写轴线、控制线实测角度、尺寸、记录表。经相关负责人确认后，方可再进行下一道工序的施工。

首层控制线的布置同幕墙结构首层控制点、线测设方法。

(2) 投射基准点。通常建筑工程外形幕墙基准点投测，一般随着幕墙施工将基准点逐步投测到各个标准控制层，直至屋面。

投测基准点之前，安排施工人员把测量孔部位的混凝土清理干净，然后在一层的基准点上架设激光垂准仪。以底层一级基准控制点为基准点，采用激光垂准仪向高层传递基准点。为了保证轴线竖向传递的准确性，将基准点一次性分别投到各标准控制楼层，重新布设内控点（轴线控制点）在楼面上。架设垂准仪时，必须反复进行整平及对中调节，以便提高投测精度。确认无误后，分别在各楼层的楼面上测量孔位置处把激光接收靶放在楼面上定点，再用墨斗线准确地弹十字线。十字线的交点为基准点。

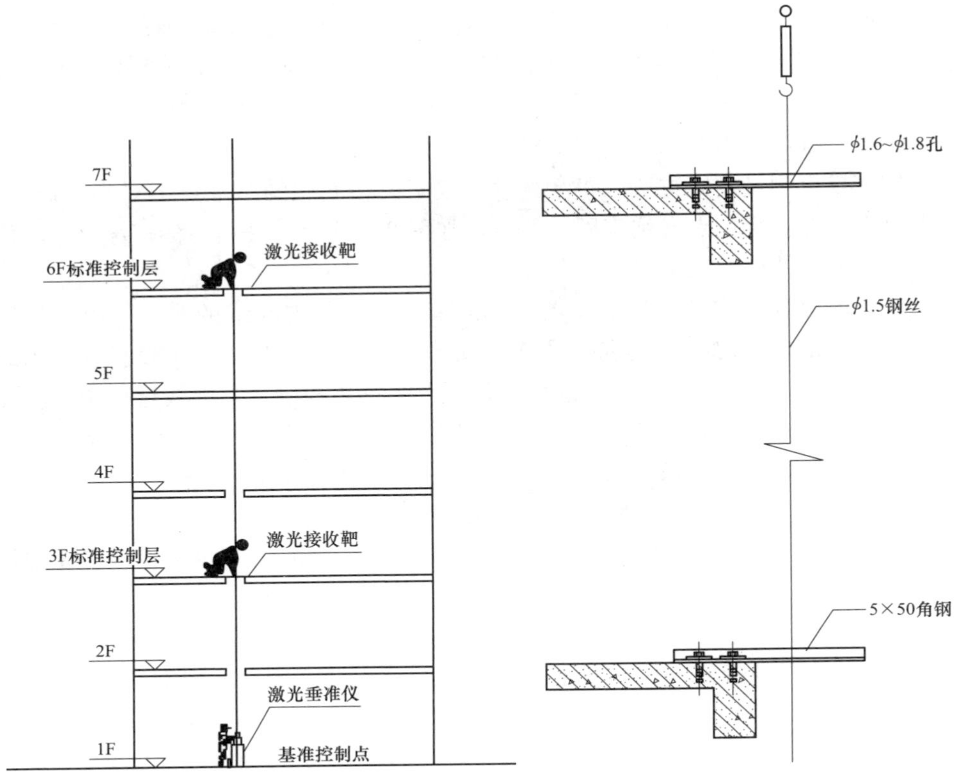

图 2-44　激光投准仪示意图

图 2-45　钢丝控制线示意图

（3）主控线弹射。基准点投射完后，在各楼层的相邻两个测量孔位置做一个与测量通视孔相同大小的聚苯板塞入孔中，聚苯板保持与楼层面平，以便定位墨线交点。

依据先前做好的十字线交出墨线交点，再将全站仪架在墨线交点上，对每个基准点进行复查，对出现的误差进行合理适当的分配。

基准点复核无误后，用全站仪或经纬仪指导进行连线工作。并用红蓝铅笔及墨斗配合全站仪或经纬仪把两个基准点用一条直线连接起来。仪器旋转 180°进行复测，如有误差取中间值。同样方法对其他几条主控制线进行连接弹设。

（4）屋面标高的设置。以提供的基准标高点为计算点。引测高程到首层便于向上竖直量尺位置，校核合格后作为起始标高线，并弹出墨线，标明高程数据，以便于相互之间进行校核。

标高的竖向传递，采用钢尺从首层起始标高线竖直向上进行量取或用悬吊钢尺与水准仪相配合的方法进行，直至达到需要投测标高的楼层和屋面，并做好明显标记。

第三章

土 方 工 程

第一节 土方工程概述

一、土方工程的施工特点

土方工程是建筑工程施工中的主要工程之一，它包括各种土挖掘、运输、填筑，以及排水、降水、土壁支撑等准备工作和辅助工作等。最常见的土方工程有：场地平整、基坑（槽）开挖、地坪填土、路基填筑及基坑回填土等。

土方工程施工具有以下特点：

（1）工程量大、劳动繁重。在建筑工程中，土方工程量可达几十万甚至几百万以上，劳动强度很高。因此，必须合理选择土方机械、组织施工，这样可以缩短施工日期、降低工程成本。

（2）施工条件复杂。土方工程多为露天作业，土的种类繁多，成分复杂，在施工过程中还会受到地区、气候、水文、地址和人文历史等因素的影响，给施工带来很大困难。因此，提前做好调研，制订合理的施工方案对施工至关重要。

（3）施工费用低，但需投入的劳动力和时间较多。

二、土的工程分类和性质

1. 土的工程分类

土的种类繁多，分类方法也较多，工程中土可有以下几种分类方法：

（1）根据土的颗粒级配或塑性指数可分为碎石类土（漂石土、块石土、卵石土、碎石土、圆砾土、角砾土）、砂土（砾砂、粗砂、中砂、细砂、粉砂）和黏性土（黏土、粉质黏土、轻亚黏土）。

（2）根据土的沉积年代，黏性土可分为老黏性土、一般黏性土、新近沉积黏性土。

（3）根据土的工程特性，又可分出特殊性土，如软土、人工填土、黄土、膨胀土、红黏土、盐渍土、冻土等。不同的土，其物理、力学性质也不同，只有充分掌握各类土的特性，才能正确选择施工方法。

（4）根据土石坚硬程度、开挖难易将土石分为八类，其分类见表 3-1。

表 3-1　　　　土的分类

土的分类	土的级别	土的名称	坚实系数 f	密度/(t/m³)	开挖方法及工具
一类土（松软土）	Ⅰ	砂土、粉土、冲积砂土层、疏松的种植土、淤泥（泥炭）	0.5～0.6	0.6～1.5	用锹、锄头开挖，少许用脚蹬
二类土（普通土）	Ⅱ	粉质黏土；潮湿的黄土；夹有碎石、卵石的砂；粉质混卵（碎）石；种植土、填土	0.6～0.8	1.1～1.6	用锹、锄头开挖，少许用镐翻松
三类土（坚土）	Ⅲ	中等密实黏土；重粉质黏土、砾石土；干黄土、含有碎石卵石的黄土、粉质黏土，压实的填土	0.8～1.0	1.75～1.9	主要用镐，少许用锹、锄头挖掘，部分撬棍
四类土（砂砾坚土）	Ⅳ	坚硬密实的黏性土或黄土；含有碎石、卵石的中等密实黏性土或黄土；粗卵石；天然级配砾石；软泥灰岩	1.0～1.5	1.9	整个先用镐、撬棍，后用锹挖掘，部分使用风镐
五类土（软石）	Ⅴ～Ⅵ	硬质黏土；中密的页岩、泥灰岩、白垩土；胶结不紧的砾岩；软石灰岩及贝壳石灰岩	1.5～4.0	1.1～2.7	用镐或撬棍，大锤挖掘，部分使用爆破方法
六类土（次坚石）	Ⅶ～Ⅸ	泥岩、砂岩、砾岩；坚硬的页岩、泥灰岩、密实的石灰岩；风化花岗岩、片麻岩及正长岩	4.0～10.0	2.2～2.9	用爆破方法开挖，部分用风镐
七类土（坚石）	Ⅹ～Ⅻ	大理岩、辉绿岩；玢岩；粗、中粒花岗岩；坚实的白云岩、片麻岩；微风化安山岩、玄武岩	10.0～18.0	2.5～3.1	用爆破方法开挖
八类土（特坚石）	ⅩⅣ1～ⅩⅥ	安山岩、玄武岩；花岗片麻岩；坚实的细粒花岗岩、闪长岩、石英岩、辉长岩、辉绿岩、玢岩、角闪岩	18.0～25.0以上	2.7～3.3	用爆破方法开挖

注：1. 土的级别为相当于一般 16 级土石级别。
2. 坚实系数 f 为相当于普氏强度系数。

2. 土的工程性质

土的工程性质对土方工程的施工有直接影响，其中基本的性质有：土的可松动性、土的含水量、土的压缩性、土的渗透性等。

（1）土的可松动性。土的可松动性是指天然主体经开挖，其体积因松散而增大，后经回填压实，但仍不能压缩到原有体积的性质。在建筑工程上土的可松动性对土方的平衡调配，场地平整土方量的计算，基坑（槽）开挖后的留弃土方量计算以及确定土方运输工具数量等有着密切的关系。土的可松程度一般用可松系数表示（见表 3-2），即

$$K_s = V_2/V_1$$
$$K'_s = V_3/V_2$$

式中 K_s——土的最初可松动系数；

K_s——土的最终可松动系数；

V_1——土在天然状态下的体积；

V_2——开挖后土的松散体积；

V_3——土经压实后的体积。

表 3-2 不同土的可松性系数

土的分类	可松性系数	
	K_s	K'_s
一类土（松软土）	1.08～1.17	1.01～1.04
二类土（普通土）	1.14～1.28	1.02～1.05
三类土（坚土）	1.24～1.30	1.04～1.07
四类土（砂砾坚土）	1.26～1.37	1.06～1.09
五类土（软石）	1.30～1.45	1.10～1.20
六类土（次坚石）	1.30～1.45	1.10～1.20
七类土（坚石）	1.30～1.45	1.10～1.20
八类土（特坚石）	1.45～1.50	1.20～1.30

（2）土的含水量。土的含水量是指土中水的质量与土粒质量之比，一般用 w 表示，即

$$w = m_w/m_s$$

式中 w——土的含水量；

m_w——土中水的质量；

m_s——土中固体颗粒的质量。

土壤含水量的测定方法有称重法、张力计法、电阻法、中子法等。

1）称重法。也称烘干法，这是唯一可以直接测量土壤水分的方法，也是最常用的方法之一。用 0.1g 精度的天平称取土样的重量，记作土样的湿重 M，在 105℃的烘箱内将土样烘 6～8h 至恒重，然后测定烘干土样，记下土的干重。

2）张力计法。也称负压计法，它测量的是土壤水吸力，原理如下：陶土头插入被测土壤后，管内自由水通过多孔陶土壁与土壤水接触，经过交换后达到水势平衡。此时，从张力计读到的数值就是土壤水（陶土头处）的吸力值，也即为忽略重力势后的基质势的值。然后，根据土壤含水率与基质势之间的关系（土壤水特征曲线）就可以确定出土壤的含水率。

3）电阻法。多孔介质的导电能力是同它的含水量以及介电常数有关的，如

果忽略含盐的影响，水分含量和其电阻间是有确定关系的电阻法是将两个电极埋入土壤中，然后测出两个电极之间的电阻。但是，在这种情况下，电极与土壤的接触电阻有可能比土壤的电阻大得多。因此，采用将电极嵌入多孔渗水介质（石膏、尼龙、玻璃纤维等）中形成电阻块，以解决这个问题。

4）中子法。中子法就是用中子仪测定土壤含水率。中子仪的组成主要包括：快中子源，一个慢中子检测器，监测土壤散射的慢中子通量的计数器及屏蔽匣，测试用硬管等。

（3）土的压缩性。土在回填后均会压缩，一般土的压缩性用压缩率表示，见表 3-3。

表 3-3　土的压缩率

土的类别	土的名称	土的压缩率（%）	每平方米压实后的体积
一、二类土	种植土	20	0.80
	一般土	10	0.90
	砂土	5	0.95
三类土	天然湿度黄土	12～17	0.85
	一般土	5	0.95
	干燥坚实黄土	5～7	0.94

（4）土的渗透性。土的渗透性是指水在土孔隙中渗透流动的性能，以渗透系数 k 表示。各类土的渗透系数见表 3-4。

表 3-4　土的渗透系数

土的名称	渗透系数 k/(m/d)	土的名称	渗透系数 k/(m/d)
黏土	<0.005	中砂	5.00～20.00
粉质黏土	0.005～0.10	均质中砂	35.00～50.00
粉土	0.10～0.50	粗砂	20.00～50.00
黄土	0.25～0.50	圆砾石	50.00～100.00
粉砂	0.50～1.00	卵石	100.00～500.00
细砂	1.00～5.00	—	—

第二节　土方工程量计算

一、基坑与基槽土方量计算

1. 基坑土方量计算

基坑是指坑底面积在 50m² 以内，且长宽比小于或等于 3∶1 的矩形土体。

基坑土方量可按立体几何中的拟柱体（由两个平行的平面做底的一种多面体）体积公式计算。如图 3-1 所示，即

$$V = \frac{H}{6}(A_1 + 4A_0 + A_2)$$

式中 H——基坑深度（m）；

A_1、A_2——基坑上下底面积（m^2）；

A_0——基坑中截面的面积（m^2）。

2. 基槽土方量计算

底宽小于 5m，且长宽比大于 3∶1 的土体称为基槽。基槽路堤管沟的土方工程量，可以沿长度方向分段后，再用同样方法计算。如图 3-2 所示，即

$$V_1 = \frac{L_1}{6}(A_1 + 4A_0 + A_2)$$

式中 V_1——第一段的土方量（m^3）；

L_1——第一段的长度（m）。

将各段土方量相加，即得总土方量：

$$V = V_1 + V_2 + \cdots + V_n$$

式中 V_1、V_2、V_n 为各分段的土方量。

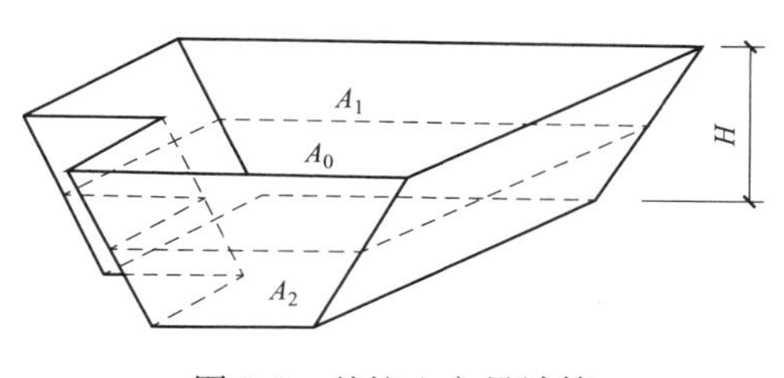

图 3-1 基坑土方量计算

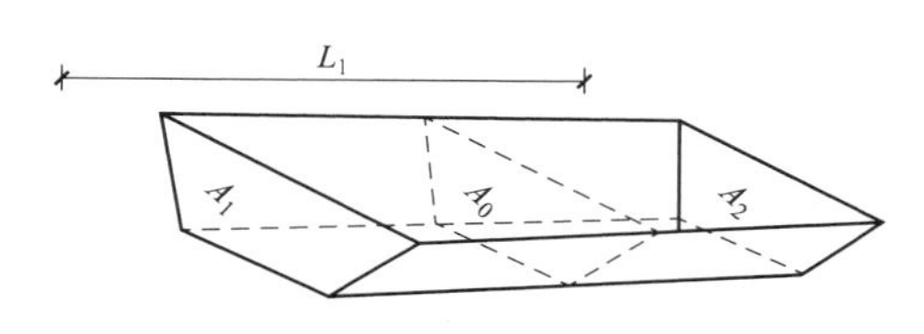

图 3-2 基槽土方量计算

二、场地平整的土方量计算

场地平整为施工中的一项重要内容，施工顺序一般为：现场勘查→清理地面障碍物→标定整平范围→设置水准基点→设置方格网，测量标高→计算土方挖填工程量→平整土方→场地碾压→验收。

1. 场地设计标高的确定

场地设计标高是进行场地平整和土方量计算的依据，也是总图规划和竖向设计的依据。应结合现场的实际条件，合理确定场地的标高。

场地设计标高的原则是场地内挖填方平衡。如图 3-3 所示，将场地地形图划分成边长 10～40m 的若干个方格，各方格角点自然地面标高确定的方法有：当地形平坦时，根据地形图上相邻两条等高线的标高，用插入法求得；地势起伏

大、无地形图时，可在施工现场打好方格网，然后用仪器测出。

按照场地内土方在平整前和平整后相等的原则，场地设计标高可按下式进行计算：

$$H_0 Na^2 = \sum \left(a^2 \frac{H_{11} + H_{12} + H_{21} + H_{22}}{4} \right)$$

$$H_0 = \frac{\sum (H_{11} + H_{12} + H_{21} + H_{22})}{4N}$$

式中 H_0——所计算的场地设计标高（m）；

a——方格边长（m）；

N——方格数；

H_{11}，H_{12}，H_{21}，H_{22}——任意一个方格的四个角点标高（m）。

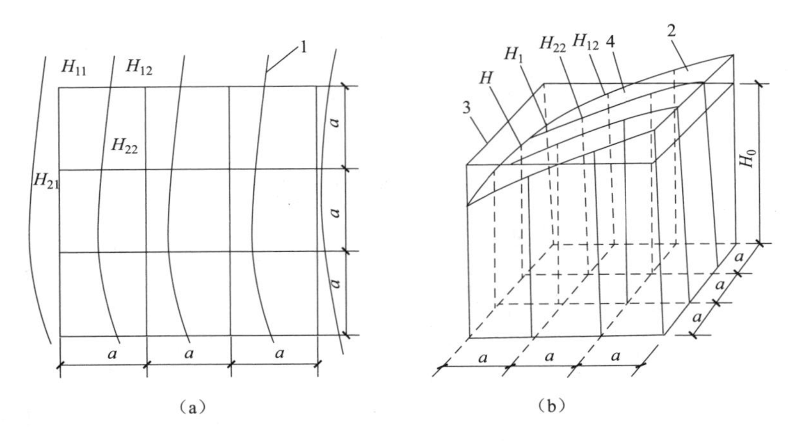

图 3-3　场地设计标高计算简图

（a）地图上划分表格；（b）设计标高示意图

1—等高线；2—自然地面；3—设计标高平面；4—自然地面与设计标高平面的交线（零线）

从图 3-3 中可看出，H_{11}系一个方格的四个角点标高，H_{12}和 H_{21}系相邻两个方格的公共角点标高，H_{22}系相邻的四个方格的公共角点标高。如果将所有方格的四个角点相加，则 H_{11}这样的角点标高加一次，类似 H_{12}和 H_{21}的角点标高加两次，类似 H_{22}的角点标高要加四次。

则场地设计标高 H_0的计算公式为：

$$H_0 = \frac{\sum H_1 + 2\sum H_2 + 3\sum H_3 + 4\sum H_4}{4N}$$

式中 H_1——一个方格独有的角点标高（m）；

H_2——两个方格共有的角点标高；

H_3——三个方格共有的角点标高；

H_4——四个方格共有的角点标高。

2. 场地土方量的计算

场地平整土方量的计算方法主要有方格网法、断面法和等高线法。

（1）方格网法。方格网法是将需平整的场地划分为边长相等的方格，分别计算出每个方格的土方量进行汇总，最后求出总土方量。方格网法计算的精确度较高，使用较为广泛。

1）划分场地。将场地划分为边长 10～40m 的正方形方格网，通常以 20m 居多。再将场地设计标高和自然地面标高分别标注在方格角点的右上角和右下角，场地设计标高与自然地面标高的差值即为各角点的施工高度，“+”号表示填方，“−”表示挖方。将施工高度标注于角点上，然后分别计算每一方格地填挖土方量，并算出场地边坡的土方量。将挖方区或填方区所有方格计算的土方量和边坡土方量汇总，即得场地挖方量和填方量的总土方量。

各方格角点的施工高度为：

$$h_{ij} = H_{ij} - H'_{ij}$$

式中 h_{ij}——该角点的施工高度（即填挖方高度）。以“+”为填方高度，以“−”为挖方高度（m）；

H_{ij}——该角点的设计标高（m）；

H'_{ij}——该角点的自然地面设计标高（m）。

2）确定零线。当同一个方格的四个角点的施工高度均为“+”或“−”时，该方格内的土方则全部为填方或挖方；如果一个方格中一部分角点的施工高度为“+”，另一部分为“−”时，此方格中的土方一部分为填方，一部分为挖方。这时，要先确定挖、填方的分界线，称为零线。

方格边线上的零点位置按下式计算：

$$x = \frac{ah_1}{h_1 + h_2}$$

式中 h_1，h_2——相邻两角点填挖方施工高度（m）。h_1 为填方角点的高度，h_2 为挖方角点的高度；

A——方格边长；

X——零点所划分边长的数值。

3）计算各方格土方量。全填或全挖方格土方量计算为：

$$V = \frac{a^2}{4}(h_1 + h_2 + h_3 + h_4)$$

两挖两填方格土方量计算为：

$$V = \frac{a^2}{4}\left(\frac{h_1^2}{h_1 + h_4} + \frac{h_2^2}{h_2 + h_3}\right)$$

三挖一填方格土方量的填方部分计算为：

$$V_{填}=\frac{a^2}{6}\times\frac{h_4^3}{(h_1+h_4)(h_2+h_3)}$$

三挖一填方格土方量的挖方部分计算为：

$$V_{挖}=\frac{a^2}{6}(2h_1+h_2+3h_3-h_4)+V_{填}$$

一挖一填方格土方量计算为：

$$V=\frac{1}{6}a^2h$$

4）汇总。将以上计算的各方格的土方量和挖方区、填方区的土方量进行汇总后，就获得了场地平整的挖方量和填方量。

（2）断面法。断面法适用于地形起伏较大地区，或者地形狭长、挖填深度较大不规则的地区，此方法虽计算简便，但是精确度较低。断面法计算步骤和方法见表 3-5 和表 3-6。

表 3-5　　断面法计算步骤

示意图	计算步骤
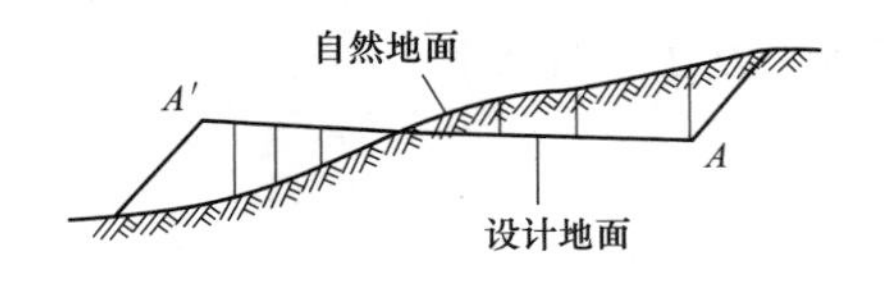	（1）划分横截面。根据地形图、竖向布置图或现场检测，将要计算的场地划分为若干个横截面 AA'、BB'、CC'……使截面尽量垂直等高线或建筑物边长；截面间距可不等，一般取 10m 或 20m，但最大不大于 100m （2）画断面图形。按比例绘制每个横截面的自然地面和设计地面的轮廓线。自然地面轮廓线与设计地面轮廓线之间的面积，即为挖方或填方的断面积 （3）计算断面面积。按表 3-6 中面积计算公式，计算每个横截面的挖方或填方断面积 （4）计算土方工程量。根据横断面面积计算土方工程量： $V=\frac{(A_1+A_2)}{2}S$ （5）汇总。按表 3-7 格式汇总土方工程量

表 3-6 常用断面面积计算公式

示意图	计算公式
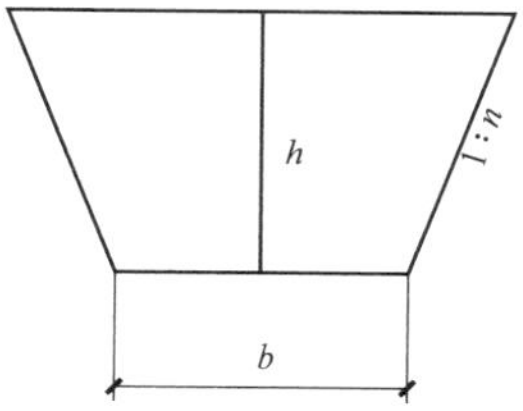 h, $1:n$, b	$A=h(b+nh)$
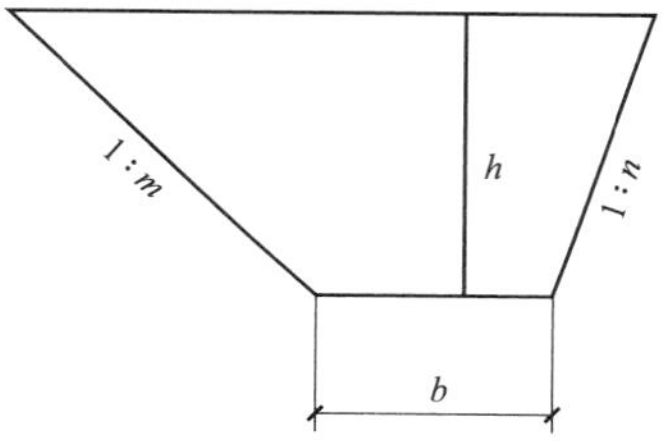 $1:m$, h, $1:n$, b	$A=h\left[b+\frac{h(m+n)}{2}\right]$
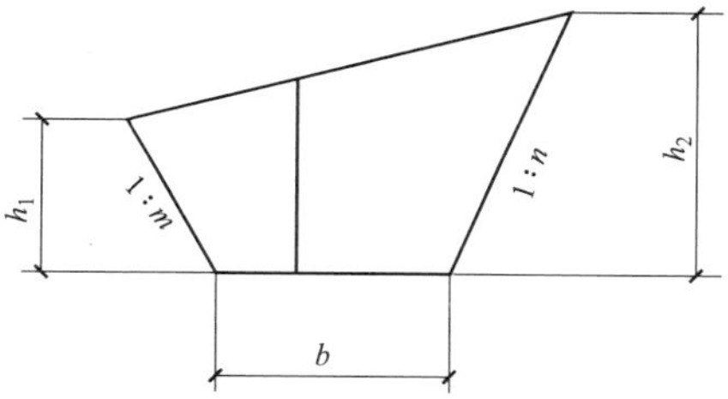 h_1, $1:m$, $1:n$, h_2, b	$A=b\times\frac{h_1+h_2}{2}+nh_1h_2$
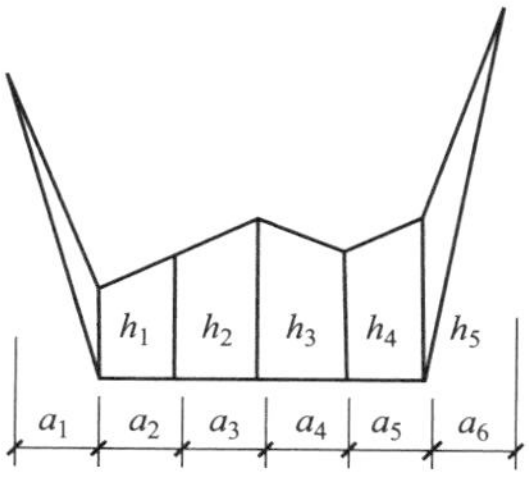 h_1 h_2 h_3 h_4 h_5; a_1 a_2 a_3 a_4 a_5 a_6	$A=h_1\times\frac{a_1+a_2}{2}+h_2\times\frac{a_2+a_3}{2}+h_3\times\frac{a_3+a_4}{2}+h_4\times\frac{a_4+a_5}{2}+h_5\times\frac{a_5+a_6}{2}$
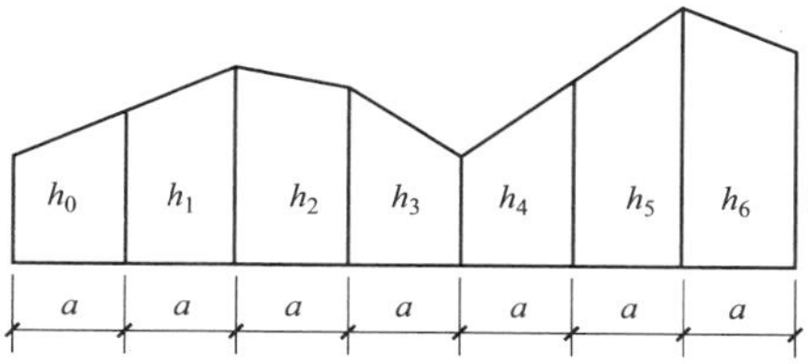 h_0 h_1 h_2 h_3 h_4 h_5 h_6 h_7; a a a a a a a	$A=\frac{a}{2}(h_0+2h+h_7)$ $h=h_1+h_2+h_3+h_4+h_5+h_6$

表 3-7　　土方量汇总表

截面	填方面积（m²）	挖方面积（m²）	截面间距（m）	填方体积（m³）	挖方体积（m³）
A-A'					
B-B'					
C-C'					
合计					

（3）等高线法。等高线法适用于地形起伏特别大地区，如盆地、山丘等。等高线法示意图如图 3-4 所示。

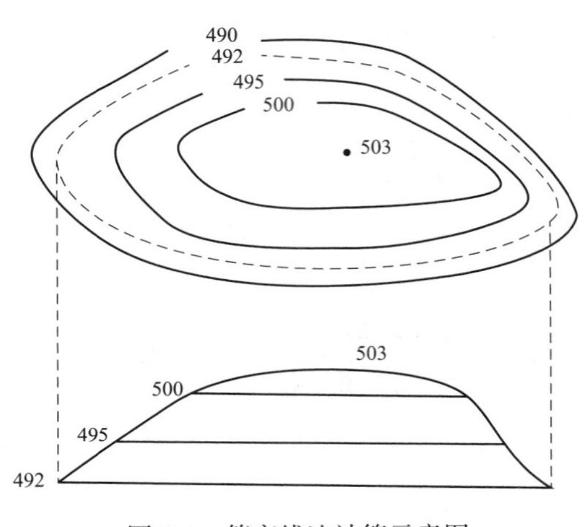

图 3-4　等高线法计算示意图

首先在地形图内插出高程为 492m 的等高线，再求出 492m、495m、500m 三条等高线所围成的面积 A_{492}、A_{495}、A_{500}，即可算出每层土石方的挖方量，挖方量为：

$$V_{492\sim495}=\frac{1}{2}(A_{492}+A_{495})\times3$$

$$V_{495\sim500}=\frac{1}{2}(A_{495}+A_{500})\times5$$

$$V_{500\sim503}=\frac{1}{3}A_{500}\times3$$

则总的挖方量为：$V_{总}=\sum V=V_{492\sim495}+V_{495\sim500}+V_{500\sim503}$

式中　$V_{总}$——492m、495m、500m 三条等高线围成区域的土方挖方量；

$V_{492\sim495}$——492m、495m 两条等高线围城区域的土方挖方量；

$V_{495\sim500}$——495m、500m 两条等高线围城区域的土方挖方量；

$V_{500\sim503}$——500m、503m 两条等高线围城区域的土方挖方量。

3. 边坡土方量的计算

常用与场地平整、修筑路基、路堑的边坡挖、填土方量计算，常用图算法。图算法是根据现场测绘，将要计算的地形图若干几何形体，如图 3-5 所示。从图中可看出，图形为三角棱体和三角棱柱体，再按下列公式计算体积，最后将分段的结果相加，求出边坡土方的挖、填方量。

边坡三角棱体体积为：$V_1 = F_1 l_1 / 3$

其中 $F_1 = h_2 (h_2 m)/2 = m h_2^2 / 2$

式中 l_1——边坡①的长度（m）；

F_1——边坡①的端面积（m^2）；

h_2——角点的挖土高度（m）；

m——边坡的坡度系数。

边坡三角棱柱体体积为：$V_4 = (F_1 + F_2) l_4 / 2$

式中 V_4——边坡④三角棱柱体体积；

l_4——边坡④的长度。

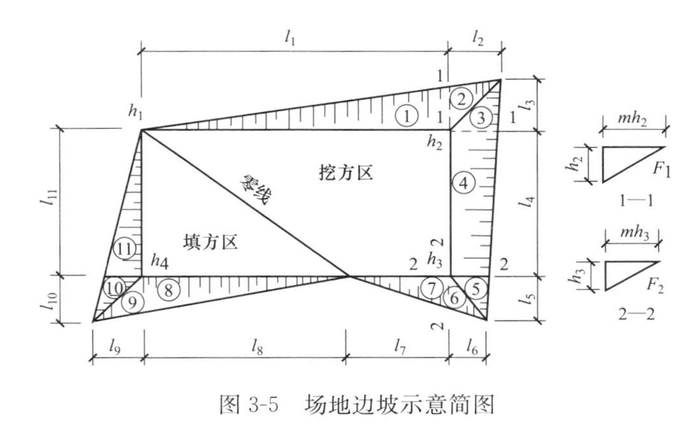

图 3-5　场地边坡示意简图

第三节　土 方 施 工

一、施工前的准备

（1）建设单位应向施工单位提供当地实测地形图、原有的地下管线或建（构）筑物的竣工图，土石方施工图及工程性质、气象条件等技术资料，以便施工方进行设计，并应提供平面控制点和水准点，作为施工测量的依据。

（2）清理地面及地下的各种障碍，已有建筑物或构筑物、道路、沟渠、通信、电力设备、地上和地下管道、坟墓、树木等在施工前必须拆除，影响工程质量的软弱土层、腐殖土、大卵石、草皮、垃圾等也应进行清理，以便于施工的正常进行。

(3) 排除地面水，场地内低洼地区的积水必须排除，同时应设置排水沟、截水沟和挡水土坝等，有利于雨水的排出和拦截雨水的进入，使场地地面保持干燥，使施工顺利进行。

(4) 根据规划部门测放的建筑界线、街道控制点和水准点进行土方工程施工测量及定位放线之后，方可进行土方施工。

(5) 在施工前应修筑临时道路，保证机械的正常进入，并应做好供水、供电等临时措施。

(6) 根据土方施工设计做好土方工程的辅助工作。如边坡固定、基坑（槽）支护、降低地下水位等工作。

二、土方开挖与运输

1. 浅基坑、槽和管沟开挖

(1) 浅基坑、槽开挖，应先进行测量定位（定位就是根据建筑平面图、房屋建筑平面图和基础平面图，以及设计给定的定位依据和定位条件，将拟建房屋的平面位置、高程用经纬仪和钢尺正确的标在地面上），抄平放线（放线就是根据定位控制桩或控制点、基础平面图和剖面图、底层平面图以及坡度系数和工作面等在实地用石灰撒出基坑、槽上口的开挖边线），定出开挖长度，根据土质和水文情况采取适当的部位进行开挖，以保证施工安全。

当土质为天然湿度、构造均匀、水文地质良好，且无地下水时，开挖基坑根据开挖深度参考表3-8和表3-9中的数值进行施工。

表3-8　基坑（槽）和管沟不加支撑时的容许深度

土的种类	容许深度（m）
密实、中密的砂子和碎石类土	1.00
硬塑、可塑的粉质黏土及粉土	1.25
硬塑、可塑的黏土及碎石类土	1.50
坚硬的黏土	2.00

表3-9　临时性挖方边坡值

土的类别		边坡值（高：宽）
砂土（不包括细砂、粉砂）		1：1.25～1：1.50
一般黏性土	硬	1：0.75～1：1.00
	硬塑	1：1.00～1：1.25
	软	1：1.50或更缓
碎石类土	充填坚硬、硬塑黏性土	1：0.50～1：1.00
	充填砂土	1：1.00～1：1.50

(2) 当开挖基坑(槽)的土体含水量大,或基坑较深,或受到场地限制需要用较陡的边坡或直立开挖而土质较差时,应采用临时性支撑加固结构。挖土时,土壁要求平直,挖好一层,支撑一层,挡土板要紧贴土面,并用小木桩或横撑钢管顶住挡板。开挖宽度较大的基坑,当在局部地段无法放坡,或下部土方受到基坑尺寸限制不能放较大的坡度时,应在下部坡脚采取加固措施,如采用短桩与横隔板支撑或砌砖、毛石或用编织袋装土堆砌临时矮挡土墙保护坡脚。

(3) 基坑开挖尽量防止对地基土的扰动。人工挖土,基坑挖好后不能立即进行下道工序时,应预留 15~30cm 土不挖,待下道工序开始再挖至设计标高。采用机械开挖基坑时,应在基底标高以上预留 20~30cm,由人工挖掘修整。

(4) 在地下水位以下挖土时,应在基坑四周或两侧挖好临时排水沟和集水井,将水位降到坑、槽以下 500mm,降水工作应持续到基础工程完成以前。

(5) 雨期施工时,应在基槽两侧围上土堤或挖排水沟,以防止雨水流入基坑槽。

(6) 基坑开挖时,应对平面控制桩、水准点、基坑平面位置、标高、边坡坡度等经常进行检查。

(7) 基坑应进行验槽,做好记录,发现问题及时与相关人员进行处理。

2. 挖方工具

(1) 铲运机。操作简单灵活,不受地形限制,不需特设道路,准备工作简单,能独立进行工作。能开挖含水率 27%以下的 1~4 类土,大面积场地平整、压实和开挖大型基坑(槽)、管沟等,但不适用于砾石层、冻土地带及沼泽地区使用。铲运机如图 3-6 所示。

图 3-6 铲运机

从图中可看出铲运机主要由牵引动力机械如拖拉机和铲运斗两部分组成。铲运机在切土过程中,铲刀下落,边走边卸土,将土逐渐装满铲斗后提刀关闭斗门,适合较长距离的土料运输。

(2) 正铲挖掘机。装车轻便灵活,回转速度快,移位方便;能挖掘坚硬土层,易控制开挖尺寸,工作效率高。能开挖工作面狭小且较深的大型管沟和基槽路堑。正铲挖掘机如图 3-7 所示。

（3）抓铲挖掘机。钢绳牵引灵活性较差，工效不高，且不能挖掘坚硬土；可以装在简易机械上工作，使用方便。能开挖土质比较松软，施工面较狭窄的深基坑、基槽，可以在水中挖取土，清理河床。抓铲挖掘机如图 3-8 所示。

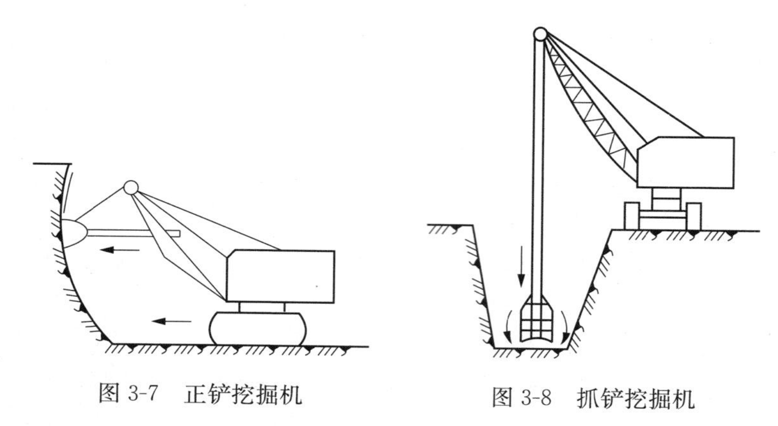

图 3-7 正铲挖掘机　　图 3-8 抓铲挖掘机

3. 土方运输的要求

（1）严禁超载运输土石方，运输过程中应进行覆盖，严格控制车速，不超速、不超重，安全生产。

（2）施工现场运输道路要布置有序，避免运输混杂、交叉，影响安全及进度。

（3）土石方运输装卸要有专人指挥倒车。

4. 基坑边坡防护

当基坑放坡高度较大，施工期和暴露时间较长，应保护基坑边坡的稳定。

（1）覆膜覆盖或砂浆覆盖法。在边坡上铺塑料薄膜，在坡顶及坡脚用编织袋装土压住或用砖压住；或在边坡上抹水泥砂浆 2～2.5cm 厚保护，在土中插适当锚筋连接，在坡脚设排水沟，如图 3-9（a）所示。

（2）挂网或挂网抹面法。对施工期短，土质差的临时性基坑边坡，垂直坡面楔入直径 10～20mm、长 40～60cm 插筋，纵横间距 1m，上面铺钢丝网，上下用编织袋或砂压住，然后在钢丝网上抹水泥砂浆，在坡顶坡脚设排水沟，如图 3-9（b）所示。

（3）喷射混凝土或混凝土护面法。对邻近有建筑物的深基坑边坡，可在坡面垂直楔入直径 10～12mm，长40～50cm 插筋，纵横间距 1m，上面铺钢丝网，然后喷射 40～60mm 厚的细石混凝土直到坡顶和坡脚，如图 3-9（c）所示。

（4）土袋或砌石压坡法。深度在 5m 以内的临时基坑边坡，在边坡下部用草袋堆砌或用砌石压住坡脚。边坡 3m 以内可采用单排顶砌法。在坡顶设挡水土堤或排水沟，防止冲刷坡面，在底部做排水沟，防止冲刷坡脚，如图 3-9（c）所示。

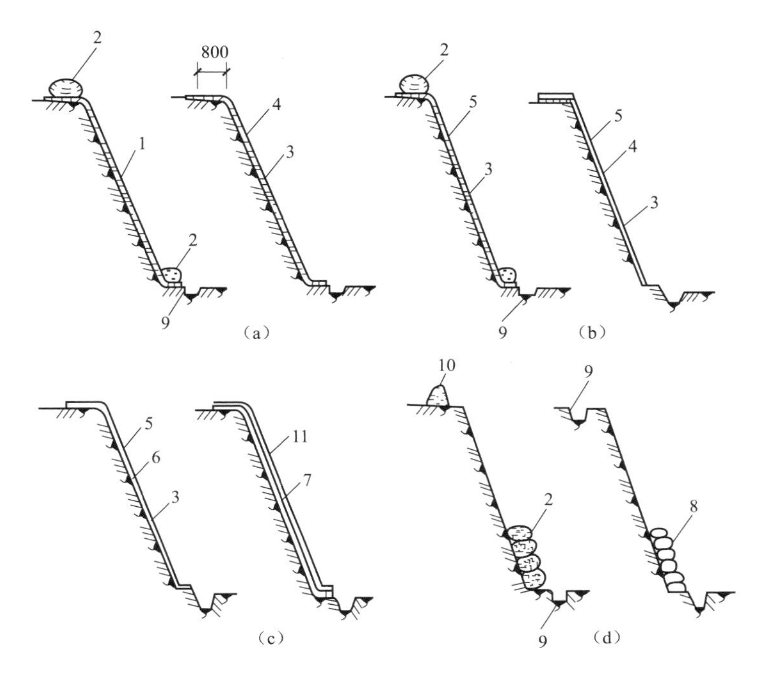

图 3-9 基坑边坡护面方法

(a) 薄膜或砂浆覆盖；(b) 挂网或挂网抹面；(c) 喷射混凝土或混凝土护面；(d) 土袋或砌石压坡
1—塑料薄膜；2—编织袋装土；3—插筋 10～12mm；4—抹水泥砂浆；5—钢丝网；6—喷射混凝土；7—细石混凝土；8—砂浆砌石；9—排水沟；10—土堤；11—钢筋瓦片

三、土方回填与压实

1. 填料要求

(1) 碎石、砂土（使用细、粉砂时应取得设计单位同意）和爆破石碴，可作表层以下地填料。

(2) 含水量符合压实要求的黏性土，可作各层地填料。

(3) 淤泥和淤泥质土不能作为填料。

(4) 填土含水量的大小，直接影响到压实质量，所以在压实前应先进行试验，以得到符合密实度要求的数据。土的最优含水量和最大密实度见表 3-10。

表 3-10　　土的最优含水量和最大密实度

序号	土的种类	变动范围	
		最优含水量（%）	最大干密度（kg/m³）
1	砂土	8～12	1.80～1.88
2	黏土	19～23	1.58～1.70
3	粉质黏土	12～15	1.85～1.95
4	粉土	16～22	1.61～1.80

(5) 含有大量有机物的土壤、石膏或水溶性硫酸盐含量大于 20%的土壤，冻结或液化状态的泥炭、黏土或粉状砂质黏土等，一般不作填土之用。

2. 填方边坡

(1) 填方的边坡坡度按设计规定施工，设计无规定时，可按表 3-11 和表 3-12 采用。

(2) 对使用时间较长的临时性填方边坡坡度，当填方高度小于 10m 时，可采用 1∶1.5；超过 10m 可做成折线形，上部采用 1∶1.5，下部采用 1∶1.75。

表 3-11　　永久性填方边坡的高度限值

序号	土的种类	填方高度（m）	边坡坡度
1	黏土类土，黄土、类黄土	6	1∶1.50
2	粉质黏土、泥灰岩土	6～7	
3	中砂或粗砂	10	
4	砾石或碎石土	10～12	
5	易风化的岩土	12	
6	轻微风化，尺寸大于 25cm 内的石料	6 以内 6～12	1∶1.33 1∶1.50
7	轻微风化，尺寸大于 25cm 的石料，边坡用最大块，分排整齐铺砌	12 以内	1∶1.50～1∶1.75
8	轻微风化，尺寸大于 40cm 内的石料，其边坡分排整齐	5 以内 5～10 >10	1∶0.50 1∶0.65 1∶1.00

表 3-12　　压实填土的边坡允许值

填料类别	压实系数	边坡允许值（高宽比）			
		填料厚度 H（m）			
		$H \leqslant 5$	$5 < H \leqslant 10$	$10 < H \leqslant 15$	$15 < H \leqslant 20$
碎石、卵石	0.94～0.97	1∶1.25	1∶1.50	1∶1.75	1∶2.00
砂夹石（其中碎石、卵石占全重的 30%～50%）					
土夹石（其中碎石、卵石占全重的 30%～50%）					
粉质黏土，黏粒含量≥10%的粉土		1∶1.50	1∶1.75	1∶2.00	1∶2.25

3. 填土方法

(1) 人工填土方法。

1) 从场地最低部分开始，由一端向另一端自下而上分层铺填。每层虚铺厚度。用打夯机械夯实时不大于 25cm。采取分段填筑，交接处应填成阶梯形。

2）墙基及管道回填在两侧用细土同时均匀回填、夯实，防止墙基及管道中心线位移。

（2）机械填土方法。

1）推土机填土。

① 填土应由下而上分层铺填，每层虚铺厚度不宜大于 30cm。大坡度堆填土，不得居高临下，不分层次，一次堆填。

② 推土机运土回填，可采取分堆集中、一次运送方法，分段距离为 10～15m，以减少运土漏失量。

③ 土方推至填方部位时，应提起一次铲刀，成堆卸土，并向前行驶 0.5～1.0m，利用推土机后退时将土刮平。

④ 用推土机来回行驶进行碾压，履带应重叠一半。

⑤ 填土程序宜采用纵向铺填顺序，从挖土区段至填土区段，以 40～60cm 距离为宜。

2）铲运机填土。

① 铲运机铺土时，铺填土区段长度不宜小于 20m，宽肩不宜小于 8m。

② 铺土应分层进行，每次铺土厚度不大于 30～50cm（视所在压实机械的要求而定），每层铺土后，利用空车返回时将地面刮平。

③ 填土程序一般尽量采取横向或纵向分层卸土，以利行驶时初步压实。

3）汽车填土。

① 自卸汽车为成堆卸土，需配以推土机推土、摊平。

② 每层的铺土厚度不大于 30～50cm（随选用的压实机具而定）。

③ 填土可利用汽车行驶作部分压实工作，行车路线必须均匀分布于填土层上。

④ 汽车不能在虚土上行驶，卸土推平和压实工作必须采取分段交叉进行。

4. 影响填土压实的因素

（1）压实功的影响。填土压实后的重度与压实机械在其上所施加的功有一定的关系。当土的含水量一定，在开始压实时，土的重度急剧增加，待到接近土的最大重度时，压实功虽然增加许多，而土的重度则没有变化。实际施工中，对不同的土应根据选择的压实机械和密实度要求选择合理的压实遍数。此外，松土不宜用重型碾压机械直接滚压，否则土层有强烈起伏现象，效率不高。如果先用轻碾，再用重碾压实，就会取得较好效果。

（2）含水量的影响。填土含水量的大小直接影响碾压（或夯实）遍数和质量。

较为干燥的土，由于摩阻力较大而不易压实。当土具有适当含水量时，土的颗粒之间因水的润滑作用使摩阻力减小，在同样压实功作用下得到最大的密实度，这时土的含水量称作最佳含水量。土的最佳含水量可参见表3-10。

为了保证填土在压实过程中具有最佳含水量，土的含水量偏高时，可采取翻松、晾晒、掺干土等措施。如含水量偏低，采用预先洒水湿润、增加压实遍数等措施。

(3) 铺土厚度的影响。在压实功作用下，土中的应力随深度增加而逐渐减小。其影响深度与压实机械、土的性质及含水量有关。铺土厚度应小于压实机械的有效作用深度。铺得过厚，要增加压实遍数才能达到规定的密实度；铺得过薄，机械的总压实遍数也要增加。恰当的铺土厚度能使土方压实，而机械的耗能最少。

铺土厚度与压实遍数可参照表3-13的规定。

表3-13　每层铺土厚度与压实遍数

压实机具	每层铺土厚度（mm）	每层压实遍数
平碾	250～300	6～8
振动压实机	250～350	3～4
柴油打夯机	100～250	3～4
人工打夯	<200	3～4

5. 填土压实方法

填土压实方法一般有碾压法、夯实法和振动法。

(1) 碾压法。碾压法是利用压力压实土壤，使之达到所需的密实度。碾压机械有平滚碾（压路机）、羊足碾和气胎碾等，如图3-10所示。平滚辗适用于碾压黏性和非黏性土壤；羊足碾只用来碾压黏性土壤；气胎碾对土壤压力较为均匀，故其填土质量较好。

利用运土机械进行碾压，也是较经济合理的压实方案，施工时使运土机械行驶路线能大体均匀地分布在填土面积上，并达到一定的重复行驶遍数，使其满足填土压实质量求。

用碾压法压实填土时，铺土应均匀一致，碾压遍数要一样，碾压方向应从填土区的两边逐渐压向中心，碾迹应有15～20m的重叠宽度。碾压机械行驶速度不宜过快，一般平碾控制在2km/h，羊足碾控制在3km/h，否则会影响压实效果。

(2) 夯实法。夯实法是利用夯锤自由下落的冲击力来夯实土壤，主要用于小面积的回填土。夯实法分人工夯实和机械夯实两种。夯实机具的类型较多，有木夯、石硪、蛙式打夯机、火力夯以及利用挖土机或起重机装上夯板后的夯土机等。其中，蛙式打夯机轻巧灵活，构造简单，在小型土方工程中应用最广。蛙式打夯机如图 3-11 所示。

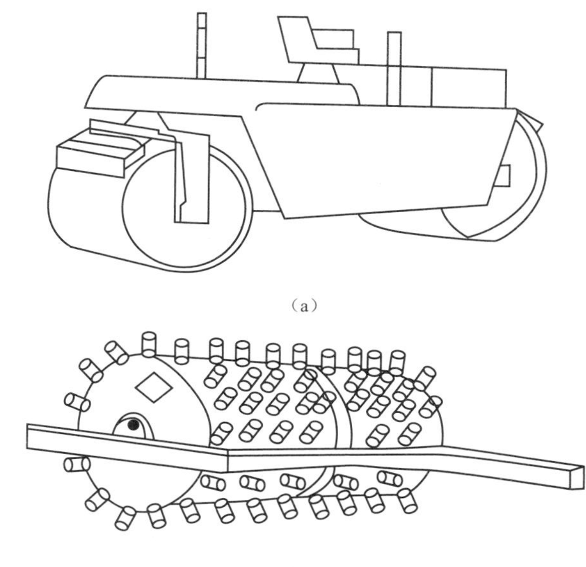

(a)

(b)

图 3-10 碾压机械

(a) 光轮压路机；(b) 羊足碾

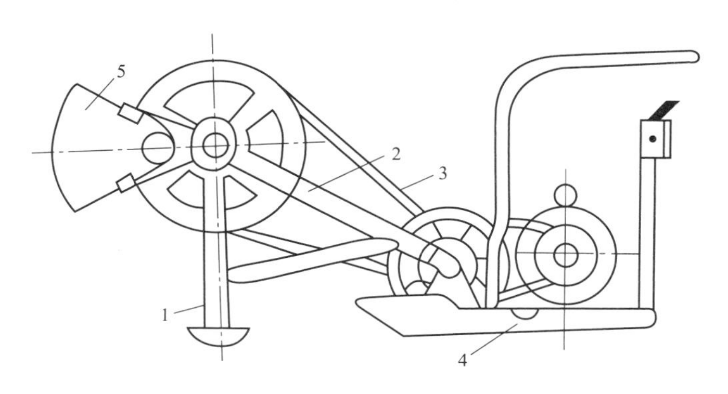

图 3-11 蛙式打夯机

1—夯头；2—夯架；3—三角胶带；4—托盘；5—偏心块

夯实法的优点是，可以夯实较厚的土层，如重锤夯其夯实厚度可达 1～1.5m，强力夯可对深层土进行夯实。但对木夯、石硪或蛙式打夯机等机具，其夯实厚度则较小，一般均在 20cm 以内。

(3) 振动法。振动法是将重锤放在土层的表面或内部，借助于振动设备使重锤振动，土颗粒即发生相对位移达到紧密状态。此法用于振实非黏性土壤效果较好。

近年来，又将碾压和振动法结合起来而设计和制造了振动平碾、振动凸块碾等新型压实机械。振动平碾适用于填料为爆破碎石渣、碎石类土、杂填土或轻亚黏土的大型填方；振动凸块碾则适用于粉质黏土或黏土的大型填方。当压实爆破石碴或碎石类土时，可选用重为8～15t的振动平碾，铺土厚度为0.6～1.5m，先静压、后碾压，碾压遍数由现场试验确定，一般为6～8遍。

6. 质量控制与检验

(1) 回填施工过程中应检查排水措施，每层填筑厚度、含水量控制和压实程序。

(2) 对每层回填的质量进行检验，采用环刀法（或灌砂法、灌水法）取样测定土（石）的干密度，求出土（石）的密实度，或用小轻便触探仪检验干密度和密实度。

(3) 基坑和室内填土，每层按100～500m^2 取样1组；场地平整填方，每层按400～900m^2 取样一组；基坑和管沟回填每20～50m^2 取样1组，但每层均不少于1组，取样部位在每层压实后的下半部。

(4) 干密度应有90%以上符合设计要求，10%的最低值与设计值之差，不大于0.08t/m^3 且不应集中。

(5) 填方施工结束后应检查标高、边坡坡度、压实程度等，检验标准参见表3-14。

表3-14　填土工程质量检验评定标准　(mm)

项目	序号	检验项目	允许偏差或允许值					检查方法
			桩基、基坑、基槽	场地平整		管沟	地面基础层	
				人工	机械			
主控项目	1	标高	−50	±30	±50	−50	−50	水准仪
	2	分层压实系数	设计要求					按规定方法
一般项目	1	回填土料	设计要求					取样检查或直观鉴别
	2	分层厚度及含水量	设计要求					水准仪及抽样检查
	3	表面平整度	20	20	30	20	20	用靠尺或水准仪

第四节　施工注意事项

一、坑基开挖

(1) 挖方时不得在危岩、孤石的下边或贴近未加固的危险建筑物的下面进行。

（2）基坑开挖时，两人操作间距应大于3.0m，不得对头挖土，挖土面积较大时，每人工作面不应小于$6m^2$。挖土应由上而下，分层分段按顺序进行，严禁先挖坡脚或逆坡挖土，或采用底部掏空塌土方法挖土。

（3）基坑开挖深度超过1.5m时，应根据土质和深度严格按要求放坡。不放坡开挖时，需根据水文、地质条件及基坑深度计算确定临时支护方案。

（4）基坑边缘堆土、堆料或沿挖方边缘移动运输工具和机械，一般应距基坑上边缘不少于2m，弃土堆置高度不应超过1.5m，重物距边坡距离，汽车不小于3m，起重机不小于4m。

（5）基坑开挖时，应随时注意土壁变动情况，如发现有边坡裂缝或部分坍塌现象，施工人员应立即撤离操作地点，并应及时分析原因，采取有效措施处理。例如，进行支撑或放坡，并注意支撑的稳固和土壁的变化。

（6）深基坑开挖采用支护结构时，为保证操作安全，在施工中应加强观测，发现异常情况，及时进行处理，雨后更应加强检查。

（7）在雨期开挖基坑，应距坑边1m远处挖截水沟或筑挡水堤，防止露水灌入基坑或冲刷边坡，造成边坡失稳塌方。当基坑底部位于地下水位以下时，基坑开挖应采取降低地下水位措施。雨期在深坑内操作应先检查土方边坡支护措施。

（8）当基坑较深或晾槽时间很长时，为防止边坡失水疏松或地表水冲刷、浸润影响边坡稳定，应采用塑料薄膜或抹砂浆覆盖或挂钢丝网，抹砂浆或砌石、草袋装土堆压等方法保护。

（9）在冬季开挖时，可提前在土表面覆盖保温材料或在冰冻前翻松表土。翻松厚度视土质和负温情况确定，一般不得小于0.5m，覆盖材料要保持干燥，厚度按各种材料的保温性能和土壤可能达到的冻结深度计算决定。

二、机械挖土

（1）大型土方工程施工前，应编制土方开挖方案、绘制土方开挖图，确定开挖方式、顺序、边坡坡度、土方运输方式与路线，弃土堆放地点以及安全技术措施等以保证挖掘、运输机械设备安全作业。

（2）机械行驶道路应平整、坚实，必要时底部应铺设枕木、钢板或路基箱垫道，防止作业时道路下陷；在饱和软土地段开挖土方应先降低地下水位，防止设备下陷或基土产生侧移。

（3）机械挖土应分层进行，合理放坡，防止塌方、溜坡等造成机械倾翻、掩埋等事故。

（4）多台挖掘机在同一作业面的机间距应大于10m。多台挖掘机在不同台阶同时开挖，应验算边坡稳定，上下台阶挖掘机前后应相距30m以上，挖掘机距离下部边坡应有一定的安全距离，以防造成翻车事故。

（5）在雨期和冬期施工时，运输机械和行驶道路应采取防滑措施，以保证施工安全。

（6）遇到大风、暴雪等恶劣天气时，应立即停止作业，必要时对机械采取保护措施，保证机械安全。

（7）在施工区域内，严禁非工作人员进入，在进行土方爆破时，工作人员和机械应撤离到安全地带，以免对人员造成伤害。

三、土方回填

（1）基坑（槽）和管沟回填前，应检查坑（槽）壁有无塌方迹象，下坑（槽）操作人员要戴安全帽。

（2）基坑回填应分层进行，基础或管道、地沟回填应防止造成两侧压力不平衡，使基础或墙体位移或倾倒。

（3）在填土夯实过程中，要随时注意边坡土的变化，对坑（槽）沟壁有松土掉落或塌方的危险时，应采取适当的支护措施。

（4）用推土机回填，铲刀不得超出坡沿，以防倾覆。陡坡地段推土需设专人指挥，严禁在陡坡上转弯。

（5）坑（槽）及室内回填，用车辆运土时，应对跳板、便桥进行检查，以保证交通道路畅通安全。车与车的前后距离不得小于5m。用手推车运土回填，不得放手让车自动翻转卸土。

第四章

爆　破　工　程

第一节　爆破器材与起爆方式

一、炸药及其分类

1. 炸药基本分类

炸药能在极短时间内剧烈燃烧，是在一定的外界能量的作用下，由自身能量发生爆炸的物质。一般情况下，炸药的化学及物理性质稳定，但不论环境是否密封，药量多少，甚至在外界零供氧的情况下，只要有较强的能量（起爆药提供）激发，炸药就会对外界进行稳定的爆轰式做功。

（1）按主要化学成分分类。

1）硝铵类炸药。以硝酸铵为主要成分，加上适量的可燃剂、敏化剂及其附加剂的混合炸药均属此类。它是目前国内外工程爆破中用量最大、品种最多的一大类混合炸药。

2）硝化甘油类炸药。以硝化甘油或硝化甘油与硝化乙二醇混合物为主要组分的混合炸药，有粉状和胶质之分。

3）芳香族硝基化合物类炸药。苯及其同系物以及苯胺、苯酚和萘的硝基化合物，如梯恩梯、二硝基甲苯磺酸钠等。

（2）按使用条件分类。

1）准许在一切地下和露天爆破工程中使用的炸药是安全炸药，又叫作煤矿许用炸药，包括有沼气和矿尘爆炸危险的作业面。

2）准许在露天和地下工程中使用的炸药。但不包括有瓦斯和矿尘爆炸危险的矿山。属于非安全炸药。

3）只准许在露天爆破中使用的炸药。属于非安全炸药。

（3）按炸药用途分类。

1）起爆药。易受外界能量激发而发生燃烧或爆炸，并能迅速形成爆轰的一类敏感炸药。

2）猛炸药。敏感性高、爆炸威力大，并且用量较少的安全炸药。

3）发射药。由火焰或火花等引燃后，在正常条件下不爆炸，仅能爆燃而迅速发生高热气体，其压力足使弹头以一定速度发射出去，但又不致破坏膛壁。

2. 工程爆炸对工业炸药的要求

（1）爆力与猛度。爆力是指炸药破坏一定量介质（土或岩石）的能力，常以铅铸扩孔试验法来确定爆力。猛度是指炸药破坏一定量介质使之成为细块的能力，也就是衡量炸药猛烈的程度。可用铅柱压缩试验法测定。

（2）氧平衡。即炸药在爆炸分解时的氧化情况。如炸药本身的含氧量恰好等于其中可燃物完全氧化时所需的氧，这时称为零氧平衡。如果含氧量不足，可燃物不能完全氧化，则产生有害气体一氧化碳，这时称为负氧平衡。如果含氧量过多，将炸药所放出的氮也氧化成有害气体二氧化氮，这时称为正氧平衡。无论是负氧平衡还是正氧平衡，都会带来两大害处：一是热能量减少，威力降低，影响爆破效果；二是生成有毒气体。

（3）安定性。安定性即炸药在长期贮存中，保持其化学物理性能不变的能力，包括物理安定性和化学安定性两个方面。物理性质包括吸湿、结块、挥发、渗油、老化、冻结和耐水等。化学性质是指炸药的原有化学成分及爆炸能力。

（4）敏感性。敏感性即炸药在外界能量作用下引起爆炸反应的难易程度。

（5）殉爆距离。殉爆距离即爆炸的药包引起相邻药包起爆的最大间隔。

3. 常用炸药的组分及性能

（1）铵梯炸药（硝铵炸药）。是硝酸铵与梯恩梯混合组成。是战时大量使用的代用炸药，可代替梯恩梯装填炮弹、炸弹和地雷等。此类炸药因为含有易于吸潮结块的硝酸铵，在密封不严的情况下不宜长期贮存。铵梯炸药的类别和基本性能见表4-1。

表4-1　　铵梯炸药的类别和基本性能

组分和性能	1号露天铵梯炸药	2号露天铵梯炸药	3号露天铵梯炸药	2号抗水露天铵梯炸药	2号岩石铵梯炸药	2号抗水岩石铵梯炸药
硝酸铵（%）	80～84.0	84.0～88.0	86.0～90.0	84.0～88.0	83.5～86.5	83.5～86.5
梯恩梯（%）	9.0～11.0	4.0～6.0	2.5～3.5	4.0～6.0	10.0～12.0	10.5～11.5
木粉（%）	7.0～9.0	8.0～10.0	8.0～10.0	7.2～9.2	3.5～4.5	2.7～3.7
抗水剂（%）	—	—	—	0.6～1.0	—	0.6～1.0
水分（%）	≤0.5	≤0.5	≤0.5	≤0.5	≤0.3	≤0.3
密度（g/cm^3）	0.85～1.1	0.85～1.10	0.85～1.1	0.85～1.10	0.95～1.10	0.95～1.10
殉爆距离（cm）	≥4	≥3	≥2	≥3	≥5	≥5
作功能力（mL）	≥278	>228	>208	>228	>298	>298
猛度（mm）	≥11	≥8	≥5	≥8	≥12	≥12
爆速（m/s）	—	2100	—	2100	3200	3200
有效期/月	4	4	4	4	6	6

（2）铵油炸药。铵油炸药指由硝酸铵和燃料组成的一种粉状或粒状爆炸性混合物，主要适用于露天及无沼气和矿尘爆炸危险的爆破工程。产品包括：粉

状铵油炸药、多孔粒状铵油炸药、重铵油炸药、粒状黏性炸药、增黏粒状铵油炸药。粉状铵油炸药指以粉状硝酸铵为主要成分，与柴油和木粉（或不加木粉）制成的铵油炸药。产品包括：1～3 号粉状铵油炸药。多孔粒状铵油炸药指由多孔粒状硝酸铵和柴油制成的铵油炸药。重铵油炸药指在铵油炸药中加入乳胶体的铵油炸药，具有密度大，体积威力大和抗水性好等优点，适用于含水炮孔中使用，又称乳化铵油炸药。铵油炸药的类别和基本性能见表 4-2。

表 4-2　　铵油炸药的类别和基本性能

炸药名称	组分（%）			水分（不大于）（%）	装药密度（g/cm³）	爆炸性能				炸药保证期（d）	炸药保证期内	
	硝酸铵	柴油	木粉			殉爆距离（不小于，cm）	猛度（不小于，mm）	爆力（不小于，mL）	爆速（不小于，m/s）		殉爆距离（不小于）（cm）	水分（不大于）（%）
1 号铵油炸药（粉状）	92±1.5	4±1	4±0.5	0.25	0.9～1.0	5	12	300	3300	(7) 15	5	0.5
2 号铵油炸药（粉状）	92±1.5	1.8±0.5	6.2±1	0.8	0.8～0.9	—	18	250	3800	15	—	1.5
3 号铵油炸药（粒状）	94.5±1.5	5.5±1.5	—	0.8	0.9～1.0	—	18	250	3800	15	—	1.5

（3）乳化炸药。是借助乳化剂的作用，使氧化剂盐类水溶液的微滴，均匀分散在含有分散气泡或空心玻璃微珠等多孔物质的油相连续介质中，形成一种油包水型的乳胶状炸药，密度高、爆速大、猛度高、抗水性能好、临界直径小、起爆感度好，小直径情况下具有雷管敏感度。它通常不采用火炸药为敏化剂，生产安全，污染少。乳化炸药的组分和基本性能见表 4-3。

表 4-3　　乳化炸药的组分和基本性能

系列或型号		EL 系列	CLH 系列	RJ 系列	MRY-3	岩石型	煤矿许用型
组分（%）	硝酸铵	63～75	50～70	53～80	60～65	65～86	65～80
	硝酸钠	10～15	15～30	5～15	10～15	—	—
	水	10	4～12	8～15	10～15	8～13	8～13
	乳化剂	1～2	0.5～2.5	1～3	1～2.5	0.8～1.2	0.8～1.2
	油相材料	2.5	2～8	2～5	3～6	4～6	3～5
	铝粉	2～4	—	—	3～5	—	—
	添加剂	2.1～2.2	0～4；3～15	0.5～2	0.4～1.0	1～3	5～10
	密度调整剂	0.3～0.5	—	0.1～0.7	0.1～0.5	—	—

续表

系列或型号		EL 系列	CLH 系列	RJ 系列	MRY-3	岩石型	煤矿许用型
性能	爆速（$km \cdot s^{-1}$）	4.5～5.0	4.5～5.5	4.5～5.4	4.5～5.2	3.9	3.9
	猛度（mm）	16～19	15～17	16～18	16～19	12～17	12～17
	爆力（mL）	—	295～330	—	—	—	—
	殉爆距离（cm）	8～12	—	>8	8	6～8	6～8
	贮存期（月）	>6	>8	3	3	3～4	3～4

二、起爆器材

起爆器材主要包括火具、起爆器和爆破仪表。其中，火具又包括导火索、导爆索、导爆管、电雷管、拉火管等。起爆器有普通起爆器（即点火机）和遥控起爆器。普通起爆器是一种小型发电机，有电容器式和发电机式两种，用于给点火线路供电起爆电雷管。遥控起爆器用于远距离遥控起爆装药。主要有靠发送无线电波或激光引爆地面装药的遥控起爆器和靠发送声波引爆水中装药的遥控起爆器等。爆破仪表主要有欧姆表（工作电流不大于 30mA），用于导通或精确测量电雷管、导电线和电点火线路的电阻。此外，还有电流表、电压表等。

1. 火具

（1）导火索。用以引爆雷管或黑火药的绳索。将棉线或麻线包缠黑火药和心线，并将防湿剂涂在表面而制成，通常用火柴或拉火管点燃。导火索的性能见表 4-4。导火索如图 4-1 所示。

表 4-4　　导火索的性能

构造	技术指标	质量要求	检验方法	适用范围
内部为黑火药芯，外面依次包缠棉线和黄麻（或亚麻）、涂沥青、包纸等，外面再用棉线缠紧，涂以防潮剂，索头也涂有防潮剂	外径：5.2～5.8mm； 药芯直径不小于 2.2mm； 燃速：100～125s/m（缓燃导火索为 180～210s/m）； 喷火强度：不低于 50mm	（1）粗细均匀，无折伤、变形、受潮、发霉、严重油污、剪断处散头等现象； （2）包裹严密，纱线编织均匀，外观整洁，包皮无松开破损； （3）在存放温度不超过 40℃、通风干燥条件下保质期为 2 年	（1）在 1m 深静水浸泡 4h 后，燃速和燃烧性能正常； （2）燃烧时无断火、过火、外壳燃烧及爆声； （3）使用前做燃速检查，先将原来的导火索头剪去 50～100mm，然后根据燃速将导火索剪到所需的长度，两端须平整，不得有毛头，检查两端药芯是否正常	可用无瓦斯或矿尘爆炸危险的工作面

图 4-1　导火索

（2）导爆索。是以黑索金或泰安为锁芯，棉线、麻线或人造纤维被覆材料的传递爆轰波的一种索状起爆器材。导爆索的性能见表 4-5。导爆索如图 4-2 所示。

表 4-5 导爆索的性能

构造	技术指标	质量要求	适用范围
芯药用爆速高的烈性黑索金制成，以棉线纸条为包缠物，并涂以防潮剂，表面涂以红色。索头涂有防潮剂	外径：4.8～6.2mm； 爆速：不低于 6500m/s； 点燃：用火焰点燃时不爆燃、不起爆（应用 8 号火雷管起爆）； 起爆性能：2m 长的导爆索能完全起爆一个 200g 的压装梯恩梯药块	1. 外观无破损、折伤、药粉撒出、松皮、中空现象。扭曲时不折断，炸药不散落。无油脂和油污； 2. 在 0.5m 深的水中浸 24h，仍能可靠传爆； 3. 在 −28～50℃ 内不失起爆性能； 4. 在温度不超过 40℃、通风、干燥条件下，保证期为 2 年	用于一般爆破作业中直接起爆 2 号岩石炸药；用于深孔爆破和大量爆破药室的引爆。并可用于几个药室同时准确起爆，不用雷管。不宜用于有瓦斯、矿尘的作业面及一般炮孔法爆破

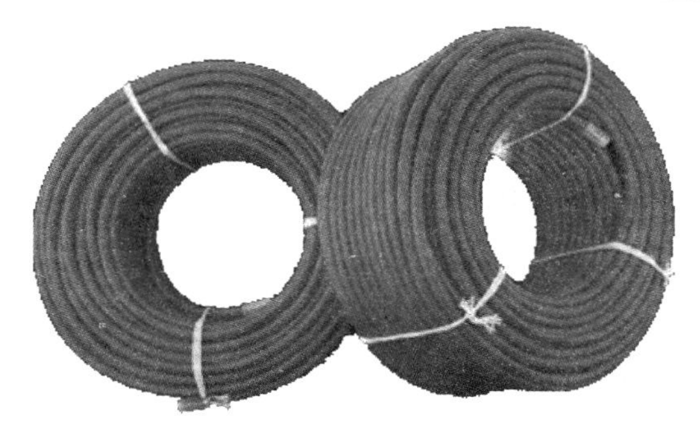

图 4-2 导爆索

（3）导爆管。是一种内壁涂有混合炸药粉末的塑料软管，外径约 3mm，内径约 1.40mm，它不同于塑料导爆索，因为它工作时炸药在管内反应，管体不爆炸，对环境无破坏效应。当它被激发后，管内炸药剧烈反应，产生发光的冲击波，并以 2000m/s 的速度稳定地传递爆炸能量。它具有起爆感度高、传爆速度快，有良好的传爆、耐火、抗冲击、抗水、抗电等性能，应用普遍。导爆管的性能见表 4-6。导爆管如图 4-3 所示。

表 4-6 导爆管的性能

构造	技术指标	质量要求	适用范围	传爆过程
在半透明软塑料管内壁涂薄薄一层胶装高能混合炸药（主药为黑索金或奥克托金），涂药量大概为 16mg/m	外径：3mm 左右； 内径：1.4mm 左右； 爆速：1800m/s； 抗拉力：25℃时不低于 70N；50℃时不低于 50N；−40℃时不低于 100N； 耐静电性能：在 30kV、30PF、极距 10cm 条件下，1min 不起爆； 耐温性：50℃和 40℃左右时起爆、传爆可靠	1. 表面有损伤（孔洞、裂口等）或管内有杂物者不得使用； 2. 传爆雷管在连接块中能同时起爆 8 根塑料导爆管； 3. 在火焰作用下不起爆； 4. 在 80m 深水处经 48h 后，起爆正常； 5. 卡斯特落锤 10kg，150cm 落高的冲击作用下，不起爆	适用于无瓦斯、矿尘的露天、井下、深水、杂散电流大和一次起爆多数炮孔的微差爆破作业中，或上述条件下的瞬发爆破或秒延期爆破	导爆管爆炸时，黏附在管内壁的混合药粉发生快速化学反应，提供传爆能量的来源

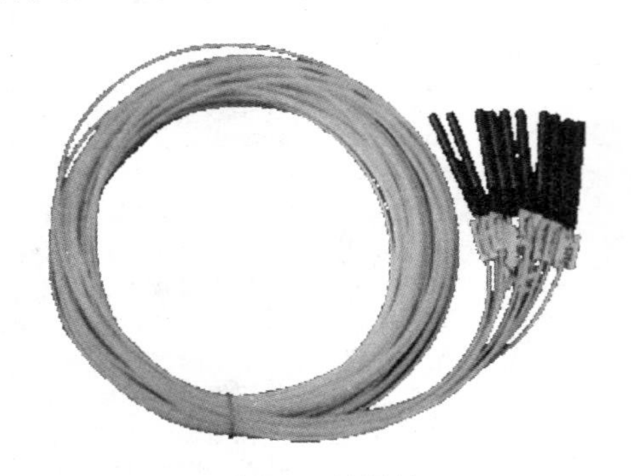

图 4-3　导爆管

(4) 雷管。雷管是爆破工程的主要起爆材料，它的作用是产生起爆能来引爆各种炸药及传爆管，分为火雷管和电雷管。

1) 火雷管。火雷管是由导火索的火焰冲能激发而引起爆炸的工业雷管。它由管壳、加强帽、装药（装药又分为主发装药和次发装药两种）组成。

管壳管壳的作用是用来装填药剂，以减少其受外界的影响，同时可以增大起爆能力和提高震动安全性。主要材料有铜、铝、铝合金、钢、覆铜钢和纸等。

加强帽用以“密封”雷管药剂，以减少其受外界的影响，同时可以阻止燃烧气体从上部逸出，缩短燃烧转爆轰的时间，增大起爆能力和提高震动安全性。

主发装药（又叫第一装药、正起爆药或原发装药），它装在雷管管壳的上半部，起到直接接受导火索火焰的作用是首先爆轰的部分。

次发装药（又叫第二装药、副起爆药或被发装药），它装在雷管管壳的底部，是由主发装药引爆，用以加强起爆药的威力，由它产生的爆轰来引爆炸药。

2) 电雷管。是在电能作用下，立即起爆的电雷管，又称瞬时电雷管。从通电到起爆时间不大于 13m/s，一般为 4～7m/s。其瞬时起爆的均一性取决于电雷管的全电阻和桥丝电阻。因此，在产品出厂前和使用前都应检测全电阻，全电阻的误差越小，起爆的均一性越好。

电雷管是由普通雷管和电力引火装置所组成。电雷管通电后，电阻丝发热，使发火剂点燃，立即引起正起爆药爆炸的叫即发电雷管，如图 4-4 (a) 所示。当电力引火装置与正起爆药之间放上一段缓燃剂时为迟发电雷管，如图 4-4 (b) 所示，迟发电雷管又分延期电雷管和毫秒电雷管。

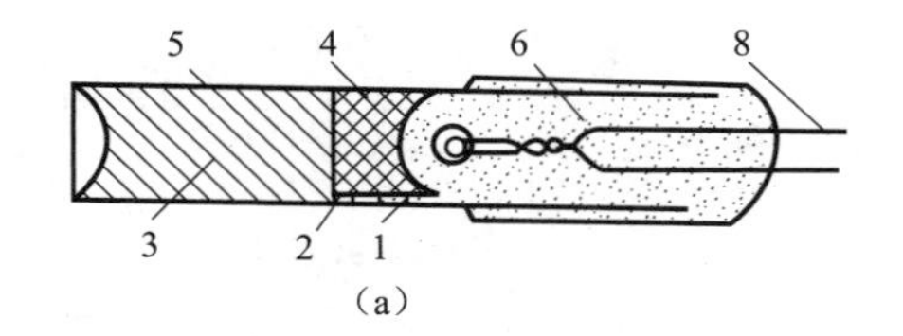

(a)

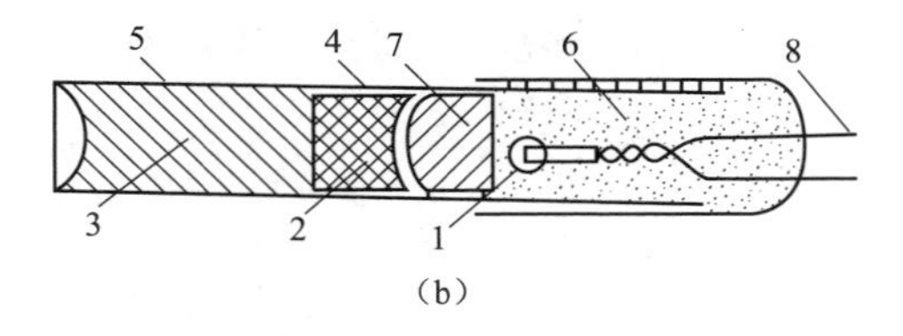

(b)

图 4-4　电雷管构造示意图

1—电气点火装置；2—正装药；3—副装药；4—加强帽；
5—管壳；6—密封胶和防潮涂料；7—缓燃剂；8—脚线

2. 起爆器

(1) 普通起爆器。即点火机，是一种小型发电机，有电容器式和发电机式两种，用于给点火线路供电起爆电雷管。

(2) 遥控起爆器。遥控起爆器用于远距离遥控起爆装药。主要有靠发送无线电波或激光引爆地面装药的遥控起爆器和靠发送声波引爆水中装药的遥控起爆器等。遥控起爆器如图 4-5 所示。

图 4-5 遥控起爆器

3. 爆破仪表

专用起爆器，是引爆电雷管和激发笔的专用电源，主要性能及规格见表 4-7。

表 4-7 专用起爆器的性能与规格

型号	起爆能力	输出峰值（V）	最大电阻（Ω）	充电时间	冲击电流持续时间（m）	质量（kg）	外形尺寸（mm×mm×mm）
MFJ-50/100	50/100	960	170	＜6	3～6		135×92×75
NFJ-100	100	900	320	＜12	3～6	3	180×105×165
J20F-300-B	100/200	900	300	7～20	＜6	1.25	148×82×115
NFB-200	200	1800	620	＜6	—		165×105×102
QLD-1000-C	300/1000	500/600	400/800	15/40	—	5	230×140×190
GM-2000	4000	2000	—	＜80	—	8	360×165×184
GNDF-4000	铜 4000 铁 2000	3600	600	10～30	50	111	385×195×360

三、起爆方式

常用的起爆方式有电力起爆法、非电力起爆法及无线起爆法。其中，非电起爆法又包括火雷管起爆法（现已不常用）、导爆索起爆法和导爆管起爆法；无线起爆法分为电磁波起爆法和水下声波起爆法。

1. 电力起爆法

电力起爆法是利用电雷管中的电力引火剂的通电发热燃烧使雷管爆炸，从而引起药包爆炸。电力起爆改善了工作条件，减少了危险性，能同时引爆许多药包，增大了爆破范围与效果。大规模爆破及同时起爆较多炮眼时，多用电力起爆。但在有杂散电流、静电、感应电或高频电磁波等可能引起电雷管早爆的地区和雷击区爆破时，不应采用电力起爆。

2. 导爆索起爆法

导爆索起爆法是将雷管捆在导爆索一端引爆，经导爆索传播将捆在另一端的炸药起爆的方法。在单独使用时形成的网络有开口网络和复式网络等。多用于深孔爆破、硐室爆破和水下爆破等。

3. 导爆管起爆法

导爆管起爆法是指导爆管被激发后传播爆轰波引发雷管，再引爆炸药的方法。爆管应均匀地敷设在雷管周围并有胶布等捆扎，用导爆索起爆导爆管时，宜采用垂直连接。

4. 电磁波起爆法

用电磁感应原理制成遥控装置起爆的方法。在炮孔口设一起爆元件接收感应线圈，当发射天线发射交变磁场时在接收线圈内感应而形成电势，经整流变直流向电容器充电达到额定值停止，电子开关闭合时将电容器与电雷管接通引爆。此法多用于水下爆破。

电磁波起爆法原理：起爆器在合闸后向母线输出高频脉冲电流，电流通过电磁转换器的磁芯，使电雷管的环形脚线中产生感应电压而起爆雷管。这种系统由于带磁环的电雷管只接受起爆器输出的高频脉冲信号，对工频电和其他频率的交流电不发生反应，大大提高了该系统抗外来电的安全性。

第二节　建、构筑物拆除爆破

一、拆除爆破的特点及范围

利用少量炸药爆破拆除废弃的建（构）筑物，使其塌落解体或破碎；受环境约束，严格控制爆破产生的震动、飞石、粉尘、噪声等危害的影响，保护周围建筑物和设备安全的控制爆破技术。

1. 拆除爆破的特点

（1）保证拟拆除范围塌散、破碎充分，邻近的保留部分不受损坏。

（2）控制建、构筑物爆破后的倒塌方向和堆积范围。

（3）控制爆破时个别碎块的飞散方向和抛出距离。

（4）控制爆破时产生的冲击波、爆破振动和建筑物塌落振动的影响范围。

2. 拆除爆破的范围

（1）一类是有一定高度的建（构）筑物，如厂房、桥梁、烟囱等；另一类是基础结构物、构筑物，如建筑基础、桩基等。

（2）按材质分为钢筋混凝土、素混凝土、砖砌体、浆砌片石、钢结构等。

二、砖混结构楼房拆除爆破

1. 砖混结构楼房爆破拆除的特点

砖混结构楼房一般 10 层以下，有的含部分钢筋混凝土柱，拆除爆破多采用定向倒塌方案或原地塌落方案。爆破楼房要往一侧倾倒时，对爆破缺口范围的柱、墙体实施爆破时，一定使保留部分的柱和墙体有足够的支撑强度，成为铰点使楼房倾斜后向一侧塌落。

2. 砖墙爆破设计参数的选取原则

一般采用水平钻孔，W 为砖墙厚度的一半，即 $W=B/2$，炮孔水平方向。间距 a，随墙体厚度及其浆砌强度而变化，取 $a=(1.2\sim2.0)W$。排距 $b=(0.8\sim0.9)a$，砖墙拆除爆参数，见表 4-8。

表 4-8 **砖墙拆除爆破系数**

墙厚（cm）	W（cm）	a（cm）	b（cm）	孔深（cm）	炸药单耗（g/m^3）	单孔药量（g）
24	12	25	25	15	1000	15
37	18.5	30	30	23	750	25
50	25	40	36	35	650	45

3. 砖混结构楼房拆除爆破施工

（1）对非承重墙和隔断墙可以进行必要的预拆除，拆除高度应与要爆破的承重墙高度一致。

（2）楼梯段影响楼房顺利坍塌和倒塌方向，爆破前预处理或布孔装药与楼房爆破时一起起爆。

三、烟囱爆破

烟囱爆破的特点是重心高、支撑面积小。

1. 砖烟囱爆破

在砖烟囱的根部，布置几排成梅花鹿形交错炮孔，如图 4-6（a）所示。爆破范围应大于或等于筒身爆破截面处外周长 L 的 60%～75%，炮孔位置按放倒方向两侧均匀排列，高度距地面一般为 0.7～1.0m。烟囱内堆积物爆破前应予清除。钻孔分上下两排交错排列，孔径一般为 40～50mm；孔距与孔平均装药量视砖烟囱壁厚而定、雷管分两组引爆，相隔时间控制在 1/10s 左右，雷管为并联电路。起爆时，破坏烟囱围壁的一半以上，使重心落入被破坏空隙处，靠烟囱本身自重定向翻倒 90°塌落，散落范围约成 60°，散落半径约等于烟囱实际放倒高度的 1.2～1.3 倍。砖烟囱爆破单位炸药消耗量见表 4-9。

2. 钢筋混凝土烟囱爆破

钢筋混凝土烟囱爆破如图 4-6（b）所示，先在烟道口的两侧开两个梯形或

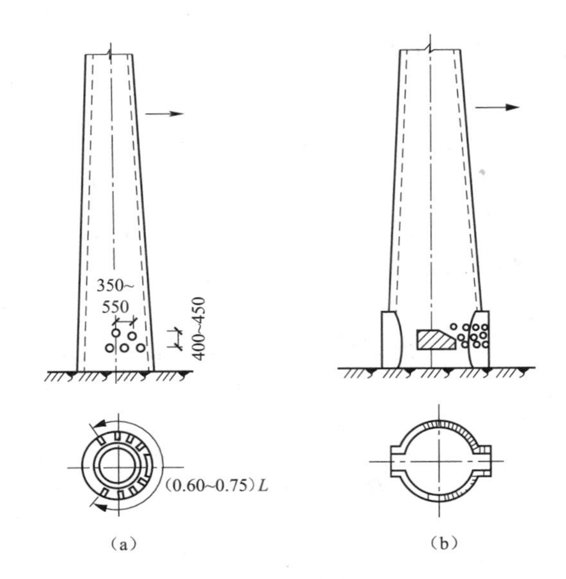

(a)　　(b)

图 4-6　烟囱爆破

(a) 砖烟囱炮孔布置；(b) 钢筋混凝土烟囱炮孔布置

表 4-9　　砖烟囱爆炸单位炸药消耗量

壁厚 d (cm)	径向砖块数 (块)	q(g/m)	$(\sum Q_i)$ [V/(g/m^3)]
37	1.5	2100～2500	2000～2400
49	2.0	1350～1450	1250～1350
62	2.5	830～950	840～900
75	3.0	640～690	600～650
89	3.5	440～480	420～460
101	4.0	340～370	320～350
114	4.5	270～300	250～280

楔形孔洞，使筒身靠三块或四块板体支撑（应做强度核算）。爆破时，在倾倒方向前侧两个板体上布孔，孔距 200～300mm。爆破范围、距地面高度等要求与砖烟囱基本相同，爆破后将向一侧倾倒 90°倒塌。钢筋混凝土烟囱爆炸单位炸药消耗量见表 4-10。

表 4-10　　钢筋混凝土烟囱爆炸单位炸药消耗量

壁厚 d(cm)	q(g/m^3)	$(\sum Q_i)$ [V/(g/m^3)]	壁厚 d(cm)	q(g/m^3)	$(\sum Q_i)$ [V/(g/m^3)]
50	900～1000	700～800	70	480～530	380～420
60	660～730	530～580	80	410～450	330～360

四、桥梁拆除爆破

桥梁大多为钢筋混凝土结构，其特点是处于交通安全要道，建筑物、各种管道，线路多、车多、人多等，工程爆破时间紧、任务重，要求较高。

1. 设计原则

（1）一般考虑两次爆破，即墩、台和桥面为一次坍塌，桥基和翼墙作为第二次爆破。其好处是利用桥面防护墩台，可减少防护材料，防飞石，安全性好。

（2）作结构力学分析，只需把关键部位的结点约束力爆破解除。减少钻孔爆破工程量。

（3）针对清渣手段，控制解体残渣合适的块度。

（4）应当把钻孔爆破、切割爆破等爆破手段结合起来使用，根据环境情况确定一次起爆药量。

2. 基本参数

（1）最小抵抗线 W，根据结构、材质及清渣方式决定。一般 $W=35\sim50$cm。

（2）孔深 L 为自由面时 $L=0.6H$，为实体时 $L=0.9H$，H 为爆破体高度或厚度。

（3）排距 $b=W$，孔距 $a=(1.0\sim1.8)W$，切除爆破 $a=(0.5\sim0.8)W$。

（4）单耗药量（q）可参照表 4-11 的数据选取。

表 4-11　　混凝土桥梁拆除爆破 q 值参考表

材料种类	低强度等级混凝土	高强度等级混凝土	砌砖（石）	钢筋混凝土	密筋混凝土
临空面个数	1～2	1～2	2～3	3～4	1～2
q(g/m^3)	125～150	150～180	160～200	280～340	360～420

五、水压爆破

水压爆破是将药包置于注满水的被爆容器中的设计位置上，以水作为传爆介质传播爆轰压力使容器破坏，且空气冲击波、飞石及噪声等均可有效控制的爆破方法。

1. 水压爆破的分类及特点

（1）根据水压爆破的装药和作用条件的不同水压爆破可分为：

1）钻孔水压爆破。药包置于有水钻孔中进行爆破，由于介质抵抗线较大，应力波在待破坏介质中作用时间相对较长，应力波起主要作用。

2）壁体整体性运动引起介质破坏。主要是由于壁体整体性运动引起介质破坏，如容器状构筑物或建筑物，由于待破坏介质的厚度尺寸较小，荷载作用时间长于应力波通过介质的时间，波在介质中传播已造成介质的整体性运动，因而可以不考虑应力波在介质内的传播，而直接考虑介质的整体性惯性运动。

（2）水压爆破的特点：

1）基于水的不可压缩性和较高的密度、较大的流动黏度，水中爆轰产物的膨胀速度要慢，在耦合水中激起爆炸冲击波的作用强度高和作用时间长。

2）在炮孔周围岩石中产生的爆炸应力波强度高，衰减慢，作用时间较长，即有较高的爆炸压力峰值，因此，对岩石造成的破坏作用强。

3）因为水的不可压缩性和较高的能量传递效率，同时相当于炮泥，水又具有一定的堵塞作用，因此，传递给岩石的爆破能量分布更加均匀、利用率高。

4）在爆破破碎质量上，它能使破碎块度更加均匀。在爆破安全方面，它能够有效地控制爆破震动、爆破飞石、空气冲击波和产生有毒气体的强度和数量、降低爆破粉尘。

2. 水压爆破拆除施工

（1）通常，容器类结构物不是理想的贮水结构，要对其进行防漏和堵漏处理，其外侧一般是临空面，对半埋式的构筑物，应对周边覆盖物进行开挖。若要对其底板获得良好的效果，需挖底板下的土层。

（2）注意有缺口的封闭处理、孔隙漏水的封堵、注水速度、排水、用防水炸药和电爆网路和导爆管网路。药包采用悬挂式或支架式，需附加配重防止上浮和移位。

（3）水压爆破引起的地面震动比一般基础结构物爆破时大，为控制震动的影响范围，应采取开挖防震沟等隔离措施。

六、静态破碎

以生石灰为破碎剂的主要组分，添加活化剂或加速剂混合物，加水装入一排炮眼内，经一定时间后因其体积膨胀而形成膨胀压力使介质开裂而破碎的方法。它是近年来发展起来的一种破碎（或切割）岩石和混凝土的新方法。

1. 作用原理

将一种含有钼、镁、钙、钛等元素的无机盐粉末状态静态破碎剂，用适量水调成流动状浆体，然后把它直接灌入钻孔中，经化学反应使晶体变形，随时间的增长产生巨大的膨胀压力，缓慢地、静静地施加给孔壁，经过一段时间后达到最大值，这时就可以将岩石或混凝土胀裂、破碎。

2. 无声破碎剂（也称静态破碎剂）。静态破碎剂，如图 4-7 所示，主要用于宝贵矿石的开发和特殊建筑物的拆除，如大理石和花岗岩等，具有污染小、噪声小、危险性小、能有效控制等特点。

3. 适用范围

（1）混凝土和砖石结构物的破碎拆除。

（2）各种岩石的切割或破碎，或者二次破碎，但不适用于多孔体和高耸的建筑物。

图 4-7 静态破碎剂

第三节 爆破工程施工作业

一、爆破施工工艺流程

1. 拆除爆破施工工艺流程

拆除爆破工程作业程序可以分为工程准备及爆破设计、施工阶段、爆破实施阶段。流程图如图 4-8 所示。

(1) 工程准备及爆破设计阶段。收集被拆除建、构筑物的设计、施工验收等资料，对被拆除的建（构）筑物和周围环境的了解，根据这些资料和施工要求进行可行性论证，提出爆破方案。爆破设计包括爆破参数、起爆网路、防护设计和施工组织设计等内容。爆破设计的同时，应进行施工准备，包括人员、机具和现场安排。爆破设计应报相关部门审查批准、安全评估，做好爆破器材的检查和起爆网路的试验工作。

(2) 施工阶段。拆除爆破一般采用钻孔法施工。钻孔前，将孔位准确地标注在爆破体上；逐孔检查炮孔位置、深度、倾角等，有无堵孔、乱孔现象。预处理施工在钻孔前进行，要保证结构稳定，而承重部位的预处理，以钻孔完毕后实施为好，即预处理与拆除爆破之间的时间应尽可能短。

(3) 爆破实施阶段。施爆阶段，成立爆破指挥部，负责施爆阶段的管理、协调和指挥工作。爆破实施阶段中装药、填塞、防护和连线作业，进入施工现场的应是经过培训合格的爆破工程技术人员和爆破员，进场后必须身穿防护装置，保护自身安全。从爆破器材进入施工现场，就应设置警戒区，全天候配备安全警戒人员。

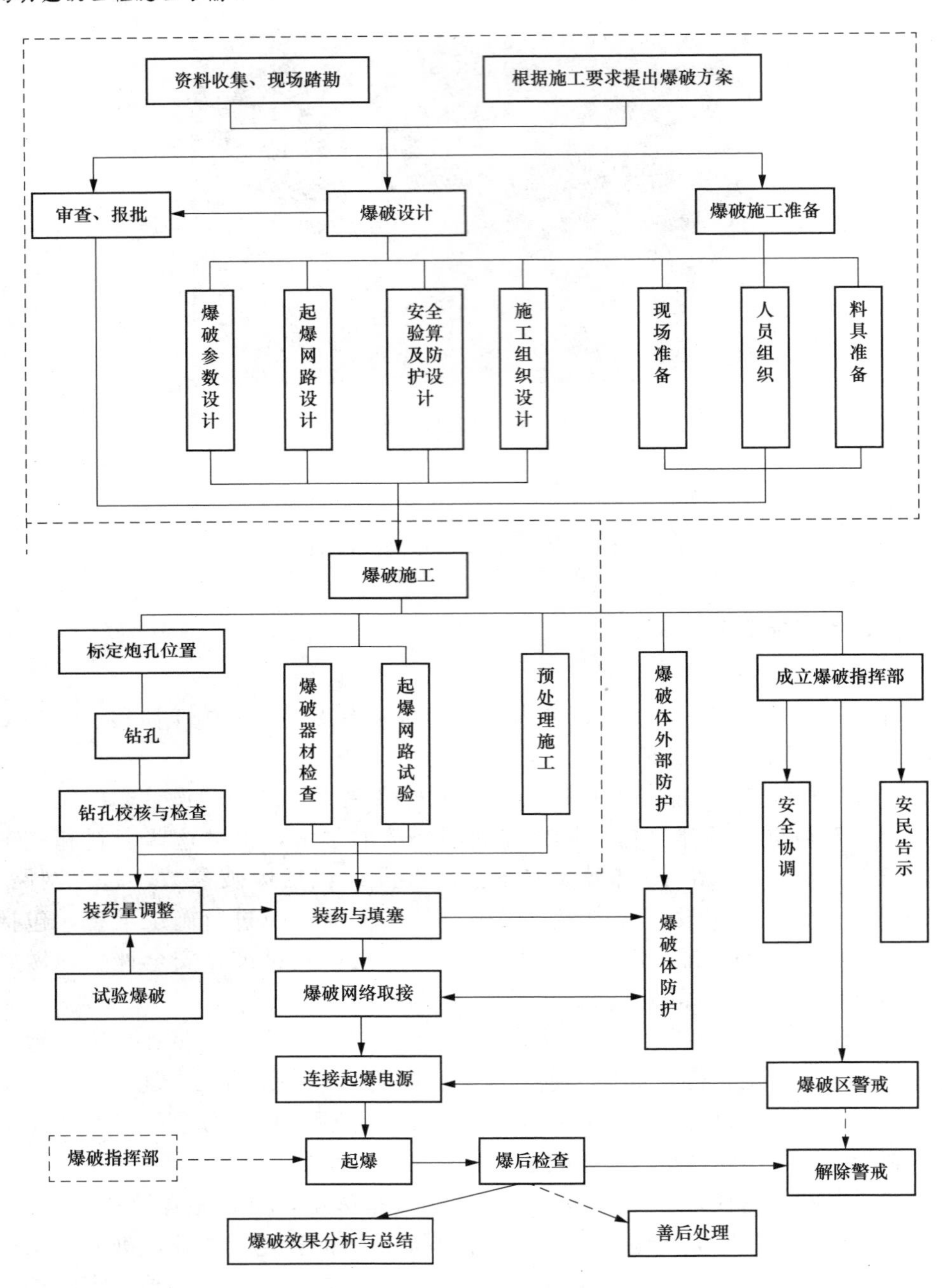

图 4-8　拆除爆破施工工艺流程

装药必须按设计编号进行，严防装错。药包要安放到位，尤其注意分层药包的安装。要选择合适的填塞材料，保证填塞质量，同时严格按设计要求进行起爆网路的连接和爆破防护工作。要挑选细心的工作人员检查这些事项，必须检查到位后才可进行下一步的工作。

2. 深孔爆破施工工艺流程

深孔爆破施工工艺流程：平整工作面→孔位放线→钻孔→孔位检查→装药→堵塞→联网→安全警戒→击发起爆→爆后检查→解除警戒。

（1）平整工作面。施工前必须对场地进行平整，以利于钻孔工作的正常进行。遇个别孤石采用手风钻凿眼，进行浅孔爆破，推土机整平。台阶宽度满足钻机安全作业，并保证按设计方向钻凿炮孔。

（2）孔位放线。用全站仪进行孔位测放，从台阶边缘开始布孔，边孔与台阶边缘保留一定的距离，确保钻机安全作业，炮孔避免布置在松动、节理发育或岩性变化大的岩面上。这样不利于钻孔工作的正常进行。

（3）钻孔。采用潜孔钻进行凿岩造孔。掌握“孔深、方向和倾斜角度”三大要素。从台阶边缘开始，先钻边、角孔，后钻中部孔。钻孔结束后应将岩粉吹除干净，并将孔口用布或塑料纸封盖好，防止杂物掉入，保证炮孔设计深度。

（4）孔位检查。用测绳测量孔深；用长炮棍插入孔内检查孔壁是否堵塞，如果堵塞，用清理工具将其取出并做好炮孔记录。

（5）装药。根据计算公式算出孔的填药量，采用连续柱状或间隔柱状装药结构，药包（卷）要装到设计位置，严防药包在孔中卡住；用高压风将孔内积水吹干净，选用防水炸药，做好装药记录。

（6）堵塞。深孔爆破必须保证堵塞质量，以免造成爆炸气体逸出，影响爆破效果，产生飞石。堵塞材料首先选用石屑粉末，其次选用细砂土。

（7）联网。将导爆管、传爆元件和导爆雷管捆扎连接。接头必须连接牢固，传爆雷管外侧排列 8～15 根塑料导爆管为佳，要求排列均匀。导爆管末梢的余留长度≥10cm。

（8）安全警戒。火工材料运到工作面，开始设置警戒，警戒人员封锁爆区，并用隔离带隔开。检查进出现场人员的标志和随身携带的物品，凡是打火机、酒精等易燃易爆物品均不能带入工作面内。装药、堵塞、连线结束，检查正确无误后，所有人员和设备撤离工作现场至安全地点，并将警戒范围扩大到规定的范围。指挥部将按照安民告示规定的信号，发布预告，准备起爆及解除警戒信号。相关人员做好各自安全警戒记录。

（9）击起发爆。采用非电导爆管引爆器击发起爆，并做好击发起爆记录。

（10）爆后检查。起爆后，爆破员按规定的时间进入爆破场地进行检查，发现危石、盲炮现象要及时处理并做好记录，方便以后查阅。现场设置危险警戒标志，并设专人警戒。

（11）解除警戒。经检查，确认安全后方可解除警戒，做好爆破后安全检查记录。

二、爆破工程的施工准备

1. 进场前后的准备

（1）调查工地及其周围环境情况。包括邻近区域的水、电、气和通信管线路的位置、埋深、材质和重要程度；邻近的建（构）筑物、道路、设备仪表或其他设施的位置、重要程度和对爆破的安全要求；附近有无危及爆破安全的射频电源及其他产生杂散电流的不安全因素。

（2）了解爆破区周围的居民情况。车流和人流的规律，做好施工的安民告示，消除居民对爆破存在的紧张心理。妥善解决施工噪声、粉尘等扰民问题。

（3）对地形地貌和地质条件进行复核。对拆除爆破体的图纸、质量资料等进行校核。

（4）组织施工方案评估，办理相关手续、证件，包括《爆炸物品使用许可证》《爆炸物品安全贮存许可证》《爆炸物品购买证》和《爆炸物品运输证》等。

2. 施工现场管理

（1）拆除爆破工程和城镇岩土爆破工程。应采用封闭式施工，设置施工牌，标明工程名称、主要负责人和作业期限等，并设置警戒标志和防护屏障。

（2）爆破前以书面形式发布爆破通告。通知当地有关部门、周围单位和居民，以布告形式进行张贴，内容包括：爆破地点、起爆时间、安全警戒范围、警戒标志、起爆信号等。

3. 施工现场准备

（1）技术准备。要熟悉、审查施工图纸和相关设计资料，为以后的施工做好铺垫。对原始资料进行调查分析，如场地的自然条件、经济技术水平等，只有对地形、地基土、地质构造等了解透彻，才能更好地进行后续工作。要对工程进行施工图预算和施工预算，能节省工程费用，它是工程预算的重要内容。

（2）物资准备。

1）落实各种材料来源，办理定购手续；对于特殊的材料，应尽早确定货源或者安排生产。

2）提出各种材料的运输方式、运输工具、分批按计划进入现场的数量，各种物资的交货地点、方式。

3）定购大型生产设备时，注意设备进场和安装时间上的安排要与土建施工相协调。

4）尽早提出预埋件的位置、数量；定购预制构（配）件。

5）施工设备、机械的安装与调试。

6）规划堆放材料、构件、设备的地点，对进场材料严格验收，查验有关文件。

（3）劳动组织准备。

1）建立拟建工程项目的组织机构。

2）建立干练的施工班组。

3）集结施工力量，组织劳动力进场，进行安全、防火和文明施工等方面的教育，并安排好职工的生活，所需要的生活物资、防护服装等准备齐全。

4）向施工班组、工人进行施工组织设计、计划和技术交底。

5）建立健全各种管理制度。工地的各项管理制度是否建立、健全，直接影响各项施工活动的顺利进行。其内容通常有：工程质量检查与验收制度；工程技术档案管理制度；材料（构件、配件、制品）的检查验收制度；技术责任制度；施工图纸学习与会审制度；技术交底制度；职工考勤、考核制度；工地及班组经济核算制度；材料出入库制度；安全操作制度；机具使用保养制度等。

4. 施工现场的通信联络

为了及时处置突发事件，确保爆破安全，有效地组织施工，项目经理部与爆破施工现场、起爆站、主要警戒哨之间应建立并保持通信联络。在有条件的施工场地，每人配备一台呼叫机，防止出现事故，无人应答。

三、爆破工程的现场安全技术

安全是爆破现场的一个最重要的因素，一旦爆破现场出现事故，将会造成重大伤亡和破坏，后果可想而知，所以爆破现场的安全必须高度重视，不容忽视。

1. 爆破飞石的安全距离

一般抛掷爆破个别飞石安全距离可按以下公式计算：

$$R_F = K_F \times 20n^2W$$

式中 R_F——个别飞石的安全距离（m）；

K_F——与地形、地质、气候及药包埋置深度有关的安全系数，一般取用1.0～1.5；定向或抛掷爆破正对最小抵抗线方向时，采用1.5；风速大且顺风时，或山间、垭口地形时，采用1.5～2.0；

n——爆破作用指数；

W——最小抵抗线长度（m）。

所计算出的安全距离不得小于表4-12的规定。

表 4-12 爆破飞石的最小安全距离

爆破类型和方法		个别飞散物的最小安全允许距离（m）
1. 露天土岩爆破	① 破碎大块岩矿： 裸露药包爆破法； 浅孔爆破法	 400 300
	② 浅孔爆破	200（复杂地质条件下或未形成台阶工作面时不小于 300）
	③ 浅孔药壶爆破	300
	④ 蛇穴爆破	300
	⑤ 深孔爆破	按设计，但不小于 200
	⑥ 深孔药壶爆破	按设计，但不小于 300
	⑦ 浅孔孔底扩壶	50
	⑧ 深孔孔底扩壶	50
	⑨ 硐室爆破	按设计，但不小于 300
2. 爆破树墩		200
3. 森林救火时，堆筑土壤防护带		50
4. 爆破拆除沼泽地的路堤		100
5. 拆除爆破、城市浅孔爆破及复杂环境深孔爆破		由设计确定

2. 爆破地震对建筑影响的安全距离

地震波强度随药量、药包埋置深度、爆破介质、爆破方式、途径以及局部的场地条件等因素的变化而不同。爆破地震波对建筑物影响的安全距离按下式计算：

$$R_C = K_{C\alpha}\sqrt[3]{Q}$$

式中 R_C——爆破点距建筑物的距离（m）；

K_C——依据所保护的建筑物地基土而定的系数，见表 4-13；

α——依爆破作用而定的系数，见表 4-14；

Q——一次起爆的炸药总质量（kg）。

表 4-13 K_C 值

被保护建筑物地基的土	K_C 值
坚硬密致的岩石	3.0
坚硬有裂隙的岩石	5.0
松软岩石	6.0
砾石、碎石土	7.0
砂土	8.0
黏土	9.0
回填土	15.0
流沙、煤层	20.0

注：药包在水中或含水土中时，K_C 值应增加 0.5～1.0 倍。

表 4-14　　系数 **α** 的数值

爆破指数	α 值
≤0.5	1.2
1	1.0
2	0.8
≥3	0.7

注：在地面上爆破时，地面震动作用可不予考虑。

3. 殉爆安全距离

为保证不使仓库内一处贮存的炸药爆炸，而引起另一处贮存的炸药发生爆炸的殉爆安全距离，一般可按下式计算：

$$R_s = K_s\sqrt{Q}$$

式中　R_s——殉爆安全距离（m^2）；

K_s——由炸药种类及爆破条件所决定的系数，可由表 4-15 查得；

Q——炸药质量（kg）。

表 4-15　　系数 K_S 的数值

主动药包		被动药包			
		硝铵类炸药		40%以上胶质炸药	
		裸露	埋藏	裸露	埋藏
硝铵类炸药	裸露	0.25	0.15	0.35	0.25
	埋藏	0.15	0.10	0.25	0.15
40%以上胶质炸药	裸露	0.50	0.30	0.70	0.50
	埋藏	0.30	0.20	0.50	0.30

注：1. 裸露安置在表面的药包，适用于储藏炸药的轻型建筑及裸露堆积于空台的炸药的情况。
2. 埋藏的药包适用于爆炸材料在防护墙内储存的情况。
3. 当殉爆炸药由不同种类炸药所组成，计算安全距离时应根据炸药中对殉爆具有最大敏感的炸药来选择 K_S 的数值。

如果仓库内种类繁多，则殉爆距离可按下式计算：

$$R_s = \sqrt{Q_1K_{s1}^2 + Q_2K_{s2}^2 + \cdots + Q_nK_{sn}^2}$$

式中　Q_1，Q_2，...，Q_n——不同品种炸药的质量（kg）；

K_{s1}，K_{s2}，...，k_{sn}——由炸药种类及爆破条件所决定的系数，由表 4-15 查得。

在药库中，雷管与炸药必须分开贮存，雷管仓库到炸药仓库的安全距离可按下式计算：

$$R = 0.06\sqrt{n}$$

式中　R——雷管库到炸药库的安全距离（m）；

n——贮存雷管数目。

从表4-16～表4-18可以直接查出雷管仓库到炸药仓库、其他建筑物到炸药仓库以及运输炸药工具之间的安全距离。

表4-16　　雷管仓库到炸药仓库间的殉爆安全距离

仓库内的雷管数目	到炸药仓库的安全距离（m）
1000	2.0
5000	4.5
10000	6.0
15000	7.5
20000	8.5
30000	10.0
50000	13.5
75000	16.5
100000	19.0
150000	24.0
200000	27.0
300000	33.0
400000	38.0
500000	43.0

注：如条件许可时，一般安全距离不小于25m。

表4-17　　爆破材料仓库的安全距离

项目	单位	炸药库容量（t）				
		0.25	0.5	2.0	8.0	16.0
距有爆炸性的工厂	m	200	250	300	400	500
距民房、工厂、集镇、火车站	m	200	250	300	400	450
距铁路线	m	50	100	150	200	250
距公路干线	m	40	60	80	100	120

表4-18　　爆破用品运输工具相隔最小距离

运输方法	单位	汽车	马车	驮运	人力
在平坦道路	m	30	20	10	5
上下山坡	m	50	100	50	6

4. 空气冲击波的安全距离

爆破冲击波的危害作用主要表现在空气中形成的超压破坏，如空气超压最大值大于0.005MPa时，门窗、屋面开始部分破坏；大于0.007MPa时，砖混结构开始被破坏，房屋倒塌。空气冲击波的安全距离可按下式计算：

$$R_B = K_B \sqrt{Q}$$

式中 R_B——空气冲击波的安全距离（m）；

K_B——与装药条件和破坏程度有关的系数，其值可见表 4-19。

Q——药包总质量（kg）。

表 4-19　　系数 K_B 的值

爆破破坏程度	安全级别	K_B 值	
		裸露药包	全埋入药包
安全无损	1	50～150	10～50
偶然破坏玻璃	2	10～50	5～10
玻璃全坏，门窗局部破坏	3	5～10	2～5
隔墙、门窗、板棚破坏	4	2～5	1～2
砌体和木结构破坏	5	1.5～2	0.5～1.0
全部破坏	6	1.5	—

空气冲击波的危害范围受地形因素的影响，在峡谷地形进行爆破，沿沟的纵深或沟的出口方向应增大 50%～100%；在山坡一侧进行爆破对山后影响较小，可减少 30%～70%。冲击波对建筑物的影响见表 4-20。

表 4-20　　空气冲击波对建筑物的影响

破坏等级	建筑物破坏程度	冲击波超压
1	砖木结构完全破坏	>0.20
2	砖墙部分倒塌或缺裂，土房倒塌，木结构建筑物破坏	0.10～0.20
3	木结构梁柱倾斜，部分折断，砖木结构屋顶掀掉，墙部分移动或裂缝，土墙裂开或局部倒塌	0.05～0.10
4	木隔板墙破坏，木屋架折断，顶棚部分破坏	0.03～0.05
5	门窗破坏，屋面瓦大部分掀掉，顶棚部分破坏	0.015～0.03
6	门窗部分破坏、玻璃破碎，屋面瓦部分破坏，顶棚抹灰脱落	0.007～0.015
7	玻璃部分破坏，屋面瓦部分翻动，顶棚抹灰部分脱落	0.002～0.007

5. 爆破毒气的安全距离

爆破瞬时间产生的炮烟，含有大量有毒气体的粉尘。有毒气体的影响范围按下式计算：

$$R_g = K_g \sqrt[3]{Q}$$

式中 R_g——爆破毒气的安全距离（m）；

K_g——系数，根据有关试验资料统计，一般取 K_g 的平均值为 160；下风时，K_g 值乘 2；

Q——爆破总炸药量（t）。

6. 瞎炮处理

瞎炮是指在施工爆破中因发生故障而没有爆炸的药包。产生瞎炮不仅达不到预期的爆破效果，造成材料、劳动力和时间的损失，而且会严重工人员的人身安全。因瞎炮处置不当而造成伤亡事故屡见不鲜。所以，正确分析瞎炮产生的原因，研究有效的处理办法十分必要。

（1）产生瞎炮的原因。

1）电雷管变质，使用前没经过导通检查，或串联使用了不同厂家生产的雷管。

2）做引药时电雷管的位置不对，或往炮眼装药时雷管脱离了原来的位置，因此不能有效地引爆炸药。

3）使用了已经硬化的炸药，或装药时用力过猛，炮捣实了炸药，使炸药的起爆感度和爆轰稳定性降低。

4）在潮湿和有水的炮眼里装药，没使用抗水型炸药，或没有把炮眼里的水烘干，药一旦沾水药效丧失。

5）放炮器发生了故障。

（2）处理瞎炮的方法。

1）放炮后发现瞎炮，要先检查工作面的顶板、支架和瓦斯。在安全状态下，放炮员可把瞎炮重新联好，再次通电放炮。如仍未爆炸，应重新打眼放炮处理。

2）重新打眼放炮时，应先弄清瞎炮的角度、深度，然后在距瞎炮炮眼0.3m处另打一个同瞎炮眼平行的新炮眼，重新装药放炮。

3）严禁用镐刨或从炮眼中取出原放置的引药或从引药中拉出电雷管；严禁将炮眼残底（无论有无残余炸药）继续加深；严禁用打眼的方法往外掏药；严禁用压风吹这些炮眼。

4）处理瞎炮的炮眼爆破后，放炮员必须详细检查炸落的煤矸，收集未爆的电雷管，下班时交回火药库。

5）在瞎炮处理完毕以前，严禁在该地点进行同处理瞎炮无关的工作。

第五章

地基与基础工程

第一节 地 基 基 础

一、地基土的工程特性

地基是指建筑物下面支承基础承受上部结构荷载的土体或岩体。相对于岩体而言，构成地基的土体对上部结构的作用更加复杂，承受上部结构荷载的能力取决于地基土的工程特性：物理性质、压缩性、强度、稳定性、均匀性、动力特性和水理性等。

1. 地基土的物理特性

土是连续、坚固的岩石在风化作用下形成的大小悬殊的颗粒，经过不同的搬运方式，在各种自然环境中生成的沉积物。

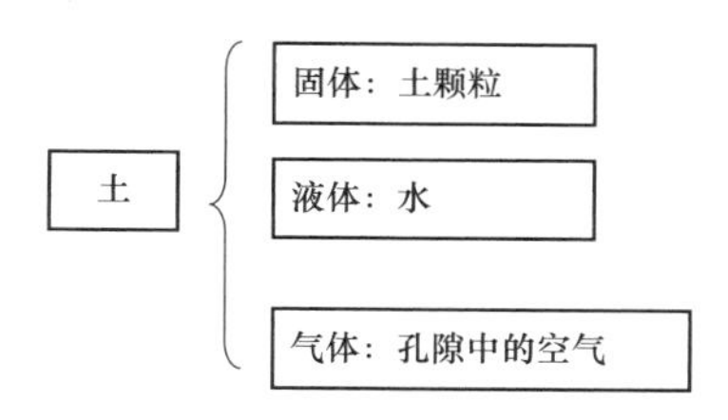

土中颗粒的大小、成分及三相之间的比例关系反映出土的不同性质，如轻重、松紧、软硬等。在工程中常用的物理指标有密度、相对密度、含水量、孔隙比或孔隙度、饱和度等，这些指标都可通过试验取得。

碎石土、砂土、粉土物理状态的指标是密实度，《岩土工程勘察规范》（GB 50021）规定：碎石土的密实度可根据圆锥动力触探锤击数按表 5-1 确定；砂土的密实度应根据标准贯入试验锤击数实测值 N 按表 5-2 划分；粉土的密实度应根据孔隙比按表 5-3 划分。

表 5-1　　碎石土的密实度

重型动力触探锤击数 $N_{63.5}$	密实度	重型动力触探锤击数 $N_{63.5}$	密实度
$N_{63.5} \leqslant 5$	松散	$10 < N_{63.5} \leqslant 20$	中实
$5 < N_{63.5} \leqslant 10$	稍密	$N_{63.5} > 20$	密实

表 5-2　　砂土的密实度

标准贯入锤击数 N	密实度	标准贯入锤击数 N	密实度
$N \leqslant 10$	松散	$15 < N \leqslant 30$	中实
$10 < N \leqslant 15$	稍密	$N > 30$	密实

表 5-3　　粉土的密实度

孔隙比 e	密实度
$e < 0.75$	密实
$0.75 \leqslant e \leqslant 0.9$	中密
$e > 0.9$	稍密

2. 地基土的压缩性

地基土的压缩性是指在压力作用下体积缩小的性能。从理论上，土的压缩变形可能是：土粒本身的压缩变形；孔隙中不同形态的水和气体等流体的压缩变形；孔隙中水和气体有一部分被挤出，土的颗粒相互靠拢，使孔隙体积减小。

3. 地基土的稳定性

地基土的稳定性包括承载力不足而失稳，以及地基变形过大造成建筑物失稳，还有经常作用水平荷载的构筑物基础的倾覆和滑动失稳以及边坡失稳。地基土的稳定性评价是岩土工程问题分析与评价的一项重要内容。

4. 地基土的均匀性

地基土的均匀性即为基底以下分布地基土的物理力学性质均匀性，这体现在两个方面：一是地基承载力差异较大；二是地基土的变形性质差异较大。评价标准为：

（1）当地基持力层层面坡度大于10%时，可视为不均匀地基。

（2）建筑物基础底面跨两个以上不同的工程地质单元时为不均匀地基。

（3）建筑物基础底面位于同一地质单元、土层属于相同成因年代时，地基不均匀性用建筑物基础平面范围内，其中两个钻孔所代表的压缩最大、最小的压缩模量当量值之比，即地基不均匀系数 β 来判定。当 β 大于表 5-4 规定的数值时，为不均匀地基。

表 5-4　　不均匀系数 β

压缩模量当量值 $\overline{E}_s$（MPa）	$\leqslant 4$	7.5	15	>15
地基不均匀系数 β	1.3	1.5	1.8	2.5

注：1. 土的压缩模量当量值 $\overline{E}_s$。
2. 地基不均匀系数 β 为 $\overline{E}_{smax}$ 与 $\overline{E}_{smin}$ 之比，其中 $\overline{E}_s$ 为该场地某一钻孔所代表的低级土层在压缩层深度内最大的压缩模量当量值，$\overline{E}_{smin}$ 为另一钻孔所代表的第几土层在压缩层深度内最小的压缩模量当量值。
3. 土的压缩模量按实际应力段取值。

5. 地基土的水理性

地基土的水理性是指地基土在水的作用下工程特性发生改变的性质，施工过程中必须充分了解这种变化，避免地基土的破坏。黏性土的水理性主要包括三种性质，黏性土颗粒吸附水能力的强弱称为活性，由活性指标 A 来衡量；黏性土含水量的增减反映在体积上的变化称为胀缩性；黏性土由于浸水而发生崩解散体的特性称为崩解性，通常由崩解时间、崩解特征和崩解速度三项指标来评价。对于岩石的水理性，包括吸水性、软化性、可溶性、膨胀性等性质。

6. 地基土的动力特性

土体在动荷载作用下的力学特性称为地基土的动力特性。动荷载作用对土的力学性质的影响可以导致土的强度减低，产生附加沉降、土的液化和触变等结果。

影响土的动力变形特性的因素包括周期压力、孔隙比、颗粒组成、含水量等，最为显著是应变幅值的影响。应变幅值在 $10^{-6}\sim10^{-4}$ 及以下的范围内时，土的变形特性可认为是属于弹性性质。一般由火车、汽车的行驶以及机器基础等所产生的振动的反应都属于这种弹性范围。应变幅值在 $10^{-4}\sim10^{-2}$ 范围内时，土表现为弹塑性性质，在工程中，如打桩、地震等所产生的土体振动反应即属于此。当应变幅值超过 10^{-2} 时，土将破坏或产生液化、压密等现象。

二、地基基础的类型

常见的地基基础类型如图 5-1 所示。

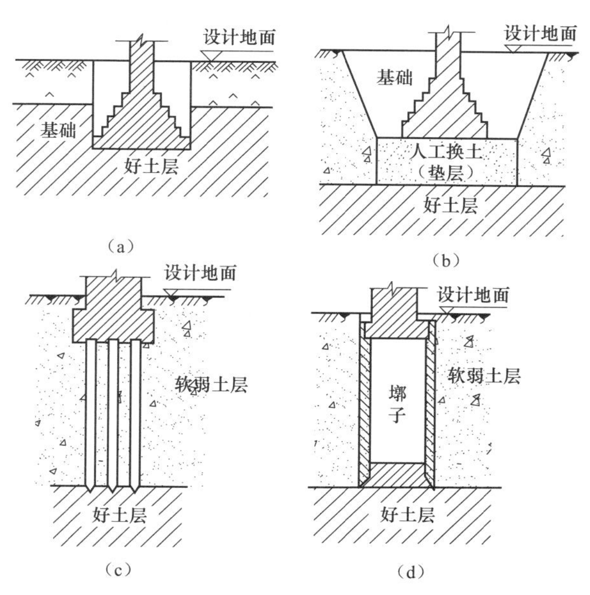

图 5-1 地基基础类型

(a) 天然地基上浅基础；(b) 人工地基；(c) 桩基；(d) 深基础

（1）地基内部都是良好土层，或上部有较厚的良好土层，一般将基础直接做在天然土层上，基础埋置深度小，可用普通方法施工，称为“天然地基上的浅基础”，或称为“天然地基”。

（2）对地基上部软弱土层进行加固处理，提高其承载能力，减少其变形，基础做在这种经过人工加固的土层上，称为“人工地基”。

（3）在地基中打桩，基础做在桩上，建筑物的荷载由桩传到地基深处的坚实土层，或由桩与地基土层接触面的摩擦力承担，称为“桩基础”。

（4）用特殊的施工手段和相应的基础形式（如地下连续墙、沉井、沉箱等）把基础做在地基深处承载力较高的土层上，称为“深基础”。

第二节 地 基 处 理

一、地基局部处理

（1）松土坑在基槽范围内，如图5-2所示。将坑中松软土挖除，使坑底及四壁均见天然土为止，回填与天然土压缩性相近的材料。当天然土为砂土时，用砂或级配砂石回填；当天然土为较密实的黏性土时，用3∶7灰土分层回填夯实；当天然土为中密可塑的黏性土或新近沉积黏性土时，可用1∶9或2∶8灰土分层回填夯实，每层厚度不大于20cm。

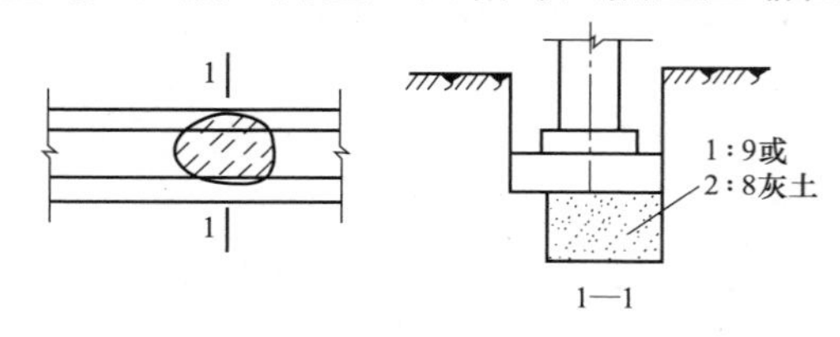

图5-2 松土坑在基槽范围内

（2）松土坑范围较大且超过5m时，如坑底土质与一般槽底土质相同，可将此部分基础加深，做1∶2踏步与两端相接。每步高不大于50cm，长度不小于100cm，如深度较大，用灰土分层回填夯实至坑（槽）底齐平。如图5-3所示。

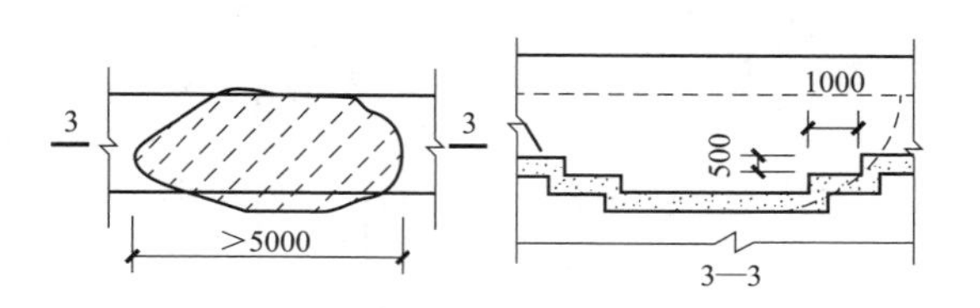

图5-3 松土坑处理简图

（3）基础下压缩土层范围内有古墓、地下坑穴。墓坑开挖时，应沿坑边四周每边加宽50cm，加宽深入到自然地面下50cm，重要建筑物应将开挖范围扩大，沿四周每边加宽50cm；开挖深度：当墓坑深度小于基础压缩土层深度，应挖到坑底；如墓坑深度大于基层压缩土层深度，开挖深度应不小于基础压缩土层深度。如图 5-4（a）所示。墓坑和坑穴用 3∶7 灰土回填夯实；回填前应先打 2～3 遍底夯，回填土料宜选用粉质黏土分层回填，每层厚 20～30cm，每层夯实后用环刀逐点取样检查，土的密度应不小于 1.55t/m³。如图 5-4（b）所示。

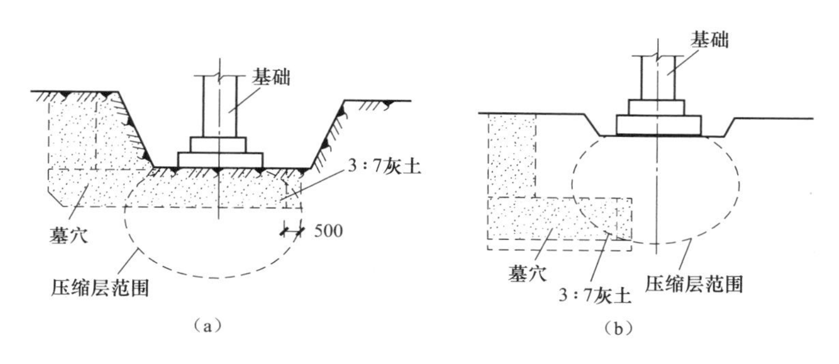

图 5-4　基础下有古墓、地下坑穴处理简图

（4）土井、砖井在室内基础附近处理简图如图 5-5 所示。将水位降到最低可能的限度，用中、粗砂及块石、卵石或碎砖等回填到地下水位以上 50cm。并应将四周砖圈拆至坑槽底以下 1m 或更深些，然后再用素土分层回填并夯实，如井已回填，但不密实或有软土，可用大块石将下面软土挤紧，再分层回填素土夯实。

（5）软地基处理简图如图 5-6 所示。对于一部分落在原土上，另一部分落于回填土地基上的结构，应在填土部位用现场钻孔灌注桩或钻孔爆扩桩直至原土层，使该部位上部荷载直接传至原土层，以避免地基的不均匀沉降。

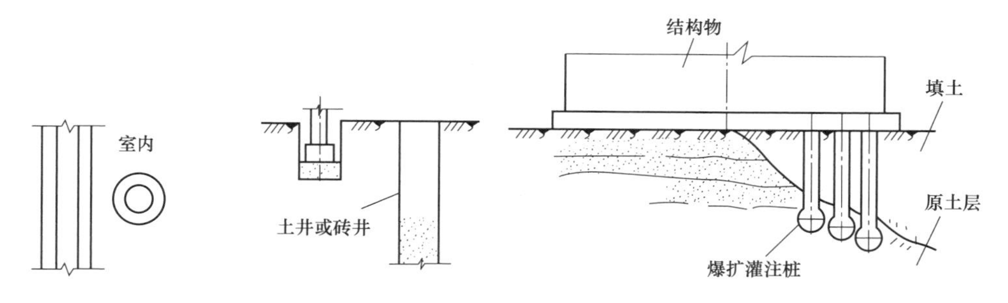

图 5-5　土井或砖井处理简图　　图 5-6　软地基处理简图

（6）橡皮土。当黏性土含水量很大趋于饱和时，碾压（夯拍）后会使地基土变成踩上去有一种颤动感觉的“橡皮土”。所以，当发现地基土（黏土、粉质黏土等）含水量趋于饱和时，要避免直接碾压（夯拍），可采用晾槽或掺石灰粉的办法降低土的含水量，有地表水时应排水，地下水位较高时应将地下水降低至基底 0.5m 以下，然后再根据具体情况选择施工方法。如果地基土已出现橡皮土，则应全部挖除，填以 3∶7 灰土、砂土或级配砂石，或插片石夯实；也可将

橡皮土翻松、晾晒、风干，至最优含水量范围再夯实。

（7）管道。当管道位于基底以下时，最好拆迁或将基础局部落低，并采取防护措施，避免管道被基础压坏。当墙穿过基础墙，而基础又不允许切断时，必须在基础墙上管道周围，特别是上部留出足够尺寸的空隙（大于房屋预估的沉降量），使建筑物产生沉降后不致引起管道的变形或损坏。

另外，管道应该采取防漏的措施，以免漏水浸湿地基造成不均匀沉降。特别当地基为填土、湿陷土或膨胀土时，尤其应引起重视。

二、换填垫层

换填垫层法是将基础底面下一定范围内的软弱土层挖去，然后分层填入质地坚硬、强度较高，性能较稳定、具有抗腐蚀性的砂、碎石、素土、灰土、粉煤灰及其他性能稳定和无侵蚀性的材料，并同时以人工或机械方法夯实（或振实）使其达到要求的密实度，成为良好的人工地基。按换填材料的不同，将垫层分为砂垫层、砂石垫层、灰土垫层和粉煤灰垫层等。不同材料的垫层，其应力分布稍有差异，但根据试验结果及实测资料，垫层地基的强度和变形特性基本相似，因此可将各种材料的垫层设计都近似地按砂垫层的设计方法进行计算。

1. 砂垫层和砂石垫层

（1）加固原理及适用范围。砂和砂石地基（垫层）采用砂或砂砾石（碎石）混合物，经分层夯（压）实，作为地基的持力层，提高基础下部地基强度，并通过垫层的压力扩散作用，降低地基的压实力，减少变形量，同时垫层可起排水作用，地基土中孔隙水可通过垫层快速地排出，能加速下部土层的压缩和固结。适于处理 3.0m 以内的软弱、透水性强的地基土；不宜用加固湿陷性黄土地基及渗透性、系数小的黏性土地基。

（2）材料要求。砂和砂石垫层所用材料，宜采用中砂、粗砂、砾砂、碎（卵）石、石屑等。如采用其他工业废粒料作为垫层材料，检验合格方可使用。在缺少中、粗砂和砾砂的地区可采用细砂，但宜同时掺入一定数量的碎（卵）石，其掺入量应符合垫层材料含石量不大于 50%。所用砂石材料不得含有草根、垃圾等有机杂物，含泥量不应超过 5%（用作排水固结地基时不应超过 3%），碎石或卵石最大粒径不宜大于 50mm。

（3）施工。

1）施工设备。砂垫层一般采用平板式振动器、插入式振捣器等设备，砂石垫层一般采用振动碾、木夯或机械夯。

2）施工要点。

① 施工前应先行验槽。浮土应清除，边坡必须稳定，防止塌方。基坑（槽）两侧附近如有低于地基的孔洞、沟、井和墓穴等，应在未做垫层前加以填实。

② 砂和砂石垫层底面宜铺设在同一标高上，如深度不同时，基土面应挖成踏步或斜坡搭接。搭接处应注意捣实，施工应按先深后浅的顺序进行。分段铺设时，接头处应做成斜坡，每层错开 0.5～1.0m 并应充分捣实。

③ 人工级配的砂石垫层，应将砂石拌和均匀后，再行铺填捣实。捣实砂石垫层时，应注意不要破坏基坑底面和侧面土的强度。在基坑底面和侧面应先铺设一层厚 150～200mm 的松砂，只用木夯夯实，不得使用振捣器，然后再铺砂石垫层。

④ 垫层应分层铺设，然后逐层振密或压实，每层铺设厚度、砂石最佳含水量及操作要点见表 5-5，分层厚度可用样桩控制。施工时应将下层的密实度经检验合格后，方可进行上层施工。

⑤ 在地下水位高于基坑（槽）底面施工时，应采取排水或降低地下水位的措施，使基坑（槽）保持无积水状态。如用水撼法或插入振动法施工时，以振捣棒振幅半径的 1.75 倍为间距插入振捣，依次捣实，以不再冒气泡为准，直至完成。应有控制地注水和排水。冬期施工时，应注意防止砂石内水分冻结。

（4）检查方法。

1）环刀取样法。在捣实后的砂垫层中用容积不小于 200cm^3 的环刀取样，测定其干土密度，以不小于该砂料在中密状态时的干土密度数值为合格。如中砂一般为 155～1.60g/cm^3。若系砂石垫层，可在垫层中设置存砂检查点，在同样的施工条件下取样检查。

2）贯入测定法。检查时先将表面的砂刮去 30mm 左右，用直径为 20mm、长 1250mm 的平头钢筋距离砂层面 700mm 自由降落，或用水撼法使用的钢叉举离砂层面 500mm 自由下落。以上钢筋或钢叉的插入深度，可根据砂的控制干土密度预先进行小型试验确定。

3）砂和砂石地基的质量验收标准见表 5-6。

表 5-5　砂和砂石垫层每层铺筑厚度及最优含水量

捣实方法	每层铺设厚度（mm）	施工时最优含水量（%）	施工说明	备注
平振法	200～250	15～20	用平板式振捣器往复振捣，往复次数以简易测定密实度合格为准	不宜使用于细砂或含泥量较大的砂所铺筑的砂垫层
插振法	振捣器插入深度	饱和	1. 用插入式振捣器； 2. 插入间距可根据机械振幅大小决定； 3. 不应插至下卧黏性土层； 4. 插入振捣器完毕后所留的孔洞，应用砂填实； 5. 应有控制地注水和排水	

续表

捣实方法	每层铺设厚度（mm）	施工时最优含水量（%）	施工说明	备注
水撼法	250	饱和	1. 注水高度应超过每次铺筑面； 2. 钢叉摇撼捣实，插入点间距为100mm； 3. 钢叉分四齿，齿的间距80mm，长300mm，木柄长90mm，重40N	湿陷性黄土、膨胀土地区不得使用
夯实法	150～200	8～12	1. 用木夯或机械夯； 2. 木夯重400N，落距400～500mm； 3. 一夯压半夯，全面夯实	适用于砂石垫层
碾压法	250～350	8～12	60～100kN压路机往复碾压，碾压次数一般不少于4遍	适用于大面积砂垫层，不宜用于地下水位以下的砂垫层

表5-6　砂和砂石地基质量验收标准

项目	序号	检查项目	允许偏差或允许值		检查方法
			单位	数值	
主控项目	1	地基承载力	设计要求		载荷试验或按规定方法
	2	配合比	设计要求		检查拌和时的体积比或质量比
	3	压实系数	设计要求		现场实测
一般项目	1	砂石料有机质含量	%	≤5	焙烧法
	2	砂石料含泥量	%	≤5	水洗法
	3	石料粒径	mm	100	筛分法
	4	含水量（与最优含量比较）	%	±2	烘干法
	5	分层厚度（与设计要求比较）	mm	±50	水准仪

2. 灰土垫层

（1）加固原理及适用范围。灰土垫层是将基础底面下要求范围内的软弱土层挖去，用素土或一定比例的石灰与土，在最优含水量情况下，充分拌和，分层回填夯实或压实而成。具有一定的强度、水稳性和抗渗性，施工工艺简单，费用较低，是一种应用广泛、经济、实用的地基加固方法。适用于加固深1～3m厚的软弱土、湿陷性黄土、杂填土等，还可用作结构的辅助防渗层。

（2）材料要求。灰土地基的土料采用粉质黏土，不宜使用块状黏土和砂质黏土，有机物含量不应超过5%，其颗粒不得大于15mm；石灰宜采用新鲜的消石灰，含氧化钙、氧化镁越高越好，越高其活性越大，胶结力越强。使用前1～2d消解并过筛，其颗粒不得大于5mm，且不应夹有未熟化的生石灰块粒及其他杂质，也不得含有过多的水分。

(3) 施工。

1) 施工设备。一般用平碾、振动碾或羊足碾，中小型工程也可采用蛙式夯、柴油夯。

2) 施工要点。

① 灰土垫层施工前须先行验槽，如发现坑（槽）内有局部软弱土层或孔穴，应挖出后用素土或灰土分层填实。

② 施工时，应将灰土拌和均匀，颜色一致，并适当控制其含水量。现场检验方法是用手将灰土紧握成团，两指轻捏即碎为宜，如土料水分过多或不足时，应晾干或洒水润湿。灰土拌好后及时铺好夯实，不得隔日夯打。

③ 灰土的分层虚铺厚度，应按所使用夯实机具参照表 5-7 选用。每层灰土的夯打遍数，应根据设计要求的干土密度在现场试验确定。

④ 垫层分段施工时，不得在墙角、柱基及承重窗间墙下接缝。上下两层灰土的接缝距离不得小于 500mm，接缝处的灰土应注意夯实。灰土垫层的承载力见表 5-8。

⑤ 在地下水位以下的基坑（槽）内施工时，应采取排水措施。夯实后的灰土，在 3d 内不得受水浸泡。灰土地基打完后，应及时修建基础和回填基坑（槽），或作临时遮盖，防止日晒雨淋，刚打完或尚未夯实的灰土，如遭受雨淋浸泡，则应将积水及松软灰土除去并补填夯实；受浸湿的灰土，应在晾干后再夯打密实。冬期施工不得用冻土或夹有冻块。

表 5-7　　灰土最大虚铺厚度

夯实机具种类	质量（t）	虚铺厚度（mm）	备注
石夯、木夯	0.04～0.08	200～250	人力送夯，落距 400～500mm，一夯压半夯，夯实后 80～100mm
轻型夯实机械	0.12～0.4	200～250	蛙式夯机、柴油打夯机，夯实后 100～150mm
压路机	6～10	200～300	双轮

表 5-8　　灰土的承载力

施工方法	换填材料	压实系数 λ_c	承载力 f_k（kPa）
碾压或振密	黏性土和粉土（$8<I_P<14$）	0.94～0.97	130～180
	灰土	0.95	200～250
夯实	土或灰土	0.93～0.95	150～200

注： 1. 压实系数小的垫层，承载力取低值，反之取高值。
2. 夯实土的承载力取低值，灰土取高值。
3. 压实系数为土的控制干密度与最大干密度的比值，当采用轻型击实试验时，压实系数应取高值，采用重型击实试验时，压实系数可取低值；土的最大干密度宜采用击实试验确定。

(4) 质量检查。

1) 环刀取样法。在捣实后的灰土垫层中用容积不小于 200cm^3 的环刀取样，测定其干土密度，以不小于该砂料在中密状态时的干土密度数值为合格。灰土垫层的干土密度见表 5-9。

表 5-9　　灰土垫层的干密度

土料种类	粉土	粉质黏土	黏性土
灰土最小干密度（g/cm^3）	1.55	1.50	1.45

2) 灰土地基质量验收标准见表 5-10。

表 5-10　　灰土地基质量检验标准

项目	序号	检查项目	允许偏差或允许值		检查方法
			单位	数值	
主控项目	1	地基承载力	设计要求		载荷试验或按规定方法
主控项目	2	配合比	设计要求		检查拌和时的体积比或质量比
主控项目	3	压实系数	设计要求		现场实测
一般项目	1	石料粒径	mm	≤5	筛分法
一般项目	2	土料有机质含量	%	≤5	试验室焙烧法
一般项目	3	土颗粒粒径	mm	≤15	筛分法
一般项目	4	含水量（与要求的最优含量比较）	%	±2	烘干法
一般项目	5	分层厚度偏差（与设计要求比较）	mm	±50	水准仪

3. 粉煤灰垫层

(1) 粉煤灰加固原理及适用范围。粉煤灰是火力发电厂的工业废料，有良好的物理力学性能，用它作为处理软弱土层的换填材料，已在许多地区得到应用。其压实曲线与黏性土相似，具有相对较宽的最优含水量区间，即其干密度对含水量的敏感性比黏性土小，同时具有可利用废料，施工方便、快速，质量易于控制，技术可行，经济效果显著等优点。可用于作各种软弱土层换填地基的处理，以及用作大面积地坪的垫层等。

(2) 材料要求。用一般电厂Ⅲ级以上粉煤灰，含 SiO_2、Al_2O_3、Fe_2O_3。总量尽量选用高的，颗粒粒径宜为 0.001～2.0mm，烧失量宜低于 12%，含 SO_3 宜小于 0.4%，以免对地下金属管道等产生一定的腐蚀性。粉煤灰中严禁混入植物、生活垃圾及其他有机杂质。

(3) 施工。

1) 施工设备。一般采用平碾、振动碾、平板振动器、蛙式夯。

2) 施工要点。

① 垫层应分层铺设与碾压，并设置泄水沟或排水盲沟。垫层四周宜设置具有防冲刷功能的帷幕。虚铺厚度和碾压遍数应通过现场小型试验确定。若无试验资料时，可选用铺筑厚度200～300mm，压实厚度150～200mm。小型工程可采用人工分层摊铺，在整平后用平板振动器或蛙式打夯机进行压实。施工时须一板压1/3～1/2板往复压实，由外围向中间进行，直至达到设计密实度要求；大中型工程可采用机械摊铺，在整平后用履带式机具初压二遍，然后用中、重型压路机碾压。施工时须一轮压1/3～1/2轮往复碾压，后轮必须超过两施工段的接缝。碾压次数一般为4～6遍，碾压至达到设计密实度要求。

② 粉煤灰铺设含水量应控制在最优含水量±4%的范围内；如含水量过大时，需摊铺晾干后再碾压。施工时宜当天铺设，当天压实。若压实时呈松散状，则应洒水湿润再压实，洒水的水质应不含油质，pH值为6～9；若出现“橡皮土”现象，则应暂缓压实，采取开槽、翻开晾晒或换灰等方法处理。

③ 每层当天即铺即压完成，铺完经检测合格后，应及时铺筑上层，以防干燥、松散、起尘、污染环境，并应严禁车辆在其上行驶；全部粉煤灰垫层铺设完经验收合格后，应及时进行流筑混凝土垫层或上覆300～500mm土进行封层，以防日晒、雨淋破坏。

④ 冬期施工，最低气温不得低于0℃，以免粉煤灰含水冻胀。

⑤ 粉煤灰地基不宜采用水沉法施工，在地下水位以下施工时，应采取降排水措施，不得在饱和和浸水状态下施工。基底为软土时宜先铺填200mm左右厚的粗砂或高炉干渣。

(4) 质量检查。

1) 贯入测定法。先将砂垫层表面3cm左右厚的粉煤灰刮去，然后用贯入仪、钢叉或钢筋以贯入度的大小来定性地检查砂垫层质量。在检验前应先根据粉煤灰垫层的控制干密度进行相关性试验，以确定贯入度值。

① 钢筋贯入法：用直径为20mm，长度1250mm的平头钢筋，自700mm高处自由落下，插入深度以不大于根据该粉煤灰垫层的控制于密度测定的深度为合格。

② 钢叉贯入法：用水撼法使用的钢叉，自500mm高处自由落下，其插入深度以不大于根据该粉煤灰垫层控制干密度测定的深度为合格。

当使用贯入仪或钢筋检验垫层的质量时，检验点的间距应小于4m。当取土样检验时，大基坑每50～100m² 不应小于一个检验点；对基槽每10～20m不应少于一个点；每个单独柱基不应少于一个点。

2) 粉煤灰地基质量检验标准见表5-11。

表 5-11　　粉煤灰地基质量检验标准

项目	序号	检查项目	允许偏差或允许值		检查方法
			单位	数值	
主控项目	1	压实系数	设计要求		按规定方法
	2	地基承载力	设计要求		按规定方法
一般项目	1	粉煤灰粒径	mm	0.001～2.0	过筛
	2	氧化铝及二氧化硅含量	%	≥70	试验室化学分析
	3	烧失量	%	≤12	试验室烧结法
	4	每层铺筑厚度	mm	±50	水准仪
	5	含水量（与最优含水量比较）	%	±2	取样后试验室确定

三、预压地基

预压地基是对软土地基施加压力，使其排水固结来达到加固地基的目的。为加速软土的排水固结，通常可在软土地基内设置竖向排水体，铺设水平排水垫层。预压适用于软土和冲填土地基的施工。其施工方法有堆载预压、砂井堆载预压及砂井真空降水预压等。其中砂井堆载预压具有固结速度快、施工工艺简单、效果好等特点，使用最为广泛。

1. 材料要求

制作砂井的砂，宜用中、粗砂，含泥量不宜大于 3%。排水砂垫层的材料宜采用透水性好的砂料，其渗透系数一般不低于 102mm/s，同时能起到一定的反滤作用，也可在砂垫层上铺设粒径为 5～20mm 的砾石作为反滤层。

2. 构造要求

砂井堆载预压法如图 5-7 所示。

砂井的直径和间距主要取决于黏土层的固结特性和工期的要求。砂井直径一般为 200～500mm，间距为砂井直径的 6～8 倍。袋装砂井直径一般为 70～120mm，井距一般为 1.0～2.0m。砂井深度的选择和土层分布、地基中附加应力的大小、施工工期等因素有关。当软黏土层较薄时，砂井应贯穿黏土层；黏土层较厚但有砂层或砂透镜体时，砂井应尽可能打到砂层或透镜体；当黏土层很厚又无砂透水层时，可按地基的稳定性以及沉降所要求处理的深度来确定。砂井平面布置形式一般为等边三角形或正方形，如图 5-8 所示。布置范围一般比基础范围稍大好。砂垫层的平面范围与砂井

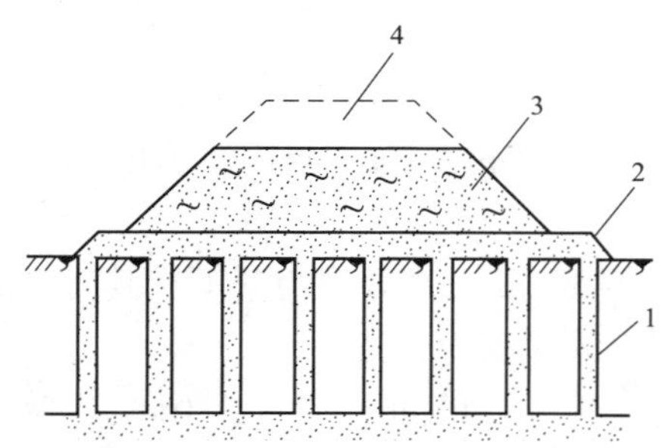

图 5-7　砂井堆载预压法

1—砂井；2—砂垫层；3—堆载；4—临时超载

范围相同，厚度一般为 0.3～0.5m，如砂料缺乏时，可采用连通砂井的纵横砂沟代替整片砂垫层，如图 5-9 所示。

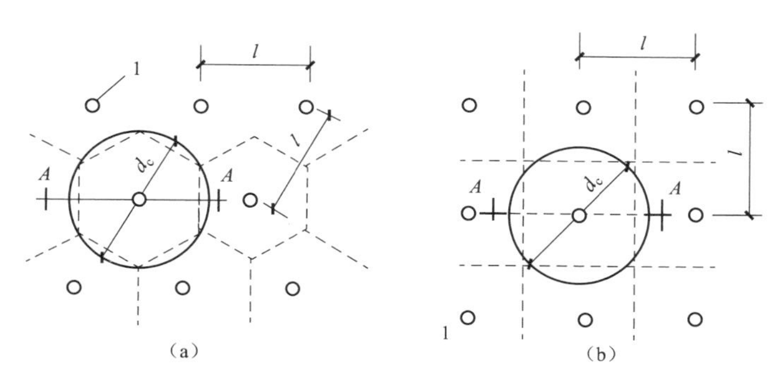

图 5-8 砂井平面布置形式

（a）正三角形排列；（b）正方形排列

1—砂井

3. 施工

（1）施工设备。砂井施工机具可采用振动锤、射水钻机、螺旋钻机等机具或选用灌注桩的成孔机具。

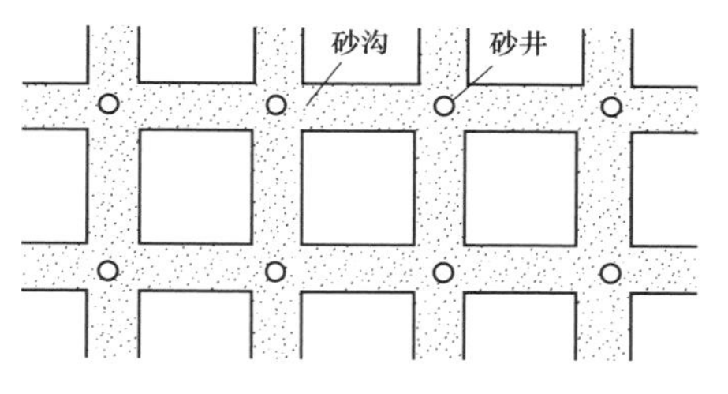

图 5-9 砂沟排水构造

（2）施工要点。

1）排水垫层施工方法与砂垫层和砂石垫层地基相同。当采用袋装砂井时，砂袋应选用透水性和耐水性好以及韧性较强的麻布、再生布或聚丙烯编织布制作。当桩管沉入预定深度后插入砂袋（袋内先装入 200mm 厚砂子作为压重），通过漏斗将砂子填入袋中并捣固密实，待砂灌满后扎紧袋口，往管内适量灌水（减小砂袋与管壁的摩擦力）拔出桩管，此时袋口应高出井口 500mm，以便埋入水平排水砂垫层内，严禁砂井全部深入孔内，造成与砂垫层不连接。

2）砂井堆载预压的材料一般可采用土、砂、石和水等。堆载的顶面积不小于基础面积，堆载的底面积也应适当扩大，以保证建筑物范围内的地基得到均匀加固。

3）地基预压前，应设置垂直沉降观察点、水平位移观测桩、测斜仪以及孔隙水压力计，以控制加载速度和防止地基发生滑动。其设置数量、位置及测试方法，应符合设计要求。

4）堆载应分期分级进行并严格控制加荷速率，保证在各级荷载下地基的稳定性。对打入式砂井地基，严禁未待因打砂井而使地基减小的强度得到恢复就加载。

5）地基预压达到规定要求后方可分期分级卸载，但应继续观测地基沉降和回弹情况。

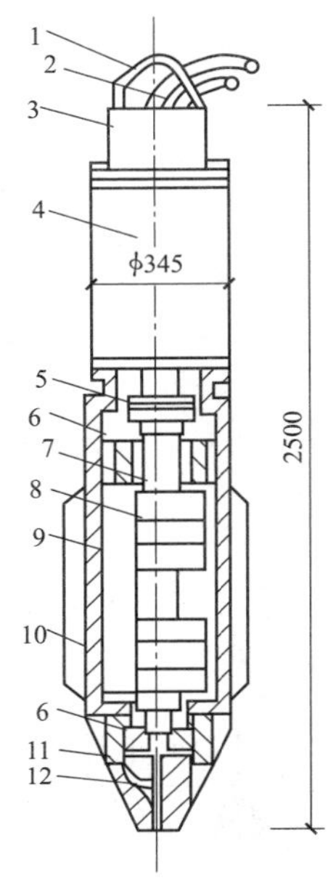

图 5-10　振冲器构造
1—吊具；2—水管；
3—电缆；4—电机；
5—联轴器；6—轴；
7—轴承；8—偏心块；
9—壳体；10—切片；
11—头部；12—水管

四、振冲地基

振冲地基是利用振冲器水冲成孔，分批填以砂、石骨料形成一根根桩体，桩体与地基构成复合地基以提高地基的承载力，减少地基的沉降和沉降差。碎石桩还可用来提高土坡的抗滑稳定性和土体的抗剪强度。适用于加固松散砂土地基，黏性土和人工填土地基经试验证明加固有效时也可使用。前者用振冲法除有使松砂变密的振冲挤密功效外，还有着以紧密的桩体材料置换一部分地基土的振冲置换作用。

1. 施工材料和机具

（1）施工材料。

1）桩体材料：可用含泥量不大于5%的碎石、卵石、矿渣或其他性能稳定的硬质材料，不宜使用风化易碎的石料。常用的填料粒径为：30kW振冲器20～80mm；50kW振冲器30～100mm，75kW振冲器40～150mm。

2）褥垫层材料：宜用碎石，有良好级配，最大粒径宜不大于50mm。

3）成桩用水：可用自来水，有条件的地方为节约用水可使用无腐蚀性的中水，不可用污水。

（2）施工机具。

1）振冲器，振冲器如图5-10所示。常用振冲器型号及技术性能见表5-12。

表 5-12　　常用振冲器主要技术参数

型号	ZCQ-13	ZCQ-30	ZCQ-55	BJ-75	BJ-100	PENINE150
电动机功率（kW）	13	30	55	75	100	（柴油机）HD225
转数（r/min）	1450	1450	1450	1450	1450	0～3600
额定功率（A）	22.5	60	100	150	200	油压（MPa）0～36
振动力（kN）	35	90	200	160	200	290
振幅（mm）	4.20	4.20	5.0	7.0	7.0	3.5
振冲器外径（mm）	274	351	450	426	426	310
振冲器长度（mm）	200	2150	2500	3000	3150	2200

2）起吊机。可用汽车式起重机、履带式起重机或自行井架式专用车。根据

施工经验，采用汽车式起重机施工比较方便，采用汽车式起重机的起吊力，30kW 振冲器宜大于 80kN；75kW 振动器宜大于 160kN，起吊高度必须大于施工深度。汽车起重机如图 5-11 所示。

3）填料机具。填料机具可用装载机或人工手推车。用装载机 30kW 振冲器配 0.5m^3 以上的为宜，75kW 振冲器配 1.0m^3 以上的为宜。

图 5-11　汽车式起重机

4）电器控制设备。目前，有手控式和自控式两种控制箱。手控式施工过程中电流和留振时间是人工按电钮控制。自动控制式可设定加密电流值，当电流达到加密电流值时能自动发出信号，该控制系统还具有时间延时系统用于留振时间控制。为保证施工质量不受人为因素影响，应选用自动控制装置。

2. 施工作业条件

（1）根据施工用水量安装供水设施。

（2）根据施工用电量配备容量适宜的电闸箱，供电电缆应引至各台设备工作范围内。

（3）做好场地高程测量工作，计算地面平均高程，确定碎石桩桩顶标高和振冲桩孔深度。

（4）组织机械设备进场，安排振冲设备安装地点，检查设备完好情况。

（5）进行振冲碎石桩现场施工试验，以确定水压、振密电流和留振时间等各种施工参数。

（6）施工前应完成“三通一平”施工条件，现场电源根据设备功率大小，选用现场配电；水源根据设备数量及需水量，选用具有一定压力、供水量足够的水源；场地应平整并使作业区较周围略低；地上、地下如电线、管线、旧建筑物、设备基础等障碍物均已排除处理完毕，无障碍施工。各项临时设施（如照明、动力、安全设备）均已准备就绪。

（7）熟悉施工图纸及场地的土质、水文地质资料。

（8）施工前应对施工人员进行全面的安全技术交底，施工前对设备进行安全可靠性及完好状态检查，确保施工安全和施工设备完好。

3. 施工要点

（1）桩机定位。桩机定位时，必须保持平稳，不发生倾斜、移位。为准确控制造孔深度，应在桩架上或桩管上作出控制的标尺，以便在施工中进行观测、记录。

(2) 造孔。启动吊机使振冲器以1～2m/min的速度在土层中徐徐下沉。每贯入0.5～1.0m，宜悬留振冲5～10s扩孔，待孔内泥浆溢出时再继续贯入。当造孔接近加固深度时，振冲器应在孔底适当停留并减小射水压力，以便排除泥浆进行清孔。

(3) 清孔。造孔后边提升振冲器边冲水直至孔口，再放至孔底，重复两三次扩大孔径，并使孔内泥浆变稀，振冲孔顺直、通畅，以利填料加密。

(4) 填料。一般清孔结束可将填料倒入孔中。填料方式可采用连续填料、间断填料或强迫填料方式。振冲制桩的工艺如图5-12所示。填料的密实度，以振冲器工作电流达到规定值为控制标准。如在某深度电流达不到规定值，则需提起振冲器继续往孔内倒一批填料，然后再下降振冲器继续进行振密。如此重复操作，直到该深度的电流达到规定值为止。在振密过程中，宜保持小水量补给，以降低孔内泥浆相对密度，有利于填料下沉，使填料在水饱和状态下，便于振捣密实。

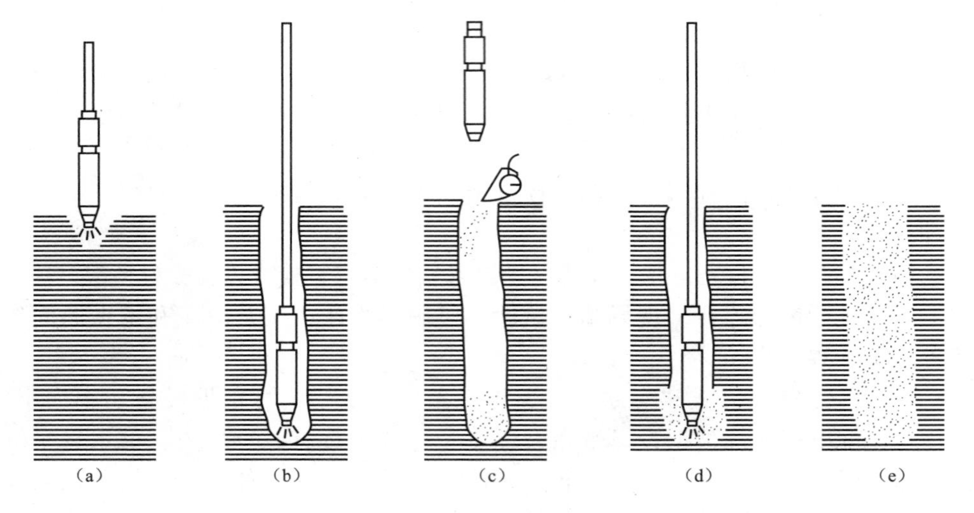

图5-12 振冲制桩工艺图

(a) 振冲器就位；(b) 下沉，清孔；(c) 上提，加料；(d) 下沉，振实；(e) 成型

(5) 电流控制。电流控制是指振冲器的电流达到设计确定的加密电流值。设计确定的加密电流是振冲器空载电流加某一增量电流值。在施工中由于不同振冲器的空载电流有差值，加密电流应作相应调整。30kW振冲器加密电流宜为45～60A，75kW振冲器加密电流宜为70～100A。

(6) 振冲施工可在原地面定位造孔，也可在基坑（槽）中定位造孔。孔位上部有硬层时，应先挖孔后振冲。振冲造孔方法可照表5-13选用。

表 5-13 振冲造孔方法

造孔方法	步骤	优缺点
排孔法	由一端开始，依次逐步造孔到另一端结束	易于施工，且不易漏掉孔位，但当孔位较密时，后打的桩易发生倾斜和位移
跳打法	同一排孔采取隔一孔造一孔	先后造孔影响小，易保证桩的垂直度，但防止漏掉孔位，并应注意桩位准确
围幕法	先造外围 2～3 圈（排）孔，然后造内圈（排）。采用隔圈（排）造一圈（排）或依次向中心区造孔	能减少振冲能量的扩散，振密效果好，可节约桩数 10%～15%，大面积施工常采用此法，但施工时应注意防止漏掉孔位和保证基位置准确

4. 质量检查

(1) 振冲成孔中心与设计定位中心偏差不得大于 100mm；完成后的桩顶中心与定位中心偏差不得大于 0.2 倍桩孔直径。

(2) 振冲效果应在砂土地基完工半个月或黏性土地基完工一个月后方可检验。检验方法可采用载荷试验、标准贯入、静力触探及土工试验等方法来检验桩的承载力，以不小于设计要求的数值为合格。对于抗液化的地基，尚应进行孔隙水压力试验。

(3) 振冲地基的质量检查标准应符合表 5-14 的规定。

表 5-14 振冲地基质量检查标准

项目	序号	检查项目	允许偏差或允许值		检查方法
			单位	数值	
主控项目	1	填料粒径	设计要求		抽样检查
	2	密实电流（黏性土） 密实电流（砂性土或粉土） （以上为功率 32kW 振冲器） 密实电流（基他类型振冲器）	A A A	50～55 40～50 $(1.5\sim2.0)A_0$	电流表读数，A_0 为空振电流
	3	地基承载力	设计要求		按规定方法
一般项目	1	填料含泥量	%	<5	抽样检查
	2	振冲器喷水中心与孔径中心偏差	mm	≤50	用钢尺量
	3	成孔中心与设计孔位中心偏差	mm	≤100	用钢尺量
	4	桩体直径	mm	≤50	用钢尺量
	5	孔深	mm	±200	用钻杆或重锤测
	6	垂直度	%	≤1	经纬仪检查

五、强夯地基

强夯地基是将很重的锤从高处自由落下，给地基以冲击力和振动，从而提高地基土的强度并降低其压缩性。强夯适用范围广，可用于碎石土、砂土、黏性土、湿陷性黄土及杂填土地基的施工。

1. 施工材料和机具

（1）施工材料。

1）回填土料，应选用不含有机质、含水量较小的黏质粉土、粉土或粉质黏土。

2）柴油、机油、齿轮油、液压油、钢丝绳、电焊条均符合主机使用要求。

（2）施工机具。

1）夯锤。用钢板做外壳，内部焊接钢筋骨架后浇筑C30混凝土，如图5-13所示。或用钢板做成组合成的夯锤，如图5-14所示。夯锤底面有圆形和方形两种，圆形不易旋转，定位方便，稳定性好，采用较多。锤底面积宜按土的性质和锤重确定，锤底静压力值可取25～40kPa；对于粗颗粒土（砂质土和碎石类土）选用较大值，一般锤底面积为3～4m²；对于细颗粒土（黏性土或淤泥质土）宜取较小值，锤底面积不宜小于6m²。一般10t夯锤底面积用4.5m²，15t夯锤用6m²较适宜。锤重一般有8t、10t、12t、16t、25t。夯锤中宜设1～4个直径250～300mm上下贯通的排气孔，以利空气迅速排出，减小起锤时锤底与土面间形成真空产生的强吸附力和夯锤下落时的空气阻力，以保证夯击能的有效作用。

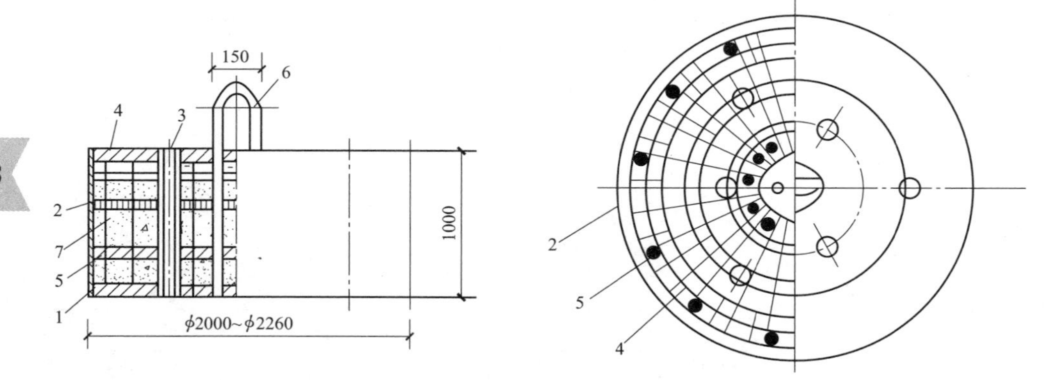

图5-13　混凝土夯锤（单位：mm）（圆柱形重12t；方形重8t）

1—30mm厚钢板底板；2—18mm厚钢板外壳；3—6×ϕ159钢管；4—水平钢筋网片，ϕ16@200；5—钢筋骨架，ϕ14@400；6—ϕ50吊环；7—C30混凝土

2）起重机宜选用起重能力在150kN以上的履带式起重机或其他专用起重设备，夯锤起吊应符合提升高度的要求并有足够的安全措施。自动脱钩装置应具有足够强度，且施工灵活。夯锤可用钢材制作或用钢板为外壳，内部焊接骨架后灌

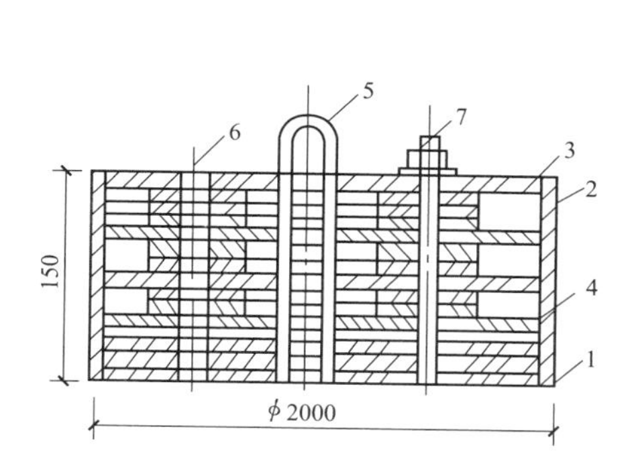

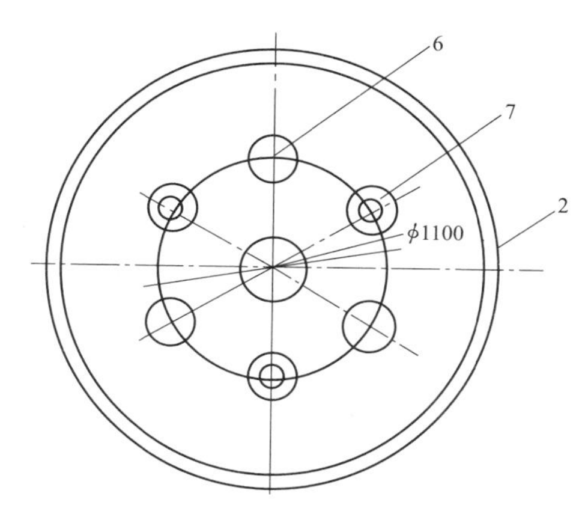

图 5-14 装配式钢夯锤（单位：mm）
（可组合成 6t、8t、10t、12t）
1—50mm 厚钢板底盘；2—15mm 厚钢板外壳；3—30mm 厚钢板顶板；4—中间块（50mm 厚钢板）；
5—φ50 吊环；6—φ200 排气孔；7—M48 螺栓

筑混凝土制成。夯锤底面可用圆形或方形，锤底面积取决于表层土质，对砂土一般为 3～4m^2；对黏性土不宜小于 6m^2。夯锤中宜设置若干上下贯通的气孔。

3）脱钩装置。采用履带式起重机作强夯起重设备，常用的脱钩装置一般是自制的自动脱钩器。脱钩器由吊环、耳板、销环、吊钩等组成，由钢板焊接制成，如图 5-15 所示。要求有足够的强度、使用灵活、脱钩快速、安全可靠。

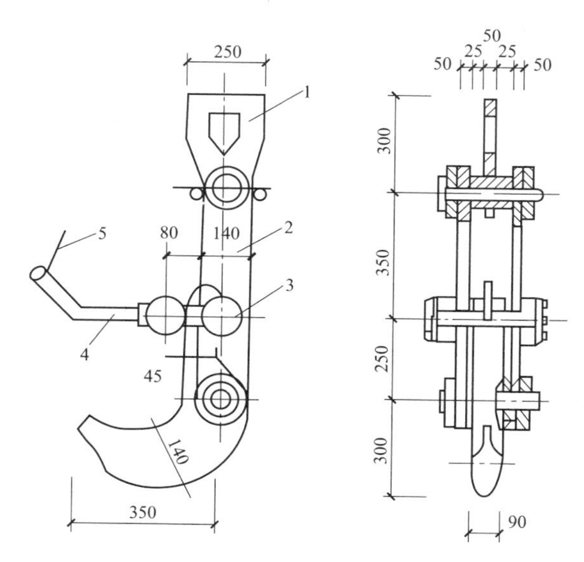

图 5-15 强夯自动脱钩器
1—吊环；2—耳板；3—销环轴辊；4—销柄；5—拉绳

4）锚系装置。当用起重机起吊夯锤时，为防止在夯锤突然脱钩时发生起重臂后倾和减小臂杆振动，一般应用一台 T_1—100 型推土机设在起重机的前方作地锚，在起重机臂杆的顶部与推土机之间用两根钢丝绳锚系，钢丝绳与地面的夹角不大于 30°。推土机还可用于夯完后的表土推平、压实等辅助工作。

2. 强夯施工的技术参数

（1）单点夯击能。单点夯击能等于锤重×落距，夯击的能量与加固深度 z 的关系，可由下式确定：

$$z = m\sqrt{WH}$$

式中 W——锤重；

H——落距；

m——经验系数，碎石土、砂土等为 0.45～0.5；粉土、黏性土、湿陷性黄土等为 0.4～0.45。

锤重不宜小于 80kN，落距不宜小于 6m，我国所用的锤重为 80～250kN，个别可达 400kN，落距 8～25m。

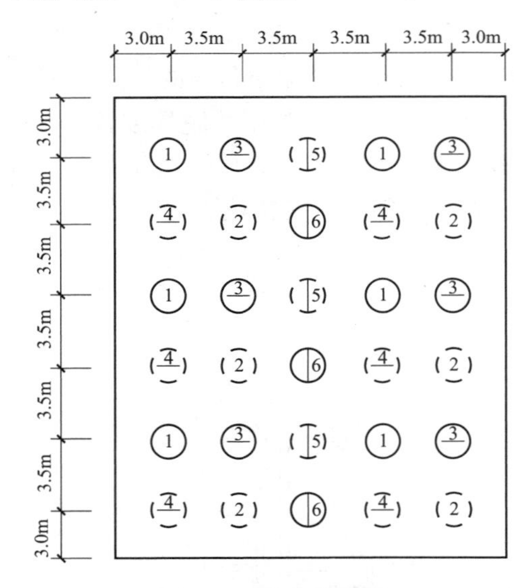

图 5-16 夯点布置图

（2）夯击点设置。一般按正方形或梅花形网格排列。其间距可根据夯击坑的形状、孔隙水压力变化情况及建筑物基础结构特点确定，一般为5～15m。按上面形式和间距布置的夯击点，依次夯击完成为第一遍。第二次选用已夯点间隙，依次补点夯击为第二遍，以下各遍均在中间补点，最后一遍低能满夯，锤印应彼此搭接，表面平整。图 5-16 为某工程强夯区夯击点布置图，其最大特点是给吊机留有通道。当全部夯点夯完后，夯坑可一次填平。

（3）夯击击数和夯击遍数。各个夯击点的夯击数应符合土的体积竖向压缩最大而侧向移动最小，或最后两击沉降量（或最后两击沉降量之差）小于试夯确定的数值。一般为 3～10 击。

夯击遍数一般为 2～5 遍。对于细颗粒多、透水性弱的土层或有特殊要求的工程，夯击遍数可适当增加。

（4）两遍之间的间歇时间和平均夯击能间歇时间取决于孔隙水压力的消散，一般为 1～4 周。地下水位较低和地质条件较好的场地可采用连续夯击。

3. 施工作业条件

(1) 强夯施工场地100m范围内如有居民楼和危房，应采取措施，妥善处理施工噪声和振动的影响

(2) 临设房屋应整体性好，具有相应的抗震能力。施工场地不存放油料等易燃、易爆物品。

(3) 施工现场周围建（构）筑物（含文物保护建筑）、古树、名木和地下管线得到可靠的保护。当强夯能量有可能对邻近建筑产生影响时，应在施工区边界开挖隔震沟。

(4) 具备详细的岩土工程地质及水文地质勘察资料，拟建物平面位置图、基础平面图、剖面图，强夯地基处理施工图及施工组织设计。

(5) 根据提供的建筑物控制点坐标、水准点及书面资料，进行施工放线、放点，放线应将强夯处理范围用线画出来，对建筑物控制点埋设木桩。将施工测量控制点引至施工影响的稳固地点。必要时，对建筑物控制点坐标和水准点高程进行检测。要求使用的测量仪器经过检验合格后方可使用。

(6) 起吊设备进场后应及时安装及调试，保证起重机行走运转正常；起吊滑轮组与钢丝绳连接紧固，安全起吊挂钩锁定装置应牢固、可靠，脱钩自由、灵敏，与钢丝绳连接牢固；夯锤重量、直径、高度应满足设计要求，夯锤挂钩与夯锤整体应连接牢固；施工用推土机应运转正常。

3. 施工要点

(1) 清理并平整施工场地。

(2) 铺设垫层。在地表形成硬层，用以支承起重设备，确保机械通行和施工。同时，可加大地下水和表层面的距离，防止夯击的效率降低。

(3) 标出第一遍夯击点的位置，并测量场地高程。

(4) 起重机就位，使夯锤对准夯点位置。

(5) 测量夯前锤顶标高。

(6) 将夯锤起吊到预定高度，待夯锤脱钩自由下落后放下吊钩，测量锤顶高程；若发现因坑底倾斜而造成夯锤歪斜时，应及时将坑底整平。

(7) 重复步骤 (6)，按设计规定的夯击次数及控制标准，完成一个夯点的夯击。

(8) 重复步骤 (4)～(7)，完成第一遍全部夯点的夯击。

(9) 用推土机将夯坑填平，并测量场地高程。

4. 质量检查

(1) 施工前应检查夯锤重量、尺寸，落距控制手段，排水设施及被夯地基的土质。

(2) 施工中应检查落距、夯击遍数、夯点位置、夯击范围。

(3) 施工结束后，检查被夯地基的强度并进行承载力检验。

(4) 强夯地基质量检验标准应符合表 5-15 的规定。

表 5-15　　强夯地基质量检查标准

项目	序号	检查项目	允许偏差或允许值		检查方法
			单位	数值	
主控项目	1	地基强度	设计要求		按规定方法
	2	地基承载力	设计要求		按规定方法
一般项目	1	夯锤落距	mm	±300	钢索设标志
	2	锤重	kg	±100	称重
	3	夯击遍数及顺序	设计要求		计数法
	4	夯点间距	mm	±500	用钢尺量
	5	夯击范围	设计要求		用钢尺量
	6	前后两遍间歇时间	设计要求		—

六、夯实水泥土桩复合地基

夯实水泥土桩是指利用机械成孔（挤土、不挤土）或人工挖孔，然后将土与不同比例的水泥拌和，将它们夯入孔内而形成的桩。由于夯实中形成的高密度及水泥土本身的强度，夯实水泥土桩桩体有较高强度。在机械挤土成孔与夯实的同时可将桩周土挤密，提高桩间土的密度和承载力。夯实水泥土桩法适用于处理地下水位以上的粉土、素填土、杂填土、黏性土等地基。处理深度不宜超过 10m。

1. 施工材料和机具

(1) 施工材料。

1) 水泥。宜用 32.5 级矿渣硅酸盐水泥。水泥使用前除有出厂合格证外，尚应送试验室复试，做强度及安定性等试验。

2) 土。宜优先选用原位土作混合料，宜用无污染的、有机质含量不超过5%的黏性土、粉土或砂类土。使用前宜过 10～20mm 网筛，如土料含水量过大，需风干或另掺加其他的含水量较小的掺合料。掺合料确定后，进行室内配合比试验，用击实试验确定掺合料的最佳含水量，对重要工程，在掺合料最佳含水量的状态下，在 70.7mm×70.7mm×70.7mm 的试模中试制几种配合比的水泥土试块，做 3d、7d、28d 的极限抗压强度试验，确定适宜的配合比。

3) 其他掺合料。可选用工业废料粉煤灰、炉渣作混合料。

(2) 施工机具。

1) 振动沉管打桩机。振动沉管打桩机由桩架、振动沉拔桩锤和套管组成。常用振动沉管打夯机的综合匹配性能，见表 5-16。

表 5-16　　常用振动沉管打夯机的综合匹配性能

振动锤激振力（kN）	桩管沉入深度（m）	桩管外径（mm）	桩管壁厚（mm）
70～80	8～10	220～273	6～8
100～150	10～15	273～325	7～10
150～200	15～20	325	10～12.5
400	20～24	377	12.5～15

2）夯实机具。包括吊锤式夯实机、夹板锤式夯实机，采用桩径 330mm 时，夯锤质量不小于 60kg，锤径不大于 270mm，落距大于 700mm。

3）其他机械和工具。包括：搅拌机、粉碎机、机动翻斗车、手推车、铁锹、盖板、量孔器、料斗等。

2. 施工作业条件

（1）施工前完成“三通一平”施工条件，地下、地上障碍物均已排除处理完毕，临时设施如照明、机械用电、用水已准备就绪。

（2）熟悉施工图纸及场地的土质、水文地质资料，做到心中有数。现场取土，确定原位土的土质及含水量是否适宜做水泥土桩的混合料。根据设计选用的成孔方法作现场成孔试验，确定成孔的可行性，事前发现问题，研究对策。

（3）按基础平面图测设轴线及桩位，采用 ϕ25 钢筋向地下扎入 300mm 深，填白灰进行桩位标志，每栋建筑物的桩位要求一次全部放出，并经技术负责人、质检员、工长等共同验收合格后，报甲方或监理方办理预检签字手续。

（4）水泥使用前除有出厂合格证外，尚应送试验室复试，做强度及安定性等试验。调查有无廉价的工业废料可供使用。

（5）施工前，应在现场进行试成孔、夯填工艺和挤密效果试验，以确定分层填料厚度、夯击次数和夯实后桩体干密度要求。

（6）所用机械设备和工具已进场，并经调试运转正常。

3. 施工要点

（1）应根据设计要求、现场土质、周围环境等情况选择适宜的成桩设备和夯实工艺。设计标高上的预留土层应不小于 500mm，垫层施工时将多余桩头凿除，桩顶面应水平。

（2）夯实水泥土桩混合料的拌和。夯实水泥土桩混合料的拌和可采用人工和机械两种。人工拌和不得少于 3 遍；机械拌和宜采用强制式搅拌机，搅拌时间不得少于 1min。

（3）采用人工或机械洛阳铲成孔在达到设计深度后要进行孔底虚土的夯实，在确保孔底虚土密实后，再倒入混合料进行成桩施工。

（4）夯实水泥土桩复合地基施工。分段夯填时，夯锤落距和填料厚度应满足夯填密实度的要求，水泥土的铺设厚度应根据不同的施工方法按表5-17选用。夯击遍数应根据设计要求，通过现场干密度试验确定。

表5-17　　采用不同施工方法虚铺水泥土的厚度控制

夯实机械	机具质量（t）	虚铺厚度（cm）	备注
石夯、木夯（人工）	0.04～0.08	20～25	人工，落距60cm
轻型夯实机	1～1.5	25～30	夯实机或孔内夯实机
沉管桩机	—	30	40～90kW振动锤
冲击钻机	0.6～3.2	30	—

4．质量检查

（1）水泥及夯实用土料的质量应符合设计要求。土的质量标准主要指标应满足表5-18的要求。夯实水泥土桩复合地基的现场质量检验，宜采用环刀取样，测定其干密度，水泥土的最小干密度应符合表5-19的要求。

表5-18　　土的质量标准

部位	压实系数 λ_c	控制含水量
夯实水泥土桩	≥0.93	人工夯实 $\omega_{op}+(1\sim2)\%$ 机械夯实 $\omega_{op}-(1\sim2)\%$

表5-19　　水泥土的质量标准

部位	土的类别	最小干密度 ρ_d(t/m³)
夯实水泥土桩	细砂	1.75
	粉土	1.73
	粉质黏土	1.59
	黏土	1.49

（2）施工中应检查孔位、孔深、孔径、水泥和土的配合比、混合料含水量等。

（3）当采用轻型动力触探或其他手段检验夯实水泥土桩复合地基质量时，使用前，应在现场做对比试验（与控制干密度对比）。

（4）桩孔夯填质量检验应随机抽样检测，抽检的数量不应少于桩总数的1%。其他方面的质量检测应按设计要求执行。对于干密度试验或轻型动力触探N_{10}质量不合格的夯实水泥桩复合地基，可开挖一定数量的桩体，检查外观尺寸，取样做无侧限抗压强度试验。如仍不符合要求，应与设计部门协商，进行补桩。

（5）夯实水泥土桩复合地基的质量检测内容及标准应符合表5-20的要求。

表 5-20　　夯实水泥土桩复合地基的质量检验标准

项目	序号	检查项目	允许偏差或允许值		检查方法
			单位	数值	
主控项目	1	桩径	mm	−20	用钢尺量
	2	桩长	mm	+500	测桩孔深度
	3	桩体干密度	设计要求		现场取样检查
	4	地基承载力	设计要求		按规定方法
一般项目	1	土料有机质含量	%	≤5	焙烧法
	2	含水量（与最优含水量比）	%	±2	烘干法
	3	土料粒径	mm	≤20	筛分法
	4	水泥质量	设计要求		查产品质量合格证书或抽样送检
	5	桩位偏差	满堂布桩≤0.4D 条基布桩≤0.25D		用钢尺量，D 为桩径
	6	桩垂直度	%	≤1.5	用经纬仪测桩管
	7	褥垫层夯填度	≤0.9		用钢尺量

第三节　浅　基　础

天然地基上的浅基础是指建造在未经人工处理过的地基上、埋深较浅的基础（一般埋深小于 4～5m）。它施工简单，不需要复杂的施工设备，因此可以缩短工期、降低工程造价。故在基础设计时，优先考虑采用天然地基上的浅基础。

一、刚性基础

刚性基础指用砖、石、灰土、混凝土等抗压强度大而抗弯、抗剪强度小的材料做基础（受刚性角的限制）。用于地基承载力较好、压缩性较小的中小形民用建筑。基础底部扩展部分不超过基础材料刚性角的天然地基基础，由刚性材料制作的基础称为刚性基础。一般可用五层及五层以下（三合土则适合于四层或四层以下）的民用建筑和墙承重的轻型厂房。

1. 构造要求

如图 5-17 所示，刚性基础断面形式有矩形、阶梯形、锥形等。基础底面宽度应符合下式要求：

$$B \leqslant B_0 + 2H\tan\alpha$$

式中　B_0——基础顶面的砌体宽度（m）；

H——基础高度（m）；

$\tan\alpha$——基础台阶的宽高比，可按表 5-21 选用。

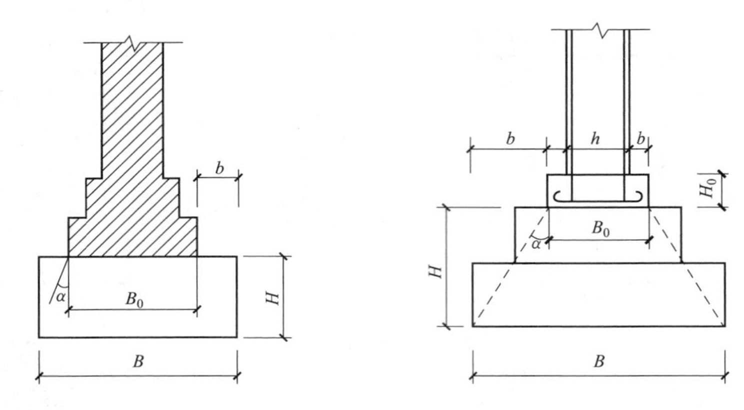

图 5-17　刚性基础构造示意图

表 5-21　　　　　　　　刚性基础台阶的高宽比的容许值

<table>
<tr><th rowspan="2">基础名称</th><th rowspan="2" colspan="2">质量要求</th><th colspan="3">台阶宽高比的容许值</th><th rowspan="2">备注</th></tr>
<tr><th>p≤100</th><th>100<p≤200</th><th>200<p≤300</th></tr>
<tr><td rowspan="2">混凝土基础</td><td colspan="2">C10 号混凝土</td><td>1∶1.00</td><td>1∶1.00</td><td>1∶1.25</td><td rowspan="10">1. p 为基础底面处的平均压力（MPa）；
2. 阶梯形毛石基础的每阶伸出宽度不宜大于 20cm；
3. 基础由不同材料叠合组成时，应对接触部分做抗压验算</td></tr>
<tr><td colspan="2">C7.5 号混凝土</td><td>1∶1.00</td><td>1∶1.25</td><td>1∶1.50</td></tr>
<tr><td>毛石混凝土基础</td><td colspan="2">C7.5～C10 号混凝土</td><td>1∶1.00</td><td>1∶1.25</td><td>1∶1.50</td></tr>
<tr><td rowspan="2">砖基础</td><td rowspan="2">砖不低于 MU7.5 号</td><td>M5 号砂浆</td><td>1∶1.50</td><td>1∶1.50</td><td>1∶1.50</td></tr>
<tr><td>M2.5 号砂浆</td><td>1∶1.50</td><td>1∶1.50</td><td></td></tr>
<tr><td rowspan="2">毛石基础</td><td colspan="2">M2.5～M5 号砂浆</td><td>1∶1.25</td><td>1∶1.50</td><td></td></tr>
<tr><td colspan="2">M1 号砂浆</td><td>1∶1.50</td><td></td><td></td></tr>
<tr><td>灰土地基</td><td colspan="2">体积比为 3∶7 或 2∶8 的灰土，其干质量密度（g/cm³）：轻亚黏土 1.50；亚黏土 1.50；黏土 1.45</td><td>1∶1.25</td><td>1∶1.50</td><td></td></tr>
<tr><td>三合土地基</td><td colspan="2">体积比为：石灰∶砂∶骨料 1∶2∶4～1∶3∶6，每层虚铺厚 220mm，夯至 150mm</td><td>1∶1.50</td><td>1∶1.20</td><td></td></tr>
</table>

2. 施工要点

（1）混凝土基础。混凝土应分层进行浇捣，对阶梯形基础，阶高内应整分浅捣层；对锥形基础，其斜面部分的模板要逐步地随捣随安装，并需注意边角处混凝土的密实。单独基础应连续浇筑完毕。浇捣完毕，水泥最终凝结后，混凝土外露部分要加以覆盖和浇水养护。

（2）毛石混凝土基础。所掺用的毛石数量不应超过基础体积的 25%。毛石尺寸不得大于所浇筑部分的最小宽度的 1/3，且不大于 300mm。毛石的抗压极限强度不应低于 300kg/cm²。施工时先铺一层 100～150mm 厚的混凝土打底，再铺毛石，每层厚200～250mm，最上层毛石的表面上，应有不小于100mm厚的保护层。

3. 其他基础

砖基础同砌体工程，灰土、三合土同灰土垫层、三合土垫层。

二、条形基础

墙的基础通常连续设置成长条形，称为条形基础。

1. 构造要求

（1）混凝土强度等级不宜低于C15。

（2）当地基软弱时，为了减小不均匀沉降的影响，基础截面可采用带肋的板，肋的纵向钢筋和箍筋按经验确定。

（3）垫层的厚度不宜小于70mm，通常采用100mm。

（4）条形基础梁的高度宜为柱距的1/8～1/4。

（5）条形基础构造图如图5-18所示。

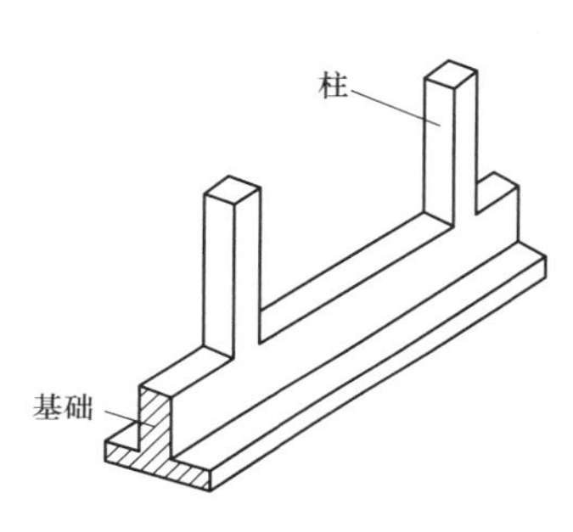

图5-18 条形基础构造简图

2. 施工要点

（1）作业条件。

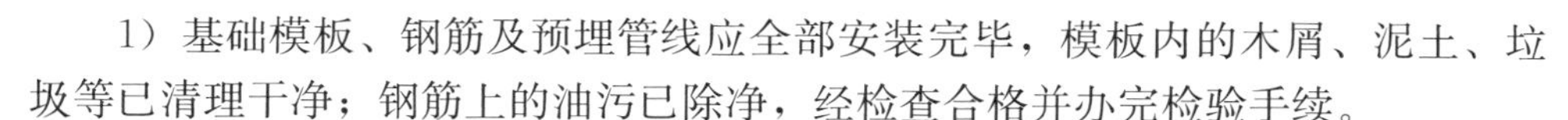

1）基础模板、钢筋及预埋管线应全部安装完毕，模板内的木屑、泥土、垃圾等已清理干净；钢筋上的油污已除净，经检查合格并办完检验手续。

2）检查复核基础轴线、标高，在槽帮或模板上标好混凝土浇筑标高；办完基槽验线验收手续。

3）水泥、砂、石及外加剂等材料应备齐，经检查符合要求；有混凝土配合比通知单，已进行开盘交底和准备好试模等试验器具。

4）混凝土搅拌、运输、浇灌和振捣机械设备经检修、试运转情况良好，可满足连续浇筑要求。

5）浇筑混凝土的脚手架及马道搭设完成，经检查合格。

（2）条形基础施工工艺流程：基槽开挖及清理→混凝土垫层浇筑→钢筋绑扎及相关专业施工→支模板→隐检→混凝土搅拌、浇筑、振捣、找平→混凝土养护→模板拆除。

三、杯形基础

杯形基础一般用于装配式钢筋混凝土柱下，所用材料为钢筋混凝土，如图5-19所示。

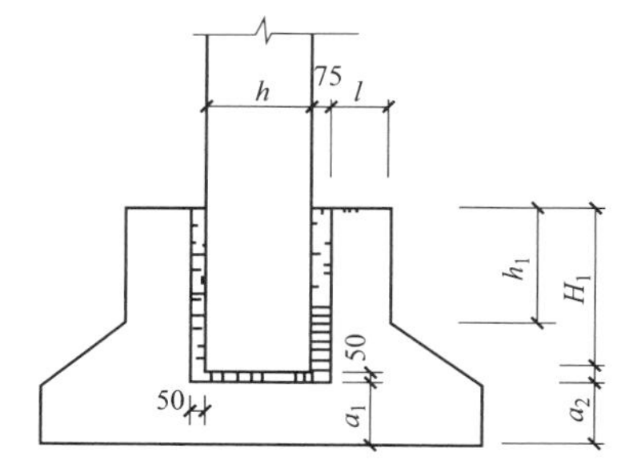

图5-19 杯形基础构造简图

$t \geqslant 200$（轻型柱可用150）；

$a_1 \geqslant 200$（轻型柱可用150）；$a_2 \geqslant a_1$

1. 构造要求

（1）柱的插入深度 H_1 应满足锚固长度的要求，一般为 20 倍的纵向受力筋的直径，同时考虑吊装时的稳定性要求，插入深度应大于 0.05 倍的柱长（吊装时的柱长）。

（2）基础的杯底、杯壁厚度可根据表 5-22 选用。

（3）杯壁配筋可按表 5-23 及图 5-20 执行。

表 5-22　基础的杯底厚度及杯壁厚度

柱截面长边尺寸 h	杯底厚度 a_1	杯壁厚度 t	备注
$h<500$	≥150	150～200	1. 双肢柱的 a_1 值可适当加大； 2. 当有基础梁时，基础梁下的杯壁厚度应满足其支承宽度的要求； 3. 柱子插入杯口部分的表面应尽量凿毛，柱子与杯口之间的空隙应用细石混凝土（比基础混凝土标号高一级）充填密实，其强度达到基础设计标号的 70%以上时，方能进行上部吊装
$500\leqslant h<800$	≥200	≥200	
$800\leqslant h<1000$	≥200	≥300	
$1000\leqslant h<1500$	≥250	≥350	
$1500\leqslant h\leqslant 2000$	≥300	≥400	

表 5-23　杯　壁　配　筋

轴心或小偏心受压 $0.5\leqslant t/h_1\leqslant 0.65$			
柱截面长边尺寸	$h<1000$	$1000\leqslant h<1500$	$1500\leqslant h\leqslant 2000$
钢筋网直径	8～10	10～12	12～16

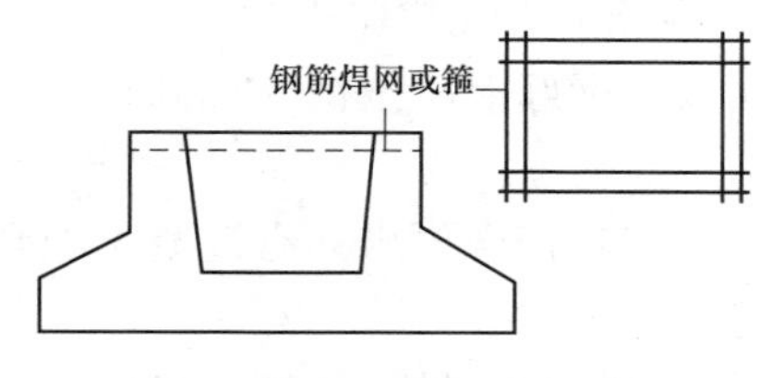

图 5-20　杯壁内配筋示意图

2. 施工要点

（1）杯口浇筑应注意杯口模板的位置，应从四周对称浇筑，以防杯口模板被挤向一侧。

（2）基础施工时在杯口底应留出 50mm 的细石混凝土找平层。

（3）施工高杯口基础时，由于最上一级台阶较高，可采用后安装杯口模板的方法施工。

四、筏形基础

筏形基础由钢筋混凝土底板、梁等整体组合而成。适用于上部结构荷载较大、有地下室或地基承载力较低的情况。如图 5-21 所示。

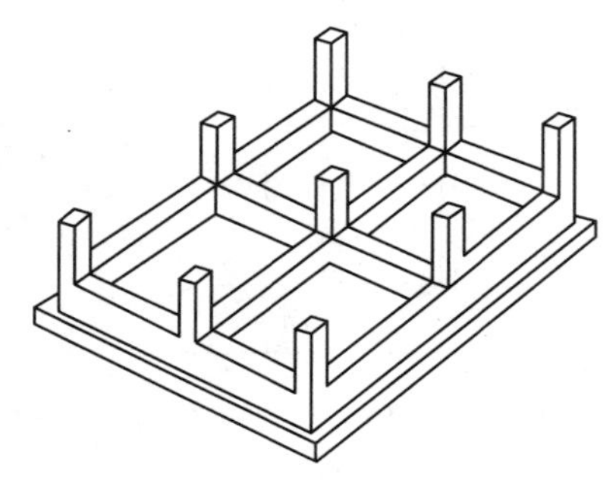
图 5-21　筏形基础示意图

1. 构造要求

（1）一般宜设 C10 素混凝土垫层，每边伸出基础不少于 100mm。

（2）底板厚度不小于 200mm。

（3）梁截面由计算确定，但高出底板的顶面不小于 300mm，梁宽不得小于 250mm。

2. 施工要点

（1）如地下水位过高一应先采取措施降低地下水位。

（2）筏形基础的施工，应根据不同情况确定施工方案。一般是先浇筑垫层，然后放轴线，定出梁、柱位置，再绑扎底板、梁的钢筋和柱子的锚固筋，浇筑底板混凝土，在底板上再支梁模板，继续浇筑梁上部分的混凝土。

（3）做好施工缝止水和沉降观测。

（4）做好柱子的沉降工作。

五、箱形基础

箱形基础是由钢筋混凝土底板、外墙、顶板和一定数量内隔墙构成一封闭空间的整体箱体，基础中空部分可在隔墙开门洞做地下室，如图 5-22 所示。这种基础具有整体性好，刚度大，承受不均匀沉降能力及抗震能力强；可减少基底处原有地基自重能力，降低总沉降量等特点。适用于民用建筑地基面积较大，平面形状简单，荷载较大或上部结构分布不均匀的高层建筑的箱形基础工程。

1. 构造要求

（1）箱形基础高度一般取建筑物高度的 1/12～1/8，同时不宜小于其长度的 1/18。

（2）底、顶板的厚度应满足柱或墙冲切验算要求，根据实际受力情况精确计算。

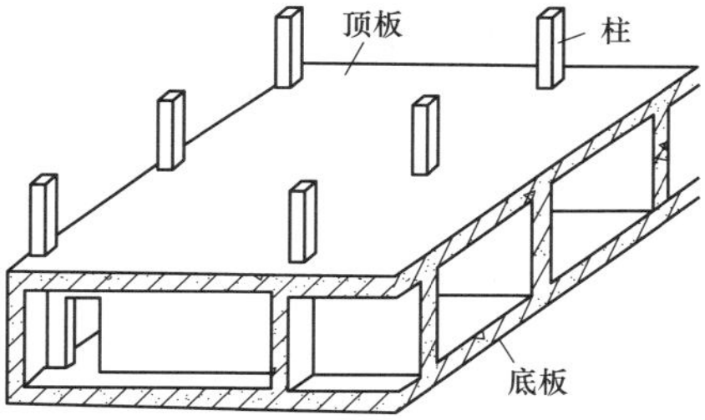

顶板 柱 底板

图 5-22　箱形结构示意图

（3）箱基的墙体一般用双向、双层配筋，箱基墙体的顶部均宜配置两根以上不小于 20cm 的通长构造钢筋。

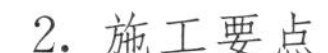

2. 施工要点

（1）开挖基坑应注意保持基坑上的原状结构，当采用机械开挖基坑时，在基坑底面设计标高以上 20～40mm 厚的土层，应用人工挖除并清理，如不能立即进行下道工序施工，应预留 10～15cm 厚土层。

（2）箱形基础底板、内外墙和顶板的支模、钢筋绑扎和混凝土浇筑，可采取分块进行。

（3）当箱形基础长度超过 40m 时，为避免出现温度收缩裂缝或减轻浇灌强度，宜在中部设置贯通后浇缝带，并从两侧混凝土内伸出贯通主筋，主筋按原设计安装而不切断。

（4）钢筋绑扎应注意形状和准确位置，接头部位用闪光接触对焊或套管挤压接。

六、壳体基础

壳体基础可用于一般工业与民用建筑柱基（烟囱、水塔、料仓等）基础。它是利用壳体结构的稳定性将钢筋混凝土做成壳体，减小基础厚度加在基础底面，在提高承载力的同时，降低基础的造价。图 5-23 为常用的几种壳体形式。

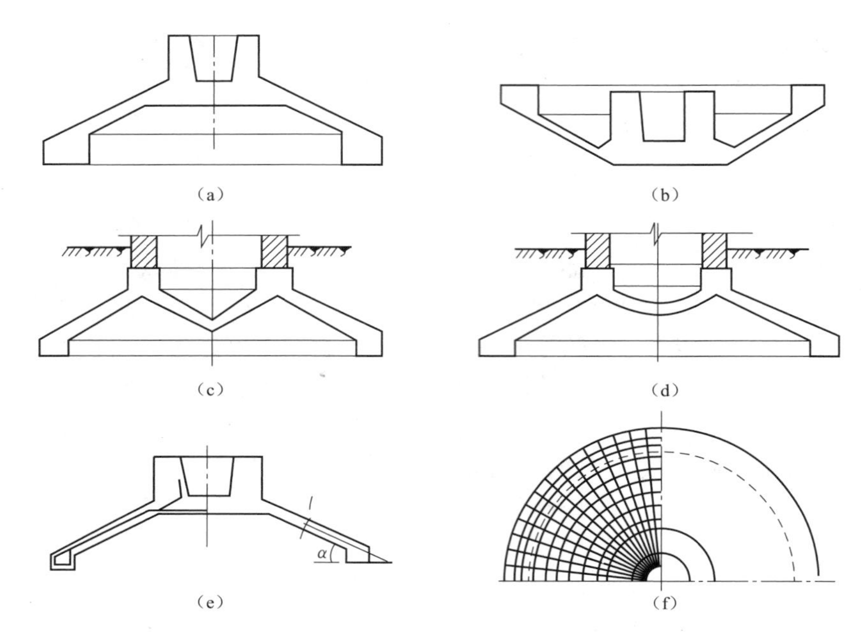

图 5-23　壳体基础构造示意图

1. 构造要求

（1）壳面倾角。可根据表 5-24 和图 5-23 的数据确定。组合壳体内外角度的匹配可取 $\alpha_1 \approx \alpha - 10°$；$\varphi_1 \geqslant \alpha$。

（2）壳壁厚度。一般按表 5-25 的数值确定，但不得小于 80mm。

（3）边梁截面。如图 5-24 所示，应满足下列各式要求：

$$h \geqslant t; \quad b = (1.5 \sim 2.5)t$$

$$A_h \geqslant 1.3tI_b$$

表 5-24　　壳　面　倾　角

壳体类别	α	α_1	φ_1
正圆锥壳	30°～40°		
内倒锥壳		20°～30°	
内倒球壳			30°～40°

表 5-25 壳壁厚度

壳体形式	基底水平面的最大净反力（MPa）			备注
	≤150	150～200	200～250	
正圆锥壳	(0.05～0.06)R	$\alpha \geqslant 32°$时，(0.06～0.08)R		表中正圆锥壳壳壁厚度是按不允许出现裂缝要求确定的，不能满足规定时，应根据使用要求进行抗裂度或裂缝宽度验算。R 为基础水平投影面最大半径；t 为正圆锥壳的壳壁厚度；t_1 为内倒球壳厚度
内倒球壳	(0.03～0.05)r_1	(0.05～0.06)r_1	(0.06～0.07)r_1	
内倒锥壳	边缘最大厚度等于 0.75t～t，中间厚度不小于 0.5 倍的边缘厚度			

（4）构造钢筋的配置。一般壳体基础构造钢筋见表 5-26。在壳壁厚度大于 150mm 的部位和内倒锥（或内倒球）壳距边缘不小于 $r_1/3$ 的范围内，均应配置双层构筋。内倒球壳边缘附近环向钢筋和底层径向钢筋应适当加强。

（5）对钢筋和混凝土的要求。混凝土强度等级不宜低于 C20，作为建物基础时不宜低于 C30。钢筋宜采用 HPB300、HRB335 级钢筋，钢筋保护层不小于 30mm。

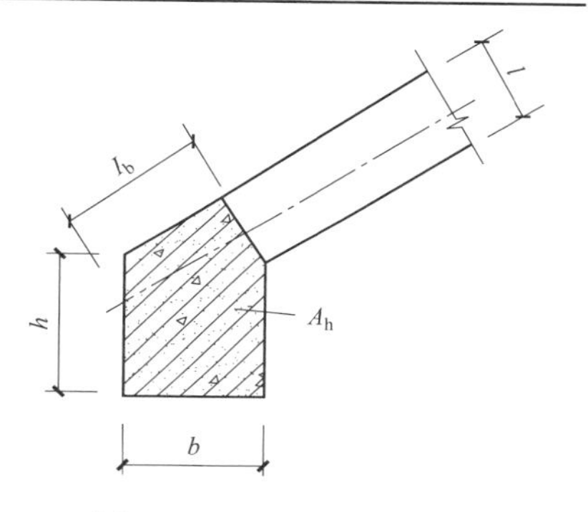

图 5-24 边梁截面示意图

表 5-26 壳体基础的构造钢筋

配筋部位		壳壁厚度（mm）				备注
		<100	100～200	200～400	400～600	
正圆锥壳径向		ϕ6@200	ϕ8@250	ϕ10@250	ϕ12@300	1. 径向构造钢筋上端伸入杯壁或上环梁内，并满足锚固长度要求 2. 内倒锥壳构造筋按边缘最大厚度选用
内倒锥壳	径向		ϕ8@200	ϕ10@200	ϕ12@250	
	环向		ϕ8@200	ϕ10@200	ϕ12@250	
内倒球壳	径向		ϕ8@200	ϕ10@200		
	环向		ϕ8@200	ϕ10@200		

2. 施工要点

（1）壳体基础是空间结构，以薄壁、曲面的高强材料取得较大的刚度和强度，因此对施工质量更应严格要求。同时要注意结构几何尺寸的准确，加强放线的校核工作，且要保证混凝土振捣密实。

（2）土胎开挖施工，第一次挖平壳体顶部标高或倒壳上部边梁标高部分的土体；第二次放出壳顶及底部尺寸，然后进行开挖。施工偏差不宜超过 10～15mm。挖土后应尽快抹 10～20mm 厚的水泥砂浆垫层，如果面积较大用 50～80mm 厚的砂浆。

（3）绑扎钢筋与支模，钢筋绑扎做木胎模，预制成罩形网以便运往现场进行安装。

（4）混凝土的浇筑与养护，浇筑应按自上而下的顺序进行，不要东缺西漏，浇筑完后应进行养护，用草袋等盖在上方。

七、板式基础

板式基础一般是指柱下钢筋混凝土单独基础和墙下钢筋混凝土条形基础，如图 5-25 所示。

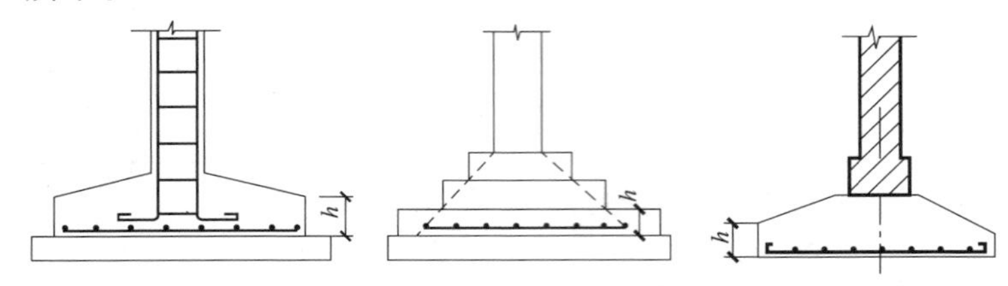

图 5-25　板式基础示意图

1. 构造要求

（1）锥形基础边缘高度 h 一般不小于 20cm；阶梯形基础的每阶高度 h_1 一般为 30～50cm。

（2）底板受力钢筋的最小直径不宜小于 8mm，间距不宜大于 200mm。当有垫层时钢筋保护层的厚度不宜小于 35mm，无垫层时不宜小于 70mm。插筋的数目及直径应与柱内纵向受力钢筋相同

（3）垫层厚度一般为 10cm。

（4）混凝土强度等级不低于 C15。

2. 施工要点

（1）垫层混凝土宜用表面振捣器进行振捣，要求垫层表面平整，垫层干硬后弹线，铺放钢筋网，垫钢筋网的水泥块厚度应等于混凝土保护层的厚度。

（2）基础混凝土应分层浇捣。对于阶梯形基础，每一台阶高度内应整分浇捣层，在浇捣上台阶时，要注意防止下台阶表面混凝土溢出，每一台阶表面应基本抹平。对于锥形基础，应注意锥体斜面坡度的正确，斜面部分的模板应随混凝土浇捣分段支设，模板切勿上浮，边角处的混凝土必须捣实。

第四节　桩　基　础

一、桩与桩型的分类

1. 桩的分类

（1）按承载性状分类。

1）摩擦型桩。在极限承载力状态下，桩顶竖向荷载全部或主要由桩侧阻力承担；根据桩侧阻力承担荷载的份额，或桩端有无较好的持力层，摩擦桩又分为摩擦桩和端承摩擦桩。

2）端承型桩。在极限承载力状态下，桩顶竖向荷载全部或主要由桩端阻力承担；根据桩端阻力承担荷载的份额，端承桩又分为端承桩和摩擦端承桩。

（2）按成桩方法与工艺分类。

1）非挤土桩。成桩过程中，将与桩体积相同的土挖出，因而桩周围的土体较少受到扰动，但有应力松弛现象。例如，干作业法桩、泥浆护壁法桩、套管护壁法桩、人工挖孔桩。

2）部分挤土桩。成桩过程中，桩周围的土仅受到轻微的扰动。例如，部分挤土灌注桩，预钻孔打入式预制桩、打入式开口钢管桩、H 型钢桩、螺旋成孔桩等。

3）挤土桩。成桩过程中，桩周围的土被压密或挤开，因而使周围土层受到严重扰动。例如，挤土灌注桩、挤土预制混凝土桩（打入式桩、振入式桩、压入式桩）。

（3）按桩的使用功能分类。

1）竖向抗压桩。桩承受荷载以竖向荷载为主，由桩端阻力和桩侧摩阻力共同承受。

2）竖向抗拔桩。承受上拔力的桩，其桩侧摩阻力的方向与竖向抗压桩的情况相反，单位面积的摩阻力小于抗压桩。

3）水平受荷桩。承受水平荷载为主的桩，或用于防止土体或岩体滑动的抗滑桩，桩的作用主要是抵抗水平力。

2. 桩型分类

参见的集中桩型见表 5-27。

表 5-27　　常 见 桩 型

<table>
<tr><th>成桩方法</th><th>制桩材料或工艺</th><th colspan="2">桩身与桩尖形状</th><th colspan="2">施工工艺</th></tr>
<tr><td rowspan="7">预制桩</td><td rowspan="5">钢筋混凝土</td><td>方桩</td><td>传统桩尖
桩尖型钢加强</td><td rowspan="7">三角形桩
传统桩尖
平底</td><td rowspan="11">锤击沉桩
振动沉桩
静力压桩</td></tr>
<tr><td colspan="2">三角形桩</td></tr>
<tr><td>空心方桩</td><td rowspan="2">传统桩尖
平底</td></tr>
<tr><td>管桩</td></tr>
<tr><td>预应力管桩</td><td>尖底
平底</td></tr>
<tr><td rowspan="2">钢筋</td><td>钢管桩</td><td>开口
闭口</td></tr>
<tr><td colspan="2">H 型钢桩</td></tr>
<tr><td rowspan="5">灌注桩</td><td rowspan="4">沉管灌注桩</td><td colspan="3">直桩身-预制锥形桩</td></tr>
<tr><td rowspan="3">扩底</td><td colspan="2">内击式扩底</td></tr>
<tr><td colspan="2">无桩端夯扩</td></tr>
<tr><td colspan="2">预制平底人工扩底</td></tr>
<tr><td>钻（冲、挖）
孔灌注桩</td><td>直身桩
扩底桩
多节挤扩灌注桩
嵌岩桩</td><td colspan="2">钻孔
冲孔
人工挖孔</td><td>压浆
不压浆</td></tr>
</table>

二、混凝土预制桩

1. 混凝土预制桩的制作

(1) 制作流程。现场布置→场地整平与处理→场地地坪作三七灰土或浇筑混凝土→支模→绑扎钢筋骨架、安设吊环→浇筑混凝土→养护至30%强度拆模，再支上层模，涂刷隔离层→重叠生产浇筑第二层桩混凝土→养护至70%强度起吊→达100%强度后运输、堆放→沉桩。

(2) 一般要求。

1) 钢筋骨架的主筋连接宜采用对焊和电弧焊，当钢筋直径不小于20mm时，宜采用机械接头连接。主筋接头配置在同一截面内的数量，应符合下列规定：

① 当采用对焊或电弧焊时，对于受拉钢筋，不得超过50%。

② 相邻两根主筋接头截面的距离应大于35d_g（主筋直径），并不应小于500mm。

③ 必须符合现行《钢筋焊接及验收规程》(JGJ 18) 和《钢筋机械连接通用技术规程》(JGJ 107) 的规定。

2) 预制桩钢筋骨架质量检验标准应符合表5-28的规定。

表5-28　预制桩钢筋骨架质量检验标准　(mm)

项目	序号	检查项目	允许偏差或允许值	检查方法
主控项目	1	主筋距桩顶距离	±5	用钢尺量
	2	多节桩锚固钢筋位置	5	用钢尺量
	3	多节桩预埋铁件	±3	用钢尺量
	4	主筋保护层厚度	±5	用钢尺量
一般项目	1	主筋间距	±5	用钢尺量
	2	桩尖中心线	10	用钢尺量
	3	箍筋间距	±20	用钢尺量
	4	桩顶钢筋网片	±10	用钢尺量
	5	多节桩锚固钢筋长度	±10	用钢尺量

3) 桩锤的选用应根据地质条件、桩型、桩的密集程度、单桩承载力及施工条件确定。

4) 对长桩或总锤击数超过500击的桩，应符合桩体强度及28d龄期的两项条件才能锤击。

2. 质量检查标准

混凝土预制桩的质量检验标准应符合表5-29的规定。

桩体质量检验数量不应少于总桩数的10%，且不得少于10根。每个柱子承台下不得少于1根。

承载力检验数量不应少于总桩数的1%，且不应少于3根，当总桩数少于50根时，不应少于2根。

其他主控项目应全部检查，一般项目按总桩数20%抽查。

表5-29　　混凝土预制桩的质量检查标准

项目	序号	检查项目	允许偏差或允许值		检查方法
			单位	数值	
主控项目	1	桩体质量检验	按基桩检测技术规范		按基桩检测技术规范
	2	桩位偏差	见表5-30		用尺量
	3	承载力	按基桩检测技术规范		按基桩检测技术规范
一般项目	1	砂、石、水泥、钢材等原材料（现场预制时）	符合设计要求		查出厂质保文件或抽样送检
	2	混凝土配合比及强度（现场预制时）	符合设计要求		检查称量及检查试块记录
	3	成品桩外形	表面平整，颜色均匀，掉角深度<10mm，蜂窝面积小于总面积0.5%		直观
	4	成品桩裂缝（收缩裂缝或起吊、装运、堆放引起的裂缝）	深度<20mm，宽度<0.25mm，横向裂缝不超过边长的一半		裂缝测定仪，该项在地下水有侵蚀地区及锤击数超过500击的长桩不适用
	5	成品桩尺寸：横截面边长 桩顶对角线差 桩尖中心线 桩身弯曲矢高 桩顶平整度	mm mm mm mm	±5 <10 <10 <1/1000l	用钢尺量 用钢尺量 用钢尺量 用钢尺量（l为桩长） 用水平尺量
	6	电焊接桩：焊缝质量	按基桩检测技术规范		按基桩检测技术规范
		电焊结束后停歇时间	min	>1.0	秒表测定 用钢尺量 用钢尺量，l为两节桩长
		上下节平面偏差	mm	<10	
		节点弯曲矢高	mm	<1/1000l	
	7	硫黄胶泥接桩：胶泥浇筑时间	min<2		秒表测定
		浇筑后停歇时间	min>7		秒表测定
	8	桩顶标高	mm	±50	水准仪
	9	停锤标准	设计要求		现场实测或检查沉桩记录

表5-30　　预制桩桩位的允许偏差　　(mm)

序号	项目	允许偏差
1	盖有基础梁的桩： （1）垂直基础梁的中心线 （2）沿基础梁的中心线	 100+0.01H 150+0.01H

续表

序号	项目	允许偏差
2	桩数为 1～3 根桩基中的桩	100
3	桩数为 4～16 根桩基中的桩	1/2 桩径或边长
4	桩数大于 16 根桩基中的桩： （1）最外边的桩 （2）中间桩	 1/3 桩径或边长 1/2 桩径或边长

注：H 为施工现场地面标高与桩顶设计标高的距离。

三、静力压桩

1. 静力压桩施工

静力压桩的方法有锚杆静压、液压千斤顶加压、绳索系统加压等，凡非冲击力沉桩均为静力压桩。适用于软弱土层。

（1）施工原理。在桩压入过程中，以桩机本身的重量（包括配重）作为反作用力，克服压桩过程中的桩侧摩阻力和桩端阻力。当预制桩在竖向静压力作用下沉入土中时，桩周土体发生急速而激烈的挤压，土中孔隙水压力急剧上升，土的抗剪强度大大降低，桩身很容易下沉。

（2）压桩顺序与压桩程序。

1）压桩顺序。压桩顺序宜根据场地工程地质条件确定，并应符合下列规定：

① 对于场地地层中局部含砂、碎石、卵石时，宜先对该区域进行压桩；

② 当持力层埋深或桩的人土深度差别较大时，宜先施压长桩后施压短桩。

2）压桩程序。静压法沉桩一般都采取分段压入，逐段接长的方法。其程序为：测量定位→压桩机就位、对中、调直→压桩→接桩→再压桩→送桩→终止压桩→切桩头。

压桩的工艺程序如图 5-26 所示。

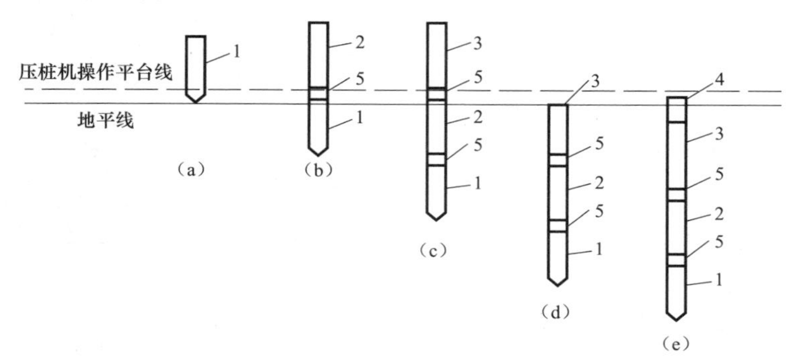

图 5-26　压桩程序图

(a) 准备压第一段桩；(b) 接第二段桩；(c) 接第三段桩；(d) 整根桩压平至地面；(e) 采用送桩压桩完毕

1—第一段；2—第二段；3—第三段；4—送桩；5—接桩处

2. 质量检查标准

（1）静力压桩质量检验标准应符合表 5-31 的规定。

（2）桩体质量检验数量不应少于总数的 20%，且不应少于 10 根。对混凝土预制桩检验数量不应少于总桩数的 10%，且不得少于 10 根。每个柱子承台下不得少于 1 根。

（3）承载力检验数量为总桩数的 1%，且不应少于 3 根，当总桩数少于 50 根时，不应少于 2 根。

（4）其他主控项目应全部检查，对一般项目可按总桩数的 20%抽查。

表 5-31　　静力压桩质量检验标准

项目	序号	检查项目	允许偏差或允许值		检查方法
			单位	数值	
主控项目	1	桩体质量检验	按《建筑基桩检测技术规范》		按《建筑基桩检测技术规范》
	2	桩位偏差	按《桩基施工规程》		用钢尺量
	3	承载力	按《建筑基桩检测技术规范》		按《建筑基桩检测技术规范》
一般项目	1	成品桩质量：外观 外形尺寸 强度	表面平整，颜色均匀，掉角深度<10mm，蜂窝面积小于总面积 0.5% 按桩基施工规程 满足设计要求		直观 钢尺，卡尺 查出厂质保证明或钻芯试压
	2	硫磺胶泥质量（半成品）	设计要求		查出厂质保证明或抽样送检
	3	接桩 电焊接桩：焊缝质量	按《桩基施工规程》		超声波检测
		接桩 电焊结束后停歇时间	min	>1.0	秒表测定
		接桩 硫磺胶泥接桩：胶泥浇筑时间浇筑后停歇时间	mm	<2 >7	秒表测定 秒表测定
	4	电焊条质量	设计要求		查产品合格证书
	5	压桩压力（设计有要求时）	%	±5	查压力表读数
	6	接桩时上下节平面偏差 接桩时节点弯曲矢高	mm	<10 <l/1000	用钢尺量 l 尺量（l 为两节桩长）
	7	桩顶标高	mm	±50	水准仪

四、混凝土灌注桩

1. 混凝土灌注桩施工

（1）施工前准备好施工材料和机具，并检查机具。常用的设备有正反循环钻孔、旋挖钻空、冲（抓）式钻孔、长螺旋钻机等。

（2）混凝土灌注桩按其成孔方法不同，分有泥浆护壁成孔灌注桩、套管成孔灌注桩、旋挖成孔灌注桩、冲（抓）成孔灌注桩、长螺旋干作业钻孔灌注桩、人工挖孔灌注桩。

（3）施工顺序如图 5-27 所示。

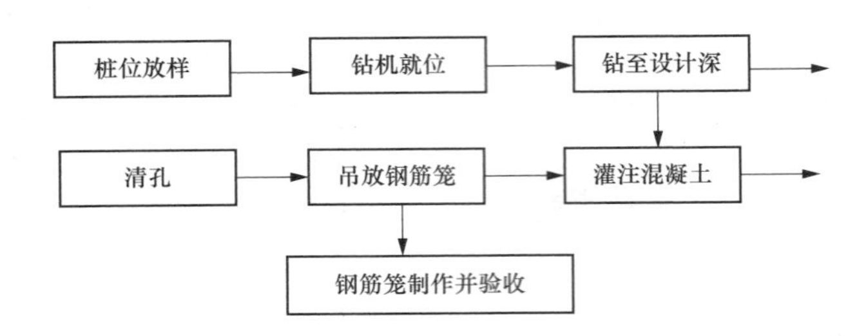

（4）钢筋笼的质量检查标准应符合表 5-32 的规定。

表 5-32　　混凝土钢筋笼质量检查标准

项目	序号	检查项目	允许偏差或允许值	检查方法
主控项目	1	主筋间距	±10	用钢尺量
	2	长度	±100	用钢尺量
一般项目	1	钢筋材质检验	设计要求	抽样送检
	2	箍筋间距	±20	用钢尺量
	3	直径	±10	用钢尺量

2. 质量检查标准

（1）混凝土灌注桩的桩位偏差必须符合表 5-33 的规定。柱顶标高至少要比设计标高高出 0.5m。每灌注 50m^3 混凝土必须有 1 组试块。对砂子、石子、钢材、水泥等原材料的质量，检验项目、批量和检验方法，应符合国家有关标准的规定。

（2）桩的静载荷载试验根数不少于总桩数的 1%，且不少于 3 根，当总桩数少于 50 根时，不应少于两根。

（3）混凝土灌注桩的质量检验标准应符合表 5-34 的规定。

表 5-33　　灌注桩的平面位置和垂直度的允许偏差

序号	成孔方法		桩径允许偏差（mm）	垂直度允许偏差（%）	桩位允许偏差（mm）	
					1～3 根、单排桩基垂直于中心线方向和群桩基础的边桩	条形桩基沿中心线方向和群桩基础的中间桩
1	泥浆护壁钻孔桩	$D \leqslant 1000$mm	±50	<1	$D/6$，且不大于 100	$D/4$，且不大于 150
		$D > 1000$mm	±50		$100+0.01H$	$150+0.01H$
2	套管成孔灌柱桩	$D \leqslant 500$mm	−20	<1	70	150
		$D > 500$mm			100	150

续表

序号	成孔方法		桩径允许偏差（mm）	垂直度允许偏差（%）	桩位允许偏差（mm）	
					1～3根、单排桩基垂直于中心线方向和群桩基础的边桩	条形桩基沿中心线方向和群桩基础的中间桩
3	干成孔灌注桩		−20	<1	70	150
4	人工挖孔桩	混凝土护壁	+50	<0.5	50	150
		钢套管护壁	+50	<1	100	200

注： 1. 桩径允许偏差的负值是指个别断面。

2. 采用复打、反插法施工的桩，其桩径允许偏差不受上表限制。

3. H为施工现场地面标高与桩顶设计标高的距离，D为设计桩径。

表5-34　　混凝土灌注桩质量检查标准

项目	序号	检查项目	允许偏差或允许值		检查方法
			单位	数值	
主控项目	1	桩位	同表5-33的数值		基坑开挖前量护筒，开挖后量桩中心
	2	孔深	mm	+300	只深不浅，用重锤测，或测钻杆、套管长度，嵌岩桩应确保进入设计要求的嵌岩长度
	3	桩体质量检验	按《桩基检测技术规范》如岩芯取样，大直径嵌岩桩应钻至桩尖下50cm		按基桩检测技术规范
	4	混凝土强度	设计要求		试块报告或钻芯取样送检
	5	承载力	按基桩检测技术规范		按基桩检测技术规范
一般项目	1	垂直度	同表5-33的数值		测套管或钻杆，或用超声波探测。干施工时吊垂球
	2	桩径	同表5-34的数值		井径仪或超声波检测，干施工时用尺量，人工挖孔桩不包括内衬厚度
	3	泥浆相对密度（黏土或砂性土）		1.15～1.20	用相对密度计测，清孔后在距孔底50cm处取样
	4	泥浆面标高（高于地下水位）	m	0.5～1.0	目测
	5	混凝土坍落度（水下灌注）	mm	160～220	坍落度仪
	6	钢筋笼安装深度	mm	±100	尺量
	7	混凝土充盈系数	>1		检查每根桩的实际灌注量
	8	桩顶标高	mm	+30 −50	水准仪，需扣除桩顶浮浆层及劣质桩体
	9	沉渣厚度： 端承型桩 摩擦型桩	 mm mm	 ≤50 ≤100	用沉渣仪或重锤测量

五、钢桩

1. 钢桩施工

(1) 钢桩制作的允许偏差应符合表 5-35 的规定。

(2) 钢桩可采用管型、H 型或其他异型钢材。适用于码头、水中结构的高桩承台、桥梁基础、超高层公共与住宅建筑桩基、特重型工业厂房等基础结构。

(3) H 型钢桩断面刚度较小，锤重不宜大于 4.5t 级，适用于南方较软土层，且在锤击过程中桩架前应有横向约束装置，防止横向失稳。当持力层较硬时，H 型钢桩不宜送桩。当地表层遇有大块石、混凝土块等回填物时，应在插入 H 型钢桩前进行触探，并清除桩位上的障碍物。

表 5-35　钢桩制作的允许偏差

项目		允许偏差（mm）
外径或断面尺寸	桩端部	±0.5%外径或边长
	桩身	±0.1%外径或边长
长度		>0
矢高		≤1%桩长
端部平整度		≤2(H 型桩≤1)
端部平面与桩身中心线的倾斜值		≤2

2. 检验标准

(1) 钢桩施工的质量检验标准应符合表 5-36 的规定。

(2) 成品钢桩的质量检验标准应符合表 5-37 的规定。

(3) 承载力检验数量不应少于总桩数的 1%，且不应少于 3 根，当总桩数少于 50 根时，不应少于 2 根。其他主控项目应全部检查，一般项目可按总桩数 20%抽查。

表 5-36　钢桩施工质量检验标准

项目	序号	检查项目	允许偏差或允许值		检查方法
			单位	数值	
主控项目	1	桩位偏差	按《桩基施工规程》		用钢尺量
	2	承载力	按《建筑基桩检测技术规范》		按《建筑基桩检测技术规范》
一般项目	1	电焊接桩焊缝： (1) 上下节端部错口， (外径≥700mm)，	mm	≤3	用钢尺量
		(外径<700mm)；	mm	≤2	用钢尺量
		(2) 焊缝咬边深度；	mm	≤0.5	焊缝检查仪
		(3) 焊缝加强层高度；	mm	2	焊缝检查仪
		(4) 焊缝加强层宽度；	mm	2	焊缝检查仪
		(5) 焊缝电焊质量外观；	无气孔、无焊瘤、无裂缝		直观
		(6) 焊缝探伤检验	满足设计要求		按设计要求

续表

项目	序号	检查项目	允许偏差或允许值		检查方法
			单位	数值	
一般项目	2	电焊结束后停歇时间	min	>1.0	秒表测定
	3	节点弯曲矢高		<1/1000l	用钢尺量（l为两节桩长）
	4	桩顶标高	mm	±50	水准仪
	5	停锤标准	设计要求		用钢尺量或沉桩记录

表 5-37　　成品钢桩质量检验标准

项目	序号	检查项目	允许偏差或允许值		检查方法
			单位	数值	
主控项目	1	钢桩外径或断面尺寸：桩端 桩身		±0.5%D ±1D	用钢尺量， D为外径或边长
	2	矢高		<1/1000l	用钢尺量，l为桩长
一般项目	1	长度	mm	+10	用钢尺量
	2	端部平整度	mm	≤2	用水平尺量
	3	H钢桩的方正度h>300 T' h T h<300	mm mm	$T+T'\leqslant 8$ $T+T'\leqslant 6$	用钢尺量，h、T、T'见图示
	4	端部平面与桩中心线的倾斜值	mm	≤2	用水平尺量

六、先张法预应力管桩

1. 先张法预应力管桩施工

（1）施工前应检查进入现场的成品桩，接桩用电焊条等质量。根据地质条件、桩型、桩的规格选用合适的桩锤。

（2）桩打入时应符合以下规定。

1）桩帽与桩周围的间隙应为5～10mm。

2）桩锤与桩帽、桩帽与桩之间应加弹性衬垫。

3）桩锤、桩帽或送桩应与桩身在同一中心线上。

4）桩插入时的垂直度偏差不得超过0.5%。

（3）打桩顺序应按下列规定执行。

1）对于密集的桩群，自中间向两个方向或向四周对称施打。

2）当一侧毗邻建筑物时，由毗邻建筑物处向另一方向施打。

3）根据桩底标高，宜先深后浅。

4）根据桩的规格，宜先大后小，先长后短。

（4）桩停止锤击的控制原则。

1）桩端，位于一般土层时，以控制桩端设计标高为主，贯入度可作参考。

2）桩端达到坚硬、硬塑的黏性土、中密以上粉土、砂土、碎石类土、风化岩，以贯入度控制为主，桩端标高可作参考。

3）贯入度已达到而桩端标高未达到时，应继续锤击3阵，按每阵10击的贯入度不大于设计规定的数值加以确认。

（5）施工后、过程中应检查桩的贯入情况、桩顶完整状况、电焊接桩质量、桩体垂直度、电焊后的停歇时间。重要工程应对电焊接头做10%的焊缝探伤检查。

2. 检验标准

（1）先张法预应力管桩的质量检验标准应符合表5-38的规定。

（2）承载力检验数量不应少于总桩数的1%，且不应少于3根，当总桩数少于50根时，不应少于2根。其他主控项目应全部检查，一般项目可按总桩数20%抽查。

（3）桩体质量检验数量不应少于总桩数的20加，且个数不少于10根，每个柱子承台下不得少于1根。

表5-38　　　　先张法预应力管桩质量检验标准

项目	序号	检查项目		允许偏差或允许值		检查方法
				单位	数值	
主控项目	1	桩体质量检验		按《建筑基桩检测技术规范》		按《建筑基桩检测技术规范》
	2	桩位偏差		按《桩基施工规程》		用钢尺量
	3	承载力		按《建筑基桩检测技术规范》		按《建筑基桩检测技术规范》
一般项目	1	成品桩质量	外观	无蜂窝、露筋、裂缝、色感均匀、桩顶处无孔隙		直观
			桩径		±5	用钢尺量
			管壁厚度	mm	±5	用钢尺量
			桩尖中心线	mm	＜2	用钢尺量
			顶面平整度	mm	10	用水平尺量
			桩体弯曲	mm	＜1/1000l	用钢尺量，l为桩长
	2	接桩：焊缝质量		按桩基施工规程		超声波检测
		电焊结束后停歇时间		min	＞1.0	秒表测定
		上下节平面偏差			＜10	用钢尺量
		节点弯曲矢高		mm	＜1/1000l	用钢尺量，l为桩长
	3	停锤标准		设计要求		现场实测或查沉桩记录
	4	桩顶标高		mm	±50	水准仪

第六章

脚手架与垂直运输工程

第一节　脚手架的分类和基本要求

脚手架是指施工现场为工人操作并解决垂直和水平运输而搭设的各种支架。主要为了施工人员上下操作或外围安全网围护及高空安装构件等作业。

一、脚手架的分类

1. 按用途划分类

(1) 操作用脚手架。它又分为结构脚手架和装修脚手架。其架面施工荷载标准值分别规定为 $3kN/m^2$ 和 $2kN/m^2$。

(2) 防护用脚手架。架面施工（搭设）荷载标准值可按 $1kN/m^2$ 计。

(3) 承重-支撑用脚手架。架面荷载按实际使用值计。

2. 按搭设位置分类

(1) 外脚手架。外脚手架是搭设在外墙外面的脚手架。

(2) 里脚手架。里脚手架用于楼层上砌墙和内粉刷，使用过程中不断随楼层升高上翻。

3. 按构架方式分类

(1) 杆件组合式脚手架。

(2) 框架组合式脚手架（简称“框组式脚手架”）。它由简单的平面框架（如门架、梯架、“日”字架和“目”字架等）与连接、撑拉杆件组合而成的脚手架，如门式钢管脚手架、梯式钢管脚手架和其他各种框式构件组装的鹰架等。

(3) 格构件组合式脚手架。它由桁架梁和格构柱组合而成的脚手架，如桥式脚手架［又分提升（降）式和沿齿条爬升（降）式两种］。

(4) 台架。它是具有一定高度和操作平面的平台架，多为定型产品，其本身具有稳定的空间结构，可单独使用或立拼增高与水平连接扩大，并常带有移动装置。

4. 按脚手架的设置形式划分类

(1) 单排脚手架。只有一排立杆，横向平杆的一端搁置在墙体上的脚手架。

(2) 双排脚手架。由内外两排立杆和水平杆构成的脚手架。

(3) 满堂脚手架。按施工作业范围满设的，纵、横两个方向各有三排以上立杆的脚手架。

（4）封圈型脚手架。沿建筑物或作业范围周边设置并相互交圈连接的脚下架。

（5）开口型脚手架。沿建筑周边非交圈设置的脚手架，其中呈直线形的脚手架为一字型脚手架。

（6）特型脚手架。具有特殊平面和空间造型的脚手架，如用于烟囱、水塔、冷却塔以及其他平面为圆形、环形、“外方内圆”形、多边形以及上扩、上缩等特殊形式的建筑施工脚手架。

5. 按所用材料分类

（1）木脚手架。是由剥皮杉杆或其他坚韧顺直的硬木等材料制成。

（2）竹脚手架。采用3年以上的毛竹为材料，并用竹篾绑扎搭设。

（3）钢管脚手架。是由钢管搭设而成的脚手架。

6. 按脚手架的支固方式分类

（1）落地式脚手架。搭设（支座）在地面、楼面、墙面或其他平台结构之上的脚手架。

（2）悬挑脚手架（简称“挑脚手架”）。采用悬挑方式支固的脚手架。

（3）附墙悬挂脚手架（简称“挂脚手架”）。在上部或（和）中部挂设于墙体挂件上的定型脚手架。

（4）悬吊脚手架（简称“吊脚手架”）。悬吊于悬挑梁或工程结构之下的脚手架。当采用篮式作业架时，称为“吊篮”。

（5）附着式升降脚手架（简称“爬架”）。搭设一定高度附着于工程结构上，依靠自身的升降设备和装置，可随工程结构逐层爬升或下降，具有防倾覆、防坠落装置的悬空外脚手架。

（6）整体式附着升降脚手架。有三个以上提升装置的连跨升降的附着式升降脚手架。

（7）水平移动脚手架。带行走装置的脚手架或操作平台架。

二、脚手架的基本要求

1. 脚手架的使用要求

（1）有足够的面积，能满足工人操作、材料堆置和运输的需要。

（2）具有稳定的结构和足够的承载能力，能保证施工期间在各种荷载和气候条件下，不变形、不倾斜、不摇晃。

（3）搭拆简单，搬移方便，能多次周转使用。

（4）应考虑多层作业、交叉流水作业和多工种作业要求，减少多次搭拆。

2. 脚手架构架基本结构的要求

（1）杆部件的质量和允许缺陷应符合规范和设计要求。

（2）节点构造尺寸和承载能力应符合规范和设计规定。

（3）具有稳定的结构。

（4）具有可满足施工要求的整体、局部和单肢的稳定承载力。

（5）具有可将脚手架荷载传给地基基础或支承结构的能力。

3. 挑、挂设施的基本要求

（1）应能承受挑、挂脚手架所产生的竖向力、水平力和弯矩。

（2）可靠地固结在工程结构上，且不会产生过大的变形。

（3）确保脚手架不晃动（对于挑脚手架）或者晃动不大（对于挂脚手架和吊篮）。吊篮需要设置定位绳。

4. 脚手架的技术要求

（1）满足使用要求的构架设计。

（2）特殊部位的技术处理和安全保证措施（加强构造、拉结措施等）。

（3）整架、局部构架、杆配件和节点承载能力的验算。

（4）连墙件和其他支撑、约束措施的设置及其验算。

（5）安全防（围）护措施的设置要求及其保证措施。

（6）地基、基础和其他支撑物的设计与验算。

（7）荷载、天然因素等自然条件变化时的安全保障措施。

5. 脚手架对基础的要求：

（1）脚手架地基应平整夯实。

（2）脚手架的 50mm 不能直接立于土地面上，应加设底座和垫板（或垫木），垫板（木）厚度不小于 50mm。

（3）遇有坑槽时，立杆应下到槽底或在槽上加设底梁（一般可用枕木或型钢梁）。

（4）脚手架地基应有可靠的排水措施，防止积水浸泡地基。

（5）脚手架旁有开挖的沟槽时，应控制外立杆距沟槽边的距离：当架高在 30m 以内时，不小于 1.5m；架高为 30～50m 时，不小于 2.0m；架高在 50m 以上时，不小于 2.5m。当不能满足上述距离时，应核算土坡承受脚手架的能力，不足时可加设挡土墙或其他可靠支护，避免槽壁坍塌危及脚手架安全。

（6）位于通道处的脚手架底部垫木（板）应低于其两侧地面，并在其上加设盖板，避免扰动。

第二节 常用落地式脚手架简介

一、扣件式钢管脚手架

1. 组成结构

扣件式钢管脚手架由钢管、扣件、底座、脚手板和连接杆组成。

（1）钢管。脚手架钢管应采用《直缝电焊钢管》（GB/T 13793）中规定的Q235普通钢管，质量应符合《碳素结构钢》（GB/T 700）中Q235级钢的规定。一般采用外径为48mm，壁厚3.5mm的焊接钢管或壁厚为3.5mm的无缝钢管，不得使用严重锈蚀、弯曲、压扁、折裂的钢管。扣件一般可锻铸铁铸造而成，也可用钢板压制。螺栓用3号钢制成，并作镀锌处理。钢管长度：立杆、大横杆、十字杆和抛撑为4～6.5m，小横杆为2.1～2.3m，连墙杆为3.3～3.5m。

（2）扣件。扣件的连接方式有：

1）直角扣件（十字扣）。用于两根呈垂直交叉钢管的连接，如图6-1所示。

2）旋转扣件（回转扣）。用于两根呈任意角度交叉钢管的连接，如图6-2所示。

3）对接扣件（一字扣）。用于两根钢管对接连接，如图6-3所示。

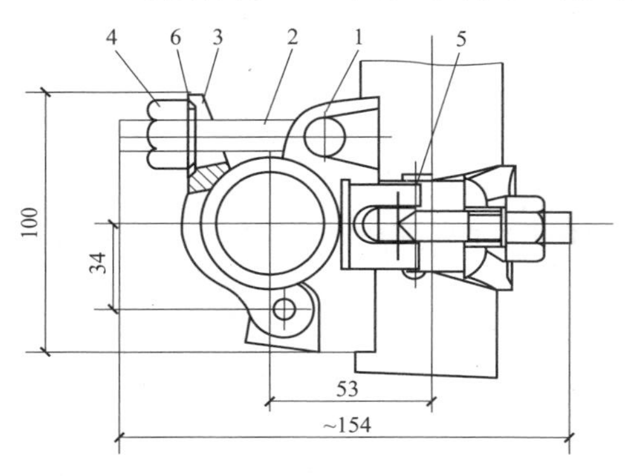

图6-1　直角扣件

1—直角座；2—螺栓；3—盖板；4—螺栓；5—螺母；6—销钉

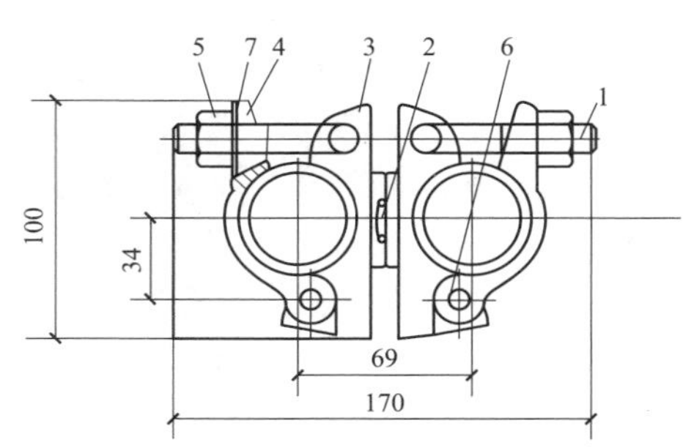

图6-2　旋转扣件

1—螺栓；2—铆钉；3—旋转座；4—螺栓；5—螺母；6—销钉；7—垫圈

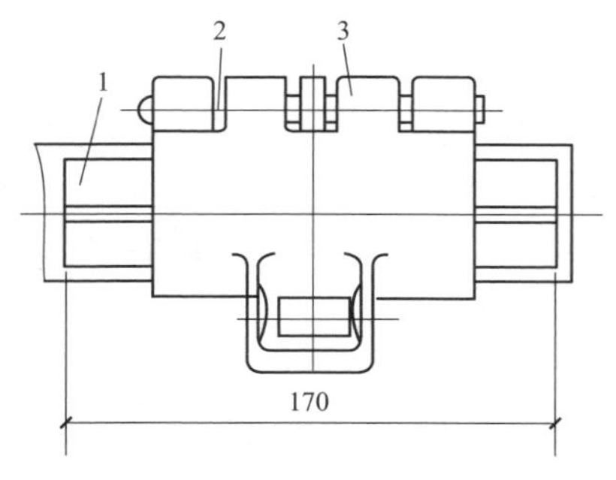

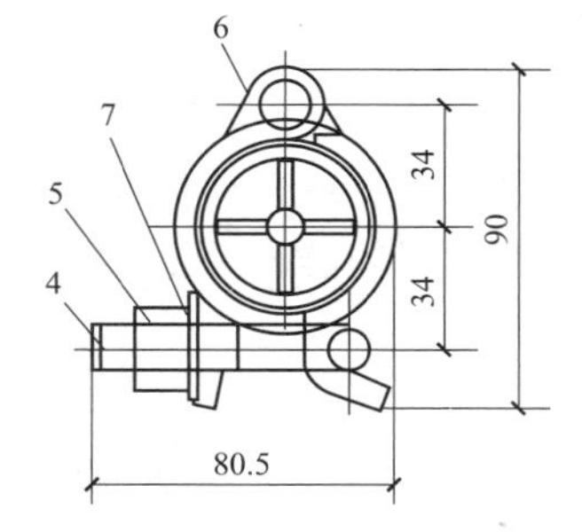

图6-3　对接扣件

1—杆芯；2—铆钉；3—对接座；4—螺栓；5—螺母；6—对接盖；7—垫圈

（3）底座。扣件式钢管脚手架的底座用于承受脚手架立杆传递下来的荷载，用可锻铸铁制造的标准底座的构造如图6-4所示。

(4) 脚手板。脚手板可采用钢、木、竹材料制作，每块质量不宜大于 20kg；冲压钢脚手板的材质应符合《碳素结构钢》(GB/T 700) 中 Q235-A 及钢的规定，并应有防滑措施。新、旧脚手板均应涂防锈漆。木脚手板应采用杉木或松木制作，其材质应符合《木结构设计规范》(GBJ 5) 中Ⅱ级材质的规定。木脚手板的宽度不宜小于 200mm，脚手板厚度不应小于 50mm，两端应各设直径为 4mm 的镀锌钢丝箍两道，腐朽的脚手板不得使用。竹脚手板宜采用由毛竹或楠竹制作的竹串片板、竹笆板。

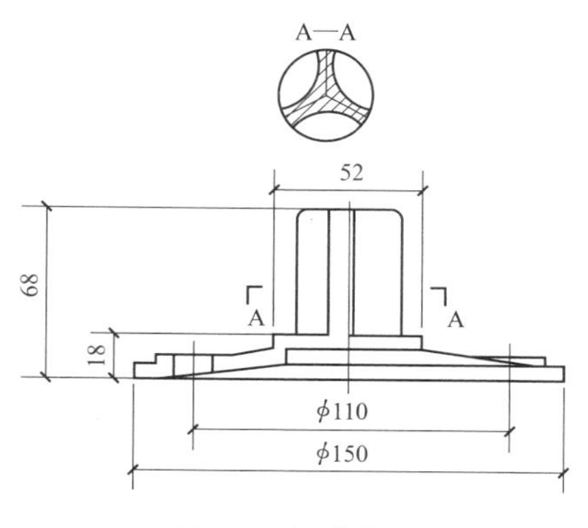

图 6-4 标准底座

(5) 连接杆。连接一般有软连接与硬连接之分。软连接是用 8 号或 10 号镀锌铁丝将脚手架与建筑物结构连接起来，软连接的脚手架在受荷载后有一定程度的晃动，其可靠性较硬连接差，故规定 24m 以上采用硬拉结，24m 以下宜采用软硬结合拉结。硬连接是用钢管、杆件等将脚手架与建筑物结构连接起来，安全可靠，已为全国各地所采用。硬连接的示意如图 6-5 所示。

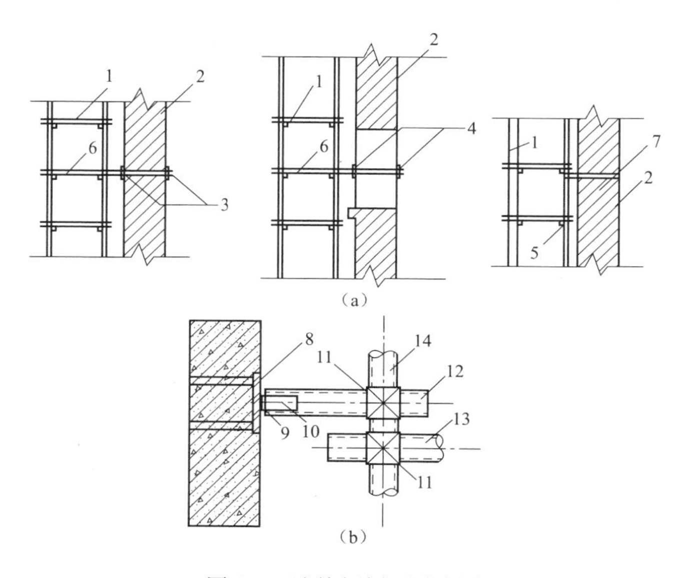

图 6-5 连接杆剖面示意图

(a) 用扣件钢管做的硬连接；(b) 预埋件式硬连接

1—脚手架；2—墙体；3—两只扣件；4—两根短管用扣件连接；5—此小横杆顶墙；6—此小横杆进墙；7—连接用镀锌钢丝，埋入墙内；8—埋件；9—连接角铁；10—螺栓；11—直角扣件；12—连接用短钢管；13—小横杆；14—立柱

2. 扣件式钢管脚手架有双排和单排两种，如图 6-6 所示。双排有里外两排立杆，自成稳定的空间桁架；单排只有一排立杆，横杆另一端要支承在墙体上，因而增加了脚手洞的修补工作，且影响墙体质量，稳定性也不如双排架。

3. 扣件式钢管脚手架的搭设

（1）搭设程序。放置纵向扫地杆→自角部起依次向两边竖立底（第 1 根）立杆，底端与纵向扫地杆扣接固定后，装设横向扫地杆并与立杆固定（固定立杆底端前，应吊线确保立杆垂直），每边竖起 3～4 根立杆后，随即装设第一步纵向平杆（与立杆扣接固定）和横向平杆（小横杆，靠近立杆并与纵向平杆扣接固定）、校正立杆垂直和平杆水平使其符合要求后，按 40～60N · m 力矩拧紧扣件螺栓，形成构架的起始段→按上述要求依次向前延伸搭设，直至第一步架交圈完成。交圈后，再全面检查一遍构架质量和地基情况，严格确保设计要求和构架质量→设置连墙件（或加抛撑）→按第一步架的作业程序和要求搭设第二步、第三步→随搭设进程及时装设连墙件和剪刀撑→装设作业层间横杆（在构架横向平杆之间加设的、用于缩小铺板支承跨度的横杆），铺设脚手板和装设作业层栏杆、挡脚板或围护、封闭措施。

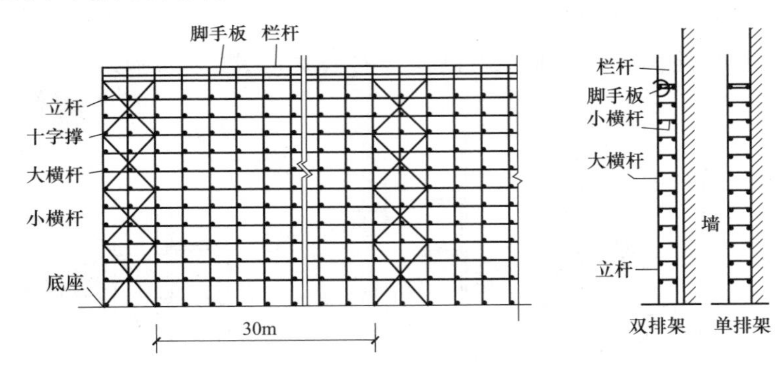

图 6-6　扣件式钢管外脚手架

（2）扣件式钢管脚手架的搭设规定见表 6-1。

表 6-1　扣件式钢管脚手架搭设规定

项目	砌筑用		装饰用		满堂架
	单排	双排	单排	双排	
里皮立杆距墙面	—	0.5	—	0.5	0.5～0.6
立杆间距	2	2	2.2	2.2	—
里外立杆距离	1.2～1.5	1.5	1.2～1.5	1.5	2
大横杆间距	1.2～1.4	1.2～1.4	1.6～1.8	1.6～1.8	1.6～1.8
小横杆间距	0.67	1	1.1	1.1	1

续表

项目	砌筑用		装饰用		满堂架
	单排	双排	单排	双排	
小横杆悬臂长度	—	0.4～0.45	—	0.35～0.45	0.35～0.45
剪刀撑间距	≤30	≤30	≤30	≤30	四边及中间每隔四根立杆设置
连墙杆设置高度	4	4	5	5	—
连墙杆间距	10	10	11	11	—

（3）为保证脚手架的稳定与安全，七步以上的脚手架必须设十字撑（剪刀撑），一般设置在脚手架的转角、端头及沿纵向间距不大于30m处，每档十字撑占两个跨间，从底到顶连续布置，最下一对钢管与地面呈45°～60°夹角，回转扣连接。三步以下的脚手架设抛撑。三步以上的脚手架无法设抛撑时，每隔三步、4～5个跨间设置一道连墙杆，如图6-7所示，不仅可防止脚手架外倾，而且可增强整体刚度。

4. 扣件式钢管脚手架的拆卸

拆卸作业按搭设作业的相反程序进行，并应特别注意以下几点：

（1）连墙杆待其上部杆件拆除完毕（伸上来的立杆除外）后才能松开拆去。

（2）松开扣件的平杆件应随即撤下，不得松挂在架上。

（3）拆除长杆件时应两人协同作业，以避免单人作业时的闪失事故。

（4）拆下的杆配件应吊运至地面，不得向下抛掷。

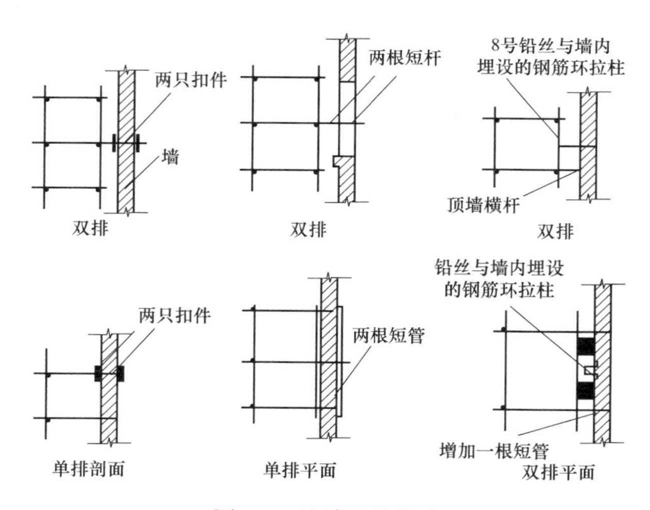

图6-7 连墙杆的做法

二、木脚手架

木脚手架所用材料一般为剥皮杉杆或其他坚韧顺直的硬木，不得使用杨木、柳木、桦木、椴木、油松和腐朽枯节等弯曲、易折木材。一般用 8 号镀锌铁丝绑扎搭设，当脚手架使用期在 3 个月以内时，也可用直径 10mm 的三股麻绳或棕绳绑扎。木脚手架见图 6-8。要求见表 6-2。立杆、大横杆的搭接长度不应小于 1.5m，绑扎时小头应压在大头上，绑扎不少于 3 道（压顶立杆可大头朝上）。如三杆相交时，应先绑两根，再绑第 3 根，不得一扣绑三根。

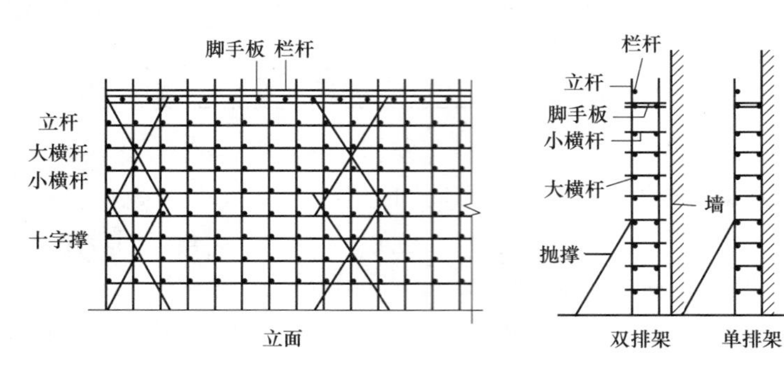

图 6-8　木脚手架

表 6-2　木脚手架技术要求

杆件名称	规格（mm）	构造要求
立杆	梢径≥70	纵向间距 1.5～1.8m，横向间距 1.5～1.8m，埋深≥0.5m
大横杆	梢径≥80	绑于立杆里面，第一步离地 1.8m，以上各步间距 1.2～1.5m
小横杆	梢径≥80	绑于大横杆上，间距 0.8～1m，以排架端头离墙 5～10cm，单排架插入墙内≥24cm，外侧伸出大横杆 10cm
抛撑	梢径≥70	每隔 7 根立杆设一道，与地面夹角 60°，可防止架子外倾
斜撑	梢径≥70	设在架子的转角处，做法如抛撑，与地面成 45°角
剪刀撑	梢径≥70	三步以上架子，每隔 7 根立杆设一道，从底到顶，杆与地面夹角为 45°～60°

三、门式组合钢管脚手架

门式组合钢管脚手架由门架组合而成，其结构如图 6-9 所示。

1. 组成机构

（1）基本单元部件包括门架、交叉支撑和水平架等。

（2）底座和可调底托。

（3）其他部件有脚手板、梯子、扣墙器、栏杆、连接棒、锁臂和脚手板托架等。

2. 门式组合钢管脚手架的搭设

（1）搭设程序。一般门式钢管脚手架按以下程序搭设：铺放垫木（板）→拉线、放底座→自一端起立门架并随即装交叉支撑→装水平架（或脚手板）→装梯

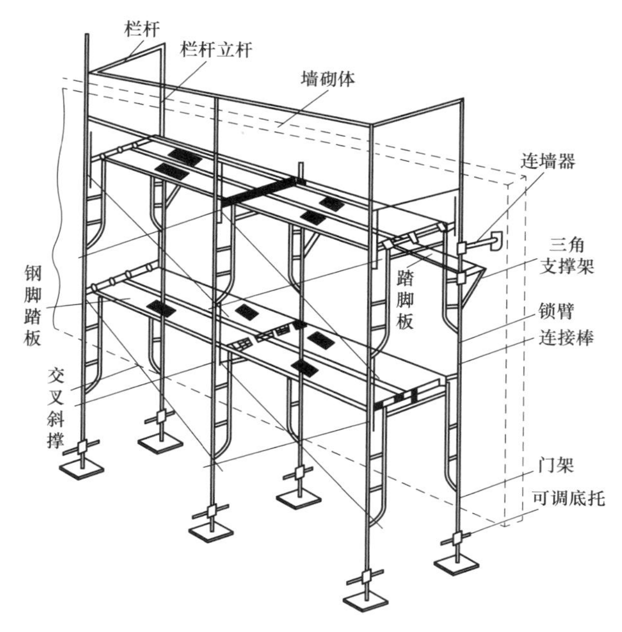

图 6-9 门式组合钢管脚手架

子→(需要时，装设作加强用的大横杆）装设连墙杆→按照上述步骤，逐层向上安装→装加强整体刚度的长剪刀撑→装设顶部栏杆。

在脚手架搭设前，对门架、配件、加固件应按要求进行检查、验收；并应对搭设场地进行清理、平整，做好排水措施。

（2）脚手架垂直度和水平度的调整。脚手架的垂直度（表现为门架竖管轴线的偏移）和水平度（门架平面方向和水平方向）对于确保脚手架的承载性能至关重要（特别是对于高层脚手架），其注意事项为：

1）严格控制首层门架的垂直度和水平度。在装上以后要逐片地、仔细地调整好，使门架竖杆在两个方向的垂直偏差都控制在 2mm 以内，门架顶部的水平偏差控制在 5mm 以内。随后在门架的顶部和底部用大横杆和扫地杆加以固定。

2）接门架时上下门架竖杆之间要对齐，对中的偏差不宜大于 3mm。同时，注意调整门架的垂直度和水平度。

3）及时装设连墙杆，以避免在架子横向发生偏斜。

3. 检查与验收

（1）脚手架搭设完毕或分段搭设完毕，应按规定对脚手架工程质量进行检查，检验合格后方可交付使用。

（2）高度在 20m 及 20m 以下的脚手架，应由单位工程负责人组织技术安全人员进行检查验收。

（3）脚手架搭设的垂直度与水平度允许偏差应符合表6-3的要求。

表6-3　　脚手架搭设垂直度与水平度允许偏差

项目		允许偏差（mm）
垂直度	每步架	$h/1000$ 及±2.0
	脚手架整体	$H/600$ 及±50
水平度	一跨距内水平架两端高差	$\pm l/600$ 及±3.0
	脚手架整体	$\pm L/600$ 及±50

注：h—步距；H—脚手架高度；l—跨距；L—脚手架长度。

4. 拆除

（1）脚手架经单位工程负责人检查验证并确认不再需要时，方可拆除。

（2）拆除脚手架前，应清除脚手架上的材料、工具和杂物。

（3）拆除脚手架时，应设置警戒区和警戒标志，并由专职人员负责警戒。

（4）脚手架的拆除应在统一指挥下，按后装先拆、先装后拆的顺序及下列安全作业的要求进行：

1）脚手架的拆除应从一端走向另一端、自上而下逐层地进行。

2）同一层的构配件和加固件应按先上后下、先外后里的顺序进行，最后拆除连墙件。

3）在拆除过程中，脚手架的自由悬臂高度不得超过两步，当必须超过两步时，应加设临时拉结。

4）连墙杆、通长水平杆和剪刀撑等，必须在脚手架拆卸到相关的门架时方可拆除。

5）工人必须站在临时设置的脚手板上进行拆卸作业，并按规定使用安全防护用品。

6）拆除工作中，严禁使用榔头等硬物击打、撬挖，拆下的连接棒应放入袋内，锁臂应先传递至地面并放室内堆存。

7）拆卸连接部件时，应先将锁座上的锁板与卡钩上的锁片旋转至开启位置，然后开始拆除，不得硬拉，严禁敲击。

四、碗扣式钢管脚手架

1. 组成结构

碗扣式钢管脚手架与扣件式钢管脚手架的结构大致相同，不同之处在于扣件改为碗扣接头，使杆件能轴心相交，无偏心距，受力合理，可比扣件钢管脚手架提高承载力15%以上。

碗扣接头如图6-10，碗扣节点由焊在立杆上的下碗扣、焊在横杆端部的弧形插片和设立于立杆上、可滑动升降的上碗扣组成。

2. 碗扣式钢管脚手架形式

（1）双排外脚手架。

拼装快速省力，特别适用于搭设曲面脚手架和高层脚手架。一般分为重型架、普通架、轻型架。

（2）直线和曲线单排外脚手架。

单排碗扣脚手架易进行曲线布置，特别适用于烟囱、水塔、桥墩等圆形构筑物。

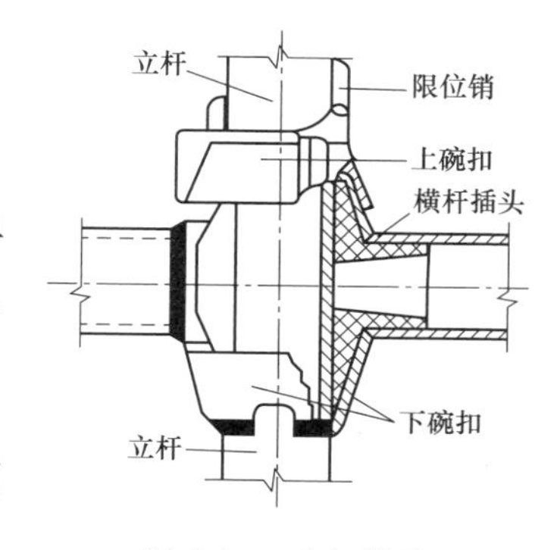

图 6-10 碗扣接头

3. 碗扣式钢管脚手架的搭设

（1）碗扣式钢管脚手架立柱横距为 1.2m，纵距根据脚手架荷载面可为 1.2m、1.5m、1.8m、2.4m，步距为 1.8m 和 2.4m。搭设时立杆的接长缝应错开，第一层立杆应用长 1.8m 和 3.0m 的立杆错开布置，往上均用 3.0m 长杆，至顶层再用 1.8m 和 3.0m 两种长度找平。高 30m 以下脚手架垂直度应在 1/200 以内，高 30m 以上脚手架垂直度应控制在 1/600～1/400，总高垂直度偏差应不大于 100mm。

（2）斜杆应尽量布置在框架节点上，对于高度在 30m 以下的脚手架，设置斜杆面积为整架立面面积的 1/5～1/2；对于高度超过 30m 的高层脚手架，设置斜杆的面积不小于整架面积的 1/2。在拐角边缘及端部必须设置斜杆，中间可均匀间隔设置。

（3）剪刀撑的设置，对于高度在 30m 以下的脚手架，可每隔 4～5 跨设置一组沿全高连续搭设的剪刀撑，每道跨越 5～7 根立杆。

（4）连墙撑的设置应尽量采用梅花方式布置。

4. 碗扣式钢管脚手架的拆除

（1）应全面检查脚手架的连接、支撑体系等是否符合构造要求，经技术管理程序批准后方可实施拆除作业。

（2）脚手架拆除前现场工程技术人员应对在岗操作工人进行有针对性的安全技术交底。

（3）脚手架拆除时必须划出安全区，设置警戒标志，派专人看管。

（4）拆除前应清理脚手架上的器具及多余的材料和杂物。

（5）拆除作业应从顶层开始，逐层向下进行，严禁上下层同时拆除。

（6）连墙件必须拆到该层时方可拆除，严禁提前拆除。

（7）拆除的构配件应成捆用超重设备吊运或人工传递到地面，严禁抛掷。

（8）脚手架采取分段、分立面拆除时，必须事先确定分界处的技术处理方案。

（9）拆除的构配件应分类堆放，以便于运输、维护和保管。

第三节　常用非落地式脚手架简介

一、悬挑式脚手架

悬挑式脚手架是指其垂直方向荷载通过底部型钢支承架传递到主体结构上的外脚手架，是建筑施工中应用十分广泛的一种脚手架形式。相对于落地式脚手架，它的优越性在于能获得良好的经济效益及节约工期。常用的悬挑式脚手架构造有钢管式悬挑脚手架、悬臂钢管式悬挑脚手架、下撑式钢梁悬挑脚手架和斜拉式钢梁悬挑脚手架。

1. 组成构造

按型钢支承架与主体结构的连接方式，常用悬挑式脚手架的形式可分为：搁置固定于主体结构层上的悬挑脚手架，如图 6-11 所示；与主体结构面上的预埋件焊接的悬挑脚手架，如图 6-12 所示。

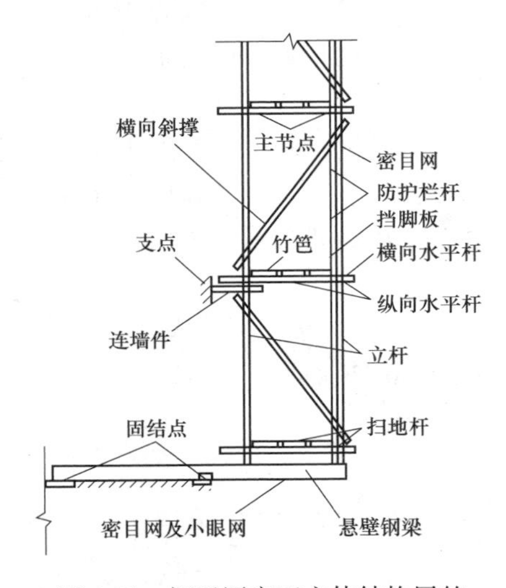

图 6-11　搁置固定于主体结构层的悬挑脚手架（悬臂钢梁式）

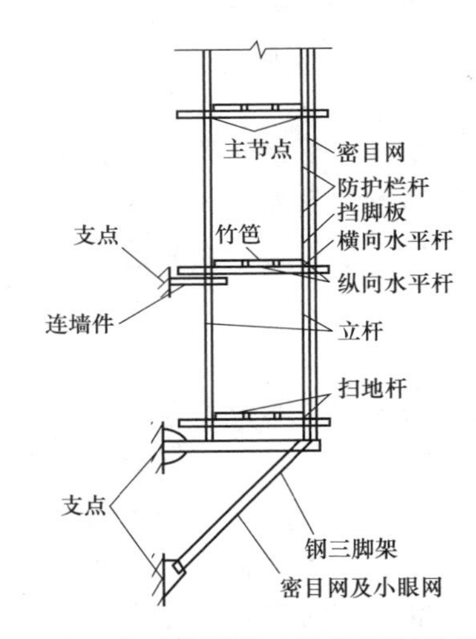

图 6-12　与主体结构面上的预埋件焊接的悬挑脚手架（附着钢三角式）

2. 搭设要求

（1）悬挑脚手架依附的建筑结构应是钢筋混凝土结构或钢结构，不得依附在砖混结构或石结构上。在悬挑式脚手架搭设时，连墙件、型钢支承架对应的主体结构混凝土必须达到设计计算要求的强度，上部脚手架搭设时型钢支承架对应的混凝土强度不应低于 C15。

（2）立杆接头必须采用对接扣件连接。两根相邻立杆的接头不应设置在同步内，且错开距离不应小于 500mm，各接头的中心距最近主节点的距离不应大于步距的1/3。

（3）悬挑架架体应采用刚性连墙件与建筑物牢靠连接，并应设置在与悬挑梁相对应的建筑物结构上，并宜靠近主节点设置，偏离主节点的距离不应大于300mm；连墙件应从脚手架底部第一步纵向水平杆开始设置，设置有困难时，应采用其他可靠措施固定。主体结构阳角或阴角部位，两个方向均应设置连墙件。

（4）连墙件宜采取二步二跨设置，竖向间距3.6m，水平间距3.0m。具体设置点宜优先采用菱形布置，也可采用方形、矩形布置。连墙件中的连墙杆宜与主体结构面垂直设置，当不能垂直设置时，连墙杆与脚手架连接的一端不应高于与主体结构连接的一端。在一字形、开口形脚手架的端部应增设连墙件。

（5）脚手架应在外侧立面沿整个长度和高度上设置连续剪刀撑，每道剪刀撑跨越立杆根数为5～7根，最小距离不得小于6m。剪刀撑水平夹角为45°～60°，将构架与悬挑梁（架）连成一体。

（6）剪刀撑在交接处必须采用旋转扣件相互连接，并且剪刀撑斜杆应用旋转扣件与立杆或伸出的横向水平杆进行连接，旋转扣件中心线至主节点的距离不宜大于150mm；剪刀撑斜杆接长应采用搭接方式，搭接长度不应小于1m，应采用不少于2个旋转扣件固定，端部扣件盖板的边缘至杆端距高不应小于100mm。

（7）一字形、开口形脚手架的端部必须设置横向斜撑；中间应每隔6根立杆纵距设置一道，同时该位置应设置连墙件；转角位置可设置横向斜撑予以加固。横向斜撑应由底至顶层呈之字形连续布置。

（8）悬挑式脚手架架体结构在平面转角处应采取加强措施。

二、附着式升降脚手架

附着式升降脚手架是指搭设一定高度并附着于工程结构上，依靠自身的升降设备和装置，可随工程结构逐层爬升或下降，具有防倾覆、防坠落装置的外脚手架。它将高处作业变低处作业，将悬空作业变为架体内部作业，具有显著的低碳性、高科技含量和更经济、更安全、更便捷等特点。

附着式升降脚手架包括自升降式、互升降式、整体升降式三种类型。

1. 自升降式脚手架

（1）自升降式脚手架的升降运动是通过手动或电动倒链交替对活动架和固定架进行升降来实现的。从升降架的构造来看，活动架和固定架之间能够进行上下相对运动。当脚手架工作时，活动架和固定架均用附墙螺栓与墙体锚固，两架之间无相对运动；当脚手架需要升降时活动架与固定架中的一个架子仍然锚固在墙体上，使用倒链对另一个架子进行升降，两架之间便产生相对运动。通过活动架和固定架交替附墙，互相升降，脚手架即可沿着墙体上的预留孔逐层升降。升降式脚手架的爬升过程分为爬升活动架和爬升固定架两部，如图6-13所示，每个爬升过程提升1.5～2m。

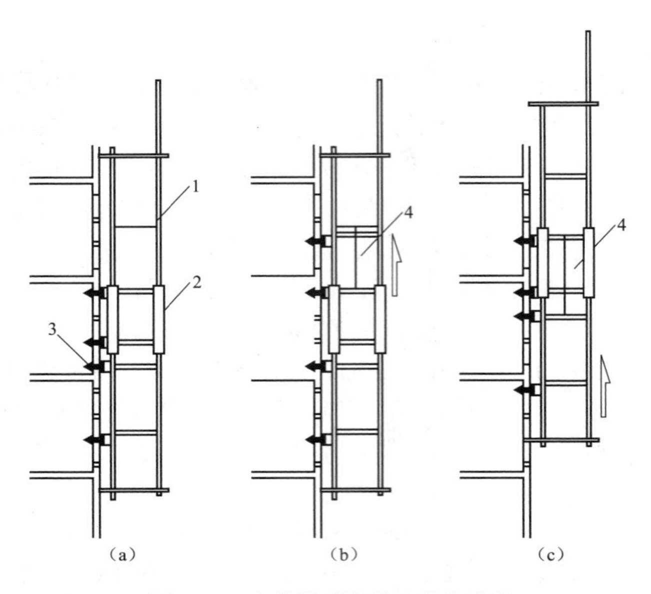

图 6-13 自升降式脚手架爬升过程

(a) 爬升前的位置；(b) 固定架爬升（半个层高）；(c) 活动架爬升（半个层高）

1—活动架；2—固定架；3—附墙螺栓；4—倒链

(2) 下降过程与爬升操作顺序相反，顺着爬升时用过的墙体预留孔倒行，脚手架即可逐层下降，同时把留在墙面上的预留孔修补完毕，最后脚手架返回地面。

(3) 自升降式脚手架在拆除时应设置警戒区，有专人看护，统一指挥。先清理脚手架上的垃圾杂物，然后自上而下拆除。

(4) 在施工过程中注意预留孔的位置是否正确，如不正确应及时改正，墙面突出严重时，也应预先修平。安装过程中按照脚手架施工平面图进行，不可随意安装。

2. 互升降式脚手架

(1) 互升降式脚手架将脚手架分为甲、乙两种单元，通过倒链交替对甲、乙两单元进行升降。当脚手架需要工作时，甲单元与乙单元均用附墙螺栓与墙体锚固，两架之间无相对运动；当脚手架需要升降时，一个单元仍然锚固在墙体上，使用倒链对相邻一个架子进行升降，两架之间便产生相对运动。通过甲、乙两单元交替附墙，相互升降，脚手架即可沿着墙体上的预留孔逐层升降。

(2) 升降式脚手架的性能特点是：

1) 结构简单，易于操作控制。

2) 架子搭设高度低，用料省。

3) 操作人员不在被升降的架体上，增加了操作人员的安全性。

4）脚手架结构刚度较大，附墙的跨度大。它适用于框架剪力墙结构的高层建筑、水坝、筒体等施工。

（3）脚手架爬升前应进行全面检查，检查的主要内容有：预留附墙连接点的位置是否符合要求，预埋件是否牢靠；架体上的横梁设置是否牢靠；提升降单元的导向装置是否可靠；升降单元与周围的约束是否解除，升降有无障碍；架子上是否有杂物；所适用的提升设备是否符合要求等。

当确认以上各项都符合要求后方可进行爬升，如图 6-14 所示，提升到位后，应及时将架子同结构固定，然后，用同样的方法对与之相邻的单元脚手架进行爬升操作，待相邻的单元脚手架升至预定位置后，将两单元脚手架连接起来，并在两单元操作层之间铺设脚手板。

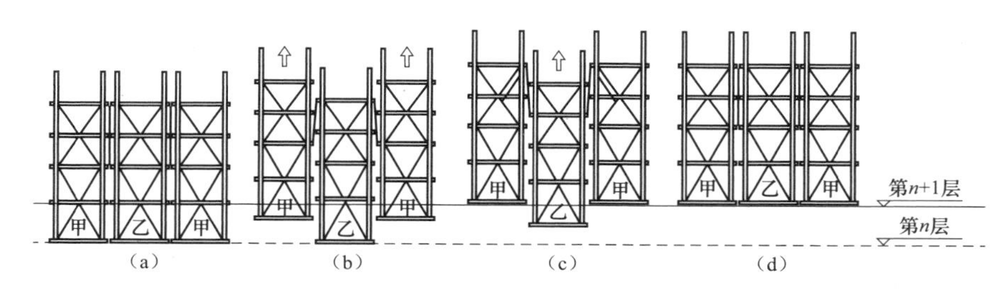

图 6-14 互升降式脚手架爬升过程

(a) 第 n 层作业；(b) 提升甲单元；(c) 提升乙单元；(d) 第 $n+1$ 层作业

（4）在下降过程中，利用固定在墙体上的架子对相邻的单元脚手架进行下降操作，同时把留在墙面上的预留孔修补完毕，脚手架返回地面。接下来进行拆除工作，首先清理脚手架上的杂物，然后按顺序自上而下拆除。或者用起重设备将脚手架整体吊至地面拆除。

3. 整体升降式脚手架

（1）在高层主体施工中，整体升降式脚手架有明显的优越性，它结构整体好、升降快捷方便、机械化程度高、经济效益显著，是一种很有推广使用价值的超高建（构）筑外脚手架，被住建部列为重点推广的 10 项新技术之一。

整体升降式脚手架，如图 6-15 所示。是以电动倒链为提升机，使整个外脚手架沿建筑物外墙或柱整体向上爬升。搭设高度依建筑物施工层的层高而定，一般取建筑物标准层 4 个层高加 1 步安全栏的高度为架体的总高度。脚手架为双排，宽以 0.8～1m 为宜，里排杆距离建筑物净距 0.4～0.6m。脚手架的横杆和立杆间距都不宜超过 1.8m，可将 1 个标准层高分为 2 步架，以此部距为基数确定架体横、立杆的间距。

架体设计时可将架子沿建筑物外围分成若干单元，每个单元的宽度参考建筑物的开间而定，一般在 5～9m 之间。

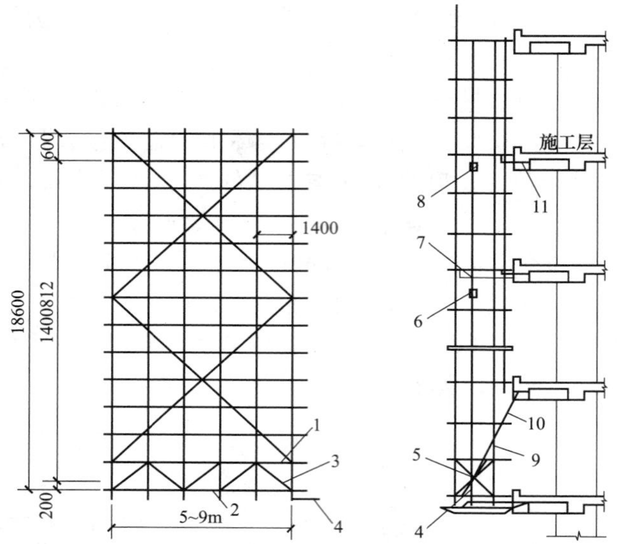

图 6-15　整体升降式脚手架

1—上弦杆；2—下弦杆；3—承力桁架；4—承力架；5—斜撑；
6—电动倒链；7—挑梁；8—倒链；9—花篮螺栓；10—拉杆；11—螺栓

（2）施工前按照平面图确定承力架及电动倒链挑梁安装的位置，然后在混凝土墙上预留螺栓孔。准备好施工材料，准备安装，安装过程中按照先后顺序进行搭设。搭设成功后开启电动倒链，将电动倒链与承力架之间的吊链拉紧，松开架体与建筑物的固定拉结点。松开承力架与建筑物相连的螺栓和斜拉杆，开启电动倒链慢慢开始爬升。爬升到位后，先安装承力架与混凝土边梁的紧固螺栓，将斜拉杆与上层边梁固定，最后安装架体上部与建筑物的各拉结点。检查无误后，方可使用脚手架，进行上一层的主体施工。

（3）下降过程是利用电动倒链顺着爬升用的墙体预留孔倒行，脚手架即可逐层下降，同时把墙面上的预留孔修补完毕，脚手架可回归地面。并进行拆除工作。

三、吊篮

高处作业吊篮应用于高层建筑外墙装饰、装修、维护清洗等工程施工。

1. 吊篮的升降方式主要有以下三种：

（1）手板葫芦升降。手扳葫芦升降携带方便、操作灵活，牵引方向和距离不受限制，如图 6-16 所示。

（2）卷扬升降。卷扬升降具有体积小。质量轻，并带有多重安全装置。卷扬提升机可设于悬吊平台的两侧，如图 6-17 所示，也可设于屋顶之上，如图 6-18 所示。

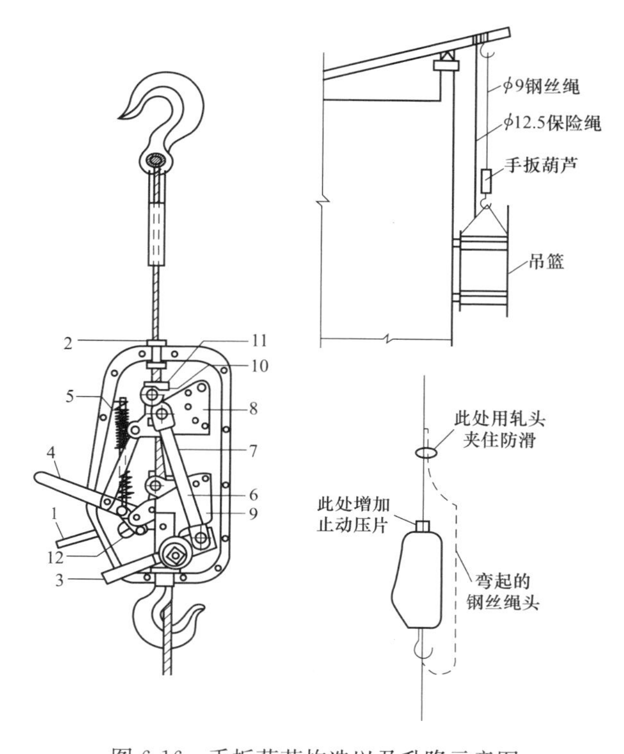

图 6-16 手扳葫芦构造以及升降示意图

1—松卸手柄；2—导绳孔；3—前进手柄；4—倒退手柄；5—拉伸弹簧；6—左连杆；7—右连杆；8—前夹钳；9—后平钳；10—偏心板；11—夹子；12—松卸曲柄

图 6-17 提升机设于吊箱的卷扬式吊篮

（3）爬升升降。爬升提升机为沿钢丝绳爬升的提升机。其与卷扬提升机的区别在于提升机不是收卷或释放钢丝绳，而是靠绳轮与钢丝绳的特形缠绕所产

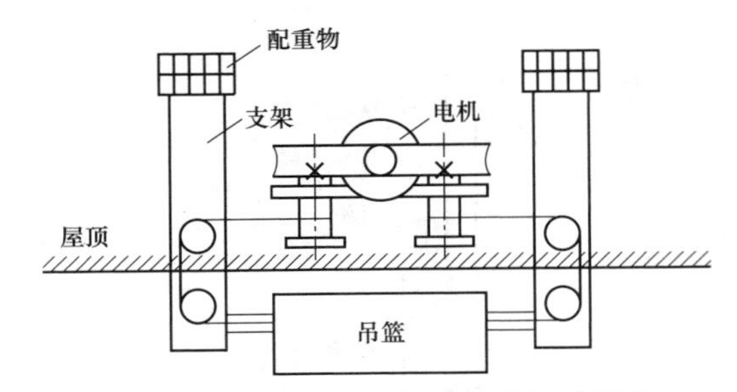

图 6-18　提升机设于屋顶的卷扬式吊篮

生的摩擦力提升吊篮。

由不同的钢丝绳缠绕方式形成了“S”形卷绕机构、“3”形卷绕机构和“α”形卷绕机构。如图 6-19 所示。“S”形机构为一对靠齿轮合的槽轮，靠摩擦带动其槽中的钢丝绳一起旋转，并依旋转方向的改变实现提升或下降；“3”形机构只有 1 个轮子，钢丝绳在卷筒上缠绕 4 圈后从两端伸出，分别接至吊篮和排挂支架上；“α”形机构采用行星齿轮机构驱动绳轮旋转，带动吊篮沿钢丝绳升降。

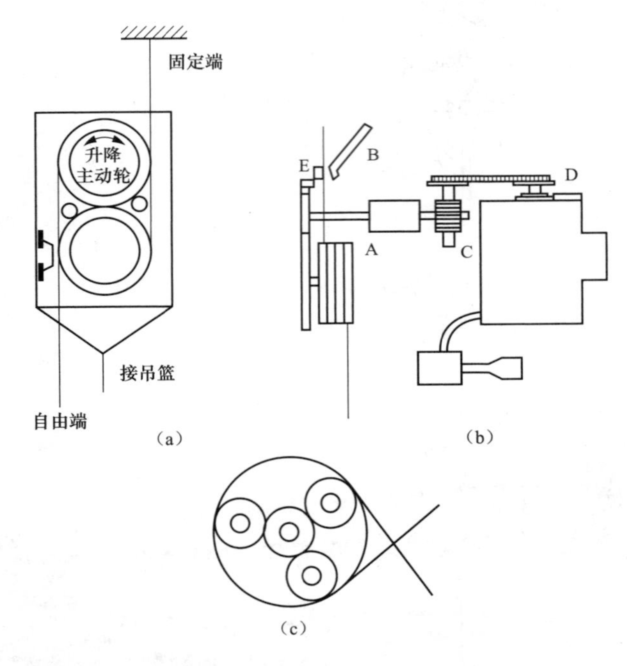

图 6-19　爬升升降机钢丝缠绕方式

(a)“S”形卷绕机构；(b)“3”形卷绕机构；(c)“α”形卷绕机构

A—制动器；B—安全锁；C—蜗轮蜗杆减速装置；D—电机过热保护装置；E—棘爪式刹车装置

2. 吊篮施工流程和注意事项

(1) 施工工艺流程：吊篮组拼→悬挂机构及配重块安装→安装起重钢丝绳及安全钢丝绳→挂配重锤→连接电源→吊篮平台就位→检查提升装置、电气控制箱及安全装置→调试及荷载试验→安装跟踪绳→投入使用→拆除。

（2）注意事项。

1）采用吊篮进行外装修作业时，一般应选用设备完善的吊篮产品。自行设计、制作的吊篮应达到标准要求。并严格审批制度。使用境外吊篮设备时应有中文说明书；产品的安全性能应符合我国的行业标准。

2）进场吊篮必须具备符合要求的生产许可证或准用证、产品合格证、检测报告以及安装使用说明书、电气原理图等技术性文件。

3）吊篮安装前，根据工程实际情况和产品性能，编制详细、合理、切实可行的施工方案，并根据施工方案和吊篮产品使用说明书，对安装及上篮操作人员进行安全技术培训。

4）吊篮标准篮进场后按吊篮平面布置图在现场拼装成作业平台，在离使用部位最近的地点组拼，以减少人工倒运。作业平台拼装完毕，再安装电动提升机、安全锁、电气控制箱等设备。

5）吊架必须与建筑物连接可靠，不得摇晃。

6）悬挂机构安装时调节前支座的高度使梁的高度略高于女儿墙，且使悬挑梁的前端比后端高出 50～100mm。对于伸缩式悬挑梁，尽可能调至最大伸出量。配重数量应按满足抗倾覆力矩大于 2 倍倾覆力矩的要求确定，配重块在悬挂机构后座两侧均匀放置。放置完毕后，将配重块销轴顶端用铁线穿过拧死，以防止配重块被随意搬动。

7）吊篮组拼完毕后，将起重钢丝绳和安全钢丝绳挂在挑梁前端的悬挂点上，紧固钢丝绳的马牙卡不得少于 4 个。从屋面向下垂放钢丝绳时，先将钢丝绳自由盘放在楼面，然后将绳头仔细抽出后沿墙面缓慢滑下。

8）吊篮做升降运动时，不得将两个或三个吊篮在一起升降，并且工作平台高差不得超过 150mm。

9）将钢丝绳穿入提升机内，启动提升机，绳头应自动从出绳口内出现。再将安全钢丝绳穿入安全锁，并挂上配重锤。检查安全锁动作是否灵活，扳动滑轮时应轻快，不得有卡阻现象。

10）钢丝绳穿入后应调整起重钢丝绳与安全锁的距离，通过移动安全锁达到吊篮倾斜 300～400mm，安全锁能锁住安全钢丝绳为止。安全锁为常开式，各种原因造成吊篮坠落或倾斜时，安全锁能够在 200mm 以内将吊篮锁在安全钢丝绳上。

第四节 垂直运输工程

一、垂直运输架

垂直运输架包括井架、钢管井架和型钢井架等。其中井架稳定性好，运输量

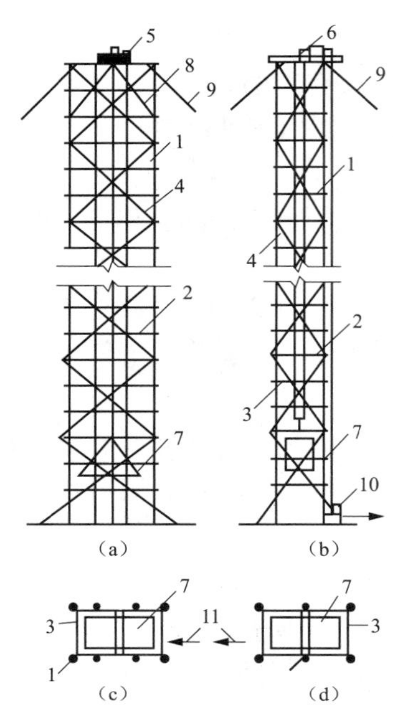

图 6-20　木井架构造
(a) 侧面；(b) 进料口面；
(c) 八柱井架平面；(d) 六柱井架平面
1—立杆；2—大横杆；3—小横杆；
4—剪刀撑；5—天轮梁；6—天轮；
7—吊盘；8—八字撑；9—缆风绳；
10—地轮；11—进料口

大，搭设高度较大，是建筑中常用的垂直运输架。

1. 木井架

常用的木井架有八柱和六柱两种，其构造如图 6-20 所示。八柱木井架的立杆间距小于或等于 1.5m，六柱木井架的立杆间距小于或等于 1.8m。横杆间距都是 1.2～1.4m。井孔尺寸，八柱木井架的宽面为 3.6～4.2m，窄面 2.0～2.2m；六柱木井架宽面为 2.8～3.6m，窄面1.6～2.0m。无论是八柱木的井架，还是六柱木的井架，必须设剪刀撑，每 3～4 步设一道，上下连续。八柱木井架的起重量在 1000kg 之内，附设拔杆起重量在 300kg 之内，搭设高度一般为 20～30m。六柱木井架的起重量在 800kg 之内，附设拔杆起重量在 300kg 之内，搭设高度一般为 15～20m。

木井架的立杆应埋入土中，埋入深度不小于 500mm，最底层的剪刀撑也必须落地。附设拔杆时，装拔杆的立杆必须绑双杆或采取其他措施。天轮梁支承处应用双横杆，加设八字撑杆，用双铅丝绑扎，顶部要铺设天轮加油用的脚手板，并绑扎牢固。整个井架的搭设要做到方正平直，导轨垂直度及间距尺寸的偏差，不得超过 10mm。

木井架垂直运输的材料用量见表 6-4。

表 6-4　　木井架用料量参考表

材料名称及规格	单位	用料量		备注
		八柱木井架	六柱木井架	
		搭设高度 20m	搭设高度 20m	
		井孔 4.2m×2.2m 横杆间距 1.3m	井孔 3.6m×2.0m 横杆间距 1.3m	
梢径 8cm，长 8m	根	24	18	表列指标不包括吊盘、天轮梁、导轨等附件用料
(杉木杆) 长 6.6m	根	24		
长 6.1m	根		24	
长 5.3m	根	8	8	
长 5m	根	32		
长 4.4m	根		32	
长 3m	根	36		
长 2.8m	根		36	
木材合计	m^3	6.69	5.54	
8 号铅丝	kg	48	39	

2. 型钢井架

型钢井架由立柱、平撑、斜撑等杆件组成，其结构如图 6-21 所示。它适用于高层民用建筑砌筑、装修和屋面防水材料的垂直运输。另外，还可在井架上附设拔杆。在房屋建筑中一般都采用单孔四柱角钢井架，井架用单根角钢由螺栓连接而成。一般轻型小井架多采用在工厂组焊成一定长度的节段，然后运至工地安装。型钢井架的技术参数及材料用量见表 6-5 和表 6-6。

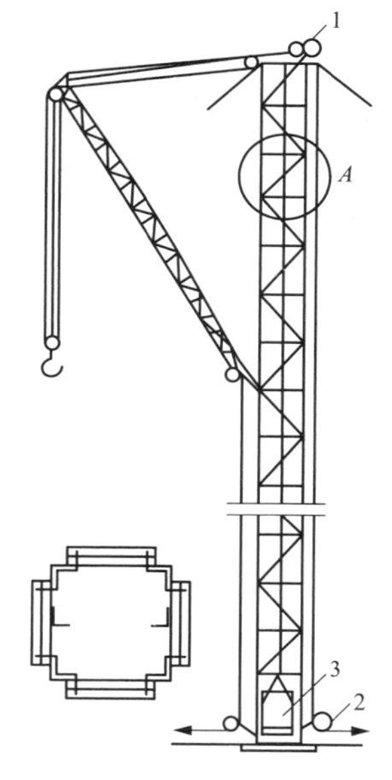

图 6-21 型钢井架构造
1—天轮；2—地轮；3—吊盘

3. 龙门架

龙门架是由两立柱及天轮梁（横梁）构成。立柱是由若干个格构柱用螺栓拼装而成，而格构柱是用角钢及钢管焊接而成或直接用厚壁钢管构成门架。

龙门架设有滑轮、导轨、吊盘、安全装置以及起重索、缆风绳等，其构造如图 6-22 所示。龙门架构造简单，制作容易，用材少，装拆方便，起重高度一起为 15～30m，根据立柱结构不同，其起重量为 5～12kN，适用于中小型工程。

表 6-5 **型钢井架的技术参数**

项目	普通型钢井架		自升式外吊盘小井架
	Ⅰ	Ⅱ	
构造说明	立柱∟75×8 平撑∟63×6 斜撑∟63×6 连接板 δ=8 螺栓 M16 节间尺寸 1500mm 底节尺寸 1800mm 导轨[5	立柱∟63×6 平撑∟50×5 斜撑∟50×5 连接板 δ=6 螺栓 M14 节间尺寸 1500mm 底节尺寸 1800mm 导轨∟50×5	立柱[5 平撑∟30×4 斜撑∟25×3 螺栓 M12 节间尺寸 900mm 利用立柱作导轨
井孔尺寸（m）	1.8×1.8　1.6×1.6 1.7×1.7　1.5×1.5	1.6×1.6 1.5×1.5	1.0×1.0
吊盘尺寸 宽×长（m×m）	1.46×1.6　1.26×1.4 1.36×1.5　1.16×1.3	1.5×1.5 1.4×1.4	1.0×1.6（1.8）
起重量	1000～1500kg	800～1000kg	500～800kg
附设拔杆： 长度 回转半径 起重量	 7～10m 3.5～5m 800～1000kg	 5～6m 2.5～3m 500kg	附设拔杆为安装井架使用，起重量 150kg

续表

项目	普通型钢井架		自升式外吊盘小井架
	Ⅰ	Ⅱ	
附设拔杆： 长度 回转半径 起重量	7～10m 3.5～5m 800～1000kg	5～6m 2.5～3m 500kg	附设拔杆为安装井架使用，起重量150kg
搭设高度	常用40m	常用30m	18m
缆风设置	高度15m以下时设一道，15m以上时，每增高10m增设一道，缆风绳宜用9mm的钢丝绳，与地面夹角45°		附着于建筑物不可设缆风绳
搭设安装要点	单根杆件，螺栓连接，要求尺寸准确，结合牢固		
适用范围	（1）适用于高层民用建筑砌筑和装修材料的垂直运输 （2）除去拔杆可以装上1～2个外吊盘同时运行		

表 6-6　　型钢井架材料用量参考表

材料名称规格	单位	普通型钢井架		自升式外吊盘小井架
		Ⅰ	Ⅱ	
		搭设高度：20m	搭设高度：20m	搭设高度：18m
		井孔1.8m×1.8m 节间尺寸1.5m （底节1.8m）	井孔1.5m×1.5m 节间尺寸1.5m （底节1.8m）	井孔1.0m×1.0m 标准节2.7m 底部节4.5m
∟75×8	kg	751		
角63×6	kg	1198	476	
∟50×5	kg		692	
∟30×4	kg			167
钢∟25×3	kg			128
槽钢[5	kg			435
钢板 $\delta=8$	kg	231		
$\delta=6$	kg		173	
钢材合计	kg			730
M16螺栓	个	2180	1341	
M14螺栓	个	512	512	
M12螺栓	个			44

4. 扣件式钢管井架

扣件式钢管井架的主要杆件有底座、立杆、大横杆、小横杆、剪刀撑等。钢管井架的基本构造见图6-23，主要技术参数及材料用量见表6-7和表6-8。

井架高度在 10～15m，要在顶部拉缆风绳一道，超过此高度应随高而增设。缆风绳下端固定在专用地锚上，并用花篮螺栓调节松紧。严禁将缆风绳随意捆 9.5mm、电杆等处。缆风绳可用直径 6～8mm 的钢筋或直径不小于 9.5mm 的钢丝绳。缆风绳与输电线的安全距离应符合以下规定：电压＜1kV 时，安全距离＞1.5m；电压为 1～35kV 时，安全距离＞3m；电压为 35～110kV 时，安全距离＞5m。

井架应高出房屋 3～6m，以利于吊盘升出屋面处供料。井架如高出四周的避雷设施，必须安装避雷针设备。避雷针应高出井架最高点 3m，接地电阻不得大于 4Ω。

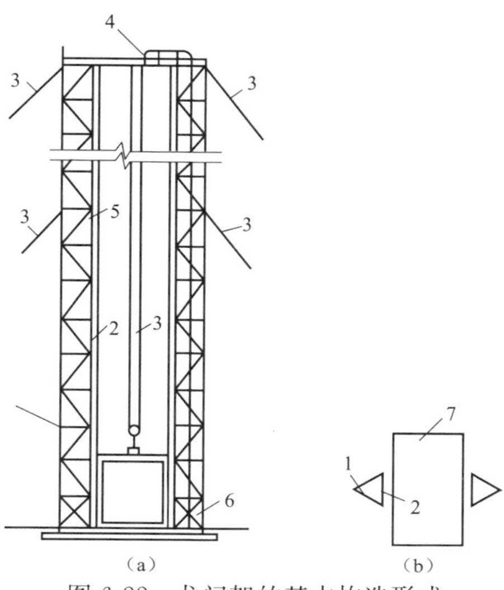

图 6-22 龙门架的基本构造形式

(a) 立面；(b) 平面

1—立杆；2—导轨；3—缆风绳；4—天轮；5—吊盘停车安全装置；6—地轮；7—吊盘

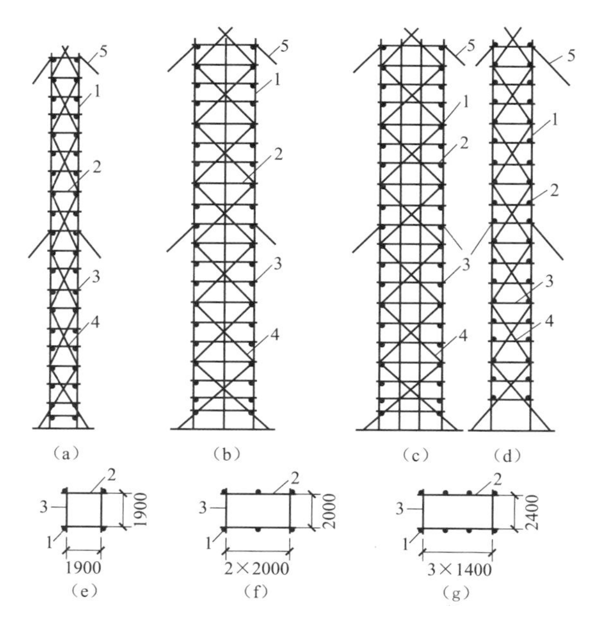

图 6-23 扣件式钢管井架构造

(a) 侧面；(b) 侧面；(c) 侧面；(d) 进料口面；

(e) 四柱井架；(f) 六柱井架；(g) 八柱井架

1—立杆；2—大横杆；3—小横杆；4—剪刀撑；5—缆风绳

表 6-7　　扣件式钢管井架技术参数

项目	八柱井架	六柱井架	四柱井架	搭设要点
平面示意图	2400　3×1400　进料口	2000　2×2000　进料口	1900　1900　进料口	
构造说明	横杆间距 1.2～1.4m 四面均设剪刀撑，每3～4 步设一道，上下连续设置 天轮梁支承处设八字撑杆	同八柱井架	天轮梁对角设置或在支承处设八字撑杆 其余同八柱井架	(1) 杆件要做到方正平直，立杆垂直度偏差不得超过总高度的$\frac{1}{400}$； (2) 剪刀撑和斜撑应用整根钢管，不宜用短管，最底层的剪刀撑应落地； (3) 进料口和出料口的净空高度应不小于1.7m，出料口处的小横杆可拆下移到与出料口平台的横杆一致； (4) 导轨垂直度及间距尺寸的偏差，不得大于±10mm
井孔尺寸	4.2m×2.4m	4m×2m	1.9m×1.9m	
吊盘尺寸	3.8m×1.7m	3.6m×1.3m	1.5m×1.2m	
起重量	1000kg	1000kg	500kg	
附设拔杆起重量	≤300kg	≤300kg	≤300kg	
搭设高度	常用 20～30m	常用 20～25m	常用 20～30m	
缆风设置	高度在 15m 以下时设一道，15m 以上每增高 10m 增设一道。缆风绳最好用 7～9mm 的钢丝绳（或 ϕ8 钢筋代用），与地面成 45°夹角			
适用范围	民用及工业建筑施工中预制构件及砌筑、装修材料的垂直运输			

表 6-8　　扣件式钢管井架材料用量参考表

材料名称规格	单位	八柱井架	六柱井架	四柱井架	备注
		搭设高度：20m	搭设高度：20m	搭设高度：20m	
		井孔 4.2m×2.4m 横杆间距 1.3m	井孔 4m×2m 横杆间距 1.3m	井孔 1.9m×1.9m 横杆间距 1.3m	
钢管（ϕ48×3.5）	m	620	560	340	表列指标中不包括吊盘、天轮梁、导轨等附件用料
	kg	2381	2150	1306	
扣件	个	396	316	220	
其中：					
直角扣件	个	224	192	160	
回转扣件	个	140	100	44	
对接扣件	个	24	18	12	
底座	个	8	6	4	
扣件重量	kg	585	431	294	
钢材重量	kg	2966	2581	1600	

二、垂直运输设备

1. 建筑施工电梯

建筑施工电梯也叫施工升降机，是高层建筑施工中主要的垂直运输设备。使用时电梯附着在外墙或其他结构部位上，架设高度可达 100m 以上。它由轿厢、驱动机构、标准节、附墙、底盘、围栏、电气系统等几部分组成，施工电梯在工地上通常是配合塔吊使用，运行速度为 1～60m/min。电梯一般为人货两用梯，可载 12～15 人，载货 1～3t。目前我国生产的施工电梯在性能上得到了很大的改善，正在走向国际化轨道。建筑施工电梯如图 6-24 所示。

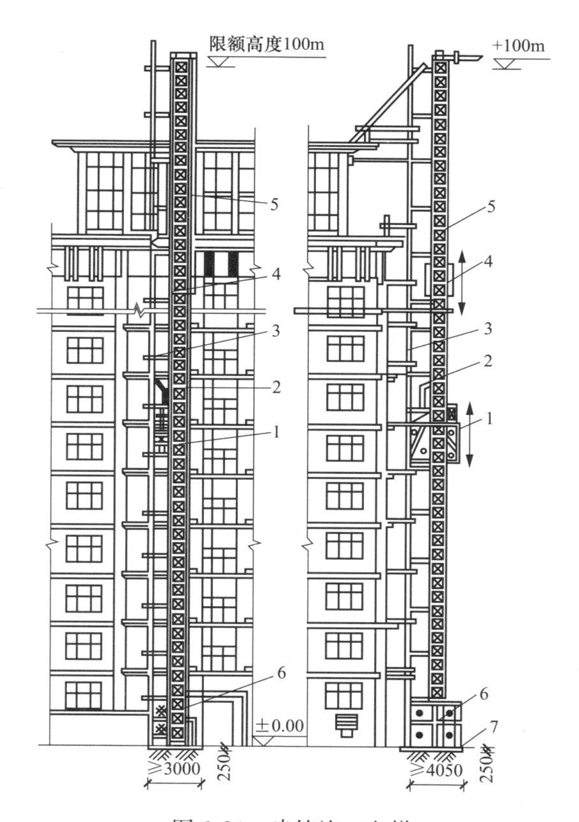

图 6-24 建筑施工电梯

1—吊笼；2—小吊杆；3—架设安装杆；4—平衡箱；5—导轨架；6—底笼；7—混凝土基础

2. 起重设备

(1) 桅杆式起重机。桅杆式起重机具有制作简单、拆装方便、起重量大和受地形限制小等特点。但灵活性较差，移动非常不方便，所以需要较多的缆风绳，故一般适用于安装工程量比较集中的工程。

常用的桅杆起重机有独脚把杆、人字把杆、悬臂把杆和牵缆式桅杆起重机。

1）独脚把杆。独脚把杆由把杆、起重滑轮组、卷扬机、缆风绳和锚碇等组成，如图 6-25（a）所示。使用时，把杆应保持不大于 10°的倾角，以便吊装构件时不致撞击把杆。把杆底部要设置拖子以便移动把杆的稳定主要依靠缆风绳，绳的一端固定在桅杆顶端，另一端固定在锚碇上，缆风绳一般设 4～8 根。根据制作材料的不同类型有：

① 木独脚把杆，常用独根圆木做成，圆木梢径 20～32cm，起重高度一般为 8～15m，起重量为 30～100kN。

② 钢管独脚把杆，常用钢管直径 200～400mm，壁厚 8～12mm，起重高度可达 30m，起重量可达 450kN。

③ 金属格构式独脚把杆，起重高度可达 75m，起重量 1000kN 以上。格构式独脚把杆一般用四个角钢作主肢，并由横向和斜向缀条联系而成。截面多呈正方形，常用截面为 450mm×450mm～1200mm×1200mm 不等，整个把杆由多段拼成。

2）人字把杆。人字把杆是由两根圆木或两根钢管以钢丝绳绑扎或铁件铰接而成，如图 6-25（b）所示。两杆在顶部相交成 20°～30°，底部设有拉杆或拉绳，以平衡把杆本身的水平推力。其中一根把杆的底部装有导向滑轮组，起重索通过它连到卷扬机，另用一钢丝绳连接到锚碇，以保证在起重时底部稳固。人字把杆是前倾的，但倾斜度不宜超过 1/10，并在前、后面各用两根缆风绳拉结。

人字把杆的优点是侧向稳定性较好，缆风绳较少；缺点是起吊构件的活动范围小，故一般仅用于安装重型柱或其他重型构件。

3）悬臂把杆。在独脚把杆的中部或 2/3 高度处装上一根起重臂，即成悬臂把杆。起重杆可以回转和起伏变幅，如图 6-25（c）所示。

悬臂把杆的特点是能够获得较大的起重高度，起重杆能左右摆动 120°～270°，宜用吊装高度较大的构件。

4）牵缆式桅杆起重机。在独脚把杆的下端装上一根可以 360°回转和起伏的起重杆而成，如图 6-25（d）所示。它具有较大的起重半径，能把构件吊送到有效起重半径内的任何位置。格构式截面的桅杆起重机，起重量可达 600kN，起重高度可达 80m，其缺点是缆风绳较多。

（2）塔式起重机。塔式起重机简称塔吊。动臂装在高耸塔身上部的旋转起重机。作业空间大，主要用于房屋建筑施工中物料的垂直和水平输送及建筑构件的安装。由金属结构、工作机构和电气系统三部分组成。金属结构包括塔身、动臂和底座等。工作机构有起升、变幅、回转和行走四部分。电气系统包括电动机、控制器、配电柜、连接线路、信号及照明装置等。

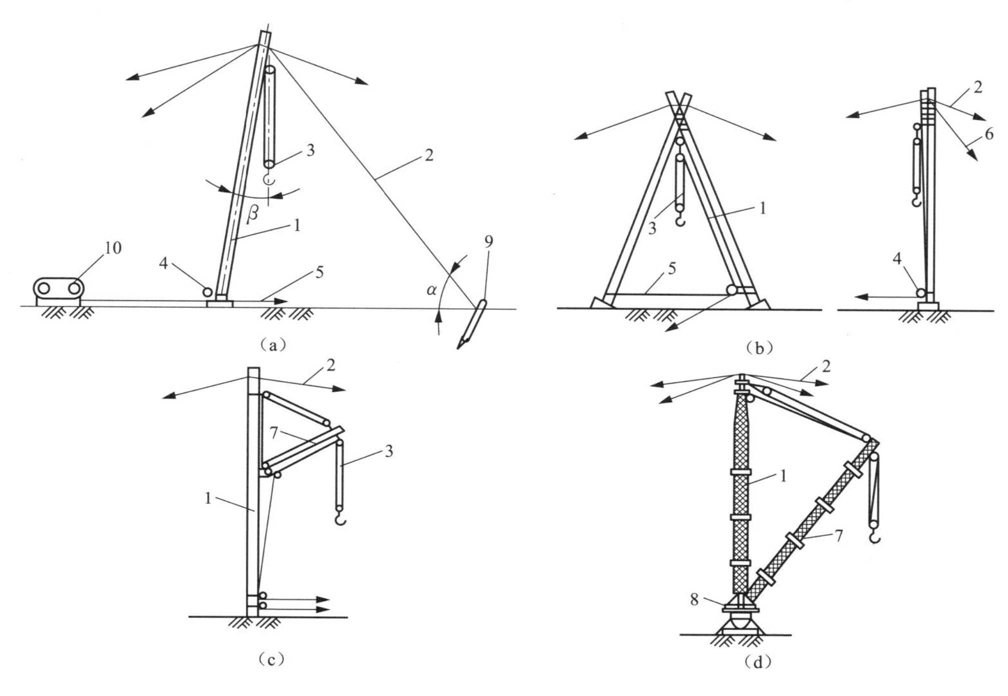

图 6-25 桅杆式起重机

(a) 独脚把杆；(b) 人字把杆；(c) 悬臂把杆；(d) 牵缆式桅杆起重机

1—把杆；2—缆风绳；3—起重滑轮组；4—导向装置；5—拉索；6—主缆风绳；7—起重臂；8—回转盘；9—锚碇；10—卷扬机

塔式起重机型号分类及表示方法如下：代号 QT 表示上回转式塔式起重机；QTZ 表示上回转自升式塔式起重机；QTA 表示下回转式塔式起重机；QTK 表示快速安装式塔式起重机；QTG 表示固定式塔式起重机；QTP 表示内爬式塔式起重机；QTL 表示轮胎式塔式起重机；QTQ 表示汽车式塔式起重机；QTU 表示履带式塔式起重机。

1）一般式塔式起重机。一般式塔吊常用型号有 QT_1-6 型、QT25、QT60、QT70、TQ-6、QT-60/80 型等适用于工业与民用建筑的吊装及材料仓库装卸工作。QT_1-6 型塔式起重机如图 6-26 所示。

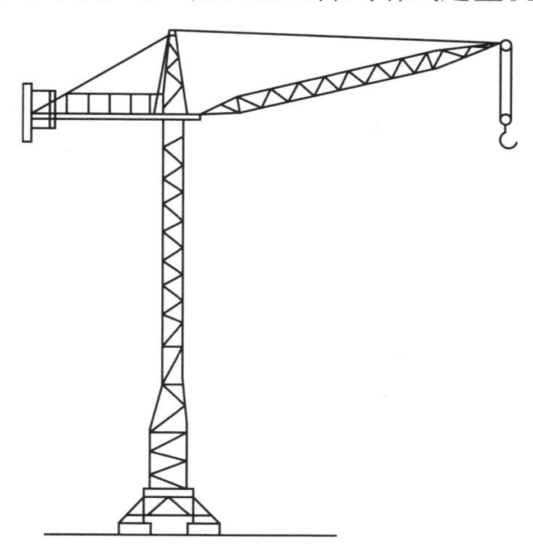

图 6-26 QT_1-6 型塔式起重机

2）自升式塔式起重机。自升式塔式起重机常用型号有 QT_4-10、QTZ50、QTZ60、QTZ80A、QTZ100、QTZ120 等。QT_4-10 型多功能自升塔式起重机是一种上旋转、小车变幅自升式塔式起重机，如图 6-27 所示。

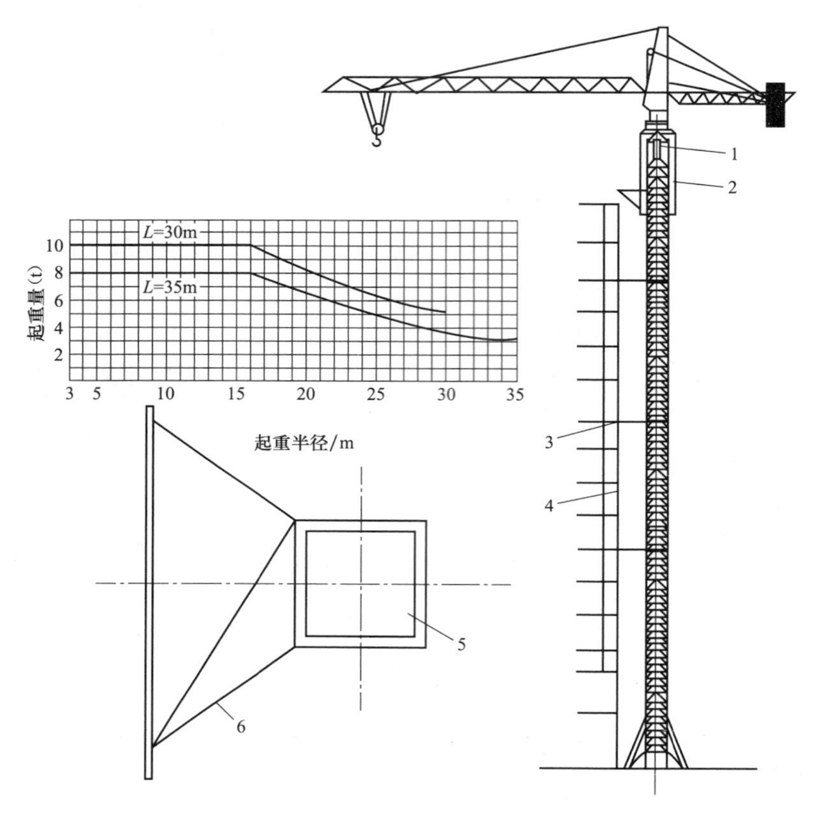

图 6-27　QT_4-10 型塔式起重机

1—液压千斤顶；2—顶升套架；3—锚固装置；4—建筑物；5—塔身；6—附着杆

自升塔式起重机的液压顶升系统主要有顶升套架、长行程液压千斤顶、支承座、顶升横梁、引渡小车、引渡轨道及定位稍等。液压千斤顶的缸体装在塔吊上部结构的底端支承座上，活塞杆通过顶升横梁支承在塔身顶部，其顶升过程如图 6-28 所示。自升塔式起重机的主要技术性能见表 6-9。

附着式塔吊随施工进程向上顶升接高到限定的自由高度后，便需通过锚固装置与建筑物拉结，其功能是使塔吊上部传来的不平衡力矩、水平力及扭矩通过锚固装置传递给建筑结构；减小塔身的长细比，改善塔身结构的受力情况。

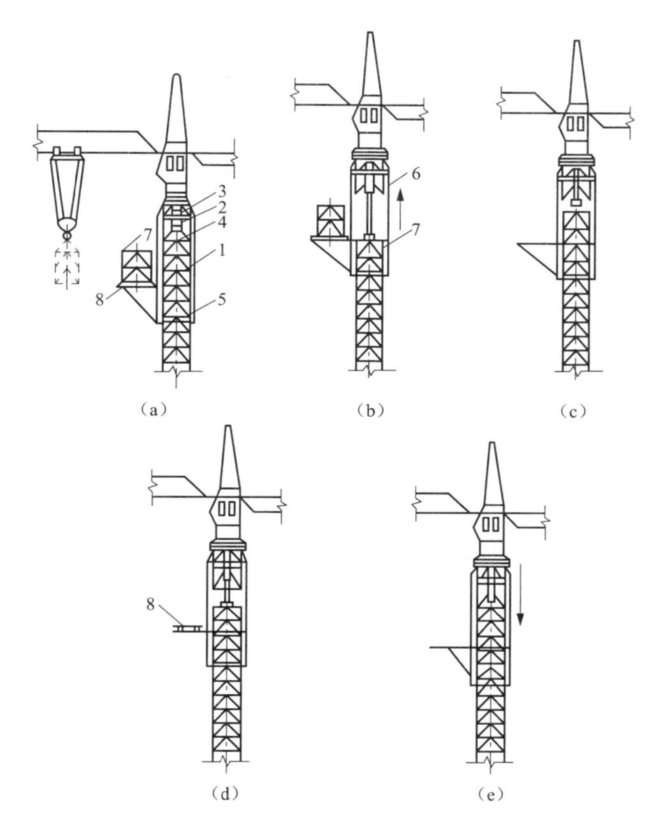

图 6-28　附着式自升塔式起重机的顶升过程

(a) 准备状态；(b) 顶升塔顶；(c) 推入塔身标准节；

(d) 安装塔身标准节；(e) 塔身与塔顶连成整体

1—顶升套架；2—液压千斤顶；3—支承座，4—顶升横梁；5—定位梢；

6—过渡节；7—标准节；8—摆渡小车

表 6-9　　QT_4-10 型附着式自升塔式起重机的主要技术性能

项目		单位	数据					
起重臂长		m	30			35		
起重半径		m	3～16	20	30	3～16	25	35
起重量		t	10.0	8.0	5.0	8.0	5.0	3.0
起升速度	4 索	m/min	22.5					
	2 索	m/min	45					
小车变幅速度		m/min	18					
回转速度		r/min	0.47					
顶升速度		m/min	0.52					
轨距		m	6.5					
起重机行走速度		m/min	10.36					

3）爬升式塔式起重机。爬升式塔式起重机通常装在建筑物的电梯井或特设的开间内，依靠爬升机构，随着建筑物的建高而升高。塔身自身高度只有20m左右，起升高度随建筑物高度而定，实际上是以建筑物的井筒高度充当了塔身。爬升式起重机的工作机构和金属结构与一般塔式起重机没有很大区别，只是增加了爬升机构。爬升式塔吊的爬升结构如图6-29所示。

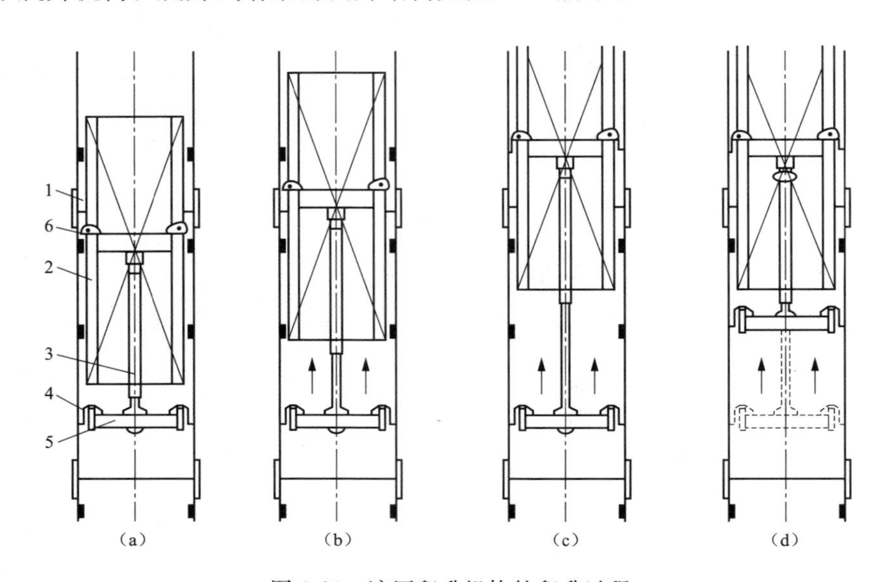

图6-29　液压爬升机构的爬升过程

(a) 下支腿支承在踏步上、顶升塔身；(b) 下支腿支承在踏步上、顶升塔身；

(c) 上支腿支承在踏步上，缩回活塞杆，将活塞杆动横梁提起；

(d) 上支腿支承在踏步上，缩回活塞杆，将活塞杆动横梁提起

1—爬梯；2—塔身；3—液压缸；4，6——支腿；5—活动横梁

3. 安全保障措施

安全保障是使用垂直运输设施中的首要问题，必须按以下方面严格做好：

（1）首次试制加工的垂直运输设备，需经过严格的荷载和安全装置性能试验，确保达到设计要求（包括安全要求）后才能投入使用。

（2）设备应装设在可靠的基础和轨道上。基础应具有足够的承载力和稳定性，并设有良好的排水措施。

（3）设备在使用中以前必须进行全面的检查和维修保养，确保设备完好。未经检修保养的设备不能使用。

（4）严格遵照设备的安装程序和规定进行设备的安装（搭设）和接高工作。初次使用的设备，工程条件不能完全符合安装要求的，以及在较为复杂和困难的条件下，应制订详细的安装措施，并按规定进行安装。

（5）起重机工作时，重物下方不得有人停留或通过，以防重物掉下砸伤人员。

（6）确保架设过程中的安全，注意事项为：①高空作业人员必须佩戴安全带；②按规定及时设置临时支撑、缆绳或附墙拉结装置；③在统一指挥下进行作业；④在安装区域内停止进行有碍确保架设的安全其他作业。

（7）起重机不得靠近架空输电线路作业，如果限于现场条件，必须在线路近旁作业时，应采取安全保护措施。

（8）设备安装完毕后，应全面检查安装（搭设）的质量是否符合要求，并及时解决存在的问题。随后进行空载和负载试运行，判断试运行情况是否正常，吊索、吊具、吊盘、安全保险以及刹车装置是否安全可靠。

（9）垂直运输设施的出料口与建筑结构的进料口之间，根据其距离的大小设置铺板或栈桥通道，通道两侧设护栏。建筑物入料口设栏杆门。小车通过之后应及时关上。

（10）位于机外的卷扬机应设置安全作业棚。操作人员的视线不得受到遮挡。当作业层较高时，观测和对话困难，应采取可靠的解决方法，如增加卷扬定位装置、对讲设备或多级联络办法等。

（11）每班作业前，应对钢丝绳所有可见部分以及钢丝绳的连接部位进行检查。钢丝绳表面磨损或腐蚀使原钢丝绳的平均直径减少7%时或在规定长度范围内断丝根数达到一般规定时应予更换。

（12）使用完毕，按规定程序和要求进行拆除工作。

第七章

砌 体 工 程

第一节 砌体结构特性

一、砌体结构材料强度等级和应用范围

1. 砌体结构材料

构成砌体结构的材料主要包括块材、砂浆，必要时尚需要混凝土和钢筋。混凝土一般采用C20强度等级，钢筋一般采用HPB300、HRB335和HRB400强度等级或冷拔低碳钢丝。

（1）块材。砌体结构块材包括天然的石材和人工制造的砖及砌块。目前常用的有烧结普通砖、烧结多孔砖、蒸压灰砂砖、蒸压粉煤灰砖、普通混凝土小型空心砌块、轻骨料混凝土小型空心砌块、毛石和料石等。

（2）砂浆。砌体结构常用的砂浆种类按配合比有：水泥砂浆（水泥和砂）、混合砂浆（水泥、石灰和砂）、石灰砂浆（石灰和砂）、石膏砂浆等。无塑性掺合料的纯水泥砂浆硬化快，一般多用于含水量较大的地下砌体中；混合砂浆强度较好，常用于地上砌体砌筑；石灰砂浆，强度小当属气硬性，一般只用于地上砌体；石膏砂浆硬化快，一般用于不受潮湿的地上砌体中。

2. 砌体材料的强度等级

砌体材料的主要强度等级按各类块体和砂浆分类，块体的强度等级用符号MU、砂浆的强度等级用符号M表示。主要强度指标如下：

（1）烧结普通砖、烧结多孔砖的强度等级为：MU30、MU25、MU20、MU15和MU10。

（2）蒸压灰砂砖、蒸压粉煤灰砖的强度等级为：MU25、MU20、MU15和MU10。

（3）砌块的强度等级为：MU20、MU15、MU10、MU7.5和MU5。

石材的强度等级：MU100、MU80、MU60、MU50、MU40、MU30和MU20。

（4）砂浆的强度等级：M15、M10、M7.5、M5和M2.5。

规范规定对烧结普通砖和烧结多孔砖砌体砂浆强度的最低等级为M2.5，对蒸压灰砂砖、蒸压粉煤灰砖砌体砂浆强度的最低等级为M5。

确定蒸压粉煤灰砖块体和掺有粉煤灰15%以上的混凝土砌块强度等级时，块体抗压强度应乘以自然碳化系数，当无自然碳化系数时，应取人工碳化系数的1.15倍。

专用砌筑砂浆强度等级用“Mb”表示，砌块灌孔混凝土的强度等级用“Cb”表示。

3. 砌体材料的应用范围

（1）民用建筑物中的墙体、柱、基础、过梁、地沟等。

（2）中小型工业建筑物中的墙体、柱、基础，工业构筑物中的烟囱、水池、水塔、中小型储仓等。

（3）交通工程中的拱桥、隧道、涵洞、挡土墙等。

（4）水利工程中的石坝、渡槽、围堰等。

二、影响砌体结构强度的主要因素

1. 块材和砂浆的强度

块材和砂浆的强度是决定砌体抗压强度的最主要因素。试验表明，以砖砌体为例，砖强度等级提高一倍时，可使砌体抗压强度提高50%左右；砂浆强度等级提高一倍，砌体抗压强度约可提高20%，但水泥用量要增加50%左右。

2. 块体形状和灰缝厚度

块体的外形对砌体强度也有明显的影响，块体的外形比较规则、平整，则砌体强度相对较高。如细料石砌体的抗压强度比毛料石砌体抗压强度可提高50%左右；灰砂砖具有比塑压黏土砖更为整齐的外形，砖的强度等级相同时，灰砂砖砌体的强度要高于塑压黏土砖砌体的强度。

3. 砂浆的性能

砂浆的变形性能和砂浆的流动性、保水性对砌体抗压强度也有影响。砂浆强度等级越低，变形越大，砌体强度也越低。砂浆的流动性（即和易性）和保水性好，易使之铺砌成厚度和密实性都较均匀的水平灰缝，从而提高砌体强度。但是，如果流动性过大（采用过多塑化剂），砂浆在硬化后的变形率也越大，反而会降低砌体的强度。所以性能较好的砂浆应是具有良好的流动性和较高密实性。

4. 砌筑质量

砌筑质量是指砌体的砌筑方式、灰缝砂浆的饱满度、砂浆层的铺砌厚度及均匀程度等，其中砂浆水平灰缝的饱满度对砌体抗压强度的影响较大。砌体施工质量控制等级分为三级，见表7-1。

表 7-1 砌体施工质量控制等级

项目	施工质量控制等级		
	A	B	C
现场质量管理	监督检查制度健全，并严格执行；施工方有在岗专业技术管理人员，人员齐全，并持证上岗	监督检查制度基本健全，并能执行；施工方有在岗专业技术管理人员，并持证上岗	有监督检查制度；施工方有在岗专业技术管理人员
砂浆、混凝土强度	试块按规定制作，强度满足验收规定，离散性小	试块按规定制作，强度满足验收规定，离散性较小	试块按规定制作，强度满足验收规定，离散性大
砂浆拌和	机械拌和；配合比计量控制严格	机械拌和；配合比计量控制一般	机械或人工拌和；配合比计量控制较差
砌筑工人	中级工以上，其中，高级工不少于 30%	高、中级工不少于 70%	初级工以上

第二节 砌 筑 砂 浆

一、原材料要求

1. 水泥

水泥宜采用普通硅酸盐水泥或矿渣硅酸水泥，并应按品种、强度等级、出厂日期分别堆放，并保持干燥。如遇水泥强度等级不明或出厂日期超过 3 个月等情况时，应经过试验鉴定，并根据鉴定结果使用、不同品种的水泥，不得混合使用。

2. 砂

砂浆用砂宜采用中砂，并应过筛，不得含有草根等杂物。其中毛石砌体宜用粗砂。

水泥砂浆和强度等级等于或大于 M5 的水泥混合砂浆，砂的含泥量不应超过 5%；强度等级小于 M5 的水泥混合砂浆，砂的含泥量不应超过 10%；采用细砂的地区，应经试配能满足砌筑砂浆技术要求条件，砂的含泥量可经试验后酌情放大。

3. 石灰膏

生石灰熟化成石灰膏时，应用网过滤，并使其充分熟化，熟化时间不得少于 7 天，生石灰粉熟化时，熟化时间不得少于 1 天。沉淀池中贮存的石灰膏，应防止干燥、冻结和污染。严禁使用脱水硬化的石灰膏。建筑生石灰粉、消石灰粉不得替代石灰膏配制水泥石灰砂浆。

石灰膏的用量，应按稠度 120mm±5mm 计量，现场施工中石灰膏不同稠度的换算系数，可按表 7-2 确定。

表 7-2 石灰膏不同稠度的换算系数

稠度（mm）	120	110	100	90	80	70	60	50	40	30
换算系数	1.00	0.99	0.97	0.95	0.93	0.92	0.90	0.88	0.87	0.86

4. 黏土膏

采用黏土或粉质黏土制备黏土膏时，宜用搅拌机加水搅拌，通过孔径不大于 3mm×3mm 的网过筛。用比色法鉴定黏土中的有机物含量时应浅于标准色。

5. 粉煤灰

粉煤灰在进场使用前，应检查出厂合格证。粉煤灰是从煤粉炉烟道中收集的粉末，作为砂浆掺合料的粉煤灰成品应满足表 7-3 中Ⅲ级的要求。

表 7-3 粉煤灰技术指标

序号	指标	级别		
		Ⅰ	Ⅱ	Ⅲ
1	细度（0.045mm 方孔筛筛余）（%），不大于	12	20	45
2	需水量比（%），不大于	95	105	115
3	烧失量（%），不大于	5	8	15
4	含水量（%），不大于	1	1	不规定
5	三氧化硫（%），不大于	3	3	3

6. 有机塑化剂

砂浆中掺入的有机塑化剂，应符合相应的产品标准和说明书的要求。当对其质量不能确定时，应通过试验鉴定后，方可使用。水泥石灰砂浆中掺入有机塑化剂时，石灰用量最多减少一半；水泥砂浆中掺入有机塑化剂时，砌体抗压强度较水泥混合砂浆砌体降低 10%。水泥黏土砂浆中，不得掺入有机塑化剂。

7. 磨细生石灰粉

磨细生石灰粉的品质指标应符合表 7-4 的规定。

表 7-4 生石灰粉品质指标

序号	指标		钙质生石灰粉			镁质生石灰粉		
			优等品	一等品	合格品	优等品	一等品	合格品
1	CaO+MgO 含量（%），不大于		85	80	75	80	75	70
2	CO_2 含量（%），不大于		7	9	11	8	10	12
3	细度	0.9.mm 筛筛余（%），不大于	0.5	0.5	1.5	0.2	0.5	1.5
		0.125mm 筛筛余（%），不大于	12.0	12.0	18.0	7.0	12.0	18.0

8. 水

砂浆应采用不含有害物质的洁净水，其水质标准可参照《混凝土用水标准》（JGJ 63）的规定执行。

9. 外加剂

外加剂须根据砂浆的性能要求、施工及气候条件，结合砂浆中的材料及配合比等因素，经试验后确定外加剂的品种和用量。

二、砌筑砂浆配合比的计算

砂浆的配合比应采用重量比，并应最后由试验确定。如砂浆的组成材料（胶凝材料、掺和料、骨料）有变更，其配合比应重新确定。

1. 计算砂浆的配制强度

试配砂浆时，应按设计强度等级提高 15%，以保证砂浆强度的平均值不低于设计强度等级。

$$f_p = 1.15 f_m$$

式中 f_p——砂浆试配强度，精确至 0.1MPa；

f_m——砂浆强度等级，精确至 0.1MPa。

2. 计算水泥用量

根据砂浆试配强度厂，和水泥强度等级计算每立方米砂浆的水泥用量，按下式计算：

$$Q_{co} = \frac{f_p}{\alpha f_{co}} \times 1000$$

式中 Q_{co}——每平方米砂浆中的水泥用量，kg；

α——经验系数，其值见表 7-5；

f_{co}——水泥强度等级，MPa，为水泥强度等级的 1/10。

表 7-5 经验系数 α 值

水泥强度等级	砂浆强度等级				
	M10	M7.5	M5	M2.5	M1
525	0.885	0.815	0.725	0.548	0.412
425	0.931	0.855	0.758	0.608	0.427
325	0.999	0.915	0.806	0.643	0.450
275	1.048	0.957	0.839	0.667	0.466
225	1.113	1.012	0.884	0.698	0.486

3. 计算石灰膏用量

根据计算得出的水泥用量计算每立方米砂浆中的石灰膏用量为：

$$Q_{po} = 350 - Q_{co}$$

式中 Q_{po}——每立方米砂浆中石灰膏用量，kg；

350——经验系数，在保证砂浆和易性的条件下，其范围在250～350之间。所用石灰膏在试配时的稠度应为12cm。

4. 计算掺加料用量

砂浆的掺加料用量按下式计算：

$$Q_D = Q_A - Q_C$$

式中 Q_D——每立方米砂浆的掺合料用量，kg；石灰膏、黏土膏使用时的稠度为120mm±5mm；

Q_A——每立方米砂浆中水泥和掺加料的总量（kg）；宜在300～350kg之间；

Q_C——每立方米砂浆的水泥用量。

5. 确定砂用量

含水率为0的过筛净砂，每立方米砂浆用0.9m³砂子，含水量为2%的中砂，每立方米砂浆中的用砂量为1m³。含水率大于2%的砂，应酌情增加用砂量。

6. 确定水用量

通过试拌，以满足砂浆的强度和流动性要求来确定用水量。

通过以上计算所得到的配合比需经过试配进行必要的调整，得到符合要求的砂浆。这时所得到的配合比才能作为施工配合比。

7. 水泥砂浆的材料用量可按表7-6的数据选用。

表7-6　　每立方米水泥砂浆材料用量

砂浆强度等级	每立方米砂浆水泥用量（kg）	每立方米砂浆砂用量（kg）	每立方米砂浆用水量（kg）
M2.5、M5	200～230	1m³砂的堆积密度值	270～330
M7.5、M10	220～280		
M15	280～340		
M20	340～400		

三、砂浆的配置与使用

1. 砂浆的制备

（1）砂浆的制备必须按试验室给出的砂浆配合比进行，严格计量措施，其各组成材料的重量误差应控制在以下范围之内。

1）水泥、有机塑化剂、冬期施工中掺用的氯盐等不超过±2%。

2）砂、石灰膏、粉煤灰、生石灰粉等不超过±5%。其中，石灰膏使用时的用量，应按试配时的稠度与使用的稠度予以调整，即用计算所得的石灰用量乘以换算系数，该系数见表7-2。同时还应对砂的含水率进行测定，并考虑其对砂浆组成材料的影响。

（2）砌筑砂浆应采用机械搅拌，搅拌时间自投料完算起应符合下列规定。

1）水泥砂浆和水泥混合砂浆不得少于120s。

2）水泥粉煤灰砂浆和掺用外加剂的砂浆不得少于180s。

3）掺增塑剂的砂浆，其搅拌方式、搅拌时间应符合《砌筑砂浆增塑剂》（JG/T 164）的有关规定。

4）干混砂浆及加气混凝土砌块专用砂浆宜按掺用外加剂的砂浆确定搅拌时间或按产品说明书采用。

（3）搅拌砂浆时，应先加入水泥和砂，干拌均匀，再加入石灰膏和水，搅拌均匀即成。

若砂浆中掺入粉煤灰，则应先加入水泥、砂和粉煤灰以及部分水，干拌均匀，再加入石灰膏和水，搅拌均匀即成。

（4）砂浆制备完成后应符合下列要求。

1）设计要求的种类和强度等级。

2）施工验收规范规定的稠度，见表7-7。

3）良好的保水性能。

表7-7　砌筑砂浆的稠度

项次	砌体种类	砂浆稠度（mm）
1	烧结普通砖砌体	70～90
2	轻骨料混凝土小型砌块砌体	60～90
3	烧结多孔砖、空心砖砌体	60～80
4	烧结普通砖平拱式过梁 空斗墙、筒拱 普通混凝土小型空心砌块砌体 加气混凝土砌块砌体	50～70
5	石砌体	30～50

2. 砂浆的使用

砂浆拌成后和使用时，均应盛入贮灰器内。如砂浆出现泌水现象，应在砌筑前再次拌和。

砂浆应随拌随用。水泥砂浆和水泥混合砂浆必须分别在拌成后3h和4h内使用完毕；如施工期间最高气温超过30℃，必须分别在拌成后2h和3h内使用完毕。

3. 砂浆强度检验

砌筑砂浆试块强度验收时，其强度合格标准必须符合下列规定：

（1）砂浆强度应以标准养护龄期为28d的试块抗压试验结果为准。

（2）抽检数量：每一检验批且不超过250m^{3}砌体中的各种类型及强度等级的砌筑砂浆，每台搅拌机应至少抽查一次。砌筑砂浆试块强度验收时其强度合格标准应符合下列规定：

1）同一验收批砂浆试块强度平均值应大于或等于设计强度等级值的1.10倍。

2）同一验收批砂浆试块抗压强度的最小一组平均值应大于或等于设计强度等级值的85%。

注：1. 砌筑砂浆的验收批，同一类型、强度等级的砂浆试块不应少于3组；同一验收批砂浆只有1组或2组试块时，每组试块抗压强度平均值应大于或等于设计强度等级值的1.10倍；对于建筑结构的安全等级一级或设计使用年限为50年及以上的房屋，同一验收批砂浆试块的数量不得少于3组。

2. 砂浆强度应以标准养护，28d龄期的试块抗压强度为准。

3. 制作砂浆试块的砂浆稠度应与配合比设计一致。

检验方法：在砂浆搅拌机出料口或在湿拌砂浆的储存容器出料口随机取样制作砂浆试块，试块标养28d后作强度试验。预拌砂浆中的湿拌砂浆稠度应在进场时取样检验。

4. 砂浆的运输

砂浆应随拌随用。水泥砂浆和水泥混合砂浆必须分别在拌成后3h和4h内使用完毕；对掺用缓凝剂的砂浆，其使用时间可根据具体情况延长。所以对砂浆运输机械的选择，必须能保证运输时间上满足上述条件。

常用的垂直运输机械有塔式起重机、井架、龙门架和施工电梯等。

常用的水平运输机械除塔式起重机外，还有双轮手推车、机动翻斗车等。

第三节 砌砖工程

一、砌筑用砖的种类

砖的品种主要有烧结普通砖、蒸压灰砂砖、粉煤灰砖和烧结多孔砖。

1. 烧结普通砖

烧结普通砖按原料分为黏土砖、页岩砖、粉煤灰砖。其规格一般为240mm×115mm×53mm（长×宽×厚）。烧结普通砖的尺寸允许偏差见表7-8，外观质量应符合表7-9的规定，强度应符合表7-10的规定。

表7-8 烧结普通砖尺寸允许偏差

公称尺寸	优等品		一等品		合格品	
	样本平均偏差	样本极差≤	样本平均偏差	样本极差≤	样本平均偏差	样本极差≤
240	±2.0	6	±2.5	7	±3.0	8
115	±1.5	5	±2.0	5	±2.5	7
53	±1.5	4	±1.6	5	±2.0	6

表 7-9　烧结普通砖外观质量

项目		优等品	一等品	合格品
两条面高度差 ≤		2	3	4
弯曲 ≤		2	3	4
杂质凸出高度 ≤		2	3	4
缺棱掉角的三个破坏尺寸 不得同时大于		5	20	30
裂纹长度≤	a. 在面上宽度方向及其延伸条面的长度	30	60	80
	b. 大面上长度方向及其延伸至顶面的长度或条顶面上水平裂纹长度	50	80	100
完整面 不得少于		二条面和二顶面	一条面和一顶面	—
颜色		基本一致	—	—

注：装饰面施加的色差、凹凸纹、拉毛、压花等不能算做缺陷。凡有下列缺陷之一者，不得称为完整面。

1. 缺损在条面或顶面上造成的破坏面尺寸同时大于 10mm×10mm；
2. 条面或顶面上裂纹宽度大于 1mm，其长度超过 30mm；
3. 压陷、黏底、焦花在条面或顶面上的凹陷或凸出超过 2mm，区域尺寸同时大于 10mm×10mm。

表 7-10　烧结普通砖强度

强度等级	抗压强度平均值≥	变异系数 $\delta \leqslant 0.21$	变异系数 $\delta > 0.21$
		强度标准值 $f_k \geqslant$	单块最小抗压强度值≥
MU30	30.0	22.0	25.0
MU25	25.0	18.0	22.0
MU20	20.0	14.0	16.0
MU15	15.0	10.0	12.0
MU10	10.0	6.5	7.5

2. 蒸压灰砖

蒸压灰砖的外观等级见表 7-11，强度指标见表 7-12。

表 7-11　蒸压灰砖的强度等级

项目	指标（mm）	
	一等	二等
（1）允许尺寸偏差：		
a. 长度	±2	±3
b. 宽度	±2	±3
c. 厚度	±2	±3
（2）对应厚度差不大于	2	3
（3）缺棱掉角的最小破坏尺寸不大于	20	30
（4）完整面不少于	一条面和一顶面	一条面或一顶面
（5）裂纹的长度不大于：		
a. 大面上宽度方向（包括延伸到条面）	50	90
b. 大面上长度方向（包括延伸到顶面）以及条顶面上水平方向	90	120
（6）混等率［不符合（1）～（5）项指标的砖所占的百分数］不大于	10%	15%

注：凡有下列缺陷之一者，不能称为完整面：

1. 缺棱尺寸或掉角的最小尺寸大于 8mm；
2. 灰球、黏土团、草根等杂物造成破坏面的两个尺寸同时大于 10mm×20mm；
3. 有气泡、麻面、龟裂等缺陷。

表 7-12　　蒸压灰砖的强度指标

强度等级	抗压强度（MPa）		抗折强度（MPa）	
	10 块平均值不小于	单块最小值不小于	10 块平均值不小于	单块平均值不小于
MU20	20	15	4.0	2.8
MU15	15	11.5	3.1	2.1
MU10	10	7.5	2.3	1.4

3. 粉煤灰砖

粉煤灰砖是以煤渣为主要原料，掺入适量石灰、石膏，经混合、压制成型、蒸养或蒸压而成的实心砖。其规格一般为 240mm×115mm×53mm（长×宽×厚），粉煤灰砖的外观质量见表 7-13，强度指标见表 7-14。

表 7-13　　粉煤灰砖外观质量

项目	指标		
	优等品（A）	一等品（B）	合格品（C）
（1）尺寸允许偏差： 长度 宽度 高度	 ±2 ±2 ±1	 ±3 ±3 ±2	 ±4 ±4 ±3
（2）对应高度差 ≤	1	2	3
（3）缺棱掉角的最小破坏尺寸 ≤	10	15	20
（4）完整面 不少于	二条面和一顶面或二顶面和一条面	一条面和一顶面	一条面和一顶面
（5）裂缝长度 ≤ 1）大面上宽度方向的裂纹（包括延伸到条面上的长度） 2）其他裂纹	 30 50	 50 70	 70 100
（6）层裂	不允许	不允许	不允许

表 7-14　　粉煤灰砖的强度指标

强度等级	抗压强度（MPa）		抗折强度（MPa）	
	10 块平均值≥	单块值≥	10 块平均值≥	单块值≥
MU30	30.0	24.0	6.2	5.0
MU25	25.0	20.0	5.0	4.0
MU20	20.0	16.0	4.0	3.2
MU15	15.0	12.0	3.3	2.6
MU10	10.0	8.0	2.5	2.0

4. 烧结多孔砖

烧结多孔砖以黏土、页岩、煤矸石等为主要原料，经焙烧而成的多孔砖。烧结多孔砖的外形为矩形体，其外观质量应符合表 7-15 的规定，强度指标应符合表 7-16 的规定。

表 7-15　　烧结多孔砖的外观质量

项目	指标		
	优等品	一等品	合格品
(1) 颜色（一条面和一顶面）	一致	基本一致	—
(2) 完整面　不得少于	一条面和一顶面	一条面和一顶面	—
(3) 缺棱掉角的三个破坏尺寸不得同时大于（mm）	15	20	30
(4) 裂纹长度　不大于（mm）			
1) 大面上深入孔壁 15mm 以上宽度方向及延伸到条面的长度	60	80	100
2) 大面上深入孔壁 15mm 以上长度方向及延伸到条面的长度	60	100	120
3) 条、顶面上的水平裂纹	80	100	120
(5) 杂质在砖面上造成的凸出高度　不大于（mm）	3	4	5

注：1. 装饰面而施加的色差、凹凸纹、拉毛、压花等不算缺陷；
2. 凡有下列缺陷之一者，不能称为完整面：
1）缺损在条面或顶面上造成的破坏面尺寸同时大于 20mm×30mm；
2）条面或顶面上裂纹宽度大于 1mm，其长度超过 70mm；
3）压陷、焦花、粘底在条面或顶面上的凹陷或凸出超过 2mm，区域尺寸同时大于 20mm×30mm。

表 7-16　　烧结多孔砖的强度指标

强度等级	抗压强度平均值（MPa）$f \geqslant$	变异系数 $\delta \leqslant 0.21$ 强度标准值（MPa）$f_k \geqslant$	变异系数 $\delta > 0.21$ 单块最小抗压强度值（MPa）$f_{min} \geqslant$
MU30	30.0	22.0	25.0
MU25	25.0	18.0	22.0
MU20	20.0	14.0	16.0
MU15	15.0	10.0	12.0
MU10	10.0	6.5	7.5

二、施工前的准备

（1）选砖。用于清水墙、柱表面的砖，应边角整齐，色泽均匀。

（2）砖浇水。砖应提前 1～2d 浇水湿润，烧结普通砖含水率宜为 10%～15%。

（3）校核放线尺寸。砌筑基础前，应用钢尺校核放线尺寸，允许偏差应符合表 7-17 的规定。

表 7-17　　放线尺寸允许偏差

长度 L、宽度 B（m）	允许偏差（mm）	长度 L、宽度 B（m）	允许偏差（mm）
L（或 B）$\leqslant 30$	±5	$60 < L$（或 B）$\leqslant 90$	±15
$30 < L$（或 B）$\leqslant 60$	±10	L（或 B）> 90	±20

（4）选择砌筑方法。宜采用“三一”砌筑法，即一铲灰、一块砖、一揉压的砌筑方法。当采用铺浆法砌筑时，铺浆长度不得超过750mm，施工期间气温超过30℃时，铺浆长度不得超过500mm。

（5）设置皮数杆。在砖砌体转角处、交接处应设置皮数杆，皮数杆上标明砖皮数、灰缝厚度以及竖向构造的变化部位。皮数杆间距不应大于15m。在相对两皮数杆的砖上边线处拉准线。

（6）清理。清除砌筑部位处所残存的砂浆、杂物等。

三、砖基础施工

1. 砖基础的材料要求

砖基础用普通黏土砖与水泥混合砂浆砌成。因砖的抗冻性差，对砂浆与砖的强度等级，根据地区的寒冷程度和地基土的潮湿程度有不同的要求。砖基础所用材料的最低强度应符合表7-18的规定。

表7-18　砖基础材料的最低强度等级

基土的潮湿程度	黏土砖		混凝土砌块	石材	混合砂浆	水泥砂浆
	严寒地区	一般地区				
稍潮湿的	MU10	MU10	MU5	MU20	M5	M5
很潮湿的	MU15	MU10	MU7.5	MU20	M5	M5
含水饱和的	MU20	MU15	MU7.5	MU30	M5	M7.5

注：1. 石材的重度不应低于18kN/m^3；

2. 地面以下或防潮层以下的砌体，不宜采用空心砖。当采用混凝空心砌块砌体时，其孔洞应采用强度等级不低于C15的混凝土灌实；

3. 各种硅酸盐材料及其他材料制作的块体，应根据相应材料标准的规定选择采用。

2. 砖基础的构造

砖基础的下部为大放脚、上部为基础墙。大放脚有等高或和间隔式。等高式大放脚是每砌两皮砖，两边各收进1/4砖长（60mm）；间隔式大放脚是每砌两皮砖及一皮砖，轮流两边各收进1/4砖长（60mm），最下面应为两皮砖，其构造如图7-1所示。

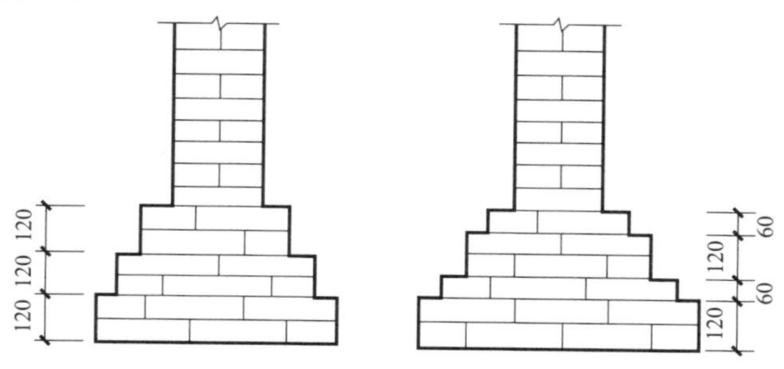

图7-1　砖基础大放脚形式

大放脚的底宽应根据计算而定，各层大放脚的宽度应为半砖宽的整倍数。

大放脚下面一般需设置垫层。垫层材料可用2∶8或3∶7的灰土，也可用1∶2∶4或1∶3∶6的碎砖三合土。防潮层可用1∶2.5水泥防水砂浆在离室内地面下一皮砖处设置，厚度约20mm。

大放脚一般采用一顺一丁砌法，即一皮顺砖与一皮丁砖相间。竖缝要错开，要注意丁字与十字接头处砖块的搭接，在这些交接处，纵横墙要隔皮砌通。大放脚的最下一皮及每层的上面一皮应以丁砌为主。

图7-2和图7-3为二砖半底宽大放脚两皮一收的分皮砌法。

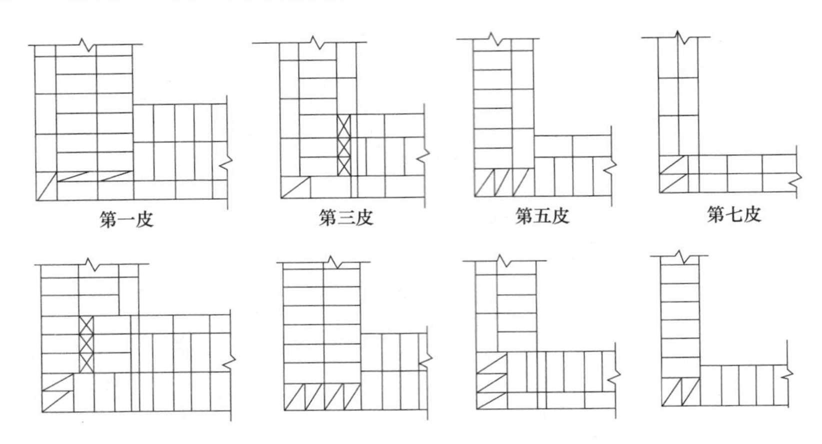

图7-2　大放脚转角处分皮砌法

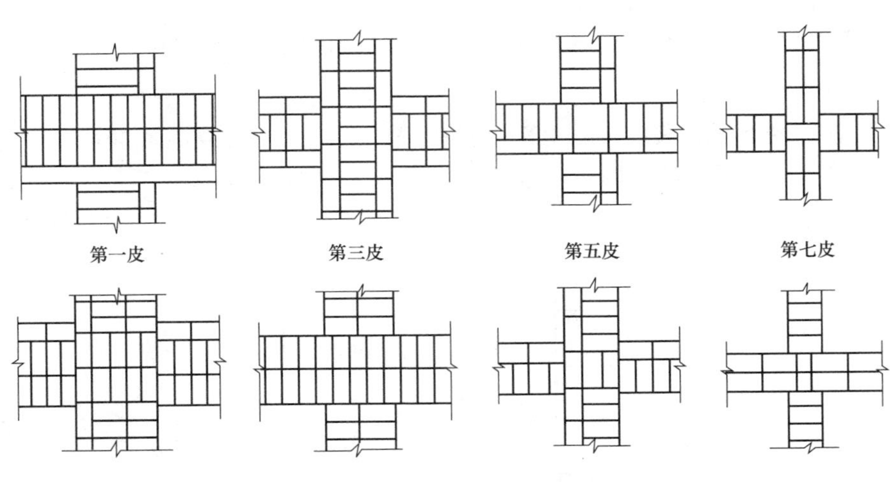

图7-3　大放脚十字交接处分皮砌法

3. 施工要点

(1) 砖基础底标高不同时，应从低处砌起，并应由高处向低处搭砌。

(2) 当设计无要求时，搭砌长度 L 不应小于砖基础底的高差 H，搭接长度范围内下层基础应扩大砌筑，如图 7-4 所示。

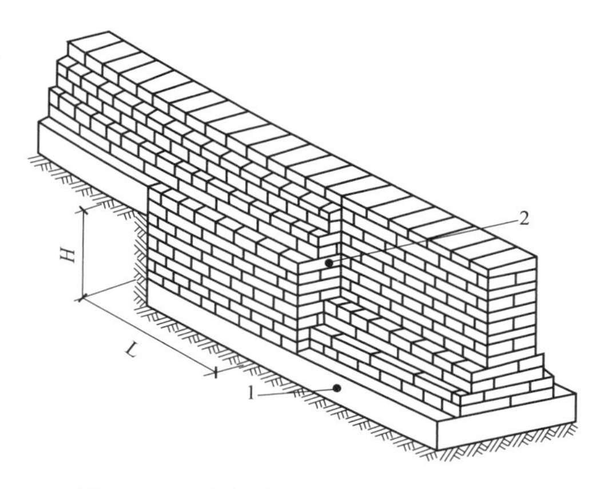

图 7-4 基底标高不同时的搭砌示意图
1—混凝土垫层；2—基础扩大部分

(3) 砌基础时可先在转角及搭接处砌几层砖，然后在其间拉准线砌中间部分。内外墙砖基础应同时砌起，如不能同时砌起时应留置斜搓，斜槎长度不应小于高度的 2/3。

(4) 有高低台的砖基础，应从低处砌起，在其接头处由高台向低台搭接。如设计无要求，搭接长度不应小于基础扩大部分的高度。

(5) 砌完基础后，应及时回填。回填土要在基础两侧同时进行，并分层夯实。

四、砖墙施工

1. 施工主要构造

砖墙根据其厚度不同，可采用全顺、两平一侧、全丁、一顺一丁、梅花丁或三顺一丁的砌筑形式，如图 7-5 所示。

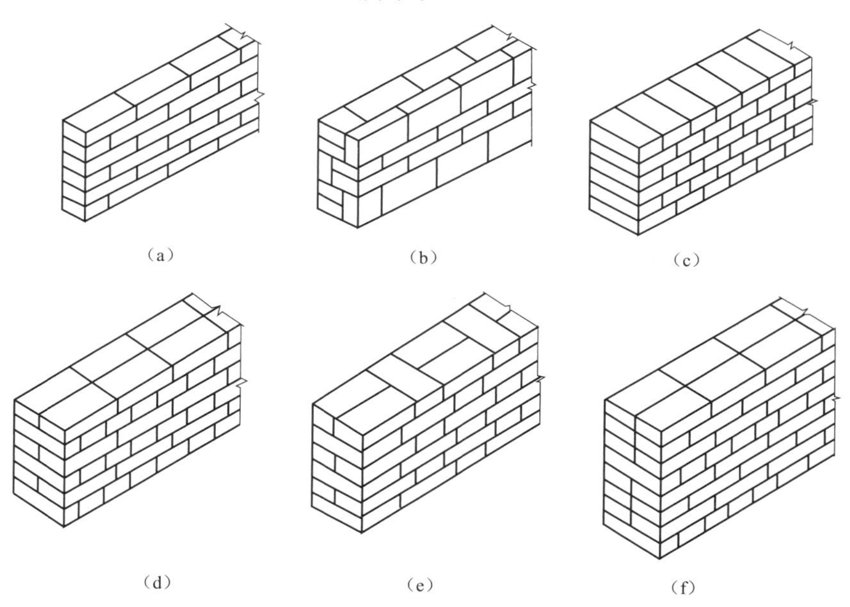

图 7-5 砖墙砌筑形式
(a) 全顺；(b) 两平一侧；(c) 全丁；(d) 一顺一丁；(e) 梅花丁；(f) 三顺一丁

全顺：各皮砖均顺砌，上下皮垂直灰缝相互错开半砖长，适合砌半砖墙。

两平一侧：两皮顺砖与一皮侧砖相间，上下皮垂直灰缝相互错开 1/4 砖长（60mm）以上，适合砌 3/4 砖厚（178mm）墙。

全丁：各皮砖均丁砌，上下皮垂直灰缝相互错开 1/4 砖长，适合砌一砖厚（240mm）墙。

一顺一丁：一皮顺砖与一皮丁砖相间，上下皮垂直灰缝相互错开 1/4 砖长，适合砌一砖及一砖以上厚墙。

梅花丁：同皮中顺砖与丁砖相间，丁砖的上下均为顺砖，并位于顺砖中间，上下皮垂直灰缝相互错开 1/4 砖长，适合砌一砖厚墙。

三顺一丁：三皮顺砖与一皮丁砖相间，顺砖与顺砖上下皮垂直灰缝相互错开 1/2 砖长；顺砖与丁砖上下皮垂直灰缝相互错开 1/4 砖长。适合砌一砖及一砖以上厚墙。

砖墙的转角处，为使各皮间竖缝相互错开，可在外角处砌 3/4 砖，如图 7-6 所示。

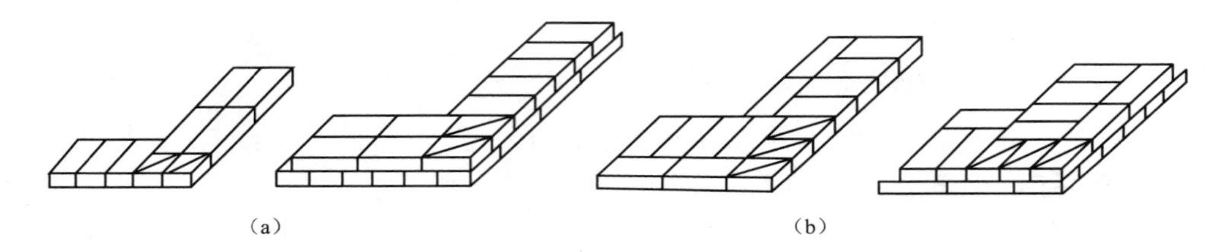

图 7-6 砖墙转角处一顺一丁砌法

(a) 一砖墙；(b) 一砖半墙

在砖墙的丁字交接处，应分皮相互砌通，内角相交处竖缝错开 1/4 砖长，并在横墙端头处加砌 3/4 砖，如图 7-7 所示。

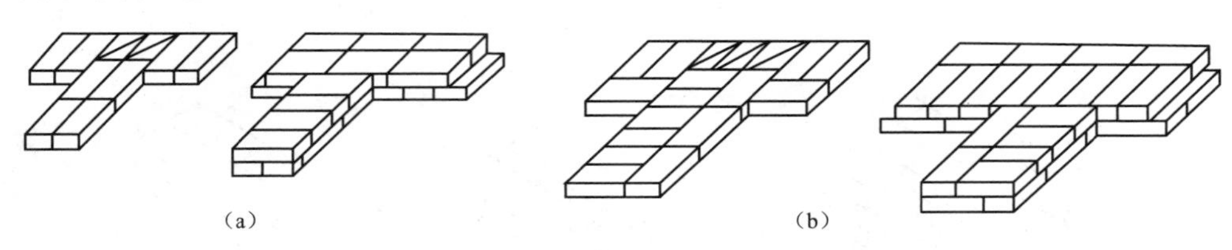

图 7-7 丁字交接处一顺一丁砌法

(a) 一砖墙；(b) 一砖半墙

砖墙的十字交接处，应分皮相互砌通，交角处的竖缝错开 1/4 砖长，如图 7-8 所示。

2. 施工要点

(1) 砌筑前，先根据砖墙位置定出墙身轴线及边线。开始砌筑时先要进行

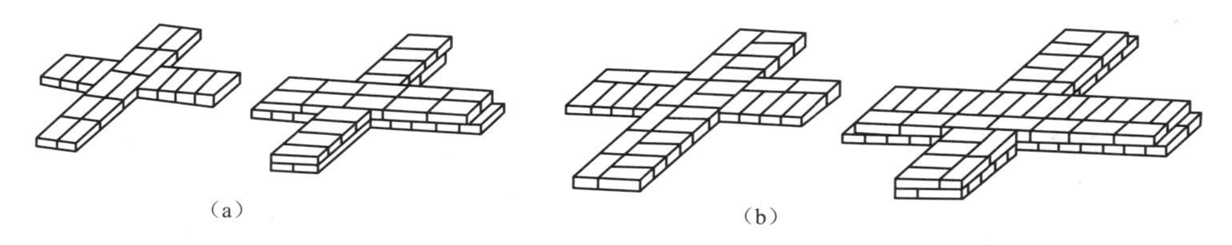

图 7-8 十字交接处一顺一丁砌法

(a) 一砖墙；(b) 一砖半墙

摆砖，排出灰缝宽度。摆砖时应注意门窗位置、砖垛等对灰缝的影响，同时要考虑窗间墙的组砌方法，务必使各皮砖的竖缝相互错开。同一墙面上的砌筑方法要一致。

(2) 砖墙的水平灰缝和竖向灰缝宽度一般为 10mm，但不小于 8mm。水平灰缝的砂浆饱满度不不应低于 80%，竖向灰缝宜采用挤浆或加浆方法，使其砂浆饱满，严禁用水冲浆灌缝。

(3) 砖墙的转角处和交接处应同时砌筑。对不能同时砌筑而又必须留置的临时间断处，应砌成斜槎，斜槎长度不小于高度的 2/3，如图 7-9 所示。如留斜槎有困难时，除转角处外，也可留直槎，如图 7-10 所示。但抗震设防地区不得留直槎。

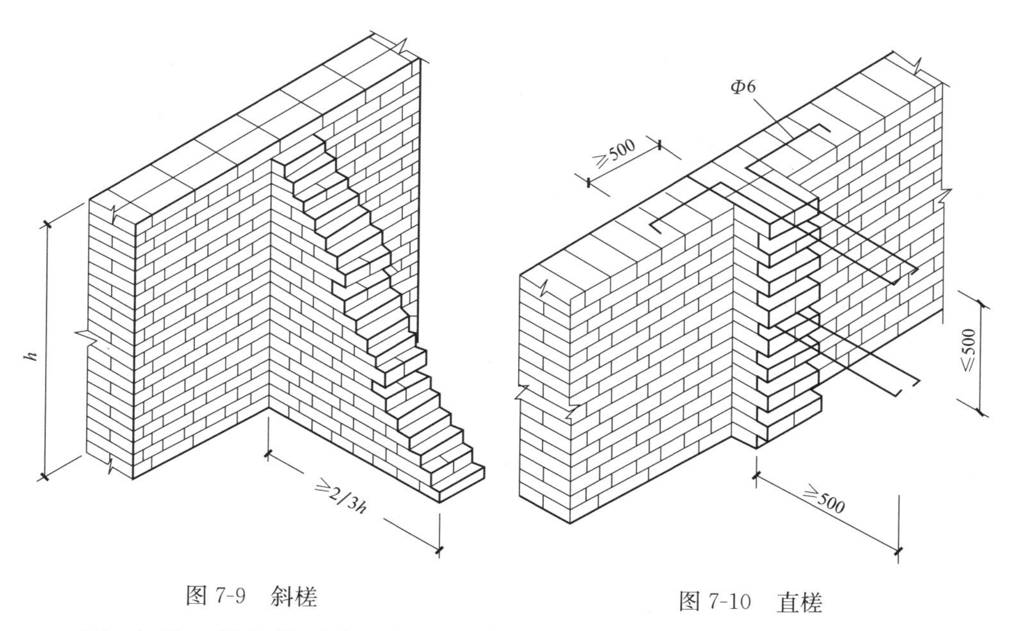

图 7-9 斜槎

图 7-10 直槎

(4) 在墙上留置临时施工洞口，其侧边距离交接处墙面不应小于 500mm，洞口净宽度不应超过 1m。临时施工洞口应做好补砌。

(5) 不得在下列墙体或部位设置脚手眼：

1）半砖墙。

2）砖过梁上与过梁成60°的三角形范围内及过梁净跨度1/2的高度范围内。

3）宽度小于1m的窗间墙。

4）梁或梁垫上下500mm范围内。

5）砖墙的门窗洞口两侧180mm和转角处430mm的范围内。

五、砖柱施工

1. 主要形式

砖柱一般砌成矩形或方形断面，主要断面尺寸为240mm×240mm、365mm×365mm、365mm×490mm、490mm×490mm等。砌筑形式如图7-11所示。

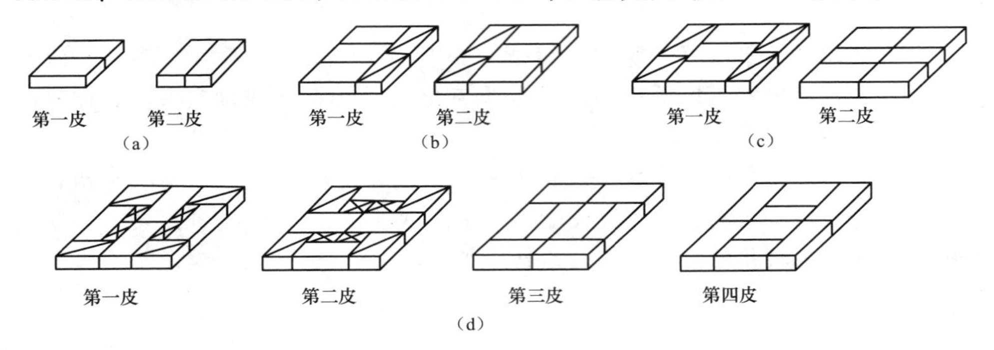

图7-11 砖柱砌筑形式

(a) 240×240砖柱；(b) 365×365砖柱；(c) 365×490砖柱；(d) 490×490砖柱

砖柱砌筑应保证砖柱外表面上下皮垂直灰缝错开1/4砖长，砖柱内部少通缝，为错缝需要应加砌配砖，不得采用包心砌法。

2. 施工要点

(1) 单独的砖柱砌筑时，可立固定的皮数杆，也可用流动皮数杆检查高低情况。当几个砖柱在同一直线上时，可先砌两头的砖柱，然后拉通线，依线砌中间部分的砖。

(2) 砖墙的水平灰缝和竖向灰缝宽度一般为10mm，但不小于8mm。水平灰缝的砂浆饱满度不应低于80%，竖向灰缝宜采用挤浆或加浆方法，使其砂浆饱满，严禁用水冲浆灌缝。

(3) 隔墙与柱如不同时砌筑而又不留斜槎时，可于柱中引出阳槎，或于柱灰缝中预埋拉结筋，其构造与砖墙相同，但每道不少与2根。

(4) 砖柱每天砌筑高度不宜大于1.8m，宜选用整砖筑砌。

(5) 砖柱中不得留置脚手眼。

六、砖垛施工

砖垛应与所附砖墙同时砌起，砖垛与墙身应逐皮搭接，不可分离砌筑，搭砌长度不小于1/4砖长，砖垛外表面上下皮垂直灰缝应相互错开1/2砖长。一砖墙附砖垛的几种砌法如图7-12所示。

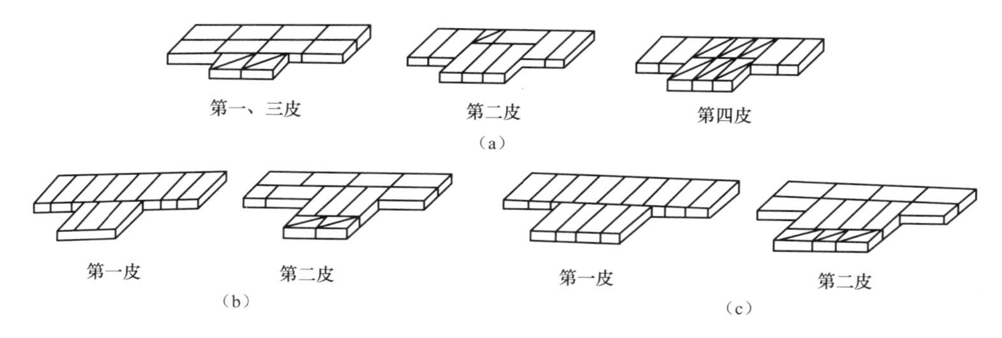

图7-12 一砖墙附砖垛砌法
(a) 365×365砖垛；(b) 365×490砖垛；(c) 490×490砖垛

砖垛施工与砖墙施工要点相同，可参照砖墙的施工要点进行。

七、砖过梁施工

砖过梁主要分为钢筋砖过梁、平拱式过梁和弧拱式过梁。

1. 钢筋砖过梁

钢筋砖过梁的底面为砂浆层，厚度不小于30mm。砂浆层中应配置钢筋，其直径不小于5mm，间距不大于120mm，钢筋两端深入体内的长度不宜小于240mm，并有向上的直角弯钩。如图7-13所示。

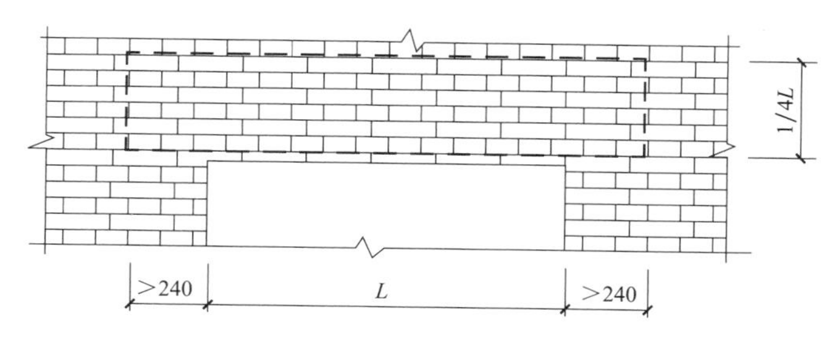

图7-13 钢筋砖过梁

砌筑时，钢筋砖过梁的最下一皮砖应砌丁字砌层，接着向上逐层平砌砖层。在过梁作用范围内（不少于6皮砖或1/4过梁跨度范围内），应用M5砂浆砌筑。砖过梁底部的模板，应在灰缝砂浆强度达到设计强度的50%以上时，方可拆除。

2. 平拱式过梁

平拱式过梁由普通砖侧砌而成，其高度有240mm、300mm和370mm等，厚度等于墙厚。应用MU7.5以上的砖，不低于M5砂浆砌筑。如图7-14

所示。

砌筑前，先在过梁处支设模板，在模板面上画出砖及灰缝位置。砌筑时，在拱脚两边的墙端应砌成斜面，斜面的斜度一般为1/6～1/4。应从两边对称向中间砌，正中一块应挤紧，拱脚下面应伸入墙内不小于20mm。灰缝砌成楔形缝，宽度不小于5mm。

3. 弧拱式过梁

弧拱式过梁的构造与平拱式过梁基本相同，只是外形呈圆弧形。如图7-15所示。施工要点也与平拱式基本类似，所不同之处在于砌筑时，模板应设计成圆弧形，灰缝成放射状。

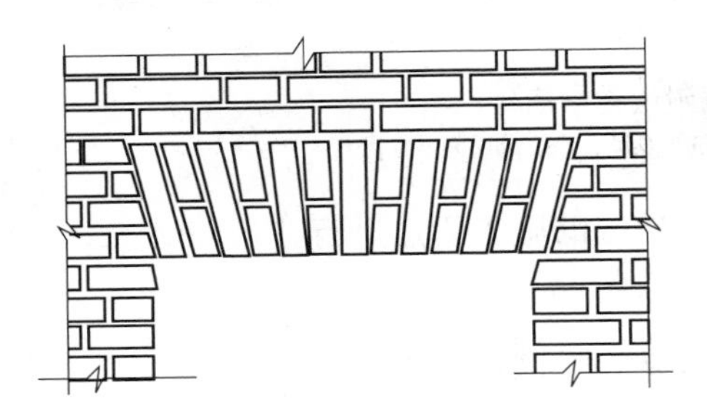

图7-14 平拱式过梁

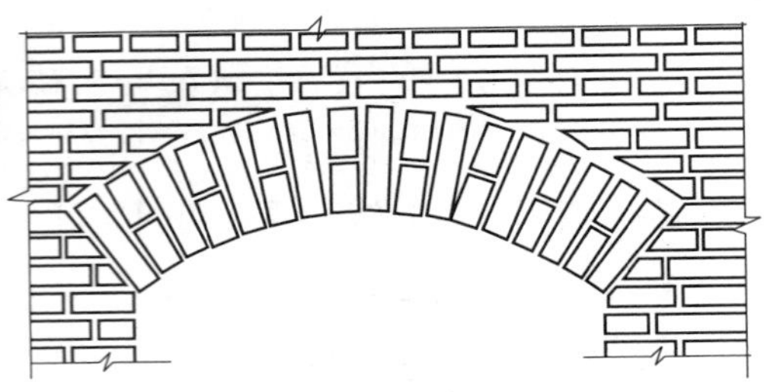

图7-15 弧拱式过梁

八、砖砌体允许偏差

砖砌体的尺寸和位置的允许偏差，应符合表7-19的规定。

表7-19 砖砌体的尺寸和位置的允许偏差

项次	项目			允许偏差（mm）			检验方法
				基础	墙	柱	
1	轴线位移			10	10	10	用经纬仪复查或检查施工测量记录
2	基础顶面和楼面标高			±15	±15	±15	用水准仪复查或检查施工测量记录
3	墙面垂直度	每层		—	5	5	用2m托线板检查
		全高	小于或等于10	—	10	10	用经纬仪或吊线和尺检查
			大于10	—	20	20	
4	表面平整度	清水墙、柱		—	5	5	用2m直尺和楔形塞尺检查
		混水墙、柱		—	8	8	
5	水平灰缝平直度	清水墙		—	7	—	拉10m线和尺检查
		混水墙		—	10	—	
6	水平灰缝厚度（10皮砖累计数）			—	±8	—	与皮数杆比较，用尺检查
7	清水墙游丁走缝			—	20	—	吊线和尺检查，以每层第一皮砖为准
8	外墙上下窗口偏移			—	20	—	用经纬仪或吊线检查以底层窗口为准
9	门窗洞口宽度（后塞口）			—	±5	—	用尺检查

第四节 砌 石 工 程

一、砌筑用石

砌筑用石分毛石和料石。毛石又分乱毛石（指形状不规则的石块）、平毛石（指形状不规则，但有两个面大致平行的石块）。毛石砌体所用的毛石应呈块状，其中部厚度不宜小于150mm。

料石按其加工面的平整程度分为细料石、半细料石、粗料石和毛料石四种。料石各面的加工要求，见表7-20。料石加工的允许偏差见表7-21。料石的宽度、厚度均不宜小于200mm，长度不宜大于厚度的4倍。

表7-20　料石各面的加工要求

项次	料石种类	外露面及相接周边的表面凹入深度	叠砌面和接砌面的表面凹入深度
1	细料石	不大于2mm	不大于10mm
2	半细料石	不大于10mm	不大于15mm
3	粗料石	不大于20mm	不大于20mm
4	毛料石	稍加修整	不大于25mm

注：1. 相接周边的表面系指叠砌面、接砌面与外露面相接处20～30mm范围内的部分；
2. 对外露面有特殊要求，应按设计要求加工。

表7-21　料石加工允许偏差

项次	料石种类	允许偏差	
		宽度、厚度（mm）	长度（mm）
1	细料石、半细料石	±3	±5
2	粗料石	±5	±7
3	毛料石	±10	±15

注：如设计有特殊要求时应按设计要求加工。

二、毛石施工

1. 毛石基础的砌筑

砌筑毛石基础的第一皮石块应坐浆，并将石块的大面朝下。毛石基础的第一皮及转角处、交接处应用较大的平毛石砌筑。毛石基础断面形状有矩形、阶梯形和梯形。基础顶面宽应比墙基宽度大200mm。阶梯形基础每阶高度不小于300mm，每阶伸出宽度不宜大于200m，如图7-16所示。

毛石基础必须设置拉结石。拉结石应均匀分布。毛石基础同皮内每隔2m左右设置一块。拉结石长度如基础宽度等于或小于400mm时，应与基础宽度相等。如宽度大于400mm时，可用两块拉结石内外搭接，长度不小于150mm。

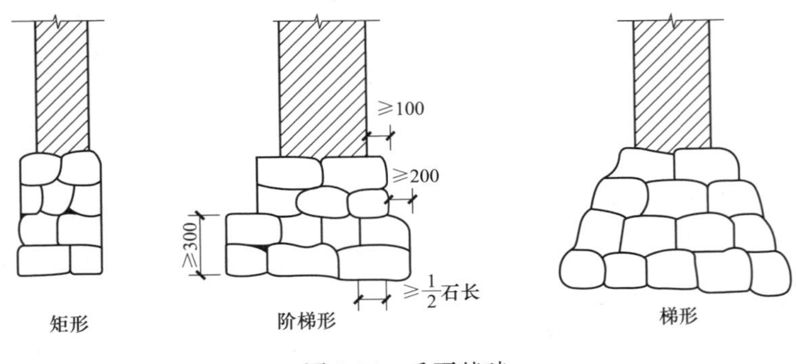

图 7-16　毛石基础

石块间较大的空隙应先填塞砂浆，后用碎石块嵌塞，不得采用先摆碎石块，后塞砂浆或干填碎石块的方法。阶梯形毛石基础，上阶的石块应至少压砌下阶石块的 1/2。

2. 毛石墙的砌筑

（1）砌筑前应根据墙的位置与厚度，在基础顶面上放线，并立皮数杆，挂上线。

（2）从石料中选取大小适宜的石块，并有一个面作为墙面，如没有则将凸部打掉，做成一个面，然后砌入墙内。

（3）转角处应用角边是直角的角石砌筑。交接处，应选用较为平整的长方形石块，使其在纵横墙中上下皮能相互咬住槎。

（4）毛石墙砌筑方法和要求，基本与毛石基础相同，但应注意：毛石基础必须设置拉结石。拉结石应均匀分布。相互错开，每隔 0.7m^2 墙面至少设置一块，且同皮内的中距不应大于 2m。拉结石的长度，如墙厚等于或小于 400mm，应等于墙厚，墙厚大于 400mm，可用两块拉结石内外搭接，长度不应小于 150mm，且其中一块长度不应小于墙厚的 2/3。

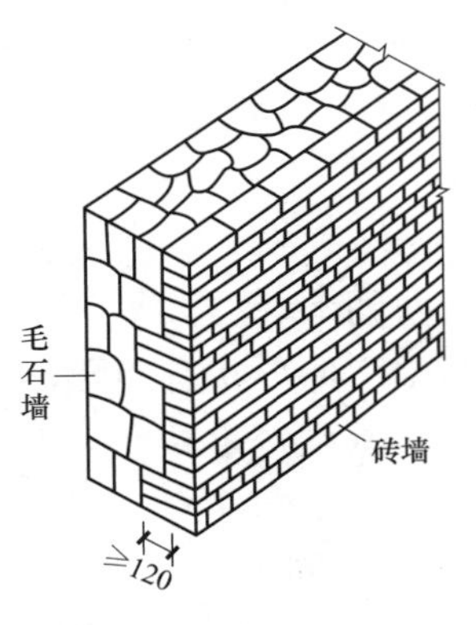

图 7-17　毛石与砖墙组合

3. 毛石墙与砖墙的砌筑

毛石墙与砖的组合墙中，毛石砌体与砖砌体应同时砌筑，并每隔 4～6 皮砖用 2～3 皮丁砖与毛石砌体拉结砌合，如图 7-17 所示。

毛石墙和砖墙的相接转角处和交接处应同时砌筑。转角处应自纵墙每隔 4～6 皮砖高度引出不小于 120mm 与横墙（或纵墙）相接，交接处应自纵墙每隔 4～6 皮砖高度引出不小于 120mm 与横墙相接，如图 7-18 和图 7-19 所示。

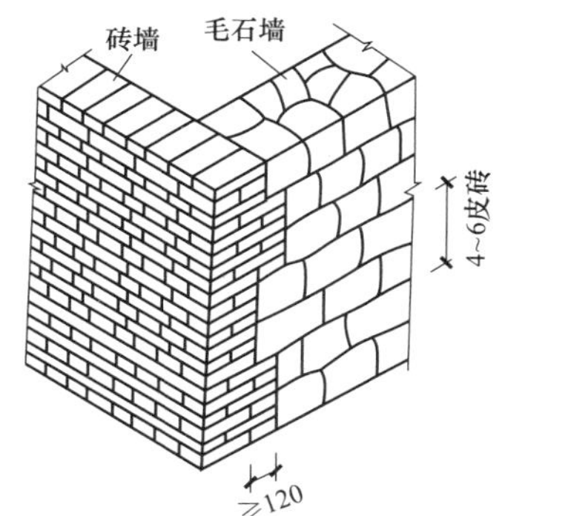

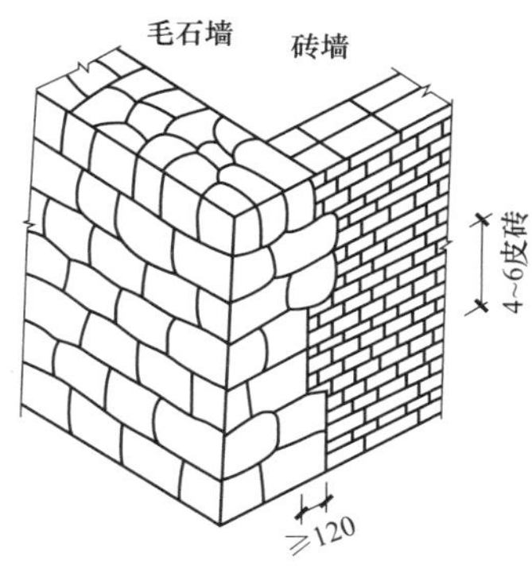

图 7-18 毛石和砖墙转角

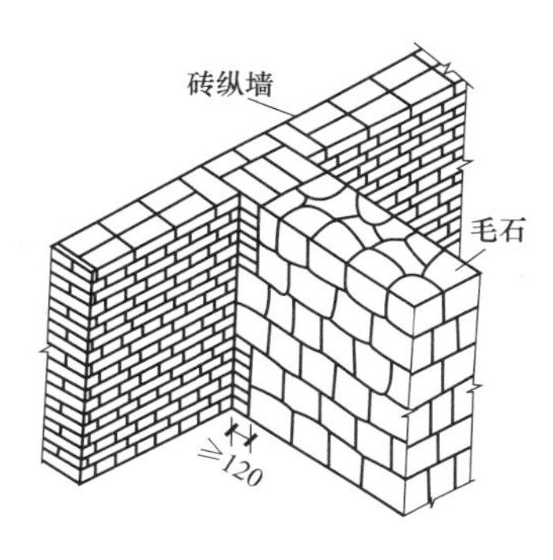

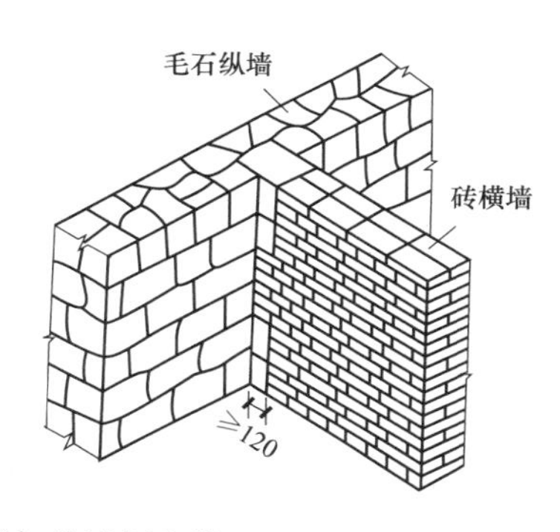

图 7-19 毛石与砖墙相交处

三、料石施工

1. 料石基础的砌筑

料石基础的第一皮料石应坐浆丁砌，以上各层料石可按一顺一丁进行砌筑。料石基础是用毛料石或粗料石与砂浆组砌而成。其断面形式有矩形和阶梯形，阶梯形基础每阶挑出宽度不大于 200mm。料石基础的组砌方法如图 7-20 所示。

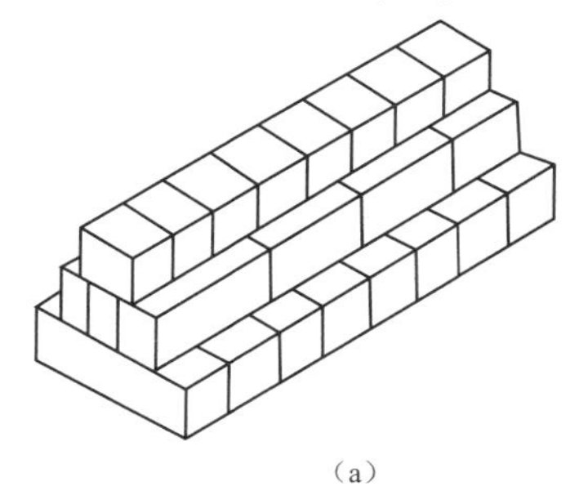

(a)

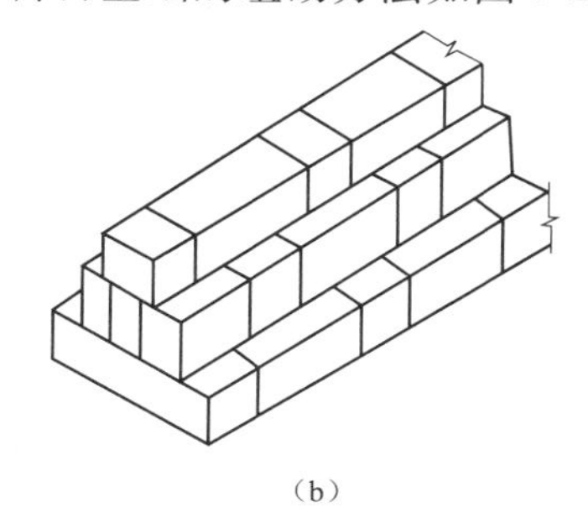

(b)

图 7-20 料石基础组砌方法

(a) 丁顺叠砌；(b) 丁顺组砌

丁顺叠砌：一皮丁石与一皮顺石相互叠加组砌而成，先丁后顺，竖向灰缝错开 1/4 石长。

丁顺组砌：同皮石中用丁砌石和顺砌石交替相隔砌成。丁石长度为基础厚度，顺石厚度一般为基础厚度的 1/3，上皮丁石应砌于下皮顺石的中部、上下皮竖向灰缝至少错 1/4 石长。

2. 料石墙的砌筑

料石墙厚度等于一块料石宽度，可采用全顺砌筑形式。料石墙厚度等于两块料石宽度时，可采用两顺一丁或丁顺组砌的砌筑形式，如图 7-21 所示。

图 7-21　料石墙砌筑形式

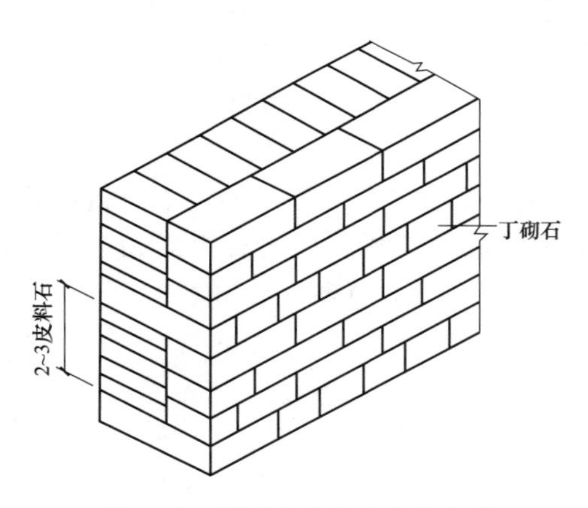

图 7-22　料石的砖的组合墙砌筑

两顺一丁是两皮顺石与一皮丁石相间。

丁顺组砌是同皮内顺石与丁石相间，可一块顺石与丁石相间或两块顺石与一块丁石相间。

在料石和毛石或砖的组合墙中，料石砌体和毛石砌体或砖砌体应同时砌筑，并每隔 2～3 皮料石层用丁砌层与毛石砌体或砖砌体拉结砌合。丁砌料石的长度宜与组合墙厚度相同，如图 7-22 所示。

料石墙砌筑时应注意灰缝厚度的把握，细料石墙不宜大于 5mm，半细料石墙不宜大于 10mm，粗料石和毛料石墙不宜太于 20mm，砂浆铺设厚度应略高于规定灰缝厚度，其高出厚度，细料石、半细料石墙宜为 3～5mm，粗料石、毛料石墙宜为 6～8mm。

3. 料石柱的砌筑

料石柱是用半细料石或细料石与砂浆砌筑而成。料石柱有整石柱和组砌柱两种。整石柱是用于柱断面相同断面的石材上下组砌而成，组砌柱每皮由几块石材组砌而成，如图 7-23 所示。

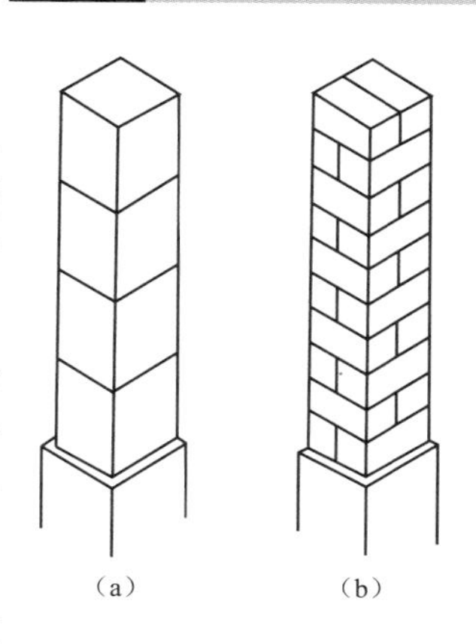

图 7-23　料石柱的组砌
(a) 整石柱；(b) 组砌柱

砌整石柱前，先在柱基面上抹一层砂浆厚约 10mm，再将石块对准中心线砌好，以后各皮砌筑前均应先铺好砂浆，再将石块对准中线砌好，石块若有偏斜，可用铜片或铝片在灰缝内垫平。

砌组砌柱时，应按规定的组砌方法逐皮砌筑，竖向灰缝相互错开，不使用垫片。

灰缝厚度，细料石柱不宜大于 5mm，半细料石柱不宜大于 10mm，砂浆铺设厚度应略高于规定灰缝厚度 3～5mm。

四、石挡土墙施工

(1) 石挡土墙可采用毛石或料石砌筑。毛石挡土墙如图 7-24 所示。

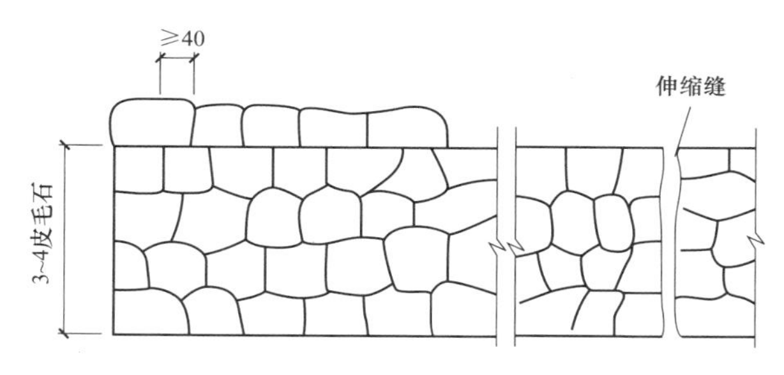

图 7-24　毛石挡土墙

(2) 砌筑毛石挡土墙应符合下列规定。

1) 每砌 3～4 皮毛石为一个分层高度，每个分层高度应找平一次。

2) 外露面的灰缝厚度不得大于 40mm，两个分层高度间分层处的错缝不得小于 80mm。

(3) 料石挡土墙宜采用丁顺组砌的砌筑形式。当中间部分用毛石填砌时，丁砌料石伸入毛石部分的长度不应小于 200mm。

(4) 石挡土墙的泄水孔当设计无规定时，施工应符合下列规定：

1) 泄水孔应均匀设置，在每米高度上间隔 2m 左右设置一个泄水孔。

2) 泄水孔与土体间铺设长宽各为 300mm、厚 200mm 的卵石或碎石作疏水层。

(5) 挡土墙内侧回填土必须分层夯填，分层松土厚度应为300mm。墙顶土面应有适当坡度使流水流向挡土墙外侧面。

第五节　砌　块　工　程

一、小型砌块墙

1. 材料要求

小型砌块墙是由普通混凝土小型空心砌块为主要墙体材料，它与砂浆砌筑而成。普通混凝土小型空心砌块是以水泥、砂、碎石或卵石为主要原料，加水搅拌而成。

普通混凝土小型空心砌块的规格尺寸见表7-22，它有两个方形孔，最小壁厚应不小于30mm，最小肋厚不应小于30mm，空心率应不小于25%，如图7-25所示。

表7-22　普通混凝土小型空心砌块的规格尺寸

项次	砌块名称	外形尺寸			最小壁、肋厚度
		长	宽	高	
1	主规格砌块	390	190	190	30
2	辅助规格砌块	290 190 90	190 190 190	190 190 190	30 30 30

注：1. 对于非抗震设防地区，普通混凝土小型砌块壁、肋厚可允许采用27mm；
2. 非承重砌块的宽度可以为90～190mm，最小壁、肋厚度可以减少为20mm；
3. 混凝土小型砌块的空心率、孔洞形状，是否封底或半封底以及有无端槽等，应按不同地区具体情况而定。

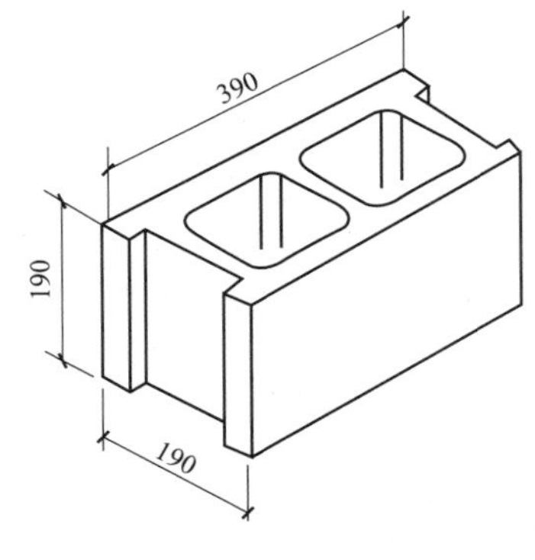

图7-25　普通混凝土小型空心砌块

普通混凝土小型空心砌块的强度指标应符合表7-23的规定，外观质量、尺寸允许偏差见表7-24。

2. 一般构造要求

(1) 混凝土小型空心砌块砌体所用的材料，除满足强度计算要求外，尚应符合下列要求：

1) 对室内地面以下的砌体，应采用普通混凝土小砌块和不低于M5的水泥砂浆。

2) 五层及五层以上民用建筑的底层墙体，应采用不低于MU5的混凝土小砌块和M5的砌筑砂浆。

表 7-23　　普通混凝土小型空心砌块的强度指标

项次	砌块类别	强度等级	抗压强度（MPa）	
			五块平均值不小于	单块最小值不小于
1	承重砌块	MU10 MU7.5 MU5 MU3.5	10 7.5 5 3.5	8.0 6.0 4.0 2.8
2	非承重砌块	MU3.0	3.0	2.5

注：砌块养护龄期不足 28 天，不应出厂。

表 7-24　　普通混凝土小型空心砌块的质量指标

项次	项目	质量要求
1	干缩率（%） 用于清水外墙 用于承重墙 用于非承重内墙、隔墙	 <0.05 <0.06 <0.08
2	抗渗性（用于清水外墙）（mm）	试件抗渗试验，2h 内水柱降低值小于 100
3	抗冻性（用于寒冷地区）（%）	经 15 次冻融循环后，试件强度损失小于 25
4	尺寸允许偏差： 长度（mm） 宽度（mm） 高度（mm）	 ±3 ±3 ±3
5	侧面凹凸（mm）	<3
6	缺棱掉角（mm）	长度或宽度不超过 30，深度不超过 20，且不超过 2 处
7	裂缝	不允许有贯穿壁、肋的竖向裂缝

（2）在墙体的下列部位，应采用强度等级不低于 C20（或 Cb20）的混凝土灌实小砌块的孔洞：

1）底层室内地面以下或防潮层以下的砌体。

2）无圈梁的楼板支承面下的一皮砌块。

3）没有设置混凝土垫块的屋架、梁等构件支承面下，高度不应小于 600mm，长度不应小于 600mm 的砌体。

4）挑梁支承面下，距离中心线每边不应小于 300mm，高度不应小于 600mm 的砌体。砌块墙与后砌隔墙交接处，应沿墙高每隔 400mm 在水平灰缝内设置焊接钢筋网片，钢筋网片伸入后砌隔墙内不应小于 600mm，如图 7-26 所示。

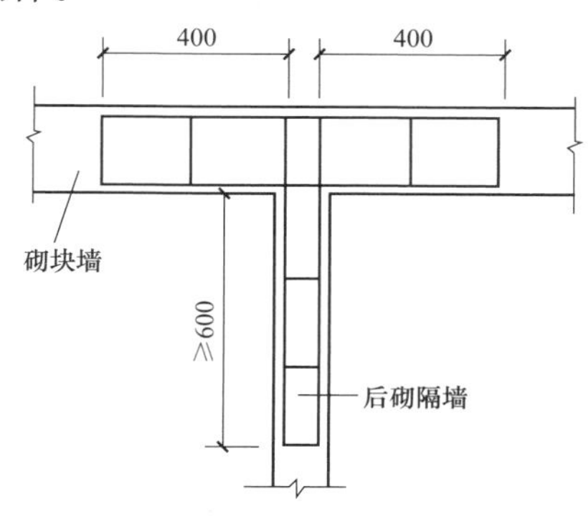

图 7-26　砌块墙与后砌隔墙交接处钢筋网片

3. 施工

(1) 夹心墙施工。夹心墙是由内叶墙、外叶墙及其间拉结件组成，如图 7-27 所示。内外叶墙间设保温层。

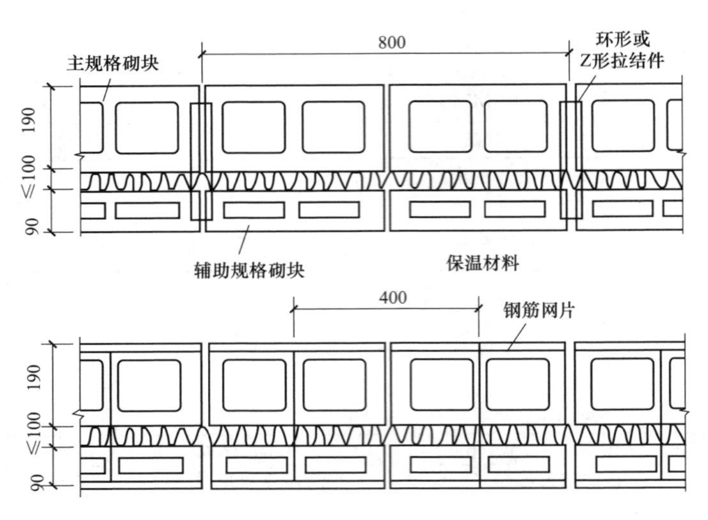

图 7-27　混凝土砌块夹心墙

内叶墙采用主规格混凝土小型空心砌块，外叶墙采用辅助规格（390mm×90mm×190mm）混凝土小型空心砌块。拉结件采用环形拉结件、Z 形拉结件或钢筋网片。砌块强度等级不应低于 MU10。

当采用环形拉结件时，钢筋直径不应小于 4mm；当采用 Z 形拉结件时，钢筋直径不应小于 6mm。拉结件应沿竖向梅花形布置，拉结件的水平和竖向最大间距分别不宜大于 800mm 和 600mm；对有振动或有抗震设防要求时，其水平和竖向最大间距分别不宜大于 800mm 和 400mm。

当采用钢筋网片作拉结件，网片横向钢筋的直径不应小于 4mm，其间距不应大于 400mm；网片的竖向间距不宜大于 600mm，对有振动或有抗震设防要求时，不宜大于 400mm。

拉结件在叶墙上的搁置长度，不应小于叶墙厚度的 2/3，并不应小于 60mm。

(2) 芯柱施工。芯柱施工应符合下列规定：

1) 在楼、地面砌筑第一皮砌块时，在芯柱位置侧面应预留孔，浇灌混凝土前，必须清除芯柱孔洞内的杂物和底部毛边，并用水冲洗干净，校正钢筋位置并绑扎固定。

2) 芯柱钢筋应与基础或基础梁的预埋钢筋搭接。上下楼层的钢筋可在圈梁上部搭接，搭接长度不应小于 35d（d 为钢筋直径）。

3）芯柱混凝土应在砌完一个楼层高度后连续浇灌，为保证芯柱混凝土密实，浇灌前，应先注入适量的水泥浆，混凝土坍落度应不小于 50mm，并定量浇灌。每浇灌 400～500mm 高度应捣实一次，或边浇灌边捣实．不得在灌满一个楼层高度后再捣实。

4）芯柱混凝土应与圈梁同时浇灌，在芯柱位置，楼板应留缺口，以保证芯柱连成整体。

4. 质量检查

砌体的允许偏差和质量检查标准见表 7-25。

表 7-25　砌体的允许偏差和质量检查标准

序号	项目			允许偏差（mm）	检查方法
1	轴线位移			10	用经纬仪，水平仪复查或检查施工记录
2	基础或楼面标高			±15	
3	垂直度	每层		5	用吊线法检查
		全高	10m 以下	10	用经纬仪或吊线尺检查
			10m 以上	20	
4	表面平整	清水墙、柱		5	用 2m 靠尺检查
		混水墙、柱		8	
5	水平灰缝平直度	清水墙 10m 以内		7	用拉线和尺量检查
		混水墙 10m 以内		10	
6	水平灰缝厚度（连续五皮砌块累加数）			±10	用尺量检查
7	垂直灰缝宽度（连续五皮砌块累计数，包括凹面深度）			±15	
8	门窗洞口宽度（后塞框）			±5	

二、中型砌块墙

1. 材料要求

中型砌块墙是以粉煤灰硅酸盐密实中型砌块和混凝土空心中型砌块为主要墙体材料和砂浆砌筑而成，也可采用其他工业废料制成的密实或空心中型砌块。

粉煤灰密实砌块是以粉煤灰、石灰、石膏等为胶凝材料，以煤渣或矿渣、石子等为骨料，按一定的比例配合，加入一定量的水，经搅拌、振动成形、蒸汽养护而成。粉煤灰的强度指标见表 7-26，外观质量和允许偏差见

表 7-27。

表 7-26　粉煤灰密实砌块的强度指标

项次	项目	指标	
		MU10	MU15
1	立方体试件抗压强度（MPa）	三块试件平均值不小于 10，其中一块最小值不小于 8	三块试件平均值不小于 15，其中一块最小值不小于 12
2	人工炭化后强度（MPa）	不小于 6	不小于 9

表 7-27　粉煤灰密实砌块的外观质量和尺寸允许偏差

项次	项目	指标
1	表面疏松	不允许
2	贯穿面棱的裂缝	不允许
3	直径大于 50mm 的灰团、空洞、爆裂和突出高度大于 20mm 的局部凸起部分	不允许
4	翘曲（mm）	不大于 10
5	条面、顶面相对两棱边高低差（mm）	不大于 8
6	缺棱掉角深度（mm）	不大于 50
7	尺寸的允许偏差： 长度（mm） 高度（mm） 宽度（mm）	 +5、−10 +5、−10 ±8

2. 砌块排列

砌块排列时，应尽量采用主规格砌块和大规格砌块，以减少吊次，提高台班产量，增加房屋的整体性。

砌块应错缝搭砌，砌块上下皮搭缝长度不得小于块高的 1/3，且不应小于 150mm。当搭缝长度不足时，应在水平灰缝内设钢筋网片，网片两端离该垂直灰缝的距离不得小于 300mm：

纵横墙的转角处和交接处如图 7-28 所示。砌块墙与后砌半砖隔墙交接处，应在沿墙高每 800mm 左右的水平缝内设 2ϕ41 的钢筋网片，如图 7-29 所示。

3. 施工

（1）小砌块应将生产时的底面朝上反砌于墙上，小砌块墙体逐块坐浆铺设。

（2）小砌块砌体的灰缝应横平竖直，全部灰缝均应铺填砂浆；水平灰缝的砂浆饱满度不得低于 90%，竖向灰缝的砂浆饱满度不得低于 80%。砌筑中不得出现瞎缝、透明缝。水平灰缝厚度和竖向灰缝宽度宜为 10mm，但不宜大于 8mm，

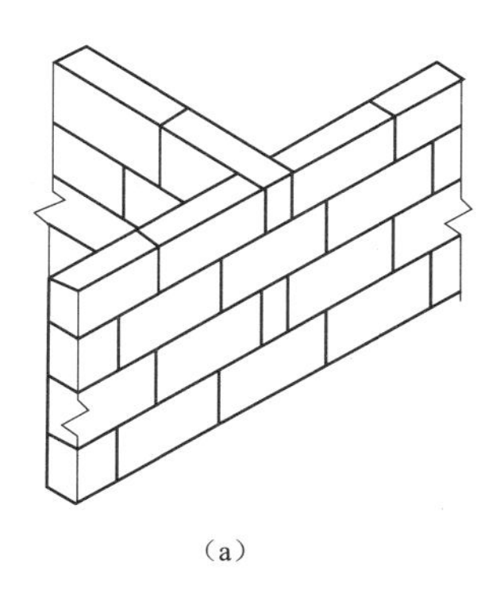

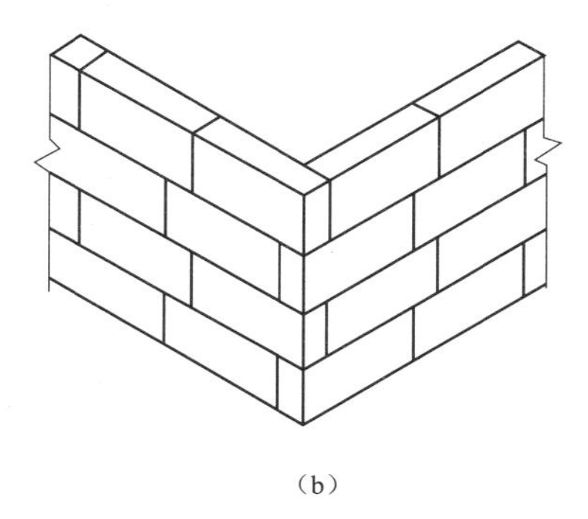

图 7-28 砌块搭接

(a) 交接处；(b) 拐角处

也不应大于 12mm。

(3) 设计规定的洞口、沟槽、管道和预埋件等，一般应于砌筑时预留或预埋。空心砌块墙体不得打凿通长沟槽。

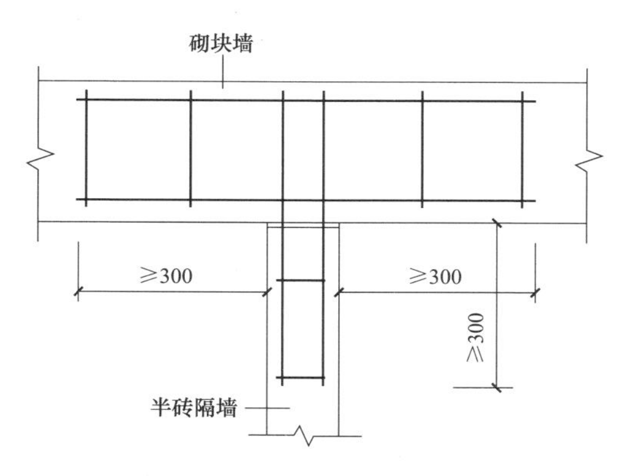

图 7-29 砌块墙与后砌半砖隔墙交接处钢筋网片布置示意图

(4) 墙体抹灰以喷涂为宜，抹灰前应将墙面清除干净，并在前一天洒水湿润；门窗框与墙的交接处应分层填嵌密实，室内墙面的阻角和门口侧壁的阻角处，如设计对护角无规定时，可用水泥混合砂浆抹出护角，高度不低于 1.5m。外墙窗台、雨篷、压顶等应做好流水坡度和滴水线槽，外墙勾缝应用水泥砂浆，不宜做凸缝。

(5) 雨天施工不得使用过湿的砌块，以避免砂浆流淌，影响砌体质量；雨后施工时，应复核砌体垂直度。

4. 质量检查

(1) 龄期为 28d，标准养护的同强度等级砂浆或细石混凝土的平均强度不得低于设计强度等级。其中任意一组试块的最低值，对于砂浆不低于设计强度等级的 75%，对于细石混凝土不低于设计强度等级的 85%。

(2) 组砌方法应正确，不应有通缝，转角处和交接处的斜槎应通顺，密实。

(3) 墙面应保持清洁，勾缝密实，深浅一致，横竖缝交接处应平整，预埋件、预留孔洞的位置应符合设计要求。

(4) 砌体的允许偏差和检查方法见表 7-28。

表 7-28　　粉煤灰砌块砌体允许偏差和外观质量标准表

项次	项目			允许偏差（mm）	检查方法
1	轴线位置			10	用经纬仪、水平仪复查或检查施工记录
2	基础或楼面标高			±15	用经纬仪、水平仪复查或检查施工记录
3	垂直度	每楼层		5	用吊线法检查
		全高	10m 以下	10	用经纬仪或吊线尺检查
			10m 以上	20	用经纬仪或吊线尺检查
4	表面平整			10	用 2m 长直尺和塞尺检查
5	水平灰缝平直度	清水墙		7	灰缝上口处用 10m 长的线拉直并用尺检查
		混水墙		10	
6	水平灰缝厚度			+10、−5	与线杆比较，用尺检查
7	垂直缝宽度			+10、−5 >30 用细石混凝土	用尺检查
8	门窗洞口宽度			+10、−5	用尺检查
9	清水墙面游丁走缝			2	用吊线和尺检查

第六节　砌体工程质量控制

一、砌筑砂浆质量标准

1. 砌筑砂浆试块强度验收时其强度合格标准应符合下列规定：

（1）同一验收批砂浆试块强度平均值应大于或等于设计强度等级值的 1.10 倍。

（2）同一验收批砂浆试块抗压强度的最小一组平均值应大于或等于设计强度等级值的 85%。

抽检数量：每一检验批且不超过 250m^3 砌体的各类、各强度等级的普通砌筑砂浆，每台搅拌机应至少抽检一次。验收批的预拌砂浆、蒸压加气混凝土砌块专用砂浆，抽检可为 3 组。

检验方法：在砂浆搅拌机出料口或在湿拌砂浆的储存容器出料口随机取样制作砂浆试块（现场拌制的砂浆，同盘砂浆只应作 1 组试块），试块标养 28d 后作强度试验。预拌砂浆中的湿拌砂浆稠度应在进场时取样检验。

2. 当施工中或验收时出现下列情况，可采用现场检验方法对砂浆或砌体强度进行实体检测，并判定其强度：

（1）砂浆试块缺乏代表性或试块数量不足。

（2）对砂浆试块的试验结果有怀疑或有争议。

（3）砂浆试块的试验结果，不能满足设计要求。

（4）发生工程事故，需要进一步分析事故原因。

二、砌砖工程质量标准

1. 主控项目

(1) 砖和砂浆的强度等级必须符合设计要求。

抽检数量：每一生产厂家，烧结普通砖、混凝土实心砖每 15 万块，烧结多孔砖、混凝土多孔砖、蒸压灰砂砖及蒸压粉煤灰砖每 10 万块各为一验收批，不足上述数量时按 1 批计，抽检数量为 1 组。砂浆试块的抽检数量：每一检验批且不超过 250m^3 砌体的各类、各强度等级的普通砌筑砂浆，每台搅拌机应至少抽检一次。验收批的预拌砂浆、蒸压加气混凝土砌块专用砂浆，抽检可为 3 组。

检验方法：检查砖和砂浆试块试验报告。

(2) 砌体灰缝砂浆应密实饱满，砖墙水平灰缝的砂浆饱满度不得低于 80%；砖柱水平灰缝和竖向灰缝饱满度不得低于 90%。应尽量采用“三一”砌砖法，并在砌筑前将砖润好，严禁干砖上墙。

抽检数量：每检验批抽查不应少于 5 处。

检验方法：用百格网检查砖底面与砂浆的黏结痕迹面积，每处检测 3 块砖，取其平均值。

(3) 砖砌体的转角处和交接处应同时砌筑，严禁无可靠措施的内外墙分砌施工。在抗震设防烈度为 8 度及 8 度以上地区，对不能同时砌筑而又必须留置的临时间断处应砌成斜槎，普通砖砌体斜槎水平投影长度不应小于高度的 2/3，如图 7-30 所示。多孔砖砌体的斜槎长高比不应小于 1/2。斜槎高度不得超过一步脚手架的高度。

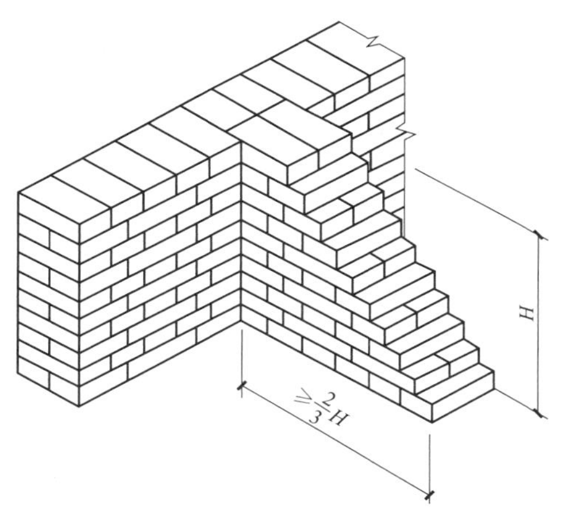

图 7-30 烧结普通砖砌体斜槎

外墙转角处严禁留直槎，其他留槎处也可应符合施工规范要求。为此，应在安排施工组织计划时，对留槎处做统一考虑，尽量减少留槎，留槎时严格按施工规范要求施工。

抽检数量：每检验批抽查不应少于 5 处。

检验方法：观察检查。

2. 一般项目

(1) 砖砌体组砌方法应正确，内外搭砌，上、下错缝。清水墙、窗间墙无通缝；混水墙中不得有长度大于 300mm 的通缝，长度 200～300mm 的通缝每间不超过 3 处，且不得位于同一面墙体上。砖柱不得采用包心砌法。

抽检数量：每检验批抽查不应少于 5 处。

检验方法：观察检查。砌体组砌方法抽检每处应为 3～5m。

（2）砖砌体的灰缝应横平竖直，厚薄均匀，水平灰缝厚度及竖向灰缝宽度宜为 10mm，但不应小于 8mm，也不应大于 12mm。

抽检数量：每检验批抽查不应少于 5 处。

检验方法：水平灰缝厚度用尺量 10 皮砖砌体高度折算；竖向灰缝宽度用尺量 2m 砌体长度折算。

（3）砖砌体尺寸、位置的允许偏差及检验应符合表 7-29 的规定。

表 7-29　　砖砌体尺寸和位置的允许偏差

项次	项目			允许偏差（mm）			检验方法
				基础	墙	柱	
1	轴线位移			10	10	10	用经纬仪复查或检查施工测量记录
2	基础顶面和楼面标高			±15	±15	±15	用水准仪复查或检查测量记录
3	墙面垂直度	每层		—	5	5	用 2m 托线板检查
		全高	小于或等于 10m	—	10	10	用经纬仪或吊线和尺检查
			大于 10m	—	20	20	
4	表面平整度	清水墙、柱		—	5	5	用 2m 直尺和楔形塞尺检查
		混水墙、柱		—	8	8	
5	水平灰缝平直度	清水墙		—	7	—	拉 10m 线和尺检查
		混水墙		—	10	—	
6	水平灰缝厚度（10 皮砖累计数）			—	±8	—	与皮数杆比较，用尺检查
7	清水墙游丁走缝			—	20	—	吊线和尺检查，以每层第一皮砖为准
8	外墙上下窗口偏移			—	20	—	用经纬仪或吊线检查，以底层窗口为准
9	门窗洞口宽度（后塞口）			—	±5	—	用尺检查

三、砌石工程质量标准

砌石工程与砌砖工程相似之处很多，大致可参照砌砖工程施工。同时还应注意以下几点：

（1）进材料时就应注意拉结石的储备。砌筑时，必须保证拉结石尺寸、数量、位置符合施工规范的要求。

（2）要注意大小石块搭配使用，立缝要小，大块石间缝隙用小石块堵塞。

（3）砌筑时跟线砌筑，控制好灰缝厚度，每天砌筑高度不超过 1.2m 或一步架高度。

（4）掌握好勾缝砂浆配合比，宜用中粗砂，勾缝后早期应洒水养护。

（5）石砌体尺寸、位置的允许偏差和检验方法见表 7-30。

（6）石砌体的组砌形式应符合下列规定：

1）内外搭砌，上下错缝，拉结石、丁砌石交错设置。

2）毛石墙拉结石每 0.7m^2 墙面不应少于 1 块。

检查数量：每检验批抽查不应少于 5 处。

检验方法：观察检查。

表 7-30　　石砌体的尺寸、位置的允许偏差和检验方法

项次	项目		允许偏差（mm）							检验方法
			毛石砌体		料石砌体					
			基础	墙	毛料石		粗料石		细料石	
					基础	墙	基础	墙	墙、柱	
1	轴线位置		20	15	20	15	15	10	10	用经纬仪和尺检查，或用其他测量仪器检查
2	基础和墙砌体顶面标高		±25	±15	±25	±15	±15	±15	±10	用水准仪和尺检查
3	砌体厚度		+30	+20 −10	+30	+20 −10	+15	+10 −5	+10 −5	用尺检查
4	墙面垂直度	每层	—	20	—	20	—	10	7	用经纬仪、吊线和尺检查或用其他测量仪器检查
		全高	—	30	—	30	—	25	10	
5	表面平整度	清水墙、柱	—	—	—	20	—	10	5	细料石用 2m 靠尺和楔形塞尺检查，其他用两直尺垂直于灰缝拉 2m 线和尺检查
		混水墙、柱	—	—	—	20	—	15	—	
6	清水墙水平灰缝平直度		—	—	—	—	—	10	5	拉 10m 线和尺检查

四、砌块工程质量标准

砌块建筑与一般砌石建筑有许多共同之处。但应符合下列要求：

（1）小砌块和芯柱混凝土、砌筑砂浆的强度等级必须符合设计要求。

（2）砌体水平灰缝和竖向灰缝饱满度，按净面积计算不得低于 90%。

（3）墙体转角处和纵横墙交接处应同时砌筑。临时间断处应砌成斜槎，斜槎水平投影长度不应小于斜槎高度。施工洞口可预留直槎，但在洞口砌筑和补砌时，应在直槎上下搭砌的小砌块孔洞内用强度等级不低于 C20（或 Cb20）的混凝土灌实。

（4）混凝土空心小型砌块和粉煤灰砌块的砌体允许偏差见表 7-31 和表 7-32。

表 7-31　混凝土空心小型砌块砌体的允许偏差

项次	项目			允许偏差（mm）	检查方法
1	轴线位移			10	用经纬仪、水平仪复查或检查施工记录
2	基础或楼面标高			±15	
3	垂直度	每层		5	用吊线法检查
		全高	10m 以下 10m 以上	10 20	用经纬仪或吊线和尺检查
4	表面平整	清水墙、柱 混水墙、柱		5 8	用 2m 靠尺检查
5	水平灰缝平直度	清水墙 10m 以内 混水墙 10m 以内		7 10	用拉线和尺量检查
6	水平灰缝厚度（连续五皮砌块累计数）			±10	用尺量检查
7	垂直灰缝厚度（连续五皮砌块累计数，包括凹面深度）			±15	
8	门窗洞口宽度（后塞框）			±5	用尺量检查

表 7-32　粉煤灰砌块砌体允许偏差

项次	项目			允许偏差（mm）	检验方法
1	轴线位置			10	用经纬仪、水平仪复查或检查施工记录
2	基础或楼面标准			±15	用经纬仪、水平仪复查或检查施工记录
3	垂直度	每楼层		5	用吊线法检查
		全高	10m 以下	10	用经纬仪或吊线尺量检查
			10m 以上	20	用经纬仪或吊线尺量检查
4	表面平整			10	用 2m 长直尺或塞尺检查
5	水平灰缝平直度		清水墙	7	灰缝上口处用 10m 长的线拉直并用尺检查
			混水墙	10	
6	水平灰缝厚度			+10、−5	与线杆比较，用尺检查
7	垂直缝宽度			+10、−5 >30 用细石混凝土	用尺检查
8	门窗洞口宽度（后塞框）			+10、−5	用尺检查
9	清水墙面游丁走缝			20	用吊线和尺检查

第八章

钢筋混凝土工程

钢筋混凝土是指通过在混凝土中加入钢筋网、钢板或纤维而构成的一种组合材料与之共同工作来改善混凝土力学性质的一种组合材料。钢筋混凝土黏结锚固能力可以由四种途径得到：

（1）钢筋与混凝土接触面上化学吸附作用力，也称胶结力。

（2）混凝土收缩，将钢筋紧紧握裹而产生摩擦力。

（3）钢筋表面凹凸不平与混凝土之间产生的机械咬合作用，也称咬合力。

（4）钢筋端部加弯钩、弯折或在锚固区焊短钢筋、焊角钢来提供锚固能力。

钢筋混凝土具有坚固、耐久、防火性能好、比钢结构节省钢材和成本低等优点。同时也有自重大、费时费工、施工受季节性影响较大、补强修复困难等缺点。

第一节 模 板 工 程

模板是新浇钢筋混凝土成型用的模型。模板系统包括模板、支架和紧固件等。

一、常用模板简介

下面主要介绍一些常用的模板，主要有：木模板、通用组合模板、大模板、滑动模板、爬升模板、飞模等形式。

1. 木模板

木模板是由白松为主的木材组成。它制作拼装随意，尤其适用于浇筑外形复杂、数量不多的混凝土结构或构件。但是由于木材消耗量大、重复利用率低，现已不推广使用，逐渐被胶合板、钢模板代替。

（1）基础模板。基础模板按形状一般分为阶形基础模板、杯形基础模板、条形基础模板。

1）阶形基础模板，如图 8-1 所示。如果土质良好，阶形基础模板的最下一级可不用模板而进行原槽浇筑。安装时，要保证上下模板不发生相对位移。

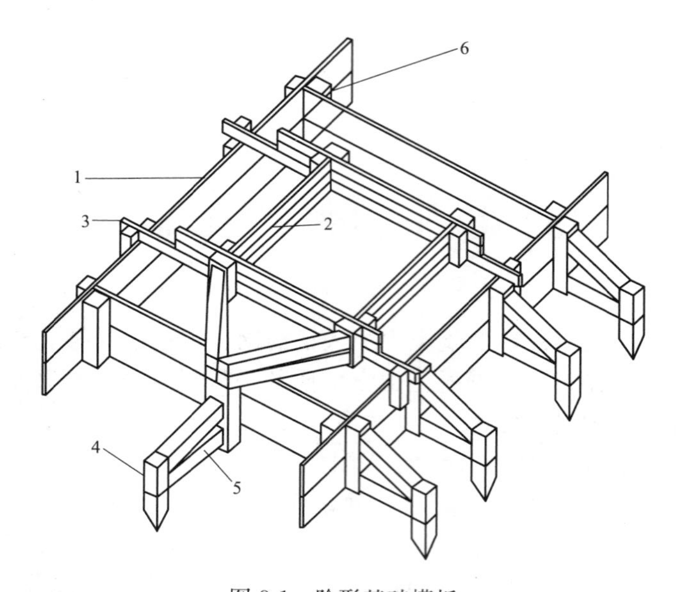

图 8-1 阶形基础模板

1—第一阶侧板；2—第二阶侧板；3—轿杠木；4—木桩；5—撑木；6—木挡

2）杯形基础模板，如图 8-2 所示。杯形基础模板与阶形基础模板基本相似，在模板的顶部中间装杯芯模板。杯芯模板分为整体式和装配式，尺寸较小一般采用整体式，如图 8-3 和图 8-4 所示。

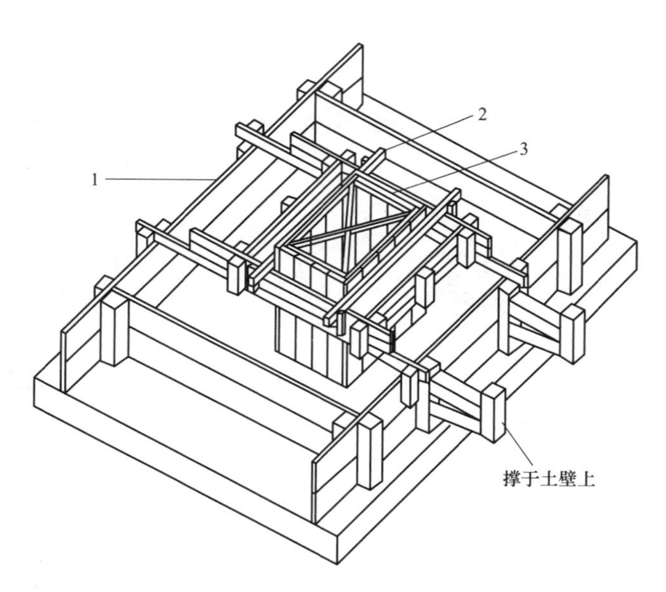

图 8-2 杯形基础模板

1—底阶模板；2—轿杠木；3—杯芯模板

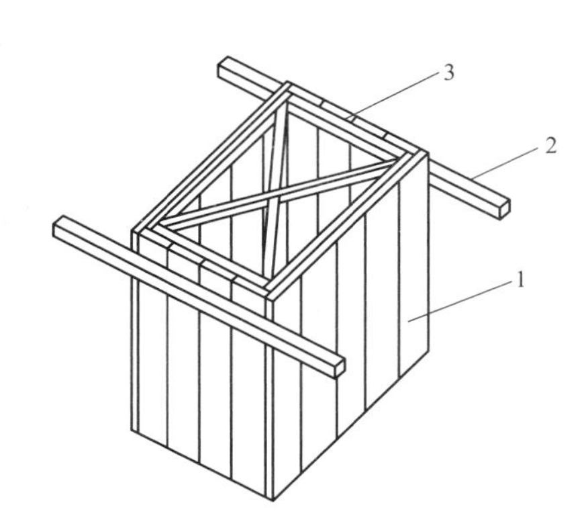

图 8-3　整体式杯芯基础

1—杯芯侧板；2—轿杠木；3—木挡

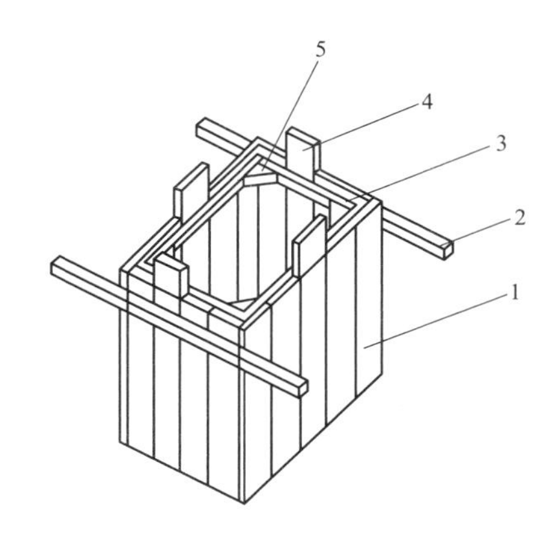

图 8-4　装配式杯芯基础

1—杯芯侧板；2—轿杠木；3—木挡；4—抽芯板；5—三角板

3）条形基础模板。根据土质的情况分为两种情况：土质较好时，下半段利用原土削铲平整不支设模板，仅上半段采用吊模；土质较差时，其上下两段均支设模板。

（2）柱模板。柱模板底部开有清理孔，沿高度每隔约 2m 开有浇筑孔。柱底一般有一钉在底部混凝土上的木框，用以固定柱模板的位置。为承受混凝土侧压力，拼板外要设柱箍，其间距与混凝土侧压力、拼板厚度有关，因而柱模板下部柱箍较密。模板顶部根据需要可开有与梁模板连接的缺口，如图 8-5 所示。

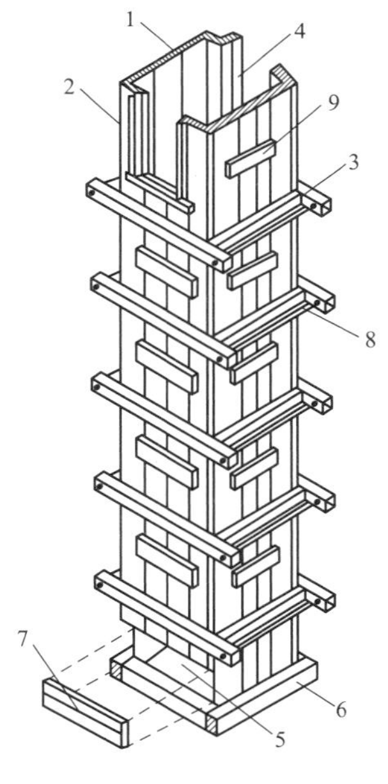

图 8-5　柱模板

1—内拼板；2—外拼板；3—柱箍；4—梁缺口；5—清理孔；6—底部木框；7—盖板；8—拉紧螺栓；9—拼条

（3）梁、楼板模板。梁模板由底模板和侧模板组成。底模板按设计标高调整支柱的标高，然后安装梁底模板，并拉线找平。按照设计要求或规范要求起拱，先主梁起拱，后次梁起拱。

梁侧模板承受混凝土侧压力，底部用钉在支撑顶部的夹角夹住，顶部可由支承楼板模板的格栅顶住，或用斜撑顶住。

楼板模板多用定型模板或胶合板，它支承在格栅上，格栅支承在梁侧模板外的横挡上，如图 8-6 所示。

2. 通用组合式模板

通用组合式模板，系按模数制设计，工厂成型，有完整的、配套使用的通用配件，具有通用性强、装拆方便、周转次数多等特点，包括组合钢模板、钢框竹（木）胶合板模板、塑料模板、铝合金模板等。在现浇钢筋混凝土结构施工中，用它能事先按设计要求组拼成梁、柱、墙、楼板的大型模板整体吊装就位，也可采用散装、散拆方法。

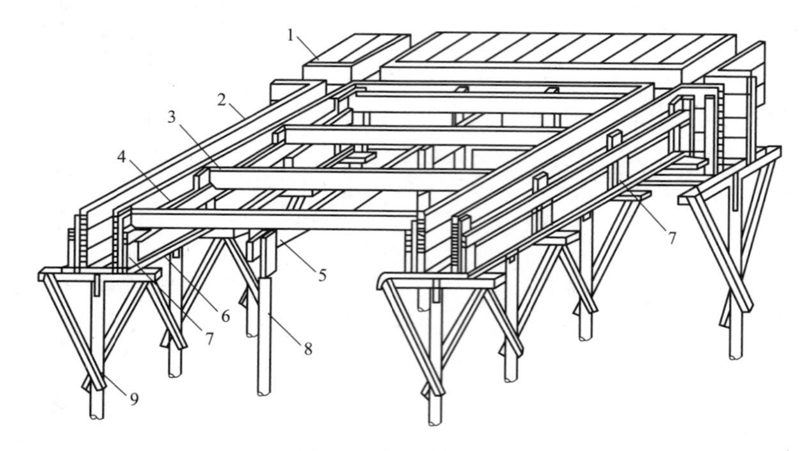

图 8-6　梁、楼板模板

1—楼板模板；2—梁侧模板；3—格栅；4—横挡；5—牵杠；6—夹条；7—短撑木；8—牵杠撑；9—支撑

（1）组合钢模板。组合钢模板主要由钢模板、连接件和支撑件三部分组成。

1）钢模板包括平面模板、阳角模板、阴角模板和连接角模。其主要规格见表 8-1。

表 8-1　　**钢模板材料、规格**

序号	名称	宽度	长度	肋高	材料
1	平面模板	600、550、500、450、400、350、300、250、200、150、100	1800、1500、1200、900、750、600、450	55	Q235 钢板 δ=2.5 δ=2.75
2	阳角模板	150×150、100×150			
3	阴角模板	100×100、50×50			
4	连接模板	50×50			

① 平面模板。平面模板用于基础、墙体、梁、板、柱等各种结构的平面部位，它由面板和肋组成，肋上设有 U 形卡孔和插销孔利用 U 形卡和 L 形插销等拼装成大块板，如图 8-7 所示。

② 阳角模板。阳角模板主要用于混凝土构件阳角，如图 8-8 所示。

③ 阴角模板。阴角模板用于混凝土构件阴角，如内墙角、水池内角及梁板交接处阴角等，如图 8-9 所示。

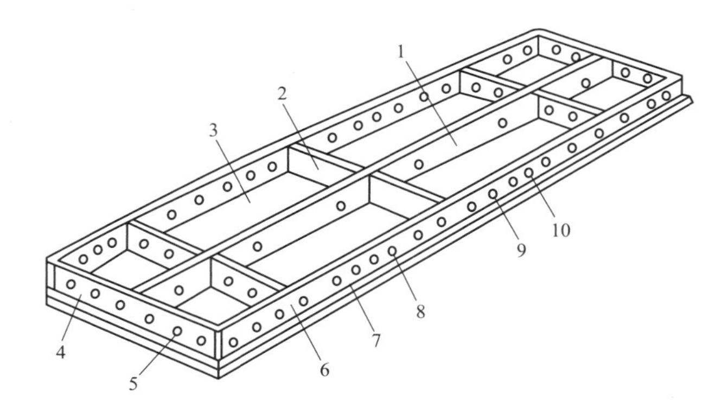

图 8-7 平面模板

1—中纵肋；2—中横肋；3—面板；4—横肋；5—插销孔；6—纵肋；7—凸棱；
8—凸鼓；9—U 形卡孔；10—钉子孔

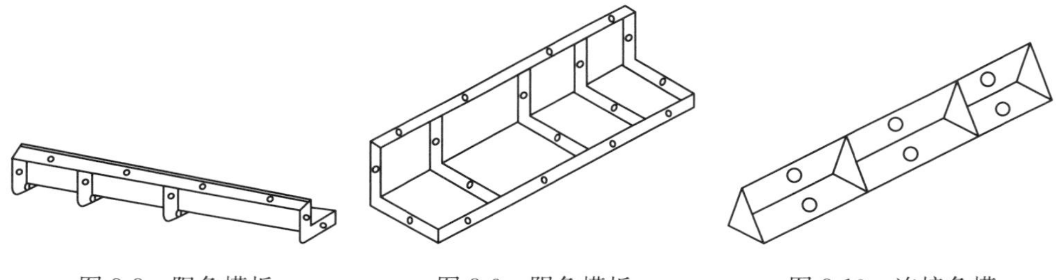

图 8-8 阳角模板　　图 8-9 阴角模板　　图 8-10 连接角模

④ 连接角模。连接角模主要用于平模做垂直连接构成阳角，如图 8-10 所示。

2）连接件。连接件的种类以及用途见表 8-2 所示。

表 8-2　　连接件的种类及用途

序号	名称	图示	用途
1	U 形卡		主要用于相近模板的安装
2	L 形插销		用于插入两块模板纵向连接处的插销孔，以增加模板纵向接头处的刚度
3	对拉螺栓	内拉杆　顶帽　外拉杆　L　混凝土壁厚　L	用于连接墙壁两侧模板，保持墙壁厚度，承受混凝土侧压力及水平荷载，使模板不致变形

续表

序号	名称	图示	用途
4	钩头螺栓		用于模板与内、外龙骨之间的连接固定
5	紧固螺栓		用于紧固内外钢楞，增强拼接模板的整体刚度
6	扣件	蝶式扣件 3形扣件	用于钢楞之间或钢楞与模板之间的扣紧，按形状分为蝶形扣件和 3 形扣件

3）支承件。支承件主要由钢管脚手架、钢支柱、斜撑、钢桁架和龙骨等组成。

① 钢管脚手架。主要用于荷载较大、高楼层的梁、板等水平构件模板的垂直支撑，常用的形式有扣件式钢管脚手架、门式脚手架等，如图 8-11 所示。

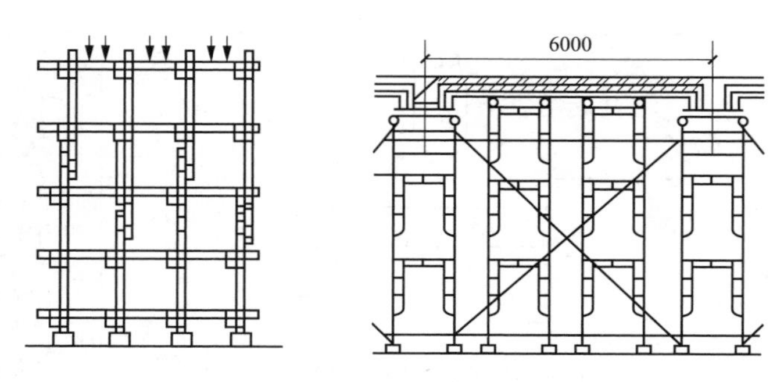

图 8-11　扣件式钢管脚手架和门式钢管脚手架

② 钢支柱。主要用于大梁、楼板等水平模板的垂直支撑，如图 8-12 所示。

③ 斜撑。由组合钢模板拼成的整片墙模或柱模，在吊装就位后，应由斜撑调整和固定其位置，如图 8-13 所示。

④ 钢桁架。其两端可支承在钢筋托具、墙、梁侧模板的横档以及柱顶梁底横档上，以支承梁或板的模板，如图 8-14 所示。

⑤ 龙骨。龙骨包括钢楞、木楞及钢木组合楞。主要用于支承模板并加强整体刚度。

4）配板设计。

① 画出各构件的模板展开图。

② 绘制模板配板图。根据模板展开图，选用最适合的各种规格的钢模板布置在模板展开图上。应尽量选用大尺寸模板，以减少工作量。配板可采用横排，也可采用纵排；可以采用错缝拼接，也可以采用齐缝拼接；配板接头部分，应以木板镶拼面积最小为宜；钢模板连接对齐，以便使用 U 形卡；配板图上应注明预埋件、预留孔、对拉螺栓位置。

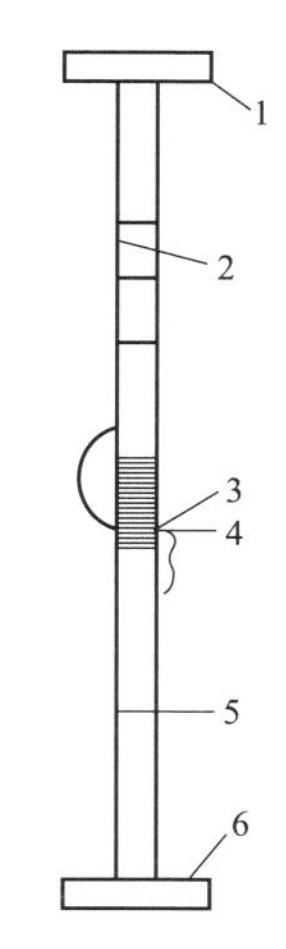

图 8-12 钢支柱

1—顶板；2—插管；3—插销；4—转盘；5—套管；6—底板

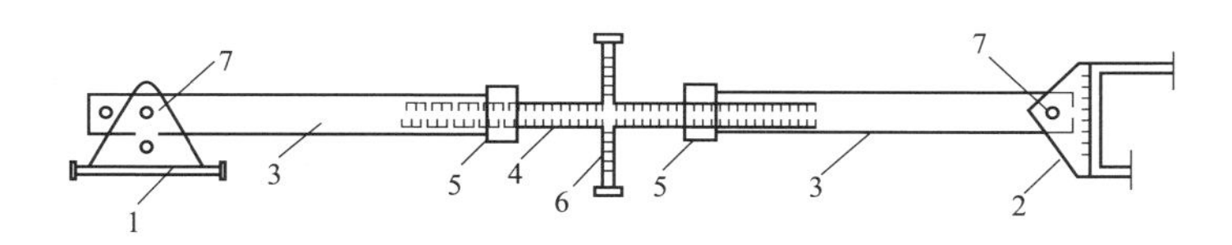

图 8-13 斜撑

1—底座；2—顶撑；3—钢管斜撑；4—花篮螺旋；5—螺母；6—旋杆；7—销钉

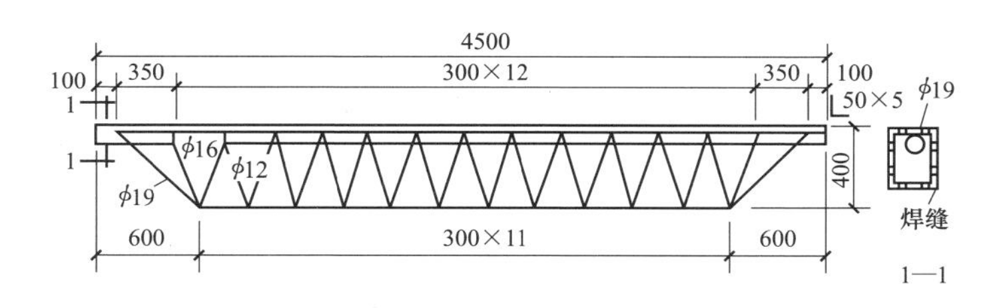

图 8-14 钢桁架

③ 确定支模方案，进行支撑工具布置。根据结构类型及空间位置、荷载大小等确定支模方案，根据配板图布置支撑。

④ 根据配板图的支承件布置图，计算各种规格模板和配件的数量列出清单进行备料。

（2）钢框木胶合板模板。钢框木胶合板模板是由胶合板的面板与高度 75mm 的钢框构成的模板，它由平面模板、连接模板和配件组成。

1）平面模板。平面模板以 600mm 为最宽尺寸，作为标准板，级差为 50mm 或其倍数，宽度小于 600mm 的为补充板。长度以 2400mm 为最长尺寸，级差为 300mm。

2）连接模板。主要有阳角模、连接角钢与调缝角钢三种类型。与平面模板的规格见表 8-3。

表 8-3　　模板材料、规格　　（mm）

<table>
<tr><th>序号</th><th>名称</th><th>宽度</th><th>长度</th><th>肋高</th><th>材料</th></tr>
<tr><td>1</td><td>平板模板</td><td>600、450、300、250、200</td><td>2400、1800、1500、1200、900</td><td rowspan="4">75</td><td>胶合板或竹胶合板、钢肋</td></tr>
<tr><td>2</td><td>阴角模</td><td>150×150、100×150</td><td>1500、1200、900</td><td>热轧型钢</td></tr>
<tr><td>3</td><td>阳角模</td><td>75×75</td><td></td><td>角钢</td></tr>
<tr><td>4</td><td>调缝角钢</td><td>150×150、200×200</td><td>1500、1200、900</td><td>角钢</td></tr>
</table>

3）配件。配件包括连接件和支承件两部分。

① 连接件，有楔形销、单双管背楞卡、L 形插销、扁杆对拉、厚度定位板等。可采用“一把榔头”或一插就能完成拼装，操作快捷，安全可靠。

② 支承件，有脚手架、钢管、背楞、操作平台和斜撑等。

4）配板设计。

① 画出各构件的模板展开图。

② 绘制模板配板图。根据模板展开图，选用最适合的各种规格的钢模板布置在模板展开图上。应尽量选用大尺寸模板，以减少工作量。配板可采用横排，也可采用纵排；可以采用错缝拼接，也可以采用齐缝拼接；配板接头部分，应以木板镶拼面积最小为宜；钢模板连接对齐，以便使用 U 形卡；配板图上应注明预埋件、预留孔、对拉螺栓位置。

③ 确定支模方案，进行支撑工具布置。根据结构类型及空间位置、荷载大小等确定支模方案，根据配板图布置支撑。

④ 根据配板图的支承件布置图，计算各种规格模板和配件的数量列出清单进行备料。

3. 大模板

大模板可用作钢筋混凝土墙体模板，其特点是板面尺寸大（一般等于一片墙的面积），重量为 1～2t，需用起重机进行拆、装，机械化程度高，劳动消耗量低，施工进度加快，但其通用性不如组合钢模。如图 8-15 所示。

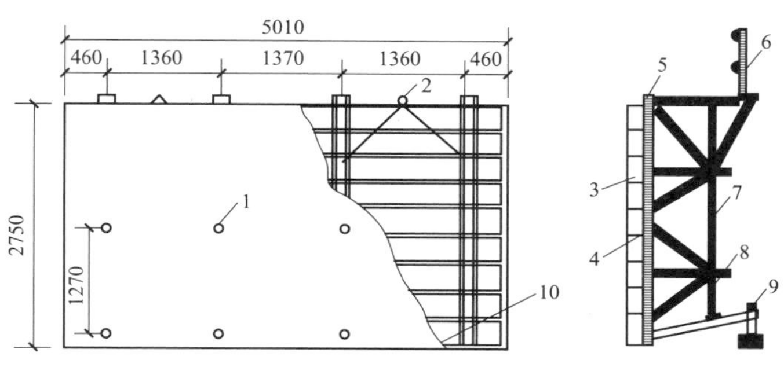

图 8-15 大模板构造示意图

常用的组合形式有组合式大模板、筒形大模板、拆装式模板和外墙大模板。

（1）组合式大模板。组合式大模板是目前最常用的一种模板形式。它通过固定于大模板板面的角模，能把纵横墙的模板组装在一起，房间的纵横墙体混凝土可以同时浇筑，故房屋整体性好。它还具有稳定，拆装方便，墙体阴角方正，施工质量好等特点，并可以利用模数条模板加以调整，以适应不同开间、进深的需要。

组合式大模板由板面系统、支撑系统、操作平台及附件组成，如图 8-16 所示。

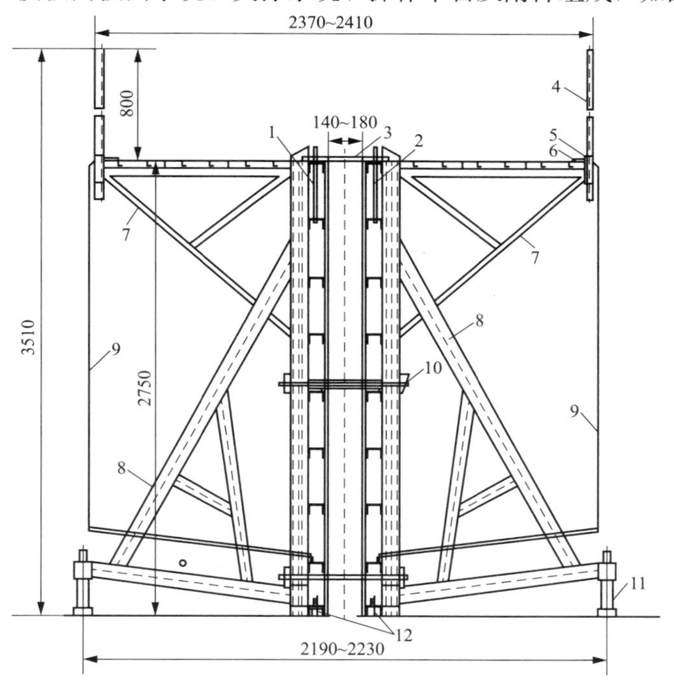

图 8-16 组合式大模板构造

1—反向模板；2—正向模板；3—上口卡板；4—活动护身栏；5—爬梯横担；6—螺栓连接；7—操作平台斜撑；8—支撑架；9—爬梯；10—穿墙螺栓；11—地脚螺栓；12—地脚

1）板面系统。板面系统由面板、竖肋、横肋以及龙骨组成。

面板通常采用4～6mm的钢板，面板骨架由竖肋和横肋组成，直接承受由面板传来的浇筑混凝土的侧压力。竖肋，一般采用60mm×6mm扁钢，间距400～500mm。横肋，一般采用［8槽钢，间距为300～350mm。保证了板面的双向受力。竖龙骨采用［12槽钢成对放置．间距一般为1000～1400mm。

横肋与板面之间用断续焊缝焊接在一起，其焊点间距不得大于20cm。竖肋与横肋满焊，形成一个结构整体。竖肋兼作支撑架的上弦。

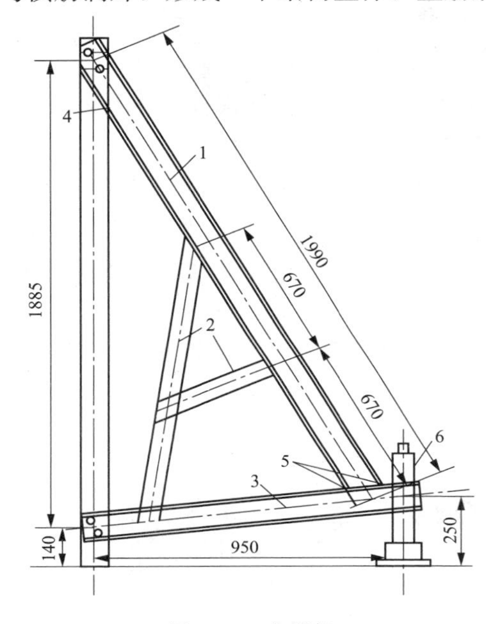

图8-17　支撑架

1—槽钢；2—角钢；3—下部横杆槽钢；4—上加强板；5—下加强板；6—地脚螺栓

2）支撑系统。支撑系统由支撑架和地脚螺栓组成，其功能是保持大模板在承受风荷载和水平力时的竖向稳定性，同时用以调节板面的垂直度。

支撑架一般用槽钢和角钢焊接制成，如图8-17所示。每块大模板设置2个以上支撑架。支撑架通过上、下两个螺栓与大模板竖向龙骨相连接。

地脚螺栓设置在支撑架下部横杆槽钢端部，用来调整模板的垂直度和保证模板的竖向稳定。地脚螺栓的可调高度和支撑架下部横杆的长度直接影响到模板自稳角的大小。

3）操作平台。操作平台是施工人员操作的场所和运行的通道，操作平台系统由操作平台、护身栏、铁爬梯等部分组成。操作平台设置于模板上部，用三脚架插入竖肋的套管内，三脚架上满铺脚手板。铁爬梯供操作人员上下平台之用，附设于大模板上，用钢筋焊接而成，随大模板一道起吊。

4）附件。常用的附件主要有穿墙螺栓、塑料套管和上口卡子。穿墙螺栓是承受混凝土侧压力、加强板面结构的刚度、控制模板间距的重要配件，它把墙体两侧大模板连接为一体。在穿墙螺栓外部套一根硬质塑料管，其长度与墙厚相同，两端顶住墙模板，这样在拆除时可保证穿墙螺栓的顺利脱出。穿墙螺栓构造如图8-18所示。上口卡子如图8-19所示。

（2）筒形大模板。常用与电梯井的模板主要有组合式铰接筒形模板、滑板平台骨架筒模、组合式提模和电梯井自升筒模。

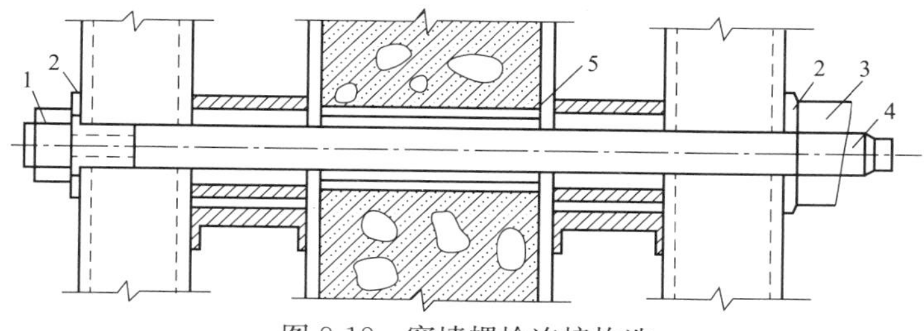

图 8-18　穿墙螺栓连接构造

1—螺母；2—垫板；3—板销；4—螺杆；5—塑料套管

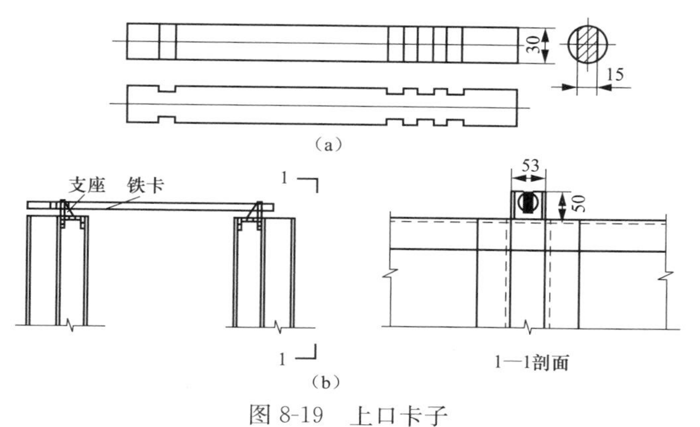

图 8-19　上口卡子

(a) 铁卡子大样；(b) 支座大样

1）组合式铰接筒形模板。组合式铰接筒形模板是由组合式模板组合成大模板、铰接式角模、脱模器、横竖龙骨、悬吊架和紧固件组成。如图 8-20 所示。

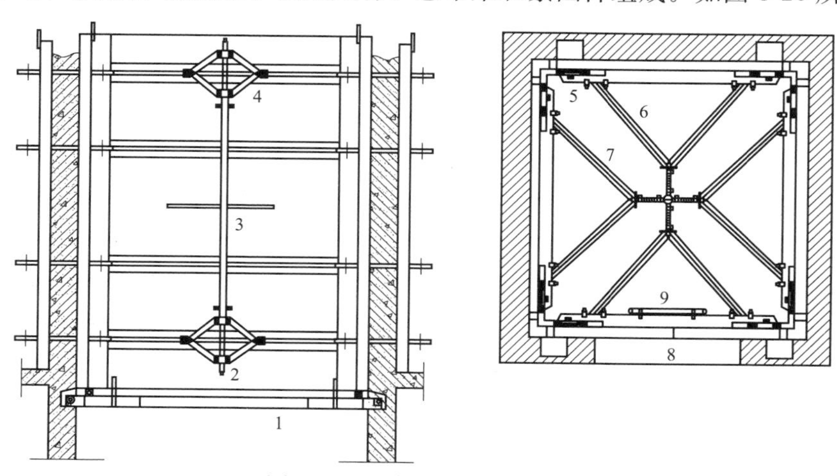

图 8-20　组合式铰接筒形模板

1—底盘；2—下部调节杆；3—旋转杆；4—上部调节杆；5—角模连接杆；6—支撑架 A；7—支撑架 B；8—墙模板；9—钢爬梯

2）滑板平台骨架筒模。滑板平台骨架筒模是由装有连接定位滑板的型钢平台骨架，将井筒四周大模板组成单元筒体，通过定位滑板上的斜孔与大模板上的销钉相对滑动，来完成筒模的支拆工作，是由滑台平台骨架、大模板、角模和模板支撑平台组成，如图 8-21 所示。

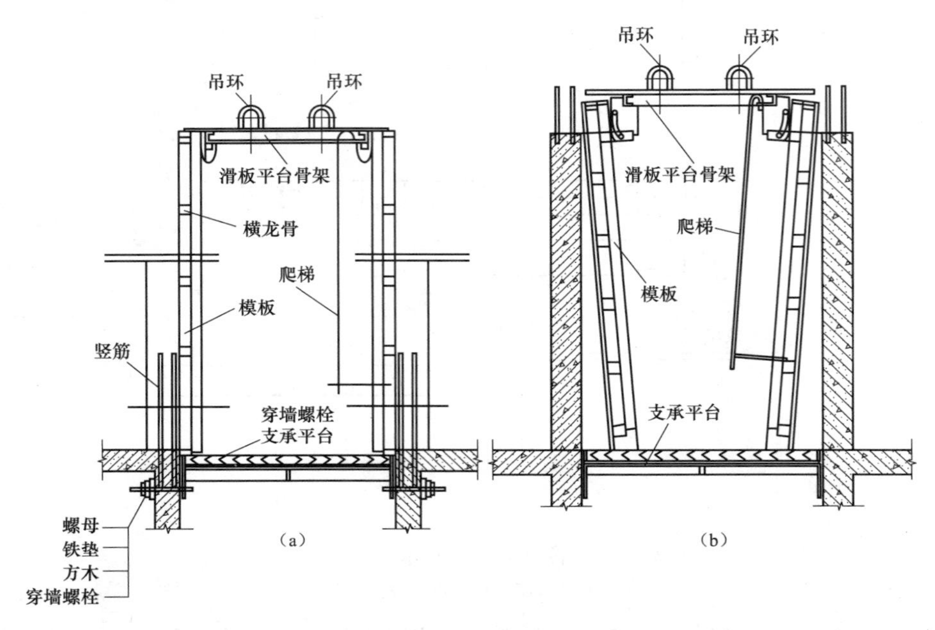

图 8-21　滑板平台骨架筒模构造

(a) 安装就位；(b) 拆除

3）组合式提模。组合式提模由模板、定位脱模架和底盘平台组成，将电梯井内侧模板固定在一个支撑架上，如图 8-22 所示。

4）电梯井自升筒模。自升筒模由模板、托架和立柱支架提升系统两大部分组成，如图 8-23 所示。

（3）拆装式大模板。拆装式大模板由板面、骨架、竖向龙骨和吊环组成。如图 8-24 所示。

（4）外墙大模板。外墙大模板的构造与组合式大模板的构造基本相同，但对于外墙面的垂直度要求较高，在设计和制作方面注意门窗洞口的设置、外墙大角的处理和外墙外侧大模板的支设。

（5）大模板施工。大模板的施工工艺为：抄平→弹线→绑扎→钢筋→固定门窗框→安装模板→浇筑混凝土→养护及拆模。为提高模板的周转率，使模板周转时不需中途吊至地面，以减少起重机的垂直运输工作量，减少模板在地面的堆场面积，大模板宜采用流水分段施工。

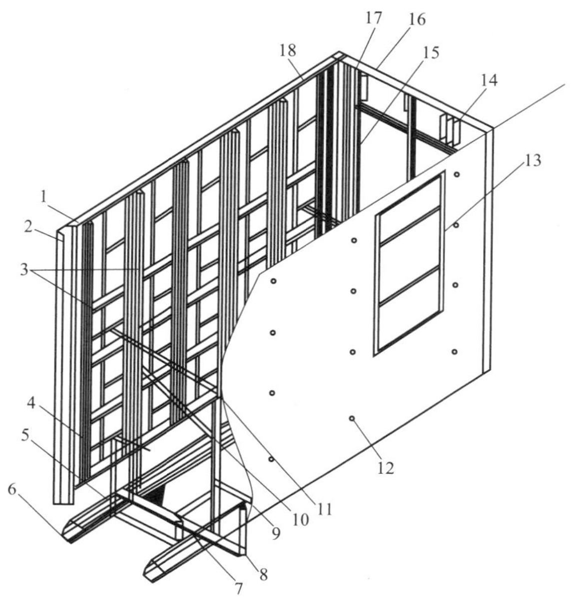

图 8-22 组合式提模构造

1—大模板；2—角模；3—角模骨架；4—拉杆；5—千斤顶；6—单向铰搁脚；7—底盘及钢板网；8—导向条；9—承力小车；10—门形钢架；11—可调卡具；12—拉杆螺栓孔；13—门洞；14—搁脚预留洞位置；15—角模骨架吊链；16—定位架；17—定位架压板螺杆；18—吊环

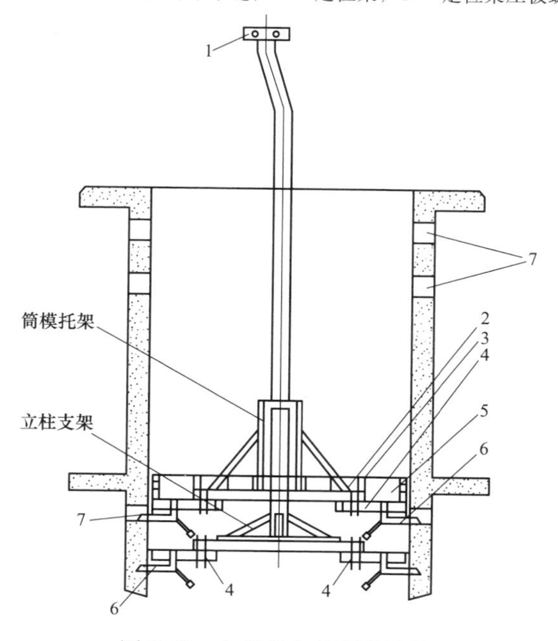

图 8-23 电梯井自升筒模结构

1—吊具；2—面板；3—方木；4—托架调节梁；5—调节丝杆；6—支腿；7—支腿洞

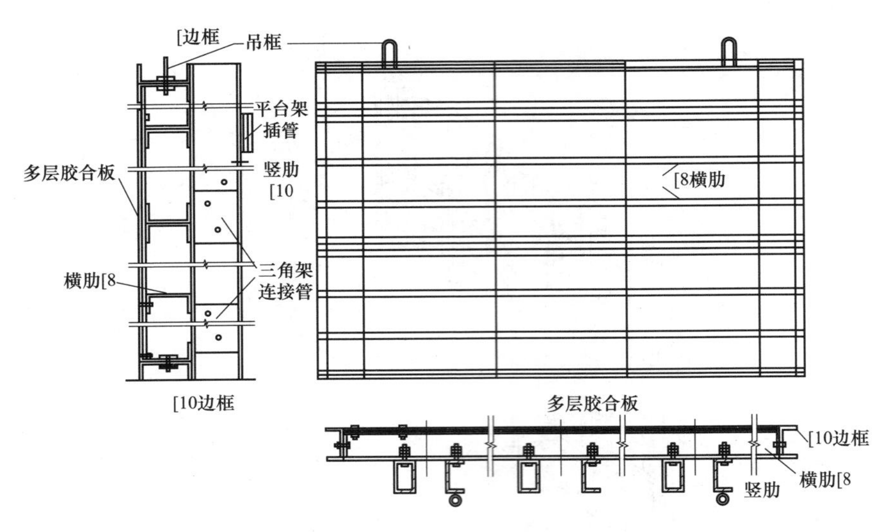

图 8-24　拆装式大模板

大模板的组装顺序是：先内墙，后外墙，先以一个房间的大模板组装成敞口的闭合结构，再逐步扩大，进行相邻房间模板的安装，以提高模板的稳定性，并使模板不易产生位移。内墙模板由支承在基础或楼面相对的两块大模板组成，沿模板高度用 2～3 道穿墙螺栓拉紧。外墙的外模板可借挑梁悬挂在内墙模板上或安装在附墙脚手架上，并用穿墙螺栓与内模拉紧。

大模板制作允许偏差见表 8-4，支模质量标准见表 8-5。

表 8-4　　大模板制作允许偏差

项目	允许偏差（mm）	备注
平面尺寸	－2	尺检
表面平整	2	2m 靠尺，楔尺检查
对角线差	3	尺检
螺栓孔位置偏差	2	尺检

表 8-5　　大模板支模质量标准

项目名称	允许偏差（mm）	检查方法
垂直	3	用 2m 靠尺检查
位置	2	用尺检查
上口宽度	＋2 0	用尺检查
标高	±10	用尺检查

4. 滑动模板

滑升模板是一种工具式模板，用于现场浇筑高耸的建、构筑物等，如烟囱、筒仓、竖井、沉井、双曲线冷却塔和剪力墙的高层建筑物等。滑动模板主要由模板系统、操作平台系统和液压系统组成，如图 8-25 所示。

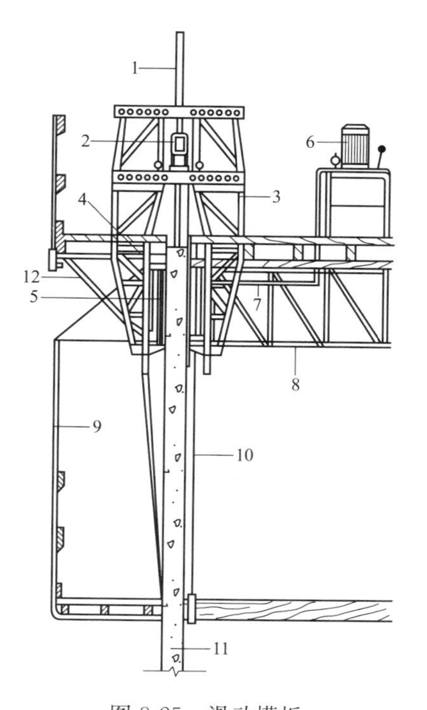

图 8-25 滑动模板

1—支承杆；2—液压千斤顶；3—提升架；4—围圈；5—模板；6—高压油泵；7—油管；8—操作平台桁架；9—外吊架；10—内吊架；11—混凝土墙体；12—外挑架

(1) 模板系统。模板系统包括模板、围圈和提升架等。

1) 模板又称围板。依赖圆圈带动其沿混凝土的表面向上滑动。模板的作用主要是承受混凝土的侧压力、冲击力和滑升时的摩阻力，并按混凝土设计的要求截面成形。

模板按其所在部位及作用的不同，可分为内模板、外模板、堵头模板以及阶梯形变截面处的衬模板等。为了防止混凝土在浇灌时向外溅出，也可将外模板的上端比内模板高 100～200mm。

2) 围圈又称作围檩。其构造如图 8-26 所示。其主要作用，是使模板保持组装的平面形状并将模板与提升架连接成一个整体。围圈在工作时，承担由模板传递来的混凝土测压力、冲击力及风荷载等水平荷载，滑升时的摩阻力及作用于操作平台上的静荷重和活荷重等竖向荷载，并将其传递到提升架、千斤顶和支承杆上。

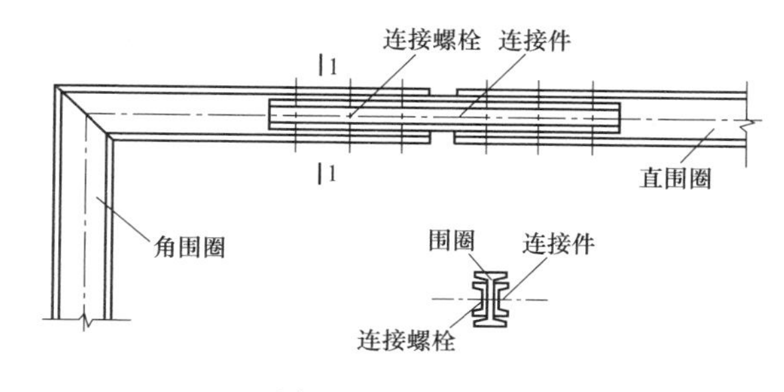

图 8-26 围圈构造

在每侧模板的背后，通常设置 8～10 号工字钢或槽钢制作的上下两道围圈。为了增强其刚度，也可在上下围圈之间增设腹杆，制成桁架式围圈桁架。

3）提升架又称千斤顶架。它是安装千斤顶，并与围圈、模板连接成整体的主要构件。提升架的主要作用，是控制模板、围圈由于混凝土的侧压力和冲击力而产生的向外变形；同时承受作用于整个模板上的竖向荷载，并将上述荷载传递给千斤顶和支承杆。当提升机具工作时，通过它带动围圈、模板及操作平台等一起向上滑动。

（2）操作平台系统。操作平台系统是滑模施工的主要工作面，它包括主操作平台、外挑操作平台、吊脚手架等，在施工时还可设置上辅助平台，如图 8-27 所示。

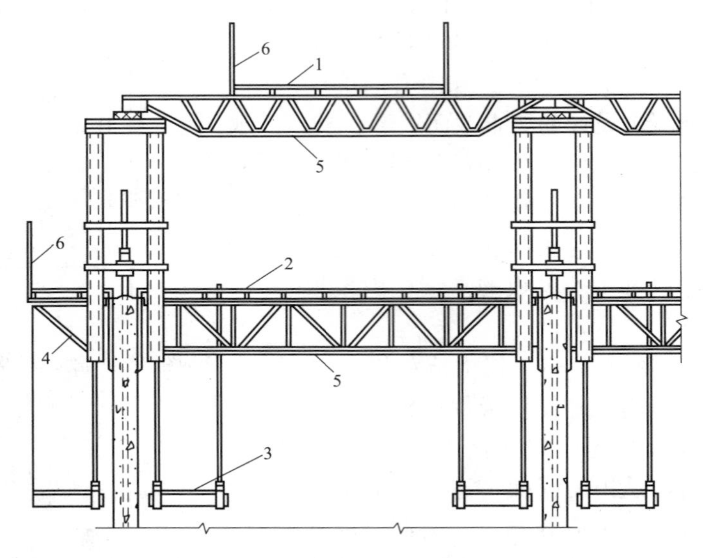

图 8-27　操作平台系统

1—上辅助平台；2—主操作平台；3—吊脚手架；4—三角挑架；5—承重桁架；6—防护栏杆

1）主操作平台既是施工人员进行绑扎钢筋、浇筑混凝土、提升栏板等的操作场所，也是钢筋、混凝土、埋没件等材料和千斤顶、振捣器等小型备用机具的暂时存放地。

按楼板施工工艺的不同要求，操作平台板可采用固定式或活动式。一般将提升架立柱内侧的操作平台板宜采用固定式，提升架立柱外侧的平台板采用活动式。以便平台板揭开后，对现浇楼板进行支模、绑扎钢筋和浇灌混凝土或进行预制楼板的安装。

2）外挑操作平台一般由三脚挑架、楞木和铺板组成。外挑宽度为 0.8～1.0m。为了操作安全起见，在其外侧需设置防护栏杆。防护栏杆立柱可采用承插式固定在三脚挑架上，也可作为夜间施工架设照明的灯杆。

3）吊脚手架又称下辅助平台或吊架，主要用于检查混凝土的质量和表面修饰以及模板的检修和拆卸等工作。吊脚手架主要由吊杆、横梁、脚手板和防护栏杆等构件组成。吊杆可采用直径为 16～18mm 的圆钢或 50×4 的扁钢制作。吊杆的上端通过螺栓悬吊于三脚挑架或提升架的主柱上。

（3）液压系统。液压系统主要包括支承杆、液压千金顶、液压控制台和油路系统，是使滑升模板向上滑升的动力装置。

1）支承杆既是液压千斤顶向上爬升的轨道，又是滑升模板的承重支柱，它承受施工过程中的全部荷载，其规格要与所选用的千斤顶相适应，用钢珠作卡头的千斤顶，需用 HRB400 级圆钢筋，用楔块作卡头的千斤顶，HPB300、HRB335、HRB400 钢筋皆可用。

2）液压千金顶工作原理为：施工时，将液压千斤顶安装在提升架横梁上与之连成一体，支承杆穿入千斤顶的中心孔内。当高压油液压人它的活塞与缸盖之间，在高压油的作用下，由于上卡头 2（与活塞相连）内的小钢珠（在卡头上，环形排列，共 7 个，支承在斜孔内的弹簧上）与支承杆 6 产生自锁作用，使上卡头与支承杆锁紧，因而活塞 1 不能下行。于是在油压作用下，迫使缸体连带底座和下卡头一起向上升起，由此带动提升架等整个滑模上升。当上升到下卡头紧碰着上卡头时，即完成一个工作行程，如图 8-28 所示。

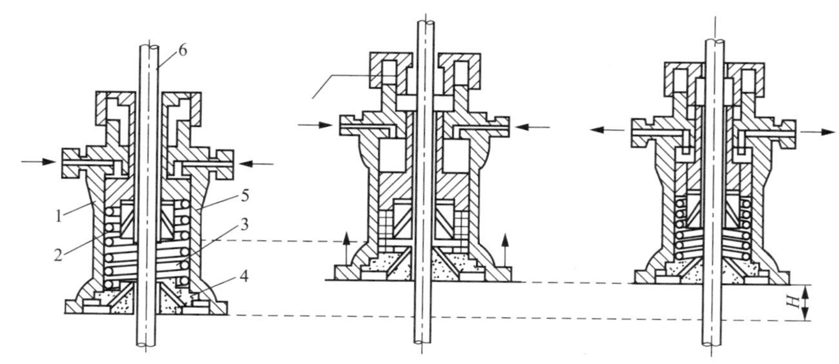

图 8-28　液压千金顶工作原理

1—活塞；2—上卡头；3—排油弹簧；4—下卡头；5—缸体；6—支承杆

3）液压控制台是液压传动系统的控制中心，是液压滑模的心脏。它主要由电动机、齿轮油泵、换向阀、溢流阀、液压分配器和油箱等组成，如图 8-29 所示。

液压控制台应符合下列要求：

① 液压控制台带电部位对机壳的绝缘电阻不得低于 0.5MΩ。

② 液压控制台带电部位（不包括 50V 以下的带电部位）应能承受 50Hz、电压 2000V，历时 1min 耐电试验，无击穿和闪烙现象。

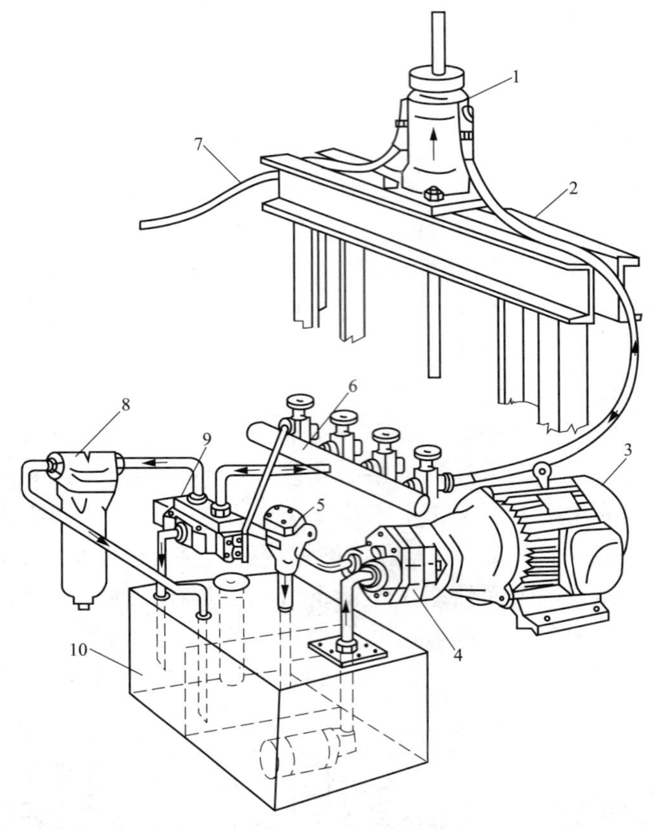

图 8-29　液压传动系统示意图

1—液压千斤顶；2—提升架；3—电动机；4—齿轮油；5—溢流阀；6—液压分配器；7—油管；8—滤油器；9—换向阀；10—油箱

③ 液压控制台的液压管路和电路应排列整齐统一，仪表在台面上的安装布置应美观大方，固定牢靠。

④ 液压系统在额定工作压力 10MPa 下保压 5min，所有管路、接头及元件不得漏油。

⑤ 液压控制台在下列条件下应能正常工作：

A. 环境温度为－10～40℃。

B. 电源电压为 380±38V。

C. 液压油污染度不低于 20/18［注：液压油液样抽取方法按《液压油箱液样抽取法》（JG/T 69），污染度测定方法按《油液中固体颗粒污染物的显微镜计数法》（JG/T 70）进行］；

D. 液压油的最高油温不得超过 70℃，油温温升不得超过 30℃。

4）油路系统是连接控制台到千斤顶使油液进行工作的通路，主要由油管、管接头、液压分配器、截止阀等元、器件组成。

油管可采用高压胶管或无缝钢管制作。在一个工程的施工过程中，一般不经常油路，大都采用钢管；需要常拆改的油路，宜采用高压胶管。

5. 爬升模板

升模板简称爬模，是一种施工剪力墙体系和筒体体系的混凝土结构高层建筑和高桥塔等构筑物的一种有效的模板体系。由于模板能自爬，不需起重运输机械吊运，减少了机械的吊运工作量，能避免大模板受大风影响。由于自爬的模板（或爬架）上悬挂有脚手，所以省去了结构施工阶段的外脚手，装修时脚手还可自上而下降下来，节约了大量脚手架材料。因此，能减少起重机械的数量，加快施工速度，经济效益较好。

爬模分有爬架爬模和无爬架爬模两种，无爬架爬模如图 8-30 所示。有爬架爬模如图 8-31 所示，有爬架爬模由模板、爬架和爬升设备三部分组成。

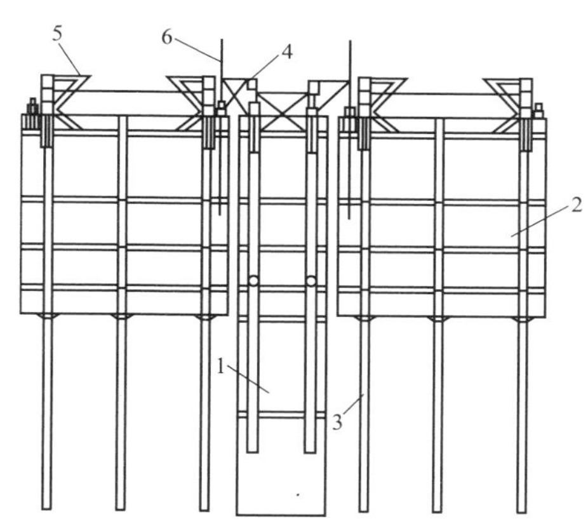

图 8-30　无爬架爬模构造

1—甲型模板；2—乙型模板；3—背楞；4—液压千斤顶；5—三角爬架；6—爬杆

爬升模板采用整片式大平模，模板由面板及肋组成，而不需要支撑系统；提升设备采用电动螺杆提升机、液压千斤顶或倒链。爬升模板是将大模板工艺和滑升模板工艺相结合，既保持大模板施工墙面平整的优点又保持了滑模利用自身设备使模板向上提升的优点，墙体外模板能自行爬升而不依赖塔式起重机。在自爬的模板上悬挂脚手架可省去施工过程中的外脚手架。

6. 飞模

飞模也称台模、桌模。如图 8-32 所示。它是现浇钢筋混凝土楼板的一种大型工具式模板。一般是一个房间一个飞模。飞模可以整体脱模和转运，借助吊车从浇完的楼板下飞出转移至上层重复使用，适用于高层建筑大开间、大进深的现浇混凝土楼盖施工，也适用于冷库、仓库等建筑的无柱帽的现浇无梁楼盖施工。飞模按其支架结构类型分为：立柱式飞模、桁架式飞模、悬空式飞模等。

飞模整体性好，混凝土表面容易平整、施工进度快。飞模由台面、支架（支柱）、支腿、调节装置、行走轮等组成。台面是直接接触混凝土的部件，表面应平整光滑，具有较高的强度和刚度。

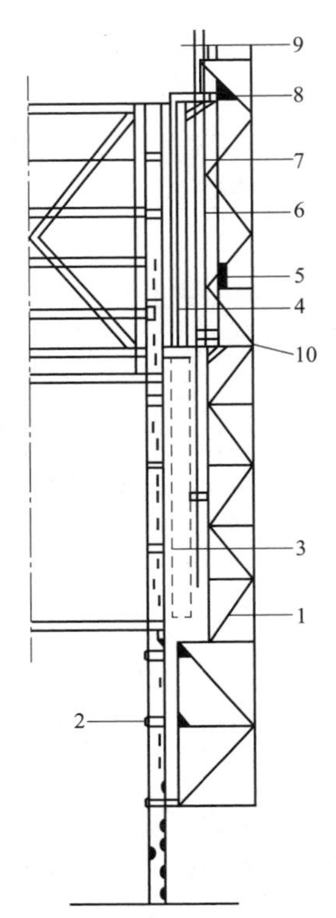

图 8-31　有爬架爬模构造

1—爬架；2—螺栓；

3—预留爬架孔；4—爬模；

5—爬架；6—爬模千斤顶；

7—爬杆；8—模板挑横梁；

9—爬架挑横梁；10—脱模千斤顶

二、模板安装

1. 模板安装的一般要求

（1）模板安装必须按模板的施工设计进行，严禁随意变动。

（2）楼层高度超过 4m 或二层及二层以上的建筑物，安装和拆除钢模板时，周围应设安全网或搭设脚手架和加设防护栏杆。在临街及交通要道地区，尚应设警示牌，并设专人维持安全，防止伤及行人。

（3）现浇整体式的多层房屋和构筑物安装上层楼板及其支架时，应符合下列要求：

1）下层楼板混凝土强度达到 1.2N/mm^2 以后，才能上料具。料具要分散堆放，不得过分集中。

2）如采用悬吊模板、桁架支模方法，其支撑结构必须要有足够的强度和刚度。

3）下层楼板结构的强度要达到能承受上层模板、支撑系统和新浇筑混凝土的重量时，方可进行。否则下层楼板结构的支撑系统不能拆除，同时上下层支柱应在同一垂直线上。

（4）模板及支撑系统在安装过程中，必须设置固定措施，以防止倒塌。

（5）在架空输电线路下面安装和拆除组合钢模板时，吊机起重臂、吊物、钢丝绳、外脚手架和操作人员等与架空线路的最小安全距离应符合表 8-6 的要求。如停电作业时，要有相应的防护措施。

（6）模板的支柱纵横向水平、剪刀撑等均应按设计的规定布置，当设计无规定时，一般支柱的网距不宜大于 2m，纵横向水平的上下步距不宜大于 1.5m，纵横向的垂直剪刀撑间距不宜大于 6m。

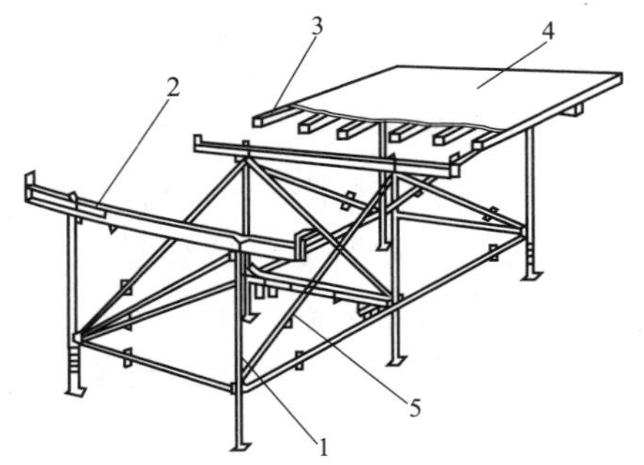

图 8-32　飞模

1—支腿；2—可伸缩的横梁；3—檩条；4—面板；5—斜撑

当支柱高度小于 4m 时，应设上下两道水平撑和垂直剪刀撑。以后支柱每增高 2m 再增加一道水平撑，水平撑之间还需增加剪刀撑一道。

当楼层高度超过 10m 时，模板的支

柱应选用长料，同一支柱的连接接头不宜超过 2 个。

表 8-6　　操作人员与架空线路的最小安全距离

外电显露电压	1kV 以下	1～10kV	35～110kV	154～220kV	330～500kV
最小安全操作距离（m）	4	6	8	10	15

（7）安装组合模板时，应按规定确定吊点位置，先进行试吊，无问题后进行吊运安装。

2. 模板安装的注意事项

（1）单片柱模板吊装时，应采用卸扣（卡环）和柱模连接，严禁用钢筋钩代替，以避免柱模翻转时脱钩造成事故，待模板立稳后并拉好支撑，方可摘除吊钩。

（2）安装墙模板时，应从内、外角开始，向互相垂直的两个方向拼装，连接模板的 U 形卡要正反交替安装，同一道墙（梁）的两侧模板应同时组合，以便确保模板安装时的稳定。当模板采用分层支模时，第一层楼板拼装后。应立即将内、外钢楞、穿墙螺栓、斜撑等全部安设紧固稳定。当下层楼板不能独立安设支承件时，必须采取可靠的临时固定措施，否则禁止进行上一层楼板的安装。

（3）支设 4m 以上的立柱模板和梁模板时，应搭设工作台，不足 4m 的，可使用马凳操作，不准站在柱模板上和在梁底板上行走，更不允许利用拉杆、支撑攀登上下。

（4）墙模板在未装对拉螺栓前，板面要向内倾斜一定角度并撑牢，以防倒塌。安装过程要随时拆换支撑或增加支撑，以保持墙板处于稳定状态。模板未支撑稳固前不得松动吊钩。

（5）支撑应按工序进行，模板没有固定前，不得进行下道工序。

（6）用钢管和扣件搭设双排立柱支架支承梁模时，扣件应拧紧，且应检查扣件螺栓的扭力矩是否符合规定，当扭力矩不能达到规定值时，可放两个扣件与原扣件挨紧。横杆步距按设计规定，严禁随意增大。

（7）平板模板安装就位时。要在支架搭设稳固，板下楞与支架连接牢固后进行。U 形卡要按设计规定安装，以增强整体性，确保横板结构安全。

三、模板拆除

1. 模板拆除的一般要求

（1）模板拆除的顺序和方法，应按照配板设计的规定进行，遵循先支后拆，后支先拆，先非承重部位，后承重部位以及自上而下的原则。拆模时，严禁用大锤和撬棍硬砸硬撬。

（2）组合大模板宜大块整体拆除。

（3）支承件和连接件应逐件拆卸，模板应逐块拆卸传递，拆除时不得损伤模板和混凝土。

（4）拆下的模板和配件不得抛扔，均应分类堆放整齐，附件应放在工具箱内。

2. 模板拆除

（1）支架立柱拆除。

1）当拆除钢楞、木楞、钢桁架时，应在其下面临时搭设防护支架，使所拆楞梁及桁架先落在临时防护支架上。

2）当立柱的水平拉杆超过2层时，应首先拆除2层以上的拉杆。当拆除最后一道水平拉杆时，应与拆除立柱同时进行。

3）当拆除4～8m跨度的梁下立柱时，应先从跨中开始，对称地分别向两端拆除。拆除时，严禁采用连梁底板向旁侧一片拉倒的拆除方法。

4）对于多层楼板模板的立柱，当上层及以上楼板正在浇筑混凝土时，下层楼板立柱的拆除，应根据下层楼板结构混凝土强度的实际情况，经过计算确定。

5）阳台模板应保持三层原模板支撑，不宜拆除后再加临时支撑。

6）后浇带模板应保持原支撑，如果因施工方法需要也应先加临时支撑支顶后拆模。

（2）普通模板拆除。

1）拆除条形基础、杯形基础、独立基础或设备基础的模板时，应符合下列要求：

① 拆除前应先检查基槽（坑）土壤的安全状况，发现有松软、龟裂等不安全因素时，应采取安全防范措施后，方可进行作业。

② 拆除模板时，应先拆内外木楞、再拆木面板；钢模板应先拆钩头螺栓和内外钢楞，后拆U形卡和L形插销。

③ 模板和支撑应随拆随运，不得在离槽（坑）上口边缘1m以内堆放。

2）拆除柱模应符合下列要求：

① 柱模拆除可分别采用分散拆和分片拆两种方法。

② 分片拆除的顺序为：拆除全部支撑系统→自上而下拆除柱箍及横楞一拆除柱角U形卡→分片拆除模板→原地清理→刷防锈油或脱模剂→分片运至新支模地点备用。

③ 分散拆除的顺序为：拆除拉杆或斜撑→自上而下拆除柱箍或横楞→拆除竖楞→自上而下拆除配件及模板→运走分类堆放→清理→拔钉→钢模维修→刷防锈油或脱模剂→入库备用。

3）拆除梁、板模板应符合下列要求：

① 梁、板模板应先拆梁侧模，再拆板底模，最后拆除梁底模，并应分段分片进行，严禁成片撬落或成片拉拆。

② 拆除模板时，严禁用铁棍或铁锤乱砸，已拆下的模板应妥善传递或用绳钩放至地面。

③ 待分片、分段的模板全部拆除后，将模板、支架、零配件等按指定地点运出堆放，并进行拔钉、清理、整修、刷防锈油或脱模剂，入库备用。

4）拆除墙模应符合下列要求：

① 墙模分散拆除顺序为：拆除斜撑或斜拉杆→自上而下拆除外楞及对拉螺栓→分层自上而下拆除木楞或钢楞及零配件和模板→运走分类堆放→拔钉清理或清理检修后刷防锈油或脱模剂→入库备用。

② 预组拼大块墙模拆除顺序为：拆除全部支撑系统→拆卸大块墙模接缝处的连接型钢及零配件→拧去固定埋设件的螺栓及大部分对拉螺栓→挂上吊装绳扣并略拉紧吊绳后拧下剩余对拉螺栓→用方木均匀敲击大块墙模立楞及钢模板，使其脱离墙体→用撬棍轻轻外撬大块墙模板使全部脱离→起吊、运走、清理→刷防锈油或脱模剂备用。

③ 拆除每一大块墙模的最后2个对拉螺栓后，作业人员应撤离大模板下侧，以后的操作均应在上部进行。个别大块模板拆除后产生局部变形者应及时整修好。

④ 大块模板起吊时，速度要慢，应保持垂直，严禁模板碰撞墙体。

3. 注意事项

（1）拆模前应检查所使用的工具是否有效和可靠，扳手等工具必须装入工具袋或系挂在身上，并应检查拆模场所范围内的安全措施。

（2）模板的拆除工作应设专人指挥。作业区应设围栏，其内不得有其他工种作业，并应设专人负责监护。

（3）多人同时操作时，应明确分工、统一信号或行动，应具有足够的操作面，人员应站在安全处。

（4）高处拆除模板时，应符合有关高处作业的规定，应搭脚手架，并设防护栏杆，防止上下在同一垂直面操作。搭设临时脚手架必须牢固。

（5）拆模必须拆除干净彻底，如遇特殊情况需中途停歇，应将已拆松动、悬空、浮吊的模板或支架进行临时支撑牢固或相互连接稳固。对活动部件必须一次拆除。

（6）已拆除了模板的结构，应在混凝土强度达到设计强度值后方可承受全部设计荷载。若在未达到设计强度以前，需在结构上加置施工荷载时，应另行核算，强度不足时，应加设临时支撑。

(7) 如遇6级或6级以上大风时，应暂停室外的高处作业。雨、雪、霜后应先清扫施工现场，方可进行工作。

(8) 拆除有洞口的模板时，应采取防止操作人员坠落的措施。洞口模板拆除后，应及时进行防护。

四、质量验收

1. 模板安装的质量要求

(1) 各种预埋件、预留孔洞的规格、位置、数量及其固定情况，其偏差应符合表8-7的规定。

表8-7　预埋件和预留孔洞的允许偏差

项目		允许偏差（mm）
预埋钢板中心线位置		3
预埋管、预留孔中心线位置		3
插筋	中心线位置	5
	外露长度	+10，0
预埋螺栓	中心线位置	10
	外露长度	+10，0
预留洞	中心线位置	10
	尺寸	+10，0

注：检查中心线位置时，应沿纵、横两个方向量测，并取其中的较大值。

(2) 现浇结构模板安装的偏差应符合表8-8的规定。

表8-8　现浇结构模板安装的允许偏差及检验方法

项目		允许偏差（mm）	检验方法
轴线位置（纵、横两个方向）		5	钢尺检查
底模上表面标高		±5	水准仪或拉线、钢尺检查
截面内部尺寸	基础	±10	钢尺检查
	柱、墙、梁	+4，−5	钢尺检查
层高垂直度	不大于5m	6	经纬仪或吊线、钢尺检查
	大于5m	8	经纬仪或吊线、钢尺检查
相邻两板表面高低差		2	钢尺检查
表面平整度		5	2m靠尺和塞尺检查

(3) 预制构件模板安装的偏差应符合表8-9的规定。

表 8-9 预制构件模板安装的允许偏差及检验方法

序号	项目		允许偏差（mm）	检验方法
1	长度	板、梁	±5	钢尺量两角边，取其中较大值
2		薄腹梁、桁架	±10	
3		柱	0，−10	
4		墙板	0，−5	
5	宽度	板、墙板	0，−5	钢尺量一端及中部，取其中较大值
6		梁、薄腹梁、桁架、柱	+2，−5	
7	高（厚）度	板	+2，−3	钢尺量一端及中部，取其中较大值
8		墙板	0，−5	
9		梁、薄腹梁、桁架、柱	+2，−5	
10	侧向弯曲	梁、板、柱	l/1000 且≤15	拉线、钢尺量最大弯曲处
11		墙板、薄腹梁、桁架	l/1500 且≤15	
12	板的表面平整度		3	2m 靠尺和塞尺检查
13	相邻两板表面高低差		1	钢尺检查
14	对角线差	板	7	钢尺量两个对角线
15		墙板	5	
16	翘曲	板、墙板	l/1500	调平尺在两端量测
17	设计起拱	薄腹梁、桁架、梁	±3	拉线、钢尺量跨中

注：l 为构件长度（mm）。

2. 模板拆除的质量要求

（1）底模及其支架拆除时的混凝土强度应符合表 8-10 的规定。

表 8-10 底模拆除时的混凝土强度要求

结构类型	结构跨度（m）	达到设计的混凝土立方体抗压强度标准值的百分率（%）
板	≤2	≥50
	>2，≤8	≥75
	>8	≥100
梁、拱、壳	≤8	≥75
	>8	≥100
悬臂构件	—	≥100
	—	

（2）对后张法预应力混凝土结构构件，侧模应在预应力张拉前拆除；底模支架的拆除应按施工技术方案执行，当无具体要求时，不应在结构构件建立预

应力拆除。

（3）后浇带模板的拆除和支顶应按施工技术方案执行。

第二节 钢 筋 工 程

一、钢筋分类及其性能

钢筋混凝土用钢筋主要有热轧光圆钢筋、热轧带肋钢筋、余热处理钢筋、冷轧带肋钢筋、冷轧扭钢筋、冷拔螺旋钢筋、冷拔低碳钢丝等。

（1）热轧（光圆、带肋）钢筋。热轧光圆钢筋是经热轧成型，横截面通常为圆形，表面光滑的成品钢筋。

热轧光圆钢筋是经热轧成型，横截面通常为圆形，且表面带肋的混凝土结构用钢材，包括普通热轧钢筋和细晶粒热轧钢筋。

热轧钢筋的力学性能见表 8-11。

表 8-11　热轧钢筋力学性能

牌号	R_{el}(MPa)	R_m(MPa)	A(%)	A_{gt}(%)
	不小于			
HPB235	235	370	25.0	10.0
HPB300	300	420		
HRB335 HRBF335	335	455	17.0	7.5
HRB335E HRBF335E	335	455	17.0	9.0
HRB400 HRBF400	400	540	16.0	7.5
HRB400E HRBF400E	400	540	16.0	9.0
HRB500 HRBF500	500	630	15.0	7.5
HRB500E HRBF500E	500	630	15.0	9.0

注：表中，R_{el}为热轧钢筋的屈服强度；R_m 为抗拉强度；A 为断后伸长率、A_{gt}为最大力总伸长率。

（2）余热处理钢筋。余热处理钢筋是热轧后立即穿水，进行表面控制冷却，然后芯部预热自身完成回火处理所得的成品钢筋。

（3）冷轧带肋钢筋。冷轧带肋钢筋是热轧盘条经过冷轧后，在其表面带有沿长度方向均匀分布的三面或二面横肋的钢筋。其力学性能和工艺性能指标见表 8-12。

表 8-12　　冷轧带肋钢筋的力学性能和工艺性能

牌号	$R_{p0.2}$（MPa）不小于	R_m（MPa）不小于	伸长率（%）不小于		弯曲试验 180°	反复弯曲次数	应力松弛初始应力相当于公称抗拉强度的 70%
			$A_{11.3}$	A_{100}			1000h 松弛率（%）不大于
CRB550	500	550	8.0	—	$D=3d$		—
CRB650	585	650	—	4.0	—	3	8
CRB800	720	800	—	4.0	—	3	8
CRB970	875	970	—	4.0	—	3	8

注：表中 D 为弯芯直径，d 为钢筋公称直径。

（4）冷拔螺旋钢筋。制造钢筋的盘条应根据《低碳钢热轧圆盘条》（GB/T 701）的有关规定。冷拔螺旋钢筋的力学性能见表 8-13。

表 8-13　　冷拔螺旋钢筋的力学性能

级别代号	屈服强度 $\sigma_{0.2}$（MPa）不小于	抗拉强度 σ_b（MPa）不小于	伸长率不小于（%）		冷弯 180°		应力松弛 $\sigma_{con}=0.7\sigma_b$	
			δ_{10}	δ_{100}	D=弯心直径		1000h 不大于（%）	10h 不大于（%）
LX550	500	550	8	—	$D=3d$	受弯曲部位表面不得产生裂缝	—	
LX650	520	650	—	4	$D=4d$		8	5
LX800	540	800	—	4	$D=5d$		8	5

注：1. 抗拉强度值应按公称直径 d 计算；
　　2. 伸长率测量标距 δ_{10} 为 $10d$；δ_{100} 为 100mm；
　　3. 对成盘供应的 LX650 和 LX800 级钢筋，经调直后的抗拉强度仍应符合表中规定。

（5）冷拔低碳钢丝。拔丝用热轧圆盘条应符合《低碳钢热轧圆盘条》（GB/T 701）的有关规定。在冷拔过程中，不得酸洗和退火，冷拔低碳钢丝成品不允许对焊。冷拔低碳钢丝的力学性能见表 8-14。

表 8-14　　冷拔低碳钢丝的力学性能

级别	公称直径 d（mm）	抗拉强度 R（MPa）不小于	断后伸长率 A_{100}（%）不小于	反复弯曲次数（次/180°）不小于
甲级	5.0	650	3.0	4
		600		
	4.0	700	2.5	
		650		
乙级	3.0、4.0、5.0、6.0	550	2.0	

注：甲级冷拔低碳钢丝作预应力筋用时，如经机械调直则抗拉强度标准值应降低 50MPa。

二、钢筋加工

1. 钢筋除锈

(1) 钢筋的表面应洁净。油渍、漆污和用锤敲击时能剥落的浮皮、铁锈等应在使用前清除干净。在焊接前，焊点处的水锈应清除干净。钢筋除锈可采用机械除锈和手工除锈两种方法：

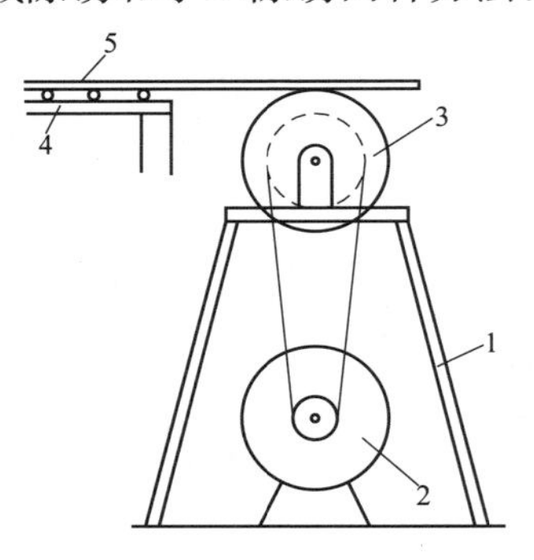

图 8-33 电动除锈机

1—支架；2—电动机；3—圆盘钢丝刷；4—滚轴台；5—钢筋

1) 机械除锈可采用钢筋除锈机或钢筋冷拉、调直过程除锈。

对直径较细的盘条钢筋，通过冷拉和调直过程自动去锈；粗钢筋采用圆盘铁丝刷除锈机除锈。

除锈机如图 8-33 所示。该机的圆盘钢丝刷有成品供应，其直径为 200～300mm、厚度为 50～100mm、转速一般为 1000r/min，电动机功率为 1.0～1.5kW。为了减少除锈时灰尘飞扬，应装设排尘罩和排尘管道。

2) 手工除锈可采用钢丝刷、砂盘、喷砂等除锈或酸洗除锈。工作量不大或在工地设置的临时工棚中操作时，可用麻袋布擦或用钢刷子刷；对于较粗的钢筋，用砂盘除锈法，即制作钢槽或木槽，槽内放置干燥的粗砂和细石子，将有锈的钢筋穿进砂盘中来回抽拉。

(2) 对于有起层锈片的钢筋，应先用小锤敲击，使锈片剥落干净，再用砂盘或除锈机除锈；对于因麻坑、斑点以及锈皮去层而使钢筋截面损伤的钢筋，使用前应鉴定是否降级使用或做其他处置。

2. 钢筋切断

钢筋切断机具有断线钳、手压切断器、手动液压切断器、电动液压切断机、钢筋切断机等。

(1) 手动液压切断器。手动液压切断器如图 8-34 所示。其工作原理是：把放油阀按顺时针方向旋紧；揿动压杆使柱塞提升，吸油阀被打开，工作油进入油室；提起压杆，工作油便被压缩进入缸体内腔，压力油推动活塞前进，安装在活塞杆前部的刀片即可断料。切断完毕后立即按逆时针方向旋开放油阀，在回位弹簧的作用下，压力油又流回油室，刀头自动缩回缸内，如此重复动作，以实现钢筋的切断。

手动液压切断器的工作总压力为 80kN，活塞直径为 36mm，最大行程 30mm，液压泵柱塞直径为 8mm，单位面积上的工作压力 79MPa，压杆长度 438mm，压杆作用力 220N，切断器长度为 680mm，总重 6.5kg，可切断直径 16mm 以下的钢筋。这种机具体积小、质量轻，操作简单，便于携带。

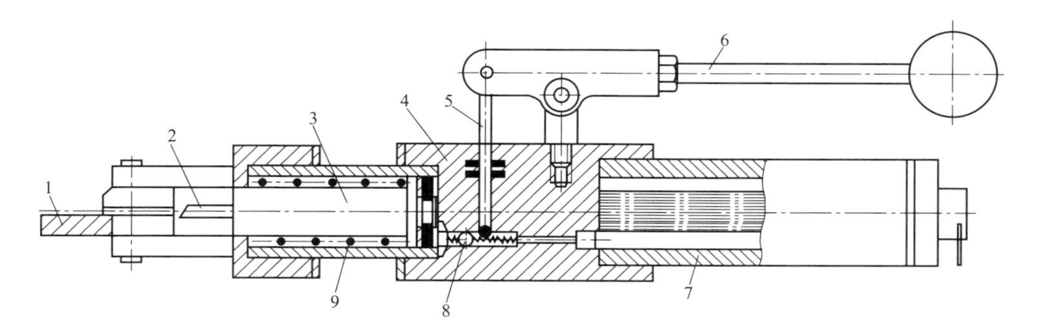

图 8-34 手动液压切断器

1—滑轨；2—刀片；3—活塞；4—缸体；5—柱塞；6—压杆；7—贮油筒；8—吸油阀；9—回位弹簧

（2）电动液压切断机。电动液压切断机，如图 8-35 所示。其工作总压力为 320kN，活塞直径为 95mm，最大行程 28mm，液压泵柱塞直径为 12mm，单位面积上的工作压力 45.5MPa，液压泵输油率为 4.5L/min，电动机功率为 3kW，转数 1440r/min。机器外形尺寸为 889mm（长）×396mm（宽）×398mm（高），总重 145kg。

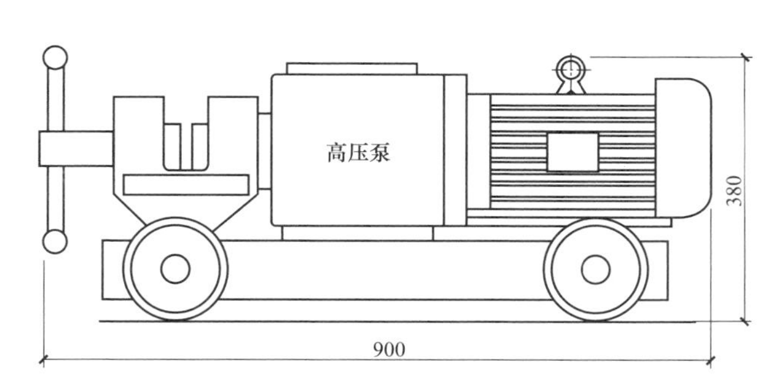

图 8-35 电动液压切断机

（3）钢筋切断机。其切断工艺为：

1）将同规格钢筋根据不同长度长短搭配，统筹排料；一般应先断长料，后断短料，以减少短头接头和损耗。

2）断料应避免用短尺量长料，以防止在量料中产生累计误差。宜在工作台上标出尺寸刻度并设置控制断料尺寸用的挡板。

3）钢筋切断机的刀片应由工具钢热处理制成，刀片的形状如图 8-36 所示。使用前应检查刀片安装是否正确、牢固，润滑及空车试运转应正常。固定刀片与冲切刀片的水平间隙以 0.5～1mm 为宜；固定刀片与冲切刀片刀口的距离：对直径≤20mm 的钢筋宜重叠 1～2mm，对直径＞20mm 的钢筋宜留 5mm 左右。

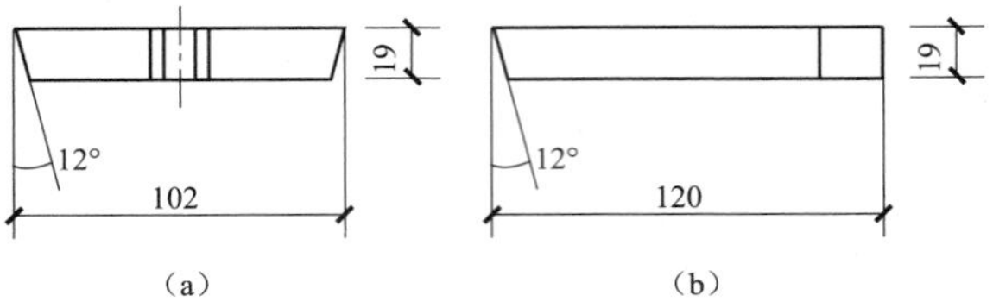

图 8-36 钢筋切断机的刀片形状
(a) 冲切刀片；(b) 固定刀片

4）向切断机送料时，应将钢筋摆直，避免弯成弧形。操作者应将钢筋握紧，并应在冲切刀片向后退时送进钢筋；切断较短钢筋时，宜将钢筋套在钢管内送料，防止发生人身或设备安全事故。

3. 钢筋弯曲

(1) 画线。钢筋弯曲前，对形状复杂的钢筋（如弯起钢筋），根据钢筋料牌上标明的尺寸，用石笔将各弯曲点位置画出。画线时应注意：

1）根据不同的弯曲角度扣除弯曲调整值，其扣法是从相邻两段长度中各扣一半。

2）钢筋端部带半圆弯钩时，该段长度画线时增加 0.5d（d 为钢筋）。

3）画线工作宜从钢筋中线开始向两边进行；两边不对称的钢筋，也可从钢筋一端开始画线，如画到另一端有出入时，则应重新调整。

(2) 钢筋弯曲成形。钢筋在弯曲机上成形时，如图 8-37 所示。心轴直径应是钢筋直径的 2.5～5.0 倍，成形轴宜加偏心轴套，以便适应不同直径的钢筋弯曲需要。弯曲细钢筋时，为了使弯弧一侧的钢筋保持平直，挡铁轴宜做成可变挡架或固定挡架（加铁板调整）。

(3) 曲线形钢筋成形。弯制曲线形钢筋时，如图 8-38 所示，可在原有钢筋弯曲机的工作盘中央，放置一个十字架和钢套；另外在工作盘四个孔内插上短轴和成形钢套（和中央钢套相切）。插座板上的挡轴钢套尺寸，可根据钢筋曲线形状选用。钢筋成形过程中，成形钢套起顶弯作用，十字架只协助推进。

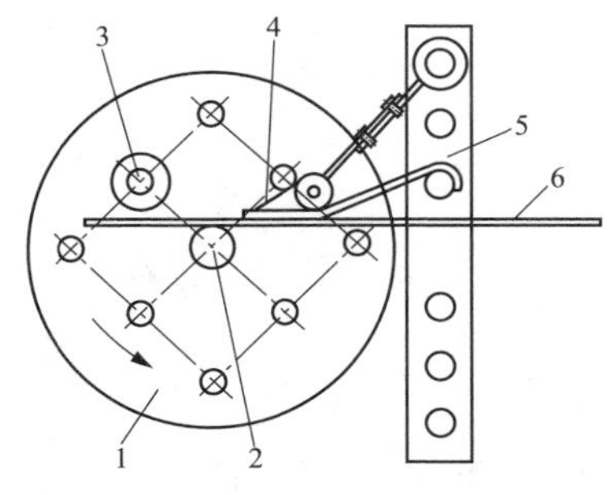

图 8-37 钢筋弯曲成形

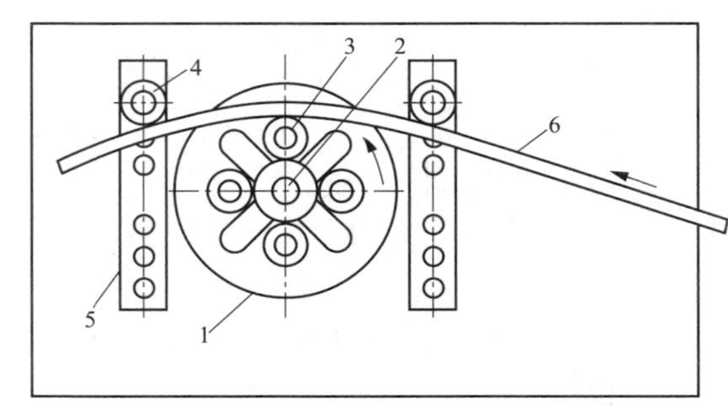

图 8-38 曲线形钢筋成形
1—工作盘；2—十字撑及圆套；3—桩柱及圆套；4—挡轴钢套；5—插座板；6—钢筋

4. 钢筋冷拔

冷拔是使 ϕ6～ϕ9 的光圆钢筋通过钨合金的拔丝模如图 8-39 所示，来进行强力冷拔。钢筋通过拔丝模时，受到拉伸与压缩兼有的作用，使钢筋内部晶格变形而产生塑性变形，因而抗拉强度提高（可提高 50%～90%），塑性降低，呈硬钢性质。光圆钢筋经冷拔后称“冷拔低碳钢丝”。

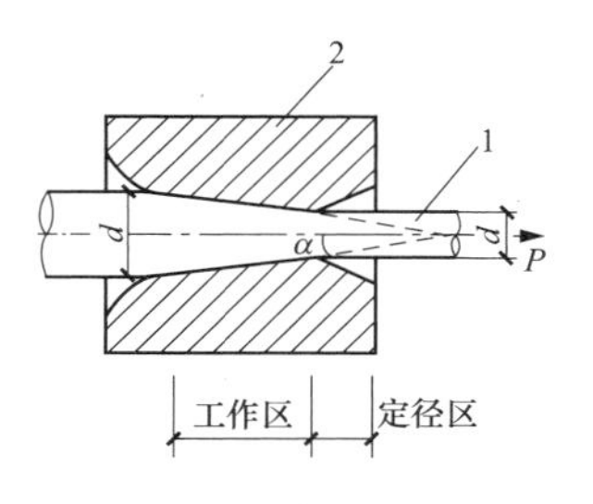

图 8-39 钢筋冷拔示意图

1—钢筋；2—拔丝模

冷拔低碳钢丝有时是经多次冷拔而成，不一定是一次冷拔就达到总压缩率。每次冷拔的压缩率不宜太大，否则拔丝机的功率要大，拔丝模易损耗，且易断丝。一般前道钢丝和后道钢丝的直径之比以 1∶0.87 为宜。冷拔次数也不宜过多，否则易使钢丝变脆。

冷拔低碳钢丝的质量应符合《混凝土结构工程施工及验收规范》（GB 50204）中有关的规定。对用于预应力结构的甲级冷拔低碳钢丝，应加强检验，应逐盘取样检验。

冷拔低碳钢丝经调直机调直后，抗拉强度降低 8%～10%，塑性有所改善，使用时应注意。

三、钢筋连接

钢筋连接有三种常用的连接方法：绑扎连接、焊接连接和机械连接。除个别情况（如不准出现明火）应尽量采用焊接连接，以保证质量、提高效率和节约钢材。钢筋焊接分为压焊和熔焊两种形式。压焊包括闪光对焊、电阻点焊和气压焊；熔焊包括电弧焊和电渣压力焊。此外，钢筋与预埋件 T 形接头的焊接应采用埋弧压力焊，也可用电弧焊或穿孔塞焊，但焊接电流不宜大，以防烧伤钢筋。

1. 钢筋焊接连接

（1）钢筋焊接连接应符合下列规定：

1）细晶粒热轧钢筋 HRBF335、HRBF400、HRBF500 施焊时，可采用与 HRB335、HRB400、HRB500 钢筋相同的或者近似的，并经试验确认的焊接工艺参数。直径大于 28mm 的带肋钢筋，焊接参数应经试验确定；余热处理钢筋不宜焊接。

2）电渣压力焊适用于柱、墙、构筑物等现浇混凝土结构中竖向受力钢筋的连接；不得在竖向焊接后横置于梁、板等构件中作水平钢筋使用。

3）在工程开工正式焊接之前，参与该项施焊的焊工应进行现场条件下的焊接工艺试验，并经试验合格后，方可正式生产。试验结果应符合质量检验与验收时的要求。焊接工艺试验的资料应存于工程档案。

4）钢筋焊接施工之前，应清除钢筋、钢板焊接部位以及钢筋与电极接触处表面上的锈斑、油污、杂物等；钢筋端部当有弯折、扭曲时，应予以矫直或切除。

5）带肋钢筋闪光对焊、电弧焊、电渣压力焊和气压焊，宜将纵肋对纵肋安放和焊接。

6）焊剂应存放在干燥的库房内，若受潮时，在使用前应经250～350℃烘焙2h。使用中回收的焊剂应清除熔渣和杂物，并应与新焊剂混合均匀后使用。

7）两根同牌号、不同直径的钢筋可进行闪光对焊、电渣压力焊或气压焊，闪光对焊时直径差不得超过4mm，电渣压力焊或气压焊时，其直径差不得超过7mm。焊接工艺参数可在大、小直径钢筋焊接工艺参数之间偏大选用，两根钢筋的轴线应在同一直线上。对接头强度的要求，应按较小直径钢筋计算。

8）当环境温度低于－20℃时，不宜进行各种焊接。雨天、雪天不宜在现场进行施焊；必须施焊时，应采取有效遮蔽措施。焊后未冷却接头不得碰到冰雪。在现场进行闪光对焊或电弧焊，当超过四级风力时，应采取挡风措施。进行气压焊当超过三级风力时，应采取挡风措施。

9）焊机应经常维护保养和定期检修，确保正常使用。

（2）钢筋闪光对焊。闪光对焊广泛用于钢筋纵向连接及预应力钢筋与螺丝端杆的焊接。热轧钢筋的焊接宜优先用闪光对焊，不可能时才用电弧焊。

钢筋闪光对焊的原理，如图8-40所示，是利用对焊机使两段钢筋接触，通过低电压的强电流，待钢筋被加热到一定温度变软后，进行轴向加压顶锻，形成对焊接头。

闪光对焊工艺可以分为连续闪光焊、预热-闪光焊、闪光-预热-闪光焊。如图8-41所示。

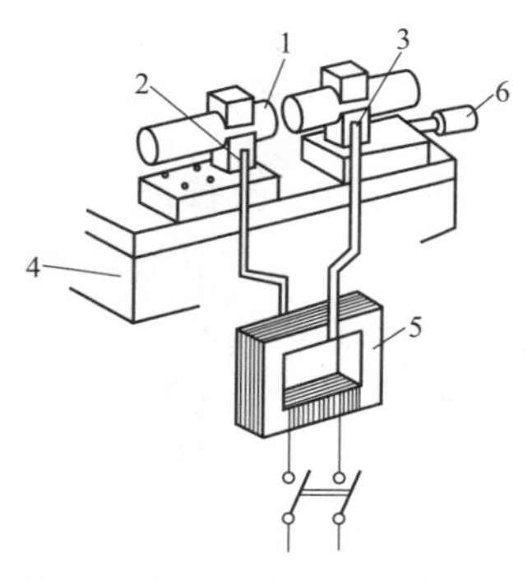

图8-40　钢筋闪光对焊原理

1—焊接的钢筋；2—固定电极；3—可动电极；4—机座；5—变压器；6—手动顶压机构

1）连续闪光焊。连续闪光焊的工艺过程包括：连续闪光和顶锻过程如图8-41（a）所示。施焊时，先闭合一次电路，使两根钢筋端面轻微接触，此时端面的间隙中即喷射出火花般熔化的金属微粒——闪光，接着徐徐移动钢筋使两端面仍保持轻微接触，形成连续闪光。当闪光到预定的长度，使钢筋端头加热到将近熔点时，就以一定的压力迅速进行顶锻。先带电顶锻，再无电顶锻到一定长度，焊接接头即告完成。

2）预热-闪光焊。预热-闪光焊是在连续闪光焊前增加一次预热过程，以扩大焊接热影响区。其工艺过程包括：预热、闪光和顶锻过程如图 8-41（b）所示。施焊时先闭合电源，然后使两根钢筋端面交替地接触和分开，这时钢筋端面的间隙中即发出断续的闪光，而形成预热过程。当钢筋达到预热温度后进入闪光阶段，随后顶锻而成。

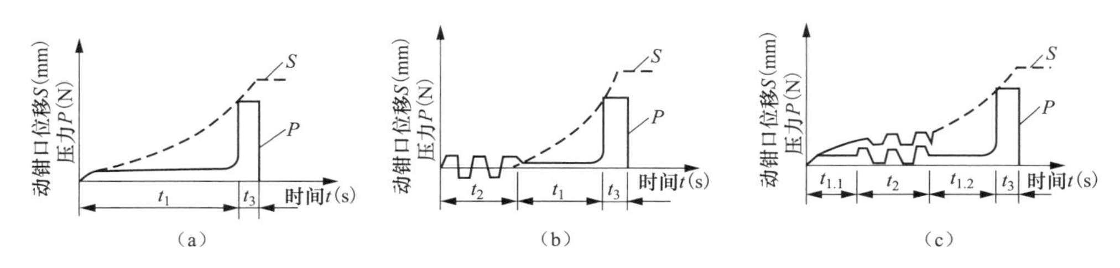

图 8-41　钢筋闪光对焊工艺过程图解

（a）连续闪光焊；（b）预热闪光焊；（c）闪光-预热-闪光焊

t_1—闪光时间；$t_{1.1}$——一次闪光时间；$t_{1.2}$—二次闪光时间；t_2—预热时间；t_3—顶锻时间

连续闪光焊的工艺参数为调伸长度、烧化留量、顶锻留量及变压器级数等，如图 8-42 所示。

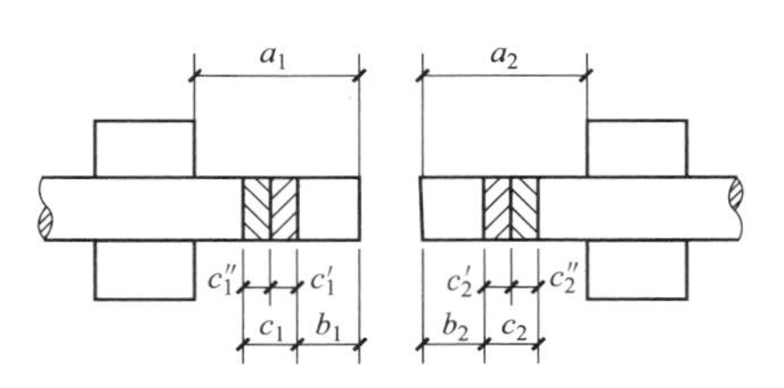

图 8-42　调伸长度及留量

a_1、a_2—左、右钢筋的调伸长度；

b_1+b_2—烧化留量；c_1+c_2—顶锻留量；

$c_1'+c_2'$—有电顶锻留量；$c_1''+c_2''$—无电顶锻留量

3）闪光-预热-闪光焊。闪光-预热-闪光焊是在预热闪光焊前加一次闪光过程，目的是使不平整的钢筋端面烧化平整，使预热均匀。其工艺过程包括：一次闪光、预热、二次闪光及顶锻过程如图 8-41（c）所示。施焊时首先连续闪光，使钢筋端部闪平，然后同预热闪光焊。

（3）钢筋电阻点焊。电阻点焊主要用于钢筋的交叉连接，如用来焊接钢筋网片、钢筋骨架等。它生产效率高、节约材料，应用广泛。

常用的点焊机有单点点焊机、多头点焊机（一次可焊数点，用于宽大的钢筋网）、悬挂式点焊机（可焊钢筋骨架或钢筋网）、手提式点焊机（用于施工现场）。

电阻点焊的工作原理是，当钢筋交叉点焊时，接触点只有一点，且接触电阻较大，在接触的瞬间，电流产生的全部热量都集中在一点上，因而使金属受热而熔化，同时在电极加压下使焊点金属得到焊合，其工作原理如图 8-43 所示。

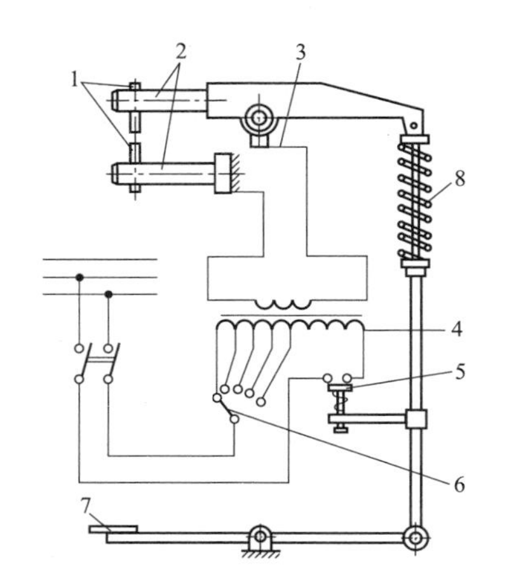

图 8-43 电焊机工作原理简图
1—电极；2—电极臂；3—变压器的次级线圈；
4—变压器的初级线圈；5—断路器；
6—变压器的调节开关；7—踏板；8—压紧机构

钢筋电焊参数主要有：通电时间、电流强度、电极压力、焊点压入深度。电阻点焊应根据钢筋牌号、直径及焊机性能等具体情况，选择合适的变压器级数。焊接通电时间和电极压力。当采用DN3-75型点焊机焊接HPB300钢筋时，焊接通电时间见表8-15；电极压力见表8-16。

焊点应进行外观检查和强度试验。热轧钢筋的焊点应进行抗剪试验，冷加工钢筋的焊点除进行抗剪试验外，还应进行拉伸试验。焊接质量应符合《钢筋焊接及验收规程》（JGJ 18—2012）的有关规定。

（4）钢筋电弧焊。电弧焊是利用弧焊机使焊条与焊件之间产生高温电弧，使焊条和电弧燃烧范围内的焊件熔化，待其凝固便形成焊缝或接头，电弧焊广泛用于钢筋接头、钢筋骨架焊接、装配式结构接头的焊接、钢筋与钢板的焊接及各种钢结构焊接。

表 8-15　　焊接通电时间

变压器级数	较小钢筋直径（mm）						
	4	5	6	8	10	12	14
1	0.10	0.12					
2	0.08	0.07					
3			0.22	0.70	1.50		
4			0.20	0.60	1.25	2.50	4.00
5				0.50	1.00	2.00	3.50
6				0.40	0.75	1.50	3.00
7					0.50	1.20	2.50

表 8-16　　电极压力

较小钢筋直径（mm）	HPB300	HRB335 HRB400 HRB500 CRB500
4	980～1470	1470～1960
5	1470～1960	1960～2450

续表

较小钢筋直径（mm）	HPB300	HRB335 HRB400 HRB500 CRB500
6	1960～2450	2450～2940
8	2450～2940	2940～3430
10	2940～3920	3430～3920
12	3430～4410	4410～4900
14	3920～4900	4900～5800

钢筋电弧焊的接头形式有：

1）帮条焊。帮条焊分为单面焊和双面焊。帮条焊时，宜采用双面焊；当不能进行双面焊时，方可采用单面焊，如图 8-44 所示。

2）搭接焊。搭接焊也分为单面焊和双面焊，搭接焊时，宜采用双面焊。当不能进行双面焊时，方可采用单面焊。如图 8-45 所示。

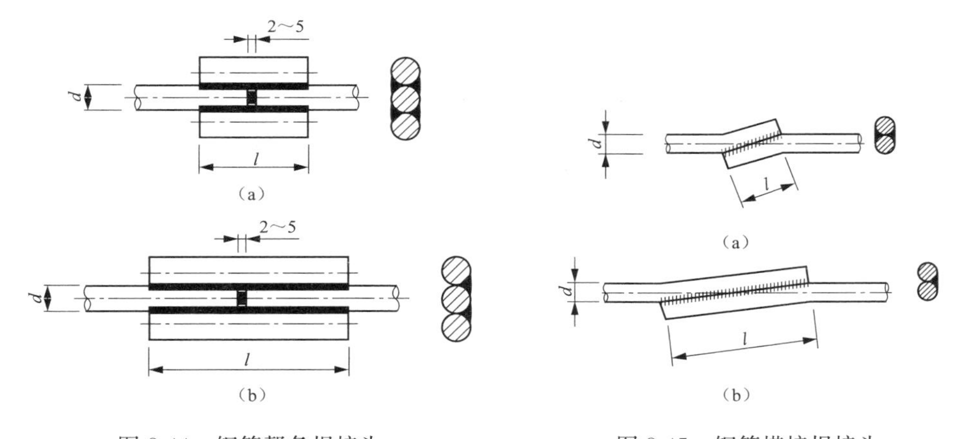

图 8-44 钢筋帮条焊接头

（a）双面焊；（b）单面焊

d—钢筋直径；l—帮条长度

图 8-45 钢筋搭接焊接头

（a）双面焊；（b）单面焊

d—钢筋直径；l—帮条长度

采用帮条焊或搭接焊时，钢筋的装配和焊接应符合下列要求：

① 帮条焊时，两主筋端面的间隙应为 2～5mm；帮条与主筋之间应用四点定位焊固定；定位焊缝与帮条端部的距离宜大于或等于 20mm。

② 搭接焊时，焊接端钢筋应预弯，并应使两钢筋的轴线在同一直线上；用两点固定；定位焊缝与搭接端部的距离宜大于或等于 20mm。

③ 焊接时，应在帮条焊或搭接焊形成焊缝中引弧；在端头收弧前应填满弧坑，并应使主焊缝与定位焊缝的始端和终端熔合。

3）预埋件电弧焊。预埋件钢筋电弧焊T形接头可分为角焊和穿孔塞焊两种，如图8-46所示。

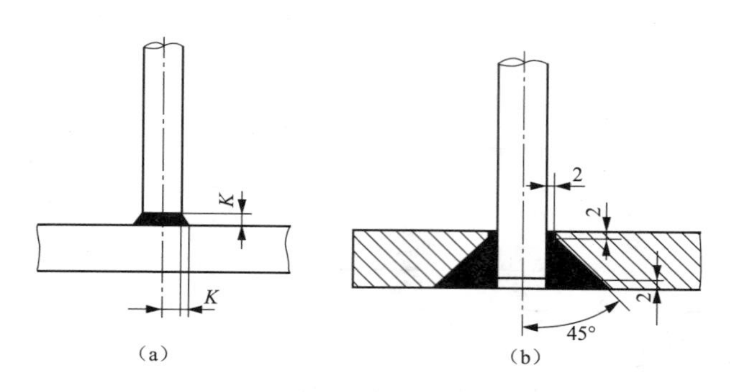

图8-46　预埋件钢筋电弧焊T形接头

(a) 角焊；(b) 穿孔塞焊

K—焊脚

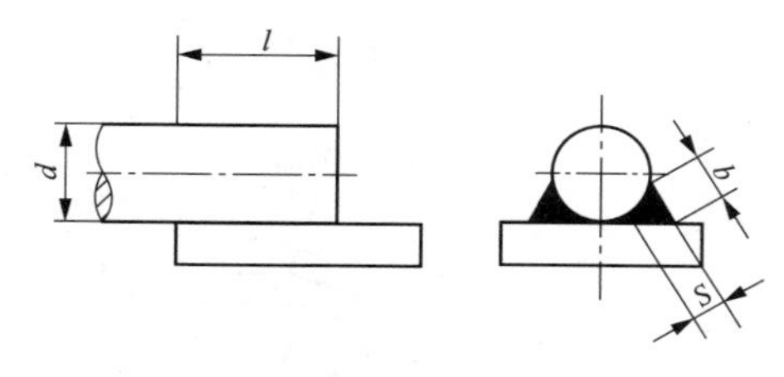

图8-47　钢筋与钢板搭接焊接头

d—钢筋直径；l—搭接长度；

b—焊缝宽度；S—焊缝厚度

钢筋与钢板搭接焊时，焊接接头如图8-47所示。应符合下列要求：

HPB300钢筋的搭接长度l不得小于4倍钢筋直径，HRB335和HRB400钢筋搭接长度（l）不得小于5倍钢筋直径。

焊缝宽度不得小于钢筋直径的0.6倍，焊缝厚度不得小于钢筋直径的0.35倍。

4）坡口焊。坡口焊是将二根钢筋的连接处切割成一定角度的坡口，辅助以钢垫板进行焊接连接的一种工艺。坡口焊主要分为平焊和立焊，如图8-48所示。

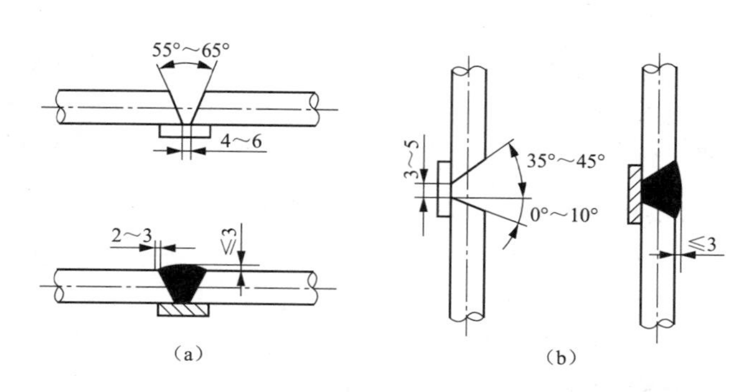

图8-48　钢筋坡口焊

(a) 平焊；(b) 立焊

(5) 钢筋电渣压力焊。电渣压力焊如图 8-49 所示，在建筑施工中多用于现浇钢筋混凝土结构构件内竖向或斜向（倾斜度在 4∶1 的范围内）钢筋的焊接接长。有自动与手工电渣压力焊。与电弧焊比较，它工效高、成本低，我国在一些高层建筑物施工中已取得很好的效果。

进行电渣压力焊宜用 BX2-1000 型焊接变压器。焊接大直径钢筋时，可将小容量的同型号焊接变压器并联。夹具需灵巧、上下钳口同心，否则不能保证规程规定的上下钢筋的轴线一致。

电渣压力焊过程分为引弧过程、电弧过程、电渣过程、顶压过程四个阶段，施焊过程如图 8-50 所示。

1）引弧过程。引弧宜采用铁丝圈或焊条头引弧法，也可采用直接引弧法。

2）电弧过程。引燃电弧后，靠电弧的高温作用，将钢筋端头的凸出部分不断烧化，同时将接头周围的焊剂充分熔化，形成渣池。

3）电渣过程。渣池形成一定的深度后，将上钢筋缓缓插入渣池中，此时电弧熄灭，进入电渣过程。由于电流直接通过渣池，产生大量的电阻热，使渣池温度升到接近 2000℃，将钢筋端头迅速而均匀地熔化。

4）顶压过程。当钢筋端头达到全截面熔化时，迅速将上钢筋向下顶压，将熔化的金属、熔渣及氧化物等杂质全部挤出结合面，同时切断电源，施焊过程结束。

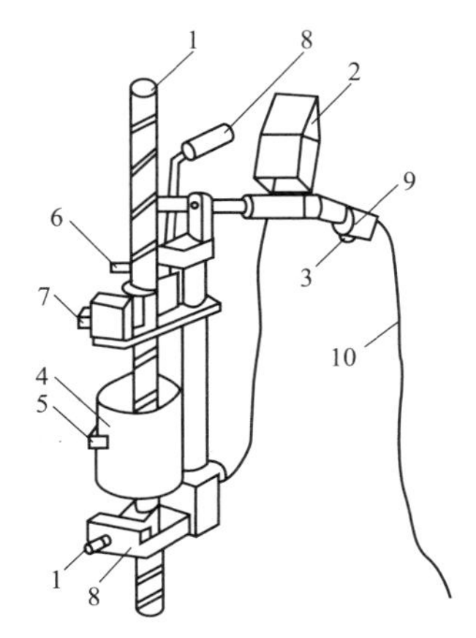

图 8-49 电渣压力焊构造原理图

1—钢筋；2—监控仪表；3—电源开关；4—焊剂盒；5—焊剂盒扣环；6—电缆插座；7—活动夹具；8—固定夹具；9—操作手柄；10—控制电缆

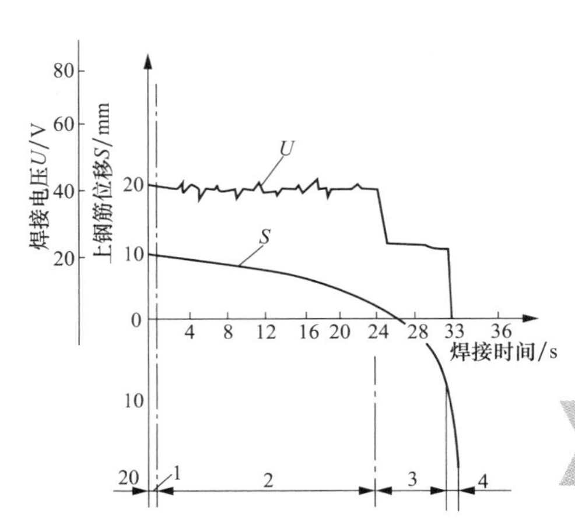

图 8-50 钢筋电渣压力焊工艺

1—引弧过程；2—电弧过程；3—电渣过程；4—顶压过程

(6) 钢筋气压焊。钢筋气压焊的焊接设备只要包括供气装置、多嘴环管加热器、加压器、焊接夹具等，如图 8-51 所示。

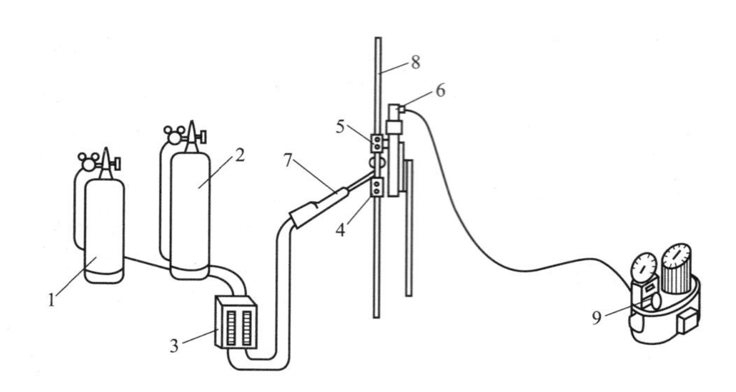

图 8-51　气压焊接设备示意图

1—乙炔；2—氧气；3—流量计；4—固定卡具；5—活动卡；6—压接器；
7—加热器与焊炬；8—被焊接的钢筋；9—电动油泵

气压焊接钢筋是利用乙炔-氧混合气体燃烧的高温火焰对已有初始压力的两根钢筋端面接合处加热，使钢筋端部产生塑性变形，并促使钢筋端面的金属原子互相扩散，当钢筋加热到 1250～1350℃（相当于钢材熔点的 0.80～0.90 倍，此时钢筋加热部位呈橘黄色，有白亮闪光出现）时进行加压顶锻，使钢筋内的原子得以再结晶而焊接在一起。

钢筋气压焊接属于热压焊。在焊接加热过程中，加热温度只为钢材熔点的 0.8～0.9 倍，钢材未呈熔化液态，且加热时间较短，钢筋的热输入量较少，所以不会出现钢筋材质劣化倾向。另外，它设备轻巧，使用灵活，效率高，节省电能，焊接成本低，可全方位焊接，所以在我国逐步得到推广。

采用固态气压焊时，其焊接工艺应符合下列要求：

焊前钢筋端面应切平、打磨，使其露出金属光泽，钢筋安装夹牢，预压顶紧后，两钢筋端面局部间隙不得大于 3mm。气压焊加热开始至钢筋端面密合前，应采用碳化焰集中加热。钢筋端面密合后可采用中性焰宽幅加热，使钢筋端部加热至 1150～1250℃。气压焊顶压时，对钢筋施加的顶压力应为 30～40N/mm^2 常用三次加压法工艺过程。当采用半自动钢筋固态气压焊时，应使用钢筋常温直角切断机断料，两钢筋端面间隙控制在 1～2mm，钢筋端面平滑，可直接焊接。另外，由于采用自动液压加压，可一人操作。

采用熔态气压焊时，其焊接工艺应符合下列要求：

安装时，两钢筋端面之间应预留 3～5mm 间隙。气压焊开始时，首先使用中性焰加热，待钢筋端头至熔化状态，附着物随熔滴流走，端部呈凸状时，即加压，挤出熔化金属，并密合牢固。

2. 钢筋机械连接

常用的钢筋机械连接主要有钢筋套筒挤压连接、钢筋毛镦粗直螺旋套筒连接和钢筋锥螺纹套管连接。

（1）钢筋套筒挤压连接。钢筋套筒挤压连接是将需连接的变形钢筋插入特制钢套筒内，利用液压驱动的挤压机进行径向或轴向挤压，使钢套筒产生塑性变形，使它紧紧咬住变形钢筋实现连接如图 8-52 所示。它适用于竖向、横向及其他方向的较大直径变形钢筋的连接。与焊接相比，它具有节省电能、不受钢筋可焊性好坏影响、不受气候影响、无明火、施工简便和接头可靠度高等特点。

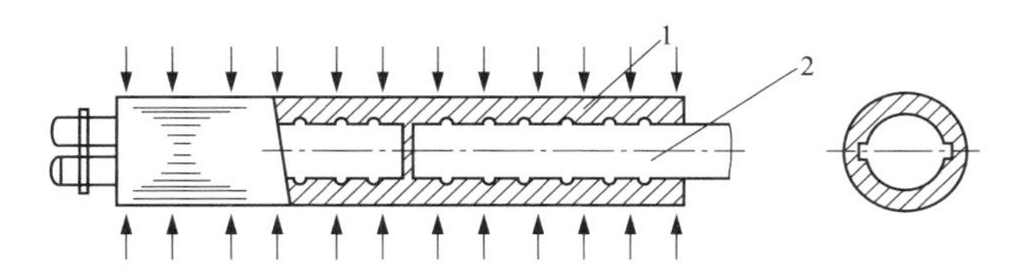

图 8-52　钢筋径向挤压连接原理图

1—钢套筒；2—被连接的钢筋

钢套筒的材料宜选用强度适中、延性好的优质钢材。挤压设备主要有挤压设备、挤压机、悬挂平衡器、吊挂小车、画标志用工具以及检查压痕卡板。

挤压要求：

1）应按标记检查钢筋插入套筒内深度，钢筋端头离套筒长度中点不宜超过 10mm。

2）挤压时挤压机与钢筋轴线应保持垂直。

3）压接钳就位，要对正钢套筒压痕位置标记，压模运动方向与钢筋两纵肋所在平面相垂直。

4）挤压宜从套筒中央开始，依次向两端挤压。

5）施压时主要控制压痕深度。宜先挤压一端套筒（半接头），在施工作业区插入待接钢筋后再挤压另一端套筒。

（2）钢筋毛镦粗直螺旋套筒连接。钢筋毛镦粗直螺旋套筒连接是由钢筋液压冷镦机、钢筋直螺纹套丝机、扭力扳手和量规等。

对连接钢筋可自由转动的，先将套筒预先部分或全部拧入一个被连接钢筋的端头螺纹上，而后转动另一根被连接钢筋或反拧套筒到预定位置，最后用扳手转动连接钢筋，使其相互对顶锁定连接套筒。对于钢筋完全不能转动的部位，如弯折钢筋或施工缝、后浇带等部位，可将锁定螺母和连接套筒预先拧入加长的螺纹内，再反拧入另一根钢筋端头螺纹上，最后用锁定螺母锁定连接套筒；或配套应用带有正反螺纹的套筒，以便从一个方向上能松开或拧紧两根钢筋。直螺纹钢筋连接时，应采用扭力扳手按规定的最小扭矩值把钢筋接头拧紧。

镦粗直螺纹钢筋连接注意以下几点：

1）镦粗头的基圆直径应大于丝头螺纹外径，长度应大于1.2倍套筒长度，冷镦粗过渡段坡度应≤1∶3。

2）镦粗头不得有与钢筋轴线相垂直的横向表面裂纹。

3）不合格的镦粗头，应切去后重新镦扭。不得对镦粗头进行二次镦粗。

4）如选用热镦工艺镦粗钢筋，则应在室内进行钢筋镦头加工。

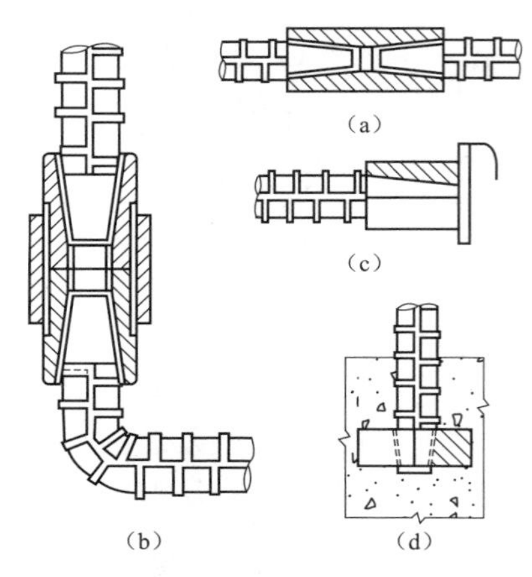

图8-53　钢筋锥螺纹套管连接示意图
（a）两根直钢筋连接；（b）一根直钢筋与一根弯钢筋连接；（c）在金属结构上接装钢筋；（d）在混凝土构件中插接钢筋

（3）钢筋锥螺纹套管连接。用于这种连接的钢套管内壁，用专用机床加工有锥螺纹，钢筋的对接端头亦在套丝机上加工有与套管匹配的锥螺纹。连接时，经对螺纹检查无油污和损伤后，先用手旋入钢筋，然后用扭矩扳手紧固至规定的扭矩即完成连接，如图8-53所示。它施工速度快、不受气候影响、质量稳定、对中性好。

此外，绑扎目前仍为钢筋连接的主要手段之一。钢筋绑扎时，钢筋交叉点应采用铁丝扎牢；板和墙的钢筋网，除外围两行钢筋的相交点全部扎牢外，中间部分交叉点可相隔交错扎牢，保证受力钢筋位置不产生偏移；梁和柱的箍筋应与受力钢筋垂直设置，弯钩叠合处应沿受力钢筋方向错开设置。钢筋绑扎搭接长度的末端与钢筋弯曲处的距离，不得小于钢筋直径的10倍，且接头不宜在构件最大弯矩处。钢筋搭接处，应在中部和两端用铁丝扎牢。

第三节　混凝土工程

一、混凝土的原材料

混凝土应采用水泥、砂、碎（卵）石、掺合料、外加剂和水配制而成。

1. 水泥

水泥是一种最常用的水硬性胶凝材料。水泥呈粉末状，加入适量水后，成为塑性浆体，既能在空气中硬化，又能在水中硬化，并能把砂、石散状材料牢固地胶结在一起。在土木工程中常用的水泥有：硅酸盐水泥、普通硅酸盐水泥、矿渣硅酸盐水泥、火山灰质硅酸盐水泥、粉煤灰硅酸盐水泥、复合硅酸盐水泥，其组分与强度等级见表8-17。

表 8-17 水泥组分与强度等级

品种	标准编号	组分（质量分数,%）		代号	强度等级
		熟料＋石膏	混合材料		
硅酸盐水泥	GB 175—2007	100	—	P·Ⅰ	42.5、42.5R、52.5、52.5R、62.5、62.5R
		≥95	≤5	P·Ⅱ	
普通硅酸盐水泥	GB 175—2007	≥80 且＜95	＞5 且≤20	P·O	42.5、42.5R 52.5、52.5R
矿渣硅酸盐水泥	GB 175—2007	≥50 且＜80	＞20 且≤50	P·S·A	32.5、32.5R、42.5、42.5R、52.5、52.5R
		≥30 且＜50	＞50 且≤70	P·S·B	
火山灰质硅酸盐水泥	GB 175—2007	≥60 且＜80	＞20 且≤40	P·P	32.5、32.5R、42.5、42.5R、52.5、52.5R
粉煤灰硅酸盐水泥	GB 175—2007	≥60 且＜80	＞20 且≤40	P·F	32.5、32.5R、42.5、42.5R、52.5、52.5R
复合硅酸盐水泥	GB 175—2007	≥50 且＜80	＞20 且≤50	P·C	32.5、32.5R、42.5、42.5R、52.5、52.5R

水泥应根据工程设计、施工要求和工程所处环境而定，可按照表 8-18 选用。

表 8-18 水 泥 选 用 表

混凝土工程特点或所处环境条件		优先选用	可以使用	不得使用
环境条件	在普通气候环境中的混凝土	普通硅酸盐水泥	矿渣硅酸盐水泥、火山灰质硅酸盐水泥、粉煤灰硅酸盐水泥	—
	在干燥环境中的混凝土	普通硅酸盐水泥	矿渣硅酸盐水泥	火山灰质硅酸盐水泥、粉煤灰硅酸盐水泥
	在高湿度环境中或永远处在水下的混凝土	矿渣硅酸盐水泥	普通硅酸盐水泥、火山灰质硅酸盐水泥、粉煤灰硅酸盐水泥	—
	严寒地区的露天混凝土、寒冷地区的处在水位升降范围内的混凝土	普通硅酸盐水泥	矿渣硅酸盐水泥	火山灰质硅酸盐水泥、粉煤灰硅酸盐水泥
	受侵蚀性环境水或侵蚀性气体作用的混凝土	根据侵蚀性介质的种类、浓度等具体条件按规定选用		
	厚大体积的混凝土	粉煤灰硅酸盐水泥、矿渣硅酸盐水泥	普通硅酸盐水泥、火山灰质硅酸盐水泥	硅酸盐水泥

2. 砂

砂根据加工方法的不同，分为天然砂、人工砂和混合砂，在施工过程中应选用天然砂。天然砂砂中含泥量、砂块含量应符合表 8-19 的规定；砂中有害物质的限值应符合表 8-20 的规定。

表 8-19　　砂中含泥量、泥块含量限值

混凝土强度等级	≥C30	<C30
含泥量（按质量计,%）	≤3.0	≤5.0
泥块含量（按质量计,%）	≤1.0	≤2.0

表 8-20　　砂中有害物质限值

项目	质量指标
云母含量（按质量计,%） 轻物质含量（按质量计,%） 硫化物及硫酸盐含量（折算成 SO_3，按质量计,%）	≤2.0 ≤1.0 ≤1.0
有机物含量（用比色法试验）	颜色不应深于标准色，如深于标准色，则应按水泥胶砂强度试验方法，进行强度对比试验，按压强度比不应低于 0.95

3. 碎（卵）石

由天然岩石或卵石经破碎、筛分而成的，公称粒径大于 5.00mm 的岩石颗粒，称为碎石；由自然条件作用形成的，公称粒径大于 5.00mm 的岩石颗粒，称为卵石。碎石和卵石的质量指标应符合表 8-21 的规定。

表 8-21　　碎石和卵石的质量指标

项目				质量指标
含泥量（按质量计,%）	混凝土强度等级	≥C60		≤0.5
		C55～C30		≤1.0
		≤C25		≤2.0
泥块含量（按质量计,%）	混凝土强度等级	≥C60		≤0.2
		C55～C30		≤0.5
		≤C25		≤0.7
针、片状颗粒含量（按质量计,%）	混凝土强度等级	≥C60		≤8
		C55～C30		≤15
		≤C25		≤25
碎石压碎指标值（%）	混凝土强度等级	沉积岩	C60～C40	≤10
			≤C35	≤16
		变质岩或深层的火成岩	C60～C40	≤12
			≤C35	≤20
		喷出的火成岩	C60～C40	≤13
			≤C35	≤30
卵石、碎卵石压碎指标值（%）	混凝土强度等级		C60～C40	≤12
			≤C35	≤16

续表

项目				质量指标
有害物质含量	硫化物及硫酸盐含量（折算成 SO_3，按质量计，%）			≤1.0
	卵石中有机物含量（用比色法试验）			颜色应不深于标准色，当颜色深于标准色时，应配制成混凝土进行强度对比试验，抗压强度比不应低于0.95
坚固性	混凝土所处的环境条件及其性能要求	在严寒及寒冷地区室外使用并经常处于潮湿或干湿交替状态下的混凝土 对于有抗疲劳、耐磨、抗冲击要求的混凝土 有腐蚀介质作用或经常处于水位变化区的地下结构混凝土	5次循环后的质量损失（%）	≤8
		其他条件下使用的混凝土		≤12
含碱量（kg/m^3）	当活性骨料时，混凝土中的碱含量			≤3

4. 掺合料

掺合料是混凝土的主要组成材料，它起着改善混凝土性能的作用。在混凝土中加入适量的掺合料，可以起到降低温升，改善工作性，增进后期强度，改善混凝土内部结构，提高耐久性，节约资源的作用。

掺合料中的主要成分有粉煤灰、粒化高炉矿渣粉、沸石粉和硅灰等，其技术要求见表8-22～表8-25。

表8-22　　粉煤灰的技术要求

项目	技术要求			
	Ⅰ级	Ⅱ级	Ⅲ级	
细度（45μm方孔筛筛余），不大于（%）	F类粉煤灰	12.0	25.0	45.0
	C类粉煤灰			
需水量比，不大于（%）	F类粉煤灰	95	105	115
	C类粉煤灰			
烧失量，不大于（%）	F类粉煤灰	5.0	8.0	15.0
	C类粉煤灰			
含水量，不大于（%）	F类粉煤灰	1.0		
	C类粉煤灰			
三氧化硫，不大于（%）	F类粉煤灰	3.0		
	C类粉煤灰			

续表

项目	技术要求		
	Ⅰ级	Ⅱ级	Ⅲ级
游离氧化钙，不大于（%）	F类粉煤灰	1.0	
	C类粉煤灰	4.0	
安定性 雷氏夹沸煮后增加距离，不大于（mm）	C类粉煤灰	5.0	
放射性	F类粉煤灰	合格	
	C类粉煤灰		
碱含量	F类粉煤灰	由买卖双方协商确定	
	C类粉煤灰		

表 8-23　　粒化高炉矿渣粉的技术要求

项目			技术要求		
			S105	S95	S75
密度（g/cm^3）	≥		2.8		
比表面积（m^2/kg）	≥		500	400	300
活性指数（%）	≥	7d	95	75	55
		28d	105	95	75
流动度比（%）	≥		95		
含水量（质量分数,%）	≤		1.0		
三氧化硫（质量分数,%）	≤		4.0		
氯离子（质量分数,%）	≤		0.06		
烧失量（质量分数,%）	≤		3.0		
玻璃体含量（质量分数,%）	≥		85		
放射性			合格		

表 8-24　　沸石粉的技术要求

项目		技术要求		
		Ⅰ级	Ⅱ级	Ⅲ级
吸铵值（mmol/100g）	≥	130	100	90
细度（80μm 筛筛余,%）	≤	4.0	10	15
需水量比（%）	≤	125	120	120
28d 抗压强度比（%）	≥	75	70	62

表 8-25　　硅灰的技术要求

项目	指标	项目	指标
固含量（液料）	按生产厂控制值的±2%	需水量比	≤125%
总碱量	≤1.5%	比表面积（BET 法）	≥15m^2/g
SiO_2 含量	≥85.0%	活性指数（7d 快速法）	≥105%
氯含量	≤0.1%	放射性	I_{ra}≤1.0 和 I_r≤1.0
含水率（粉料）	≤3.0%	抑制碱骨料反应性	14d 膨胀率降低值≥35%
烧失量	≤4.0%	抗氯离子渗透性	28d 电通量之比≤40%

5. 外加剂

在混凝土拌和过程中掺入，并能按要求改善混凝土性能，一般不超过水泥质量的5%（特殊情况除外）的材料称为混凝土外加剂。

外加剂可根据改变混凝土性能要求，选用普通减水剂、高效减水剂、缓凝高效减水剂、早强减水剂、缓凝减水剂、引气减水剂、早强剂、缓凝剂和引气剂。外加剂的品种及其掺量由设计确定。

掺外加剂混凝土的减水率、泌水率比、含气量指标应符合表8-26的规定。

表8-26　掺外加剂混凝土的减水率、泌水率比、含气量指标

外加剂品种及代号			减水率（%），不小于	泌水率比（%），不大于	含气量（%）
高性能减水剂	早强型	HPWR-A	25	50	≤6.0
	标准型	HPWR-S	25	60	≤6.0
	缓凝型	HPWR-R	25	70	≤6.0
高效减水剂	标准型	HWR-S	14	90	≤3.0
	缓凝型	HWR-R	14	100	≤4.5
普通减水剂	早强型	WR-A	8	95	≤4.0
	标准型	WR-S	8	100	≤4.0
	缓凝型	WR-R	8	100	≤5.5
引气减水剂		AEWR	10	70	≥3.0
泵送剂		PA	12	70	≤5.5
早强剂		A_C	—	100	—
缓凝剂		R_e	—	100	—
引气剂		AE	6	70	≥3.0

6. 水

水应采用饮用水，地表水和地下水首次使用前，应进行检验后方可使用。检验水质应符合表8-27的规定。

表8-27　水质要求

项目	预应力混凝土	钢筋混凝土	素混凝土
pH值	≥5.0	≥4.5	≥4.5
不溶物（mg/L）	≤2000	≤2000	≤5000
可溶物（mg/L）	≤2000	≤5000	≤10000
氯化物（以CL^-计，mg/L）	≤500	≤1000	≤3500
硫酸盐（以SO_4^{2-}计，mg/L）	≤600	≤2000	≤2700
碱含量（mg/L）	≤1500	≤1500	≤1500

二、混凝土的配合比设计

混凝土配合比是指混凝土各组成材料之间用量的比例关系。一般按质量计，以水泥质量为1，以水泥：砂：石子和水灰比来表示。

1. 混凝土配合比设计依据

（1）混凝土拌和物工作性能，如坍落度、扩展度、微薄稠度等。

（2）混凝土力学性能，如抗压强度、抗折强度等。

（3）混凝土耐久性能，如抗渗、抗冻、抗侵蚀等。

2. 混凝土配合比设计步骤

（1）计算混凝土配制强度。为了使设计混凝土强度等级标准值 $f_{cu,k}$ 具有较高的强度保证率，配制强度 $f_{cu,o}$ 一定要比设计标准强度值 $f_{cu,k}$ 为大。配制强度 $f_{cu,o}$ 的计算公式为：

$$f_{cu,o} = f_{cu,k} + 1.645\sigma$$

式中　$f_{cu,o}$——混凝土施工配制强度（MPa）；

$f_{cu,k}$——设计的混凝土强度标准值（MPa）；

σ——施工单位的混凝土强度标准差（MPa）。

施工单位的混凝土强度标准差 σ 按下式计算：

$$\sigma = \sqrt{\frac{\sum_{i=1}^{N} f_{cu,i}^2 - N\mu_{f_{cu}}^2}{N-1}}$$

式中　$f_{cu,i}$——统计周期内同一品种混凝土第 i 组试件的强度值（MPa）；

$\mu_{f_{cu}}$——统计周期内同一品种混凝土 N 组强度的平均值（MPa）；

N——统计周期内同一品种混凝土试件的总组数，$N \geqslant 25$。

“同一品种混凝土”系指混凝土强度等级相同且生产工艺和配合比基本相同的混凝土。统计周期：对预拌混凝土厂和预制厂，可取为一个月；对现场拌制混凝土的施工单位，可根据实际情况确定，但不宜超过3个月。当混凝土强度等级为C20或C25时，如计算得到的 $\sigma < 2.5$MPa，取 $\sigma = 2.5$MPa；当混凝土强度等级高于C25时，如计算得到的 $\sigma < 3.0$MPa，取 $\sigma = 3.0$MPa。

（2）计算水灰比。

1）碎石混凝土：

$$f_{cu,o} = 0.46 f_c^o \left(\frac{C}{W} - 0.52\right)$$

2）卵石混凝土：

$$f_{cu,o} = 0.48 f_c^o \left(\frac{C}{W} - 0.61\right)$$

式中　$f_{cu,o}$——混凝土配制强度（MPa）；

f_c^o——水泥实际强度（MPa）。如未测出，取 $f_c^o = (1.0 \sim 1.13) f_{ck}^o$。$f_{ck}^o$ 为水泥标准抗压强度（MPa）。

$\frac{C}{W}$——灰水比，其倒数为水灰比。

按强度要求计算出的水灰比还应满足表8-28中耐久性的要求，如计算水灰比值大于表中规定的最大水灰比值时，则取表中规定的最大水灰比值。

表8-28　混凝土最大水灰比和最小水泥用量

项次	混凝土所处的环境条件	最大水灰比	最小水泥用量（kg/m³）			
			普通混凝土		轻骨料混凝土	
			配筋	无筋	配筋	无筋
1	不受雨雪影响的混凝土	不作规定	250	200	250	225
2	① 受雨雪影响的露天混凝土 ② 位于水中及水位升降范围内的混凝土 ③ 在潮湿环境中的混凝土	0.70	250	225	275	250
3	① 寒冷地区水位升降范围内的混凝土 ② 受水压作用的混凝土	0.65	275	250	300	275
4	严寒地区水位升降范围内的混凝土	0.6	300	275	325	300

（3）每立方米混凝土的用水量。干硬性和塑性混凝土的用水量根据粗骨料的品种、粒径及是施工要求的混凝土拌和物稠度来确定，见表8-29和表8-30。

表8-29　干硬性混凝土的用水量　（kg/m³）

拌和物稠度		卵石最大粒径（mm）			碎石最大粒径（mm）		
项目	指标	10.0	20.0	40.0	16.0	20.0	40.0
维勃稠度（s）	16～20	175	160	145	180	170	155
	11～15	180	165	150	185	175	160
	5～10	185	170	155	190	180	165

表8-30　塑性混凝土的用水量　（kg/m³）

所需坍落度（mm）	卵石最大粒径（mm）			碎石最大粒径（mm）		
	10	20	40	15	20	40
10～30	190	170	160	205	185	170
30～50	200	180	170	215	195	180
50～70	210	190	180	225	205	190
70～90	215	195	185	235	215	200

（4）计算水泥用量。水泥用量可根据已确定的水灰比值和用水量按下式计算：

$$C_0 = \frac{C}{W} \times W_0$$

式中　C_0——每立方米混凝土中的水泥用量（kg）；

W_0——每立方米混凝土中的用水量（kg）；

$\frac{W}{C}$——水灰比。

（5）选取混凝土砂率。混凝土坍落度为10～60mm混凝土砂率，可根据粗骨料品种、粒径及水灰比参照表8-31。坍落度大于60mm的混凝土砂率，按坍落度每增加20mm，砂率增加1%的幅度加以调整。

表8-31　混凝土的砂率　（%）

水灰比（W/C）	卵石最大粒径（mm）			碎石最大粒径（mm）		
	10	20	40	15	20	40
0.4	26～32	25～31	24～30	30～35	29～34	27～32
0.5	30～35	29～34	28～33	33～38	32～37	30～35
0.6	33～38	32～37	31～36	36～41	35～40	33～38
0.7	36～41	35～40	34～39	39～44	38～43	36～41

（6）计算粗、细骨料的用量。在已知混凝土用水量、水泥用量和砂率的情况下，按体积法或质量法求出粗、细骨料的用量，从而得出混凝土的初步配合比。

1）体积法又称绝对体积法。这个方法是假定混凝土组成材料绝对体积的总和等于混凝土的体积。计算公式如下：

$$\frac{m_{c0}}{\rho_c}+\frac{m_{g0}}{\rho_g}+\frac{m_{s0}}{\rho_s}+\frac{m_{w0}}{\rho_w}+0.01\alpha=1$$

$$m_{s0}/(m_{g0}+m_{s0})\times 100\%=\beta_s$$

式中　m_{c0}——每立方米混凝土的水泥用量（kg/m^3）；

m_{g0}——每立方米混凝土的粗骨料用量（kg）；

m_{s0}——每立方米混凝土的细骨料用量（kg）；

m_{w0}——每立方米混凝土的用水量（kg）；

ρ_c——水泥密度（kg/m^3），可取2900～3100kg/m^3；

ρ_g——粗骨料的表观密度（kg/m^3）；

ρ_s——细骨料的表观密度（kg/m^3）；

ρ_w——水的密度（kg/m^3），可取1000；

α——混凝土的含气量百分数在不使用引气剂外加剂时，α可取为1；

β_s——砂率（%）。

2）质量法计算原理是假定混凝土拌和物各组成材料为已知，从而求出单位体积混凝土的骨科质量，其公式为：

$$m_{c0}+m_{s0}+m_{g0}+m_{w0}=m_{cp}$$

$$m_{s0}/(m_{g0}+m_{s0})\times 100\%=\beta_s$$

式中　m_{cp}——每立方米混凝土拌和物的假定质量（kg），其值可取2350～2450kg。

3. 施工配合比计算

施工现场存放的砂、石材料都含有一定水分，且含水率是经常变化的，因此试验室配合比不能直接用于施工，在现场配料时应随时根据实测的砂、石含水率进行配合比修正，即对砂、石和水用量作相应的调整，将试验配合比换算为适合实际砂、石含水情况的施工配合比。

砂、石含水率按下式计算：

$$w_0 = \frac{G_1 - G_2}{G_2} \times 100(\%)$$

式中 w_0——砂、石含水率（%）；

G_1——砂、石未烘干前（天然状态）的质量（kg）；

G_2——砂、石在烘干后（烘干状态）的质量（kg）。

三、混凝土的搅拌与运输

1. 混凝土的搅拌

混凝土的搅拌应在混凝土搅拌机中进行，常用的搅拌机有强制式搅拌机和自落式搅拌机两类。

混凝土搅拌的技术要求按下列规定执行。

（1）混凝土原材料按重量计的允许累计偏差，不得超过下列规定。

1）水泥、外掺料±1%。

2）粗细骨料±2%。

3）水、外加剂±1%。

（2）混凝土搅拌时间。搅拌时间是影响混凝土质量及搅拌机生产效率的重要因素之一。不同搅拌机类型及不同稠度的混凝土拌和物有不同搅拌时间。混凝土搅拌时间可按表 8-32 采用。

表 8-32　混凝土搅拌的最短时间（s）

混凝土坍落度（mm）	搅拌机机型	搅拌机出料量（L）		
		<250	250～500	>500
≤40	强制式	60	90	120
>40 且<100	强制式	60	60	90
≥100	强制式	60		

注：1. 混凝土搅拌的最短时间系指全部材料装入搅拌筒中起，到开始卸料止的时间。
2. 当掺有外加剂与矿物掺合料时，搅拌时间应适当延长。
3. 当采用其他形式的搅拌设备时，搅拌的最短时间应按设备说明书的规定或经试验确定。
4. 采用自落式搅拌机时，搅拌时间宜延长 30s。

（3）混凝土投料顺序应从提高混凝土搅拌质量，减少叶片、衬板的磨损，减少拌和物与搅拌筒的黏结，减少水泥飞扬，改善工作环境，提高混凝土强度，节约水泥方面综合考虑确定。

2. 混凝土的运输

混凝土从搅拌机内卸料后，应以最少的转载次数和最短时间，从搅拌地点运到浇筑地点。

混凝土从搅拌机中卸出到浇筑完毕的延续时间不宜超过表 8-33 的规定。

表 8-33　混凝土从搅拌机中卸出到浇筑完毕的延续时间　(s)

混凝土强度等级	气温	
	不高于 25℃	高于 25℃
不高于 C30	120	90
高于 C30	90	60

3. 混凝土的输送

混凝土输送是指对运输至现场的混凝土，采用输送泵、溜槽、吊车配备斗容器、升降设备配备小车等方式送至浇筑地点的过程。输送方式主要有借助起重机械的混凝土垂直输送、借助溜槽的混凝土输送和泵送混凝土输送，其中泵送混凝土输送是最常见和效率最高的输送方式。

泵送混凝土应符合下列规定：

(1) 混凝土泵与输送管连通后，应按所用混凝土泵使用说明书的规定进行全面检查，符合要求后方能开机进行空运转。

(2) 混凝土泵启动后，应先泵送适量水以湿润混凝土泵的料斗、活塞及输送管内壁等直接与混凝土接触部位。

(3) 确认混凝土泵和输送管中无异物后，应采取下列方法润湿混凝土泵和输送管内壁。

1) 泵送水泥浆。

2) 泵送 1∶2 水泥砂浆。

3) 泵送与混凝土内除粗骨料外的其他成分相同配合比的水泥砂浆。

(4) 开始泵送时，混凝土泵应处于慢速、匀速并随时可反泵的状态。泵送速度应先慢后快，逐步加速。待各系统运转顺利后，方可以正常速度进行泵送。

(5) 使用完毕后，应清理混凝土泵内壁以及输送管，以不影响下次使用。

四、混凝土施工

1. 混凝土浇筑

混凝土应分层浇筑。浇筑层厚度：当采用插入式振动器为振动器作用部分长度的 1.25 倍；当用表面式振动器时为 200mm。

混凝土浇筑时的坍落度应符合表 8-34 的规定。

表 8-34　混凝土浇筑时的坍落度

结构种类	坍落度（mm）
基础或地面等的垫层、无配筋的大体积或配筋稀疏的结构	10～30
板、梁和大型及中型截面的柱等	30～50
配筋密列的结构	50～70
配筋特密的结构	70～90

浇筑混凝土时应分层分段进行，浇筑层厚度应根据混凝土供应能力、一次浇筑方量、混凝土初凝时间、结构特点、钢筋疏密综合考虑决定。

在地基上浇筑混凝土前，对地基应事先按设计标高和轴线进行校正，并应清除淤泥和杂物。同时注意排除开挖出来的水和开挖地点的流动水。

2. 混凝土振捣

混凝土应能使模板内各个部位混凝土密实、均匀，不应漏振、欠振、过振等。

混凝土振捣可采用插入时振动棒、平板振动棒或附着振动器。其振动的间距、频率应符合相关规定的要求，梁和板同时浇筑混凝土，高度大于 1m 的梁等结构，可单独浇筑混凝土。

3. 施工缝的处理

施工缝应按下列规定执行：

(1) 应仔细清除施工缝处的垃圾、水泥薄膜、松动的石子以及软弱的混凝土层。对于达到强度、表面光洁的混凝土面层还应加以凿毛，用水冲洗干净并充分湿润，且不得积水。

(2) 要注意调整好施工缝位置附近的钢筋。要确保钢筋周围的混凝土不受松动和损坏，应采取钢筋防锈或阻锈等技术措施进行保护。

(3) 在浇筑前，为了保证新旧混凝土的结合，施工缝处应先铺一层厚度为 1～1.5cm 的水泥砂浆，其配合比与混凝土内的砂浆成分相同。

(4) 从施工缝处开始继续浇筑时，要注意避免直接向施工缝边投料。机械振捣时，宜向施工缝处渐渐靠近，并距 80～100mm 处停止振捣。但应保证对施工缝的捣实工作，使其结合紧密。

(5) 对于施工缝处浇筑完新混凝土后要加强养护。当施工缝混凝土浇筑后，新浇混凝土在 12h 以内就应根据气温等条件加盖草帘浇水养护。如果在低温或负温下则应该加强保温，还要覆盖塑料布阻止混凝土水分的散失。

(6) 水池、地坑等特殊结构要求的施工缝处理，要严格按照施工图纸要求和有关规范执行。

(7) 承受动力作用的设备基础的水平施工缝继续浇筑混凝土前，应对地脚螺栓进行一次观测校准。

4. 混凝土养护

混凝土浇筑完毕后，宜采取自然养护，在混凝土表面铺上草帘、麻袋等定时浇水养护，或在混凝土表面覆盖塑料布进行保湿养护。

第九章

预应力混凝土工程

第一节　先张法施工

一、施工器具

1. 台座

台座在先张法构件生产中是主要的承力设备，它承受预应力筋的全部张拉力。台座在受力状态下的变形、滑移会引起预应力的损失和构件的变形，因此台座应有足够的强度、刚度和稳定性。

台座一般由台面、横梁和承力结构组成。主要的台座形式有墩式台座和槽式台座。

（1）墩式台座。墩式台座是由台墩、台面、横梁等组成。如图 9-1 所示。其长度一般为 50～150m，也可根据构件的生产工艺等选定。

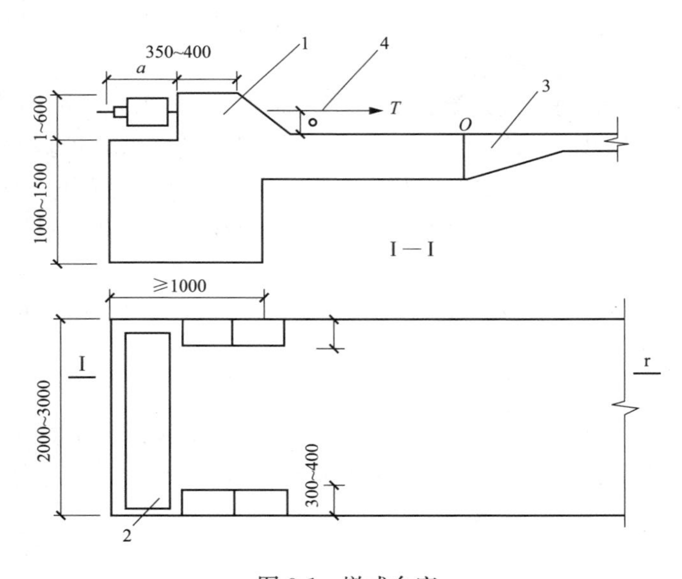

图 9-1　墩式台座

1—传力墩；2—横梁；3—台面；4—预应力筋

1）台座长度按下式计算：

$$L = ln + (n-1) \times 0.5 + 2k$$

式中 l——构件长度（m）；

n——一条生产线内生产的构件数；

0.5——两根构件相邻端头间的距离（m）；

k——台座横梁到一根构件端头的距离；一般为1.25～1.5m。

2）台墩的抗倾覆验算按下式计算：

$$K = \frac{M'}{M} = \frac{Gl_1 + E_p e_2}{Ne_1} \geqslant 1.50$$

式中 K——台座抗倾覆安全系数；

M——倾覆力矩；

M'——抗倾覆力矩，由台座自重和土压力等产生；

N——预应力筋的张拉力；

e_1——张拉力合力作用点至倾覆点的力臂；

G——台墩重力；

l_1——台墩重力合力作用点至倾覆点的力臂长度；

E_p——台墩后面的被动土压力合力；

e_2——被动土压力合力作用点至倾覆点的力臂。

3）台墩的抗滑移验算按下式计算：

$$K_c = \frac{N_1}{N} \geqslant 1.30$$

式中 K_c——抗滑移安全系数，一般不小于1.30；

N_1——抗滑移的力，对独立的台墩，由侧壁土压力和底部摩擦阻力等产生。

4）台面的承载力 P 按下式计算：

$$P = \frac{\varphi A f_c}{K_1 K_2}$$

式中 φ——轴心受压纵向弯曲系数，取 $\varphi=1$；

A——台面截面面积（mm^2）；

f_c——混凝土轴心抗压强度设计值（N/mm^2）；

K_1——超载系数，取1.25；

K_2——考虑台面截面不均匀和其他影响因素的附加安全系数，取1.5。

（2）槽式台座。

槽式台座由端柱、传力柱、柱垫、上下横梁、砖墙和台面等组成，如图9-2所示。它既可承受张拉力，又可作为蒸汽养护槽，适用于张拉吨位较高的大型构件，如吊车梁、屋架、薄腹梁等。

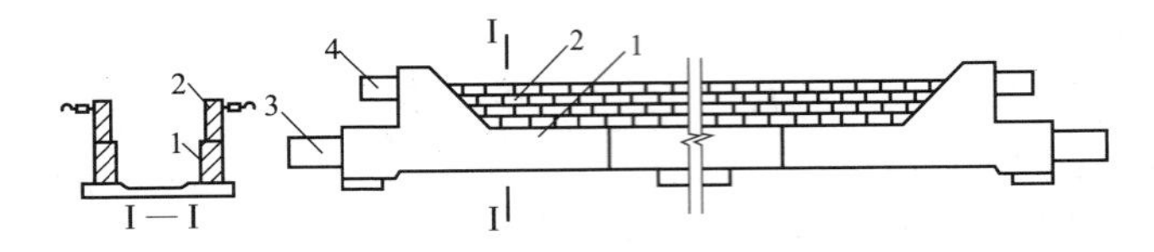

图 9-2　槽式台座

1—钢筋混凝土压杆；2—砖墙；3—下横梁；4—上横梁

2. 夹具

夹具是先张法构件施工时保持预应力筋拉力，并将其固定在张拉台座（或设备）上的临时性锚固装置。按其工作用途不同分为锚固夹具和张拉夹具。

钢筋锚固夹具。钢筋锚固常用圆套筒三片式夹具，由套筒和夹片组成。

张拉夹具是夹持住预应力筋后，与张拉机械连接起来进行预应力筋张拉的机具。常用的张拉夹具有钳式夹具、偏心式夹具、楔形夹具等，如图 9-3 所示，适用于张拉钢丝和直径 16mm 以下的钢筋。

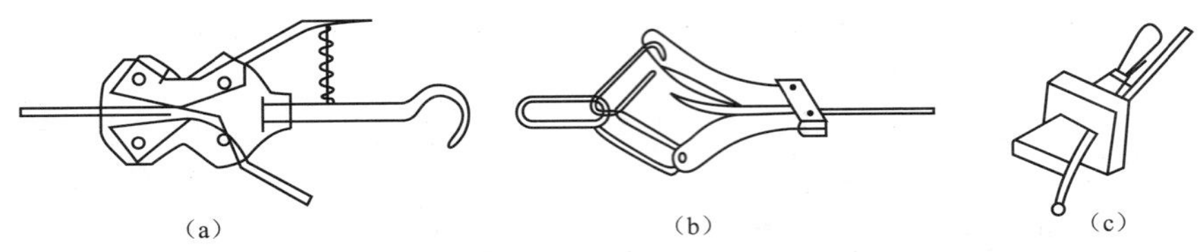

图 9-3　张拉夹具

(a) 钳式夹具；(b) 偏心式夹具；(c) 楔形夹具

3. 张拉设备

钢丝张拉分为单根张拉和多根张拉两种形式。钢丝的张拉设备主要有卷扬机和电动螺旋杆张拉机，如图 9-4 和图 9-5 所示。

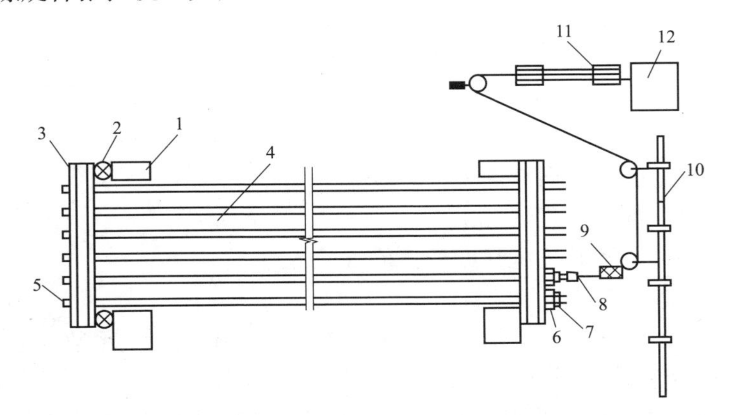

图 9-4　卷扬机张拉设备

1—台座；2—放松装置；3—横梁；4—钢筋；5—镦头；6—垫块；7—穿心式夹具；8—张拉夹具；9—弹簧测力计；10—固定梁；11—滑轮组；12—卷扬机

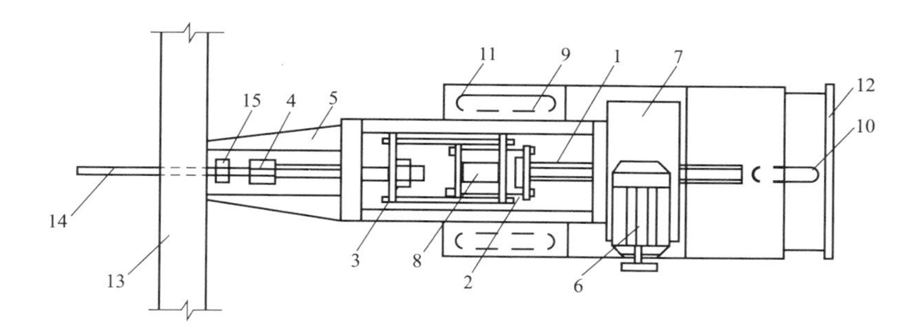

图 9-5 电动螺旋杆张拉机

1—螺杆；2—承力架；3—拉力架；4—张拉夹具；5—顶杆；6—电动机；7—齿轮减速箱；8—测力计；9，10—车轮；11—底盘；12—手把；13—横梁；14—钢筋；15—锚固夹具

二、施工工艺

1. 张拉法施工工艺

（1）张拉控制应力。张拉控制应力是指在张拉预应力筋时所达到的规定应力，应按设计规定采用。控制应力的数值直接影响预应力的效果。施工中为减少由于钢筋松弛变形造成的预应力损失，通常采用超张拉工艺，超张拉应力比控制应力提高 3%～5%，但其最大张拉控制应力不得超过表 9-1 的规定。

表 9-1　　最大张拉控制应力允许值

钢种	张拉方法	
	先张法	后张法
碳素钢丝、刻痕钢丝、钢绞线	$0.80f_{ptk}$	$0.75f_{ptk}$
热处理钢筋、冷拔低碳钢丝	$0.75f_{ptk}$	$0.70f_{ptk}$
冷拉钢筋	$0.95f_{pyk}$	$0.90f_{pyk}$

注：表中 f_{ptk} 为预应力筋极限抗拉强度标准值；f_{pyk} 为预应力筋屈服强度标准值。

（2）张拉程序。预应力筋张拉程序有以下两种：

① $0\rightarrow105\%\sigma_{con}\xrightarrow{\text{持荷 2min}}\sigma_{con}$

② $0\rightarrow103\%\sigma_{con}$

1）第①种张拉程序中，超张拉 5%并持荷 2min，其目的是为了在高应力状态下加速预应力松弛早期发展，以减少应力松弛引起的预应力损失。第②种张拉程序中，超张拉 3%，其目的是为了弥补预应力筋的松弛损失，这种张拉程序施工简单，一般多被采用。以上两种张拉程序是等效的，可根据构件类型、预应力筋与锚具种类、张拉方法、施工速度等选用。采用第①种张拉程序时，千斤顶回油至稍低于 σ_{con}，再进油至 σ_{con}，以建立准确的预应力值。

2）第②种张拉程序，超张拉3%是为了弥补应力松弛引起的损失，根据国家建委建研院“常温下钢筋松弛性能的试验研究”一次张拉0→σ_{con}，比超张拉持荷再回到控制应力0→1.05σ_{con}→σ_{con}，（持荷2min）应力松弛大2%～3%，因此，一次张拉到1.03σ_{con}后锚固，是同样可以达到减少松弛效果的。且这种张拉程序施工简便，一般应用较广。

（3）预应力筋的铺设。长线台座面（或胎模）在铺放钢丝前，应清扫并涂刷隔离剂。一般涂刷皂角水溶性隔离剂，易干燥，污染钢筋易清除。涂刷均匀不得漏涂，待其干燥后，铺设预应力筋，一端用夹具锚固在台座横梁的定位承力板上，另一端卡在台座张拉端的承力板上待张拉。在生产过程中，应防止雨水或养护水冲刷掉台面隔离剂。

2. 预应力筋张拉

（1）张拉要点。

1）张拉时应校核预应力筋的伸长值。实际伸长值与设计计算值的偏差不得超过±6%，否则应停拉。

2）从台座中间向两侧进行（防偏心损坏台座）。

3）多根成组张拉，初应力应一致（测力计抽查）。

4）拉速平稳，锚固松紧一致，设备缓慢放松。

5）拉完的筋位置偏差≤5mm，且<构件截面短边的4%。

6）冬季张拉时，温度≥15℃。

（2）注意事项。

1）但进行多根成组张拉时，应先调整各预应力筋的初应力，使其相互之间的应力一致，以保证张拉后各预应力筋的应力一致。

2）张拉过程中预应力钢材（钢丝、钢绞线或钢筋）断裂或滑脱的数量，对先张法构件，严禁超过结构同一截面预应力钢材总根数的5%，且严禁相邻两根断裂或滑脱，如在浇筑混凝土前断裂或滑脱必须予以更换。

3）预应力钢丝的应力可利用2CN-1型钢丝测力计，如图9-6所示。

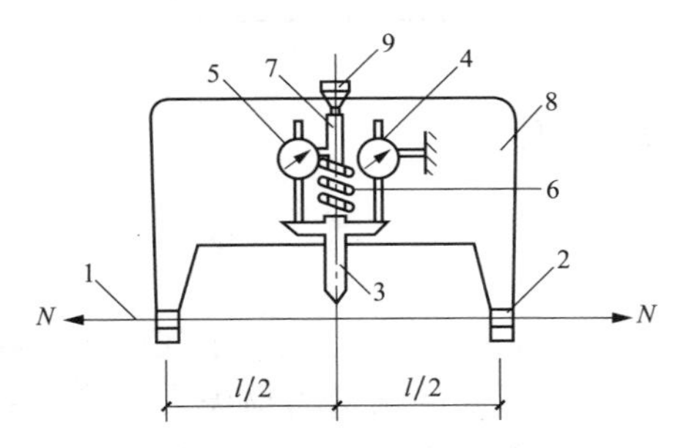

图9-6　2CN-1型钢丝测力计

1—钢丝；2—挂钩；3—测头；4—测挠度百分表；5—测力百分表；6—弹簧；7—推杆；8—表架；9—螺钉

（3）混凝土的浇筑与养护。

1）混凝土应一次浇完，混凝土强度≥C30。

2）为防止较大徐变和收缩，应选收缩变形小的水泥，水灰<0.5，级配良好，振捣密实。

3）混凝土未达到一定强度前，不

允许碰撞或踩踏钢丝。预应力混凝土可采用自然养护或湿热养护，自然养护不得少于14d。干硬性混凝土浇筑完毕后，应立即覆盖进行养护。当预应力混凝土采用湿热养护时，要尽量减少由于温度升高而引起的预应力损失。为了减少温差造成的应力损失，采用湿热养护时，在混凝土未达到一定强度前，温差不要太大，一般不超过20℃。

3. 预应力筋放张

预应力筋放张就是将预应力筋从夹具中松脱开，将张拉力传给混凝土，使其获得预压应力。放张的过程就是传递预应力的过程。预应力筋放张时，混凝土的强度应符合设计要求；如设计无规定，不应低于设计的混凝土强度标准值的75%。

（1）放张顺序。预应力筋张放顺序，应按设计与工艺要求进行。如无相应规定，可按下列要求进行：

1）轴心受预压的构件（如拉杆、桩等），所有预应力筋应同时放张。

2）偏心受预压的构件（如梁等），应先同时放张预压力较小区域的预应力筋，再同时放张预压力较大区域的预应力筋。

3）如不能满足以上两项要求时，应分阶段、对称、交错地放张，防止在放张过程中构件产生弯曲、裂纹和预应力筋断裂。

（2）放张方法。预应力筋的放张，应采取缓慢释放预应力的方法进行，防止对混凝土结构的冲击。常用的放张方法如下：

1）千斤顶放张。用千斤顶拉动单根拉杆或螺杆，松开螺母。放张时由于混凝土与预应力筋已结成整体，松开螺母所需的间隙只能是最前端构件外露钢筋的伸长，因此，所施加的应力需超过控值。

采用两台台座式千斤顶整体缓慢放松，如图9-7所示。应力均匀，安全可靠。放张用台座式千斤顶可专用或与张拉合用。为防止台座式千斤顶长期受力，可采用垫块顶紧，替换千斤顶承受压力。

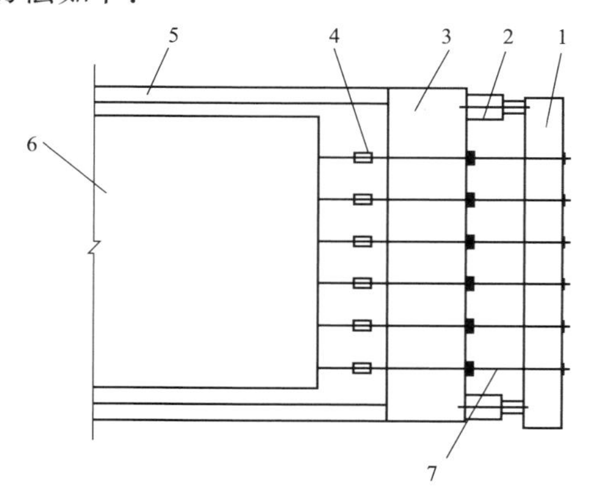

图9-7 两台千斤顶放张

1—活动横梁；2—千斤顶；3—横梁；4—绞线连接器；5—承力架；6—构件；7—拉杆

2）机械切割或氧炔焰切割。对先张法板类构件的钢丝或钢绞线，放张时可直接用机械切割或氧炔焰切割。放张工作宜从生产线中间处开始，以减少回弹量且有利于脱模；对每一块板，应从外向内对称放张，以免构件扭转而端部开裂。

(3) 注意事项。

1) 为了检查构件放张时钢丝与混凝土的黏结是否可靠，切断钢丝时应测定钢丝往混凝土内的回缩数值。

钢丝回缩值的简易测试方法是在板端贴玻璃片和在靠近板端的钢丝上贴胶带纸用游标卡尺读数，其精度可达 0.1mm。

钢丝的回缩值不应大于 1.0mm。如果最多只有 20%的测试数据超过上述规定值的 20%，则检查结果是令人满意的。如果回缩值大于上述数值，则应加强构件端部区域的分布钢筋、提高放张时混凝土强度等。

2) 放张前，应拆除侧模，使放张时构件能自由变形，否则将损坏模板或使构件开裂。对有横肋的构件（如大型屋面板），其端横肋内侧面与板面交接处做出一定的坡度或做成大圆弧，以便预应力筋放张时端横肋能沿着坡面滑动。必要时，在胎模与台面之间设置滚动支座。这样，在预应力筋放张时，构件与胎模可随着钢筋的回缩一起自由移动。

3) 用氧炔焰切割时。应采取隔热措施，防止烧伤构件端部混凝土。

第二节　后张法施工

一、施工前的准备

1. 预应力筋制作

(1) 钢绞线下料。钢绞线的下料，是指在预应力筋铺设施工前，将整盘的钢绞线，根据实际铺设长度并考虑曲线影响和张拉端长度，切成不同的长度。如果是一端张拉的钢绞线，还要在固定端处预先挤压固定端锚具和安装锚座。

成卷的钢绞线盘重量大需要吊车将成卷的钢绞线吊到下料位置，开始下料时，由于钢绞线的弹力大，在无防护的情况下放盘时，钢绞线容易弹出伤人并发生绞线紊乱现象。可设置一个简易牢固的铁笼，将钢绞线罩在铁笼内，铁笼应紧贴钢绞线盘，再剪开钢绞线的包装钢带。将绞线头从盘卷心抽出。铁笼的尺寸不易过大，以刚好能包裹住钢绞线线盘的外径为合适。铁笼也可以在施工现场用脚手架临时搭设，但要牢固结实，能承受松开钢绞线产生的推力，铁笼竖杆有足够的密度，防止钢绞线头从缝隙中弹出，保证作业人员安全操作。

(2) 钢绞线固定端锚具的组装。挤压锚具组装通常是在下料时进行，然后再运到施工现场铺放，也可以将挤压机运至铺放施工现场进行挤压组装。

压花锚具是通过挤压钢绞线，使其局部散开，形成梨状钢丝与混凝土握裹而形成锚固端区。

(3) 预应力钢丝下料。消除应力钢丝开盘后，可直接下料。在下料过程中如发现有电接头或机械损伤，应随时剔除。钢丝下料可采用钢管限位法或用牵引索在拉紧状态下进行。钢管固定在木板上，钢管内径比钢丝直径大 3～5mm，钢丝穿过钢管至另一端角铁限位器时，用切断装置切断。限位器与切断器切口间的距离即为钢丝的下料长度。

2. 预留孔道

(1) 预应力筋布置。预留孔道的位置和形状应根据设计要求而定，常见的形状有直线形、曲线形、折线形和 U 形等形状。

孔道的直径与布置主要由设计确定。如设计无规定时，孔道直径：对于粗钢筋，应比预应力筋直径、钢筋对焊接头处外径或需穿过孔道的锚具或连接器外径大 10～15mm；对于钢丝或钢绞线，孔道的直径应比预应力钢丝束外径或锚具外径大 5～10mm，且孔道面积应大于预应力筋面积的 2 倍。

(2) 预留孔道方法。常用的预留孔道方法一般有预埋管法、钢管抽芯法两种。

1) 预埋管法。预埋管可采用黑铁皮管、薄钢管与镀锌双波纹金属软管等。镀锌双波纹金属软管（简称波纹管）是由镀锌薄钢带经压波后卷成，且有质量轻、刚度好、弯折方便、连接容易、与混凝土黏结良好等优点，可做成各种形状的孔道，并可省去抽管工序。埋在混凝土中的孔道材料一次性永久地留在结构或构件中。

2) 钢管抽芯法。钢管抽芯用于直线孔道。钢管表面必须圆滑，预埋前应除锈、刷油。钢管在构件中用钢筋“井”字架固定位置。两根钢管接头处可用长 30～40cm、0.5mm 厚铁皮套管连接。钢管一端钻 15mm 小孔，以备插入钢筋棒，转动钢管。混凝土浇灌后每隔 10～15min 转动一次钢管，并在每次转管后进行混凝土表面压实抹光，抽管在混凝土初凝以后、始凝以前进行，以用手指按压混凝土表面不显印痕时为合适。抽管要先上后下，平整稳妥，边拉边转，防止构件裂缝。

(3) 波纹管的铺设安装。波纹管铺设安装前，应按设计要求在箍筋上标出预应力筋的曲线坐标位置，点焊或绑扎钢筋马凳。马凳间距：对圆形金属波纹管宜为 1.0～1.5m，对塑料波纹管宜为 0.8～1.0m。波纹管安装后，应与一字形或井字形钢筋马凳用铁丝绑扎固定。

钢筋马凳应与钢筋骨架中的箍筋电焊或牢固绑扎。为防止钢筋马凳在穿预应力筋过程中受压变形，钢筋马凳材料应考虑波纹管和钢绞线的质量，可选择直径 10mm 以上的钢筋制成。

波纹管安装就位过程中，应避免大曲率弯管和反复弯曲，以防波纹管管壁开裂。同时还应防止电气焊施工烧破管壁或钢筋施工中扎破波纹管。浇筑混凝土时，在有波纹管的部位也应严禁用钢筋捣混凝土，防止损坏波纹管。

(4) 灌浆孔、出浆排气管和泌水管。在预应力筋孔道两端，应设置灌浆孔和出浆孔。灌浆孔通常位于张拉端的喇叭管处，灌浆时需要在灌浆口处外接一根金属灌浆管；如果在没有喇叭管处（如锚固端），可设置在波纹管端部附近利用灌浆管引至构件外。为保证浆液畅通，灌浆孔的内孔径一般不宜小于 20mm。

曲线预应力筋孔道的波峰和波谷处，可间隔设置排气管，排气管实际上起到排气、出浆和泌水的作用，在特殊情况下还可作为灌浆孔用。波峰处的排气管伸出梁面的高度不宜小于 500mm，波底处的排气管应从波纹管侧面开口接出伸至梁上或伸到模板外侧。对于多跨连续梁，由于波纹管较长，如果从最初的灌浆孔到最后的出浆孔距离很长，则排气管也可兼用作灌浆孔用于连续接力式灌浆。其间距对于预埋波纹管孔道不宜大于 30m。为防止排气孔被混凝土挤扁，排气管通常由增强硬塑料管制成，管的壁厚应大于 2mm。

波纹管留灌浆孔（排气孔、泌水孔）的做法是在波纹管上开孔，直径在 20～30mm，用带嘴的塑料弧形盖板与海绵垫覆盖，并用铁丝扎牢，塑料盖板的嘴口与塑料管用专业卡子卡紧，如图 9-8 所示。

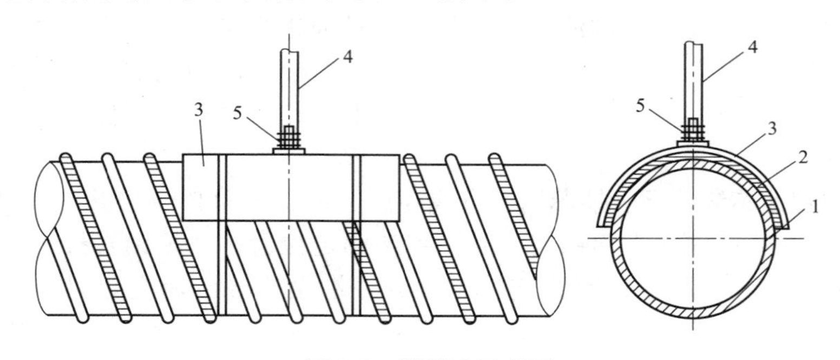

图 9-8　灌浆孔示意图

1—波纹管；2—海绵垫；3—塑料盖板；4—塑料管；5—固定卡子

二、施工工艺

1. 张拉顺序

预应力筋的张拉顺序，应使混凝土不产生超应力、构件不扭转与侧弯、结构不变位等，因此，对称张拉是一项重要原则。同时，还应考虑到尽量减少张拉设备的移动次数。

采用分批张拉时，先批张拉的预应力筋张拉应力，应考虑后批预应力筋张拉时产生的混凝土弹性压缩的影响。在实际工作中，可采取以下方法解决：

(1) 采用同一张拉值，逐根复拉补足。

(2) 采用同一张拉值，在设计中扣除弹性压缩损失值。

(3) 统一提高张拉力，即在张拉力中增加弹性压缩损失平均值。

2. 张拉方法

曲线预应力筋和长度大于 24m 的直线预应力筋应在两端张拉，长度等于或小于 24m 的直线预应力筋，可在一端张拉，但张拉端宜分别设置在构件的两端。

张拉平卧重叠灌筑的构件时，宜先上后下逐层进行张拉。为了减少上下层构件间摩阻引起的预应力损失，可采用逐层加大张拉力，但底层张拉力不宜比顶层张拉力大 5%（钢丝、钢绞线及热处理钢筋），或 9%（冷拉Ⅱ、Ⅲ、Ⅳ级钢筋），如隔离层隔离效果好，也可采用同一张拉值。

当两端张拉同一束预应力筋时，为了较少预应力损失，应先在一端锚固，再在另一端补足张拉力后锚固。

3. 张拉伸长值校核

采用图解法计算伸长值时，图 9-9 以伸长值为横坐标，张拉力为纵坐标，将各级张拉力的实测伸长值标在图上，绘成张拉力与伸长值关系线 CAB，然后延长此线与横坐标交于 O'点，则 OO'段即为推算伸长值。

通过伸长值的校核，可以综合反映张拉力是否足够，孔道摩擦损失是否偏大，以及预应力筋是否有异常现象等。

规范规定张拉伸长值的允许差值为－5%、＋10%，在施工中。如遇到张拉伸长值超过允许差值，则应暂停张拉，查明原因应采取措施予以调整后，再继续进行张拉。

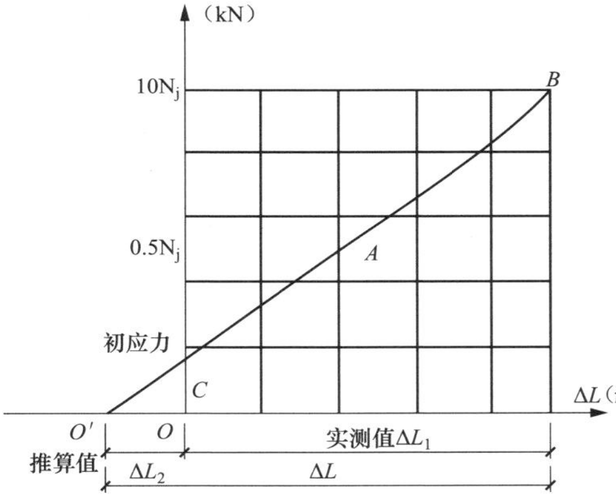

图 9-9 图解法计算伸长值

4. 注意事项

（1）在预应力张拉作业中，必须特别注意安全。因为预应力持有很大的能量，如果预应力筋被拉断或锚具与张拉千斤顶失效，巨大能量急剧释放，有可能造成很大危害。因此，在任何情况下作业人员不得站在顶应力筋的两端，同时在张拉千斤顶的后面应设立防护装置。

（2）操作千斤顶和测量伸长值的人员，应站在千斤顶侧面操作，严格遵守操作规程。油泵开动过程中，不得擅自离开岗位。如需离开，必须把油阀门全部松开或切断电路。

（3）采用锥锚式千斤顶张拉钢丝束时，先使千斤顶张拉缸进油，至压力表略有启动时暂停，检查每根钢丝的松紧并进行调整，然后再打紧楔块。

（4）钢丝束镦头锚固体系在张拉过程中应随时拧上螺母，以保证安全；锚固时如遇钢丝束偏长或偏短，应增加螺母或用连接器解决。

(5) 工具锚夹片，应注意保持清洁和良好的润滑状态。工具锚夹片第一次使用前，应在夹片背面涂上润滑脂。以后每使用5～10次，应将工具锚上的夹片卸下，向工具锚板的锥形孔中重新涂上一层润滑剂，以防夹片在退锚时卡住。润滑剂可采用石墨、二硫化铝、石蜡或专用退锚润滑剂等。

三、孔道灌浆

预应力张拉后利用灌浆泵将水泥浆压灌到预应力孔道中去，其作用：一是保护预应力筋以免锈蚀；二是使预应力筋与构件混凝土有效黏结，以控制超载时裂缝的间距与宽度并减轻梁端锚具的负荷。

1. 灌浆材料的要求

(1) 孔道灌浆采用普通硅酸盐水泥和水拌制。水泥的质量应符合《通用硅酸盐水泥》(GB 175) 的规定。

(2) 灌浆用水泥砂浆的水灰比一般不大于0.4；搅拌后泌水率不宜大于1%，泌水应能在24h内全部重新被水泥浆吸收；自由膨胀率不应大于10%。

(3) 水泥浆中宜掺入高性能外加剂。严禁掺入各种含氯盐或对预应力筋有腐蚀作用的外加剂。掺入外加剂后，水泥浆的水灰比可降为0.35～0.38。

(4) 水泥浆的可灌性以流动度控制：采用流淌法测定时直径不应小于150mm，采用流锥法测定时应为12～18s。

(5) 水泥浆应采用机械搅拌，应确保灌浆材料搅拌均匀。灌浆过程中应不断搅拌，以防泌水沉淀。水泥浆停留时间过长发生沉淀离析时，应进行二次灌浆。

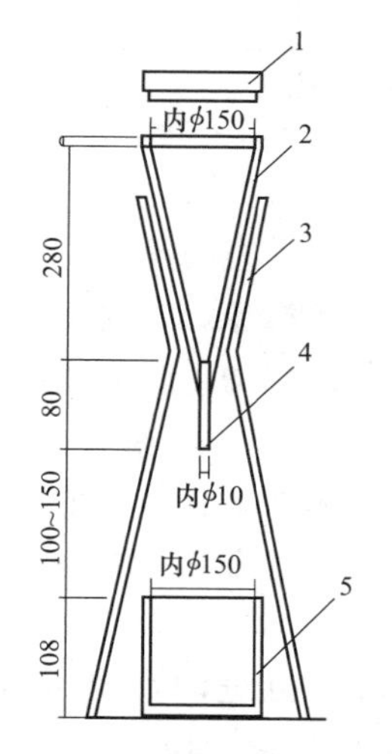

图 9-10 流锥仪示意图
1—滤网；2—漏斗；3—支架；4—漏斗口；5—容量杯

2. 灌浆设备

灌浆设备包括：搅拌机、灌浆泵、贮浆桶、过滤网、橡胶管和灌浆嘴等。目前常用的电动灌浆泵有：柱塞式、挤压式和螺旋式。柱塞式又分为带隔膜和不带隔膜两种形状。螺旋泵压力稳定。带隔膜的柱塞泵的活塞不易磨损，比较耐用。灌浆泵应根据液浆高度、长度、束形等选用，并配备计量校验合格的压力表。

3. 水泥浆流动度检测方法

(1) 测量仪器。流锥仪可以测定流动度，如图9-10所示。

(2) 测试方法。流锥仪安放稳定后，先用湿布湿润流锥仪内壁，向流锥仪内注入水泥浆，任其流出部分浆体排出空气后，用手指按住出料口，并将容量杯放置在流锥仪出料口下方，继续向锥体内注浆至规定刻度。打开秒表，同时松开手指；当从出料口连续不断流出水泥浆注满量杯时停止秒表。秒表指示的时间即水泥浆流出时间（流动度值）。测量中，如果水泥浆流局部中断，应重做实验。

4. 灌浆

灌浆前应检查构件孔道及灌浆孔、泌水孔、排气孔是否畅通。对于抽拔管成孔和预埋管成孔，可采用压力水清洗孔道。

灌浆应先从下层孔道罐起，再浇上层孔道。灌浆工作应缓慢进行，期间不得中断，并应排气通顺。在灌满孔道封闭排气孔后，应再继续加压至 0.5～0.7MPa，稳压 1～2min 后封闭灌浆孔。

当发生孔道堵塞、串孔或中断灌浆时应及时冲洗管道或采取其他灌浆措施。当孔道直径较大，采用不掺微膨胀减水剂的水泥浆灌浆时，可采用下列措施：

（1）二次压浆法：二次压浆的时间间隔为 30～45min。

（2）重力补偿法：在孔道最高点处 400mm 以上，连续不断补浆，直至浆体不下沉为止。

（3）对超长、超高的预应力筋孔道，宜采用多台灌浆泵接力灌浆，从前置灌浆孔灌浆至后置灌浆孔冒浆，后置灌浆孔方可继续灌浆。

（4）灌浆孔内的水泥浆凝固后，可将泌水管切割至构件表面；如管内有空隙，局部应仔细补浆。

（5）当室外温度低于＋5℃时，孔道灌浆应采取抗冻保温措施。当室外温度高于 35℃时，宜在夜间进行灌浆。水泥浆灌入前的浆体温度不应超过 35℃。

5. 质量要求

（1）灌浆用水泥浆的配合比应通过试验确定，施工中不得随意变更。每次灌浆作业至少测试 2 次水泥浆的流动度，并应在规定的范围内。

（2）灌浆试块采用边长 70.7mm 的立方体试件。其标准养护 28d 的抗压强度不应低于 $30N/mm^2$。移动构件或拆除底模时，水泥浆试块强度不应低于 $15N/mm^2$。

（3）孔道灌浆后，应检查孔道上凸部位灌浆密实性；如有空隙，应采取人工补浆措施。

（4）对孔道阻塞或孔道灌浆密实情况有怀疑时，可局部凿开或钻孔检查，但以不损坏结构为前提。

（5）锚具封闭后与周边混凝土之间不得有裂纹。

（6）灌浆后的孔道泌水孔、灌浆孔、排气孔等均应切平，并用砂浆填实补平。

第三节 无黏结施工

一、无黏结预应力筋制作

无黏结预应力筋由预应力钢丝束（钢绞线）、涂料层和外包层以及锚具等组成。

1. 材料选择

无黏结预应力筋的钢材，一般选用 7 根 ϕS5 高强钢丝组成钢丝束，也可选用 7ϕS4 或 7ϕS5 钢绞线。

涂料层的作用是使预应力筋与混凝土隔离，减少张拉时的摩擦损失，防止预应力筋腐蚀等。因此，对涂料要求有较好的化学稳定性、韧性；在－20～70℃温度范围内，不裂缝、不变脆、不流淌；并能更好地黏附在钢筋上，对钢筋和混凝土无腐蚀作用；不透水、不吸湿；润滑性好，摩擦阻力小。常用的涂料层有防腐沥青和防腐油脂。

制作单根无黏结筋时，宜优先选用防腐油脂作涂料层，其塑料外包层应用塑料注塑机注塑成形。防腐油脂应充足饱满，外包层应松紧适度。成束无黏结筋可用防腐沥青或防腐油脂作涂料层，当使用防腐沥青时，应用密缠塑料带作外包层，塑料带各圈之间的搭接宽度应不小于带宽的 1/4，缠绕层数不应少于两层。防腐油脂涂料层无黏结筋的张拉摩擦系数不应大于 0.12，防腐沥青涂料层无黏结筋的张拉摩擦系数不应大于 0.25。

2. 锚具

无黏结预应力构件中，锚具是把预应力筋的张拉力转递给混凝土的主要工具。因此，无黏结预应力筋的锚具不仅受力比有黏结预应力筋的锚具大，而且承受的是重复荷载。因而对无黏结预应力筋的锚具有更高的要求。无黏结筋的锚具性能，应符合Ⅰ类锚具的规定。

无黏结预应力张拉端锚具的组装如图 9-11 所示。固定端锚具的组装如图 9-12 所示。

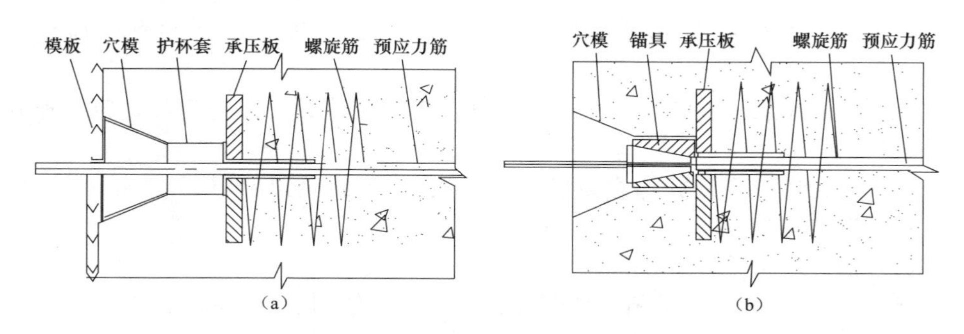

图 9-11　无黏结张拉端锚具组装图

(a) 组装状态；(b) 张拉后的状态

3. 无黏结预应力筋的制作

预应力筋一般采用缠纸工艺和挤压涂层工艺来制作。

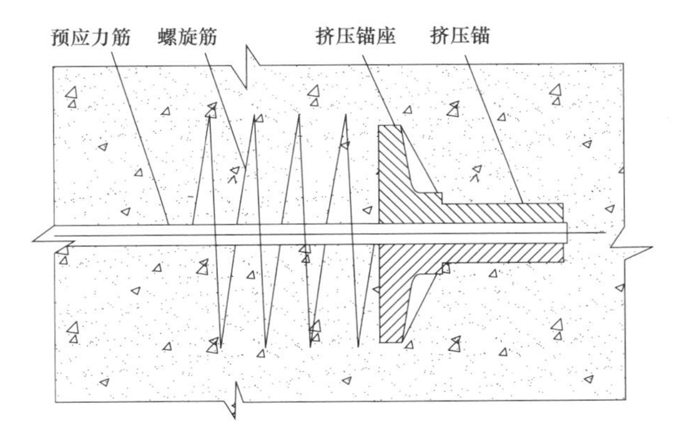

图 9-12 无黏结固定端锚具组装图

（1）缠纸工艺。无黏结预应力筋制作的缠纸工艺是在缠纸机上连续作业，完成编束、涂油、镦头、缠塑料布和切断等工序。缠纸机的工作流程如图 9-13 所示。

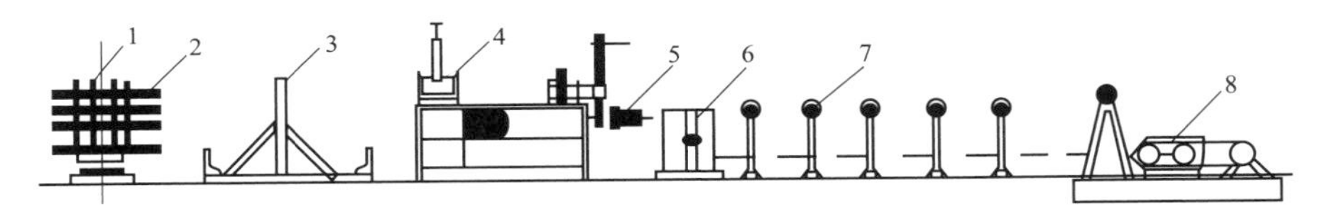

图 9-13 无黏结预应力缠纸机工作流程图

1—放线盘；2—盘圆钢丝；3—梳子板；4—油枪；5—塑料布卷；6—切断机；7—滚道台；8—牵引装置

（2）挤压涂层工艺。挤压涂层工艺制作无黏结预应力筋的工作流程如图 9-14 所示。挤压涂层工艺主要是钢丝通过涂油装置涂油，涂油钢丝束通过塑料挤压机涂刷塑料薄膜，再经冷却筒模成塑料套管。这种无黏结筋挤压涂层工艺与电线、电缆包裹塑料套管的工艺相似。无黏结预应力筋挤压涂层工艺的特点是效率高、质量好、设备性能稳定。

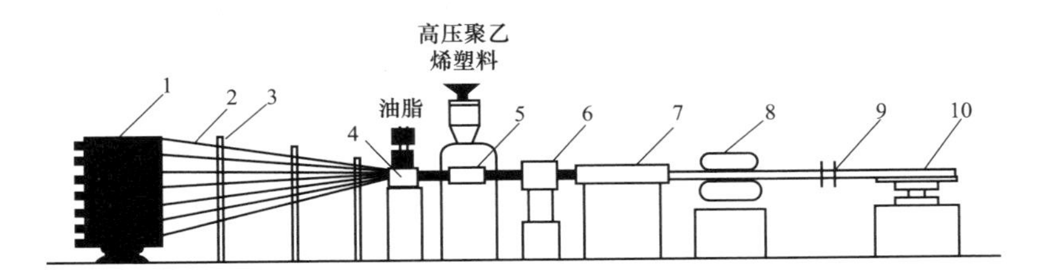

图 9-14 挤压涂层工作流程

1—放线盘；2—钢丝；3—梳子板；4—给油装置；5—塑料挤压机机头；6—风冷装置；7—水冷装置；8—牵引机；9—定位支架；10—收线盘

二、施工工艺

1. 无黏结预应力筋的铺放

(1) 板中无黏结预应力筋的铺放。

1) 单向板。单向预应力楼板的矢高控制是施工时的关键点。一般每跨板中预应力筋矢高控制点设置5处，最高点（2处）、最低点（1处）、反弯点（2处）。预应力筋在板中最高点的支座处通常与上层钢筋绑扎在一起，在跨中最低点处与底层钢筋绑扎在一起。其他部位由支承件控制。

施工时当电管、设备管线和消防管线与预应力筋位置发生冲突时，应首先保证预应力筋的位置与曲线正确。

2) 双向板。双向无黏结筋铺放时需要相互穿插，必须先编出无黏结筋的铺设顺序。其方法是在施工放样图上将双向无黏结筋各交叉点的两个标高标出，对交叉点处的两个标高进行比较，标高低的预应力筋应从交叉点下面穿过。按此规律找出无黏结筋的铺设顺序。

(2) 梁无黏结预应力筋的铺放。

1) 设置架立筋。为保证预应力钢筋的矢高准确、曲线顺滑，按照施工图要求位置，将架立筋就位并固定。架立筋的设置间距应不大于1.4m。

2) 铺放预应力筋。梁中的无黏结预应力筋成束设计，无黏结预应力筋在铺设过程中应防止绞扭在一起，保持预应力筋的顺直。无黏结预应力筋应绑扎固定，防止在浇筑混凝土过程中预应力筋移位。

3) 梁柱节点张拉端设置。无黏结预应力筋通过梁柱节点处，张拉端设置在柱子上。根据柱子配筋情况可采用凹入式或凸出式节点构造。

2. 张拉端和固定端节点的安装

应按施工图中规定的无黏结预应力筋的位置在张拉端模板上钻孔。张拉端和锚固端预应力筋必须与承压板面垂直，曲线段的起点至张拉端的锚固点不应小于300mm。锚固段挤压锚具应放置在梁支座上。成束的预应力筋，锚固段应顺直散开放置。

3. 混凝土的浇筑和振捣

浇筑混凝土时应认真振捣，保证混凝土的密实。尤其是承压板、锚具周围的混凝土严禁漏振，不得有蜂窝和孔洞，保证密实性。

在施工完毕后2～3d对混凝土进行养护，并检查施工质量。如发现有孔洞或缺陷，应对小孔重新进行浇筑，为张拉做准备。

4. 无黏结预应力筋张拉

无黏结预应力筋的张拉与后张法带有螺丝端杆锚具的有黏结预应力钢丝束张拉相似。张拉程序一般采用$0\rightarrow103\%\sigma_{con}$。由于无黏结预应力筋一般为曲线配筋，故应采用两端同时张拉。无黏结预应力筋法的张拉顺序，应根据其铺设顺序，先铺设的先张拉，后铺设的后张拉。

无黏结预应力筋配置在预应力平板结构中往往很长，如何减少其摩阻损失值是一个重要的问题。影响摩阻损失值的主要因素是润滑介质，外包层和预应力筋截面形式。其中润滑介质和外包层的摩阻损失值，对一定的预应力束而言是个定值，相对较稳定。而截面形式则影响较大，不同截面形式其离散性是不同的，但如果能保证截面形状在全部长度内一致，则其摩阻损失值就能在一很小范围内波动。否则，因局部堵塞就有可能导致其损失值无法预测，故预应力筋的制作质量必须保证。摩阻损失值，可用标准测力计或传感器等测力装置进行测定。成束无黏结筋正式张拉前，宜先用千斤顶往复抽动 1～2 次，以降低摩擦损失。

5. 注意事项

（1）当采用应力控制方法张拉时，应校核无黏结预应力筋的伸长值，当实际伸长值与设计计算伸长值相对偏差超过规定时，应暂停张拉，查明原因并采取措施予以调整后继续张拉。

（2）预应力筋张拉前严禁拆除梁板下的支撑，待该梁板预应力筋全部张拉后方可拆除。

（3）对于两端张拉的预应力筋，两个张拉端应分别按程序张拉。

（4）无黏结曲线预应力筋的长度超过 30m 时，宜采取两端张拉。当筋长超过 60m 时采取分段张拉。如遇到摩擦损失较大，宜先预张拉一次再张拉。

（5）在梁板顶面或墙壁侧面的斜槽内张拉无黏结预应力筋时，宜采用变角张拉装置。

第十章

钢 结 构 工 程

第一节　钢 结 构 连 接

一、紧固件连接

螺栓作为钢结构主要连接紧固件，通常用于钢结构中构件间的连接、固定、定位等，钢结构中使用的连接螺旋一般分为普通螺栓和高强度螺栓连接两种。

1. 普通螺栓连接

普通螺栓连接的连接件包括螺栓杆、螺母和垫圈。普通螺栓连接就是把他们连接到一起，其连接的最大、最小容许间距见表 10-1。

表 10-1　　螺栓的最大、最小容许间距

<table>
<tr><th>名称</th><th colspan="3">位置和方向</th><th>最大容许距离
（取两者的较小值）</th><th>最小容许距离</th></tr>
<tr><td rowspan="5">中心间距</td><td colspan="3">外排（垂直内力方向或顺内力方向）</td><td>$8d_0$ 或 $12t$</td><td rowspan="5">$3d_0$</td></tr>
<tr><td rowspan="3">中间排</td><td colspan="2">垂直内力方向</td><td>$16d_0$ 或 $24t$</td></tr>
<tr><td rowspan="2">顺内力方向</td><td>构件受压力</td><td>$12d_0$ 或 $18t$</td></tr>
<tr><td>构件受拉力</td><td>$16d_0$ 或 $24t$</td></tr>
<tr><td colspan="3">沿对角线方向</td><td>—</td></tr>
<tr><td rowspan="4">中心至构件边缘距离</td><td colspan="3">顺内力方向</td><td rowspan="4">$4d_0$ 或 $8t$</td><td>$2d_0$</td></tr>
<tr><td rowspan="3">垂直内力方向</td><td colspan="2">剪切边或手工气割边</td><td rowspan="2">$1.5d_0$</td></tr>
<tr><td rowspan="2">轧制边、自动气割或锯割边</td><td>高强度螺栓</td></tr>
<tr><td>其他螺栓或铆钉</td><td>$1.2d_0$</td></tr>
</table>

注：1. d_0—螺栓或铆钉的孔径；t—外层较薄板件的厚度。

2. 钢板边缘与刚性构件（如角钢、槽钢）相连的螺栓或铆钉的最大间距，可按中间排的数值采用。

（1）螺栓长度及直径的选择。

1）螺栓的长度按下式计算：

$$L = \delta + H + nh + C$$

式中　δ——被连接件总厚度（mm）；

H——螺母高度（mm）；

n——垫圈个数；

h——垫圈厚度（mm）；

C——螺纹外露部分长度（mm，2～3 扣为宜，一般为 5mm）。

2）螺栓直径。螺栓直径的确定原则上应由设计人员按等强原则通过计算确定，但对个别工程来讲，螺栓直径规格应尽可能少，有的还需要适当归类，便于施工和管理；一般情况螺栓直径应与被连接件的厚度相匹配，不同的连接厚度所推荐选用的螺栓直径见表 10-2。

表 10-2　　不同的连接厚度所推荐使用的螺栓直径

连接件厚度（mm）	4～6	5～8	7～11	10～14	13～20
推荐螺栓直径（mm）	12	16	20	24	27

（2）常用普通螺栓的连接方式见表 10-3。

表 10-3　　常用普通螺栓的连接方式

材料种类	连接形式		说明
钢板	平接连接	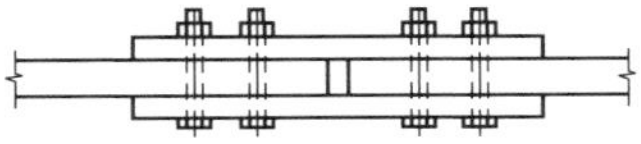	用双面拼接板，力的传递不产生偏心作用
		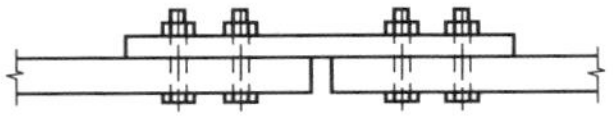	用单面拼接板，力的传递具有偏心作用，受力后连接部发生弯曲
		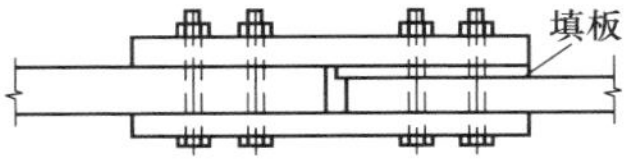 填板	板件厚度不同的拼接，须设置填板并将填板伸出拼接板以外；用焊件或螺栓固定
	搭接连接	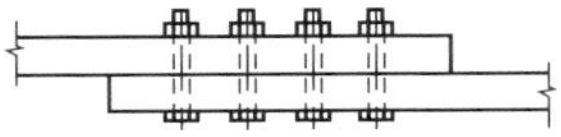	传力偏心只有在受力不大时采用
	T 形连接	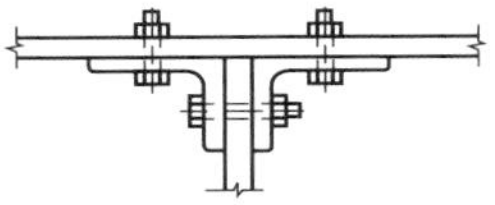	
槽钢	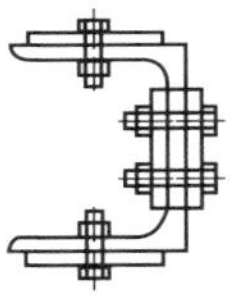		应符合等强度原则，拼接板的总面积不能小于被拼接的杆件截面积，且各支面积分布与材料面积大致相等
工字钢	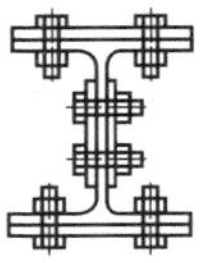		同槽钢

续表

材料种类	连接形式		说明
角钢	角钢与钢板	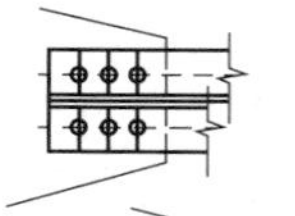	适用于角钢与钢板连接受力较大的部位
		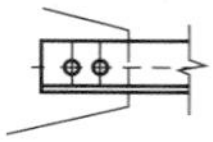	适用于一般受力的接长或连接
	角钢与角钢	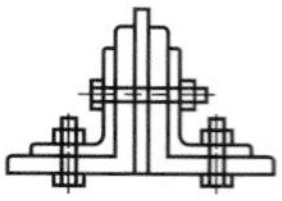	适用于小角钢等截面连接
		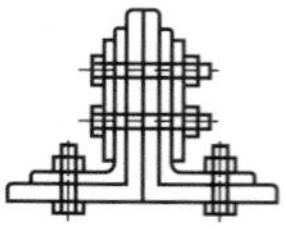	适用于大角钢等同面连接

(3) 普通螺栓施工时应注意下列要求。普通螺栓可采用普通扳手紧固，螺栓紧固的程度应能使被连接件接触面、螺栓头和螺母与构件表面密贴。普通螺栓紧固应从中间开始，对称向两边进行，大型接头宜采用复拧。

对一般的螺栓连接，螺栓头和螺母下面应放置平垫圈，以增大承压面积。

螺栓头下面放置的垫圈一般不应多于 2 个，螺母头下的垫圈一般不应多于 1 个。螺栓紧固外露螺纹应不少于 2 扣，紧固质量检验可采用锤敲或力矩扳手检验，要求螺栓不颤头、不偏移。

对于设计有要求防松动的螺栓、锚固螺栓应采用有防松装置的螺母或弹簧垫圈或用人工方法采取防松措施。

2. 高强度螺栓连接

钢结构高强度螺栓根据安装特点可分为扭剪型高强度螺栓连接和大六角高强度螺栓连接。

(1) 扭剪型高强度螺栓连接。扭剪型高强度螺栓紧固分为初拧和终拧。初拧一般使用能够控制紧固扭矩的紧固机来紧固；终拧紧固使用 6922 型或 6924 型、专用电动扳手紧固施拧。打至尾部的梅花头剪断，就可以认为紧固终拧完毕。紧固顺序如下：

1) 在螺栓尾部卡头上插入扳手套筒，一面摇动机体、一面嵌入；嵌入后，在螺栓上嵌入外套筒，嵌入完毕后，轻轻地推动扳机。

2) 在螺栓嵌入后，按动开关，内、外套筒两个方向同时旋转，切口切断。

3) 切口切断后，关闭开关，将扳手提起，紧固完毕。

4) 按扳手顶部的吐口开关，尾部从内套筒内退出。

扭剪型高强度螺栓，除因构造原因无法使用专用扳手终拧掉梅花头者外，在未终拧中拧掉梅花头的螺栓数不应大于该节点螺栓数的5%。扭矩检查按节点数抽查10%，但不少于10个节点，被抽查节点中梅花头未拧掉的螺栓全数进行终拧扭矩检查。检查方法可采用扭矩法和转角法。

(2) 大六角头高强度螺栓连接。

1) 节点处理。高强度螺栓连接应在其结构架设调整完毕后，在对接全件进行矫正，消除接合件的变形、错位和错孔、板束接合摩擦面要贴紧后，进行安装高强度螺栓。为了接合部板束间摩擦面贴紧，结合良好，先用临时交通螺栓和手动扳手固定、达到贴紧为止。在每个节点上穿入临时螺栓的数量应由计算决定，一般不得少于高强度螺栓总数的3%。不允许用高强度螺栓兼临时螺栓，以防止损伤螺纹，引起扭矩系数的变化。

对因板厚公差，制造偏差或安装偏差产生的结合面间隙，宜按规定的加工方法进行处理。

2) 螺栓安装。高强度螺栓安装在节点全部处理好进行，穿入方向要一致、一般应以施工便利为宜，对于箱型截面部件的接合部，全部从内向外插入螺栓，在外侧进行紧固。如操作不便，可将螺栓从反方向插入。对于大六角高强度螺栓连接副在安装时，根部垫圈有倒角的一侧应朝向螺栓头，安装尾部的螺母垫圈则应与扭剪型高强度螺栓的螺母和垫圈安装相同。严禁强行穿入螺栓，如不能传入时，螺孔应用铰刀进行修整，用铰孔修整前应对其四周的螺栓全部拧紧，使板叠密贴后在进行。修整时应防止铁屑落入叠缝中。铰孔完成后，用砂轮除去螺栓孔周围的毛刺，同时扫清铁屑。

构件点上安装的高强度螺栓，要按设计规定选用同一批量的高强度螺栓、螺母和垫圈的连接副件。

3) 螺栓紧固。高强度螺栓紧固时，应分初拧、终拧。对于大型节点可分为初拧、复拧和终拧。

4) 扭矩的检查。

① 扭矩法检查时，在螺尾端头和螺母相对位置画线，将螺母退后60°左右，用扭矩扳手测定拧回至原来位置处的扭矩值。该扭矩值与施工扭矩值的偏差在10%以内为合格。

② 转角法检查时，检查初拧后在螺母与相对位置所画的终拧起始线和终止线所夹的角度是否满足要求；在螺尾端头和螺母相对位置画线，然后全部卸松螺母，再按规定的初拧扭矩和终拧角度重新拧紧螺栓，观察与原画线是否重合。终拧转角偏差在10°范围内为合格。

二、焊接连接

焊接连接是钢结构最主要的连接方法。其突出的优点是构造简单、不受构件外形尺寸的限制，不削弱构件截面、节约钢材、加工方便、易于操作和自动化操作。缺点是焊接残余应力和残余变形对结构有不利影响，低温冷脆也比较问题也比较突出。

1. 焊接方法

常用的焊接方法主要有电弧焊（包括手工电弧焊）、埋弧焊（自动或半自动焊）和气体保护（CO_2）等。焊接特点及适用范围见表 10-4。

表 10-4　　焊接方法的选择

焊接的类型			特点	适用范围
电弧焊	手工焊	交流焊机	利用焊条与焊件之间产生的电弧热焊接，设备简单，操作灵活，可进行各种位置的焊接，是建筑工地应用最广泛的焊接方法	焊接普通钢结构
		直流焊机	焊接技术与交流焊机相同，成本比交流焊机高，但焊接时电弧稳定	焊接要求较高的钢结构
	埋弧自动焊		利用埋在焊剂层下的电弧热焊接，效率高，质量好，操作技术要求低，劳动条件好，是大型构件制作中应用最广的高效焊接方法	焊接长度较大的对接、贴角焊缝，一般是有规律的直焊缝
	半自动焊		与埋弧自动焊基本相同，操作灵活，但使用不够方便	焊接较短的或弯曲的对接、贴角焊缝
	CO_2 气体保护焊		用 CO_2 或惰性气体保护的实芯焊丝或药芯焊接，设备简单，操作简便，焊接效率高，质量好	用于构件长焊缝的自动焊
电渣焊			利用电流通过液态溶渣所产生的电阻热焊接，能焊大厚度焊缝	用于箱形梁及柱隔板与面板全焊透连接

2. 焊接材料

（1）焊条。根据用途的不同，焊条可分为结构钢焊条、不锈钢焊条、低温钢焊条、铸铁焊条和特殊用途焊条等。目前，钢结构工程上主要使用的是结构钢焊条，即碳钢焊条和低合金焊条，用于焊接碳钢和低合金高碳钢。

（2）焊丝、焊剂。结构钢埋弧焊用焊丝有碳锰钢、锰硅钢和锰钼钒钢等。

埋弧焊焊剂在焊接过程中起隔离空气、保护焊缝金属不受空气侵害和参与熔池金属冶金反应的作用。按制造方法不同，又分为熔炼焊剂和非熔炼焊剂。

（3）保护气体。气体保护焊所用的保护气体有纯 CO_2 气体及 CO_2 气体和其他惰性气体混合的混合气体，最常用的是 $Ar+CO_2$ 的混合气体。

3. 焊接步骤

（1）将焊条端头轻轻划过工件，然后保持一定距离。严禁在焊缝区以外的母材上打火引弧。在坡口内引弧的局部面积应熔焊一次，不得留下弧坑。

（2）电弧点燃之后，就进入正常的焊接过程。焊接过程中焊条同时有三个方向的运动：①沿其中心线向下送进；②沿焊缝方向移动；③横向摆动。由于焊条被电弧熔化逐渐变短，为保持一定的弧长，就必须使焊条沿其中心线向下送进，否则会发生断弧。焊条沿焊缝方向移动，速度的快慢要根据焊条直径、焊接电流、工件厚度和接缝装配情况及所在位置而定。移动速度太快，焊缝熔深太小，易造成未透焊；移动速度太慢，焊缝过高，工件过热，会引起变形增加或烧穿。为了获得一定宽度的焊缝，焊条必须横向摆动。在做横向摆动时，焊缝的宽度一般是焊条直径的 1.5 倍左右。以上三个方向的动作密切配合，根据不同的接缝位置、接头形式、焊条直径和性能、焊接电流、工件厚度等情况，采用合适的运条方式，就可以在各种焊接位置得到优质的焊缝。

（3）焊接结束后的焊缝及两侧，应彻底清除飞溅物、焊渣和焊瘤等。无特殊要求时，应根据焊接接头的残余应力、组织状态、熔敷金属含氢量和力学性能决定是否需要焊后热处理。

第二节 钢结构安装

一、单层钢结构安装

1. 施工前的准备

钢构件在进场时应有产品证明书，其焊接连接、紧固件连接、钢构件制作分项工程验收应合格。普通螺栓、高强度螺栓和焊接材料要提前准备好。

钢结构的主体结构、地下钢结构及维护系统构件，吊车梁和钢平台、钢梯、防护栏杆等在吊装前，应对其制作、装配、运输，根据设计要求进行检查，主要检查材料质量、钢结构构件的尺寸精度及构件制作质量，并予记录。验收合格后方准安装。

起重设备按钢结构安装的不同选择，例如跨度大、较高的工业厂房宜选用塔式起重机。

正式吊装前应进行试吊，吊起一端高度为 100～200mm 时停吊，检查索具牢靠和吊车稳定板位于安装基础时，可指挥吊车缓慢下降。

2. 施工工艺

单层钢结构安装施工工艺流程为：基础验收→钢柱安装→钢吊车梁的安装→钢屋架安装→平面钢桁架安装。最后对钢柱、吊车梁和钢屋架进行校正。

（1）基础验收。钢结构安装前应对建筑物的定位轴线、基础轴线和标高、地脚螺栓位置、规格等进行检查，并应进行基础检测和办理交接验收。当基础工程分批进行交接时，每次交接验收不应少于一个安装单元的柱基基础。

（2）钢柱的安装。一般钢柱的弹性和刚性都很好，吊装时为了便于矫正一般采用一点吊装法，常用的钢柱吊装法有旋转阀、递送法和滑行法。吊装方法如下：

1）吊装前应将杯底清理干净，不得有杂物。

2）操作人员在钢柱吊至杯口上方后，各自站好位置，稳住柱脚并将其插入杯口。

3）在柱子降至杯底时停止落钩，用撬棍撬柱子，使其中线对准杯底中线，然后缓慢将柱子落至底部。

4）拧紧柱脚螺旋。

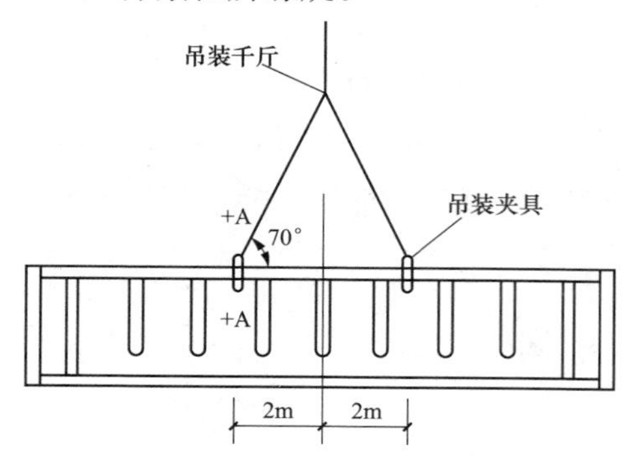

图 10-1　工具式吊耳吊装

（3）钢吊车梁的安装。钢吊车梁安装一般采用工具式吊耳或捆绑法进行吊装。工具式吊耳吊装如图 10-1 所示。

吊车梁布置应接近安装位置，使梁重心对准安装中心，安装可由一端向另一端，或从中间向两端顺序进行，当梁吊至设计位置离支座面 20cm 时，用人力扶正，使梁中心线与支承面中心线对准，并使两端搁置长度相等，然后缓缓落下。

当梁高度与宽度之比大于 4 时，或遇五级大风时，脱钩前用 8 号铁丝将梁绑于柱上临时固定，以防倾倒。

（4）钢屋架安装。钢屋架吊装时应验算屋架平面外刚度，如刚度不足时，采取增加吊点或采用加铁扁担的施工方法吊装。

屋架的吊点选择要保证屋架的平面刚度，还需注意以下两点：

1）屋架的重心位于内吊点的连线之下，否则应采取防止屋架倾倒的措施。

2）对外吊点的选择应使屋架下弦处于受拉状态。

安装第一榀屋架时，在松开吊钩前，做初步校正，对准屋架基座中心线与定位轴线就位，并调整屋架垂直度并检查屋架侧向弯曲。安装就位后应在屋架上弦两侧对称设置缆风绳固定，如图 10-2 所示。第二榀屋架同样吊装就位后，不要松钩，用绳索临时与第一榀屋架固定。然后安装支撑系统及部分檩条。从第三榀开始，在屋架脊点及上弦中点装上檩条即可将屋架固定。钢屋架安装的允许偏差见表 10-5。

（5）平面钢桁架的安装。桁架临时固定需用临时螺栓和冲钉，每个节点应穿入的数量应按计算进行。预应力钢桁架的安装按下列步骤进行：

1）钢桁架现场拼装。

2）在钢桁架下弦安装张拉锚固点。

3）对钢桁架进行张拉。

4）对钢桁架进行吊装。

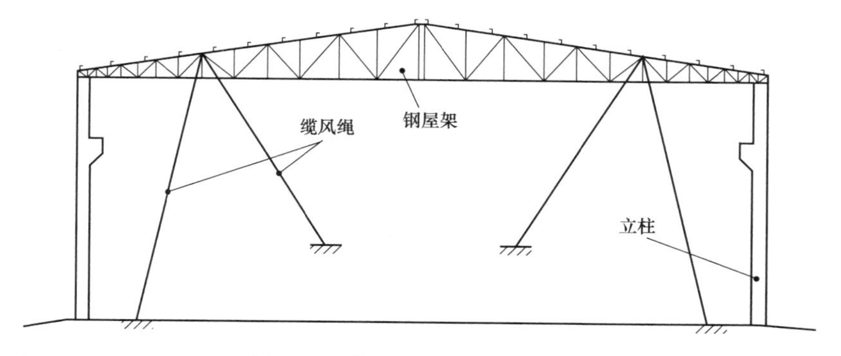

图 10-2 第一榀屋架吊装示意图

表 10-5 钢屋架允许偏差

项目	允许偏差		图例
跨中的垂直度	$h/250$，且不应大于 15.0		
侧向弯曲矢高 f	$l \leqslant 30\text{m}$	$l/1000$，且不应大于 10.0	
	$30\text{m} < l \leqslant 60\text{m}$	$l/1000$，且不应大于 30.0	
	$l > 60\text{m}$	$l/1000$，且不应大于 50.0	

3. 校正工作

(1) 钢柱的校正。钢柱的校正工作一般包括平面位置、标高及垂直度三项内容。钢柱校正工作主要是校正垂直度和复查标高。

1) 校正工作需用测量工具，观测钢柱垂直度的工具是经纬仪或线坠。

2) 平面位置的校正。在起重机不脱钩的情况下将柱底定位线与基础定位轴线对准，缓慢落至标高位置。

3) 钢柱吊装柱脚穿入基础螺栓就位后，柱子校正工作主要是对标高进行调整和垂直度进行校正，钢柱垂直度的校正，可采用起吊初校加千斤顶复校的

办法。

(2) 吊车梁的校正。吊车梁的校正包括标高调整、纵横轴线和垂直度的调整。注意吊车梁的校正必须在结构形成刚度单元以后才能进行。

1) 用经纬仪将柱子轴线投到吊车梁牛腿面等高处，据图纸计算出吊车梁中心线到该轴线的理论长度 l。

2) 每根吊车梁测出两点，用钢尺和弹簧秤校核这两点到柱子轴线的距离，看实际距离是否等于理论距离，并以此对吊车梁纵轴进行校正。

3) 当吊车梁纵横轴线误差符合要求后，复查吊车梁跨度。

4) 吊车梁的标高和垂直度的校正应和吊车梁轴线的校正同时进行。

(3) 钢屋架的校正。钢屋架垂直度的校正方法如下：在屋架下弦一侧拉一根通长钢丝（与屋架下弦轴线平行），同时在屋架上弦中心线反出一个同等距离的标尺，用线坠校正。也可用一台经纬仪，放在柱顶一侧，与轴线平移 a 距离，在对面柱子上同样有一距离为 a 的点，从屋架中线处用标尺挑出 a 距离，三点在一个垂面上即可使屋架垂直。

钢桁架的矫正方法同钢屋架的方法一致。

二、多层及高层结构安装

1. 施工前的准备

施工前编制详细的设备、工具、材料进场计划，根据施工进度安排构件进场，并检查构件的完整度是否满足施工要求。根据总部提供的测量基准控制点，测放钢结构安装的主控轴线，并对所有钢柱定位轴线和标高进行放线测量、复查等。

根据构件质量和单层的构件数量，剪裁出不同长度、不同规格的钢丝绳作为吊装绳和缆风绳。根据钢柱的长度和截面面积，按规定制作出不同规格的足够数量的爬梯。

2. 施工工艺

(1) 钢柱起吊与安装。钢柱多采用实腹式，实腹钢柱截面多为工字形、箱形、十字形、圆形。钢柱多采用焊接对接接长，也有用高强度螺栓连接接长的。劲性柱与混凝土采用熔焊栓钉连接。

钢柱一般采用一点正吊。吊点设置在柱项处，吊钩通过钢柱重心线，钢柱易于起吊、对线、校正。当受起重机臂杆长度、场地等条件限制，吊点可放在柱长 1/3 处斜吊。

起吊时钢柱必须垂直，尽量做到回转扶直。起吊回转过程中应避免同其他已安装的构件相碰撞，吊索应预留有效高度。

钢柱扶直前应将登高爬梯和挂篮等挂设在钢柱预定位置并绑扎牢固，起吊就位后临时固定地脚螺栓、校正垂直度。钢柱接长时，钢柱两侧装有临时固定用的连接板上节钢柱对准下节钢柱柱顶中心线后，即用螺栓固定连接板临时固定。

钢柱安装到位，对准轴线、临时固定牢固后才能松开吊索。

（2）钢梁安装。钢梁安装顺序总体随钢柱的安装顺序进行，相邻钢柱安装完毕后，及时连接之间的钢梁使安装的构件及时形成稳定的框架，并且每天安装完的钢柱必须用钢梁连接起来，不能及时连接的应拉设缆风绳进行临时稳固。按先主梁后次梁、先下层后上层的安装顺序进行安装。

钢梁吊装时为保证吊装安全及提高吊装速度，根据以往超高层钢结构工程的施工经验，建议由制作厂制作钢梁时预留吊装孔，作为吊点。

钢梁若没有预留吊装孔，可以使用钢丝绳直接绑扎在钢梁上。吊索角度不得小于45°。为确保安全，防止钢梁锐边割断钢丝绳，要对钢丝绳在翼板的绑扎处进行防护。

为了加快施工进度，提高工效，对于质量较轻的钢梁可采用一机多吊（串吊）的方法，如图10-3所示。

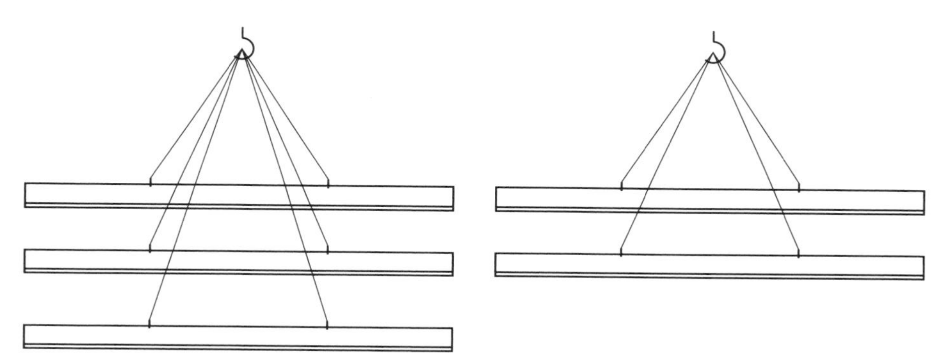

图10-3 钢梁串吊图

钢梁吊装前，应清理钢梁表面污物；对产生浮锈的连接板和摩擦面在吊装前进行除锈。为保证结构的稳定，对多楼层的结构层，应首先进行固定顶层梁，再固定下层梁，最后固定中间梁。

（3）斜撑安装。斜撑的安装为嵌入式安装，即在两侧相连接的钢柱、钢梁安装完成后，再安装斜撑。为了确保斜撑的准确就位，斜撑吊装时应使用捯链进行配合，将斜撑调节至就位角度，确保快速就位连接。

（4）桁架安装。桁架是结构的主要受力和传力结构，一般截面较大，板材较厚，施工中应尽量不分段整体吊装，若必须要分段，也应在起重设备允许的范围内尽量少分段，以减少焊缝收缩对精度的影响。分段后桁架段与段之间的焊接应按照正确的流程和顺序进行施焊，先上下弦，再中间腹杆，由中间向两边对称进行施焊。散件高空组装顺序为先上弦、再下弦和竖向直腹杆，最后嵌入中间斜腹杆，然后进行整体校正焊接。同时，应根据桁架跨度和结构特点的不同设置胎架支撑，并按设计要求进行预起拱。

3. 校正工作

（1）钢柱轴线调整。上下柱连接保证柱中心线重合。如有偏差，采用反向纠偏回归原位的处理方法，在柱与柱的连接耳板的不同侧面加入垫板（垫板厚度为0.5～1.0mm），拧紧螺栓。另一个方向的轴线偏差通过旋转、微移钢柱，同时进行调整。钢柱中心线偏差调整每次在3mm以内，如偏差过大则分2～3次调整。上节钢柱的定位轴线不允许使用下一节钢柱的定位轴线，应从控制网轴线引至高空，保证每节钢柱的安装标准，避免过大的累积误差。

（2）钢柱顶标高检查。首先在柱顶架设水准仪，测量各柱顶标高，根据标高偏差进行调整。可切割上节柱的衬垫板（3mm内）或加高垫板（5mm内），进行上节柱的标高偏差调整。若标高误差太大，超过了可调节的范围，则将误差分解至后几节柱中调节。

（3）钢柱垂直度调整。在钢柱偏斜方向的一侧顶升千斤顶。在保证单节柱垂直度不超过规范要求的前提下，将柱顶偏移控制到零，最后拧紧临时连接耳板的高强度螺栓。临时连接板的螺栓孔可在吊装前进行预处理，比螺栓直径扩大约4mm。

第三节 钢结构焊接施工

一、焊接工艺

1. 焊接材料的保管和烘干

（1）焊接材料应储存在干燥、通风良好的地方，由专人保管、烘干、发放和回收，并有详细记录。

（2）焊丝表面和电渣焊的熔化或非熔化导管应无油污、锈蚀。

（3）焊条使用前在300～430℃温度下烘干1.0～2h，或按厂家提供的焊条使用说明书进行烘干。焊条放入时烘箱的温度不应超过最终烘干温度的1/2，烘干时间以烘箱到达最终烘干温度后开始计算。

（4）焊条烘干后放置时间不应超过4h，用于屈服强度大于370MPa的高强钢的焊条，烘干后放置时间不应超过2h。重新烘干次数不应超过2次。

（5）烘干后的低氢焊条应放置于温度不低于120℃的保温箱中存放、待用，使用时应置于保温筒中，随用随取。

（6）焊剂使用前应按制造厂家推荐的温度进行烘焙，已潮湿或结块的焊剂严禁使用。用于屈服强度大于370MPa的高强钢的焊剂，烘焙后在大气中放置时间不应超过4h。

2. 焊前检查与清理

(1) 施焊前应仔细检查母材，保证母材待焊接表面和两侧均匀、光洁，且无毛刺、裂纹和其他对焊缝质量有不利影响的缺陷；母材上待焊接表面及距焊缝位置50mm范围内不得有影响正常焊接和焊缝质量的氧化皮、锈蚀、油脂、水等杂质。

(2) 检查母材坡口成型质量：采用机械方法加工坡口时，加工表面不应有台阶；采用热切割方法加工的坡口表面质量应符合《热切割、气割质量和尺寸偏差》(JB/T 10045.3)的相应规定；材料厚度小于或等于100mm时，割纹深度最大为0.2mm；材料厚度大于100mm时，割纹深度最大为0.3mm。割纹不满足要求时，应采用机械加工、打磨清除。

(3) 结构钢材坡口表面切割缺陷需要进行焊接修补时，可根据《钢结构焊接规范》(GB 50661)规定制定修补焊接工艺，并记录存档；调质钢及承受周期性荷载的结构钢材坡口表面切割缺陷的修补还需报监理工程师批准后方可进行。

(4) 焊接坡口边缘上钢材的夹层缺陷长度超过25mm时，应采用无损检测方法检测其深度，如深度不大于6mm，应用机械方法清除；如深度大于6mm时，应用机械方法清除后焊接填满；若缺陷深度大于25mm时，应采用超声波测定其尺寸，当单个缺陷面积（ad）或聚集缺陷的总面积不超过被切割钢材总面积（BL）的4%时为合格，否则该板不宜使用。

夹层缺陷是裂纹时，如图10-4所示。如裂纹深度超过50mm或累计长度超过板宽的20%时，该钢板不得使用。

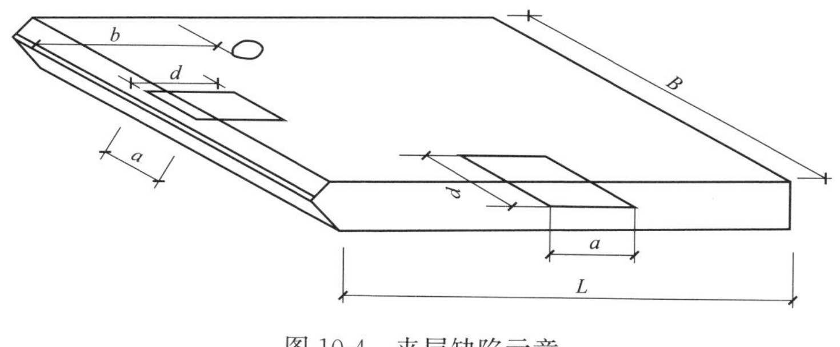

图10-4 夹层缺陷示意

(5) 施焊前应检查焊接部位的组装质量是否满足表10-6的要求。如坡口组装间隙超过表中允许偏差但不大于较薄板厚度2倍或20mm（取其较小值）时，可在坡口单侧或两侧堆焊，使其达到规定的坡口尺寸要求。禁止用焊条头、铁块等物堵塞或过大间隙仅在表面覆盖焊缝。

表 10-6 坡口尺寸组装允许偏差

序号	项目	背面不清根	背面清根
1	接头钝边	±2mm	不限制
2	无钢衬垫接头根部间隙	±2mm	+2mm −3mm
3	带钢衬垫接头根部间隙	+6mm −2mm	不适用
4	接头坡口角度	+10° −5°	+10° −5°
5	根部半径	+3mm −0mm	不限制

对接接头的错边量严禁超过接头中较薄件厚度的1/10，且不超过3mm。当不等厚部件对接接头的错边量超过3mm时，较厚部件应按不大于1∶2.5坡度平缓过渡。

T形接头的角焊缝及部分焊透焊缝连接的部件应尽可能密贴，两部件间根部间隙不应超过5mm；当间隙超过5mm时，应在板端表面堆焊并修磨平整使其间隙符合要求。T形接头的角焊缝连接部件的根部间隙大于1.5mm且小于5mm时，角焊缝的焊脚尺寸应按根部间隙值而增加。

对于搭接接头及塞焊、槽焊以及钢衬垫与母材间的连接接头，接触面之间的间隙不应超过1.5mm。

3. 定位焊

(1) 定位焊必须由持焊工合格证的人施焊，使用焊材与正式施焊用的焊材相当。

(2) 定位焊焊缝厚度应不小于3mm，对于厚度大于6mm的正式焊缝，其定位焊缝厚度不宜超过正式焊缝厚度的2/3；定位焊缝的长度应不小于40mm，间距宜为300～600mm。

(3) 钢衬垫焊接接头的定位焊宜在接头坡口内焊接；定位焊焊接时预热温度应高于正式施焊预热温度20～50℃；定位焊缝与正式焊缝应具有相同的焊接工艺和焊接质量要求；定位焊焊缝若存在裂纹、气孔、夹渣等缺陷，要完全清除。

(4) 对于要求疲劳验算的动荷载结构，应制定专门的定位焊焊接工艺文件。

4. 焊后消除应力处理

(1) 设计或合同文件对焊后消除应力有要求时，需经疲劳验算的结构中承受拉应力的对接接头或焊缝密集的节点或构件，宜采用电加热器局部退火和加热炉整体退火等方法进行消除应力处理；如仅为稳定结构尺寸，可选用振动法消除应力。

（2）焊后热处理应符合国家现行相关标准的规定。当采用电加热器对焊接构件进行局部消除应力热处理时，尚应符合下列要求：

1）使用配有温度自动控制仪的加热设备，其加热、测温、控温性能应符合使用要求。

2）构件焊缝每侧面加热板（带）的宽度至少为钢板厚度的 3 倍，且不应小于 200mm。

3）加热板（带）以外构件两侧宜用保温材料适当覆盖。

（3）用锤击法消除中间焊层应力时，应使用圆头手锤或小型振动工具进行，不应对根部焊缝、盖面焊缝或焊缝坡口边缘的母材进行锤击。

5. 焊接工艺技术要求

（1）对于焊条手工电弧焊、半自动实芯焊丝气体保护焊、半自动药芯焊丝气体保护或自保护焊和自动埋弧焊焊接方法，根部焊道最大厚度、填充焊道最大厚度、单道角焊缝最大焊脚尺寸和单道焊最大焊层宽度宜符合表 10-7 的规定。经焊接工艺评定合格验证除外。

表 10-7　单焊缝最大焊缝尺寸推荐表

<table>
<tr><th rowspan="3">焊道类型</th><th rowspan="3">焊接位置</th><th rowspan="3">焊缝类型</th><th colspan="5">焊接方法</th></tr>
<tr><th rowspan="2">SMAW</th><th rowspan="2">GMAW｜FCAW</th><th colspan="3">SAW</th></tr>
<tr><th>单丝</th><th>串联双丝</th><th>多丝</th></tr>
<tr><td rowspan="4">根部焊道最大厚度</td><td>平焊</td><td rowspan="4">全部</td><td>10mm</td><td>10mm</td><td colspan="3" rowspan="2">无限制</td></tr>
<tr><td>横焊</td><td>8mm</td><td>8mm</td></tr>
<tr><td>立焊</td><td>12mm</td><td>12mm</td><td colspan="3" rowspan="2">不适用</td></tr>
<tr><td>仰焊</td><td>8mm</td><td>8mm</td></tr>
<tr><td>填充焊道最大厚度</td><td>全部</td><td>全部</td><td>5mm</td><td>6mm</td><td>6mm</td><td colspan="2">无限制</td></tr>
<tr><td rowspan="4">单道角焊缝最大焊脚尺寸</td><td>平焊</td><td rowspan="4">角焊缝</td><td>10mm</td><td>12mm</td><td colspan="3">无限制</td></tr>
<tr><td>横焊</td><td>8mm</td><td>10mm</td><td>8mm</td><td>8mm</td><td>12mm</td></tr>
<tr><td>立焊</td><td>12mm</td><td>12mm</td><td colspan="3" rowspan="2">不适用</td></tr>
<tr><td>仰焊</td><td>8mm</td><td>8mm</td></tr>
<tr><td rowspan="2">单道焊最大焊层宽度</td><td>所有（立焊除外，用于 SMAW、GMAW 和 FCAW）</td><td>坡口焊缝</td><td colspan="2">如坡口根部间隙>12mm 或焊层宽度>16mm，采用分道焊技术</td><td colspan="3">不适用</td></tr>
<tr><td>平焊和横焊（用于 SAW）</td><td>坡口焊缝</td><td colspan="2">不适用</td><td>焊层宽度>16mm，采用分道焊技术</td><td colspan="2">焊层宽度>25mm，采用分道焊技术</td></tr>
</table>

（2）多层焊时应连续施焊，每一焊道焊接完成后应及时清理焊渣及表面飞溅物，发现影响焊接质量的缺陷时，应清除后方可再焊。遇有中断施焊的情况，应采取适当的后热、保温措施，再次焊接时重新预热温度应高于初始预热温度。

（3）塞焊和槽焊可采用焊条手工电弧焊、气体保护电弧焊及自保护电弧焊等焊接方法。平焊时，应分层熔敷焊缝，每层熔渣冷却凝固后，必须清除方可重新焊接；立焊和仰焊时，每道焊缝焊完后，应待熔渣冷却并清除后方可施焊后续焊道。

（4）严禁在调质钢上采用塞焊和槽焊焊缝。

6. 焊件矫正

因焊接而变形超标的构件应采用机械方法或局部加热的方法进行矫正。采用加热矫正时，调质钢的矫正温度严禁超过最高回火温度，其他钢材严禁超过800℃。加热矫正后宜采用自然冷却，低合金钢在矫正温度高于650℃时严禁急冷。

二、高层钢结构焊接

1. 总体焊接顺序

一般根据结构平面图形的特点，以对称轴为界或以不同体形结合处为界分区，配合吊装顺序进行安装焊接。焊接顺序应遵循以下原则或程序：

（1）在吊装、校正和栓焊混合节点的高强度螺栓终拧完成若干节间以后开始焊接，以利于形成稳定框架。

（2）焊接时应根据结构体形特点选择若干基准柱或基准节间，由此开始焊接主梁与柱之间的焊缝，然后向四周扩展施焊，以避免收缩变形向一个方向累积。

（3）一节间各层梁安装好后应先焊上层梁后焊下层梁，以使框架稳固，便于施工。

（4）栓焊混合节点中，应先栓后焊（如腹板的连接），以避免焊接收缩引起栓孔间位移。

（5）柱-梁节点两侧对称的两根梁端应同时与柱相焊，既可以减小焊接拘束度，避免焊接裂纹产生，又可以防止柱的偏斜。

（6）柱-柱节点焊接自然是由下层往上层顺序焊接，由于焊缝横向收缩，再加上重力引起的沉降，有可能使标高误差累积，在安装焊接若干柱节后应视实际偏差情况及时要求构件制作厂调整柱长，以保证安装精度达到设计和规范要求。

（7）桁架焊接顺序为：下弦杆→转换柱（竖向杆件）→上弦杆→斜撑，如图10-5所示。

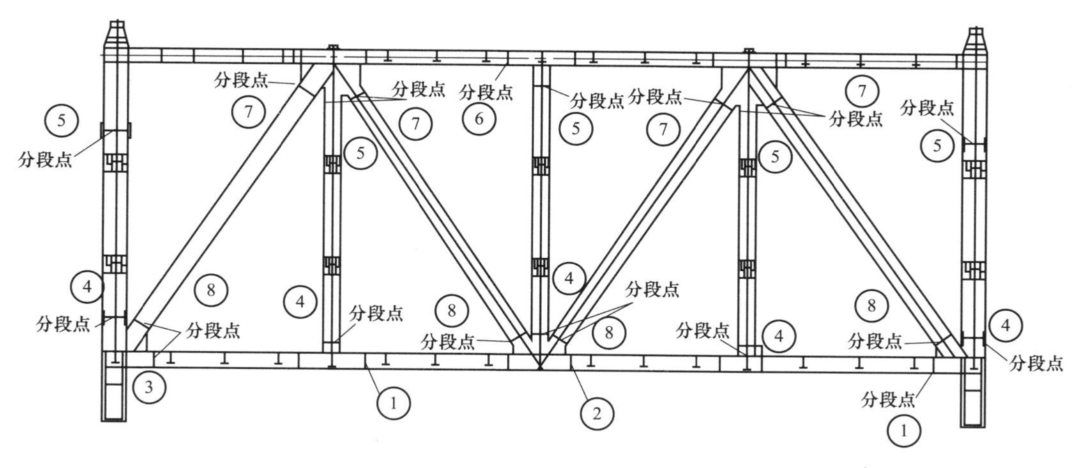

图 10-5 桁架的焊接顺序

（8）框-筒或筒中筒结构总体上应采用先内后外，先柱后梁，再斜撑，先焊收缩量大的再焊收缩量小的焊接顺序。原则上相邻两根柱不要同时开焊。

2. 各类节点焊接顺序

（1）钢柱的焊接顺序。

1）箱形柱的焊接顺序。由于箱形柱大部分钢板超厚，施焊时间较长，应采用多名焊工同时对称等速施焊，才能有效地控制施焊的层间温度，控制焊接应力，如图 10-6 所示（两名焊工同时施焊）。

当焊完第一个两层后，再焊接另外两个相对应边的焊缝，这时可焊完四层，再绕至另两个相对边，如此循环直至焊满整个焊缝。如遇焊缝间隙过大，应先焊大间隙焊缝，把另外相对边点焊牢固，然后依前顺序施焊。

2）十字柱对接焊接顺序。先由两名焊工进行翼缘板的对称焊接，如图 10-7 中的步骤 1、2，然后两名焊工再同时对腹板进行中心点对称反向焊接，见步骤 3～6。

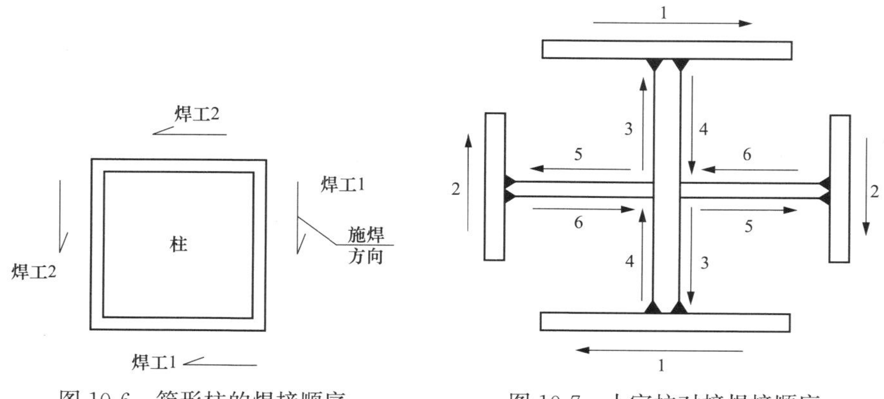

图 10-6 箱形柱的焊接顺序

图 10-7 十字柱对接焊接顺序

十字柱腹板为双面坡口焊，焊完一侧后另一侧应清根。

（2）钢梁焊接顺序。

1）工字形梁的焊接顺序。当工字形梁翼缘采用焊接，腹极采用螺栓连接时，先焊接下翼缘，然后焊接上翼缘。

当工字形梁契缘、腹板都采用焊接连接时，先焊接下翼缘，然后焊接上翼缘，最后焊接腹板。

在钢梁焊接时应先焊梁的一端，待此焊缝冷却至常温，再焊另一端。不得在同一根钢梁两端同时开焊，两端的焊接顺序应相同，如图 10-8 所示。

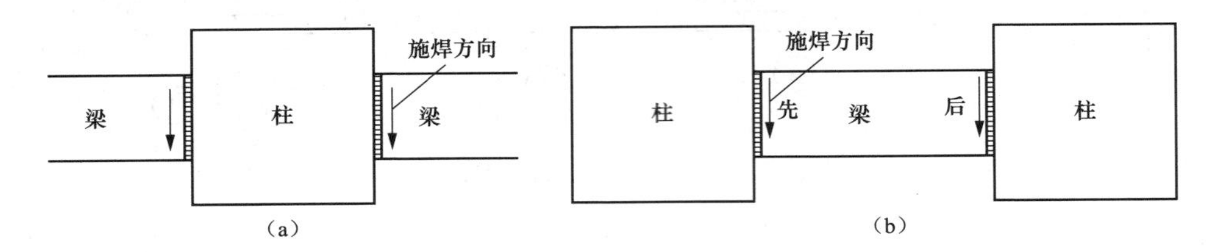

图 10-8　工字形梁的焊接顺序

2）箱形梁的焊接顺序。箱形梁为了便于焊接、保证焊接质量，焊接时先焊接下翼缘，下翼缘焊接完毕后，由两名焊工同时对称焊接两个腹板，焊接完毕后割除下翼缘和两个腹板的引弧板，并打磨好，24h 后对下翼缘和腹板进行探伤，合格后安装上翼缘的封板，然后先由一名焊工依次焊接上翼缘封板的两条平焊缝，最后由两名焊工对称焊接封板与腹板之间的两条横焊缝。

当箱形梁比较大时（梁高大于 800mm），在焊接此钢梁的下翼缘板时，焊工需要进入箱形梁内进行焊接，此时需要在钢梁的外部有一名焊工配合焊接钢梁腹板和引弧板。

三、钢管桁架焊接

1. 管对接焊接工艺

（1）焊前、组对。组对前用卡具对钢管同心度、纵向曲度、圆度认真复查核对，合格后，采用锉刀和砂布将 2mm 管内外壁 20～25mm 处仔细磨去锈蚀及污物。组对时不得在接近坡口处管壁上点焊夹具或硬性敲打，以防四周出现凹凸不平和圆弧不顺滑，同外径管错口现象必须控制在 2mm 以内，管内衬垫板必须紧密贴合牢固。

（2）校正复检、预留焊接收缩量。根据管径大小、壁厚预留焊接收缩量，校正后要及时固定，确保整个桁架系统的几何尺寸不因焊接收缩而引起改变。

（3）定位焊。定位焊对管口的焊接质量有直接影响，主桁架上下弦组对方式通常采用连接板预连接，定位焊位置为圆周三等分，定位焊使用经烘干合格的小直径焊条，采用与正式焊接相同的工艺进行等距离定位焊接，长度为 $L>50$mm、$H\geqslant4$mm。将定位焊起点与收弧处用角向磨光机磨成缓坡状，确认没有未熔合、收缩孔等缺陷。

（4）焊前防护。桁架上下弦杆件接头处焊前搭设平台，焊接作业平台距离管的高度为 600～700mm，平台面宽度大于 1.5m，密铺木跳板，上铺石棉布防止火灾发生，用彩条布密闭围护，以免作业时有风雨侵扰。架子搭设要稳定牢固，确保焊接作业人员具有良好的作业环境。

（5）焊前清理。正式焊接前将定位焊和对接口处的焊渣、飞溅雾状附着物、灰尘等认真清除。

（6）焊前预热。环境温度低于＋10℃且空气湿度大于 80％时，采用氧-乙炔中性焰对焊口进行加热除湿处理，使对接口两侧 100mm 范围温度均匀达到 100℃左右。

（7）焊接。上弦杆的对接焊采用左右两焊口同时施焊的方式，操作者采用外侧起弧逐渐移动到内侧施焊，每层焊缝均按此顺序实施，直至节点焊接完毕。

1）根部焊接：根部施焊采用手工电弧焊，以较大电流值对小直径焊条自下部超越中心线 10mm 起弧，至定位焊接头处前行 10mm 收弧，重点防止出现未熔合与焊渣超越熔池。尽量保持单根焊条一次施焊完，收弧处应避免产生收缩孔。再次施焊在定位焊缝上退弧，在顶部中心处息弧时超越中心线 10～15mm，并填满弧坑。另一半焊前应采用剔凿除去已焊处至少 20mm 焊渣，用角向磨光机把前半部接头处修磨成较大缓坡，确认无未融合及夹渣等现象，在滞后 10～15mm 处起弧焊，起弧处应在前半部已形成焊肉上，后半部与前半部接头处接焊时应至少超越 20mm，填满弧坑后方允许收弧。首层焊接的重点是确保根部熔合良好，确保不出现假焊。

2）次层焊接：焊前清除首层焊道上的凸起部分及弓/弧造成的多余部分并不得伤及坡口边缘，次层焊接采用 CO_2 气体保护焊。在仰焊时采用较小电流和较大电压进行焊接，因仰焊部值由于地心引力引起铁水下坠，从而导致焊缝坡口边出现尖角，故采用增大电压来增强熔滴的喷射力来解决。立焊部位电流、电压适中，焊至立爬坡时电流逐渐增大，至平焊部位电流再次增大，此时，充分体现了 CO_2 气体保护焊机电流、电压远程控制的优越性。

3）填充层焊接：采用 CO_2 气体保护电弧焊，正常电流，较快焊速。注意搭头部位逐层错开 50mm，要逐层逐道清除氧化碴皮、飞溅等附着物。在接近面层时注意均匀留出 1.5～2mm 盖面层预留量，且不得伤及坡口边缘。

4）面层焊接面层焊缝直接关系外观质量及尺寸检查要求，施焊前对全焊缝进行检查和修补。

（8）焊后进行清理和外观检查，且外观要符合设计要求。

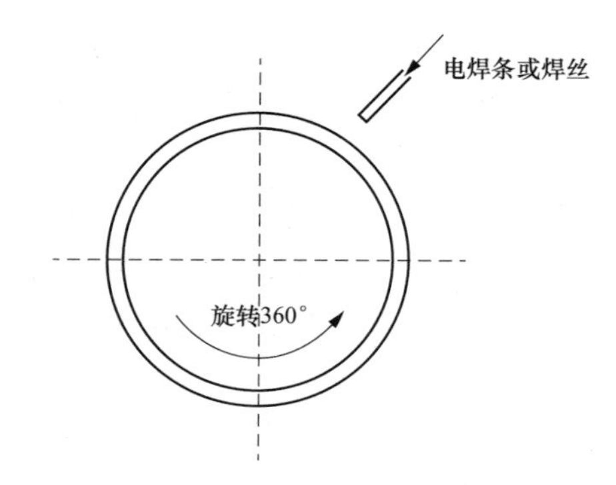

图 10-9　360°逆时针滚动平焊

2. 钢管焊接顺序

(1) 360°逆时针滚动平焊，如图 10-9 所示。

(2) 半位置焊，旋转 180°，如图 10-10 所示。

(3) 全位置焊，工件不能转动，如图 10-11 所示。

3. 管相贯线焊接工艺

斜腹杆与上下弦相贯及次桁架与主桁架相贯焊接处的焊前检查十分重要，部分构件由于制作误差、构件少量变形、安装误差造成焊接接头间隙较大，一般间隙在 20mm 以内时，可先逐渐堆焊填充间隙，冷却至常温，打磨清理干净，确认无焊接缺陷后再进行施焊，不能添加任何填料。

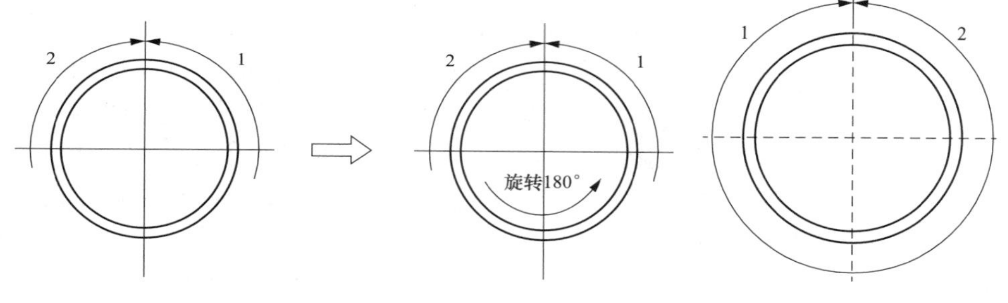

图 10-10　半位置焊　　图 10-11　全位置焊

斜腹杆上口与上弦杆相贯处呈全位置倒向环焊，焊接时从环缝的最低位置处起弧，在横角焊的中心收弧，焊条呈斜线运行，使熔池保持水平状，斜腹杆下口与下弦杆相贯处应从仰角焊位置超越中心 5～10mm 处起弧，在平角焊位置收弧，焊条呈斜线和直线运行，使熔池保持水平状。

次桁架弦杆与主桁架弦杆相贯处的焊接从坡口的仰角焊部位超越中心 5～10mm 处起弧，在平焊位置中心线处收弧，焊接时尽量使熔池保持水平状，注意左右两边的熔合，确保焊缝几何尺寸的外观质量，当相贯线夹角小于 30°时采用角焊形式进行焊接，焊角尺寸为 1.5t。

4. 施工注意事项

(1) 部件组装时，须加固好，以减少变形。

(2) 所有节点坡口，焊前必须进行打磨，严格做好清洁工作。

(3) 所有探伤焊缝坡口及装配间隙均应由质检员验收合格。

(4) 装配定位焊，要由具备合格证书的焊工操作，管子定位焊，用 ϕ3.2 焊条，其他厚板允许用 $\phi4$ 焊条定位焊。

（5）内衬管安装中心应与母管一致，焊脚 5mm。

（6）焊接完毕，焊工应清理焊缝表面的熔渣及两侧飞溅物，检查焊缝外观质量。

（7）待探伤焊缝检查认可后（包括必要的焊缝加强和修补），构件才能吊离胎架。

第四节 钢结构涂料涂装

一、钢结构防腐涂料涂装

1. 材料要求

建筑钢结构工程防腐材料的选用应符合设计要求。防腐蚀材料有底漆、面漆和稀料等。建筑钢结构工程防腐底漆有钼铬红环氧酯防锈漆、红丹油性防锈漆等；建筑钢结构防腐面漆有各色醇酸磁漆和各色醇酸调和漆等。各种防腐材料应符合国家有关技术指标的规定，还应有产品出厂合格证。

2. 施工工艺

工艺流程为：基面清理→底漆涂装→中间漆涂装→面漆涂装→检查验收。

（1）基面清理。建筑钢结构工程的油漆涂装应在钢结构安装验收合格后进行。油漆涂刷前，应将需涂装部位的铁锈、焊缝药皮、焊接飞溅物、油污、尘土等杂物清理干净。

（2）底漆涂装。刷第一层底漆时涂刷方向应该一致，搭接涂刷美观整齐。第一遍刷完后待油漆干后再刷第二层油漆，第二层油漆涂刷应与第一层油漆成垂直状态。

（3）面漆涂装。底漆涂刷后的很长时间才进行面漆涂装，这样可以避免在施工过程中油漆脱落，影响外观。面漆在使用过程中应不断搅和，喷涂的喷嘴与涂层要保持相同的距离，速度平稳，均匀一致。

（4）检查验收。表面涂装施工时和施工后，应对涂装过的工件进行保护，防止飞扬尘土和其他杂物。涂装后的处理检查，应该是涂层颜色一致，色泽鲜明、光亮，不起皱皮，不起疙瘩涂装漆膜厚度的测定一般用触点式漆膜测厚仪测定漆膜厚度，测定时测量 3 点厚度，然后取平均值。

二、钢结构防火涂料涂装

1. 材料要求

室内裸露钢结构、轻型屋盖钢结构及有装饰要求的钢结构，当规定其耐火极限在 1.5h 及以下时，宜选用薄涂型钢结构防火涂料。室内隐蔽钢结构、高层全钢结构及多层厂房钢结构，当规定其耐火极限在2.0h及以上时，应选用厚涂型钢结构防火涂料。

不要把饰面型防火涂料用于钢结构，饰面型防火涂料是保护木结构等可燃基材的阻燃涂料，薄薄的涂膜达不到提高钢结构耐火极限的目的。

2. 施工工艺

(1) 施工工具与方法。

1) 喷涂底层（包括主涂层，以下相同）涂料，宜采用重力（或喷斗）式喷枪，配能够自动调压的0.6～0.9m^3/min的空压机，喷嘴直径为4～6mm，空气压力为0.4～0.6MPa。

2) 面层装饰涂料，可以刷涂、喷涂或滚涂，一般采用喷涂施工。喷底层涂料的喷枪，将喷嘴直径换为1～2mm，空气压力调为0.4MPa左右，即可用于喷面层装饰涂料。

3) 局部修补或小面积施工，或者机器设备已安装好的厂房，不具备喷涂条件时，可用抹灰刀等工具进行手工抹涂。

(2) 涂料的搅拌与调配。运送到施工现场的钢结构防火涂料，应采用便携式电动搅拌器予以适当搅拌，使其均匀一致，方可用于喷涂。双组分包装的涂料，应按说明书规定的配合比进行现场调配，边配边用。

(3) 底层的涂装一般应喷2～3遍，间隔4～24h，干后再涂刷一遍。涂喷时手要稳，喷嘴与涂层的距离要一致，薄厚均匀，防止重喷、漏喷。

面层的涂装第一遍应从左至右喷，第二遍应从右至左喷，以确保全部盖住底层。对于露天钢结构的防火保护，喷好防火涂层后，可选用适合建筑外墙用的面层涂料作为防水装饰层。

3. 注意事项

(1) 合理选择防火涂料品种，一般室内与室外钢结构的防火涂料宜选择相适用的涂料产品。

(2) 防火涂料的贮运温度应按产品说明执行，不可在室外贮存和在太阳下暴晒。

(3) 涂装前，需要涂装的钢构件表面应进行除锈，做好防锈、防腐处理，并将灰尘、油脂、水分等清理干净，严禁在潮湿的表面进行涂装作业。

(4) 防火涂料一般不得与其他涂料、油漆混用，以免破坏其性能。

(5) 涂料的调制必须充分搅拌均匀，一般不宜加水进行稀释；但有些产品可根据施工条件适量加水进行稀释。

(6) 施工时，每遍涂装厚度应按设计要求进行，不得出现漏涂的情况，按要求进行涂装直到达到规定要求的厚度。

(7) 施工时，根据外部环境因素做好防护措施。例如，夏季高温期，为防止涂层中水分挥发过快，必要时要采取临时养护措施；冬季寒冷期，则应采取保暖措施，必要时应停止施工。

（8）水性防火涂料施工时，无须防火措施，溶剂型防火涂料施工时，必须在现场制备灭火器材等防火设施，严禁现场明火、吸烟。

（9）施工人员应戴安全帽、口罩、手套和防尘眼镜。

（10）施工后，应做好养护措施，保证涂层避免雨淋、浸泡及长期受潮，养护后才能达到其性能要求。

第十一章

结构安装工程

第一节　单层工业厂房结构安装

一、吊装前的准备工作

在构件吊装前，必须切实做好各项准备工作，准备工作的内容包括场地检查、基础准备、构件准备和机具准备等。

（1）场地检查。场地检查包括起重机开行道路是否平整坚实，构件堆放场地是否平整坚实，起重机回转范围内无障碍物，电源是否接通等。

（2）基础准备。装配式钢筋混凝土柱基础一般设计成杯形基础，且在施工现场就地浇筑。在浇筑杯形基础时，应保持定位轴线及杯口尺寸准确。在吊装前要在基础杯口面上弹出建筑物的纵、横定位线和柱的吊装准线，作为柱对位、校正的依据。如果吊装时发生有不便于下道工序的较大误差，应进行纠正。基础杯底标高，在吊装前应根据柱子制作的实际长度（从牛腿面或柱顶至柱脚尺寸），进行一次调整。调整方法是测出杯底原有标高（小柱测中间一点，大柱测四个角点），再量出柱的实际长度，结合柱脚底面制的误差情况，计算出标底标高调整值，并在杯口内标出，然后用 1∶2 水泥砂浆或细石混凝土（调整值大于 20mm）将杯底垫平至标志处。

（3）构件准备。构件准备包括检查与清理、弹线与编号、运输与堆放、拼装与加固等。

（4）机具准备。机具准备包括起重机的选择和用具准备。起重机的选择根据施工结构的不同而定。

二、施工工艺

1. 柱子的吊装

（1）柱子绑扎。由于柱子在工作状态下为压弯构件，吊装阶段为受弯构件，绑扎点的位置选择应引起注意，一般承重柱绑扎在牛腿下方，抗风柱则应以起吊时在自重作用下的正负弯矩相等确定其绑扎点。柱子的绑扎常用的有直吊绑扎法和斜吊绑扎法。

1）直吊绑扎法。直吊绑扎法就是先将平卧状态的柱子翻身，然后绑扎，柱子起吊后呈垂直状态插入杯口的绑扎方法，如图 11-1 所示。这种方法柱子易于插入杯口，但吊钩需高过柱顶，需要用铁扁担。适用于柱子宽面抗弯能力不足、起重机杆长较大时的中小型柱子的绑扎。直吊绑扎法分为一点或两点绑扎。

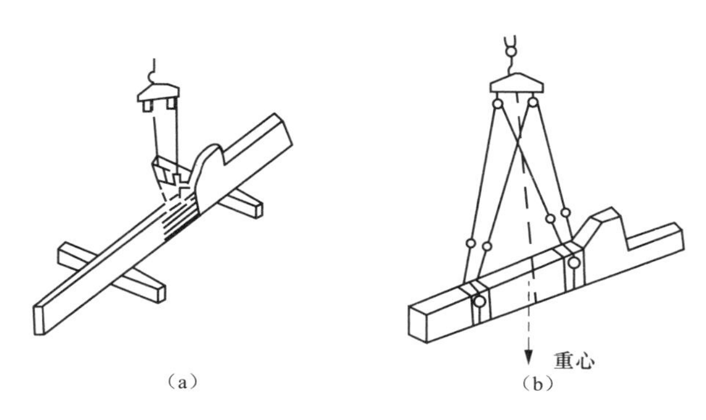

图 11-1 直吊绑扎法

(a) 一点绑扎；(b) 两点绑扎

2）斜吊绑扎法。斜吊绑扎法就是绑扎后，起重机能直接将柱子从平卧状态吊起，且吊起后呈倾斜状态的绑扎方法，如图 11-2 所示。这种方法吊钩可低于柱顶，适用于柱子的宽面抗弯能力满足受弯要求时的中小型柱以及起重杆长度不足时采用。斜吊绑扎时，也可采用一点或两点绑扎。

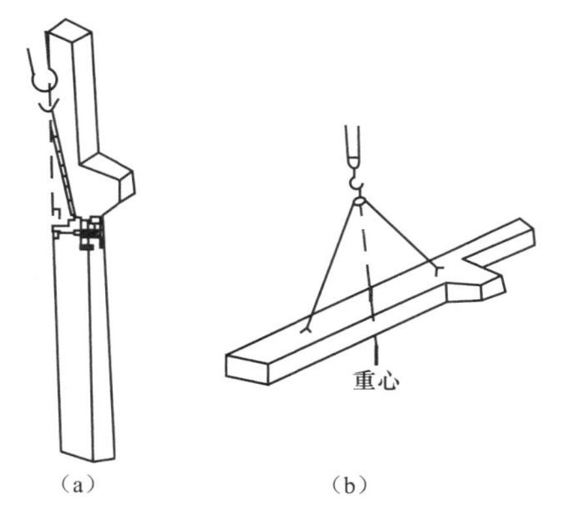

图 11-2 斜吊绑扎法

(a) 一点绑扎；(b) 两点绑扎

（2）柱子的吊升。柱子的吊装方法，应根据柱子的重量、长度、起重机性能及现场条件等因素确定。当采用单机吊升时，可采用滑行法、旋转法和双机抬吊法进行吊升。

1）滑行法。滑行法，即柱子在吊升时，起重机只升吊钩，起重杆不转动，使柱脚沿地面滑行逐渐直立而靠近杯口，然后插入杯中的方法，如图 11-3 所示。采用此法吊升时，柱子的绑扎点应靠近杯口，并与杯口中心在起重机的回转半径上，以便于稍稍转动起重杆就可以将柱子插入杯内。

2）旋转法。柱子在吊升过程中，吊车起吊点设置在柱重心上方，柱子根部着地，起吊时吊车起钩，将柱子吊起。在整个过程中，柱子绕根部点旋转。起重机是边回转起重杆边起钩，使柱子绕柱脚旋转而吊起插入杯口，这种方法称旋转法，如图 11-4 所示。采用旋转法吊升时，为保证柱子连续旋转吊起而插入杯口，要求起重机的回转半径为一定值，即起吊时起重杆不起伏，故在预制布置柱子时，应使柱子的绑扎点、柱脚中心和杯口中心三点共弧，该三点所确定的圆心即起重机的回转中心。

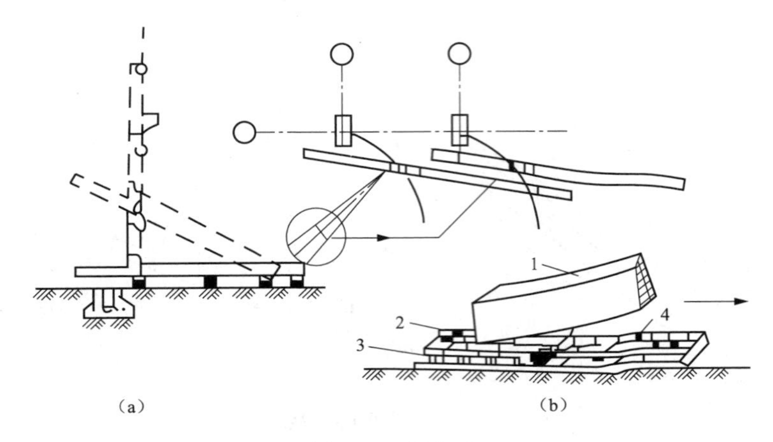

图 11-3　滑行法

1—柱子；2—托木；3—滚筒；4—滑行道

如果柱子因条件的限制不能三点共弧时，也可以采用杯口与柱脚中心或绑扎点两点共弧，这种布置方法在吊升过程中，起重杆要不断地变幅，以保证柱吊升后靠近杯口而插入杯心，所以两点共弧起吊时工效低，且不够安全。

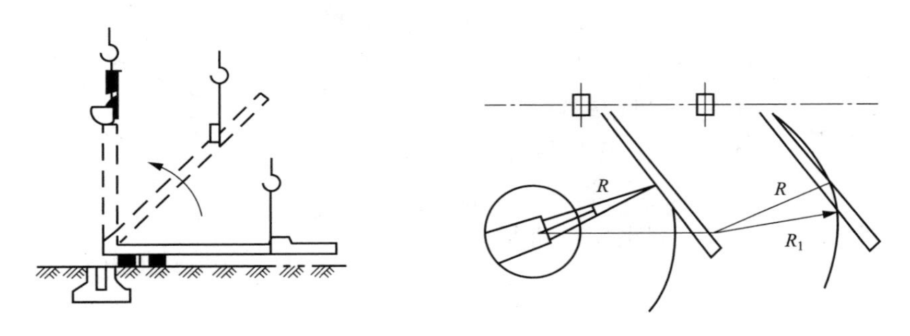

图 11-4　旋转法

3）双机抬吊法。双机抬吊法，是塔类设备施工过程中的一种经常采用且十分重要的吊装方法，设备或构件采用两台起重机进行抬吊就位的方法。如图 11-5 所示。

双机抬吊重物时，分配给单机的重量不得超过单机允许起重量的 80%，构件总重量不得高于两起重机械额定起重量之和的 75%，并要求统一指挥。抬吊时应先试抬，使操作者之间相互配合，动作协调，起重机各运转速度尽量一致。

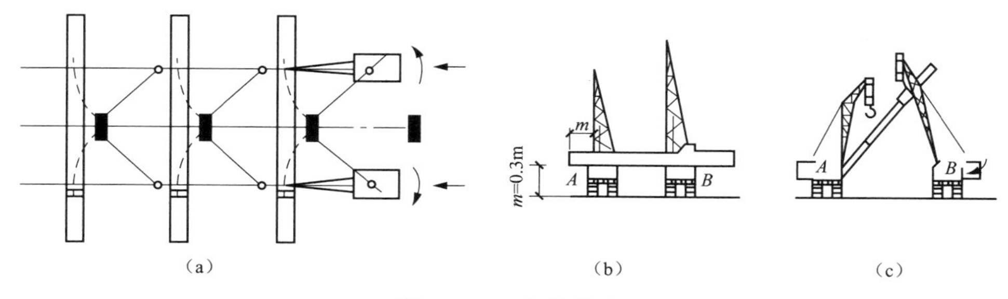

图 11-5 双机抬吊法

(a) 柱的平面位置；(b) 双机同时提升吊钩；(c) 双机同时向杯口旋转

(3) 柱的对位与临时固定。如用直吊法时，柱脚插入杯口后，应悬离杯底30～50mm处进行对位。若用斜吊法时，则需将柱脚基本送到怀底，然后在吊索一侧的杯口中插入两个楔子，再通过起重机回转使其对位。对位时，应先从柱子四周向杯口放入8口楔块，并用撬棍拨动柱脚，使柱的吊装准线对准杯口上的吊装准线，并使柱基本保持垂直。

柱子对位后，应先将楔块略为打紧，待松钩后观察柱子沉至杯底后的对中情况，若已符合要求即可将楔块略为打紧，使之临时固定，如图11-6所示。当柱基杯口深底与柱长之比小于1/20，或具有较大牛腿的重型柱，还应增设带花蓝螺钉的缆风绳或加斜撑措施来加强柱临时固定的稳定性。

(4) 柱的校正及最后固定。柱子的校正包括平面位置、标高和垂直度的校正。平面位置在对位和临时固定时已基本校正好，若有走动应及时采用敲打楔块的方法进行校正。标高的校正在杯底的抄平时已经完成。

柱的垂直度偏差检测方法有经纬仪观测法和线锤检查法，如图11-7和图11-8所示。

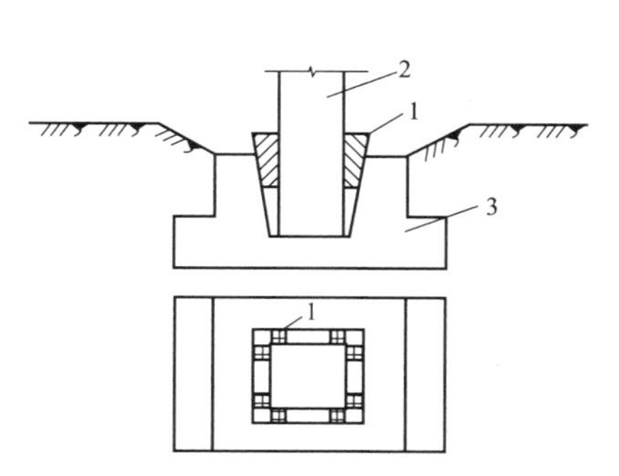

图 11-6 柱脚临时固定

1—柱子；2—楔子；3—基础

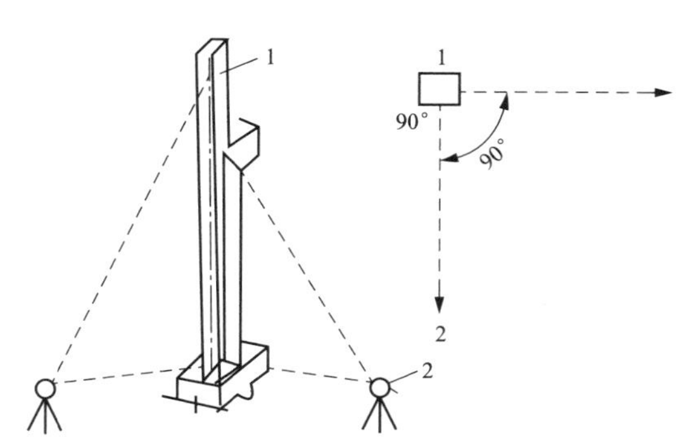

图 11-7 柱子校正时经纬仪的设置

1—柱；2—经纬仪

柱的垂直度校正直接影响吊车梁、屋架等吊装的准确性，必须认真对待。柱垂直度的校正方法有千斤顶校正法，钢管撑杆斜顶法，如图11-8和图11-9所示。

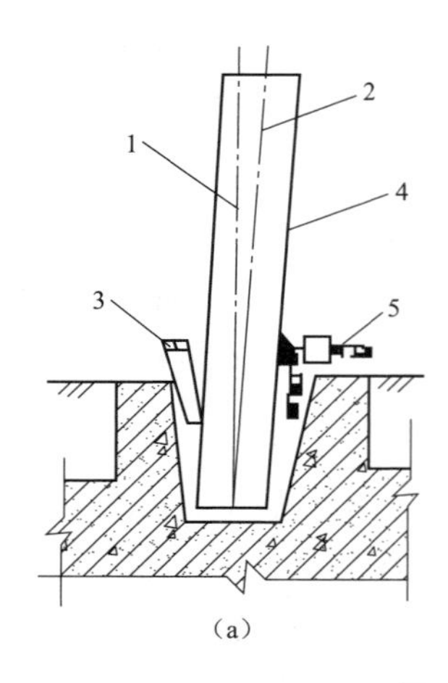

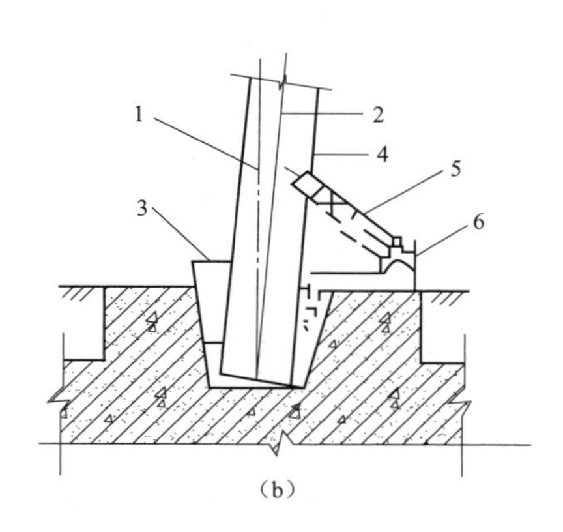

图 11-8　千斤顶校正法

1—铅垂线；2—柱中线；3—楔子；4—柱子；5—螺旋千斤顶；6—千斤顶支座

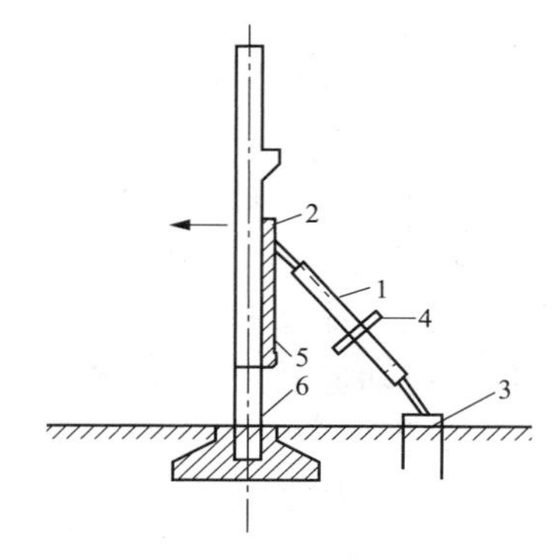

图 11-9　撑杆斜顶法

1—钢管；2—头部摩擦板；3—底板；4—转动手柄；5—钢丝绳；6—楔块

柱子校正后，应将楔块以每两个一组对称、均匀、分次地打紧，并立即进行最后固定。其方法是在柱脚与杯口的空隙中浇筑比柱子混凝土标号高一级的细石混凝土。混凝土的浇筑应分两次进行，第一次浇至楔块底面，待混凝土强度达到25%时，即可拔去楔块，再将混凝土浇满杯口，进行养护，待第二次浇筑混凝土强度达到70%后，方能安装上部构件。

2. 吊车梁的吊装

（1）绑扎、起吊、对位。吊车梁一般采用两点绑扎，绑扎点对称设置于梁的两端，以便起吊后梁身保持水平。梁的两端应设置拉绳，避免悬空时碰撞柱子。

吊车梁应缓慢降钩对位，使吊车梁端与牛腿面的横轴线对准。对位时不宜用撬棍顺纵轴方向撬动吊车梁，以免柱产生偏移和弯曲。

吊车梁的稳定性较好，无须采取临时固定措施，一般情况下只需用垫铁垫平即可，但当梁的高宽比大于4时，要用钢丝将梁绑在柱上，以防倾倒。

（2）校正与最后固定。吊车梁的校正应在车间或一个伸缩缝区段内的全部结构构件安装完毕并经最后固定后进行。

吊车梁的校正包括标高、平面位置和垂直度。

标高的测定和调整已在做杯底的找平时基本完成，如果仍有误差，可待安装吊车轨道时，用砂浆或垫铁调整即可。垂直度可用线锤靠尺检查，如图 11-10

所示。若超过允许偏差，则应在平面位置校正的同时，用垫铁在梁两端支座上纠正，且每叠垫铁不得超过三片。

吊车梁平面位置的校正，常用通线法及平移轴线法。通线法是根据柱轴线用经纬仪和钢尺准确地校正好一跨内两端的四根吊车梁的纵轴线和轨距，再依据校正好的端部吊车梁沿其轴线拉上钢丝通线，逐根拨正。平移轴线法是根据柱和吊车梁的定位轴线间的距离（一般为750mm），逐根拨正吊车梁的安装中心线。

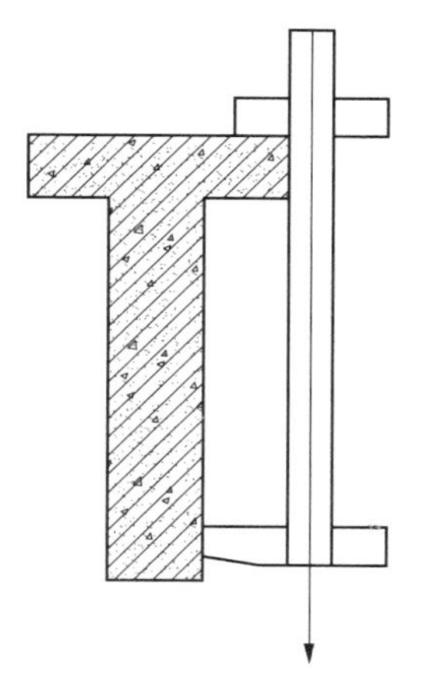

图 11-10 线锤靠尺

3. 屋架的吊装

（1）屋架的扶直与就位。钢筋混凝土屋架一般在施工现场平卧浇筑，吊装前应将屋架扶直就位。屋架的侧向刚度差，扶直时由于自重影响，改变了杆件受力性质，容易造成屋架损伤。因此，应事先进行吊装验算，以便采取有效措施，保证施工安全。

按照起重机与屋架相对位置不同，屋架扶直可分为正向扶直与反向扶直。

1）正向扶直。起重机位于屋架下弦一边，首先以吊钩对准屋架上弦中心，收紧吊钩，然后略略起臂使屋架脱模，随即起重机升钩升臂使屋架以下弦为轴缓缓转为直立状态。

2）反向扶直。起重机位于屋架上弦一边，首先以吊钩对准屋架上弦中心，接着升钩并降臂，使屋架以下弦为轴缓缓转为直立状态。

正向扶直与反向扶直的最大区别在于扶直过程中，一为升臂，一为降臂。升臂比降臂易于操作且较安全，故应考虑到屋架安装顺序、两端朝向等问题。一般靠柱边斜放或以 3～5 榀为一组平行柱边纵向就位。屋架就位后，应用 8 号铁丝、支撑等与已安装的柱或已就位的屋架相互拉牢，以保持稳定。

（2）屋架的绑扎。屋架绑扎点应在屋架上弦节点处，对称于屋架重心，使屋架起吊后基本保持水平。绑扎时吊索的长度应保证与水平线的夹角不宜小于45°，以免屋架承受过大的横向压力而产生平面外弯曲，为了减少屋架吊索的高度及所受横向压力，可采用横吊梁。屋架两端应设拉绳，以防屋架在空中转动碰撞其他构件。屋面绑扎的要求如图 11-11 所示。

（3）吊升、对位与临时固定。屋架吊起离地约 30cm 后，送到安装位置下方，再将其提升到柱顶以上，然后缓缓下降，使屋架的端头轴线与柱顶轴线重合。对位后进行临时固定，稳妥后才能脱钩。

第一榀屋架的临时固定必须牢固可靠。因为屋架为单片结构，且第二榀屋架的临时固定又是以第一榀为支撑的。第一榀屋架的临时固定，一般是用四根缆风绳从两边把屋架拉紧，如图 11-12 所示。其他各榀屋架可用工具式支撑撑在前一榀屋架上，待屋架校正，最后固定并安装了若干屋面板后，将支撑取下。

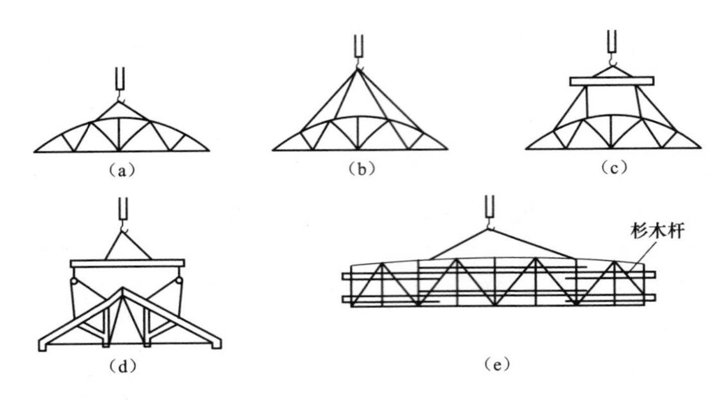

图 11-11　屋架的绑扎

(a) l<18m；(b) l>18m；(c) l>30m；(d) 组合钢屋架；(e) 钢屋架及刚度差的屋架

(4) 屋架的校正与固定。屋架的竖向偏差可用锤球或经纬仪检查。用经纬仪检查方法是在屋架上安装三个卡尺，一个安在上弦中点附近，另两个分别安在屋架两端。自屋架何中心向外量出一定距离（一般为 500mm）在卡尺上作出标志，然后在距离屋架中线同样距离（500mm）处安置经纬仪，观察三个卡尺上的标志是否在同一垂直面上。

用锤球检查屋架竖向偏差，与上述步骤相同，但标志距屋架几何中心距离可短些（一般为 300mm），在两端卡尺的标志连一通线，自屋架顶卡尺的标志处向下挂锤球，检查三卡尺的标志是否在同一垂直面上如图 11-13 所示。若发现卡

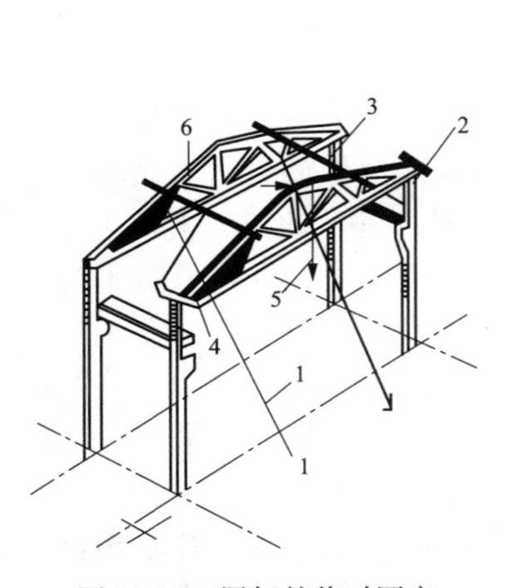

图 11-12　屋架的临时固定

1—缆风绳；2，4—挂线木尺；

3—屋架校正器；5—线锤；6—屋架

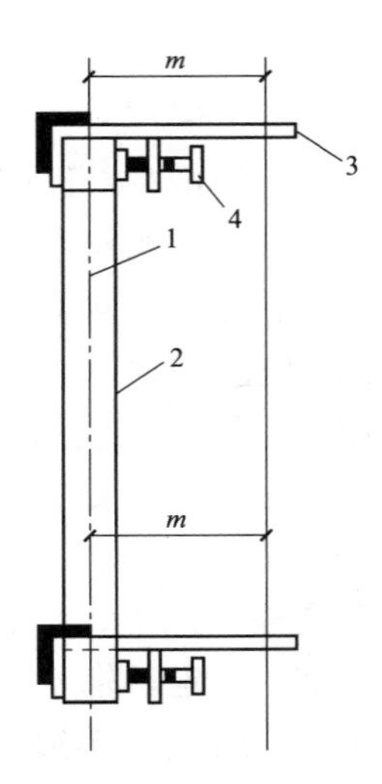

图 11-13　屋架垂直度校正

1—物价轴线；2—屋架；

3—标尺；4—固定螺杆

尺标志不在同一垂直面上，即表示屋架存在竖向偏差，可通过转动工具式支撑上的螺栓加以纠正，并在屋架两端的柱顶上嵌入斜垫铁。

屋架校正垂直后，立即用电焊固定。焊接时，应在屋架两端同时对角施焊，避免两端同侧施焊。

（5）屋架的双机抬吊。当屋架的重量较大，一台起重机的起重量不能满足要求时，则可采用双机抬吊，其方法有以下两种。

1）一机回转，一机跑吊。屋架在跨中就位，两台起重机分别位于屋架的两侧，如图 11-14 所示。1 号机在吊装过程中只回转不移动，因此其停机位置距屋架起吊前的吊点与屋架安装至柱顶后的吊点应相等。2 号机在吊装过程中需回转及移动，其行车中心线为屋架安装后各屋架吊点的连线。开始吊装时，两台起重机同时提升屋架至一定高度（超过履带），2 号机将屋架由起重机一侧转至机前，然后两机同时提升屋架至超过柱顶，2 号机带屋架前进至屋架安装就位的停机点，1 号机则作回转以相配合，最后两机同时缓缓将屋架下降至柱顶就位。

2）双机跑吊。如图 11-15 所示，屋架在跨内一侧就位，开始两台起重机同时将屋架提升至一定高度，使屋架回转时不至碰及其他屋架或柱。然后 1 号机带屋架向后退至停机点，2 号机带屋架向前进，使屋架达到安装就位的位置。两机同时提升屋架超过柱顶，再缓缓下降至柱顶对位。

由于双机跑吊时两台起重机均要进行长距离的负荷行驶，较不安全，所以屋架双机抬吊宜用一机回转，一起跑吊。

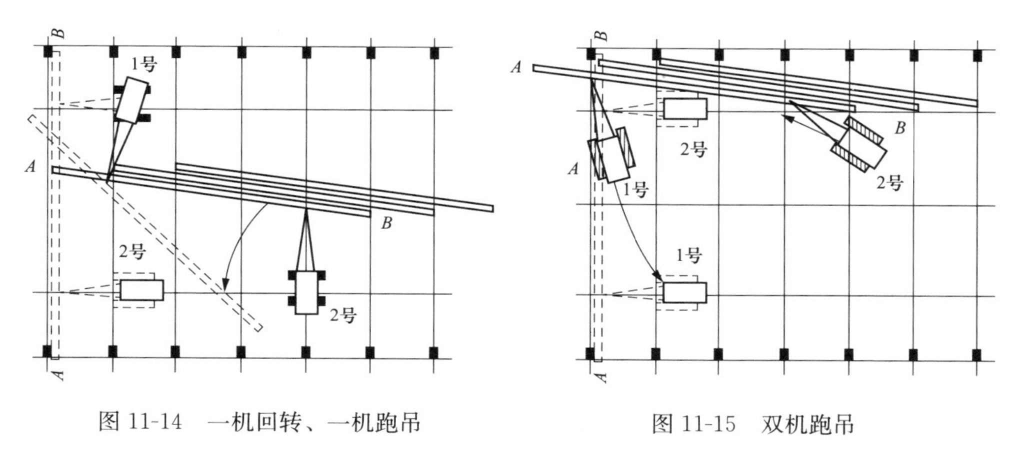

图 11-14　一机回转、一机跑吊　　图 11-15　双机跑吊

三、结构吊装方案

1. 起重机的选择

起重机的选择直接影响构件的吊装方法、构件平面布置等问题。首先应根据厂房跨度、构件重量、吊装高度以及施工现场条件和当地现有机械设备等确定机械类型。一般中小型厂房结构吊装多采用自行杆式起重机；当厂房的高度

和跨度较大时，可选用塔式起重机吊装屋盖结构。在缺乏自杆式起重机或受地形限制，自行杆式起重机难以到达地方，可采用拔杆吊装。对于大跨度的重型工业厂房，则可选用自行杆式起重机、重型塔吊、牵缆式起重机等进行吊装。

（1）起重量。起重机的起重量 Q 应满足下列要求：

$$Q \geqslant Q_1 + Q_2$$

式中 Q_1——构件重量；

Q_2——索具重量。

（2）起重高度。起重机的起重高度，必须满足所吊构件的高度要求：

$$H \geqslant h_1 + h_2 + h_3 + h_4$$

式中 H——起重机的起重高度；

h_1——安装支座表面高度；

h_2——安装间隙；

h_3——绑扎点至构件起吊后的地面的距离；

h_4——索具高度。

（3）起重半径。在一般情况下，当起重机可以不受限制地开到构件吊装位置附近吊装时，对起重半径没有要求，在计算起重量及起重高度后，便可查阅起重机起重性能表或性能曲线来选择起重机型号及起重臂长度，并可查得在此起重量和起重高度下相应的起重半径，作为确定起重机开行路线及停机位置时参考。

当起重机不能直接开到构件吊装位置附近去吊装构件时，需根据起重量、起重高度和起重半径三个参数，查起重机起重性能表或曲线来选择起重机型号及起重臂长。

当起重机的起重臂需要跨过已安装好的结构去吊装构件时（如跨过屋架或天窗架吊屋面板），为了避免起重臂与已安装结构相碰，使所吊构件不碰起重臂，则需求出起重机的最小臂长及相应的起重半径。其方法有数解法和图解法。

1）数解法。最小臂长按下式计算：

$$L \geqslant L_1 + L_2 = \frac{h}{\sin\alpha} + \frac{f+g}{\cos\alpha}$$

$$h = h_1 - E$$

式中 L——起重臂长度（m）；

h——起重臂底铰到屋面板吊装支座的高度（m）；

h_1——停机面至屋面板吊装支座的高度（m）；

f——起重钩需跨过已安装好构件的距离（m）；

g——起重臂轴线与已安装好的构件间水平间隙（不小于 1m）；

α——起重臂的仰角；

E——起重臂底铰到停机面的距离（m）。

2）图解法。如图 11-16 所示，图解法按下列步骤操作。

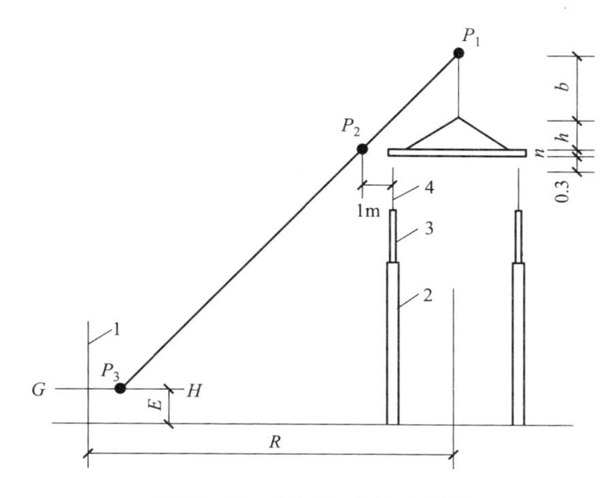

图 11-16 图解法求最小臂长

1—起重机回转中心线；2—柱子；3—屋架；4—天窗架

① 按比例（不小于 1∶200）绘出构件的安装标高，柱距中心线和停机地面线。

② 根据（$0.3+n+h+b$）在柱距中心线上定出 P_1 的位置。

③ 根据 $g=1\text{m}$ 定出 P_2 点位置。

④ 根据起重机的 E 值绘出平行于停机面的水平线 GH。

⑤ 连接 P_1P_2，并延长使之与 GH 相交于 P_3（此点即为起重臂下端的铰点）。

⑥ 量出 P_1P_2 的长度，即为所求的起重臂的最小长度。

2. 结构吊装方法

单层工业厂房的吊装分为分件安装法和综合安装法。

（1）分件安装法。起重机在车间内每开行一次仅安装一种或两种构件的方法称分件安装法。单层工业厂房起重机一般需三次开行即可安装完全部构件。

第一次开行，安装全部柱子，并对柱子进行校正和最后固定。

第二次开行，安装全部吊车梁、连系梁及柱间支撑，并进行屋架的扶直排放。

第三次开行，沿跨中分节间安装屋架、天窗架、屋面板及屋面支撑等屋盖构件。

分件安装法起重机每次开行，基本上是安装同类构件，不需经常更换索具，操作易于熟练，工作效率高；构件供应与现场平面布置比较简单，可为构件校正、接头焊接、灌筑混凝土及养护提供充分的时间，保证了安装的质量。因此，目前装配式单层工业厂房大多采用分间安装法。

（2）综合安装法。它是起重机在车间内的一次开行中，分节间安装完各种类型的构件的方法。具体的安装要求是：先安装 4～6 根柱子，并立即加以校正及最后固定，接下来安装连系梁、吊车梁屋架、天窗架、屋面板等构件，如图 11-17 所示。因此，起重机在每一个停机点都可以安装较多的构件，开行路线短；每一节间安装完毕后，可为后续工作提供工作面，使各工种能交叉平行流水作业，有利于加快施工速度，缩短工程工期；但构件平面布置复杂，构件校正和最后固定时间紧迫，且后安装的构件对先安装的构件的影响增大，工程质量难以保证；只有当结构构件必须采用综合安装法及移动困难的桅杆式起重机进行安装时，才采用此法。

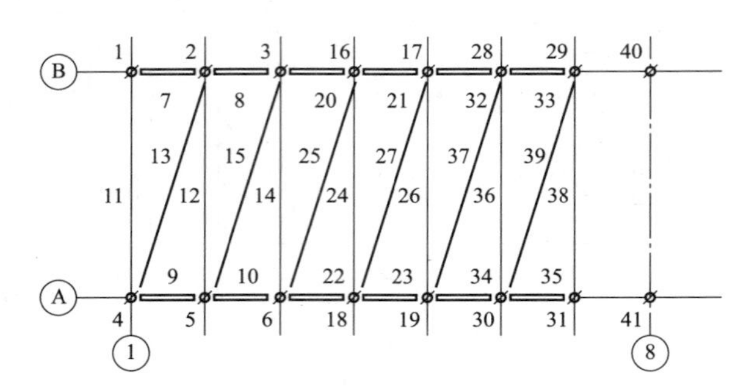

图 11-17　综合安装法构件吊装顺序

吊柱子 1～6 号、16～19 号、28～31 号、40～41 号

安吊车梁 7～10 号、20～23 号、32～35 号

安屋架 11～12 号、14 号、24 号、26 号，36 号、38 号

安屋面板 13 号、15 号、25 号、27 号、39 号

3. 构件的平面布置

（1）构件布置的要求。构件布置时应遵守下列规定：

1）每跨构件尽可能布置在本跨内，如确有困难时，才考虑布置在跨外而利于吊装的地方。

2）构件布置方式应满足吊装工艺要求，尽可能布置在起重机的起重半径内，尽量减少起重机负重行驶的距离及起重臂的起伏次数。

3）应首先考虑重型构件的布置。

4）构件布置的方式应便于支模及混凝土的浇筑工作，预应力构件尚应考虑有足够的抽管、穿筋和张拉的操作场地。

5）构件布置应力求占地最少，保证道路畅通，当起重机械回转时不致与构件相碰。

6）所有构件应布置在坚实的地基上。

7）构件的平面布置分预制阶段构件平面布置和吊装阶段构件就位布置，但两者之间有密切关系，需同时加以考虑，做到相互协调，有利吊装。

（2）柱的布置。柱子在吊升时有旋转法和滑行法。为了保证柱子按这两种方法吊升，柱子在预制时常有以下两种布置方式。

1）柱的斜向布置如图 11-18 所示。柱子预制时与厂房纵轴线成一倾角。这种布置方式主要是为了配合旋转法，具有占用场地较少、起重机起吊方便等优点。斜向布置时，常采用三点共弧，其预制位置可采用作图法确定，作图步骤按下列要求进行：

① 平行柱轴线作一平行线为起重机开行路线，起重机开行路线到柱基中心的距离为 L，L 值与起重机吊装柱子的起重半径 R 有关，即 $L \leqslant R$。

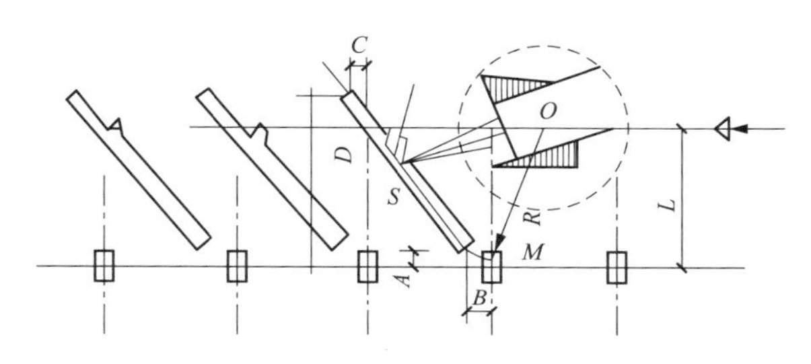

图 11-18 柱的斜向布置

② 确定起重机的停机点。起重机安装柱子时应位于所吊柱子的横轴线稍后的位置，以便于司机看清柱子的状态和对位情况。停机点的确定方法是，以要安装的柱基础杯口中心为圆心，以所选定的起重半径为半径，画弧交开行路线于 O 点，O 点即为所安装柱子的停机点。

③ 在确定柱子的模板位置时，要注意牛腿的朝向。当柱布置在跨内时，牛腿应面向起重机；布置在跨外时，牛腿则应背向起重机。

如果柱子布置难以做到三点共弧时，也可按两点共弧布置，如图 11-19（a）所示，采用柱脚、杯口中心两点共弧时，S 点的确定方法是以柱脚 K 为圆心，柱脚到绑扎点的距离为半径画弧，同时以 O 为圆心，起重机吊装柱子的安全起重半径为半径画弧，两弧的交点即吊点 S，连 KS 即柱中心线。如图 11-19（b）所示，是绑扎点、杯口中心两点共弧，S 点应靠近杯口，但上柱最好不要在回填土上。

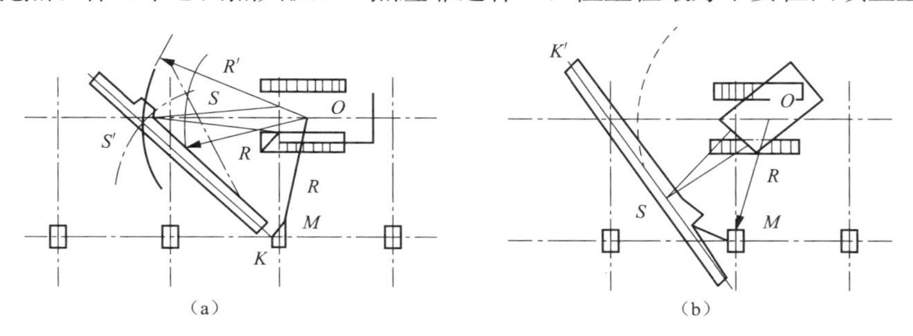

图 11-19 两点共弧布置法

2）柱的纵向布置。当柱采用滑行法吊装时，可以纵向布置如图 11-20 所示，吊点靠近基础，吊点与柱基两点共弧。若柱长小于 12m，为节约模板和场地，两柱可以迭浇，排成一行；若柱长大于 12m，则可排成两行迭浇。起重机宜停在两柱基的中间，每停机一次可吊两根柱子。

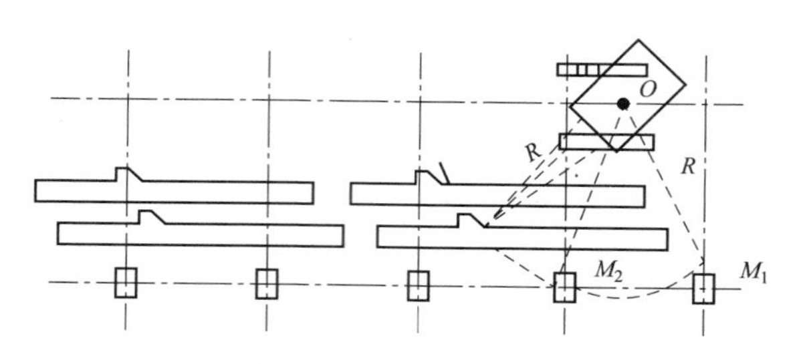

图 11-20　柱的纵向布置

（3）屋架的布置。屋架一般在跨内平卧迭浇预制，每迭 3～4 榀，布置方式有三种：正面斜向布置、正反斜向布置及正反顺轴线布置，如图 11-21 所示。

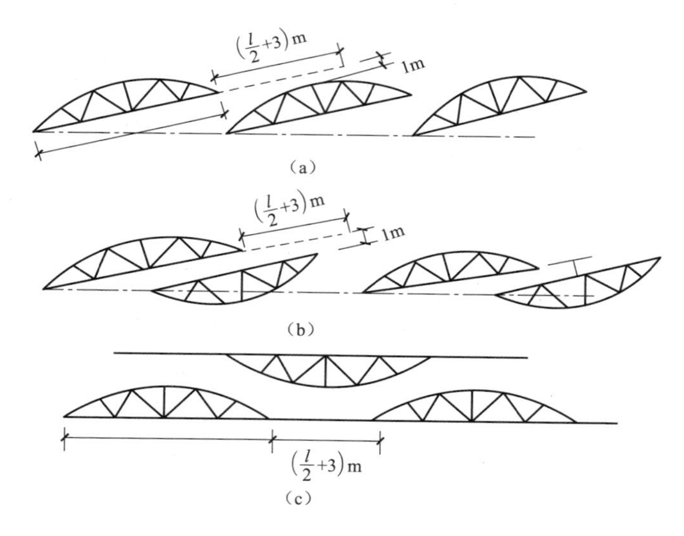

图 11-21　屋架布置形式

（a）正反斜向布置；（b）顺轴线正反向布置；（c）顺轴线正反向布置

在上述三种布置形式中，应优先考虑斜向布置，因此种布置方式便于屋架的扶直就位。只有当场地受限制时，才采用其他两种形式。

在屋架预制布置时，还应考虑屋架扶直就位要求及扶直的先后顺序，应预先扶直后吊装的放在上层。同时也要考虑屋架两端的朝向，要符合吊装时朝向的要求。

第二节 多层房屋结构吊装

多层房屋是指多层工业厂房和多层民用建筑。其中，以钢筋混凝土墙板为承重结构的多层装配式大型墙板结构房屋应用广泛。

多层装配式框架结构吊装的特点是：房屋高度大而占地面积较小，构件类型多、数量大、接头复杂、技术要求较高等。因此，在考虑结构吊装方案时，应着重解决吊装机械的选择和布置、吊装顺序和吊装方法等问题。其中，吊装机械的选择是主导的环节，所采用的吊装机械不同，施工方案也各异。

一、起重机械的选择与布置

1. 起重机械的选择

自行式塔式起重机在低层装配式框架结构吊装中使用较广。其型号选择，主要根据房屋的高度与平面尺寸、构件重量及安装位置，以及现有机械设备而定。选择时，首先应分析结构情况，绘出剖面图，并在图上注明各种主要构件的重量 Q 及吊装时所需的起重半径 R；然后根据起重机械性能，验算其起重量、起重高度和起重半径是否满足要求。如图 11-22 所示。

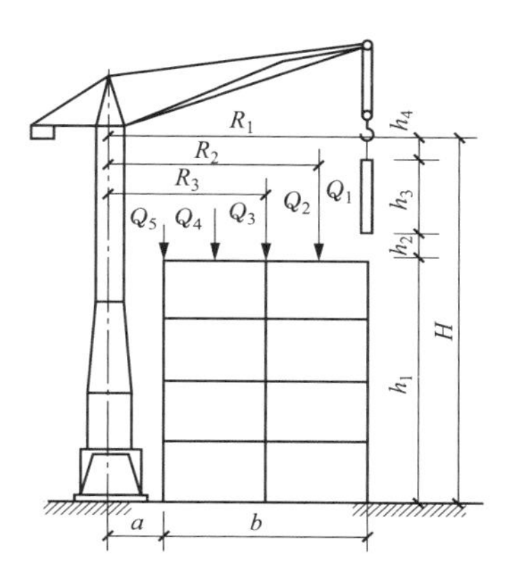

图 11-22 塔式起重机工作参数计算简图

多层房屋总高度在 25m 以下，宽度在 15m 以内，构件质量在 3t 以下，一般可选用 QT1-6 型塔式起重机、TQ60/80 型塔式起重机或具有相同性能的轻型塔式起重机。

2. 起重机械的布置

起重机械的布置一般有四种方式，如图 11-23 所示。

二、结构吊装方案

1. 构件的布置

构件的现场布置原则如下：

（1）预制构件尽可能布置在起重机工作幅度内，避免二次搬运。

（2）重型构件尽可能靠近起重机布置，中小型构件可布置在重型构件外侧。对运人工地的小型构件，如直接堆放在起重机工作幅度内有困难时，可以分类集中布置在房屋附近，吊装时再用运输工具运到吊装地点。

（3）构件布置的地点与该构件吊装到建筑物上的位置应相配合，以便构件吊装时尽可能使起重机不需移动和变幅。

（4）构件现场重叠制作时，应满足构件由下至上的吊装顺序的要求，即安排需先吊装的下部构件放置在上层制作，后吊装的上部构件放置在下层浇制。

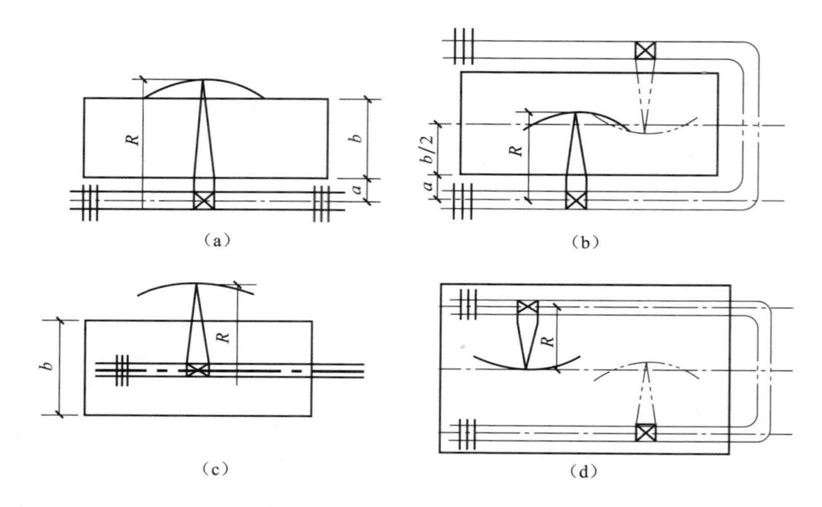

图 11-23 塔式起重机布置方式

（a）单侧布置；（b）双侧布置；（c）跨内单行布置；（d）跨内环形布置

（5）同类构件应尽量集中堆放，同时，构件的堆放不能影响场内的通行。

图 11-24 为塔式起重机跨内开行时的现场预制构件布置图，柱预制在靠近塔式起重机的一侧，因受塔式起重机工作幅度所限，故柱与房屋成垂直布置。主梁预制在房屋另一边，小梁和楼板等其他构件可在窄轨上用平台车运人，随吊随运。

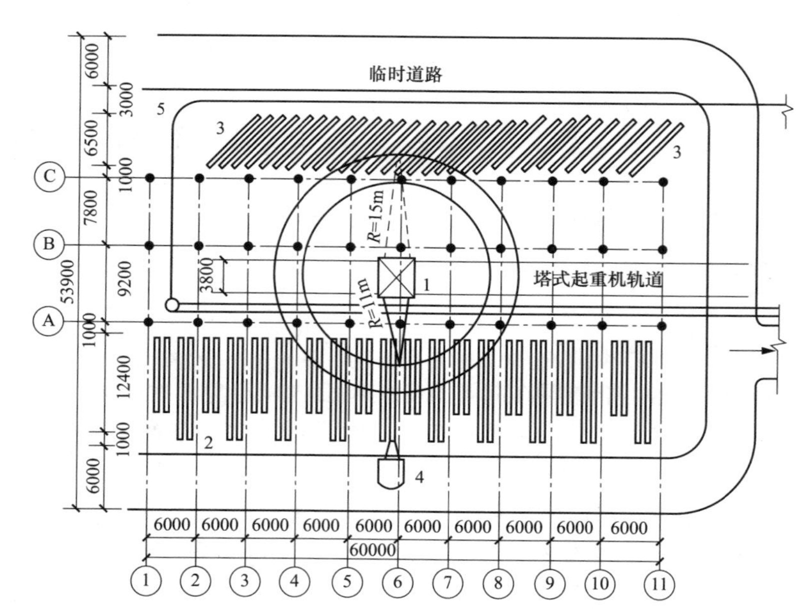

图 11-24 塔式起重机跨内开行时现场预制构件布置图

1—塔式起重机；2—现场预制柱；3—预制主梁；4—辅助起重机；5—轻便窄轨

其优点是房屋内部不布置构件，只有柱和主梁预制在房屋的两侧，场地布置简单。缺点是主梁的起吊较困难，柱起吊时尚需副机协助，否则就需用滑行法起吊。

2. 安装方法

多层框架结构的安装方法，也可分为分件安装法与综合安装法两种。

（1）分件安装法。分件安装法按其流水方式的不同又分为分层分段流水安装法和分层大流水安装法。

分层分段流水安装法如图 11-25 所示，就是将多层房屋划分为若干施工层，并将每一施工层再划分若干安装段。起重机在每一段内按柱、梁、板的顺序分次进行安装，直至该段的构件全部安装完毕，再转移到另一段去。待一层构件全部安装完毕，并最后固定后，再安装上一层构件。

这种安装方法的优点是构件供应与布置较方便；每次吊同类型的构件，安装效率高；吊装、校正、焊接等工序之间易于配合。其缺点是起重机开行路线较长，临时固定设备较多。

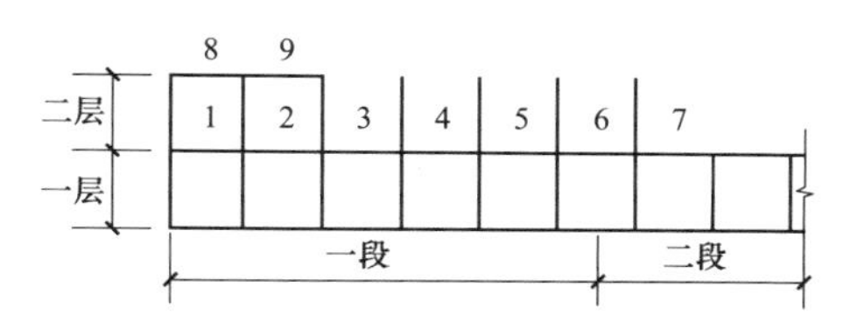

图 11-25 分层分段流水安装法

分层大流水安装法与上述方法不同之处，主要是在每一施工层上无须分段，因此，所需临时固定支撑较多，只适于在面积不大的房屋中采用。

（2）综合安装法。根据所采用吊装机械的性能及流水方式不同，又可分为分层综合安装法与竖向综合安装法。

分层综合安装法如图 11-26 所示，就是将多层房屋划分为若干施工层，起重机在每一施工层中只进行一次，首先安装一个节间的全部构件，再依次安装第二节间、第三节间等。待一层构件全部安装完毕并最后固定后，再依次按节间安装上一层构件。

竖向综合安装法如图 11-27 所示，是从底层直至顶层把第一节间的构件全部安装完毕后，再依次安装第二节间、第三节间等各层的构件。

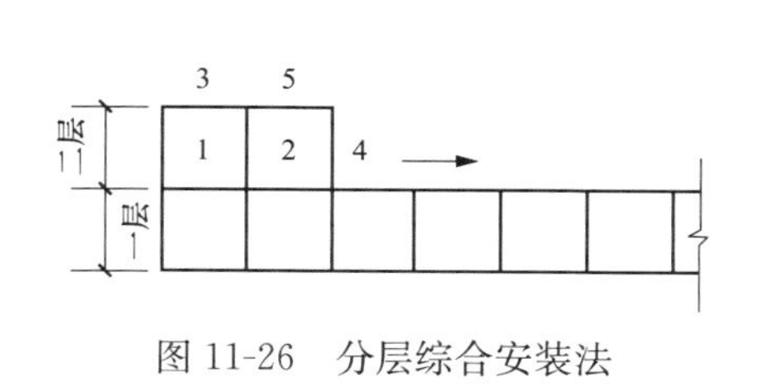

图 11-26 分层综合安装法

图 11-27 竖向综合安装法

3. 构件的吊装

（1）柱的吊装。多层混凝土结构的柱较长，一般都分成几节进行吊装，柱的吊装方法与单层工业厂房柱相同，多采用旋转法，上柱根部有外伸钢筋，吊装时必须采取保护措施，防止外伸钢筋弯曲。保护外伸钢筋方法有以下两种。

1）用钢管保护。在起吊柱子前，将两根钢管用两根短吊索套在柱子两侧。起吊时，钢管着地而使钢筋不受力。柱子将竖直时，钢管和短吊索即自动落下，如图 11-28 所示。此法适用于重量较轻的柱子。

2）用垫木保护。用垫木保护榫式接头的外伸钢筋一般都比榫头短，在起吊柱子前，用垫木将榫头垫实如图 11-29 所示。这样，柱子在起吊时将绕榫头的棱边转动，可使外伸钢筋不着地。

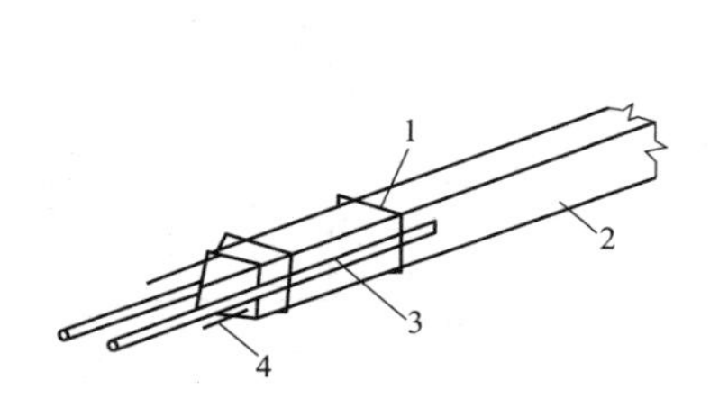

图 11-28　用钢管保护柱脚外伸钢筋

1—钢丝绳；2—柱；

3—钢管；4—外伸钢筋

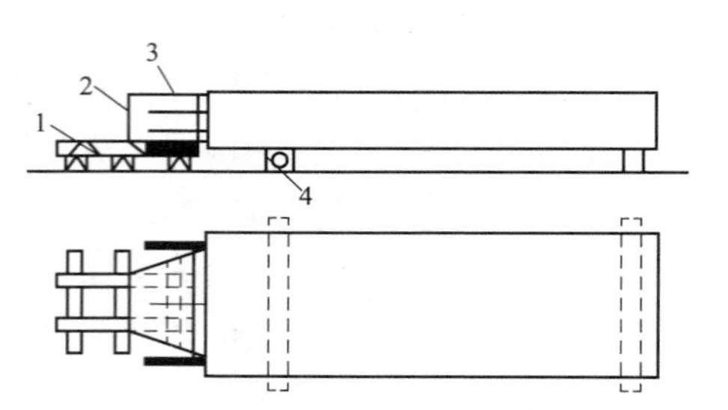

图 11-29　用垫木保护柱脚外伸钢筋

1—保护钢筋的垫木；2—柱子榫头；

3—外伸钢筋；4—原堆放柱子的垫木

框架底层柱大多为插入基础杯口。上柱和下柱的对线方法，根据柱子是否统一长度预制而定。

（2）墙板的吊装方法和吊装顺序。装配式墙板工程的安装方法主要有储运吊装法和直接吊装法两种。

1）储运吊装法。储运吊装法是将构件从生产场地按型号、数量配套，直接运往施工现场吊装机械起重半径范围内储存，然后进行安装。对于民用建筑，储存数量一般为 1～2 层的构配件。储运吊装法有充分时间做好安装前的施工准备工作，可以保证墙板安装连续进行，但占用场地较多。

2）直接吊装法。直接吊装法是将墙板由生产场地按墙板安装顺序配套运往施工现场，由运输工具直接向建筑物上安装。直接吊装法可以减少构件的堆放设施，少占用场地，但需用较多的墙板运输车，同时要求有严密的施工组织管理。

在选定吊装机械的前提下，单体工程的施工平面布置，要正确处理好墙板安装与墙板运输堆放的关系，充分发挥吊装机械的作用。墙板堆放区要根据吊装机械行驶路线来确定，一般布置在吊装机械起重半径范围内，避免吊装机械空驶和负荷行驶。

装配式墙板结构房屋的吊装，主要用逐间封闭式吊装法。有通长走廊的单身宿舍，一般用单间封闭；单元式居住建筑，一般采用双间封闭，如图 11-30 所示。由于逐间封闭，随安装随焊接，施工期间结构整体性好。临时固定简便，焊接工作比较集中，被普遍采用。建筑物较长时，为避免电焊线行程过长，一般从建筑物中部开始安装。建筑物较短时，也可由建筑物一端第二开间开始安装，封闭的第一间为标准间，作为其他安装的依据。

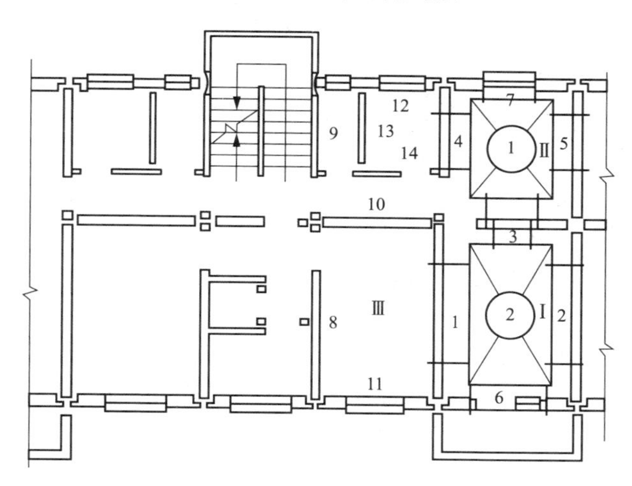

图 11-30　双间封闭式吊装顺序示意图

①、②—操作平台；1、2、3…—墙板吊装顺序

Ⅰ、Ⅱ、Ⅲ—逐间封闭顺序

4. 构件的接头

（1）柱子的接头。柱子接头形式有榫式接头、插入式接头和浆锚式接头三种形式，如图 11-31 所示。

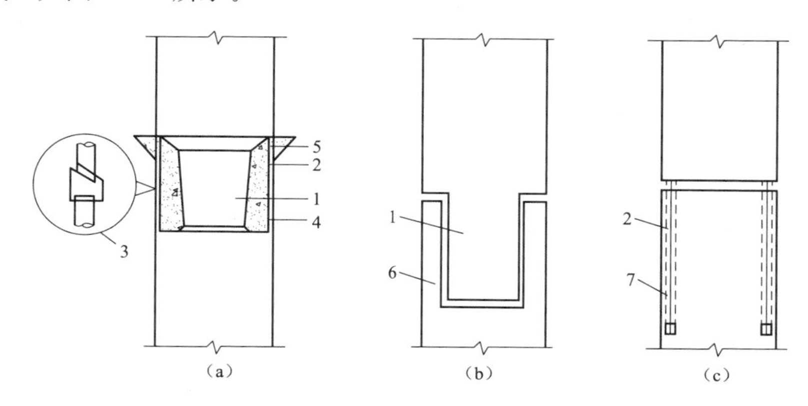

图 11-31　柱子接头形式

(a) 榫式接头；(b) 插入式接头；(c) 浆锚式接头

1—榫头；2—上柱外伸钢筋；3—坡口焊；4—下柱外伸钢筋；

5—后浇接头混凝土；6—下柱杯口；7—下柱预留孔

榫式接头是上柱带有榫头，承受施工阶段荷载。通过上柱和下柱外露的受力钢筋用坡口焊焊接，配置若干钢筋，最后浇灌接头混凝土以形成整体。

插入式接头是上下柱的连接不需焊接，而是将上柱做成榫头，下柱顶部做成杯口，上柱榫头插入杯口用压力灌浆填实杯口间隙形成整体。

浆锚式接头是将上柱受力钢筋插入下柱的预留孔洞中，然后用水泥砂浆灌缝锚固上柱钢筋形成整体。

（2）梁与柱的接头。装配式框架的梁与柱的接头常用的有明牛腿式刚性接头、齿槽式接头、浇筑整体式接头等。

明牛腿式梁柱刚性接头，如图11-32所示。要求承受节点负弯矩，因此，梁与柱的钢筋要进行焊接，以保证梁的受力钢筋有足够锚固长度。这种接头节点刚度大，受力可靠，安装方便，适用于大荷载的重型框架以及具有振动的多层工业厂房中。

齿槽式接头，如图11-33所示。其特点是取消了牛腿，利用柱与梁接头处设置的齿槽来传递梁端剪力。安装时要求提供临时支托，接缝混凝土需达到一定强度后才能承担上部荷载。

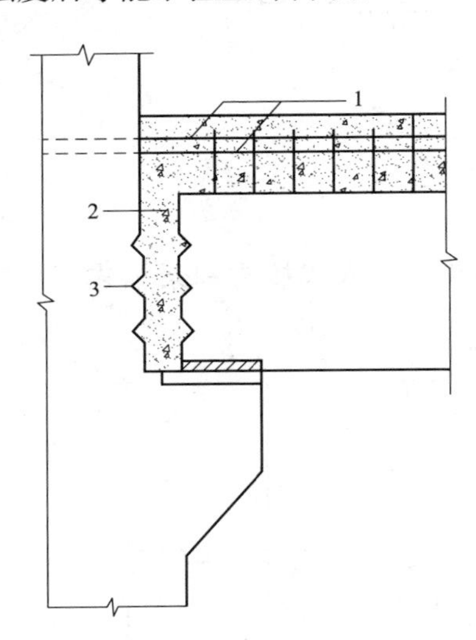

图11-32　明牛腿式刚性接头

1—坡口焊；2—后浇细石混凝土；3—齿槽

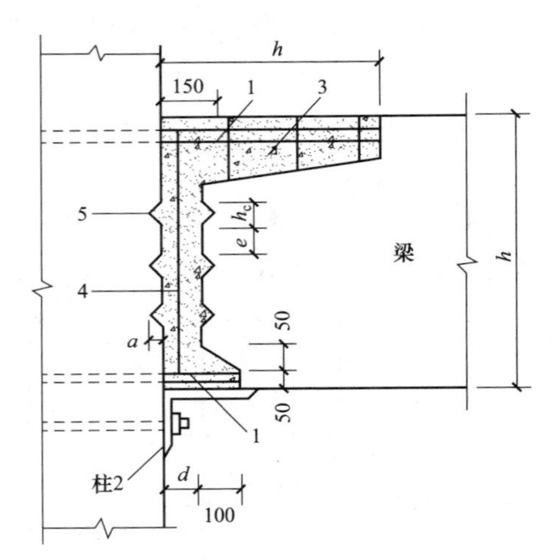

图11-33　齿槽式梁柱接头

1—坡口焊；2—安装用临时钢牛腿（接头达到强度后拆去）；3—后浇细石混凝土；4—附加钢筋（直径≥8mm）；5—齿槽；a—齿深；e—齿距；h_c—齿高；d—接缝宽（8～10cm）；h—梁高

浇筑整体式梁柱接头实际上是把柱与柱、柱与梁浇筑在一起的节点，如图11-34所示。图11-34为上柱带榫头的浇筑整体式梁柱节点。柱子为每层一节，梁搁在柱上，梁底钢筋按锚固长度要求弯上或焊接。将节点核心区加上箍筋后即可浇筑混凝土到楼板面的高度，等待混凝土强度大于10MPa后，再安装上柱。上柱与榫式柱接头相似，也用小榫承受施工阶段荷载，但上、下柱的钢筋不用焊接而是靠搭接，搭接长度≥20d（d为钢筋直径）。第二次浇筑混凝土到上柱的榫头上方，留下35mm左右的空隙，最后用细石混凝土捻缝，便形成刚性接头。

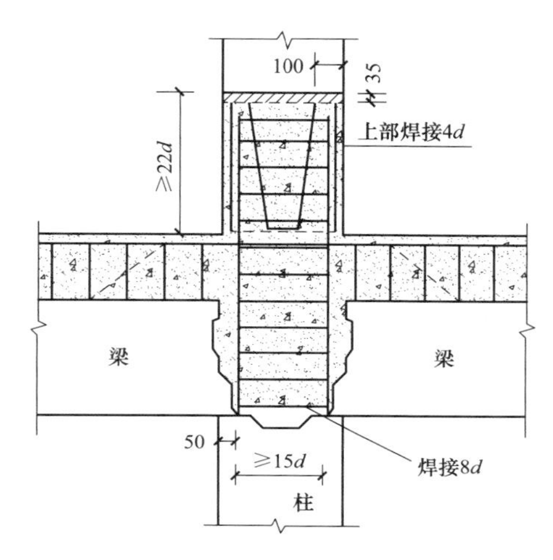

图11-34 上柱带榫头的浇筑整体式梁柱节点

第三节 结构吊装工程的质量要求

1. 混凝土构件安装的允许偏差和检测方法

混凝土构件安装的允许偏差和检测方法见表11-1。

表11-1 柱、梁、屋架等构件安装的允许偏差和检测标准

项次	项目			允许偏差（mm）	检验方法
1	杯形基础	中心线对轴线位置偏移		10	尺量检查
		杯底安装标高		+0，−10	用水准仪检查
2	柱	中心线对定位轴线位置偏移		5	尺量检查
		上下柱接口中心线位置偏移		3	
		垂直度	≤5m	5	用经纬仪或吊线和尺量检查
			>5m	10	
			≥10m多节柱	1/1000柱高且不大于20	
		牛腿上表面和柱顶标高	≤5m	+0，−5	用水准仪或尺量检查
			>5m	+0，−8	

续表

项次	项目			允许偏差（mm）	检验方法
3	梁或吊车梁	中心线对定位轴线位置偏移		5	尺量检查
		梁上表面标高		+0，−5	用水准仪或尺量检查
4	屋架	下弦中心线对定位轴线位置偏移		5	
		垂直度	桁架拱形屋架	1/250 屋架高	有经纬仪或吊线和尺量检查
			薄腹梁	5	
5	天窗架	构件中心线对定位轴线位置偏移		5	尺量检查
		垂直度		1/300 天窗架高	有经纬仪或吊线和尺量检查
6	托架梁	底座中心线对定位轴线位置偏移		5	尺量检查
		垂直度		10	有经纬仪或吊线和尺量检查
7	板	相邻板下表面平整度	抹灰	5	用直尺和楔形塞尺检查
			不抹灰	3	
8	楼梯阳台	水平位置偏移		10	尺量检查
		标高		±5	用水准仪和尺量检查
9	工业厂房墙板	标高		±5	
		墙板两端高低差		±5	

2．混凝土结构吊装工程的质量要求

（1）预制构件应进行结构性能检验，结构性能检验不合格的预制构件不得用于混凝土结构。

预制构件应在明显部位标明生产单位、构件型号、生产日期和质量验收标志。构件上的预埋件、插筋和孔洞的规格、位置和数量应符合标准图或设计图的要求。

预制构件的外观质量不应有严重缺陷，也不宜有一般缺陷。对已出现的严重缺陷和一般缺陷应按技术处理方案进行处理，并重新检查验收。

预制构件不应有影响结构性能和安装、使用功能的尺寸偏差，对超过尺寸允许偏差且影响结构性能和安装、使用功能的部位，应按技术处理方案进行处理，并重新检查验收。

（2）为保证构件在吊装中不断裂，吊装时构件的混凝土强度，预应力混凝土构件孔道灌浆的水泥砂浆强度以及下层结构承受内力的接头（接缝）的混凝土或砂浆强度，必须符合设计要求。设计无具体要求时，混凝土强度不应低于设计的混凝土立方体抗压强度标准值的75%，预应力混凝土构件孔道灌浆的强度不应低于15MPa。下层结构承受内力的接头（接缝）的混凝土或砂浆强度不应低于10MPa。

（3）保证连接质量。混凝土构件之间的连接，一般有焊接和浇筑混凝土接头两种。为保证焊接质量，焊工必须经培训并取得考试合格证；所焊焊缝的外观质量、尺寸偏差及内在质量都必须符合施工验收规范的要求。为保证混凝土接头质量，必须保证配制接头混凝土的各种材料计量的准确，浇捣要密实并认真养护，其强度必须达到设计要求或施工验收规范规定。

(4) 保证构件的型号、位置和支点锚固质量符合设计要求，且无变形损坏现象。

(5) 在进行构件的运输或吊装前，必须对构件的制作质量进行复查验收。此前，制作单位须先自查，然后向运输或吊装单位提交构件出厂证明书（附混凝土试块强度报告），并在自查合格的构件上加盖“合格”印章。进入现场的预制构件，外观质量、尺寸偏差及结构性能应符合图纸或设计要求。预制构件尺寸的允许偏差及检验方法见表 11-2。

表 11-2　　预制构件尺寸的允许偏差及检验方法

项目		允许偏差（mm）	检验方法
长度	板、梁	+10，−5	钢尺检查
	柱	+5，−10	
	墙板	±5	
	薄腹梁、桁架	+15，−10	
宽度、高（厚）度	板、梁、柱、墙板、薄腹梁、桁架	±5	钢尺量一端及中部，取其中较大值
侧向弯曲	梁、柱、板	l/750 且≤20	拉线、钢尺量最大侧各弯曲处
	墙板、薄腹梁、桁架	l/1000 且≤20	
预埋件	中心线位置	10	钢尺检查
	螺栓位置	5	
	螺栓外露长度	+10，5	
预留孔	中心线位置	5	钢尺检查
预留洞	中心线位置	15	钢尺检查
主筋保护层厚度	板	+5，−3	钢尺或保护层厚度测定仪量测
	梁、柱、墙板、薄腹板、桁架	+10，−5	
对角线差	板、墙板	10	钢尺量两个对角线
表面平整度	板、墙板、柱、梁	5	2m 靠尺和塞尺检查
预应力构件预留孔道位置	梁、墙板、薄腹梁、桁架	3	钢尺检查
		l/750	
翘曲	墙板	l/1000	调平尺在两端量测

注：1. l—构件长度（mm）。
2. 检查中心线、螺栓和孔道位置时，应沿纵、横两个方向量测，并取其中的较大值。
3. 对形状复杂或有特殊要求构件，其尺寸偏差应符合标准图或设计的要求。

第十二章

防 水 工 程

第一节 卷 材 防 水 屋 面

卷材屋面的防水层是用胶黏剂或热熔法逐层粘贴卷材而成的，其一般构造如图 12-1 所示。

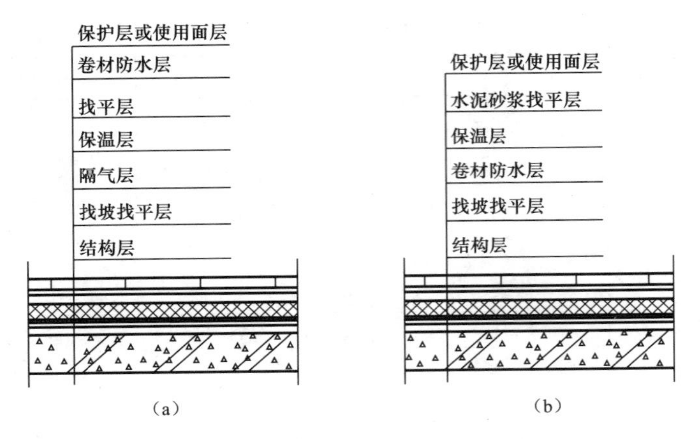

图 12-1 卷材防水屋面构造层次示意图
(a) 倒置式屋面；(b) 正置式屋面

一、防水材料和施工工具

1. 防水材料

(1) 卷材。工程所采用的防水、保温隔热层材料应有产品合格证书和性能检测报告，材料的品种、规格、性能等应符合现行的国家产品和设计要求。

1) 高聚物改性沥青卷材。不允许有孔洞、缺边、裂口；边缘不整齐不超过 10mm；不允许胎体露白、未浸透等现象；撒布材料粒度、颜色均匀；每一卷卷材的接头不超过 1 处，较短的一段不应小于 100mm，接头处应加长 150mm。

2) 合成高分子防水卷材。卷材折痕每卷不超过 2 处，总长度不超过 20mm；不允许有大于 0.5mm 的颗粒杂质；胶块每卷不超过 6 处，每处面积不大于 $4mm^2$；凹痕每卷不超过 6 处，深度不超过本身厚度的 30%，树脂类卷材深度不超过 15%；每卷的接头，橡胶类卷材每 20m 不超过 1 处，较短的一端不应小于 3000mm，接头处应加长 150mm，树脂类 20m 长度内不允许有接头。

（2）沥青。石油沥青油毡防水屋面常用 60 号道路石油沥青及 30 号、10 号建筑石油沥青。一般不宜使用普通石油沥青，并不得使用煤沥青。

沥青使用时，应注意其来源、品种及牌号等。在储存时，应按不同品种、牌号分别存放，避免雨水、阳光直接淋洒，并要远离火源。

（3）冷底子油。冷底子油的作用是沥青胶与水泥砂浆找平层更好地黏结，其配合比（质量比）一般为石油沥青（10 与或 30 号，加热熔化脱水）40%加煤油或轻柴油 60%（称慢挥发性冷底子油，涂刷后 12～18h 可干）；也可采用石油沥青 30%加汽油 70%（称快挥发生冷底子油，涂刷后 5～10h 可干）。冷底子油可涂可喷。一般要求找平层完全干燥后施工。冷底子油干燥后，必须立即做油毡防水层，否则，冷底子油易粘灰尘，又得重刷。

（4）沥青胶。沥青胶是粘贴油毡的胶结材料。它是一种牌号的沥青或是两种以上牌号的沥青按适当的比例混合熬化而成；也可在熬化的沥青中掺入适当的滑石粉（一般为 20%～30%）或石棉粉（一般为 5%～15%）等填充材料拌和均匀，形成沥青胶（俗称玛脂）。掺入填料可以改善沥青胶的耐热度、柔韧性、黏结力三项指标作全面考虑，尤以耐热度最为重要，耐热度太高、冬季容易脆裂；太低，夏季容易流淌。熬制时，必须严格掌握配合比、熬制温度和时间，遵守有关操作规程。沥青胶的熬制温度和使用温度见表 12-1。

表 12-1　　沥青胶的加热温度和使用温度

沥青类别	熬制温度	使用温度	熬制时间
普通石油沥青或掺配建筑石油沥青	不高于 280℃	不低于 240℃	以 3～4h 为宜，熬制时间过长，容易使沥青老化变质，影响质量
建筑石油沥青	不高于 240℃	不低于 190℃	

2. 施工工具

施工工具主要有搅拌机、手扳振捣器、木刮、水平尺、手推车、木抹子、检测工具等。

二、卷材防水层施工

1. 基层处理

基层质量好坏将直接影响防水层的质量，基层质量是防水层质量的基础，基层的质量包括结构层和找平层的刚度、平整度、强度、表而完整程度及基层含水率等。

基层应具有足够的强度。基层若采用水泥砂浆找平时，强度要大于 5MPa。二次压光，充分养护。要求表面平整，用 2m 长度的直尺检查，最大空隙不应超过 5mm，无松动、开裂、起砂、空鼓、脱皮等缺陷。如强度过低，防水层失去基层的依托，且易产生起皮、起砂的缺陷，使防水层难以黏结牢固，也会产生空鼓现象。基层表而平整度差，卷材不能平服地铺贴于基层，也会产生空鼓问题。

基层应干燥，如在潮湿的基层上施工防水层，防水层与基层黏结困难，易产生空鼓现象，立面防水层还会下坠。因此基层干燥是保证防水层质量的重要环节，基层干燥与否的检查方法是将 $1m^2$ 卷材平坦地干铺在基层上，静置3～4h后掀开，找平层覆盖部位与卷材上未见水印即为达到要求，可铺贴卷材。

2. 防水层施工

(1) 卷材的铺贴。卷材铺贴应符合以下要求：

1) 卷材防水层施工应在屋面其他工程全部完工后进行。

2) 铺贴多跨和有高低跨的房屋时，应按先高后低、先远后近的顺序进行。

3) 在一个单跨房屋铺贴时，先铺贴排水比较集中的部位，按标高由低到高铺贴，坡与直面的卷材应由下向上铺贴，使卷材按流水方向搭接。

4) 卷材铺贴方向：铺贴方向一般视屋面坡度而定，当坡度在3%以内时，卷材宜平行于屋脊方向铺贴；坡度在3%～15%时，卷材可根据当地情况决定平行或垂直于屋脊方向铺贴，以免卷材溜滑。平行于屋脊的搭接缝，应顺流水方向搭接，垂直屋脊的搭接缝应顺主导风向搭接，卷材铺贴搭接方向见表12-2。

表12-2　卷材铺贴搭接方向

层面坡度	铺贴方向和要求
>3%	卷材宜平行屋脊方向，即顺平面长向为宜
3%～15%	卷材可平行或垂直屋脊方向铺贴
>15%或受震动	沥青卷材应垂直屋脊铺，改性沥青卷材宜垂直屋脊铺；高分子卷材可平行或垂直屋脊铺
>25%	应垂直屋脊铺，并应采取固定措施，固定点还应密封

5) 卷材搭接宽度。卷材平行于屋脊方向铺贴时，长边搭接不小于70mm；短边搭接，平屋面不应小于100mm，坡屋面不小于150mm，相邻两幅卷材短边接缝应错开不小于500mm；上下两层卷材应错开1/3或1/2幅度。卷材搭接宽度见表12-3。

表12-3　卷材搭接宽度

卷材类别		搭接宽度
合成高分子防水卷材	胶黏剂	80
	胶粘带	50
	单缝焊	60，有效焊接宽度不小于25
	双缝焊	80，有效焊接宽度10×2+空腔宽

续表

卷材类别		搭接宽度
高聚物改性沥青防水卷材	胶黏剂	100
	自粘	80

6）上下两层卷材不得相互垂直铺贴。

7）坡度超过25%的拱形屋面和天窗下的坡面上，应尽量避免短边搭接，若必须短边搭接时，搭接处应采取防止卷材下滑的措施。

（2）卷材铺贴方法。常用的卷材铺贴方法有满铺法、空铺法、条粘法和点粘法。

1）满贴法。满贴法又称全粘法，是一种传统的施工方法，热熔法、冷粘法、自粘法均可采用此种方法。其优缺点在于：当用于三毡四油沥青防水卷材时，每层均有一定厚度的玛琋脂满粘，可提高防水性能。但若找平层湿度较大或赋予面变形较大时，防水层易起鼓、开裂。适用条件：屋面面积较小，屋面结构变形较小，找平层干燥条件。

2）空铺法。其做法是，卷材与基层仅在四周一定宽度内粘贴，其余部分不粘贴。铺贴时应在檐口、屋脊和层面转角处突出屋面的连接处，卷材与找平层应满粘，其粘贴宽度80mm，卷材与卷材搭接缝应满粘，叠层铺贴时，卷材与卷材之间应满贴。其优缺点：能减少基层变形对防水层的于解决防水层起皱、开裂问题。但由于防水层与基层不黏结，一旦渗漏，水会水层下窜流而不易找到。

3）条粘法。其做法是，卷材与基层采用条状黏结，每幅卷材与基层粘贴面不少于2条，每条宽度不少于150mm，卷材与卷材搭接应满粘，叠层铺也应满粘，其优缺点：由于卷材与基屋有一部分不黏结，故增大了防水层适应基层的变形能力，有利于防止卷材起鼓、开裂。其缺点是操作比较复杂，部分地方能减少一油，影响防水功能。

4）点粘法。其作法是，卷材与基层采用点黏结，要求每平方米至少有5个黏结点，每点面积不小于100mm×100mm，卷材搭接处应满粘，防水层周边一定范围内也应与基层满粘。当第一层采用了打孔机时，也属于点黏结。其缺点是：增大了防水层适应基层变形的能力，有利于解决防水层起皱、开裂问题。当第一层采用打孔卷材时，仅可用于卷材多叠层铺贴施工，操作比较复杂。

（3）施工方法。根据施工时黏结温度的高低分为冷粘法施工和热熔法施工。

1）冷粘法施工。冷粘法施工是指在常温下采用胶黏剂等材料进行卷材与基层、卷材与卷材间黏结的施工方法。一般合成高分子卷材采用胶黏剂、胶粘带粘贴施工，聚合物改性沥青采用冷玛琋脂粘贴施工。卷材采用自粘胶铺贴施工也属该施工工艺。该工艺在常温下作业，不需要加热或明火，施工方便、安全，但要求基层干燥，胶黏剂的溶剂（或水分）充分挥发，否则不能保证黏结质量。

冷粘贴施工，选择的胶黏剂应与卷材配套、相容且黏结性能满足设计要求。

① 涂刷胶黏剂。基层胶黏剂涂刷在基层和卷材底面，涂刷应均匀，不露底，不堆积，若有漏涂或堆积，不但影响卷材的黏结力，还会造成材料浪费。空铺、点粘、条粘应在屋面周边 800mm 宽的部位满粘贴，点粘和条粘还应在规定位置及面积涂刷胶黏剂。根据胶黏剂的性能，控制胶黏剂涂刷与卷材铺贴的间隔时间。由于各种胶黏剂的性能不同，涂刷后黏合的间隔时间要求也不同，有的可以立即黏合，有的则待手触不粘时方可黏合，间隔时间与气温、湿度和风力等条件有关。

② 铺贴卷材。平面上铺贴卷材时，一般可采用以下两种方法进行。

一种是抬铺法，在涂布好胶黏剂的卷材两端各安排一个工人，拉直卷材，中间根据卷材的长度安排 1～4 人，同时将卷材沿长向对折，使涂布胶黏剂的一面向外，抬起卷材，将一边对准搭接缝处的粉线，再翻开上半部卷材铺在基层上，同时拉开卷材使之平服。操作过程中，对折、抬起卷材、对粉线、翻平卷材等工序，几人均应同时进行。

另一种是滚铺法，将涂布完胶黏剂并达到要求干燥度的卷材用 $\phi50$～$\phi100$mm 的塑料管或原来用来装运卷材的纸筒芯重新成卷，使涂布胶黏剂的一面朝外，成卷时两端要平整，不应出现笋状，以保证铺贴时能对齐粉线，并要注意防止砂子、灰尘等杂物粘在卷材表面。成卷后用一根 $\phi30$mm×1500mm 的钢管穿入中心的塑料管或纸筒芯内，由两人分别持钢管两端，抬起卷材的端头，对准粉线，固定在已铺好的卷材顶端搭接部位或基层面上，抬卷材两人同时匀速向前展开卷材，并随时注意将卷材边缘对准线，并应使卷材铺贴平整，直到铺完一幅卷材。

③ 搭接缝的粘贴。卷材铺好压粘后，应将搭接部位的结合面清除干净，可用棉纱沾少量汽油擦洗。然后采用油漆刷均匀涂刷接缝胶黏剂，不得出现露底、堆积现象。涂胶量可按产品说明控制，等胶黏剂表面干燥后（指触不粘）即可进行黏合。黏合时应从一端开始，边压合边驱除空气，不许有气泡和皱折现象，然后用手持压辊顺边认真仔细辊压一遍，使其黏结牢固。三层重叠处最不易压严，要用密封材料预先加以填封，否则将会成为渗水通道。

接缝全部粘贴后，缝口要用密封材料封严，密封时用刮刀沿缝刮涂，不能留有缺口，密封厚度不应小于 10mm。

2）热熔法施工。热熔法施工是指高聚物改性沥青热熔卷材的铺贴方法。与冷粘法施工最大的不同是卷材施工时要使用喷枪对准卷材进行热喷，是热熔胶融化后能与基层相黏结。

卷材的铺贴方法和施工方法可参照冷粘法施工。

3. 细部构造

(1) 天沟、檐沟防水构造应符合下列规定。

1) 天沟、檐沟应增铺附加层。当采用沥青防水卷材时，应增铺一层卷材；当采用高聚物改性沥青防水卷材或合成高分子防水卷材时，宜设置防水涂膜附加层。

2) 天沟、檐沟与屋面的附加处宜空铺，空铺宽度不应小于 200m，如图 12-2 所示。

3) 天沟、檐沟卷材收头处应固定密封。

4) 高低跨内排水天沟与立墙交接处，应采取能适应变形的密封处理，如图 12-3 所示。

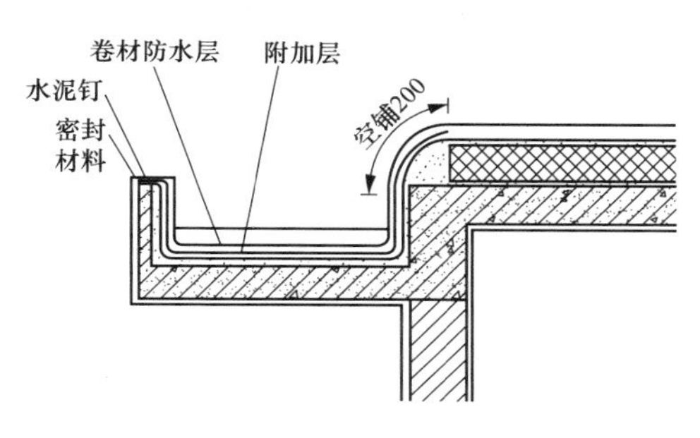

图 12-2 屋面檐沟

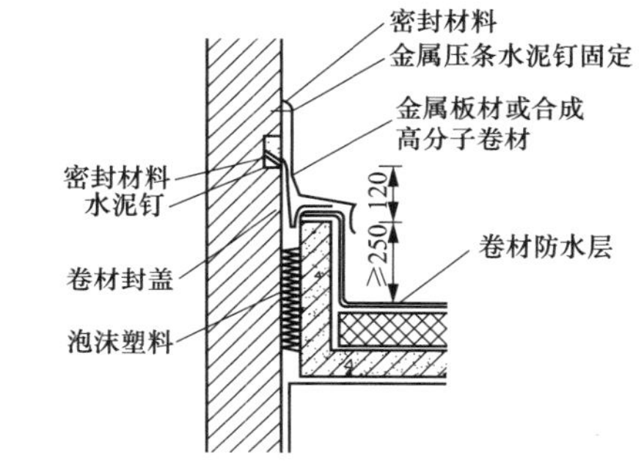

图 12-3 高低跨内排水

(2) 无组织排水檐口 800mm 范围内的卷材应采用满粘法。卷材收头应固定密封，如图 12-4 所示，檐口下端应做滴水处理。

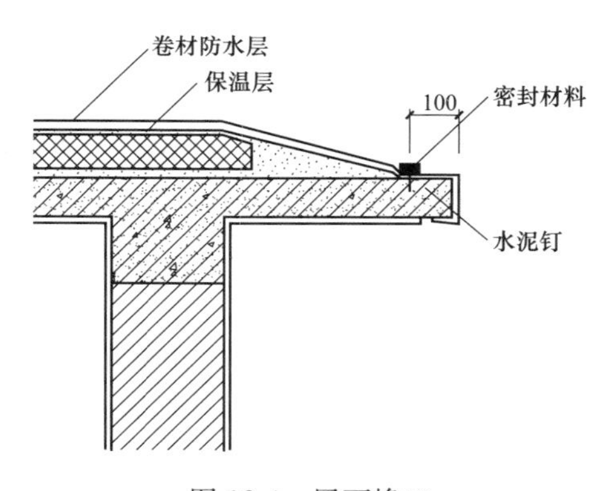

图 12-4 屋面檐口

(3) 泛水防水构造应遵循以下规定。

1) 铺贴泛水处的卷材应采用满粘法。泛水收头应根据泛水高度和泛水墙体材料确定其密封形式。

墙体为砖墙时，卷材收头可直接铺至女儿墙压顶下，用压条钉压固定并用密封材封闭严密，压顶应做防水处理，如图 12-5 所示；卷材收头也可压入砖墙凹槽内固定密封，凹槽距屋面找平层高度不应小于 250mm，凹槽上部的墙体应做防水处理，如图 12-6 所示。

墙体为混凝土时，卷材收头可采用金属压条钉压，并用密封材料封固，如图 12-7 所示。

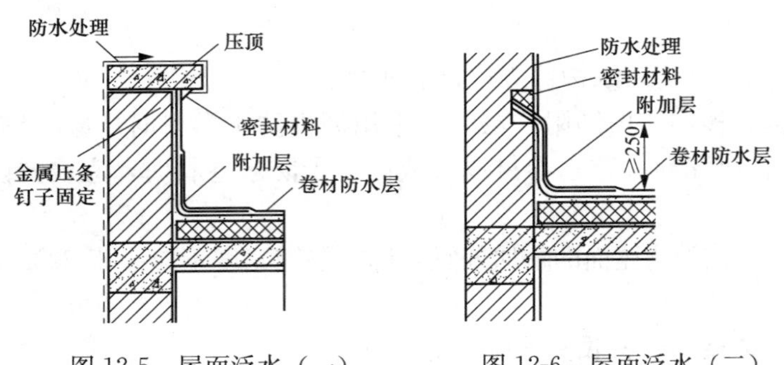

图 12-5 屋面泛水（一） 图 12-6 屋面泛水（二）

2）泛水宜采取隔热防晒措施，可在泛水卷材面砌砖后浇筑细石混凝土保护，也可涂刷浅色材料进行保护。

（4）变形缝内宜填充泡沫塑料，上部放衬垫材料，并用卷材封盖，顶部再放混凝土盖板。如图 12-8 所示。

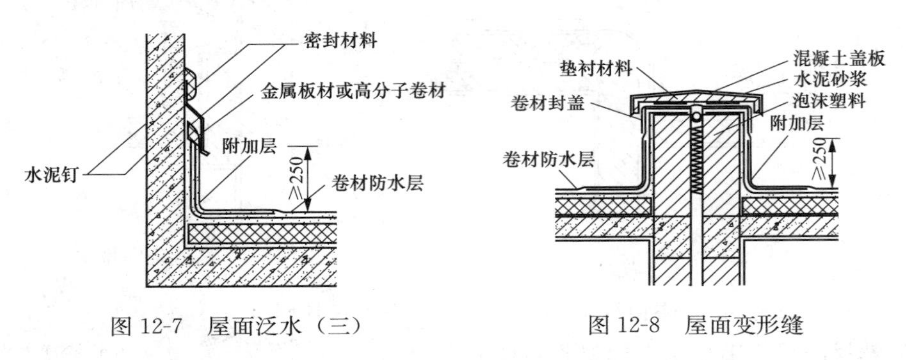

图 12-7 屋面泛水（三） 图 12-8 屋面变形缝

（5）水落口防水构造应符合下列要求。

1）水落口宜采用金属或塑料制品。

2）水落口埋设标高，应考虑水落口设防时增加的附加层和柔性密封层的厚度及排水坡度加大的尺寸。

3）水落口周围直径 500mm 范围内不应小于 5%，并应用防水涂料涂封，厚度不小于 2mm。水落口与基层接触处，应留宽 20mm、深 20mm 凹槽，嵌填密封材料，如图 12-9 和图 12-10 所示。

（6）女儿墙、山墙可采用现浇混凝土或预制混凝土压顶，也可采用金属制品或合成高分子卷材封顶。

（7）反梁过水孔构造应符合下列规定。

1）根据排水坡度要求留设反梁过水孔，图纸应注明孔底标高。

2）留置的过水孔高度不应小于 150mm，宽度不应小于 250mm，采用预埋管道时其管径不得小于 75mm。

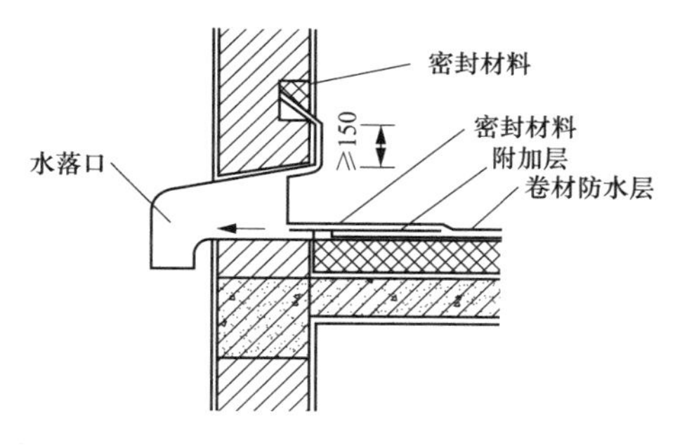

图 12-9　屋面水落口（一）

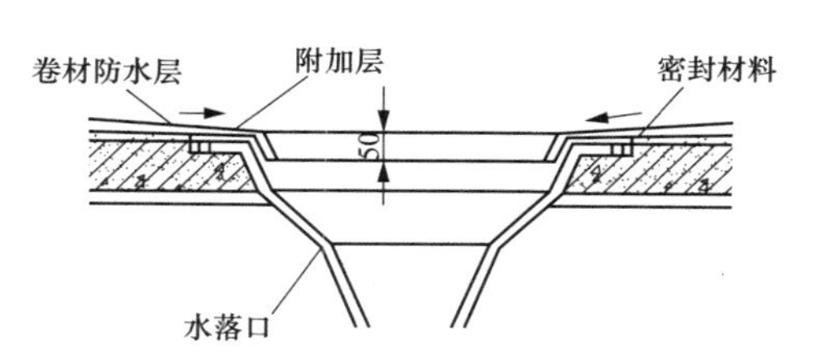

图 12-10　屋面水落口（二）

3）过水孔可采用防水涂料、密封材料防水。预埋管道两端周围与混凝土接触处应留凹槽，并用密封材料封严。

（8）伸出屋面管道周围的找平层应做成圆锥台，管道与找平层间应留凹槽，并嵌填密封材料；防水层收头处应用金属箍箍紧，并用密封材料封严。如图 12-11 所示。

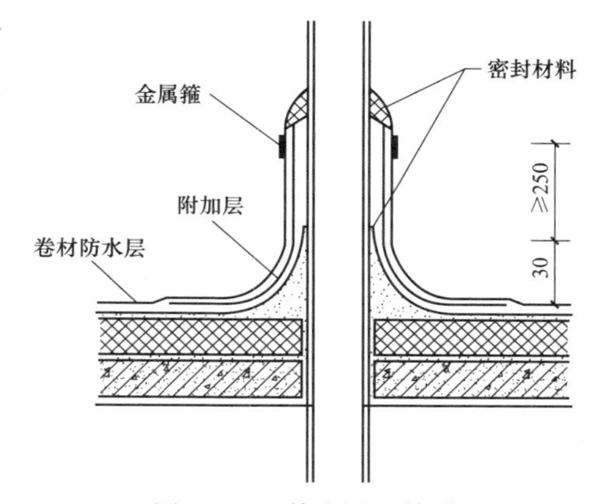

图 12-11　伸出屋面管道

（9）屋面垂直出入口防水层收头，应压在混凝土压项圈下，如图 12-12 所示；水平出入口防水层收头，应压在混凝土踏步下，防水层的泛水应设护墙，如图 12-13 所示。

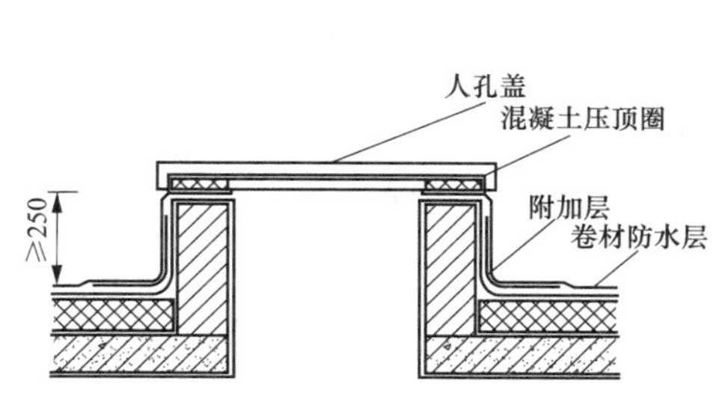

图 12-12　屋面垂直出入口

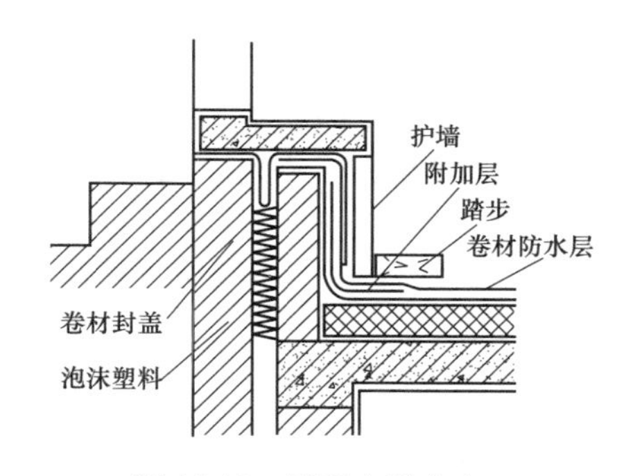

图 12-13　屋面水平出入口

三、保护层施工

卷材防水层上做保护层，能够保护卷材防水层免受大气臭氧、紫外线及其他腐蚀介质侵蚀，免受外力刺伤损害，降低防水层表面温度。实践证明，合理选择屋面卷材防水层保护形式，与无保护层防水层的使用寿命相比。一般可延长一倍至数倍。因此，在屋面卷材防水层上做保护层是合理的、经济的、必要的。

1. 浅色涂层的做法

浅色涂层可在防水层上涂刷，涂刷面除干净外，还应干燥，涂膜应完全固化，刚性层应硬化干燥。涂刷时应均匀，不露底，不堆积，一般应涂刷两遍以上。

2. 绿豆砂保护层的做法

绿豆砂粒径3～5mm，呈圆形的均匀颗粒，色浅，耐风化，经过筛洗。绿豆砂在铺撒前应在锅内或钢板上加热至100℃。在油毡面上涂2～3mm厚的热沥青胶，立即趁热将预热过的绿豆砂均匀地撒在沥青胶上，边撒边推铺绿豆砂，使一半左右粒径嵌入沥青胶中，扫除多余绿豆砂，不应露底油毡、沥青胶。

3. 混凝土、钢筋混凝土保护层的做法

混凝土、钢筋混凝土保护层施工前应在防水层上作隔离层，隔离层可采用低标号砂浆（石灰黏土砂浆）油毡、聚酯毡、无纺布等；隔离层应铺平，然后铺放绑扎配筋，支好分格缝模板，浇筑细石混凝土，也可以全部浇筑硬化后用锯切割混凝土缝，但缝中应填嵌密封材料。

第二节 涂膜防水屋面

一、材料要求

防水涂料，按成膜物质的属性，可分为无机防水涂料和有机防水涂料两种；按成膜物质的主要成分，可将涂料分成高聚物改性沥青防水涂料和合成高分子防水涂料。施工时根据涂料品种和屋面构造形式的需要，可在涂膜防水层中增设胎体增强材料。涂料和胎体增强材料的主要性能指标见表12-4～表12-6。

表12-4　高聚合物改性沥青防水涂料的主要物理性能

项目	性能要求	
	水乳型	溶剂型
固体含量（%）≥	45	48
抗裂性（mm）	—	基层裂缝0.3mm，涂膜无裂纹
耐热度（℃）	80，无流淌、气泡、滑动	
低温柔性（℃）	−15，无裂纹	−15，无裂纹
不透水性30min（MPa） ≥	0.1	0.2
断裂伸长率（%） ≥	600	—

表 12-5　　合成高分子防水涂料的主要物理性能

项目	性能要求		
	反应固化型	挥发固化型	聚合物水泥涂料
固体含量（%）　≥	80（单组分），92（双组分）	65	65
拉伸强度（MPa）　≥	1.9（单组分、多组分）	1.0	1.2
断裂延伸率（%）　≥	550（单组分），450（多组分）	300	200
低温柔性（℃）	−40（单组分），−35（多组分），无裂纹	−10，无裂纹	
不透水性 30min（MPa）	0.3		

表 12-6　　胎体增强材料的质量要求

项目		质量要求	
		聚酯无纺布	化纤无纺布
外观		均匀，无团状，平整无褶皱	
拉力（N/50mm）	纵向	≥150	≥45
	横向	≥100	≥35
延伸率（%）	纵向	≥10	≥20
	横向	≥20	≥25

二、涂膜防水层施工

以高聚合物改性沥青防水涂膜为例，介绍防水层施工的主要步骤。高聚物改性沥青防水涂膜可采用涂刷、刮涂和喷涂的施工方法，涂膜需多遍涂布。最上面的涂层厚度不应小于 1.0mm；涂膜施工应先做好节点处理，铺设完带有胎体增强材料的附加层后，再进行大面积涂布；屋面转角及立面的涂膜应薄涂多遍，不得有流淌和堆积现象；当采用细砂、云母或蛭石等撒布材料做保护层时，应筛去粉料。在涂布最后一遍涂料时，应边涂布边撒布均匀，不得露底；然后，进行辊压粘牢。待干燥后，将多余的撒布材料清除。

1. 涂料冷涂刷施工

要求每遍涂刷必须待前遍涂膜实干后才能进行，否则涂料的底层水分或溶剂被封固在上层涂膜下不能及时挥发，难以形成有一定强度的防水膜。后一遍涂料涂刷时，容易将前一遍涂膜刷皱、起皮而破坏。一旦遇雨，雨水渗入易冲刷或溶解涂膜层，破坏涂膜的整体性。涂层厚度是影响涂膜防水层质量的一个关键问题，涂刷时每个涂层要涂刷多遍才能完成。要通过手工准确控制涂层厚度比较困难。为此，涂膜防水层施工前，必须根据设计要求的每平方米涂料用量、涂膜厚度及涂料材性，事先试验确定每道涂料涂刷厚度及每个涂层需要涂刷的遍数。如一布二涂，即先涂底层，再加胎体增强材料，最后涂面层。施工时按试验的要求，每涂层涂刷几遍，而且面层至少应涂刷 2 遍以上。

铺胎体增强材料是在涂刷第 2 遍或第 3 遍涂料涂刷前，采用湿铺法或干铺法铺贴。

湿铺法就是在第 2 遍涂料或第 3 遍涂料涂刷时，边倒料、边涂布、边铺贴的操作方法。

干铺法区别于湿铺法为没有底层的涂料，即在上道涂层干燥后，先干铺胎体增强材料（可用涂料将边缘部位点粘固定，也可不用），然后在已展平的表面上用刮板均匀满刮一道涂料，接着再在上面满刮一道涂料，使涂料浸透网眼渗透到已固化的底层涂膜上而使得上、下层涂膜及胎体形成一个整体。因比，渗透性较差的涂料与较密实的胎体增强材料尽量不采用干铺法施工。干铺法适用于无大风的情况施工，能有效避免因胎体增强材料质地柔软、容易变形造成的铺贴时不易展开，经常出现皱折、翘边或空鼓现象，较好地保证防水层质量。

2. 涂料热熔刮涂施工

涂料每遍涂刮的厚度控制在 1～1.5mm。铺贴胎体增强材料应采用分条间隔施工法，在涂料刮涂均匀后立即铺贴胎体增强材料，然后再刮涂第二遍至设计厚度。表面需做粒料保护层时，应在最后一遍涂刮的同时撒布粒料；如做涂膜保护层时，宜在防水层完全固化后再涂刷保护层涂膜。

3. 涂料喷涂施工

涂料喷涂施工是将涂料加入加热容器中，加热至 180～200℃，待全部熔化成流态后，启动沥青泵开始输送涂料并涂喷，具有施工速度快、涂层没有溶剂挥发等优点。

三、涂膜防水层质量控制

1. 主控项目

（1）防水涂料和胎体增强材料必须符合设计要求。

检验方法：检查出厂合格证、质量检验报告和现场抽样复验报告。

（2）涂膜防水层不得有渗漏或积水现象。

检验方法：雨后或淋水、蓄水检验。

（3）涂膜防水层在天沟、檐沟、檐口、水落日、泛水、变形缝和伸出屋面管道的防水构造，必须符合设计要求。

检验方法：观察检查和检查隐蔽工程验收记录。

2. 一般项目

（1）涂膜防水层的平均厚度应符合设计要求，最小厚度不应小于设计厚度的 80％。

检验方法：针测法或取样量测。

（2）涂膜防水层与基层应黏结牢固，表面平整，涂刷均匀，无流淌、褶皱、鼓泡、露胎体和翘边等缺陷。

检验方法：观察检查。

（3）涂膜防水层上的撒布材料或浅色涂料保护层应铺撒或涂刷均匀，黏结牢固；水泥砂浆、块材或细石混凝土保护层与涂膜防水层间应设置隔离层；刚性保护层的分格缝留置应符合设计要求。

检验方法：观察检查。

第三节 刚性防水屋面

刚性防水层主要是指在结构层上加一层适当厚度的普通混凝土、预应力混凝土、补偿收缩混凝土、块体刚性层做防水层等，依靠混凝土的密实性或憎水性达到防水目的。刚性防水屋面所用材料价格便宜，耐久性好，维修方便，广泛用于一般工业与民用建筑。

由于刚性防水屋面所用材料密度大，抗拉强度低，易受混凝土或砂浆的干湿变形、温度变形及结构位移等影响而产生裂缝，因此刚性防水层主要适用于防水等级为Ⅲ级的屋面防水。对于屋面防水等级为Ⅱ级以上的重要建筑物，可用作多道防水设防中的一道防水层。但不适用于设有松散材料保温层的屋面以及受较大振动或冲击的建筑屋面。

一、基本规定

刚性防水屋面的结构层宜为整体现浇钢筋混凝土。当采用预制混凝土屋面板时，应用细石混凝土灌缝，其强度等级不应小于C20，并宜掺微膨胀剂。当屋面板板缝宽度大于40mm或上窄下宽时，板缝内应设置构造钢筋；板端缝应进行密封处理。

刚性防水层与山墙、女儿墙以及与突出屋面结构的交接处，均应做柔性密封处理。

刚性防水屋面细部构造应符合有关规定的要求，分格缝的构造如图12-14所示；檐沟如图12-15所示；泛水构造如图12-16所示；变形缝构造如图12-17所示；伸出屋面管道防水构造如图12-18所示。

二、混凝土防水层施工

1. 砂浆要求

混凝土水灰比不应大于0.55；每立方米混凝土不应小于330kg；含砂率宜为35％～40％；灰砂比宜为2∶1，粗骨料的最大粒径不宜大于15mm。

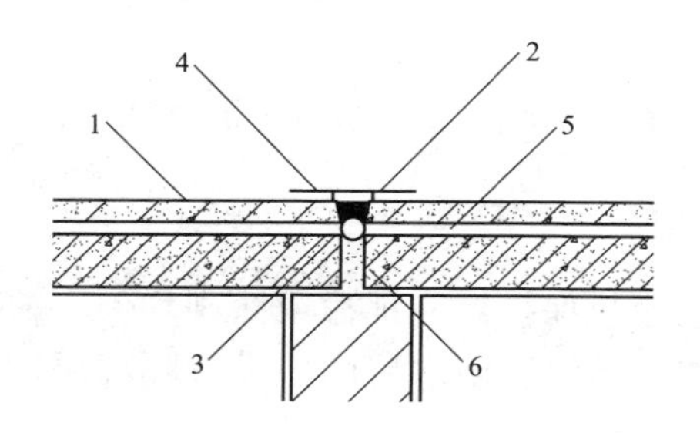

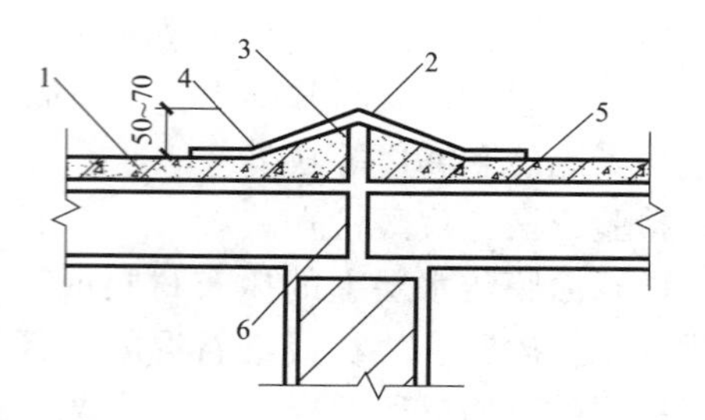

图 12-14　分格缝

1—刚性防水层；2—密封材料；3—背衬材料；4—防水卷材；5—隔离层；6—细石混凝土

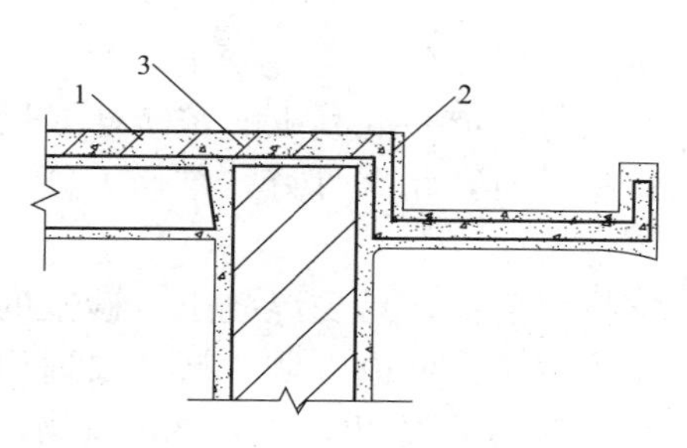

图 12-15　檐沟

1—刚性防水层；2—密封材料；3—隔离层

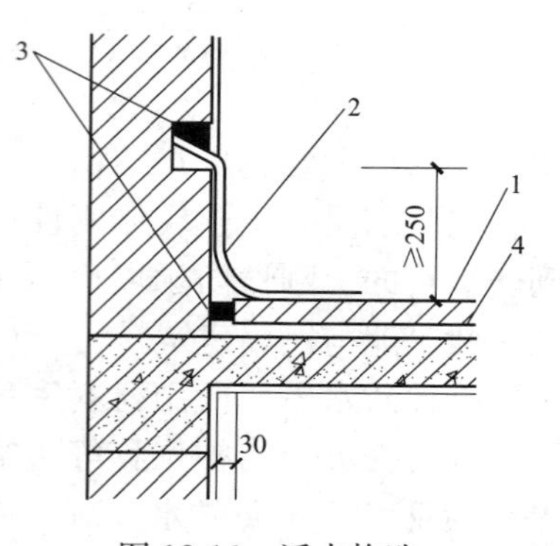

图 12-16　泛水构造

1—刚性防水层；2—防水卷材或涂膜；3—密封材料；4—隔离层

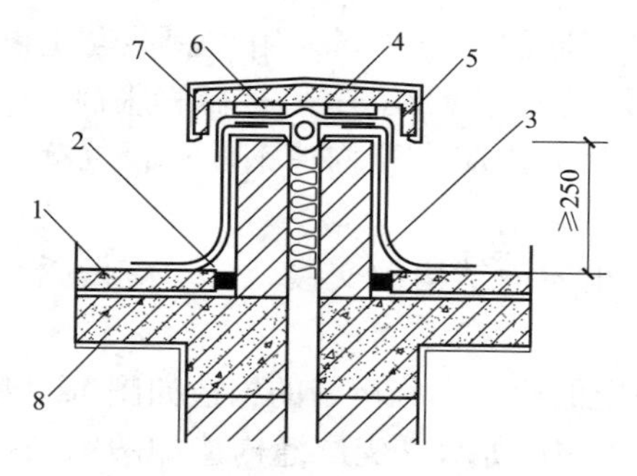

图 12-17　变形缝构造

1—刚性防水层；2—密封材料；3—防水卷材或涂膜；4—衬垫材料；5—沥青麻丝；6—水泥砂浆；7—混凝土盖板；8—隔离层

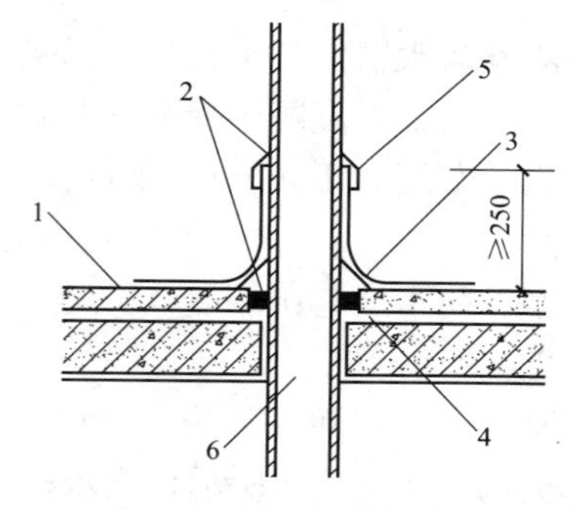

图 12-18　伸出屋面管道防水构造

1—刚性防水层；2—密封材料；3—卷材（涂膜）防水层；4—隔离层；5—金属箍；6—管道

2. 绑扎钢筋网片

防水层中的钢筋网片，可采用冷拔低碳钢丝，间距为 100～200mm 的绑扎或点焊的双向钢筋网片。施工时应放置在混凝土中的上部，绑扎钢丝收口应向下弯，不得露出屋面防水层。钢筋的保护层厚度不应小于10mm，钢丝必须调直。

钢筋网片要保证位置的准确性并且必须在分格缝处断开。

3. 分格缝的设置

分格缝的截面宜做成上宽下窄，分格条在起条时不得损坏分格缝边缘处的混凝土。分格缝应设置在结构层屋面板的支承端、屋面转折处、防水层与突出屋面结构的交接处，并应于板缝对齐。

4. 浇筑混凝土

混凝土中掺入减水剂或防水剂应准确计量，投料顺序得当，搅拌均匀；混凝土搅拌时间不应少于2min；混凝土运输过程中应防止漏浆和离析；每个分格板块的混凝土应一次浇筑完成，不得留施工缝；抹压时不得在表面洒水、加水泥浆或撒干水泥；混凝土收水后应进行二次压光；混凝土浇筑12～24h后应进行养护，养护时间不应少于14d，养护初期屋面不得上人。

三、块体刚性防水施工

块体刚性防水层是由底层防水砂浆、块材和面层砂浆组成。水泥砂浆中防水剂的掺量应准确，并应用机械搅拌。

铺抹底层水泥砂浆防水层时应均匀连续，不得留施工缝。当块材为黏土砖时，铺砌前应浸水湿透；铺砌宜连续进行；缝内挤浆高度宜为块材厚度的1/3～1/2。当铺砌必须间断时，块材侧面的残浆应清除干净。铺砌黏土砖应直行平砌并与基层板缝垂直，不得采用人字形铺设。块材铺设后，在铺砌砂浆终凝前不得上人踩踏。

面层施工时，块材之间的缝隙应用水泥砂浆灌满填实；面层水泥砂浆应二次压光，抹平压实；面层施工完成后12～24h应进行养护，养护方法可采用覆盖砂、草袋洒水的方法，有条件的可采用蓄水养护，养护时间不少于7d。养护初期屋面不得上人。

第四节 地下防水工程

一、防水混凝土防水

防水混凝土防水是以调整混凝土的配合比或掺外加剂的方法来提高混凝土的密实度、抗渗性、抗蚀性，满足设计对地下建筑的抗渗要求，达到防水的目的。防水混凝土防水具有施工简便、工期短、造价低、耐久性好等优点，是目前地下建筑防水工程的一种主要方法。

1. 普通防水混凝土

(1) 原材料。

1) 水泥。强度等级不低于42.5，要求抗水性好、泌水小、水化热低，并具有一定的抗腐蚀性。

2）细骨料。要求颗粒均匀、圆滑、质地坚实，含泥量不大于3%的中粗砂。砂的粗细颗粒级配适宜，平均粒径0.4mm左右。

3）粗骨料。要求组织密实、形状整齐，含泥量不大于1%。颗粒的自然级配适宜，粒径5～30mm，最大不超过40mm，且吸水率不大于1.5%。

（2）混凝土的配备。

1）水灰比。在保证振捣的密实前提下水灰比尽可能小，一般不大于0.6。

2）坍落度。不宜大于50mm。

3）水泥用量。在一定水灰比范围内，每立方米混凝土水泥用量一般不小于320kg，但也不宜超过400kg/m^3。

4）砂率。粗骨料选用卵石时砂率宜为35%，粗骨料为碎石时砂率宜为35%～40%。

5）灰砂比。水泥与砂的比例宜取1∶2～1∶2.5。

2. 外加剂防水混凝土

外加剂防水混凝土是在混凝土中掺入一定的有机或无机的外加剂，改善混凝土的性能和结构组成，提高混凝土的密实性和抗渗性，从而达到防水目的。由于外加剂种类较多，各自的性能、效果及适用条件不尽相同，故应根据地下建筑防水结构的要求和施工条件，选择合理、有效的防水外加剂。常用的外加剂防水混凝土有：①三乙醇胺防水混凝土；②减水剂防水混凝土；③加气剂防水混凝土；④氯化铁防水混凝土。

3. 施工工艺

（1）注意事项。

1）保持施工环境干燥，避免带水施工。

2）模板支撑牢固、接缝严密。

3）防水混凝土浇筑前无泌水、离析现象。

4）防水混凝土浇筑时的自落高度不得大于1.5m。

5）防水混凝土应自然养护，养护时间不少于14d。

6）防水混凝土应采用机械振捣，并保证振捣密实。

（2）防水构造处理。施工缝的处理。地下建筑施工时应尽可能不留或少留施工缝，尤其是不得留垂直施工缝。在墙体中一般留设水平施工缝，其常用的防水构造处理方法如图12-19所示。

二、止水带防水

为适应建筑结构沉降、温度伸缩等因素产生的变形，在地下建筑的变形缝（沉降缝或伸缩缝）、地下通道的连接口等处，两侧的基础结构之间留有20～30mm的空隙，两侧的基础是分别浇筑的，这是防水结构的薄弱环节，如果这些

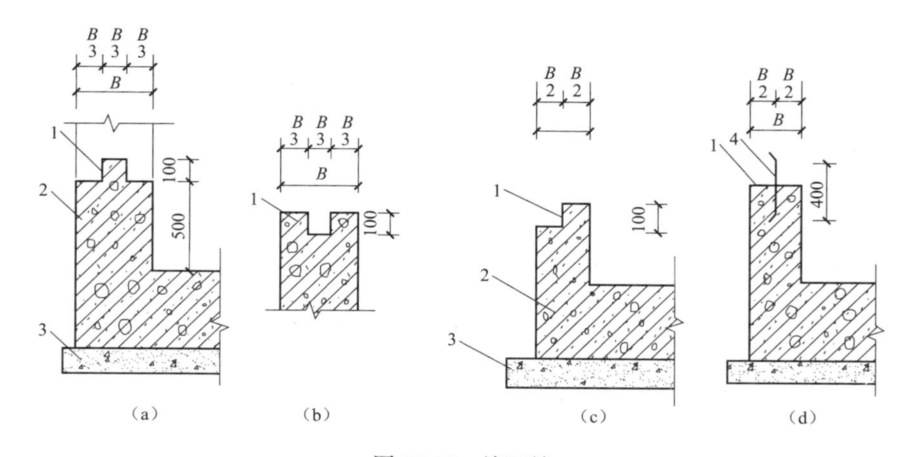

图 12-19　施工缝

(a) 凸缝；(b) 凹缝；(c) 墙厚≤200；(d) 钢板止水带

1—施工缝；2—构筑物；3—垫层；4—防水钢板

部位产生渗漏时，抗渗堵漏较难实施。为防止变形缝处的渗漏水现象，除在构造设计中考虑防水的能力外，通常还采用止水带防水。

目前，常见的止水带材料有：橡胶止水带、塑料止水带、氯丁橡胶板止水带和金属止水带等。其中橡胶及塑料止水带均为柔性材料，抗渗、适应变形能力强，是常用的止水带材料；氯丁橡胶止水板是一种新的止水材料，具有施工简便、防水效果好、造价低且易修补的特点；金属止水带一般仅用于高温环境条件下，而无法采用橡胶止水带或塑料止水带。

止水带不得长时间露天曝晒，防止雨淋，勿与污染性强的化学物质接触。施工过程中，止水带必须可靠固定，避免在浇注混凝土时发生位移，保证止水带在混凝土中的正确位置。固定止水带的方法有：利用附加钢筋固定、专用卡具固定、铅丝和模板固定等。如需穿孔时，只能选在止水带的边缘安装区，不得损伤其他部位。用户订货时应根据工程结构、设计图纸计算好产品长度，尽量在工厂中连成整体。

止水带的构造形式有：粘贴式、可卸式、埋入式等。目前较多采用的是埋入式，如图 12-20 所示。可卸式和埋入式止水带如图 12-21 和图 12-22 所示。根据防水设计的要求，有时在同一变形缝处，可采用数层、数种水带的构造形式。

三、表面防水层防水

表面防水层防水有刚性、柔性防水层两种。

1. 水泥砂浆防水层

水泥砂浆防水层是一种刚性防水层，它是依靠提高砂浆层的密实性来达到防水要求的。这种防水层取材容易，施工方便，防水效果较好，成本低，适用

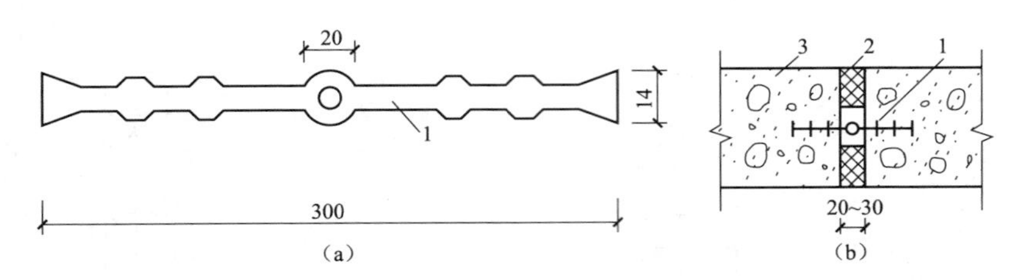

图 12-20　埋入式橡胶止水带

(a) 橡胶止水带；(b) 变形缝构造

1—止水带；2—沥青麻丝；3—构筑物

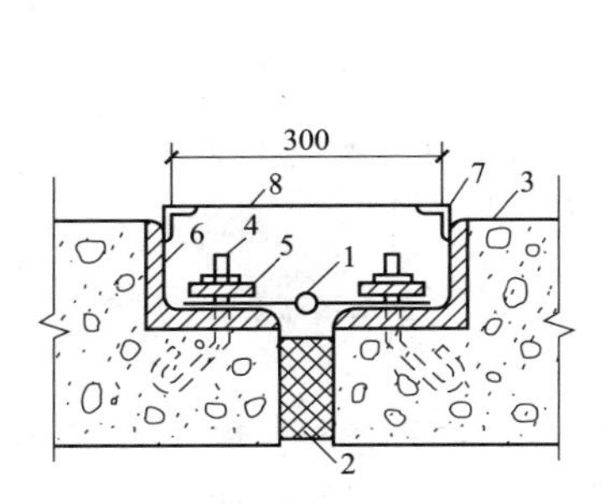

图 12-21　可卸式橡胶止水带变形构造

1—橡胶止水带；2—沥青麻丝；3—构筑物；

4—螺栓；5—钢压条；6—角钢；

7—支撑角钢；8—钢盖板

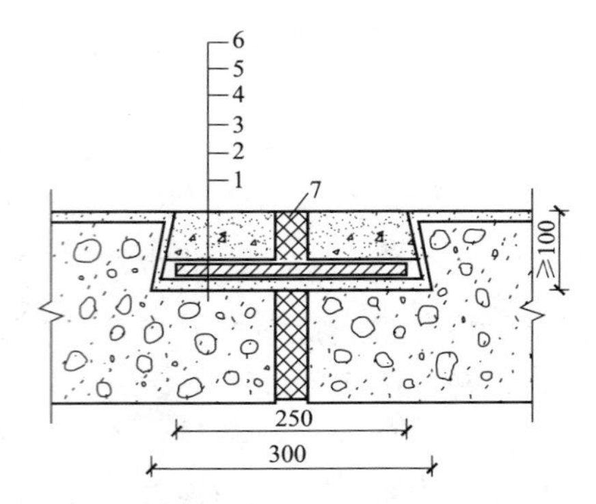

图 12-22　粘贴式氯丁橡胶板变形缝构造

1—构筑物；2—刚性防水层；3—胶黏剂；

4—氯丁橡胶板；5—素灰层；

6—细石混凝土覆盖层；7—沥青麻丝

于地下砖石结构的防水层或防水混凝土结构的加强层。但水泥砂浆防水层抵抗变形的能力较差，当结构产生不均匀下沉或受较强烈振动荷载时，易产生裂缝或剥落。对于受腐蚀、高温及反复冻融的砖砌体工程不宜采用。水泥砂浆防水层又分为刚性多层法防水层和刚性外加剂法防水层。

(1) 刚性多层法防水层。利用素灰（即较稠的纯水泥浆）和水泥砂浆分层交叉抹面而构成的防水层，具有较高的抗渗能力，如图 12-23 所示。

(2) 刚性外加剂法防水层。普通水泥砂浆中掺入防水剂，使水泥砂浆内的毛细孔填充、胀实、堵塞，获得较高的密实度，提高抗渗能力，如图 12-24 所示。常用的外加剂有氯化铁防水剂、铝粉膨胀剂、减水剂等。

2. 卷材防水层

卷材防水层是用沥青胶结材料粘贴油毡而成的一种防水层，属于柔性防水层。这种防水层具有良好的韧性和延伸性，可以适应一定的结构振动和微小变形，防水效果较好，目前仍作为地下工程的一种防水方案而被较广泛采用。其缺点是：沥青油毡吸水率大，耐久性差，机械强度低，直接影响防水层质量，

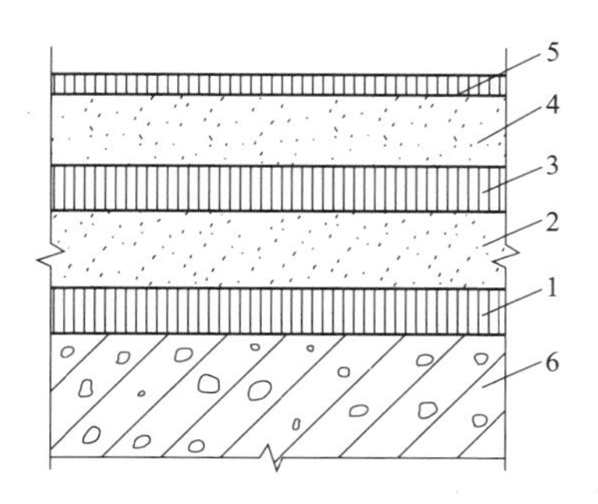

图 12-23　刚性多层法防水层

1，3—素灰层 2mm；2，4—砂浆层 4～5mm；
5—水泥浆 1mm；6—结构基层

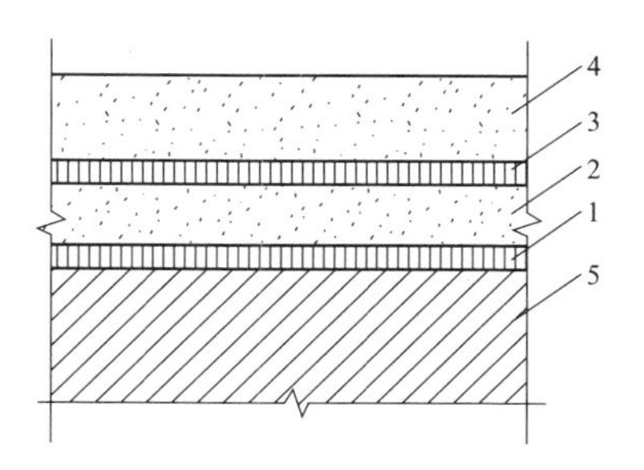

图 12-24　刚性外加剂法防水层

1，3—水泥浆一道；2—外加剂防水砂浆
垫层；4—防水砂浆面层；5—结构基层

而且材料成本高，施工工序多，操作条件差，工期较长，发生渗漏后修补困难。

卷材防水层施工的铺贴方法，按其与地下防水结构施工的先后顺序分为外贴法和内贴法两种。

(1) 外贴法。在地下建筑墙体做好后，直接将卷材防水层铺贴墙上，然后砌筑保护墙，如图 12-25 所示。

(2) 内贴法。在地下建筑墙体施工前先砌筑保护墙，然后将卷材防水层铺贴在保护墙上，最后施工并浇筑地下建筑墙体如图 12-26 所示。

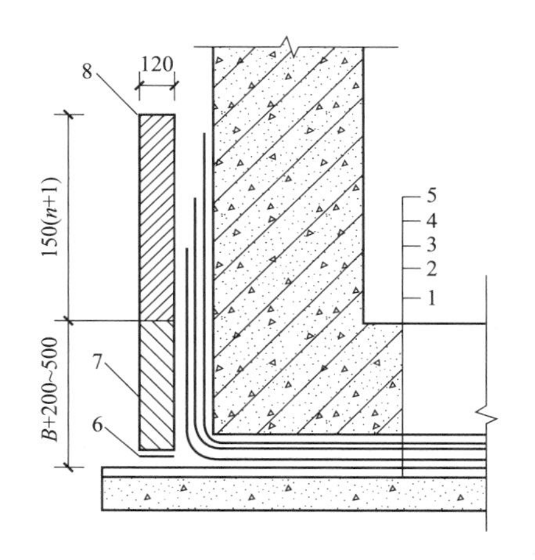

图 12-25　外贴法

1—垫层；2—找平层；3—卷材防水层；
4—保护层；5—构筑物；6—油毡；
7—永久保护墙；8—临时性保护墙

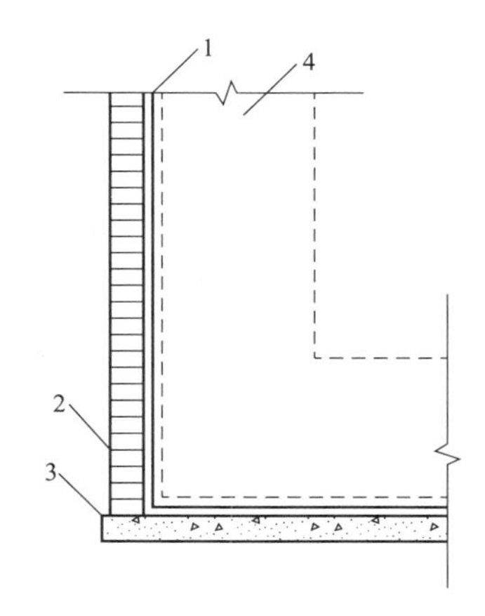

图 12-26　内贴法

1—卷材防水层；2—保护墙；
3—垫层；4—尚未施工的构筑物

第十三章

防腐蚀工程

第一节 基层处理

一、钢结构基层

1. 钢结构基层表面的基本要求

(1) 表面平整，施工前把焊渣、毛刺、铁锈、油污等清除干净并不破坏基层平整性。在清理铁锈、油污的过程中，不损坏基层强度。

(2) 保护已经处理的钢结构表面不再次污染，受到二次污染时，重新进行表面处理。

(3) 已经处理的钢结构基层，及时涂刷底层涂料。

2. 基层处理方法

建筑防腐蚀工程常用的除锈方法有：喷射或抛射除锈、手工和动力工具除锈，其质量要求如下。

(1) 喷射或抛射除锈。喷射或抛射除锈等级分为Sa2级、Sa2 $\frac{1}{2}$级，其含义是：

1) Sa2级：钢材表面无可见的油脂和污垢，并且氧化皮、铁锈和涂料等附着物已基本清除，其残留物是牢固可靠的。

2) Sa2 $\frac{1}{2}$级：钢材表面无可见的油脂、污垢、氧化皮、铁锈和涂料等附着物，任何残留的痕迹应仅是点状或条纹状的轻微色斑。

(2) 手工和动力工具除锈。手工和动力工具除锈等级分为St2级、St3，其含义是：

1) St2级：钢材表面无可见的油脂和污垢，并且没有附着不牢的氧化皮、铁锈和涂料等。

2) St3级：钢材表面无可见的油脂和污垢，并且没有附着不牢的氧化皮、铁锈和涂料等附着物。除锈等级应比St2更为彻底，底材显露部分的表面具有金属光泽。

3. 施工机具

(1) 喷射或抛射除锈的设备。抛丸机是利用电机驱动抛丸轮产生的离心力将大量的钢丸以一定的方向“甩”出，这些钢丸以巨大的冲击能量打击待处理的表面，然后在大功率除尘器的协助下返回到储料斗循环使用。

（2）手工和动力除锈的机具。

1）铣刨机。铣刨机是以铣刀来铣钢结构表面，其强烈的冲击力能应用于钢结构表面的清洗、拉毛和铣刨的工作类似于一种“抓挠”的方法。其机器带有电机或汽油机驱动的刀毂，刀毂上根据钢结构材质和目的不同安装有一定数量、类似齿轮形状刀齿的铣刀片。

2）研磨机。研磨机是利用水平旋转的磨盘来磨平、磨光或清理钢结构的表面。其工作原理是利用沉淀在一定硬度的金属基体内、分布均匀、有一定的颗粒大小和数量要求的金刚石研磨条，镶嵌在圆形或三角形的研磨片上，在电机或其他动力的驱动下高速旋转，以一定的转速和压力作用在钢结构的表面，对钢结构表面进行磨削处理。

3）手持式轻型机械。钢结构表面少量的有机涂层、油污等附着物，可用手持式轻型处理机械，如手持式研磨机、砂轮机等来去除。

二、混凝土结构基层

1. 混凝土基层的基本要求

（1）坚固、密实，有足够强度。表面平整、清洁、干燥，没有起砂、起壳、裂缝、蜂窝、麻面等现象。

（2）施工块材铺砌，基层的阴阳角应做成直角。进行其他类型防腐蚀施工时，基层的阴阳角处应做成斜面或圆角。

（3）施工前应清理干净基层表面的浮灰、水泥渣及疏松部位，有污染的部位用溶剂擦净并晾干。

（4）预先埋置或留设穿过防腐蚀层的管道、套管、预留孔、预埋件。

2. 基层处理方法

基层表面采用机械打磨、铣刨、喷砂、抛丸，手工或动力工具打磨处理，质量要求包括：

（1）检测强度符合设计要求并坚固、密实，没有地下水渗漏、不均匀沉陷，没有起砂、脱壳、裂缝、蜂窝、麻面等现象。

（2）基层表面平整，用2m直尺检查平整度：

1）当防腐蚀面层厚度大于5mm时，允许空隙不应大于4mm。

2）当防腐蚀面层厚度小于5mm时，允许空隙不应大于2mm。

（3）基层干燥，在深度为20mm的厚度层内，含水率不大于6%；采用湿固化型材料时，表面没有渗水、浮水及积水；当设计对湿度有特殊要求时，应按设计要求进行施工。

（4）检测基层坡度符合设计要求，允许偏差应为坡长的±0.2%，最大偏差值不大于30mm。

（5）采取措施使用大型清水模板或脱模剂不污染基层的钢模板，一次浇筑承重及结构件等重要部位混凝土。

1）用大型木质模板，减少模板拼缝。

2）两模板搭接处用胶带粘贴，避免漏浆。

3）采用水溶性材料作隔离剂，以利脱模和脱模后的清理。

（6）块材铺砌时，基层的阴阳角应做成直角；其他施工时，基点的阴阳角做成圆角 R＝30～50mm，或45°斜角的斜面。

（7）经过养护的基层表面，去除白色析出物。防腐蚀层施工选用耐碱性良好的材料。

3. 施工机具

（1）常见设备的种类和功能。混凝土表面处理机械主要包括研磨设备、铣刨设备和抛丸设备等，其工作原理与钢结构表面处理设备基本相同，通过改变机械的功率，选用不同种类的刀具而达到处理混凝土表面的功能。

（2）机器的选择和应用。

1）手持研磨机。处理边角等大型机器不能处理的地方，也常用来进行小面积凸凹不平的打磨处理。

2）铣刨机。用于去除表面的旧涂层和凸起较大情况下的找平处理。机器重量和功率的大小直接影响机器清理的深度和效率。一般来讲，4kW以下的机器很难清理超过2mm的旧环氧涂层。

3）抛丸机。处理地面会留下均匀的粗糙表面，可以大大提高涂层的结合强度，选择时要注意电机的功率和抛丸的幅度直接影响清理的效率。功率大施加在钢丸上的动能大，可以去除的浮浆、涂层的厚度大。抛丸幅度的大小应和电机的功率匹配。

第二节　涂料类防腐蚀工程

一、一般规定

1. 材料的要求

（1）耐腐蚀材料的使用要注意涂层之间的配套性。

（2）施工后，涂膜一般均需自然养护7d以上，充分干燥后方可使用。

（3）使用前应先搅拌均匀，选用有固化剂的合成树脂涂料应根据品种随配随用。

（4）涂料及其辅助材料均应有产品质量证明文件，符合相关规定，涂料供应方还需提供MSDS文件。

2. 施工规定

（1）涂刷施工应在处理好的基层上按底层、中间层（过渡层）、面层的顺序进行，涂刷方面随涂料品种而定，一般涂料可先斜后直、纵横涂刷，从垂直面开始自上而下再到水平面。涂刷完毕后，工具应及时清洗，以防止涂料固化。溶剂型树脂涂料的施工用具严禁接触水分而影响附着力。

（2）喷涂施工应按自上而下，先喷垂直面后喷水平面的顺序进行。喷枪沿一个方向来回移动，使雾流与前一次喷涂面重合一半。喷枪应匀速移动，以保证涂层厚度一致，喷涂时应注意涂层不易过厚，以防止流淌或溶剂挥发不完全而产生气泡，同时应使空气压力均匀。喷涂完毕后要及时用溶剂清洗喷涂用具，涂料要密闭保存。

（3）施工环境温度为10～30℃，相对湿度不大于85%。施工现场应控制或改善环境温度、相对湿度和露点温度。

（4）在大风、雨、雾、雪天及强烈日光照射下，不宜进行室外施工；通风较差的施工环境，须采取强制通风，以改善作业环境。

（5）钢材表面温度必须高于露点温度3℃方可作钢结构涂装施工。

3. 质量检验规定

用5～10倍的放大镜检查涂层表面是否光滑平整，颜色一致，有无流挂、起皱、漏刷、脱皮等现象，涂层厚度是否均匀、符合设计要求。钢基层可采用磁性测厚仪检查；水泥砂浆、混凝土基层，在其上进行涂料施工时，可同时做出样板，测定其厚度。

二、涂料种类及特性

常见的涂料品种主要有环氧树脂涂料、聚氨酯树脂涂料、玻璃鳞片涂料、丙烯酸树脂涂料、氯化橡胶涂料、有机硅涂料、醇酸树脂耐酸涂料、高氯化聚乙烯涂料喷涂型聚脲涂料、环氧自流平地面涂料、防腐蚀耐磨洁净涂料等。

（1）环氧树脂涂料。这种涂料具有坚韧耐久，附着力好，耐水、抗潮性好，环氧树脂底层涂料与环氧树脂鳞片涂料配套使用可提高涂膜防潮、防盐雾、防锈蚀等性能，并且能耐溶剂和碱腐蚀。适用于钢结构、地下管道、水下设施等混凝土表面的防腐蚀涂装。但是这类涂料耐候性能较差。

（2）聚氨酯树脂涂料。防锈性能优良，涂膜坚韧、耐磨、耐油、耐水、耐化学品，对室内混凝土结构防水、地下工程堵漏、水泥基面防水性能优越。特别适合于钢结构的涂装保护。也可用作地面涂装、墙体及有色金属涂装。随着技术的提高，许多新品种综合性能更为优异。例如，耐候防腐蚀脂肪族聚氨酯涂料、环保型水性聚氨酯涂料，不仅用于防水、堵漏，还广泛应用于复杂化工腐蚀环境、户外建构筑物保护、车间地面等。

水性聚氨酯是以水代替有机溶剂作为分散介质的新型无污染聚氨酯体系，

包括单组分水性聚氨酯涂料、双组分水性聚氨酯涂料和特种涂料三大类。

(3) 玻璃鳞片涂料。其适用于腐蚀条件较为苛刻的环境。具有防腐蚀范围广、抗渗性突出、机械性能好、强度高、耐温度剧变、施工方便、修复容易等特点，是公认的长效重防腐蚀涂料。应用效果好的品种。

(4) 丙烯酸树脂涂料。其具有优异的耐候性、耐化学品腐蚀性；高光泽度，较强的抗洗涤剂性；气干性好，附着力好，硬度高。主要应用于各种腐蚀环境下建筑物内外墙壁、钢结构表面的防腐蚀工程。

(5) 氯化橡胶涂料。其主要特点是：耐候性好，抗渗透能力强，施工方便，耐紫外线性能显著，气干性好，低温可以施工，又可防水。常用于室内外钢结构及混凝土结构的保护。

(6) 有机硅涂料。其附着力强，耐腐蚀、耐油；抗冲击、防潮。具有常温干燥或低温烘干，高温下使用的优点。能耐400～600℃高温、适用于＜500℃高温的钢或镀锌基体。

(7) 醇酸树脂耐酸涂料。普通防腐蚀涂料，工程中常选用耐候性突出的品种。涂层的耐久性较差，不宜作为长效涂料使用。

(8) 高氯化聚乙烯涂料。高氯化聚乙烯（含氯量＞65%）为主要成膜物。其特点是：性能稳定，具有优异的抗老化性、耐盐雾性、防水性。对气态复杂介质具有优良的防腐蚀性；涂层含薄片状填料，具有独特的屏障结构，延缓了化学介质的渗透作用；良好的防霉性和阻燃性。适用于室内外钢结构涂装；防止工业大气腐蚀及酸、碱、盐等介质腐蚀。

(9) 喷涂型聚脲涂料。喷涂聚脲防腐蚀材料包括芳香族聚脲和聚脲聚氨酯，其结构基本特征为：以端异氰酸脂基半预聚体、端氨基聚醚和胺扩链剂为基料，在设备内经高温高压混合喷涂而形成防护层。

良好的耐腐蚀能力和抗渗透能力且对腐蚀介质的适用性广，能耐稀酸、稀碱、无机盐、海水等的侵蚀。耐老化性、耐候性及耐温性比聚氨酯涂料优异。施工工艺性好，对施工环境的水分、湿气及温度的敏感度比一般涂料低，广泛适用于混凝土表面微裂纹抗渗。喷涂聚脲不含挥发溶剂，凝胶固化速度快，施工养护周期短，2～10s就能达到初凝状态，并且在任意型面、垂直面及顶部连续喷涂而不产生流挂现象，施工厚度一次喷涂可达1～3mm。

(10) 环氧自流平地面涂料。以无溶剂环氧树脂为主要成膜物，配合耐磨颜填料组成，可用于有环保、卫生、洁净、耐磨要求的食品、医药、医院等场合地面及建筑物表面涂装。

(11) 防腐蚀耐磨洁净涂料。以无机耐磨填料为主、配合涂层制作的无机材料地面。具备耐磨、洁净、防起尘、抗冲击和承载高之特种功能。表面平滑、整体无缝，强韧耐磨，适合各种有防尘、洁净要求的仓库等场所。性能稳定，使用寿命长久。

三、施工要点

1. 聚氨酯涂料的施工要点

(1) 各组分按比例配好，混合均匀。

(2) 配好的涂料不宜放置太久。

(3) 水泥砂浆、混凝土基层，先用稀释的聚氨酯涂料打底，在金属基层上直接用聚氨酯底层涂料打底。涂料实干前即可进行下层涂料的施工。

(4) 聚氨酯涂料对水分、胺类、含有活泼氢的醇类都很敏感，除使用纯度较高的溶剂外，容器、施工工具等都必须清洁、干燥。建筑物及构件表面除污清理，保持混凝土干燥。

2. 树脂玻璃鳞片防腐蚀涂料的施工要点

(1) 配料时注意投料顺序，涂刷前需搅拌充分。

(2) 乙烯基酯树脂玻璃鳞片涂料采用环氧类底层涂料时，应做表面处理。

(3) 树脂鳞片涂料，不允许加稀释剂及其他溶剂。

(4) 常用的配套方案。

1) 钢结构表面：环氧富锌类底层涂料、环氧云铁类中间层涂料、树脂玻璃鳞片涂料，也可采用环氧铁红底层涂料、树脂玻璃鳞片涂料中间层涂料、树脂玻璃鳞片涂料。

2) 混凝土基层：树脂玻璃鳞片底层涂料、中间涂料（玻璃鳞片胶泥）、面层涂料。

3. 高氯化聚乙烯涂料的施工要点

高氯化乙烯涂料的成膜物“高氯化聚乙烯”兼有橡胶和塑料的双重特性，对各种类型的材质都具有良好的附着力。涂料为单组分，常温干燥，施工方便。

(1) 钢铁基层除锈要求不得低于 St3 级或 Sa2 级。

(2) 施工时不需要加稀释剂，但必须充分搅拌均匀。

(3) 涂料分普通型和厚膜型。

(4) 钢材基层常用的配套方案：环氧铁红底层涂料、高氯化聚乙烯中间层涂料、面层涂料。

4. 喷涂型聚脲涂料的施工要点

(1) 底层清理、修复：清除表面浮灰，底层涂料填补细小孔洞，形成表面连续结合层。

(2) 立面和顶面施工：用环氧涂料滚刷一道，厚度 0.20～0.40μm（干膜），将涂料渗透到基面，养护干燥 2～8h 后用环氧或丙烯酸修补，补孔率 100%。干燥养护 2～4h 后打磨平整，去除浮灰。

（3）潮湿面的施工要求：清除积水、渗水，漏水处用快干材料堵漏。

（4）采用聚氨酯水性涂料满刮一道，干膜厚度一般为0.3～0.4mm，保证充分渗透，并且封闭基面细孔。≥15℃时，养护8～12h；<15℃时，养护16～24h，喷涂聚脲层。

（5）养护干燥后，检查是否有未封闭的细孔及底面渗水，若有则重复前述步骤。

第三节 树脂类防腐蚀工程

一、材料要求

1. 呋喃树脂

呋喃树脂的质量标准见表13-1。

表13-1 呋喃树脂的质量

项目	指标		
	糠酮型	糠醇糠醛型	糠酮糠醛型
树脂含量（%）	>94		
灰分（%）	<3		
含水率（%）	<1		
pH值	7		
黏度（涂黏度计，25℃）（s）		20～30	50～80

注：1. 呋喃树脂的储存期，不宜超过12个月。
2. 糠酮型呋喃树脂主要用于配制环氧呋喃树脂。

2. 不饱和聚酯树脂

不饱和聚酯树脂具有工艺性能良好、适宜的黏度，可以在室温下固化，常压下成形，颜色浅等性能，其主要品种及技术指标见表13-2。

表13-2 不饱和树脂品种的技术指标

项目名称	双酚A型不饱和聚酯树脂	二甲苯型不饱和聚酯树脂	对苯型不饱和聚酯树脂	间苯型不饱和聚酯树脂	邻苯型不饱和聚酯树脂
外观	浅黄色液体	淡黄色至浅棕色液体	黄色浑浊液体	黄棕色液体	淡黄色透明液体
黏度Pa·s（25℃）	0.45±0.10	0.32±0.09	0.40±0.10	0.45±0.15	0.40±0.10
含固量（%）	62.5±4.5	63.0±3.0	62.0±3.0	63.5±2.5	66.0±2.0
酸值（mgKOH/g）	15.0±5.0	15.0±4.0	20.0±4.0	23.0±7.0	25.0±3.0
胶凝时间（min）（25℃）	14.0±6.0	10.0±3.0	14.0±4.0	8.5±1.5	6.0±2.0
稳定性（h）（80℃）	≥24	≥24	≥24	≥24	≥24

3. 酚醛树脂

酚醛树脂的质量见表 13-3。

表 13-3　酚醛树脂的质量

项目	指标
游离酚含量(%)	<10
游离醛含量（%）	<2
含水率（%）	<12
黏度（落球黏度计，25℃）(s)	45～65

4. E 型环氧树脂

E 型环氧树脂的质量见表 13-4。

表 13-4　E 型环氧树脂的质量

项目	E-44	E-42
环氧值(当量/100g)	0.41～0.47	0.38～0.45
软化点（℃）	12～20	21～47

5. 煤焦油

煤焦油的质量见表 13-5。

表 13-5　煤焦油的质量

项目	指标	
	一级	二级
密度（g/cm^3）	≤1.12～1.20	≤1.13～1.22
含水率（%）	≤4.0	≤4.0
灰分（%）	≤0.15	≤0.15
游离碳（%）	≤6.0	≤10.0
黏度（E80）	≤5.0	≤5.0

6. 粉料及细骨料

粉料及细骨料的质量见表 13-6。

表 13-6　粉料及细骨料的质量

材料类别	耐酸率（%）	含水率（%）	保积安定性	粒径及细度
粉料	≥95	≤0.5	合格	0.15mm 筛孔筛余量≤5%
细骨料	≥95	≤0.5	合格	0.09mm 筛孔筛余量为 10%～30%≤2mm

注：当使用酸性固化剂时，粉料及细骨料的耐酸率应不小于 98%。

二、树脂类防腐材料的配制

（1）环氧酚醛、环氧呋喃和环氧煤焦油树脂，应由环氧树脂与酚醛、呋喃树脂或煤焦油混合而成。其混合比例宜符合规定，见表 13-7。

表 13-7　　不饱和聚酯玻璃钢胶料、胶泥和砂浆的施工配合比

<table>
<tr><th colspan="2" rowspan="3">材料名称</th><th colspan="10">配合比（质量比）</th></tr>
<tr><th rowspan="2">双酚 A 型、二甲苯型或邻苯型树脂</th><th rowspan="2">50%过氧化环已酮二丁酯糊、过氧化苯甲酰二丁酯糊和过氧化甲乙酮</th><th rowspan="2">环烷酸钴苯乙烯液、二甲基苯胺苯乙烯液</th><th rowspan="2">苯乙烯</th><th rowspan="2">矿物颜料</th><th rowspan="2">苯乙烯石蜡液（100：5）</th><th colspan="2">粉料</th><th colspan="2">细骨料</th></tr>
<tr><th>耐酸粉</th><th>重晶石粉</th><th>石英砂</th><th>重晶石砂</th></tr>
<tr><td rowspan="4">玻璃钢胶料</td><td>打底料</td><td rowspan="4">100</td><td rowspan="4">2～4</td><td rowspan="4">0.5～4</td><td>0～15</td><td></td><td></td><td>0～15</td><td></td><td></td><td></td></tr>
<tr><td>腻子料</td><td>0～10</td><td></td><td></td><td>200～350</td><td>(400～500)</td><td></td><td></td></tr>
<tr><td>衬布胶料与面层胶料</td><td></td><td rowspan="2">0～2</td><td></td><td>0～15</td><td></td><td></td><td></td></tr>
<tr><td>封面料</td><td></td><td>3～5</td><td></td><td></td><td></td><td></td></tr>
<tr><td>胶泥</td><td>砌筑或勾缝料</td><td>100</td><td>2～4</td><td>0.5～4</td><td>0～10</td><td></td><td></td><td>200～300</td><td>(250～350)</td><td></td><td></td></tr>
<tr><td rowspan="3">砂浆</td><td>打底料</td><td rowspan="3">100</td><td rowspan="3">2～4</td><td rowspan="3">0.5～4</td><td>0～15</td><td></td><td></td><td>0～15</td><td></td><td></td><td></td></tr>
<tr><td>砂浆料</td><td>0～10</td><td rowspan="2">0～2</td><td></td><td>150～200</td><td>(350～400)</td><td>300～400</td><td>(600～750)</td></tr>
<tr><td>封面料</td><td></td><td>3～5</td><td></td><td></td><td></td><td></td></tr>
</table>

注：1. 表中括号内的数据应用于耐氢氟酸工程。
2. 二甲苯型不饱和聚酯树脂的引发剂应采用过氧化苯甲酰二丁酯糊，促进荆应采用二甲基苯胺苯乙烯液；双酚 A 型或邻苯型不饱和聚酯树脂当引发剂。采用过氧化环已酮二丁酯糊或过氧化甲乙酮时，促进剂应采用环烷酸钴苯乙烯液。当引发剂采用过氧化苯甲酰二丁酯糊时，促进剂应采用二甲基苯胺苯乙烯液。
3. 减少胶泥内粉料用量，可用作灌缝或稀胶泥整体面层。

（2）各类树脂玻璃钢胶料、胶泥和砂浆的配合比见表 13-8～表 13-10。树脂玻璃钢胶料的配制方法和树脂玻璃钢胶泥的配制大致相同。配制玻璃钢打底料时，可在未加入固化剂前再加一些稀释剂，配制腻子时，则再加入填料（为树脂的 2～2.5 倍），配制面层料时则应少加或不加填料，或加一定量的无机颜料，以形成颜色面层。

树脂和固化剂的作用是放热反应，因而胶液料每次以配 1kg 树脂为宜，随配随用，并在 30～45min 内用完。固化剂要逐步加入，边加边搅拌，如胶液温度过高，可将配制筒放入冷水器皿中冷却，以防固化太快。固体固化剂应先粉碎，再与粉料混匀或用溶剂溶解备用，如有毒的乙二胺可与丙酮（1：1）预先配成溶液，可减轻毒品的危害。

表 13-8　　环氧类玻璃钢胶料、胶泥和砂浆的施工配合比

材料名称		配合比（质量比）								
		环氧树脂	环氧呋喃树脂	环氧酚醛树脂	环氧煤焦油树脂	稀释剂	乙二胺	矿物颜料	耐酸粉料	石英砂
玻璃钢胶料	打底料	100				40～60	6～8		0～20	
			100			10～15	4.2～5.6		0～15	
				100		40～60	4.2～5.6		0～20	
					100	10～15	3.5～4.0		0～15	
	腻子料	100				10～20	6～8		150～200	
			100			10～15	4.2～5.6		150～200	
				100		13～20	4.2～5.6		150～200	
					100	10～15	3.5～4.6		200～250	
	衬布胶料与面层胶料	100				10～20	6～8	0～2	0～20	
			100			10～15	4.2～5.6		0～15	
				100		13～25	4.2～5.6		0～20	
					100	10～15	3.5～4.0		0～15	
胶泥	砌筑或勾缝料	100				10～20	6～8		150～200	
			100			10～15	4.2～5.6		150～200	
				100		13～20	4.2～5.6		150～200	
					100	10～15	3.5～4.6		200～250	
砂浆	打底料	100				40～60	6～8		0～20	
					100	10～15	3.5～4.0		0～15	
	砂浆料	100					6～8			
			100			10～20	4.2～5.6	0～2	150～200	300～400
					100		3.5～4.0			
	面层胶料	同衬布胶料配方								

注：1. 环氧呋喃树脂的配方应为环氧树脂比呋喃树脂为 70：30；环氧酚醛树脂的配方应为环氧树脂比酚醛树脂比 70：30；环氧煤焦油树脂配方为环氧树脂比煤焦油为 50：50。
2. 固化剂除乙二胺外，还可用其他各种胺类固化剂，应优先选用低毒固化剂，用量可按产品说明书或经试验确定。
3. 减少胶泥内粉料用量可配制灌缝用或稀胶泥整体面层用胶泥。

三、施工要点

各种树脂胶料、胶泥及砂浆拌匀后至使用完毕的时间应遵循表 13-11 规定，而树脂类材料的养护天数则应符合表 13-12 的规定。

表 13-9　　呋喃树脂玻璃钢胶料、胶泥和砂浆的施工配合比

材料名称		配合比（质量比）							
		糠醇糠醛树脂	糠酮糠醛树脂	糠醇糠醛树脂玻璃钢粉	糠醇糠醛树脂胶泥粉	苯磺酸型固化剂	稀释剂	耐酸粉料	石英砂
玻璃钢胶料	打底料	同环氧类玻璃钢打底料							
	腻子料	100		40～50				100～150	
	衬布胶料与面层胶料	100		40～50					
胶泥	灌缝用	100			250～360				
	砌筑或勾缝料	100			250～400				
			100			15～18		200～400	
							0～10		
砂浆	打底料	同环氧类砂浆底料							
	砂浆料	100			250				250～300
			100			15～18		200	400

注：糠醇糠醛树脂玻璃钢粉料和胶泥粉内已混有酸性固化剂。

表 13-10　　酚醛玻璃钢胶料、胶泥的施工配合比

材料名称		配合比（质量比）			
		酚醛树脂	稀释剂	苯磺酰氯	耐酸粉料
玻璃钢胶料	打底料	同环氧类玻璃钢打底料			
	腻子料	100	0～510	8～10	120～180
	衬布胶料与面层胶料				0～15
胶泥	砌筑或勾缝料	100	0～15	8～10	150～200

表 13-11　　各类树脂胶泥、砂浆最长停放时间

类别	配好后至使用完的最长时间（min）
环氧树脂胶	40
环氧酚醛胶	30
环氧呋喃胶	
环氧煤焦油	60
不饱和聚酯树脂	45
酚醛树脂胶	45
呋喃树脂胶	45

表 13-12 树脂类防腐蚀工程的养护天数

树脂类别	养护期天数	
	地面	储槽
环氧树脂	≥7	≥15
酚醛树脂	≥10	≥20
环氧酚醛树脂	≥10	≥20
环氧呋喃树脂	≥10	≥20
环氧煤焦油树脂	≥15	≥30
不饱和聚酯树脂	≥7	≥15
呋喃树脂	≥7	≥15

1. 玻璃钢的施工

（1）玻璃纤维材料的准备。玻璃钢成形用的玻璃纤维布要预先脱脂处理，在使用前保持不受潮、不沾染油污。玻璃纤维布不得折叠，以免因褶皱变形而产生脱层。

1）玻璃纤维布的经纬向强度不同，对要求各向同性的施工部位，应注意使玻璃纤维布纵横交替铺放。对特定方向要求强度较高时，则可使用单向布增强。

2）表面起伏很大的部位，有时需要在局部把玻璃纤维布剪开，但应注意尽量减少切口，并把切口部位层间错开。

3）璃纤维布搭接宽度一般为 50mm，在厚度要求均匀时，可采用错缝搭接。

4）糊制圆形结构部分时，玻璃布可沿径向 45°的方向剪成布条，以利用布在 45°方向容易变形的特点，糊成圆弧。剪裁玻璃纤维布块的大小，应根据现场作业面尺寸要求和操作难易来决定。布块小，接头增多，强度降低。因此，如果强度要求严格，尽可能采用大块布施工。

（2）施工要点。玻璃钢的施工有手糊法、模压法、喷射法等几种。建筑防腐蚀工程现场施工利用手糊法工艺较多。

施工前，首先应在基层上打底，即刷涂薄而均匀的一道环氧打底料，基层的凹陷不平处应用腻子修补填平，随即刷第二道环氧打底料，两道打底料间应保证有 24h 以上的固化时间。

玻璃布粘贴的顺序一般是先立面后平面，先局部（如沟道、孔洞处）后大面。立面铺粘由上而下，平面铺粘从低向高。玻璃布的搭接宽度不应少于 50mm，且各层的搭接应互相错开，阴角和阳角处可增粘 1～2 层玻璃布。具体的粘贴方法有连续法和间断法两种。

1）连续法。用毛刷蘸上胶料纵横各刷一遍后，随即粘贴第一层玻璃布，并用刮板或毛刷将玻璃布贴紧压实，也可用辊子反复滚压使充分渗透胶料，挤出气泡和多余的胶料。待检查修补合格后，不待胶料固化即按同样方法连续粘贴，直至达到设计要求的层数和厚度。玻璃布一般采用鱼鳞式搭接法，即铺两层时，上层每幅布应压住下层各幅布的半幅：铺三、四、五层时，每幅布应分别压住前一层各幅布的2/3、3/4幅。连续法施工一般铺贴层数以三层为宜，否则容易出现脱层、脱落等质量事故，铺贴中的缺陷不便于修补。

2）间断法。贴第一层玻璃布的方法同上。贴好后再在布上涂刷胶料一层，待其自然固化24h，再铺贴第二层。依此类推，直至完成所需层数和厚度。在铺贴每层时都需进行质量检查，清除毛刺、突边和较大气泡等缺陷并修理平整。

面层料要求有良好的耐磨性和耐腐蚀性，表面要光洁。一般应在贴完最后一层玻璃布的第二天涂刷第一层面胶料，干燥后再涂第二层面胶料。当以玻璃钢做隔离层，其上采用树脂胶泥或树脂砂浆材料施工时，可不涂刷面层胶料。

树脂玻璃钢施工后常温下的养护时间比较长，以地面为例，环氧玻璃钢为7d，酚醛玻璃钢为10d，呋喃、聚酯及环氧煤焦油玻璃钢为15d。如为储槽，养护时间还要延长1倍。

树脂类防腐蚀工程在施工中要有防火防毒措施，在配制和使用苯、乙醇、丙酮等易燃物的现场应严禁烟火。乙二胺、苯类、酸类都有程度不同的毒性和刺激性，操作人员应穿戴好防护用具，并在作业后冲洗和淋浴。

2. 树脂胶泥、砂浆铺砌块材、勾缝和涂抹

当采用酸性固化剂配制的胶泥、砂浆铺砌块材之前，应在水泥砂浆、混凝土和金属基层先涂一道环氧打底料，以免基层受酸性腐蚀，影响黏结。环氧打底料有增强黏结的作用，故采用非酸性固化剂配制的胶泥、砂浆施工前，最好也应在基层上涂一层环氧打底料，并在干后进行块材铺砌。

块材的铺砌应采用揉挤法。第一步打灰，基层上（或已砌好的前一层块材上）和待砌的块材上都应满刮胶泥；第二步铺砌，在揉挤中将块材找正放平，并用刮刀刮去缝内挤出的胶泥。

块材铺砌时可用木条预留缝隙，勾缝可在胶泥、砂浆养护干燥后进行。先在缝内涂环氧打底料，干燥后用刮刀将胶泥填满缝隙，并随即将灰缝表面压实压光，不得出现气泡空隙。块材铺砌结合层厚度、灰缝宽度等要求可见表13-13。

涂抹用的材料一般为环氧类胶泥或砂浆。涂抹之前，也应在基层上涂一层环氧打底料。涂抹的方法与罩麻刀灰面层做法相同。抹前基层可用喷灯预热，并在涂抹时稍加压力使胶泥嵌入基层孔隙内，要求厚薄均匀，转角处做成圆角。涂抹胶泥面层厚2～3mm，并一次压光，涂抹砂浆面层厚5～7mm待干燥至不发黏后，再在表面涂刷环氧面层料一遍即可。

表 13-13　　树脂结合层厚度、灰缝宽度和勾缝或灌缝的尺寸

块材种类	铺砌（mm）		勾缝或灌缝（mm）	
	结合层厚度	灰缝宽度	缝宽	缝深
标型耐酸砖、缸砖	4～6	2～4	6～8	15～20
平板形耐酸砖、耐酸陶板	4～6	2～3	6～8	10～12
铸石板	4～6	3～5	6～8	10～12
花岗石及其他条石块材	4～12	4～12	8～15	20～30

第四节　水玻璃类防腐蚀工程

水玻璃类防腐蚀工程所用的材料包括水玻璃胶泥、水玻璃砂浆和水玻璃混凝土。这类材料是以水玻璃为胶结剂，氟硅酸钠为固化剂，加一定级配的耐酸粉料和粗细骨料配制而成（水玻璃胶泥中不加粗细骨料，水玻璃砂浆中不加粗骨料），其特点是耐酸性能好，机械强度高，资源丰富，价格较低；但抗渗和耐水性能较差，施工较复杂，养护期较长。其中水玻璃胶泥和水玻璃砂浆常用于铺砌各种耐酸砖板、块材和结构表面的整体涂抹面层；水玻璃混凝土常用于灌注地面整体面层、设备基础及池槽槽体等防腐蚀工程。在常用介质条件下的耐腐蚀性能见表 13-14。

表 13-14　　水玻璃材料在常用介质中的耐腐蚀性能

介质		浓度（%）	耐蚀程度
酸类	硫酸	＞90	耐
	硝酸	97	耐
	混酸	硫酸 92.5 硝酸 97 硝酸∶硫酸＝93∶7	耐
	盐酸	31	耐
	磷酸	50	耐
	醋酸	50	耐
	铬酸	80	耐
	脂肪酸	100	耐
	氟硅酸	任意	不耐
	氢氟酸	任意	不耐
酸性气体	湿氯化氢	浓	耐
	二氧化硫	＞7	耐
卤素	湿氯气	90	耐
	氯水	饱和	耐

续表

介质		浓度（%）	耐蚀程度
盐溶液	硫酸铵	饱和液	耐
	硝酸铵	中性液	耐
	碳酸铵	50	耐
	重铬酸钾	40	耐
有机溶剂	二氯甲烷	100	耐
	三氯甲烷	（气）	耐
	苯	纯	耐
	乙醇	工业	耐
碱	氢氧化钠	任意	不耐

一、材料要求

1. 沥青胶泥的质量要求见表 13-15。

表 13-15　　沥青胶泥的质量要求

项目	指标
密度（20℃）（g/cm³）	1.44～1.47
氧化钠（%）	≥10.2
二氧化硅（%）	≥25.7
模数 M	2.6～2.9

2. 氟硅酸钠及粉料质量要求见表 13-16。

表 13-16　　氟硅酸钠及粉料质量要求

原料	纯度（%）	耐酸率（%）	含水率（%）	细度
氟硅酸钠	≥95	—	≤1	全部通过 0.15mm 筛
粉料	—	≥95	≤1	0.15mm 筛孔筛余量≤5%，0.09mm 筛孔筛余量为 10%～30%

3. 施工用水玻璃的密度指标见表 13-17。

表 13-17　　施工用水玻璃的密度指标

用途	密度（20℃）（g/cm³）
配制胶泥	1.4～1.43
配制砂浆	1.4～1.42
配制混凝土	1.38～1.42

4. 粗细骨料质量标准见表 13-18。

表 13-18　　粗细骨料质量标准

骨料类别	耐酸率（%）	浸酸安定性	含泥量（%）	含水量（%）	吸水率（%）
粗骨粉	≥95	合格	0	≤0.5	≤1.5
细骨料	≥95	—	≤1	≤1.0	—

二、水玻璃类防腐材料的配制

1. 水玻璃胶泥、砂浆及混凝土的施工配合比见表 13-19。

表 13-19　　水玻璃胶泥、砂浆及混凝土的施工配合比

材料名称		配合比（质量比）					
		水玻璃	氟硅酸钠	粉料		骨料	
				铸石粉	铸石粉：石英粉=1：1	细骨料	粗骨料
水玻璃胶泥	1	1.0	0.15～0.18	2.55～2.7			
	2				2.2～2.4		
水玻璃砂浆	1	1.0	0.15～0.17	2.0～2.2		2.5～2.7	
	2				2.0～2.2	2.5～2.6	
水玻璃混凝土	1	1.0	0.15～0.16	2.0～2.2		2.3	3.2
	2				1.8～2.0	2.4～2.5	3.2～3.3

注：表中氟硅酸钠用量是按水玻璃中氧化钠含量的变动而调整的，氟硅酸钠纯度按 100%计。

2. 混凝土粗骨料的颗粒级配见表 13-20。

表 13-20　　混凝土粗骨料的颗粒级配

筛孔（mm）	最大粒径	1/2 最大粒径	5
累计筛余量（%）	0～5	30～60	90～100

注：粗骨料最大粒径不得大于结构最小尺寸的 1/4。

3. 混凝土细骨料的颗粒级配见表 13-21。

表 13-21　　混凝土细骨料的颗粒级配

筛孔（mm）	5	1.25	0.315	0.16
累计筛余量（%）	0～10	20～55	70～95	95～100

4. 改性水玻璃混凝土的施工配合比见表 13-22。

表 13-22　　改性水玻璃混凝土的施工配合比

配方编号	配合比（质量比）					
	水玻璃	氟硅酸钠	铸石粉	石英砂	石英石	外加剂
1	100	15	180	250	320	糠醇单体 3～5

续表

配方编号	配合比（质量比）					
	水玻璃	氟硅酸钠	铸石粉	石英砂	石英石	外加剂
2	100	15	180	260	330	多羟醚化三聚氯胺 8
3	100	15	210	230	320	木质素磺酸钙 2、水溶性环氧树脂 3

注： 1. 水玻璃的密度（g/cm^3）：配方 3 应为 1.42，其他配方应为 1.38～1.40。

2. 氟硅酸钠纯度以 100%计。
3. 糠醇单体应为淡黄色或微棕色液体，有苦辣气味，密度 1.13～1.14g/cm^3，纯度不应小于 98%。
4. 多羟醚化三聚氰胺应为微黄色透明液体，固体含量约 40%，游离醛不得大于 2%，pH 值应为 7～8。
5. 环氧树脂水溶性应为黄色透明黏稠液体，固体含量不得小于 55%，水溶性（1∶10）呈透明。
6. 木质素磺酸钙应为黄棕色粉末，密度为 1.06g/cm^3，碱木素含量应大于 55%，pH 值应为 4～6，水不溶物含量应小于 12%，还原物含量小于 12%。

三、施工要点

1. 水玻璃类混凝土的施工

浇筑水玻璃混凝土的模板应支撑牢固，拼缝严密，表面应平整，并涂矿物油脱膜剂。如水玻璃混凝土内埋有金属嵌件时，金属件必须除锈，并成涂刷防腐蚀涂料。

水玻璃混凝土设备（如耐酸贮槽）的施工浇筑必须一次完成，严禁留设施工缝。当浇筑厚度大于规定值时（当采用插入式振动器时，每层灌筑厚度不宜大于 200mm，插点间距不应大于作用半径的 1.5 倍，振动器应缓慢拔出，不得留有孔洞。当采用平板振动器或人工捣实时，每层灌筑厚度不宜大于 100mm。应分层连缝浇筑）。分层浇筑时，上一层应在下一层初凝前完成。水玻璃混凝土整体地面应分格施工，分格间距不宜大于 3m，缝宽宜为 12～16mm。待地面浇筑硬化后，再用钾水玻璃砂浆填平压实。地面浇筑时，应控制平整度和坡度：平整度采用 2m 直尺检查，允许空隙不应大于 4mm；坡度允许偏差为坡长的±0.2%，最大偏差值不大于 30mm。水玻璃混凝土浇筑应在初凝前振捣至排除气泡泛浆，最上一层捣实后，表面应在初凝前压实抹平。当需要留施工缝时，在继续浇筑前应将该处打毛清理干净，薄涂一层水玻璃胶泥，稍干后再继续浇筑。地面施工缝应留成斜槎。钾水玻璃混凝土在不同环境温度下的立面拆模时间见表 13-23。

表 13-23　　钾水玻璃混凝土的立面拆模时间

材料名称	拆模时间（d）		
	15～20℃	21～30℃	31～30℃
普通型	7	6	5
密实型	5	4	3

承重模板的拆除，应在混凝土的抗压强度达到设计值的70%时方可进行。拆模后不得有蜂窝、麻面、裂纹等缺陷。当有大量上述缺陷时应返工。少量缺陷应将该处的混凝土凿去，清理干净，待稍干后再用同型号的水玻璃胶泥或水玻璃砂浆进行修补。

2. 水玻璃类材料的养护和酸化处理

水玻璃类材料的养护期见表13-24。

表13-24 水玻璃类材料的养护期

养护温度（℃）	养护时间（昼夜）
10～20	≥12
21～30	≥6
31≥35	≥3

注：养护后应采用浓度20%～25%的盐酸或浓度30%～40%的硫酸作表面处理，至无白色结晶钠盐析出为止。

3. 水玻璃材料硬化时间和施工温度、拌和时间的关系见表13-25。

表13-25 水玻璃材料硬化时间和施工温度、拌和时间的关系

施工温度与硬化时间的大致关系（拌和时间约2min）		拌和时间与硬化时间的大致关系（常温下拌和）	
施工温度（℃）	硬化时间（min）	拌和时间（min）	硬化时间（min）
10	41	1	29
15	34	2	22
20	24	3	18
25	21	4	15
30	14	5	12

四、质量要求及检验

1. 水玻璃胶泥、砂浆整体面层质量检验

（1）水玻璃类材料的整体面层应平整洁净、密实、无裂缝、起砂、麻面、起皱等现象。面层与基层应结合牢固，无脱层、起壳等缺陷。

（2）水玻璃类材料整体面层的平整度，采用2m直尺检查，其允许空隙不大于4mm。坡度应符合设计要求，允许偏差为坡长的+0.2%，最大偏差值不得大于30mm。做泼水试验时，水应能顺利排除。

（3）水玻璃胶泥和砂浆混凝土的质量标准见表13-26和表13-27。

表13-26 水玻璃胶泥的质量标准

项目	指标	项目	指标
初凝时间（min）	>30	与耐酸砖黏结强度（MPa）	≥1.0
终凝时间（h）	<8	煤油吸收率（%）	<16
抗拉强度（MPa）	>2.5		

表 13-27　　水玻璃砂浆及混凝土的质量标准

性能	指标		
	砂浆	混凝土	改性混凝土
抗压强度（MPa）	≥15	≥20	≥25
浸酸安定性	合格	合格	合格
抗渗性（MPa）			≥1.2

（4）以水玻璃胶泥或砂浆铺砌块材的结合层厚度和灰缝宽度应符合表 13-28 的规定。

表 13-28　　以水玻璃胶泥或砂浆铺砌块材的结合层厚度和灰缝宽度

块材种类	结合层厚度（mm）		灰缝宽度（mm）	
	水玻璃胶泥	水玻璃砂浆	水玻璃胶泥	水玻璃砂浆
标形耐酸砖、缸砖、铸石板	5～7	6～8	3～5	4～6
平板形耐酸砖、耐酸陶板	5～7	6～8	2～3	4～6
花岗石及其他条石块材		10～15		8～12

2. 水玻璃类材料块材铺砌层的质量检验

（1）水玻璃胶泥或砂浆铺砌块材的结合层和灰缝应饱满密实，黏结牢固，无疏松、裂缝和起鼓现象。

（2）块材面层的平整度和坡度、排列、缝的宽度应符合没汁要求。

（3）块材衬砌时要保证胶泥饱满，防止胶泥流淌和块材移位。

（4）块材铺砌层的养护和热处理要符合热处理要求。

3. 水玻璃类材料块材铺砌层常见的缺陷和原因

水玻璃类材料块材铺砌层施工中常见的缺陷和原因见表 13-29，根据所分析的原因，采取措施。

表 13-29　　施工中常见的缺陷及处理方法

缺陷与现象	原因与处理	缺陷与现象	原因与处理
块材移动、胶泥固化速度慢、强度低	（1）施工现场温度低； （2）固化剂用量不足； （3）水玻璃模数低； （4）水玻璃密度小	黏结力差	（1）被黏结表面不清洁； （2）胶泥配方不当； （3）胶泥不饱满，有空洞
		胶泥空隙率大	（1）水玻璃密度小； （2）填料细度级配不合适
固化速度快	（1）施工现场温度高； （2）固化剂加入量大； （3）水玻璃模数高； （4）水玻璃密度大	胶泥表面裂纹	（1）施工时接触水； （2）填料颗粒太细； （3）固化速度太快

第五节　聚合物水泥砂浆类防腐蚀工程

聚合物水泥砂浆主要有氯丁胶乳水泥砂浆、聚丙烯酸酯乳液水泥砂浆和环氧乳液水泥砂浆。这类材料的特点是凝结力强，可在潮湿的水泥基层上施工，能耐中等浓度以下的碱和呈碱性盐类介质的腐蚀。在防腐蚀工程中聚合物水泥砂浆常用于混凝土、砖石结构或钢结构表面上铺抹的整体面层和铺砌的块材面层。

一、一般规定

1. 材料规定

原材料的技术指标应符合要求，并具有出厂合格证或检验资料，对原材料的质量有怀疑时，应进行复检。

2. 施工规定

（1）聚合物水泥砂浆不应在养护期少于 3d 的水泥砂浆或混凝土基层上施工。

（2）聚合物水泥砂浆在水泥砂浆或混凝土基层上进行施工时，基层表面应平整、粗糙、清洁、无油污、起砂、空鼓、裂缝等现象。

（3）施工前，应根据施工环境温度、工作条件等因素，通过实验确定适宜的施工配合比和操作方法后，方可进行正式施工。

（4）聚合物水泥砂浆在钢基层上施工时，基层表面应无油污、浮锈，除锈等级宜为 St3。焊缝和搭接部位，应用聚合物水泥砂浆或聚合物水泥砂浆找平后，再进行施工。

（5）施工用的机械和工具必须及时清洗。

二、原材料和制成品的质量要求

1. 氯丁胶乳

（1）硅酸盐水泥。氯丁胶乳水泥砂浆应采用强度等级不低于 42.5 的硅酸盐水泥或普通硅酸盐水泥。

（2）细骨料及颗粒等级。细骨料的质量应满足表 13-30 的规定，颗粒等级级配见表 13-31。

表 13-30　　细骨料的质量

含泥量（%）	云母含量（%）	硫化物含量（%）	有机物含量
≤3	≤1	≤1	浅于标准色

注：有机物含量比标准色深时，应配成砂浆进行强度对比试验，抗压强度比不低于 0.95。

表 13-31　细骨料的颗粒级配

筛孔（mm）	5.0	2.5	1.25	0.63	0.315	0.15
筛余量（%）	0	0～25	10～50	41～70	70～92	90～100

注：细骨料的最大粒径不宜超过涂层厚度或灰缝宽度的 1/3。

（3）氯丁胶乳的质量。氯丁胶乳的质量见表 13-32。

表 13-32　氯丁胶乳的质量

项目	氯丁胶乳	项目	氯丁胶乳
外观	乳白色无沉淀的均匀乳液	密度（g/cm^3）不小于	1.080
黏度	10～55（MPa·s）		
总固物含量（%）	≥47	贮存稳定性	5～40℃，三个月无明显沉淀

（4）氯丁胶乳水泥砂浆的配合比。氯丁胶乳的水泥砂浆配合比见表 13-33。

表 13-33　氯丁胶乳的水泥砂浆配合比

项目	氯丁砂浆	氯丁净浆	项目	氯丁砂浆	氯丁净浆
水泥	100	100～200	消泡剂	0.3～0.6	0.3～1.2
砂料	100～200				
氯丁胶乳	38～50	38～50	pH 值调节剂	适量	适量
稳定剂	0.6～1.0	0.6～2.0	水	适量	适量

注：氯丁胶乳的固体含量按 50%，当采用其他含量的氯丁胶乳时，可按含量比例换算。

2. 聚丙烯酸酯乳液

（1）聚丙烯酸酯乳液的质量见表 13-34。

表 13-34　聚丙烯酸酯乳液的质量

项目	聚丙烯酸酯乳液	项目	聚丙烯酸酯乳液
外观	乳白色无沉淀的均匀乳液		
黏度	11.5～12.5（涂 4 杯，MPa·s）	密度（g/cm^3）不小于	1.056
总固物含量（%）	39～41	贮存稳定性	5～40℃，三个月无明显沉淀

注：聚丙烯酸酯乳液配制丙乳砂浆不需另加助剂。

（2）硅酸盐水泥。聚丙烯酸酯乳液水泥砂浆宜采用强度等级不低于 42.5 的硅酸盐水泥或普通硅酸盐水泥。

（3）细骨料与颗粒级配。细骨料质量与颗粒级配的要求可参照表 13-30 和表 13-31 的标准。

（4）聚丙烯酸酯乳液水泥砂浆配合比。聚丙烯酸酯乳液水泥砂浆配合比应符合表 13-35 的规定。

表 13-35 聚丙烯酸酯乳液水泥砂浆配合比

项目	丙乳砂浆	丙乳净浆
水泥	100	100～200
砂料	100～200	—
聚丙烯酸酯乳液	25～38	50～100
水	适量	

注：表中聚丙烯酸酯乳液的固体含量按 40%计。

3. 环氧乳液

环氧乳液的辅助材料与质量要求与其他聚合物的质量要求相同，可参照前边氯丁胶乳和聚丙烯酸酯乳液进行操作。

聚合物水泥砂浆类的物理学性能见表 13-36。

表 13-36 聚合物水泥砂浆的物理学性能

项目	氯丁胶乳水泥砂浆	聚丙烯酸酯乳液水泥砂浆	环氧乳液水泥砂浆
抗压强度（MPa）≥	20	30	35
抗压强度（MPa）≥	3.0	4.5	5.0
黏结强度（MPa）≥	与水泥基层 1.2 与钢铁基层 2.0	与水泥基层 1.2 与钢铁基层 1.5	与水泥基层 2.0 与钢铁基层 2.0
抗渗等级（MPa）≥	1.5	1.5	1.5
吸水率（%）≤	4.0	5.5	4.0
使用温度（℃）≤	60	60	70

三、施工要点

1. 聚合物水泥砂浆的配置

（1）聚合物水泥砂浆宜采用人工拌和。当采用机械拌和时，应使用立式复式搅拌机。

（2）氯丁砂浆配制时应按确定的施工配合比称取定量的氯丁胶乳，加入稳定剂、消泡剂及 pH 值调节剂，并加入适量水，充分搅拌均匀后，倒入预先拌和均匀的水泥和砂子的混合物中，搅拌均匀。拌制时，不宜剧烈搅动。拌匀后，不宜再反复搅拌和加水。配制好的氯丁砂浆应在 1h 内用完。

（3）丙乳砂浆配制时，应先将水泥与砂子干拌均匀，再倒入聚丙烯酸酯乳液和试拌时确定的水量，充分搅拌均匀。配制好的丙乳砂浆应在 30～45min 内用完。

（4）拌制好的聚合物水泥砂浆应在初凝前用完，如发现有凝胶、结块现象，不得使用。拌制好的水泥砂浆应有良好的和易性，水灰比宜根据现场试验最后确定。每次拌和量应以施工能力确定。

2. 施工要点

（1）整体面层的施工。聚合物水泥砂浆不应在养护期少于 3d 的水泥砂浆或混凝土基层上施工。施工前应用高压水冲洗并保持潮湿状态，但不得存有积水。铺抹聚合物水泥砂浆前应先在基层上涂刷一层薄而均匀的氯丁胶乳水泥浆或聚丙烯酸酯乳液水泥砂浆，边刷涂边摊铺聚合物水泥砂浆。聚合物水泥砂浆一次施工面积不宜过大，应分条或分块错开施工，每块面积不宜大于 10m²，条宽不宜大于 1.5m，补缝或分段错开的施工间隔时间不应小于 24h。接缝用的木条或聚氯乙烯条应预先固定在基层上，待砂浆抹面后可抽出留缝条并在 24h 后进行补缝。分层施工时，留缝位置应相互错开。聚合物水泥砂浆摊铺完毕后应立即压抹，并宜一次抹平，不宜反复抹压。遇有气泡时应刺破压紧，表面应密实。在立面或仰面上施工时，当面层厚度大于 10mm 时，应分层施工，分层抹面厚度宜为 5～10mm。等前一层干至不黏手时可进行下一层施工。聚合物水泥砂浆施工 12～24h 后，在面层涂一层水泥净浆。等抹完后，表面不黏手时进行覆膜工作，覆膜养活 7～10d 后方可使用。

（2）铺切块材的施工。聚合物水泥砂浆铺砌耐酸砖块材面层时，应预先用水将块材浸泡 2h，擦干水迹进行铺砌。铺砌耐酸砖块材时应采用揉挤法。铺砌厚度大于等于 60mm 的天然石材时可采用坐浆法。铺砌块材时应在基层上边涂刷接浆料边铺砌，块材的结合层及灰缝应密实饱满，并应采取措施防止块材移动。立面块材的连续铺砌高度应与胶泥、砂浆的硬化时间相适应，防止位移变形。铺砌块材时，灰缝应填满压实，灰缝的表面应平整光滑，并应将块材上多余的砂浆清理干净。聚合物水泥砂浆铺砌块材时的结合层厚度、灰缝宽度见表 13-37。

表 13-37　结合层厚度、灰缝宽度

块材种类		结合层厚度	灰缝宽度
耐酸砖、耐酸耐温砖		4～6	4～6
天然石材	厚度≤30	6～8	6～8
	厚度>30	10～15	8～15

第六节　块材防腐蚀工程

一、材料要求

1. 耐腐蚀胶泥或砂浆

耐腐蚀块材砌筑用胶黏剂俗称胶泥或砂浆，常用的耐蚀胶泥或砂浆包括：树脂胶泥或砂浆（环氧树脂胶泥或砂浆、不饱和树脂胶泥或砂浆、环氧乙烯基酯树脂胶泥或砂浆、呋喃树脂胶泥)、水玻璃胶泥或砂浆(钠水玻璃、钾水玻璃)、聚合物水泥砂浆(氯丁胶乳水泥砂浆、聚丙烯酸酯乳液水泥砂浆和环氧乳液水泥砂浆)等。

各种胶泥的主要性能、特性见表13-38。

表13-38 各种胶泥的主要性能、特性

胶泥名称	性能、特征
环氧树脂胶泥	耐酸、耐碱、耐盐、耐热性能低于环氧乙烯基酯树脂和呋喃胶泥；黏结强度高；使有温度60℃以下
不饱和聚酯树脂胶泥	耐酸、耐碱、耐盐、耐热及黏结性能低于环氧乙烯基酯树脂和呋喃胶泥、常温固化，施工性能好、品种多、选择余地大，耐有机溶剂性差
环氧乙烯基酯树脂胶泥	耐酸、耐碱、耐有机溶剂、耐盐、耐氧化性介质，强度高；能常温固化，施工性能好，黏结力较强；品种多、耐热性好
呋喃树脂胶泥	耐酸、耐碱性能较好；不耐氧化性介质、强度高；抗冲击性能差；施工性能一般
水玻璃胶泥	耐温、耐酸(除氢氟酸)性能优良，不耐碱、水、氟化物及300℃以上磷酸，空隙率大，抗渗性差
聚合物水泥砂浆	耐中低浓度碱、碱性盐；不耐酸、酸性盐；空隙率大，抗渗性差

2. 耐腐蚀块材

常用的耐腐蚀块材有：耐酸砖、耐酸耐温砖和天然耐酸碱石材等。

(1)耐酸砖。常用的耐酸砖制品是以黏土为主体，并适当地加入矿物、助熔剂等，按一定配方混合、成形后经高温烧结而成的无机材料。耐酸砖的主要化学成分是二氧化硅和氧化铝，根据原料的不同一般可分为陶制品和瓷制品。陶制品表面大多呈黄褐色，断面较粗糙，孔隙率大，吸水率高，强度低，耐热冲击性能好；瓷制品表面呈白色或灰白色，质地致密，孔隙率小，吸水率低，强度高，耐酸腐蚀性能优良，可耐酸、碱、盐类介质的腐蚀，但不耐含氟酸和熔融碱的腐蚀。一般用的耐酸砖和耐酸耐温砖均属此类。其物理化学性能见表13-39。

表13-39 耐酸砖的物理化学性能

项目	要求		
	1类	2类	3类
吸水率(%)≤	0.5	2.0	4.6
弯曲强度(MPa)≥	39.2	29.8	19.6
耐酸度(%)≥	99.80	99.80	99.70
耐急冷急热性(℃)	100	130	150
	试验一次后，试样不得有裂纹、剥落等破损现象		

（2）耐酸耐温砖。耐酸耐温砖的耐温性能大大提高，其物理化学性能见表 13-40。

表 13-40　　耐酸耐温砖的物理化学性能

项目	要求	
	NSW1 类	NSW2 类
吸水率（%）	≤0.5	5.0～8.0
耐酸度（%）≥	99.7	99.7
压缩强度（MPa）≥	80	60
耐急冷急热性	试验温差 200℃	试验温差 250℃
	试验 1 次后，试样不得有新生裂纹和破损剥落	

（3）天然石材。天然耐酸石材常用的有花岗岩、安山岩等，其性能取决于化学组成和矿物组成。其物理、力学性能见表 13-41。除了常用的这两种石材外，还会经常遇到其他各种耐酸碱石材，其组成及性能要求见表 13-42。

表 13-41　　天然耐酸石材的物理、力学性能

项目	性能指标	
	花岗岩	安山岩
密度（g/cm^3）	2.5～2.7	2.7
抗压强度（MPa）	>88.3	196
抗弯强度（MPa）	—	39.2
吸水率（%）	<1	<1
耐酸度（%）	>96	>98
热稳定性		600℃合格

表 13-42　　各种耐酸碱石材的组成及性能

性能	花岗岩	石英岩	石灰岩	安山岩	文岩
组成	长石、石英及少量云母等组成的火成岩	石英颗粒被二氧化硅胶结而成的变质岩	次生沉积岩（水成岩）	长石（斜长石）及少量石英、云母组成的火成岩	由二氧化硅等主要矿物组成
颜色	呈灰、蓝或浅红色	呈白、淡黄或浅红色	呈灰、白、黄褐或黑褐色	呈灰、深灰色	呈灰白或肉红色
特性	强度高、抗冻性好，热稳定性差	强度高、耐火性好，硬度大，难于加工	热稳定性好，硬度较小	热稳定性好，硬度较小，加工比较容易	构造层理呈薄片状，质软易加工
主要成分	SiO_2：70%～75%	SiO_2：90%以上	CaO：61%～65%	SiO_2：61%～65%	SiO_2：60%以上

续表

性能		花岗岩	石英岩	石灰岩	安山岩	文岩
密度（g/cm³）		2.5～2.7	2.5～2.8	—	2.7	2.8～2.9
抗压强度（MPa）		110～250	200～400	22～140	200	50～100
耐酸	硫酸（%）	耐	耐	不耐	耐	耐
	盐酸（%）	耐	耐	不耐	耐	耐
	硝酸（%）	耐	耐	不耐	耐	耐
耐碱		耐	耐	耐	较耐	不耐

二、块材防腐施工要求

1. 施工环境

（1）个人防护用具必须备齐，现场的消防器材、安全设施经安全监督部门验收通过。

（2）施工机具应按规定位置就位，安装引风和送风装置，安装动力电源和低压安全照明设备。

（3）材料已经验收合格。露天场所应搭起临时工棚、配制材料的工作台。

2. 技术要求

（1）块材砌筑施工应具备下列技术文件：

1）设计图纸和技术说明文件、相关的施工规范及质量验收标准。

2）根据施工图及相关法规、标准及现场条件编制施工方案。

（2）编制包含下面内容的施工组织技术方案：

1）施工概况及特点。

2）施工编制依据。

3）施工详图、施工进度安排及网络计划。

4）劳动力需要计划、施工机具及施工用料计划。

5）质量检验标准。

三、施工要点

（1）块材铺砌前应对基层或隔离层进行质量检查，合格后再行施工。

（2）块材铺砌前应先试排。铺砌顺序应由低往高，先地沟、后地面再踢脚、墙裙。

（3）平面铺砌块材时，不宜出现十字通缝。立面铺砌块材时，可留置水平或垂直通缝，如图 13-1 所示。

（4）铺砌平面和立面的交角时，阴角处立面块材应压住平面块材；阳角处平面块材应压住立面块材。铺砌一层以上块材时，阴阳角的立面和平面块材应互相交错，不宜出现重叠缝，如图 13-2 所示。

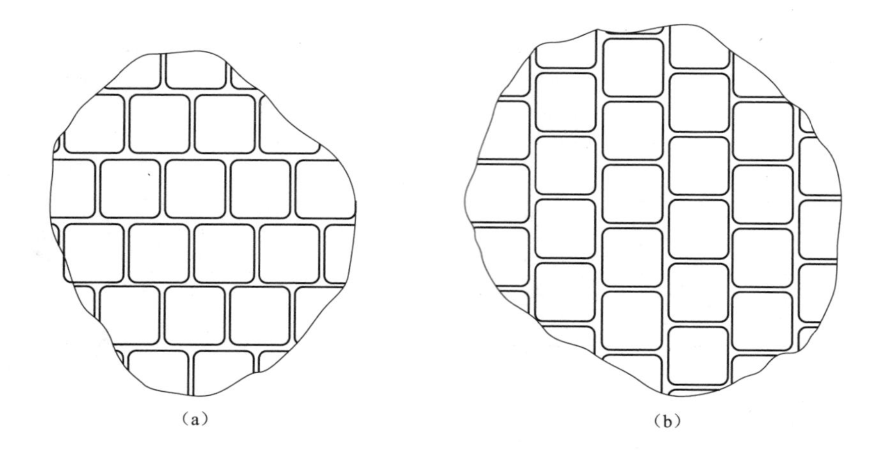

图 13-1　耐酸砖板立面错缝排列顺序

(a) 水平通缝；(b) 垂直通缝

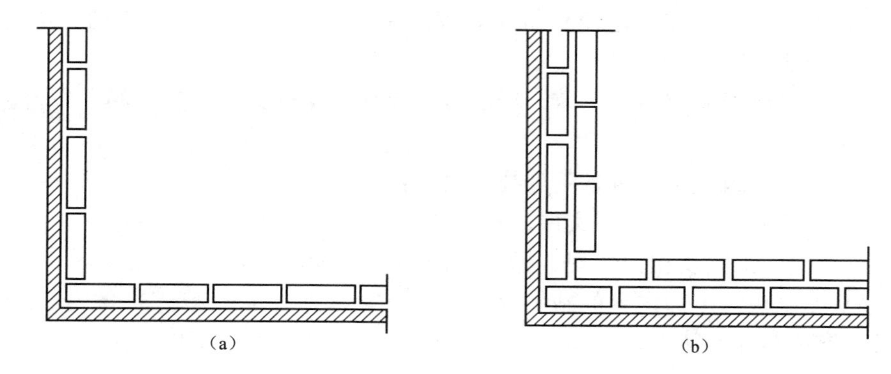

图 13-2　转角处砖板排列形式

(a) 单层砖板；(b) 双层砖板

(5) 块材铺砌时应拉线控制标高、坡度、平整度，并随时控制相邻块材的表面高差及灰缝偏差。

(6) 块材防腐蚀工程根据其不同的胶结材料，可采用不同的方法进行施工。

(7) 块材加工机械应有防护罩设备，操作人员应戴防护眼镜。

第十四章

保温隔热工程

第一节　整体保温隔热层

整体现浇保温层有水泥蛭石、乳化沥青膨胀珍珠岩和水泥膨胀珍珠岩铺设的保温层，以及近年来开发的发泡聚氨酯保温层。

一、现浇水泥蛭石保温隔热层

1. 材料要求

现浇水泥蛭石保温隔热层，是以膨胀蛭石为集料，以水泥为胶凝材料，按一定配合比配制而成，一般用于屋面和夹壁之间。但不宜用于整体封闭式保温层，否则，应采取屋面排气措施。

（1）水泥。水泥在水泥蛭石保温隔热层中起骨架作用，因此应选用不低于强度等级 32.5 的普通硅酸盐水泥，以用强度等级 42.5 普通硅酸盐水泥为好，或选用早期强度高的水泥。

（2）膨胀蛭石。膨胀蛭石的技术性能及规格见表 14-1，其颗粒可选用 5～20mm 的大颗粒级配，这样可使颗粒的总面积减少，以减少水泥用量，减轻容重增高强度，在低温环境中使用时，它的保温性能较好。存放要避风避雨，堆放高度不宜超过 1m。

表 14-1　　膨胀蛭石的技术性能及规格

项次	项目	技术性能指标
1	密度	800～200kg/m³
2	抗菌性	膨胀蛭石是一种无机材料，故不受菌类侵蚀，不会腐烂变质，不易被虫蛀、鼠咬
3	耐腐蚀性	膨胀蛭石耐碱，但不耐酸
4	耐冻耐热性	膨胀蛭石在－20～100℃温度下，本身质量不变
5	吸水性及吸湿率	膨胀蛭石的吸水性很大，与密度成反比。在相对湿度 95%～100%环境下，其吸湿率（24h）为 1.1%
6	热导率	0.047～0.07W/(m·K)
7	吸声系数	0.53～0.63（频率为 512r/s）

续表

项次	项目	技术性能指标
8	隔声性能	当密度≤200kg/m³ 时，$N=13.5\lg P+13$；当密度＞200kg/m³ 时，$N=23\lg P\text{-}P$
9	规格	一般按其叶片平面尺寸（也可称为粒径）大小的不同，分为 4 级：1 级：粒径＞15mm；2 级：粒径＝4～15mm；3 级：粒径＝2～4mm；4 级：粒径＜2mm。有的生产单位，仅供应“混合料”，并不分级

2. 配合比

（1）水泥和膨胀蛭石的体积比。在一般工程施工中以 1∶12 为最合理的配合比。常用配合比见表 14-2。

表 14-2　　水泥和膨胀蛭石参见的配合比及性能

配合比 水泥∶蛭石∶水(体积比)	每立方米水泥蛭石浆用料数量		压缩率（%）	1∶3 水泥砂浆找平层厚度（mm）	养护时间（d）	容重（kg/m³）	热导率[W/(m·K)]	抗压强度（MPa）
	水泥（kg）	膨胀蛭石（m³）						
1∶12∶4	425 号硅酸盐水泥：110	1.3	130	10	4	290	0.087	0.25
1∶10∶4	425 号硅酸盐水泥：130	1.3	130	10	4	320	0.093	0.30
1∶12∶3.3	425 号硅酸盐水泥：110	1.3	140	10	4	310	0.092	0.30
1∶10∶3	425 号硅酸盐水泥：130	1.3	140	10	4	330	0.099	0.35
1∶12∶3	325 号矿渣水泥：110	1.3	130	15	4	290	0.087	0.25
1∶12∶4	325 号矿渣水泥：110	1.3	130	5	4	290	0.087	0.25
1∶10∶4	325 号矿渣水泥：110	1.3	125	10	4	320	0.093	0.34

（2）水灰比。由于膨胀蛭石的吸水率高，吸水速度快，水灰比过大，会造成施工水分排出时间过长和强度不高等结果。水灰比过小，又会造成找平层表面龟裂、保温隔热层强度降低等缺点。一般以 2.4～2.6 为宜（体积比）。现场检查方法是：将拌好的水泥蛭石浆用手紧捏成团不散，并稍有水泥浆滴下时为合适。

3. 施工要点

（1）材料的拌和。拌和应采用人工拌和，机械搅拌时蛭石和膨胀珍珠岩颗粒破损严重，有的达 50%，且极易粘于壁筒，影响保温性能和造成施工不便。采用人工拌和时又分为干拌和湿拌两种。

（2）铺设保温隔热层。屋面铺设隔热保温层时，应采取“分仓”施工，每仓宽度为 700～900mm。可采用木板分隔，也可采用钢筋尺控制宽度和铺设厚度。隔热保温层结构如图 14-1 所示。

（3）铺设厚度。隔热保温层的虚设厚度一般为设计厚度的 130%（不包括找平层），铺后用木板拍实抹平至设计厚度。铺设时应尽可能使膨胀蛭石颗粒的层理平面与铺设平面平行。

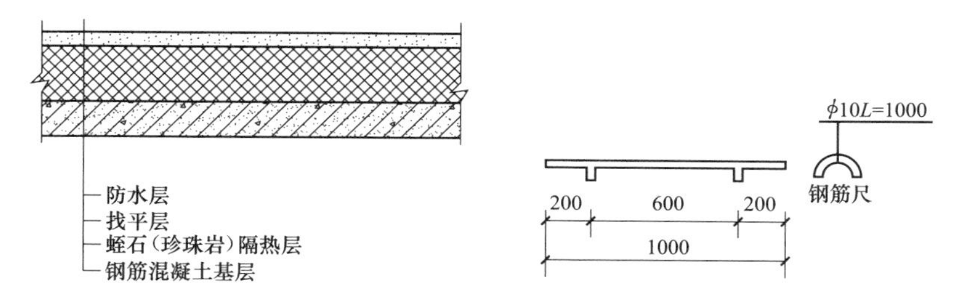

图 14-1　现浇水泥蛭石隔热保温层结构

（4）找平层。水泥蛭石浆压实抹平后应立即抹找平层，两者不得分两个阶段施工。找平层砂浆配合比为强度等级 42.5 水泥∶粗砂∶细砂＝1∶2∶1，稠度为 7～8cm（成粥状）。

（5）施工检验。由于膨胀蛭石吸水较快，施工时，最好把原材料运至铺设地点，随拌随铺，以确保水灰比准确和工程质量。

整体保温层应有平整的表面。其平整度用 2m 直尺检查，直尺与保温层表面之间的空隙：当在保温层上直接设置防水层时，不应大于 5mm；如在保温层上做找平层时，不应大于 7mm，空隙只允许平缓变化。

（6）膨胀蛭石的用量。膨胀蛭石的用量按下式计算：

$$Q = 150X$$

式中　Q——100m² 隔热保温层中膨胀蛭石的用量（m³）；

X——隔热保温层的设计厚度（m）。

二、水泥膨胀珍珠岩保温隔热层

1. 材料要求

水泥膨胀珍珠岩是以膨胀珍珠岩为集料，以水泥为胶凝材料，按一定比例配制而成，可用于墙面抹灰，也可用于屋面或夹壁等处作现浇隔热保温层。珍珠粉岩的性能及规格见表 14-3。用于墙面粉刷的珍珠岩灰浆的配合比和性能参见表 14-4；用于屋面或夹壁现浇保温隔热层灰浆配合比见表 14-5。

表 14-3　　珍珠岩粉的性能指标及规格

热导率［W/(m·K)］	吸声系数（Hz）	吸水率（%）	吸湿率（%）	安全使用温度（℃）	抗冻性（干燥状态）	电阻系数（Ω·cm）
常温下＜0.047 高温下 0.058～0.170 低温下 0.028～0.038	$\frac{0.12}{125}$、$\frac{0.13}{250}$ $\frac{0.67}{500}$、$\frac{0.68}{1000}$ $\frac{0.82}{2000}$、$\frac{0.92}{3000}$	重量吸水率：400； 体积吸水率：29～30	0.006～0.08	800	－20℃15 次冻融无变化	$1.95\sim10^6\sim2.3\times10^{10}$

注：1. 耐酸碱性：耐酸较强，耐碱较弱。

2. 珍珠岩粉根据密度分为一、二、三级；一般一级密度为 40～80kg/m³；二级为 80～150kg/m³；三级为 150～200kg/m²。

表 14-4　　墙面粉刷的珍珠岩灰浆的配合比及性能

项次	用料规格		用料体积比（水泥：珍珠岩：水）	表观密度 (kg/m³)	抗压强度 (MPa)	热导率 [W/(m·K)]
	膨胀珍珠岩	水泥				
1	容重：320～350 (kg/m³)	325 或 425 号普通硅酸盐水泥	1∶10∶1.55 1∶12∶1.6	480 430	1.1 0.8	0.081 0.074
2	容重：120～160 (kg/m³)	325 或 425 号普通硅酸盐水泥	1∶15∶1.7	335	0.9～1.0	0.065

表 14-5　　现浇保温隔热层灰浆的配合比及性能

项次	用料体积比		表观密度 (kg/m³)	抗压强度 (MPa)	热导率 [W/(m·K)]
	硅酸盐水泥（强度等级 42.5）	膨胀珍珠岩（表观密度：120～160kg/m³）			
1	1	6	548	1.7	0.121
2	1	8	510	2.0	0.085
3	1	10	380	1.2	0.080
4	1	12	360	1.1	0.074
5	1	14	351	1.0	0.071
6	1	16	315	0.9	0.064
7	1	18	300	0.7	0.059
8	1	20	296	0.7	0.055

2. 施工

水泥膨胀珍珠岩保温隔热层常见的施工方法主要有喷涂法和抹压法两种。

（1）喷涂法。喷涂设备包括混凝土喷射机一台，如图 14-2 所示，它由进料室、储料室和传动部件组成。为了防止混合料堵塞，在储料室设搅拌翅。储料室的底部与喷射口同一水平上设配料盘，其上有 12 个缺口，转速为 16r/min，作用是使混合料经缺口均匀喷出，喷枪一支，它是由喷嘴、串水圈及连接管三部分组成的，空气压缩机一台，压力水罐一个以及输料、输水用压胶管等。

喷涂法适用于砖墙和拱屋面。其施工工艺如图 14-3 所示。

喷前先将水泥和膨胀珍珠岩按一定比例干拌均匀，然后送入喷射机内进一步搅拌，在风压作用下经胶管送至喷枪，水与干物料在喷枪口混合后由喷嘴喷出。

喷涂时要随时注意调整风量、水量，喷射焦度：当喷墙面、屋面时，喷枪与基层表面垂直为宜；喷射顶棚时，以 45°角为宜。一次喷涂可达 30mm，多次喷涂可达 80mm，喷涂墙面一般用 1∶12（水泥与膨胀珍珠岩体积比，下同），喷涂屋面一般用 1∶15。当采用水泥石灰膨胀珍珠岩灰浆时，宜分两遍喷涂，两遍喷涂时间相隔 24h，总厚度不宜超过 30mm，其配合比见表 14-6。

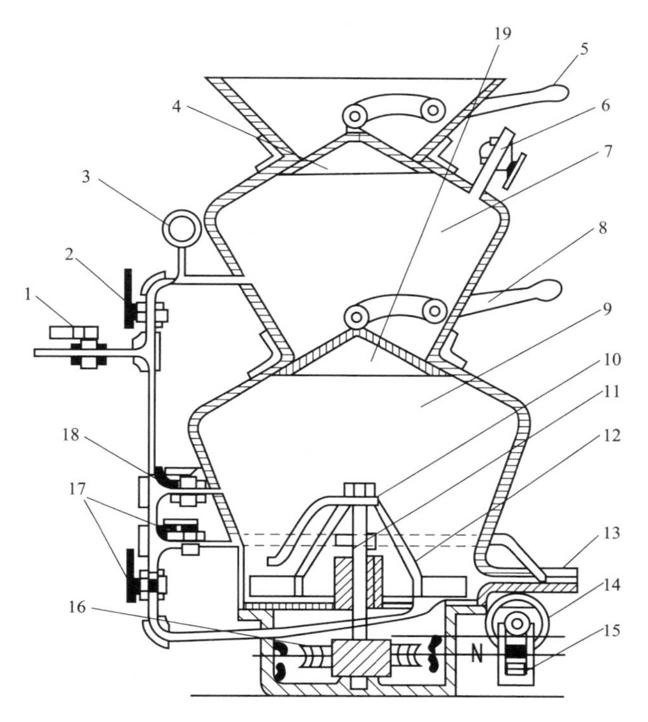

图 14-2 混凝土喷射机

1—总进风阀；2—进料室进风阀；3—压力表；4—进料室顶盖；5—顶盖扳手；6—排风阀；7—进料室；8—储料室顶盖扳手；9—储料室；10—搅拌翅；11—主轴；12—分配盘；13—喷射口；14—电机；15—涡轮变速箱；16—分配盘涡轮变速器；17—配料喷射口风阀；18—储料室风阀；19—储料室顶盖

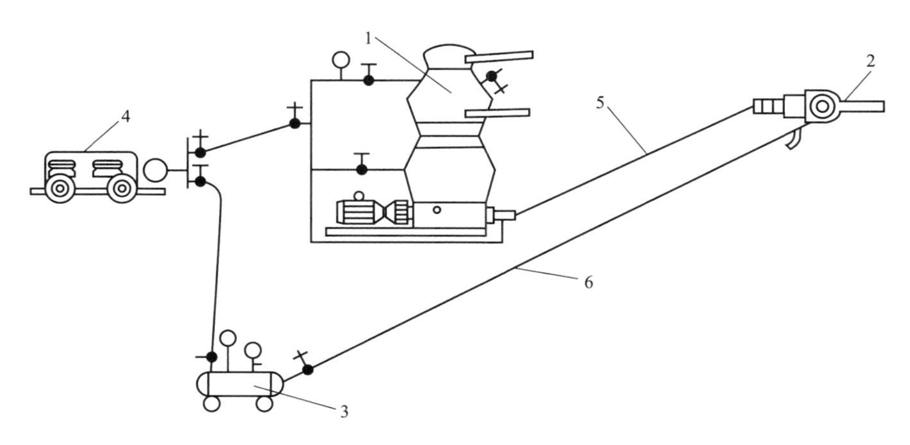

图 14-3 喷涂法施工工艺

1—喷射机；2—喷枪；3—压力水罐；4—空气压缩机；5—混合干料输送管；6—输水管

表 14-6　　喷涂水泥石灰膨胀珍珠岩灰浆配比

项次	材料比	第一遍	第二遍	适用部位
1	水泥：石灰膏：珍珠岩	1：1：9	1：1：12	顶棚
2	水泥：石灰膏：珍珠岩	1：1：15	1：0.5：15	墙面

（2）抹压法。

1）将水泥和珍珠岩按一定配合比干拌均匀，然后加水拌和，水不宜过多，否则珍珠岩将由于体轻上浮，产生离析现象。灰浆稠度以外观松散，手握成团不散，挤不出水泥浆或只能挤出少量水泥浆为宜。

2）基层表面事先应洒水湿润。

3）墙面粉刷时用力要适当，用力过大，易影响隔热保温效果；用力过小，与基层黏结不牢，易产生脱落，一般掌握压缩比为 130%左右即可。

4）平面铺设时应分仓进行，铺设厚度一般为设计厚度的 130%左右，经拍实（轻度）至设计厚度。拍实后的表面，不能直接铺贴油毡防水层，必须先抹 1：2.5～3 的水泥砂浆找平层一层，厚度为 7～10mm。抹后一周内浇水养护。

5）整体保温层应有平整的表面，其平整度用 2m 直尺检查，直尺与保温层间的空隙：当在保温层上直接设置防水层时，不应大于 5mm；如在保温层上做找平层时，不应大于 7mm，空隙只允许平缓变化。

三、喷、抹膨胀蛭石灰浆

膨胀蛭石灰浆（简称蛭石灰浆）是以膨胀蛭石为主体，以水泥、石灰、石膏为胶凝材料，加水按一定配合比配制而成。它可以采用抹、喷涂和直接浇注等方法，作为一般建筑内墙、顶棚等粉刷工程的墙面材料，也可以用它作为一些建筑物的隔热保温层和吸音层。

1. 材料要求

（1）水泥。水泥在水泥蛭石保温隔热层中起骨架作用，因此应选用强度等级不低于 32.5 的普通硅酸盐水泥，以用 42.5 级普通硅酸盐水泥为好，或选用早期强度高的水泥。

（2）石灰膏。

（3）膨胀蛭石。颗粒粒径应在 10mm 以下，并以 1.2～5mm 为主，1.2mm 占 15%左右，小于 1.2mm 的不得超过 10%。机械喷涂时所选用的粒径不宜太大，以 3～5mm 为宜。其配合比及性能可参见表 14-7。

2. 施工要点

（1）清理基层。被喷抹的基层表面应清洗干净，并须凿毛，然后涂抹一道底浆，底浆用料配合比及适用部位见表 14-8。

表 14-7 膨胀蛭石灰浆配合比及其性能

配合比及性能		灰浆类别		
		水泥蛭石浆	水泥石灰蛭石浆	石灰蛭石浆
体积配合比	水泥	1	1	—
	石灰膏	—	1	1
	膨胀蛭石	4～8	5～8	2.5～4
	水	1.4～2.6	2.33～3.75	0.962～1.8
主要技术性能指标	表观密度（kg/m^3）	638～509	749～636	497～405
	热导率［W/(m·K)］	0.184～0.152	0.194～0.161	0.154～0.164
	抗压强度（MPa）	1.17～0.36	2.13～1.22	0.18～0.16
	抗拉强度（MPa）	0.75～0.20	0.95～0.59	0.21～0.19
	黏结强度（MPa）	0.37～0.23	0.24～0.12	0.02～0.01
	吸湿率（%）	4.00～2.54	1.01～0.78	1.56～1.54
	吸水率（%）	88.4～137.0	62.0～87.0	114.0～133.5
	平衡含水率（%）	0.41～0.60	0.37～0.45	0.57～1.27
	线收缩（%）	0.397～0.311	0.398～0.318	1.427～0.981

表 14-8 底浆用料配合比以及使用部位

项次	名称	厚度（mm）	适用部位
1	1∶1.5 水泥细砂浆	2～3	地下坑壁
2	1∶3 水泥细砂浆	2～3	墙面
3	水泥浆		顶棚

（2）膨胀蛭石灰浆的涂刷。膨胀蛭石灰浆可采用人工粉刷或机械喷涂，不论采用哪种方法，均应分底层和面层两层施工，防止一次喷抹太厚，产生龟裂。底层完工后须经一昼夜方可再做面层，总厚度不宜超过 30mm。采用机喷方法喷涂水泥石灰蛭石浆的配合比见表 14-9。

表 14-9 水泥石灰蛭石浆配合比

项次	材料	底层配合比	面层配合比	适用部位
1	水泥∶石灰膏∶蛭石	1∶1∶5	1∶1∶6	墙面、地下坑壁
2	水泥∶石灰膏∶蛭石	1∶1∶12	1∶1∶10	墙面、顶棚

（3）人工抹灰浆。采用人工抹蛭石灰浆的方法与抹普通水泥砂浆相同，抹时应用力适当。用力过大，易将水泥浆从蛭石缝中挤出，影响灰浆强度；用力过小，则与基层黏结不牢，且影响灰浆本身质量。

（4）机械喷涂砂浆。可用隔膜式灰浆泵或自行改装专制的喷浆机进行施工。喷嘴大小以 16～20mm 为宜，喷射压力可根据具体情况决定，可在 0.05～

0.08MPa 范围内进行调整。喷涂墙面时，喷枪与墙面成垂直，喷涂顶棚时，喷枪与顶棚成 45°角为宜。喷嘴距基层表面 300mm 左右为好。喷涂后的面层可用抹子轻轻抹平。落地灰浆可回收再用。

（5）塑化剂的配置。塑化剂的配制方法如下：先用固体烧碱 15g 和 85g 水制成 100g 碱溶液，再加入 50g 松香，加热搅拌成浓缩塑化剂。喷涂时，把浓缩的塑化剂加水稀释成 20 倍溶液，即可使用。

（6）施工的要求。蛭石灰浆应随拌随用，一边使用一边搅拌，使浆液保持均匀。一般从搅拌到用完不宜超过 2h，否则因蛭石水化成粉末，影响隔热保温效果。室内过于潮湿及结露的基层，蛭石灰浆不易粘牢；过于干燥的环境，基层表面应先洒水润湿。喷抹蛭石灰浆应尽量避免在严冬和炎夏施工，否则应采取防寒或降温养护措施。

第二节　松散材料保温隔热层

一、材料要求

（1）宜采用无机材料，如使用有机材料，应先做好材料的防腐处理。

（2）材料在使用前必须检验其容重、含水率和热导率，使其符合设计要求。

（3）常用的松散保温隔热材料应符合下列要求：炉渣和水渣，粒径一般为 5～40mm，其中不应含有有机杂物、石块、土块、重矿渣块和未燃尽的煤块；膨胀蛭石，粒径一般为 3～15mm；矿棉，应尽量少含小珠，使用前应加工疏松；锯木屑，不得使用腐朽的锯木屑。稻壳，宜用隔年陈谷新轧的干燥稻壳，不得含有糠麸、尘土等杂物；膨胀珍珠岩粒径小于 0.15mm 的含量不应大于 8%。

（4）材料在使用前必须过筛，含水率超过设计要求时，应予晾干或烘干。采用锯末屑或稻壳等有机材料时，应作防腐处理，常用处理方法有：钙化法和防腐法两种。

1）钙化法。对锯末屑的钙化方法和要求，见表 14-10。

表 14-10　　钙化锯末屑的配制方法与施工要求

类别	配合比（体积比）			主要性能			配制方法和施工要点
	锯末屑	生石灰粉	水泥	容重（kg/m³）	热导率[W/(m·K)]	抗压强度（MPa）	
Ⅰ	50	4	3	490	0.11	0.42	先将锯末屑和生石灰粉按配合比干拌均匀，再适量加水拌和经钙化 24h 以上，使木质纤维软化。在使用前再按配合比加入定量水泥（不加水）拌和均匀即可使用。一般虚铺 60mm 压至 40mm

续表

类别	配合比（体积比）			主要性能			配制方法和施工要点
	锯末屑	生石灰粉	水泥	容重 (kg/m^3)	热导率 [W/(m·K)]	抗压强度 (MPa)	
Ⅱ	12 16	4 4	1.5 1.5	596 740	0.11 0.15	0.20 0.15	将锯末屑、生石灰粉和水泥按配合比干拌均匀，然后边加水边搅拌至潮湿均匀。入模加压 8h，由 80mm 压至 50mm，出模后自然阴干三昼夜，再在 50℃的环境中干燥 16h，即可使用

2）防腐法。将干燥的锯末屑倒入 2%浓度的铁矾水（100kg 清水加入硫酸亚铁 2kg，经搅拌溶化而成）内，浸泡 2h（锯末应低于水面 30～50mm）。然后将锯末捞起，晾干或烘干（要求彻底干燥、配制的铁矾水可以继续使用）后即可使用。其容重为 $300kg/m^3$，热导率为 0.13W/(m·K)，一般用于顶棚保温材料。

二、施工要点

（1）铺设保温隔热层的结构表面应干燥、洁净，无裂缝、蜂窝、空洞。接触隔热保温层的木结构应作防腐处理。如有隔气层屋面，应在隔气层施工完毕经检查合格后进行。

（2）松散保温隔热材料应分层铺设，并适当压实，压实程度应事先根据设计容重通过试验确定。平面隔热保温层的每层虚铺厚度不宜大于 150mm；立面隔热保温层的每层虚铺厚度不宜大于 300mm。完工的保温层厚度允许偏差为 10%或−5%。

（3）平面铺设松散材料时，为了保证保温层铺设厚度的准确，可在每隔 800～1000mm 放置一根木方（保温层经压实检查后，取出木方再填补保温材料）、砌半砖矮隔断或抹水泥砂浆矮隔断（按设计要求确定高度）一条，以解决找平问题。垂直填充矿棉时，应设置横隔断，间距一般不大于 800mm。填充锯末屑或稻壳等有机材料时，应设置换料口。铺设时可先用包装的隔热材料将出料口封好，然后再填装锯末屑或稻壳，在墙壁顶段处松散材料不易填入时，可加以包装后填入。

（4）保温层压实后，不得直接在其上行车或堆放重物，施工人员宜穿平底软鞋。

（5）松铺膨胀蛭石时，应尽量使膨胀蛭石的层理平面与热流垂直，以达到更好的保温效果。

（6）搬运和铺设矿物棉时，工人应穿戴头罩、口罩、手套、鞋盖和工作服，以防止矿物棉纤维刺伤皮肤和眼睛或吸入肺部。

(7) 下雨或刮大风时一般不宜施工。

三、其他构造的施工

1. 空心板隔热保温屋盖

空心板隔热保温屋盖如图 14-4 所示。

施工时，板缝用 C20 细石混凝土灌缝；分格木龙骨要与板缝预埋铁丝绑牢；隔热保温材料铺设后，要用竹筛或钉有木框的铅丝网覆盖，然后将找平层砂浆倒入筛内，摊平后，取出筛子，找平抹光即可。这样可以防止倾倒砂浆时挤走隔热保温材料，以保证工程质量。

2. 保温隔热屋盖

保温隔热屋盖如图 14-5 所示。

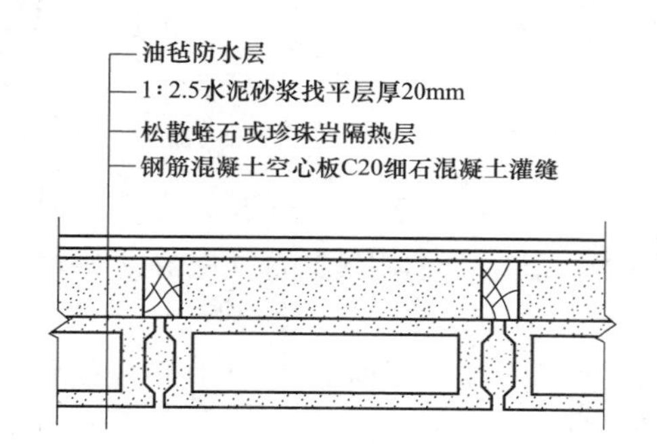

图 14-4　空心板隔热保温屋盖

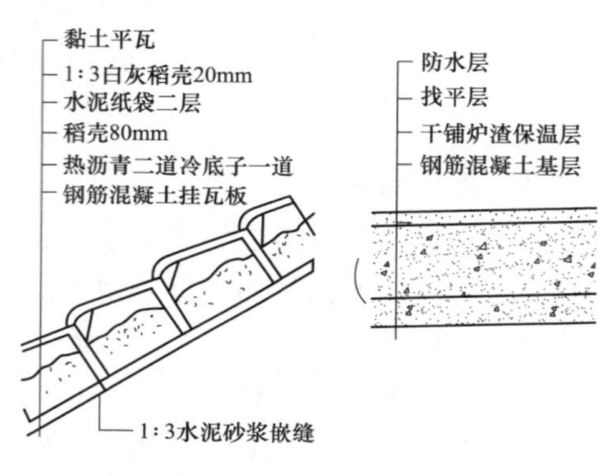

图 14-5　保温隔热屋盖

施工时要保证炉渣隔热保温层应分层铺设（每层不大于 150mm），边铺设边压实，压实后的表面用 2m 长靠尺检查，顺水方向误差不大于 15mm。

3. 隔热保温顶棚

隔热保温顶棚如图 14-6 所示。

施工时，用纸盒（需作防潮处理）或塑料袋装填隔热保温材料，依次平铺在顶棚内。袋装厚度要根据设计要求试验确定。铺设时，盒（袋）要靠紧，不得有空隙或漏铺隔热保温墙面。

4. 保温隔热墙面

保温隔热墙面如图 14-7 所示。

木龙骨应安装牢固并作防腐处理，内墙和隔热保温材料采取随砌随填（压实）方法。夹层内不得掉入砂浆和砖块。砌墙时，可用木板将隔热保温材料隔开，当砌至一定高度（如按木龙骨间距）需填铺隔热保温材料时，再取出木板。以此循环施工至设计高度。

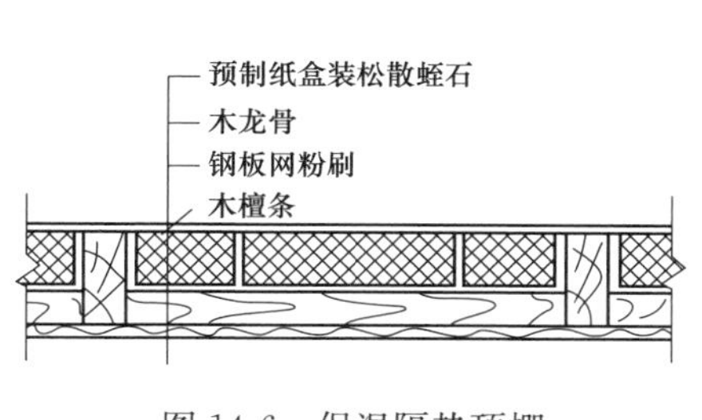

图 14-6 保温隔热顶棚

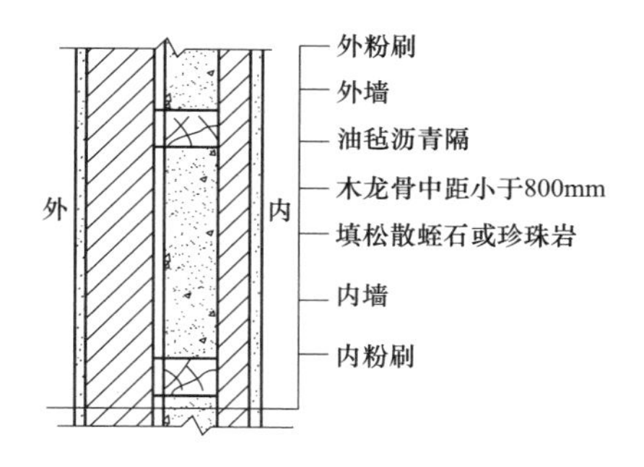

图 14-7 保温隔热墙面

第三节 板状材料保温隔热层

一、材料种类及要求

1. 沥青稻壳板

稻壳与沥青按 1∶0.4 的比例进行配置。

制作时，先将稻壳放在锅内适当加热，然后倒入 200℃沥青中拌和均匀，再倒入钢模（或木模）内压制成形。压缩比为 1.4。采用水泥纸袋作隔离层时，加压后六面包裹，连纸再压一次脱模备用。

沥青稻壳板常用规格为 100mm×300mm×600mm 或 80mm×400mm×800mm。

2. 沥青膨胀珍珠岩板

膨胀珍珠岩应以大颗粒为宜，容重为 100～120kg/m^3，含水率 10%。沥青以 60 号石油沥青为宜。膨胀珍珠岩与沥青的配合比见表 14-11。

表 14-11　　膨胀珍珠岩与沥青配合比

材料名称	配合比（质量比）	每立方米用料	
		单位	数量
膨胀珍珠岩	1	m^3	1.84
沥青	0.7～0.8	kg	128

沥青膨胀珍珠岩板制作过程如下：

（1）将膨胀珍珠岩散料倒在锅内加热不断翻动，加热至 100～120℃，然后倒入已熬化的沥青中拌和均匀。沥青的熬化温度不宜超过 200℃，拌和料的温度宜控制在 180℃以内。

（2）将拌和均匀的拌和物从锅内倒在铁板上，铺摊并不断翻动，使拌和物温度下降至成型温度（80～100℃）。如温度过高，脱模成品会自动爆裂，不爆裂的强度也会降低。

(3) 将达到成形温度的拌和物装入钢模内，压料成形。钢模内事先要撒滑石粉或铺垫水泥纸袋作隔离层。拌和物入模后，先用10mm厚的木板，在模的四周插压一次，然后刮平压制。钢模可按设计要求确定，一般为450mm×450mm×160mm。模压工具可采用小型油压榨油机改装即可。压缩比为1.6。

(4) 压制的成品经自然散热冷却后，堆放待用。

(5) 成形后的板（块）状材料的热导率应为0.084W/(m·K)，抗压强度应为0.17～0.21MPa，吸水率（雨淋三昼夜，增加的重量比）应为7.2%。

膨胀珍珠岩的其他制品及主要技术性能见表14-12。

表14-12　膨胀珍珠岩制品的品种及主要技术性能

品种	制成	密度(kg/m³)	抗压强度(MPa)	热导率[W/(m·K)]	使用温度(℃)	吸湿率(24h)(%)	吸水率(24h)(%)
水泥珍珠岩制品	以水泥为胶结剂，以珍珠岩粉为骨料加工而成。具有质轻、热导率低、抗压强度较高等特点	300～400	0.5～1.0	常温：0.058～0.087 低温：0.081～0.012	≤600	0.87～1.55	110～130
水玻璃珍珠岩制品	以水玻璃为胶结剂和珍珠岩粉按一定比例配合、成形、加工、焙烧而成	200～300	0.8～1.2	常温：0.056～0.065	≤650	相对湿度93%～100% 20d；17～23	96h质量吸水率：120～180
磷酸盐珍珠岩制品	以磷酸盐铝及少量硫酸铝、纸浆废液为胶结剂，以珍珠岩粉为骨料，经配料、搅拌、成形、焙烧而成。具有密度低、耐火度高等特点	200～250	0.6～1.0	常温：0.044～0.052	≤1000	—	—

3. 聚苯乙烯泡沫塑料板

挤压聚苯乙烯泡沫塑料保温板（100mm）铺贴在防水层上，用作屋面保温隔热，性能很好，并克服了高寒地区卷材防水层长期存在的脆裂和渗漏的老大难问题。在南方地区，如采用30mm厚的聚苯乙烯泡沫塑料做隔热层（其热阻已满足当地热工要求），材料费不高，而且屋面荷载大大减轻，施工方便，综合效益较为可观。经某工程测试，当室外温度为34.3℃时，聚苯乙烯泡沫塑料隔热层的表面温度为53.7℃，而其下面防水层的温度仅为33.3℃。聚苯乙烯泡沫塑料的表观密度为30～130kg/m³，热导率为0.031～0.047W/(m·K)，吸水率为2.5%左右。因而被认为是一种极有前途的“理想屋面”板材。

二、施工要点

1. 一般工程施工

（1）板状材料保温层可以采用干铺、沥青胶结料粘贴、水泥砂浆粘贴三种铺设方法。干铺法可在负温下施工，沥青胶结料粘贴宜在气温－10℃以上时施工，水泥砂浆粘贴宜在气温5℃以上时施工。如气温低于上述温度，要采取保温措施。

（2）板状保温材料板形应完整。因此，在搬运时要轻搬轻放，整顺堆码，堆放不宜过高，不允许随便抛掷，防止损伤、断裂、缺棱、掉角。

（3）铺设板状保温隔热层的基层表面应平整、干燥、洁净。

（4）板状保温材料铺贴时，应紧靠在需保温结构的表面上，铺平、垫稳，板缝应错开，保温层厚度大于60mm时，要分层铺设，分层厚度应基本均匀。用胶结材料粘贴时，板与基层间应满涂胶结料，以便相互黏结牢固，沥青胶结料的加热温度不应高于240℃，使用温度不宜低于190℃。沥青胶结材料的软化点，北方地区不低于30号沥青，南方地区不低于10号沥青。用水泥砂浆铺贴板状材料时，用1∶2（水泥∶砂，体积比）水泥砂浆粘贴。

（5）铺贴时，如板缝大于6mm，则应用同类保温材料嵌填，然后用保温灰浆勾缝。保温灰浆配合比一般为1∶1∶10（水泥：石灰：同类保温材料的碎粒，体积比）。

（6）干铺的板状保温隔热材料，应紧贴在需保温隔热结构的表面上，铺平、垫稳。分层铺设的上下接缝要错开，接缝用相同材料来填嵌。

（7）施工完毕后打扫现场，保持干净。

2. 隔热保温屋盖及施工要点

（1）蛭石型隔热保温屋盖如图14-8所示。首先将基层打扫干净，然后先刷1∶1水泥蛭石（或珍珠岩）浆一道，以保证粘贴牢固。板状隔热保温层的胶结材料最好与找平层材料一致，粘铺完后应立即作好找平层，使之形成整体，防止雨淋受潮。

（2）预制木丝板隔热保温屋盖如图14-9所示。施工时将木丝板（或其他有

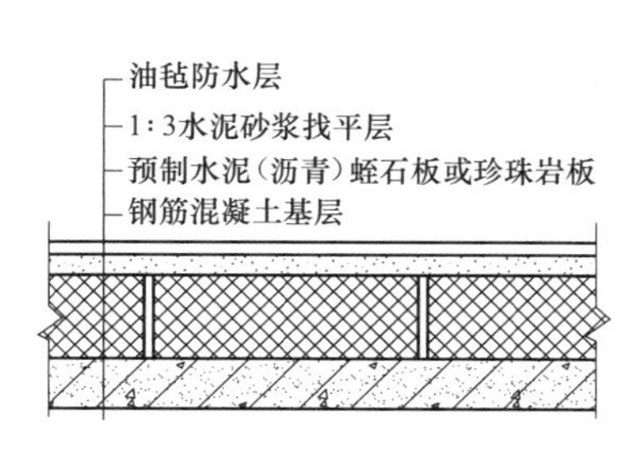

图14-8 蛭石型隔热保温屋盖

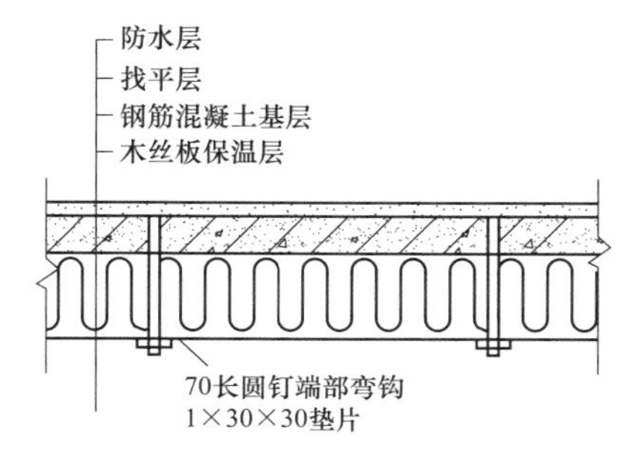

图14-9 预制木丝板隔热保温屋盖

机纤维板）平铺于台座上，每块板钉圆钉 4～6 个，尖头弯钩，板面涂刷热沥青二道。然后支模，上部灌注混凝土使之成为一个整体。

第四节 反射型保温隔热层

一、反射型保温隔热卷材

反射型保温隔热卷材又名反射型外护层保温卷材，是一种最新的、优良的保温隔热材料。它是以玻璃纤维布为基材，表面上经真空镀铝膜一层加工而成，是一种真空镀铝膜玻纤织物复合材料。

1. 反射型保温隔热卷材的特点

（1）表面具有与一般抛光铝板同样的银白色金属光泽，在某种情况下，可以代替铝皮、薄铝板使用，可以大量节约有色金属。

（2）使用该卷材可以解决工矿企业“跑、冒、滴、漏”处最突出的散热损失问题。

（3）由于在真空镀铝膜与玻璃纤维布复合过程之中，经过特殊技术处理，镀铝层不易氧化，故可长时间保持较小的黑度，反射性能强，对辐射热及红外线有良好的屏蔽作用。对波长 2～30μm 的热辐射具有较大的反射率和较低的辐射率。另外根据铝膜层厚度的不同，对可见光波长为 0.33～0.78nm 者，则有一定的透过率。

（4）该卷材用作设备及管道的保温隔热外裹层材料时，可按各种设备、管道的外形形状、尺寸大小、管径粗细及现场条件要求等，整张敷贴，或作矩形、圆形围绕以及螺旋形裹扎，任意而为，非常方便。接缝处可用胶黏剂粘接，也可用涤纶胶带或布质胶带粘接。在室内无水淋湿情况下，还可用纸质胶带粘接。管道施工包扎时，应由下而上，由低而高进行搭缝连接，检修时可以将卷材卸下，若维护得当，可以重复多次使用。

（5）该卷材以玻璃纤维增强，强度高。为建筑工程的保温隔热创造了广泛使用的条件。

2. 反射型保温隔热卷材的用途

（1）可广泛用作建筑工程的保温隔热材料，墙体、屋面（不论夹层面层）均可使用。

（2）用作冷热设备及管网保温隔热的外层材料，单独或与其他保温材料复合，用于保温绝热工程。

（3）可用作锅炉炉墙外表层的反射材料及管道保温隔热外裹层材料。它可使这些物件的表面温度下降 2.5～4℃，以用该卷材每 $100m^2$ 计算，每年减少热量损失折合标准煤 9～10t。

（4）可代替覆面纸及铝箔两种材料，而且可以大大节约贴铝箔的人工费用。

（5）还可广泛用于照明、太阳能、军事伪装、防盐雾工程、防潮湿外包装工程等。

二、铝箔波形纸板

1. 分类

以波形纸板为基层，铝箔做覆面层，贴在覆面纸上，经加工而成。常用的有三层铝箔波形纸板和五层铝箔波形纸板两种。前者系由两张覆面纸和一张波形纸组合而成，在覆面纸表面上裱以铝箔；后者系由三张覆面纸和两张波形纸组合而成，在上下覆面纸的表面上裱以铝箔，为了增强板的刚度，两层波形纸可以互相垂直放置。三层铝箔波形纸板和五层铝箔波形纸板如图 14-10 所示。

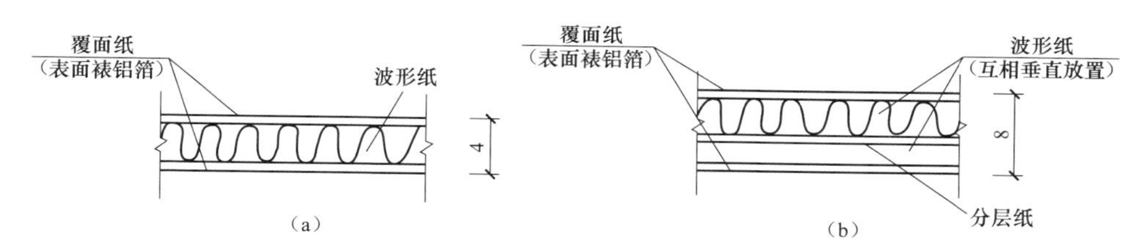

图 14-10 铝箔波形纸板构造示意图

（a）三层铝箔波形纸；（b）五层铝箔波形纸

2. 材料要求

（1）铝箔保温隔热纸板的每平方米用料见表 14-13，纸板固定于钢筋混凝土屋面板下或木屋架下作保温隔热顶棚，亦可设置于双层墙中作冷藏、恒温室及其他类似房间的保温隔热墙体。

表 14-13 铝箔隔热保温纸板每平方米用料参考表

材料	规格	用量（kg）
覆面纸（双面）	360g/m² 工业牛皮卡纸	0.80
波形纸（二张）	180g/m² 高强波形原纸	0.45
分层纸（一张）		0.22
胶黏剂	40°Be 中性水玻璃	0.70
铝箔	厚 9mm	0.055

（2）覆面纸用 360g/m² 工业牛皮卡纸，波形纸及分层夹芯纸用 180g/m² 高强波形原纸。为了提高纸材的防潮防蛀性能，可在纸板两面刷松香皂防潮剂和明矾防蛀剂。

(3) 采用以 A_{00} 铝锭加工的软质铝箔（即退火铝箔），其宽度≤450mm，厚度视用途而定，用于封闭间层为 0.010mm，用于外露表面为 0.020mm 比较合适。铝箔的表面应洁净、光滑、平整、无皱折、无破损痕迹。

3. 制作方法

铝箔的加工制作方法与一般做纸箱工艺基本相同，现场裱贴时，注意将反光较好的一面向外。加工制作的规格尺寸可根据使用对象决定。其物理性能和用料见表 14-14。

表 14-14　　铝箔及铝箔隔热保温纸板的性能

<table>
<tr><th>项次</th><th colspan="3">项目</th><th>单位</th><th>铝箔</th><th>五层铝箔波形纸板</th><th>三层铝箔波形纸板</th></tr>
<tr><td>1</td><td colspan="3">表观密度</td><td>t/m³</td><td>2.7</td><td>1.5</td><td></td></tr>
<tr><td>2</td><td colspan="3">太阳辐射热吸收系数</td><td>%</td><td>0.26</td><td>0.26</td><td></td></tr>
<tr><td>3</td><td colspan="3">辐射系数</td><td>W/(m²·K⁴)</td><td>0.47</td><td>0.47</td><td></td></tr>
<tr><td>4</td><td colspan="3">热导率</td><td>W/(m·K)</td><td>175 以上</td><td>0.063</td><td></td></tr>
<tr><td>5</td><td colspan="3">反光系数</td><td>%</td><td>85</td><td>85</td><td></td></tr>
<tr><td>6</td><td colspan="3">使用温度</td><td>℃</td><td>300</td><td>—</td><td></td></tr>
<tr><td>7</td><td colspan="3">厚度</td><td>mm</td><td></td><td>8</td><td>4</td></tr>
<tr><td>8</td><td colspan="3">质量</td><td>kg/m²</td><td></td><td>1.5</td><td>1.25</td></tr>
<tr><td>9</td><td colspan="3">48h 吸湿率</td><td>%</td><td></td><td>3.12</td><td>1.78</td></tr>
<tr><td rowspan="3">10</td><td rowspan="3">折断试验</td><td rowspan="2">含湿状态</td><td>含水率</td><td>%</td><td></td><td>25.7</td><td>26.8</td></tr>
<tr><td>折断荷重</td><td>N</td><td></td><td>22</td><td>15</td></tr>
<tr><td>干燥状态</td><td>折断荷重</td><td>N</td><td></td><td>80</td><td>45</td></tr>
<tr><td rowspan="2">11</td><td colspan="2" rowspan="2">变形试验（自重下）(1.5m×1.5m，四边固定）</td><td>干燥状态</td><td></td><td></td><td>不变形</td><td>稍有变形</td></tr>
<tr><td>受潮状态</td><td></td><td></td><td>不变形</td><td>稍有变形</td></tr>
</table>

铝箔保温隔热纸板应用牛皮纸包装，并用木板夹住，用铅丝或铁皮捆扎，避免纸板受潮变形。运输和保管堆放时不宜过高，防止受压变形，且宜堆放在干燥通风的环境，并用木板支垫。凡已受潮、变形、损坏和表面不洁净的铝箔保温隔热纸板，均需经过干燥、修补后才能使用。

4. 安装

安装应贴实、牢固，嵌缝应密实饱满，不得有漏钉、漏嵌、松动现象。钉距不得大于 300mm。预埋木块必须小面向外，采用膨胀螺栓连接时，应预先打孔。木压条应事先油漆。膨胀螺栓规格为：聚丙烯胀管外径 $\phi 10$，长 105mm，铁钉 $\phi 4.5$，长 105mm，胀管及铁钉钻入钢筋混凝土内不小于 20mm。单层和双层铝箔纸板的安装方法见图 14-11。

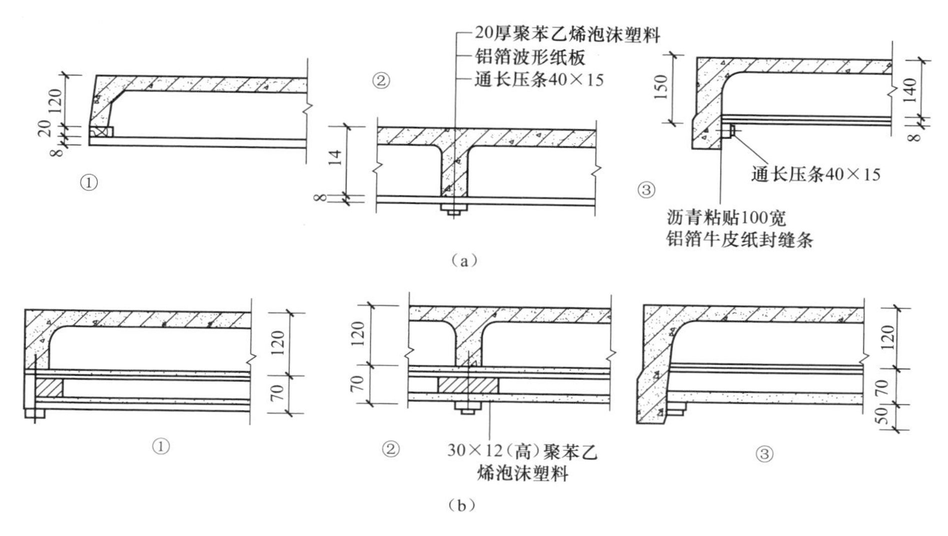

图 14-11 铝箔纸板安装方法
(a) 单层做法；(b) 双层做法

第五节 其他保温隔热结构层

一、刚性防水蓄水屋盖

蓄水屋盖有刚性和柔性两种。在屋面蓄水，由于水的蓄热和蒸发作用，可大量消耗投射在屋面上的太阳辐射热，有效地减少通过屋盖的传热量。蓄水深度宜保持在 20cm 左右。水层中有水浮莲、水藤菜、水葫芦及白色漂浮物的遮阳蓄水屋盖，水深可小于 20cm。

蓄水屋盖的构造如图 14-12 所示。

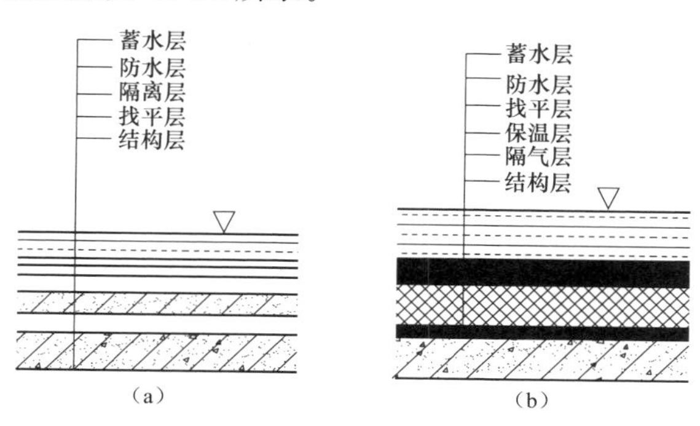

图 14-12 屋盖蓄水构造
(a) 刚性蓄水屋盖；(b) 柔性蓄水屋盖

1. 材料要求

(1) 水泥。宜用强度等级 32.5 以上普通硅酸盐水泥或强度等级 42.5 以上矿渣水泥，储存期不超过三个月，受潮变质不得使用。

(2) 砂。所用砂的比例：中砂占 85%，细砂占 15%，含泥量小于 3%。

(3) 石。以卵石为佳，可以充分利用天然级配，碎石孔隙率较大，一般要求粒径 5～15mm 的 30%，粒径 15～25mm 的 70%，两级配，以达到最小孔隙率，含泥量不大于 1%。

(4) 三乙醇胺。所选用的三乙醇胺 pH 值为 8～9，相对密度为 1.12～1.13。

(5) 水。配料和养护防水混凝土的水，必须采用清洁的饮用水，不得采用工业污水。

2. 施工要求

(1) 屋面可分为若干个蓄水区，但每个蓄水区的边长不宜大于 10m。

(2) 防水层的分格、分格缝应设置在装配式结构屋盖的支承端、屋盖转折处、防水层与突出屋盖结构的交接处，并应与板缝对齐，其纵横间距不宜大于 6m。

(3) 分格缝可用油膏嵌封。

(4) 屋脊和平行于流水方向的分格缝，也可做成泛水，用盖瓦覆盖，盖瓦应单边坐灰固定。

3. 施工

(1) 施工前，应先清理基层，将基层表面清理干净，并浇水湿透，当基层表面有油渍时，用碱水清理干净。

(2) 防水混凝土的水灰比不应大于 0.55，坍落度不应大于 5cm。每立方米混凝土水泥用量应不小于 334kg（42.5 级矿渣水泥），添加剂为三乙醇胺的掺入量为水泥重量的 0.05%；氯化钠掺入量为水泥重量的 0.5%。

(3) 应用机械搅拌时，先将氯化钠配成密度为 1.13 的溶液，然后将氯化钠与三乙醇胺按 43∶1 配成溶液，每袋水泥（50kg）加入 1.3kg 混合液即可。

(4) 浇筑防水混凝土前，先在基层表面满涂水灰比为 0.4 的水泥浆一道，随涂刷随浇注防水混凝土。每个蓄水系统必须一次浇注完毕，不得留施工缝，所有孔洞必须预留，不得后凿。每一蓄水区内应将泛水与屋盖同时做好，泛水部分的高度应高出水面不小于 100mm。

(5) 防水混凝土必须机械捣实，随后进行浇水养护，养护时间不得小于 14d。

二、屋面隔热防水涂料

1. 屋面隔热防水涂料

其是由底层和面层组成。底层为防水涂料，表层为反射涂料，它以丙烯酸丁酯-丙烯腈-苯乙烯（AAS）等多元共聚乳液为基料，掺入反射率高的金红石型氧化钛和玻璃粉等填料制成。

（1）DJ-2屋面隔热聚氨酯防水涂料。该涂料中的聚氨酯防水胶系一种双组分反应型材料，甲组分是带有异氰酸基（—NCO）的聚氨酯预聚体，乙组分是带有活性羟基（—OH）的高分子材料，两组分混合后即可固化生成聚氨酯橡胶防水层。该材料强度高，延伸率大、耐老化性能非常优异，涂层与屋面的黏结力好。反射涂料能反射太阳辐射能，起到隔热作用，又对屋面有一定的装饰效果。

这种涂料用于建筑屋面的隔热防水工程，也可用于地下室、卫生间等同时要求防水和装饰的地方。

（2）DJ-1屋面隔热丁基防水涂料。由于丁基防水胶对屋面有良好的黏着力，即使在较低的温度下也能长期保持其柔韧性，防水性能也特别优异；反射涂料具有良好的耐候性、耐水性、延伸率，抗拉强度也比较高，对太阳辐射能有很高的反射能力，所以二者组成的隔热防水涂料也显示出优异的性能。但该涂料成本较高，与合成橡胶类防水涂料相比，其延伸率较低，另外使用时必须分层涂刷，上下覆盖，以免产生直通针。

这种材料适用于新建的屋面隔热防水工程，也可用于老化渗漏的沥青油毡防水层的修复。

（3）LJP-1型隔热装饰防水涂料。具有成膜快，与水泥基层粘接牢固，强度高、延伸性好，适应基层变形能力强，防水性能好，高温85℃不流淌皱皮，低温−30℃不脆裂，还能抗盐碱腐蚀的性能。涂膜抗臭氧性能优异，并具有一定的抗紫外光能力，耐久性好。涂膜能反光隔热。炎夏可使屋面温度比水泥层面低15～23℃。涂料有多种颜色，可装饰美化屋面。

2. 防水隔热粉

防水隔热粉也称隔热镇水粉、拒水粉、治水粉、避水粉等（以下简称防水粉），系以多种天然矿石为主要原料与高分子化合物经化学反应加工而成，是一种表观密度较小，热导率小于0.083W/(m·K)的憎水性极强的白色粉剂防水材料。用10mm厚松散粉末铺设的屋面，可不用隔热板，夏天室内温度仍可下降5℃，高温500℃，防水、隔热、保温性能不变，是一种集防水、隔热、保温功能于一体的新型材料。该材料化学性能稳定，无毒、无臭、无味、不燃，不污染环境，并能在潮湿基面上迅速施工。耐候性较好，高温可耐130℃，低温可耐−50℃。由于是粉末防水，其本身应力分散，所以抗震、抗裂性能好，且有很好的随遇应变性，遇有裂缝会自动填充、闭合。用建筑防水粉作防水层，施工时不需加热或用火，其防水层之上设有保护层，所以这样的防水屋面，既防水又防火。因而广泛用于屋面、仓库、地下室等防水、隔热、保温等工程。但缺点是只适用于平基面或坡度不大于10%的坡屋面，及女儿墙、立墙、压顶、檐口、天沟等部位，因为粉末易下滑，造成厚薄不均，还必须采用其他柔性材料配套使用。

第十五章

装饰装修工程

第一节 抹 灰 工 程

抹灰工程按材料和装饰效果分为一般抹灰工程和装饰抹灰工程两大类。

一、一般抹灰施工

用水泥抹灰砂浆、水泥粉煤灰抹灰砂浆、水泥石灰抹灰砂浆、聚合物水泥抹灰砂浆等涂抹在建筑的墙、顶、柱等表面上，直接做成饰面层的装修工程，称为“一般抹灰工程”。按施工位置的不同又分为室内墙面抹灰施工、室外墙面抹灰施工和顶棚抹灰施工。

1. 室内墙面抹灰施工

(1) 工艺流程。基层清理→浇水湿润→吊垂直、套方、找规矩、抹灰饼→抹水泥踢脚或墙裙→做护角抹水泥窗台→墙面充筋→抹底灰→修补预留孔洞、电箱槽、盒等→抹罩面灰。

(2) 操作工艺。

1) 基层清理。为了使抹灰砂浆与基体表面黏结牢固，防止抹灰层产生空鼓现象，抹灰前对基层进行必要的处理。对凹凸不平的基层表面应剔平，或用 1∶3 水泥砂浆补平。对楼板洞、穿墙管道及墙面脚手架洞、门窗框与立墙交接缝隙处均应用 1∶3 水泥砂浆或水泥混合砂浆（加少量麻刀）分层嵌塞密实。对表面上的灰尘、污垢和油渍等事先均应清除干净，并洒水润湿。墙面太光的要凿毛，或用掺加 10%107 胶的 1∶1 水泥砂浆薄抹一层。不同材料相接处，如砖墙与木隔墙等，应铺设金属网，如图 15-1 所示，搭按宽度从缝边起两侧均不小于 100mm，以防抹灰层因基体温度变化胀缩不一而产生裂缝。在内墙面的阳角和门洞口侧壁的阳角、柱角等易于碰撞之处，宜用强度较高的 1∶2 水泥砂浆制作护角，其高度应不低于 2m，每侧宽度不小于 50mm，对砖砌体基体，应待砌体充分沉实后方抹底层灰，以防砌体沉陷拉裂灰层。

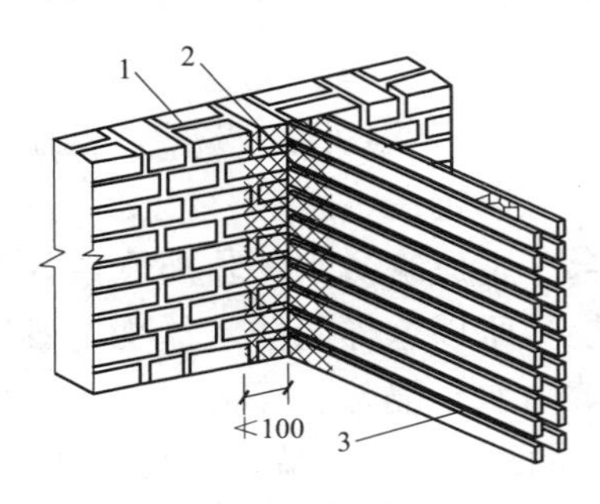

图 15-1 砖木交接处基体处理

1—砖墙（基体）；2—钢丝网；3—板条墙

2）浇水湿润。一般在抹灰前一天，用水管或喷壶顺墙自上而下浇水湿润。不同的墙体，不同的环境，需要不同的浇水量。浇水要分次进行，最终以墙体既湿润又不泌水为宜。

3）吊垂直、套方、找规矩、做灰饼。根据设计图纸要求的抹灰质量，根据基层表面平整垂直情况，用一面墙做基准，吊垂直、套方、找规矩，确定抹灰厚度，抹灰厚度不应小于7mm。当墙面凹度较大时，应分层抹平。每层厚度不大于7～9mm。操作时应先抹上灰饼，再抹下灰饼。抹灰饼时应根据室内抹灰要求，确定灰饼的正确位置，再用靠尺板找好垂直与平整。灰饼宜用M15水泥砂浆抹成50mm见方形状，抹灰层总厚度不宜大于20mm。

房间面积较大时应先在地上弹出十字中心线，然后按基层面平整度弹出墙角线，随后在距墙阴角100mm处吊垂线并弹出铅垂线，再按地上弹出的墙角线往墙上翻引弹出阴角两面墙上的墙面抹灰层厚度控制线，以此做灰饼，然后根据灰饼充筋。灰饼的做法如图15-2所示。

4）修抹预留孔洞、配电箱、槽、盒。堵缝工作要作为一道工序安排专人负责，把预留孔洞、配电箱、槽、盒周边的洞内杂物、灰尘等物清理干净，浇水湿润，然后用砖将其补齐砌严，用水泥砂浆将缝隙塞严，压抹平整、光滑。

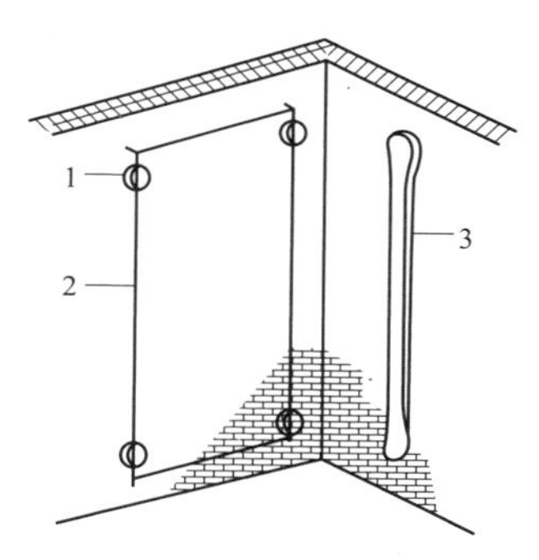

图15-2 灰饼
1—灰饼；2—引线；3—标筋

5）抹水泥踢脚或墙裙。根据已抹好的灰饼充筋（此筋可以冲的宽一些，80～100mm为宜，因此筋即为抹踢脚或墙裙的依据，同时也作为墙面抹灰的依据）。水泥踢脚、墙裙、梁、柱、楼梯等处应用M20水泥砂浆分层抹灰，抹好后用大杠刮平，木抹搓毛，常温第二天用水泥砂浆抹面层并压光，抹踢脚或墙裙厚度应符合设计要求，无设计要求时凸出墙面5～7mm为宜。凡凸出抹灰墙面的踢脚或墙裙上口必须保证光洁、顺直，踢脚或墙面抹好将靠尺贴在大面与上口平，然后用小抹子将上口抹平压光，凸出墙面的棱角要做成钝角，不得出现毛茬和飞棱。

6）做护角。墙、柱间的阳角应在墙、柱面抹灰前用M20以上的水泥砂浆做护角，其高度自地面以上不小于2m。如图15-3所示，将墙、柱的阳角处浇水湿润，第一步在阳角正面立上八字靠尺，靠尺突出阳角侧面，突出厚度与成活抹灰面平。然后在阳角侧面，依靠尺边抹水泥砂浆，并用铁抹子将其抹平，按护角宽度（不小于50mm）将多余的水泥砂浆铲除。第二步待水泥砂浆稍干后，将八字靠尺移至抹好的护角面上（八字坡向外）。在阳角的正面，依靠尺边抹水泥砂浆，并用铁抹子将其抹平，按护角宽度将多余的水泥砂浆铲除。抹完后去掉八字靠尺，用素水泥浆涂刷护角尖角处，并用捋角器自上而下捋一遍，使其形成钝角。

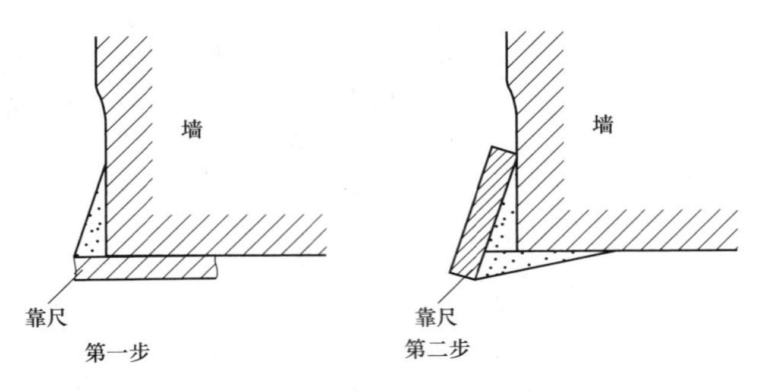

图 15-3　水泥护角做法

7）抹水泥窗台。先将窗台基层清理干净，清理砖缝，松动的砖要重新补砌好，用水润透，用 1∶2∶3 豆石混凝土铺实，厚度宜大于 25mm，一般 1d 后抹 1∶2.5 水泥砂浆面层，待表面达到初凝后，浇水养护 2～3d，窗台板下口抹灰要平直，没有毛刺。

8）墙面充筋。当灰饼砂浆达到七八成干时，即可用与抹灰层相同砂浆充筋，充筋根数应根据房间的宽度和高度确定，一般标筋宽度为 50mm。两筋间距不大于 1.5m。当墙面高度小于 3.5m 时宜做立筋。大于 3.5m 时宜做横筋，做横向充筋时做灰饼的间距不宜大于 2m。

9）抹底灰。一般情况下充筋完成 2h 左右可开始抹底灰为宜，抹前应先抹一层薄灰，要求将基体抹严，抹时用力压实使砂浆挤入细小缝隙内，接着分层装档、抹与充筋平，用木杠刮找平整，用木抹子搓毛。然后全面检查底子灰是否平整，阴阳角是否方直、整洁，管道后与阴角交接处、墙顶板交接处是否光滑、平整、顺直，并用托线板检查墙面垂直与平整情况。抹灰面接槎应平顺，地面踢脚板或墙裙，管道背后应及时清理干净，做到活完场清。

10）抹罩面灰。罩面灰应在底灰六七成干时开始抹罩面灰（抹时如底灰过于应浇水湿润），罩面灰两遍成活，每遍厚度约 2mm，操作时最好两人闸时配合进行，一人先刮一遍薄灰，另一人随即抹平。依先上后下的顺序进行，然后赶实压光，压时要掌握火候，既不要出现水纹，也不可压活，压好后随即用毛刷蘸水，将罩面灰污染处清理干净。施工时整面墙不宜留施工槎；如遇有预留施工洞时，可甩下整面墙待抹为宜。

11）水泥砂浆抹灰 24h 后应喷水养护，养护时间不少于 7d。

2. 室外墙面抹灰施工

（1）施工工艺。墙面基层清理浇水湿润→堵门窗口缝及脚手眼、孔洞→吊垂直、套方、找规矩、抹灰饼、充筋→抹底层灰、中层灰→嵌分格条、抹面层灰→抹滴水线、起分格条→养护。

（2）工艺流程。室外墙面抹灰与室内墙面抹灰基本相同，可参照室内抹灰进行施工。但应注意以下几点：

1）根据建筑高度确定放线方法，高层建筑可利用墙大角、门窗口两边，用经纬仪打直线找垂直。多层建筑时，可从顶层用大线坠吊垂直，绷铁丝找规矩，横向水平线可依据楼层标高或施工＋500mm线为水平基准线进行交圈控制，然后按抹灰操作层抹灰饼，做灰饼时应注意横竖交圈，以便操作。每层抹灰时则以灰饼做基准充筋，使其保证横平竖直。

2）抹底层灰、中层灰。根据不同的基体，抹底层灰前可刷一道胶黏性水泥浆，然后抹1∶3水泥砂浆（加气混凝土墙底层应抹1∶6水泥砂浆），每层厚度控制在5～7mm为宜。分层抹灰抹与充筋平时用木杠刮平找直，木抹子搓毛，每层抹灰不宜跟得太紧，以防收缩影响质量。

3）抹面层灰、起分格条。待底灰呈七八成干时开始抹面层灰，将底灰墙面浇水均匀湿润，先刮一层薄薄的素水泥浆，随即抹罩面灰与分格条平，并用木杠横竖刮平，木抹子搓毛，铁抹子溜光、压实。待其表面无明水时，用软毛刷蘸水，垂直于地面向同一方向轻刷一遍，以保证面层灰颜色一致，避免出现收缩裂缝，随后将分格条起出，待灰层干后，用素水泥膏将缝勾好。难起的分格条不要硬起，防止棱角损坏，待灰层干透后补起，并补勾缝。

4）抹滴水线。在抹檐口、窗台、窗眉、阳台、雨篷、压顶和突出墙画的腰线以及装凸线时，应将其上面作成向外的流水坡度，严禁出现倒坡。下面做滴水线（槽）。窗台上面的抹灰层应深入窗框下坎裁口内，堵塞密实，流水坡度及滴水线（槽）距外表面不小于40mm，滴水线深度和宽度一般不小于10mm，并应保证其流水坡度方向正确。

3. 顶棚抹灰施工

混凝土顶棚抹灰宜用聚合物水泥砂浆或粉刷石膏砂浆，厚度小于5mm的可以直接用腻子刮平。预制混凝土顶棚找平、抹灰厚度不宜大于10mm，现浇混凝土顶棚抹灰厚度不宜大于5mm。抹灰前在四周墙上弹出控制水平线，先抹顶棚四周，圈边找平，横竖均匀、平顺，操作时用力使砂浆压实，使其与基体粘牢，最后压实压光。

抹灰质量要求见表15-1。

表15-1　一般抹灰质量要求

项次	项目	允许偏差（mm）			检验方法
		普通	中级	高级	
1	表面平整	5	4	2	用2m靠尺和楔形塞尺检查

续表

项次	项目	允许偏差（mm）			检验方法
		普通	中级	高级	
2	阴、阳角垂直	—	4	2	用 2m 托线板检查
3	立面垂直	—	5	3	
4	阴、阳角方正	—	4	2	用方尺和楔形塞尺检查
5	分格条（缝）平直	—	3	—	拉 5m 线和尺量检查

抹灰也可用机械喷涂，把砂浆搅拌、运输和喷涂有机地衔接起来进行机械化施工。如图 15-4 所示，其为一种喷涂机组，搅拌均匀的砂浆经过振动筛进入集料斗，再由灰浆泵吸入经输送管送至喷枪，然后经压缩空气加压砂浆由喷枪口喷出喷涂于墙面上，再经人工找平、搓实即完成底子灰的全部施工。喷枪的构造如图 15-5 所示。喷嘴直径有 10mm、12mm、14mm 三种。应正确掌握喷嘴距墙面或顶棚的距离和选用适当的压力，否则会使砂子弹过多或造成砂浆流淌。

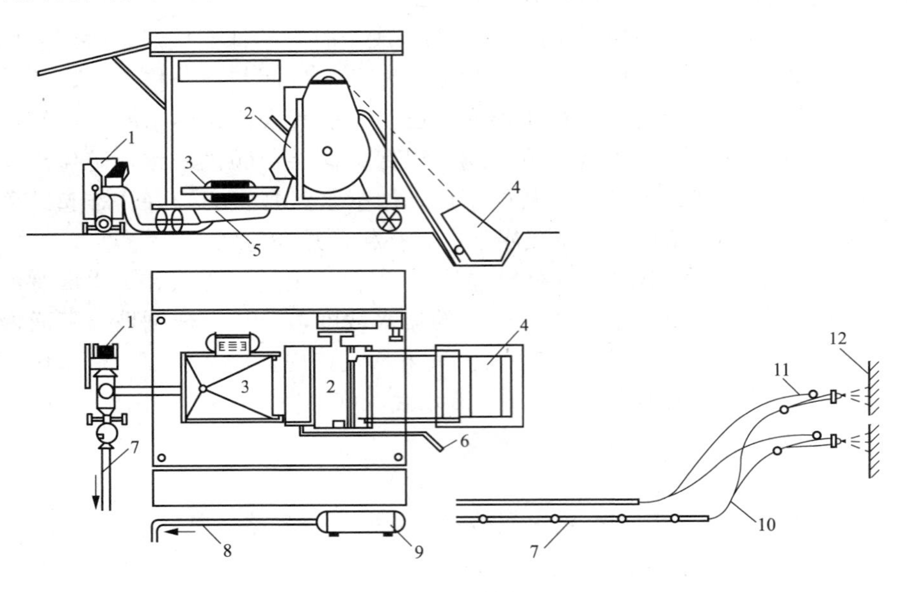

图 15-4　喷涂抹灰机组

1—灰浆泵；2—灰浆搅拌机；3—振动筛；4—上料斗；5—集料斗；6—进水管；7—灰浆输送管；8—压缩空气管；9—空气压缩机；10—分叉管；11—喷枪；12—基层

4. 质量要求

（1）表面质量应符合下列要求。

1）普通抹灰表面应光滑、洁净、接槎平整、阴阳角顺直，分格缝应清晰。

2）高级抹灰表面应光滑、洁净、颜色均匀、美观、无接槎痕，分格缝和灰线应清晰美观。

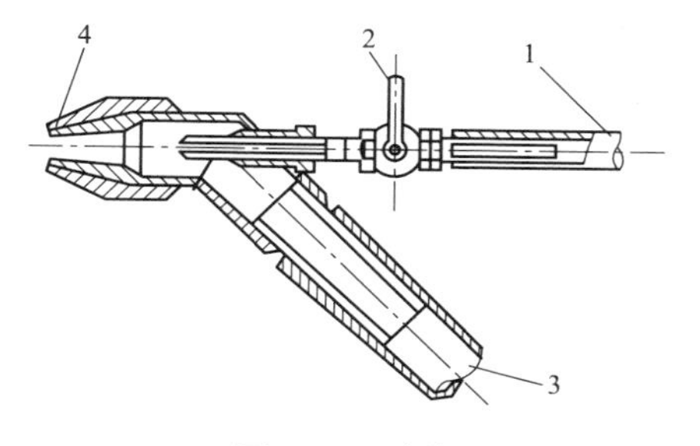

图 15-5 喷枪
1—压缩空气管；2—阀门；3—灰浆输送管；4—喷嘴

3）护角、孔洞、槽、盒周围的抹灰表面应整齐、光滑；管道后面的抹灰表面应平整。

4）抹灰层的总厚度应符合设计要求；水泥砂浆不得抹在石灰砂浆层上；罩面石膏灰不得抹在水泥砂浆层上。

5）抹灰分格缝的设置应符合设计要求，宽度和深度应均匀，表面应光滑，棱角应整齐。

6）有排水要求的部位应做滴水线（槽）。滴水线（槽）应整齐顺直，滴水线应内高外低，滴水槽宽度和深度均不应小于10mm。

（2）工程质量的允许偏差和检验方法见表15-2。

表 15-2　一般抹灰工程的允许偏差和检验方法

项	项目	允许偏差（mm）		检验方法
		普通抹灰	高级抹灰	
1	立面垂直度	4	3	用2m垂直检测尺检查
2	表面平整度	4	3	用2m靠尺和塞尺检查
3	阴阳角方正	4	3	用直角检测尺检查
4	分格条（缝）直线度	4	3	用5m线，不足5m拉通线，用钢直尺检查
5	墙裙、勒脚上口直线度	4	3	拉5m线，不足5m拉通线，用钢直尺检查

二、装饰抹灰施工

装饰砂浆抹灰饰面工程可分为灰浆类饰面和石渣类饰面两大类。常用灰浆类饰面又有：拉毛灰、甩毛灰、仿面砖、拉条、喷涂、弹涂和硅藻泥饰面等。常用的石渣类饰面有：水刷石、干粘石、斩假石和水磨石等。

1. 喷涂和弹涂饰面

（1）喷涂饰面。其做法是：用挤压式灰浆泵或喷斗将聚合物水泥砂浆经喷枪均匀喷涂在墙面基层上。根据涂料的稠度和喷射压力的大小，以质感区分，可喷成砂浆饱满、呈波纹状的波面喷涂和表面布满点状颗粒的粒状喷涂。基层为厚10～13mm的1∶3水泥砂浆，喷涂前须、喷或刷一道胶水溶液（107胶∶水＝1∶3），使基层吸水率趋近于一致和喷涂层黏结牢固。喷涂层厚3～4mm，粒状喷涂应连续三遍完成，波面喷涂必须连续操作，喷至全部泛出水泥浆但又不致流淌为好。在大面喷涂后，按分格位置用铁皮刮子沿靠尺刮出分格缝。喷涂层凝固后再喷罩一层有机硅疏水剂。质量要求表面平整，颜色一致，花纹均匀，不显接槎。

（2）弹涂饰面。在基层上喷刷一遍掺有107胶的聚合物水泥色浆涂层，然后用弹涂器分几遍将不同色彩的聚合物水泥浆弹在已涂刷的涂层上，形成1～3mm大小的扁圆花点。通过不同颜色的组合和浆点所形成的质感，相互交错、互相衬托，有近似于干黏石的装饰效果有做成单色光面、细麻面、小拉毛拍平等多种花色。

弹涂的做法是：在1∶3水泥砂浆打底的底层砂浆面上，洒水润湿，待干至60%～70%时进行弹涂。先喷刷底色浆一道，弹分格线，贴分格条，弹头道色点，待稍干后即弹两道色点，最后进行个别修弹，再进行喷射树脂罩面层。

2. 水刷石施工

施工前准备好石渣、小豆石和颜料。

（1）工艺流程。堵门窗口缝→基层处理→浇水湿润墙面→吊垂直、套方、找规矩、抹灰饼、充筋→分层抹底层砂浆→分格弹线、粘分格条→做滴水线条→抹面层石渣浆→修整，赶实压光，喷刷→起分格条勾缝→养护。

（2）施工工艺。

1）堵门窗口缝。抹灰前检查门窗口位置是否符合设计要求，安装牢固，四周缝用1∶3水泥砂浆塞实抹严。

2）基层处理。混凝土的基层用钢钻子将混凝土墙面均匀凿出麻面，并将板面酥松部分剔除干净，用钢丝刷将粉尘刷掉，用清水冲洗干净，然后浇水湿润。用10%的火碱水将混凝土表面油污坂污垢清刷除净，然后用清水冲洗晾干，采用涂刷素水泥浆或混凝土界面剂等处理方法均可。如采用混凝土界面剂施工时，应按所使用产品要求使用。

砖墙基层是在抹灰前需将基层上的尘土、污垢、灰尘、残留砂浆、舌头灰等清除干净。

3）浇水润湿墙面。基层处理完毕，对墙面进行浇水润湿，一定要浇透湿透。

4）吊垂直、套方、找规矩、做灰饼、充筋。根据建筑高度确定放线方法，高层建筑可利用墙大角、门窗口两边，用经纬仪打直线找垂直。多层建筑时，可从顶层用大线坠吊垂直，绷铁丝找规矩，横向水平线可依据楼层标高或施工+50cm线为水平基准线交圈控制，然后按抹灰操作层抹灰饼，做灰饼时应注意横竖交圈，以便操作。每层抹灰时则以灰饼做基准充筋，使其保证横平竖直。

5）分层抹底层砂浆。先刷一道胶黏性素水泥浆，然后用1∶3水泥砂浆分层装档抹与筋平，然后用木杠刮平，木抹子搓毛或花纹。

6）弹线分格、粘分隔条。根据图纸要求弹线分格、粘分格条，分格条宜采用红松制作，粘前应用水充分浸透，粘时在条两侧用素水泥浆抹成45°八字坡形。粘分格条时注意竖条应粘在所弹立线的同一侧，防止左右乱粘，出现分格不均匀，条粘好后待底层灰呈七八成千后可抹面层灰。

7）做滴水线。一般情况下充筋完成2h左右可开始抹底灰为宜，抹前应先抹一层薄灰，要求将基体抹严，抹时用力压实使砂浆挤入细小缝隙内，接着分层装档、抹与充筋平，用木杠刮找平整，用木抹子搓毛。然后全面检查底子灰是否平整，阴阳角是否方直、整洁，管道后与阴角交接处、墙顶板交接处是否光滑、平整、顺直，并用托线板检查墙面垂直与平整情况。抹灰面接槎应平顺，地面踢脚板或墙裙，管道背后应及时清理干净，做到活完场清。

8）抹面层石渣浆。待底层灰六七成干时首先将墙面润湿涂刷一层胶黏性素水泥浆，然后开始用钢抹子抹面层石渣浆。石渣浆配比按设计要求或根据使用要求及地理环境条件自下往上分两遍与分格条抹平，并及时用靠尺或小杠检查平整度（抹石渣层高于分格条1mm为宜），有坑凹处要及时填补，边抹边拍打揉平，抹好石渣灰后应轻轻拍压使其密实。

9）修整、赶实压光、喷刷。将抹好在分格条块内的石渣浆面层拍平压实，并将内部的水泥浆挤压出来，压实后尽量保证石渣大面朝上，再用铁抹子溜光压实，反复3～4遍。拍压时特别要注意阴阳角部位石渣饱满，以免出现黑边。待面层初凝时（指捺无痕），用水刷子刷不掉石粒为宜。然后开始刷洗面层水泥浆，喷刷分两遍进行，第一遍先用毛刷蘸水刷掉面层水泥浆，露出石粒；第二遍紧随其后用喷雾器将四周相邻部位喷湿，然后自上而下顺序喷水冲洗，喷头一般距墙面100～200mm，喷刷要均匀，使石子露出表面1～2mm为宜。最后用水壶从J二往下将石渣表面冲洗干净，冲洗时不宜过快，同时注意避开大风天，以避免造成墙面污染发花。若使用白水泥砂浆做水刷石墙面时，在最后喷刷时，可用革酸稀释液冲洗一遍，再用清水洗一遍，墙面更显洁净、美观。

10）起分格条、勾缝。喷刷完成后，待墙面水分控干后，小心将分格条取出，然后根据要求用线抹子将分格缝溜平、抹顺直。

11）养护。面层达到一定强度进行养护，一般以7d为宜。

3. 干粘石施工

干粘石的施工可参照水刷石的施工工艺，但要注意以下几点：

（1）为保证黏结层粘石质量，抹灰前应用水湿润墙面，黏结层厚度以所使用石子粒径确定，抹灰时如果底面湿润有干得过快的部位应再补水湿润，然后抹黏结层。抹黏结层宜采用两遍抹成，第一道用同强度等级水泥素浆薄刮一遍，保证结合层粘牢，第二遍抹聚合物水泥砂浆。然后用靠尺测试，严格按照高刮低添的原则操作，否则，易使面层出现大小波浪造成表面不平整，影响美观。在抹黏结层时宜使上下灰层厚度不同，并不宜高于分隔条最好是在下部约1/3高度范围内比上面薄些。整个分格块面层比分格条低1mm左右，石子撒上压实后，不但可保证平整度，且条边整齐，而且可避免下部出现鼓包皱皮现鼓包皱皮现象。

当抹完黏结层后，紧跟其后一手拿装石子的托盘，一手用木拍板向黏结层甩粘石子。要求甩严、甩均匀，并用托盘接住掉下来的石粒，甩完后随即用钢抹子将石子均匀的拍入黏结层，石子嵌入砂浆的深度应不小于粒径的1/2为宜。并应拍实、拍严。操作时要先甩两边，后甩中间，从上至下快速、均匀地进行，甩出的动作应快，用力均匀，不使石子下溜，并应保证左右搭接紧密、石粒均匀，甩石粒时要使拍板与墙面垂直平行，让石子垂直嵌入黏结层内，如果甩时偏上偏下、偏左偏右则效果不佳，石粒浪费也大；甩出用力过大，会使石粒陷入太紧，形成凹陷；用力过小则石粒黏结不牢，出现空白不宜填补；动作慢则会造成部分不合格，修整后宜出接槎痕迹和“花脸”。阳角甩石粒，可将薄靠尺粘在阳角一边，选做邻面干粘石，然后取下薄靠尺抹上水泥腻子，一手持短靠尺在已做好的邻面上一手甩石子并用钢抹子轻轻拍平、拍直，使棱角挺直。

（2）拍平、修整要在水泥初凝前进行，按照顺序先拍边缘，后中间，拍压要轻重结合、均匀一致。

施工完成后，将分隔条、滴水线取出，最后进行喷水养护。

4. 斩假石施工

先抹12mm厚1∶3水泥砂浆底层，养护硬化后弹线分格并黏结8mm×10mm的梯形木条。洒水润湿后，刮素水泥一道，随即抹厚11mm 1∶1.25（水泥：石碴）内掺30%石屑的水泥石碴浆罩面层。罩面层应采取防晒措施，并养护2～3d，待强度达到设计强度的60%～70%时，用剁斧将面层斩毛。斩假石面层的剁纹应均匀，方向和深度一致，棱角和分格缝周边留15mm不剁。一般剁两遍，即可做出近似用石料砌成的墙面。

剁斧工作量很大，后来出现仿斩假石的新施工方法。其做法与斩假石基本相同，只是面层厚度减为8mm，不同处是表面纹路不是剁出，而是用钢篦子拉出。钢篦子用一段锯条夹以木柄制成。待面层收水后，钢篦子沿导向的长木引条轻轻划纹，随划随移动引条。待面层终凝后，仍按原纹路自上而下拉刮几次，即形成与斩假石相似效果的外表。仿斩假石做法如图15-6所示。

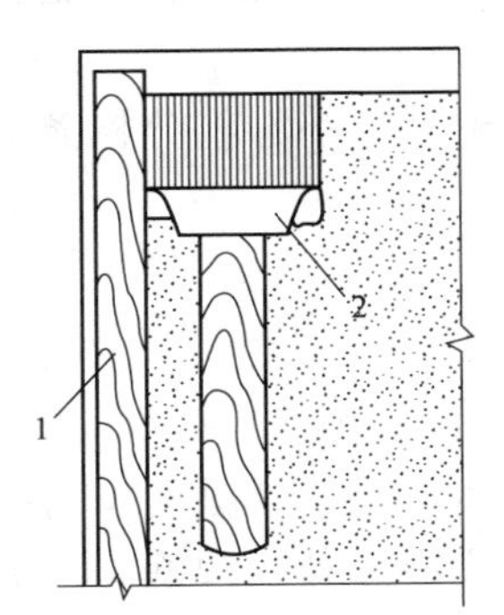

图15-6 仿斩假石
1—木引条；2—钢篦子

5. 水磨石施工

水磨石多用于地面或墙裙。水磨石的制作过程是：

在 12mm 厚的 1∶3 水泥砂浆打底的砂浆终凝后，洒水水润湿，刮水泥素浆一层（厚 1.5～2mm）作为黏结层，找平后按设计的图案镶嵌条，如图 15-7 所示。嵌条有黄铜条、铝条或玻璃条，宽约 8mm，其作用除可做成花纹图案外，还可防止面层面积过大而开裂。安设时两侧用素水泥砂浆黏结固定。然后再刮一层水泥素浆，随即将具有一定色彩的水泥石子浆（水泥∶石子＝1∶1～1∶2.5）填入分格网中，抹平压实，厚度要比嵌条稍高 1～2mm，为使水泥石子浆罩面平整密实，并可补洒一些小石子，使表面石子均匀。待收水后用滚筒滚压，再浇水养护，然后应根据气温、水泥品种，2～5d 后可以开磨，以石子不松动、不脱落，表面不过硬为宜。水磨石要由粗磨、中磨和细磨三遍进行，采用磨石机洒水磨光。粗、中磨后用同色水泥浆擦一遍，以填补砂眼，并养护 2d。细磨后擦草酸一道，使石子表面残存的水泥浆全部分解，石子显露清晰。面层干燥后打蜡，使其光亮如镜。现浇水磨石面层的质量要求是表面平整光滑，石子显露均匀，不得有砂眼、磨纹和漏磨处。分格条的位置准确并全部磨出。

6. 质量要求

（1）装饰抹灰施工表面质量应符合下列要求。

1）水刷石表面应石粒清晰、分布均匀、紧密平整、色泽一致，应无掉粒和接搓痕迹。

2）干粘石表面应色泽一致、不露浆、不漏粘，石粒应黏结牢固、分布均匀，阳角处应无明显黑边。

3）斩假石表面剁纹应均匀顺直、深浅一致，应无漏剁处；阳角处应横剁并留出宽窄一致的不剁边条，棱角应无损坏。

4）装饰抹灰分格条（缝）的设置应符合设计要求，宽度和深度应均匀，表面应平整光滑，棱角应整齐。

5）有排水要求的部位应做滴水线（槽）。滴水线（槽）应政治课顺直，滴水线应内高外低，滴水槽的宽度和深度均不应小于 10mm 应采取加强措施。不同材料基体交接处表面的抹灰，应采取防止开裂的加强措施，当采用加强网时，加强网与各基体的搭接宽度不应小于 100mm。

（2）抹灰装饰工程质量的允许偏差和检验方法见表 15-3。

表 15-3　　抹灰装饰工程的允许偏差和检验方法

项目	允许偏差（mm）				检验方法
	水刷石	斩假石	干粘石	假面砖	
立面垂直度	5	4	5	4	用 2m 靠尺和塞尺检查
表面平整度	3	3	5	4	用 2m 靠尺和塞尺检查
阳角方正	3	3	4	4	用直角检测尺检查

续表

项目	允许偏差（mm）				检验方法
	水刷石	斩假石	干粘石	假面砖	
分格条（缝）直线度	3	3	3	3	用5m线，不足5m拉通线，用钢直尺检查
墙裙、勒脚上口直线度	3	3	—	—	拉5m线，不足5m拉通线，用钢直尺检查

第二节　门窗安装工程

一、木门窗的安装

1. 工艺流程

找规矩弹线，找出门窗框安装位置→掩扇及安装样板→窗框、扇安装→门框安装→门扇安装。

2. 施工工艺

(1) 找规矩弹线，找出门窗框安装位置。结构工程经过核验合格后，即可从项层开始用大线坠吊垂直，检查窗口位置的准确度，并在墙上弹出墨线，门窗洞口结构凸出窗框线时进行剔凿处理。

窗框安装的高度应根据室内+50cm平线核对检查，使其窗框安装在同一标高上。

室外内门框应根据图纸位置和标高安装，并根据门的高度合理设置术砖数量，且每块木砖应钉2个10cm长的钉子并应将钉帽砸扁钉入木砖内，使门框安装牢固。

轻质隔墙应预设带木砖的混凝土块，以保证其门窗安装的牢固性。

(2) 掩扇及安装样板。把窗扇根据图纸要求安装到窗框上此道工序称为掩扇。对掩扇的质量按验评标准检查缝隙大小、五金位置、尺寸及牢固等，符合标准要求作为样板，以此为验收标准和依据。

(3) 窗框、扇安装。弹线安装窗框扇应考虑抹灰层的厚度，并根据门窗尺寸、标高、位置及开启方向，在墙上画出安装位置线。有贴脸的门窗、立框时应与抹灰面平，有预制水磨石板的窗，应注意窗台板的出墙尺寸，以确定立框位置。

窗框的安装标高，以墙上弹+50cm平线为准，用木楔将框临时固定于窗洞内，为保证与相隔窗框的平直，应在窗框下边拉小线找直，并用铁水平尺将平线引入洞内作为立框时标准，再用线坠校正吊直。

(4) 门框安装。应在地面工程施工前完成，门框安装应保证牢固，门框应用钉子与木砖钉牢，一般每边不少于 2 点固定，间距不大于 1.2m。若隔墙为加气混凝土条板时，应按要求间距预留 45mm 的孔，孔深 7～10cm，并在孔内预埋木橛粘 107 胶水泥浆加入孔中（木橛直径应大于孔径 1mm 以使其打入牢固）。待其凝固后再安装门框。

（5）门扇安装。

1）先确定门的开启方向及小五金型号和安装位置，对开门扇扇口的裁口位置开启方向，一般右扇为盖口扇。

2）检查门口尺寸是否正确，边角是否方正，有无窜角；检查门口宽度应量门口的上、中、下三点并在扇的相应部位定点画线；检查门口高度应量门的两侧。

3）将门扇靠在门框上画出相应的尺寸线，如果扇大，则应根据框的尺寸将大出的部分刨去；若扇小，应绑木条，且木条应绑在装合页的一面，用胶黏后并用钉子打牢，钉帽要砸扁，顺木纹送入框内 1～2mm。

4）第一修刨后的门扇应以能塞入口内为宜，塞好后川木楔顶住临时固定。按门扇与口边缝宽合适尺寸，画第二次修刨线，标上合页槽的位置（距门扇的上、下端 1/10，且避开上、下冒头）。同时应注意口与扇安装的平整。

5）门扇二次修刨，缝隙尺寸合适后即安装合页。应先用线勒子勒出合页的宽度，根据上、下冒头 1/10 的要求，钉出合页安装边线，分别从上、下边线往里量出合页长度，剔合页槽时应留线，不应剔的过大、过深。

6）合页槽剔好后，即安装上、下合页，安装时应先拧一个螺丝，然后关上门检查缝隙是否合适，口与扇是否平整，无问题后方可将螺丝全部拧上拧紧。木螺丝应钉入全长 1/3 拧入 2/3。如门窗为黄花松或其他硬木时，安装前应先打跟。眼的孔径为木螺丝 0.9 倍，眼深为螺线长的 2/3，打眼后再拧螺丝，以防安装劈裂或螺丝拧断。

7）安装玻璃门时，一般玻璃裁口在走廊内，厨房、厕所玻璃裁口在室内。

3. 质量检验

木门窗安装允许偏差见表 15-4。

表 15-4　木门窗安装的允许偏差

项次	项目	允许偏差（mm）	
		Ⅰ级	Ⅱ、Ⅲ级
1	框的正、侧面垂直度	3	
2	框对角线长度	2	3
3	框与扇接触平整度	2	

二、铝合金门窗的安装

1. 工艺流程

划线定位→防腐处理→铝合金窗户的安装就位→固定铝合金窗→处理窗框与墙体间缝隙→安装窗扇及窗玻璃→安装五金配件。

2. 施工工艺

(1) 划线定位。根据设计图纸中窗户的安装位置、尺寸，依据窗户中线向两边量出窗户边线。多层地下结构时，以顶层窗户边线为准，用经纬仪将窗边线下引，并在各层窗户口处划线标记，对个别不直的窗口边应及时处理。

窗户的水平位置应以楼层室内＋50cm 的水平线为准，量出窗户下皮标高，弹线找直。每一层同标高窗户必须保持窗下皮标高一致。

(2) 防腐处理。窗框四周外表面的防腐处理应按设计要求进行。如设计无要求时，可涂刷防腐涂料或粘贴塑料薄膜进行保护，以免水泥砂浆直接与铝合金门窗表面接触，产生电化学反应，腐蚀铝合金门窗。

安装铝合金窗户时，如果采用连接铁件固定，则连接铁件、固定件等安装用金属零件应优先选用不锈钢件，否则必须进行防腐处理，以免产生电化学反应，腐蚀铝合金窗户。

(3) 铝合金窗户的安装就位。根据划好的窗户定位线，安装铝合金窗框，并及时调整好窗框的水平、垂直及对角线长度等符合质量标准，然后用木楔临时固定窗框。

(4) 固定铝合金窗。当墙体上预埋有铁件时，可把铝合金窗框上的铁脚直接与墙体上的预埋铁件焊牢；当墙体上没有预埋铁件时，可用金属膨胀螺栓或塑料膨胀螺栓将铝合金窗的铁脚固定到墙上。混凝土墙体可用射钉枪把铝合金窗的铁脚固定到墙体上；当墙体上没有预埋件时，也可用电锤在墙体上钻 80mm 深、直径为 ϕ6mm 的孔，用 L 形 80mm×50mm 的 ϕ6mm 钢筋，在长的一端粘涂 107 胶水泥浆，然后打入孔中。待 107 胶水泥浆终凝后，再将铝合金门窗的铁脚与埋置的 ϕ6mm 钢筋焊牢。

常用的固定方法如图 15-7 所示。

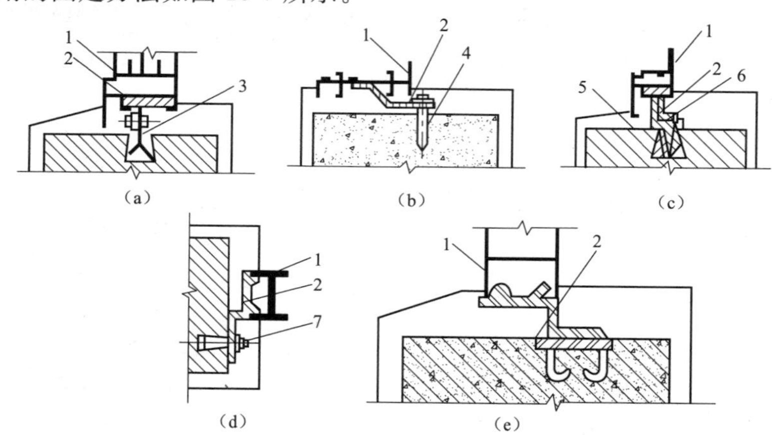

图 15-7 铝合金门窗常用固定方法

(a) 预留洞燕尾铁脚连接；(b) 射钉连接方式；(c) 预埋木砖连接；
(d) 膨胀螺钉连接；(e) 预埋铁件焊接连接

1—门窗框；2—连接铁件；3—燕尾铁脚；4—射（钢）钉；5—木砖；6—木螺钉；7—膨胀螺钉

（5）窗框与墙体间缝隙的处理。铝合金窗安装固定后，应先进行隐蔽工程验收。合格后及时按设计要求处理窗框与墙体之间的缝隙。

如果设计没有要求时，可采用矿棉或玻璃棉毡条分层填塞门窗框与墙体间的缝隙，外表面留 5～8mm 深槽口填嵌密封胶，严禁用水泥砂浆填塞。

（6）安装窗扇及窗玻璃。窗扇和窗户玻璃应在洞口墙体表面装饰完工后安装；平开窗户在框与扇格架组装上墙、安装固定好后再安玻璃，即先调整好框与扇的缝隙，再将玻璃安入框、扇并调整好位置，最后镶嵌密封条、填嵌密封胶。

（7）安装五金配件。五金配件与窗户连接用镀锌螺钉。安装的五金配件应结实牢固，使用灵活。

三、钢门窗的安装

1. 工艺流程

弹控制线→立钢门窗→校正→门窗框固定→安装五金零件一安装纱门窗。

2. 施工工艺

（1）弹控制线。门窗安装前应弹出离楼地面 500mm 高的水平控制线，按门窗安装标高、尺寸和开启方向，在墙体预留洞口四周弹出门窗就位线。

（2）立钢门窗、校正。钢门窗采用后塞框法施工，安装时先用木楔块临时固定，木楔块应塞在四角和中梃处；然后用水平尺、对角线尺、线锤校正其垂直于水平。框扇配合间隙在合页面不应大于 2mm，安装后要检查开关灵活、无阻滞和回弹现象。

（3）门窗框固定。门窗位置确定后，将铁脚与预埋件焊接或埋入预留墙洞内，用 1∶2 水泥砂浆或细石混凝土将洞口缝隙填实；养护 3d 后取如木楔，用 1∶2 泥砂浆嵌填框与墙之间缝隙。钢窗铁脚的形状如图 15-8 所示，每隔 500～700mm 设置一个，且每边不少于 2 个。

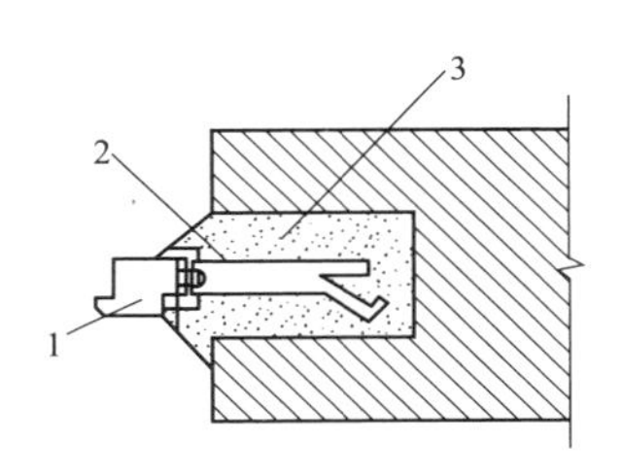

图 15-8 钢窗预埋铁脚
1—窗框；2—铁脚；
3—留洞 60×60×100

（4）安装五金零件。安装零附件宜在内外墙装饰结束后进行。安装零附件前，应检查门窗在洞口内是否牢固，开启应灵活，关闭要严密。五金零件应按生产厂家提供的装配图试装合格后，方可进行全面安装。密封条应在钢门窗涂料干燥后按型号安装压实。各类五金零件的转动和滑动配合处应灵活，无卡阻现象。装配螺钉拧紧后不得松动，埋头螺钉不得高于零件表面。钢门窗上的渣土应及时清除干净。

（5）安装纱门窗。高度或宽度大于 1400mm 的纱窗，装纱前应在纱扇中部用木条临时支撑。检查压纱条和扇配套后，将纱裁成比实际尺寸宽 50mm 的纱布，绷纱时先用螺丝拧入上下压纱条再装两侧压纱条，切除多余纱头。金属纱装完后集中刷油漆，交工前再将门窗扇安在钢门窗框上。

3. 质量检验

钢门窗安装的允许偏差见表15-5。

表15-5 钢门窗安装允许偏差

项目	允许偏差（mm）	检查方法
框的垂直度	3	吊1m线
框的对角线长度差	3	用尺量对角线

第三节 饰面砖、板工程

饰面砖从使用部位上来分主要有外墙砖、内墙砖和特殊部位的艺术造型砖3种。从烧制的材料及其工艺来分，主要有陶瓷锦砖（马赛克）、陶质地砖、红缸砖、石塑防滑地砖、瓷质地砖、抛光砖、釉面砖、玻化砖和钒钛黑瓷板地砖等。

饰面板有石材饰面板（包括天然石材和人造石材）、金属饰面板、塑料饰面板、镜面玻璃饰面板等。

一、饰面砖施工

1. 陶瓷锦砖

陶瓷锦砖又称马赛克，是将小块的陶瓷砖面层贴在一张3000mm^{2}的纸板上。陶瓷锦砖施工是采用粘贴法，将锦砖镶贴到基层上。施工时先用1∶3水泥砂浆做底层，厚为12mm，找平划毛，洒水养护。镶贴前弹出水平、垂直分格线，找好规矩。然后在湿润的底层上刷水泥浆一道，再抹一层厚2～3mm、1∶0.3的水泥纸筋灰或厚3mm、1∶1的水泥砂浆（砂须过筛）黏结层，用靠尺刮平，同时将锦砖底面向上铺在木垫板上，缝灌细砂（或刮白水泥浆），并用软毛刷刷净底面浮砂，再在底面上薄涂一层黏结灰浆。然后逐张将陶瓷锦砖沿线由下往上、对齐接缝粘贴于墙上。粘贴时应仔细拍实，使其表面平整。待水泥初凝后，用软毛刷将护纸蘸水湿润，半小时后揭纸，并检查缝的平直大小，随手拨正。粘贴48h后，取出分格条，大缝用1∶1水泥砂浆嵌缝，其他小缝均用素水泥浆嵌平。待嵌缝材料硬化后，用稀盐酸溶液刷洗，随即再用清水冲洗干净。

2. 釉面瓷砖

釉面瓷砖的施工采用镶贴方法，将瓷砖镶贴到基层上。镶贴前应经挑选、预排，使规格、颜色一致，灰缝均匀。基层应清扫干净，浇水湿润，用1∶3水泥砂浆打底，厚度6～10mm。找平划毛，打底后3～4d开始镶贴瓷砖。镶贴前找好规矩，按砖的实际尺寸弹出横竖控制线，定出水平标准和皮数。接缝宽度应符合设计要求，一般为1～1.5mm。然后用废瓷砖按黏结层厚度用混合砂浆贴灰饼，找出标准。灰饼间距一般为1.5～1.6mm。阳角处要两面挂直。镶贴时先润湿底层，根据弹线稳好水平尺板，作为第一皮瓷砖镶贴的依据，由下往上逐层粘贴。为确保黏结牢固，瓷砖的吸水率不得大于18%，且在镶贴前应浸水2h以上，取出晾干备用。采用聚合物水泥砂浆为黏结层时，可抹一行（或数行）贴一行（或数行）；采用厚6～10mm、1∶2的水泥砂浆（或掺入水泥重量的15%石灰膏）作黏结层时，则将砂浆均匀刮抹在瓷砖背面，放在水平尺板上口贴于墙面，并将挤出的砂浆随时擦净。镶贴后轻敲瓷砖，使其黏结牢固，并用靠尺靠平，修正缝隙。

室外接缝应用水泥浆或水泥砂浆嵌缝；室内接缝宜用与瓷砖相同颜色的石灰膏或水泥浆嵌缝。待整个墙面与嵌缝材料硬化后，用棉纱擦干净或用稀盐酸溶液刷洗，然后用清水冲洗干净。

二、饰面板施工

大理石和水磨石饰面板分为小规格板块（边长<400mm）和大规格板块（边长>400mm）两种。一般情况下，小规格板块多采用粘贴法安装；大规格板块或高度超过1m时，多采用安装法施工。

墙面与柱面粘贴或安装饰面板，应先抄平，分块弹线，并按弹线尺寸及花纹图案预拼和编号。安装时应找正吊直后采取临时固定措施，再校正尺寸，以防灌注砂浆时板位移动。

1. 小板块施工

小规格的大理石和水磨石板块施工时，首先采用1∶3的水泥砂浆做底层，厚度约12mm，要求刮平，找出规矩，并将表面划毛。底层浆凝固后，将湿润的大理石或水磨石板块，抹上厚度2～3mm的素水泥浆粘贴到底层上，随手用木槌轻敲、用水平尺找平找直。大理石或水磨石板块使用前应在清水中浸泡2～3h后阴干备用。整个大理石或水磨石饰面工程完工后，应用清水将表面冲洗干净。

2. 大板块施工

大规格的大理石和水磨石采用安装法施工，如图15-9所示。施工时首先在基层的表面上绑扎$\phi6$的钢筋骨架与结构中预埋件固定。安装前大理石或水磨石板块侧面和背面应清扫干净并修边打眼，每块板材上、下边打眼数量均不少于两个，然后穿上铜丝或铅丝把板块固定在钢筋骨架上，离墙保持20mm空隙，用托线板靠直靠平，要求板块交接处四角平整。水平缝中插入木楔控制厚度，上下口用石膏临时固定（较大的板块则要加临时支撑）。板块安装由最下一行的中间或一端开始，依次安装。每铺完一行后，用1∶2.5水泥砂浆分层灌浆，每层灌浆高度150～200mm，并插捣密实，待其初凝后再灌上一层浆，至距上口50～100mm处停止。安装第二行板块前，应将上口临时固定的石膏剔掉并清理干净缝隙。

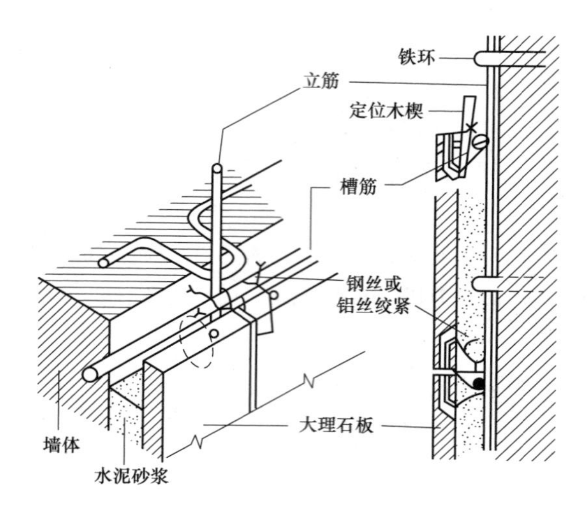

图 15-9　大理石安装法

采用浅色的大理石或水磨石饰面板时，灌浆须用白水泥和白石碴，以防变色，影响质量。完工后，表面应清洗干净，晾干后方可打蜡、擦亮。

3. 质量检验

(1) 采用由上往下铺贴方式，应严格控制好时间和顺序，否则易出现锦砖下坠而造成缝隙不均或不平整。

(2) 饰面工程的表面不得有变色、起碱、污点、砂浆流痕和显著的光泽受损处，不得有歪斜、翘曲、空鼓、缺棱、掉角、裂缝等缺陷。

(3) 饰面工程的表面颜色应均匀一致，花纹线条应清晰、整齐、深浅一致，不显接槎，表面平整度的允许偏差小于 4mm。

(4) 饰面板的接缝宽度若无设计要求时，应符合表 15-6 的规定。

表 15-6　饰面板的接缝宽度

项次	名称		接缝宽度（mm）
1	天然石	光面、镜面	1
2		粗磨面、麻面、条纹面	5
3		天然面	10
4	人造石	水磨石	2
5		水刷石	10
6		大理石、花岗石	1

(5) 饰面工程质量的允许偏差见表 15-7。

表 15-7　　饰面工程质量允许偏差

项目	允许偏差（mm）											检验方法
	天然石						人造石		饰面砖			
	光面	镜面	粗磨面	麻面	条纹面	天然面	水磨石	水刷石	外墙面砖	釉面砖	陶瓷锦砖	
表面平整	1		3			—	2	4	2			用 2m 直尺和楔形塞尺检查
立面垂直	2		3			—	2	4	2			用 2m 托线板检查
阳角方正	2		4			—	2	—	2			用 200mm 方尺检查
接缝平直	2		4			5	3	4	32			5m 接线检查，不足 5m 拉通线检查
墙裙上口平直	2		3			3	2	3	2			
接缝高度	0.3		3			—	0.5	3	室外 1、室内 0.5			用直尺和楔形塞尺检查
接缝宽度	0.5		1			2	0.5	2	—			用尺检查

第四节　吊　顶　工　程

吊顶是一种室内装修，具有美观、保温、防潮、吸声和隔热等作用。是现代装饰中的重要组成部分。

吊顶由吊筋、龙骨和面层三部分组成。

一、吊筋

吊筋主要承受吊顶棚的重力，并将这一重力直接传递给结构层。同时还能用来调节吊顶的空间高度。

现浇钢筋混凝土楼板吊筋做法如图 15-10 所示。预制板缝中设吊筋如图 15-11 所示。

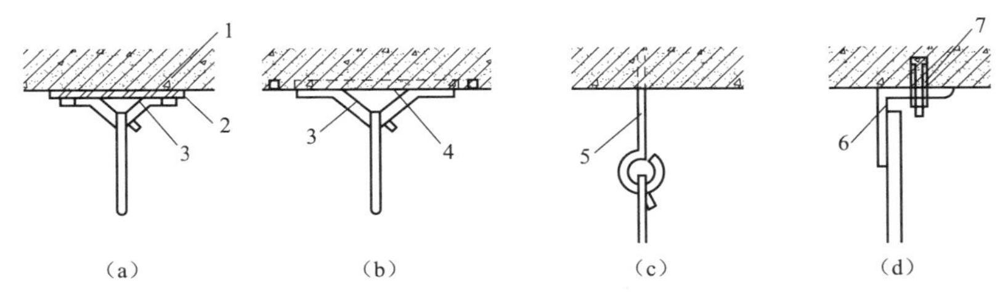

图 15-10　吊筋固定方法（一）

（a）射钉固定；（b）预埋铁件固定；（c）预埋 $\phi6$ 钢筋吊环；（d）金属膨胀螺丝固定

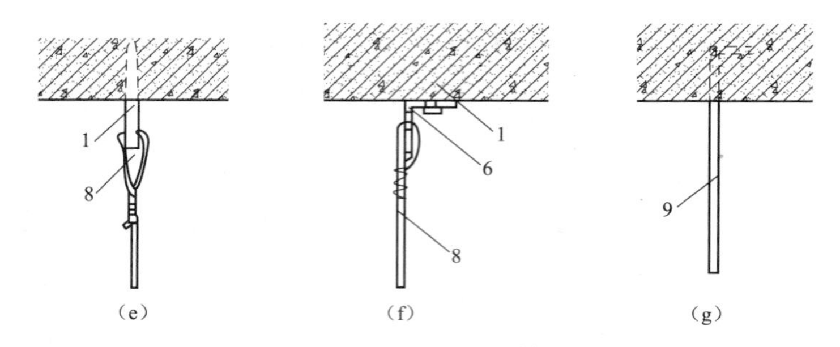

图 15-10 吊筋固定方法（二）

(e) 射钉直接连接钢丝（或 8 号铁丝）；(f) 射钉角铁连接法；(g) 预埋 8 号镀锌铁丝

1—射钉；2—焊板；3—ϕ10 钢筋吊环；4—预埋钢板；5—ϕ6 钢筋；6—角钢；

7—金属膨胀螺丝；8—铝合金丝（8、12、14 号）；9—8 号镀锌钢丝

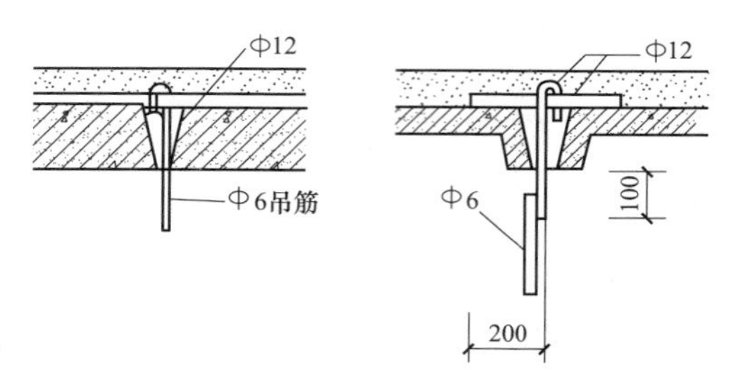

图 15-11 在预制板上设吊筋方法

二、龙骨安装

按制作材料的不同，可分为木龙骨、轻钢龙骨和铝合金龙骨。

1. 木龙骨

吊顶骨架采用木骨架的构造形式。使用木龙骨其优点是加工容易、施工也较方便，容易做出各种造型，但因其防火性能较差只能适用于局部空间内使用。木龙骨系统又分为主龙骨、次龙骨、横撑龙骨，木龙骨规格范围为 60mm×80mm～20mm×30mm。在施工中应作防火、防腐处理。木龙骨吊顶的构造形式如图 15-12 所示。

主龙骨沿房间短向布置，用事先预埋的钢筋圆钩穿上 8 号镀锌铁丝将龙骨拧紧，或用 ϕ6 或 ϕ8 螺栓与预埋钢筋焊牢，穿透主龙骨上紧螺母。吊顶的起拱一般为房间短向的 1/200。次龙骨安装时，按照墙上弹出的水平线，先钉四周小龙骨，然后按设计要求分档划线钉次龙骨，最后横撑龙骨。

2. 轻钢龙骨

吊顶骨架采用轻钢龙骨的构造形式。轻钢龙骨有很好的防火性能，再加上轻钢龙骨都是标准规格且都有标准配件，施工速度快，装配化程度高，轻钢骨

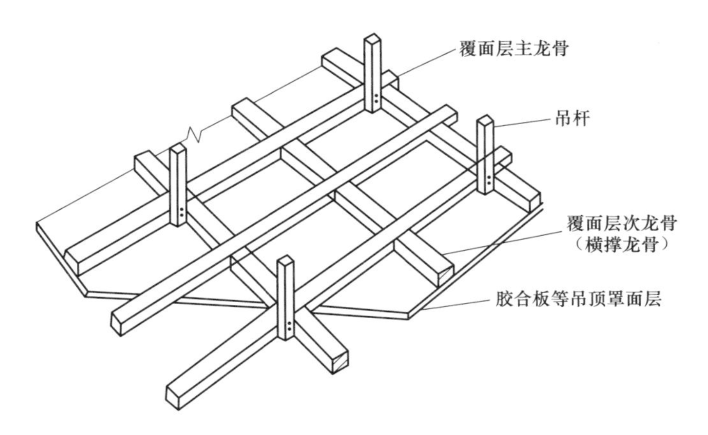

图 15-12 木龙骨吊顶

架是吊顶装饰最常用的骨架形式。轻钢龙骨按断面形状可分为 U 形、C 形、T 形、L 形等几种类型；按荷载类型分有 U60 系列、U50 系列、U38 系列等几类。每种类型的轻钢龙骨都应配套使用。轻钢龙骨的缺点是不容易做成较复杂的造型，轻钢龙骨构造形式如图 15-13 所示。

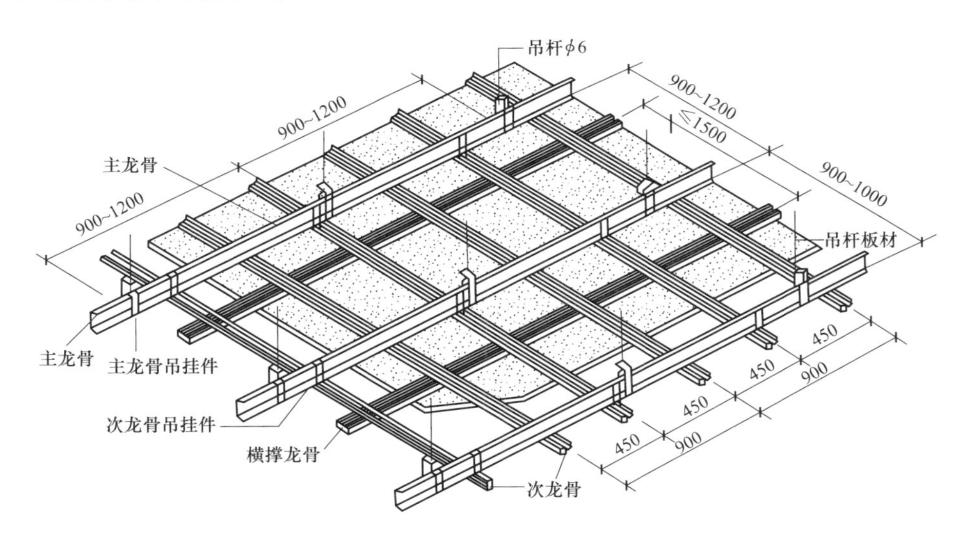

图 15-13 轻钢龙骨吊顶

3. 铝合金龙骨

合金龙骨常与活动面板配合使用，其主龙骨多采用 U60、U50、U38 系列及厂家定制的专用龙骨，其次龙骨则采用 T 形及 L 形的合金龙骨，次龙骨主要承担着吊顶板的承重功能，又是饰面吊顶板装饰面的封、压条。合金龙骨因其材质特点不易锈蚀，但刚度较差容易变形。

4. 安装程序

龙骨的安装顺序是：弹线定位→固定吊杆→安装主龙骨→安装次龙骨→横撑龙骨。

(1) 弹线定位。根据楼层标高水平线，用尺竖向量至顶棚设计标高，沿墙四周弹出顶棚标高水平线（水平允许偏差±5mm），并沿顶棚标高水平线在墙上划好龙骨分档位置线。

(2) 固定吊杆。按照墙上弹出的标高线和龙骨位置线，找出吊点中心，将吊杆焊接在预埋件上。未设预埋件时，可在吊点中心用射钉固定吊杆或铁丝，计算好吊杆的长度，确定吊杆下端的杆高。与吊挂件连接一端的套丝长度应留好余地，并配好螺母。同时，按设计要求是否上人，查标准图集选用。

(3) 安装主龙骨。吊杆安装在主龙骨上，根据龙骨的安装程序，因为主龙骨在上，所以吊件同主龙骨相连，再将次龙骨用连接件与主龙骨固定。在主、次龙骨安装程序上，可先将主龙骨与吊杆安装完毕，再安次龙骨；也可主、次龙骨一齐安装。然后调平主龙骨，拧动吊杆螺栓，升降调平。

(4) 固定次龙骨。次龙骨垂直于主龙骨布置，交叉点用次龙骨吊挂件将其固定在主龙骨上。吊挂件上端挂在主龙骨上，挂件U形腿用钳子扣入主龙骨内，次龙骨的间距因饰面板是密缝安装还是离缝安装而异。次龙骨中距应计算准确，并要翻样而定。次龙骨的安装程序是预先弹好位置，从一端依次安装到另一端。

(5) 固定横撑龙骨。横撑龙骨应用次龙骨截取。安装时，将截取的次龙骨的端头插入支托，扣在次龙骨上，并用钳子将挂搭弯入次龙骨内。组装好后的次龙骨和横撑龙骨底面要求平齐。

三、饰面板安装

吊顶的饰面板材包括：纸面石膏装饰吸声板、石膏装饰吸声板、矿棉装饰吸声板、珍珠岩装饰吸声板、聚氯乙烯塑料天花板、聚苯乙烯泡沫塑料装饰吸声板、钙塑泡沫装饰吸声板、金属微穿孔吸声板、穿孔吸声石棉水泥板、轻质硅酸钙吊顶板、硬质纤维装饰吸声板、玻璃棉装饰吸声板等。选材时要考虑材料的密度、保温、隔热、防火、吸声、施工装卸等性能，同时应考虑饰面的装饰效果。

1. 板面的接缝处理

(1) 密缝法。指板之间在龙骨处对接，也叫对缝法。板与龙骨的连接多为粘接和钉接。接缝处易产生不平现象，需在板上不超过200mm间距用钉或用胶黏剂连接，并对不平处进行修整。

(2) 离缝法。

1) 凹缝。两板接缝处利用板面的形状和长短做出凹缝，有V形缝和矩形缝两种，缝的宽度不小于10mm。由板的形状形成的凹缝可不必另加处理；利用板厚形成的凹缝中，可涂颜色，以强调吊顶线条的立体感。

2）盖缝。板缝不直接暴露在外，而用次龙骨或压条盖住板缝，这样可避免缝隙宽窄不均，使饰面的线型更为强烈。

饰面板的边角处理，根据龙骨的具体形状和安装方法有直角、斜角、企口角等多种形式。

2. 饰面板与龙骨连接

（1）黏结法。用各种胶黏剂将板材粘贴于龙骨上或其他基板上。

（2）钉接法。即用铁钉或螺钉将饰面板固定于龙骨上。木龙骨以铁钉钉接，型钢龙骨以螺钉连接，钉距视材料而异。适用于钉接的饰面板有胶合板、纤维板、木板、铝合金板、石膏板、矿棉吸声板和石棉水泥板等。

（3）挂牢法。即利用金属挂钩将板材挂于龙骨下的方法。

（4）搁置法。即将饰面板直接搁于龙骨翼缘上的做法。

（5）卡牢法。即利用龙骨本身或另用卡具将饰面板卡在龙骨上的做法。常用于以轻钢、型钢龙骨配以金属板材等。

3. 质量检验

吊顶龙骨安装工程质量要求及检验方法见表 15-8 所示。吊顶饰面板安装允许偏差和检验方法见表 15-9。

表 15-8　　吊顶龙骨安装工程质量要求及检验方法

项次	项目	质量要求		检验方法
1	钢木龙骨的吊杆、主梁、搁栅（主筋、横撑）外观	合格 优良	有轻度弯曲，但不影响安装，木吊杆无劈裂顺直、无弯曲、无变形、木吊杆无劈裂	观察检查
2	吊顶内填充料	合格 优良	用料干燥、铺设厚度符合要求 用料干燥、铺设厚度符合要求，且均匀一致	观察、尺量、检查
3	轻钢龙骨、铝合金龙骨外观	合格 优良	角缝吻合、表面平整、无翘曲、无锤印 角缝吻合、表面平整、无翘曲、无锤印、接缝均匀一致，周围与墙面密合	观察检查

表 15-9　　吊顶饰面板安装的允许偏差和检验方法

项次	项目	允许偏差（mm）										检验方法
		石膏板			矿棉装饰吸声板	木质板		塑料板		纤维水泥加压板	金属装饰板	
		石膏装饰板	深浮雕嵌式装饰石膏板	纸面石膏板		胶合板	纤维板	钙塑装饰板	聚氯乙烯塑料天花板			
1	表面平整	3	3	3	2	2	3	3	2		3	用 2m 靠尺和楔形塞尺检查

续表

项次	项目	允许偏差（mm）										检验方法
		石膏板			矿棉装饰吸声板	木质板		塑料板		纤维水泥加压板	金属装饰板	
		石膏装饰板	深浮雕嵌式装饰石膏板	纸面石膏板		胶合板	纤维板	钙塑装饰板	聚氯乙烯塑料天花板			
2	接缝平直	3	3	3	3	3	3	4	3		<1.5	接线 5m 长或通线、尺量检查
3	压条平直	3	3	3	3	3	3	3	3	3	3	接线 5m 长或通线、尺量检查
4	接缝高低	1	1	1	1	0.5	0.5	1	1	1	1	用直尺和楔形塞尺检查
5	压条间距	2	2	2	2	2	2	2	2	2	2	尺量检查

第五节　隔　墙　工　程

室内完全分隔开的叫隔墙。将室内局部分隔，而其上部或侧面仍然连通的叫隔断。

隔墙按用材可分为砖隔墙、轻钢龙骨隔墙、玻璃隔墙、活动式隔墙、集成式隔墙等。

一、砖隔墙

砌筑隔墙一般采用半砖顺砌。砌筑底层时，应先做一个小基础；楼层砌筑时，必须砌在梁上，梁的配筋要经过计算。不得将隔墙砌在空心板上。隔墙用 M2.5 以上的砂浆砌筑，隔墙的接槎见图 15-14 所示。

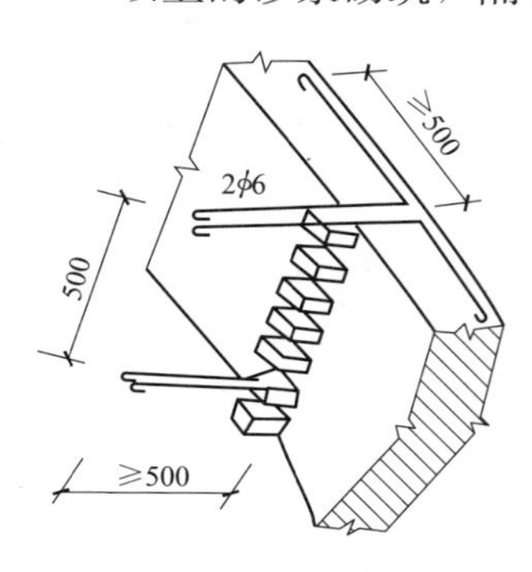

图 15-14　隔墙的接槎

半砖隔墙两面都要抹灰，但为了不使抹灰后墙身太厚，砌筑两面应较平整。隔墙长度超过 6m 时，中间要设砖柱；高度超过 4m 时，要设钢筋混凝土拉结带。隔墙到顶时，不可将最上面一皮砖紧顶楼板，应预留 30mm 的空隙，抹灰时将两面封住即可。

二、玻璃隔墙

1. 工艺流程

定位放线→固定隔墙边框架→玻璃板安装→压条固定。

2. 施工工艺

（1）定位放线。根据图纸墙位放墙体定位线。基底应平整、牢固。

（2）固定框架。根据设计要求选用龙骨，木龙骨含水率必须符合规范规定。金属框架时，多选用铝合金型材或不锈钢型材。采用钢架龙骨或木制龙骨，均应做好防火防腐处理，安装牢固。

（3）玻璃板安装及压条固定。把已裁好的玻璃按部位编号，并分别竖向堆放待用。安装玻璃前，应对骨架、边框的牢固程度、变形程度进行检查，如有不牢固应予以加固。玻璃与基架框的结合不宜太紧密，玻璃放入框内后，与框的上部和侧边应留有 3～5mm 左右的缝隙，防止玻璃由于热胀冷缩而开裂。

（4）玻璃板与木基架的安装。

1）用木框安装玻璃时，在木框上要裁口或挖槽，校正好木框内侧后定出玻璃安装的位置线，并固定好玻璃板靠位线条，如图 15-15 所示。

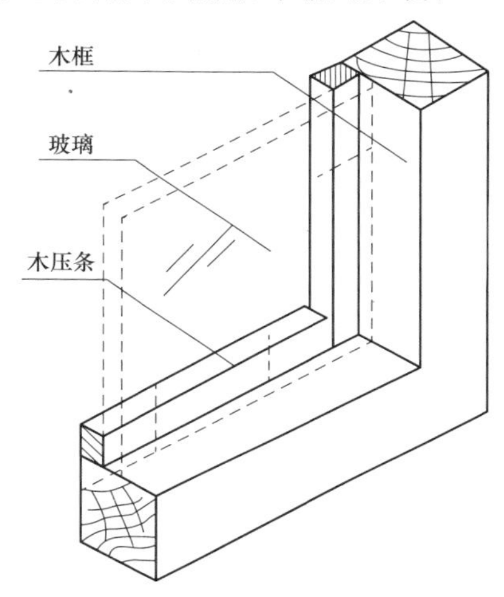

图 15-15　木框安装玻璃方法

2）把玻璃装入木框内，其两侧距木框的缝隙应相等，并在缝隙中注入玻璃胶，然后钉上固定压条，固定压条宜用钉枪钉。

3）对面积较大的玻璃板，安装时应用玻璃吸盘器将玻璃提起来安装。

三、活动式隔墙

现阶段的活动式隔墙使用做多的是推拉直滑式隔墙，这种隔墙使用方便，安装简单，被大多数人们所喜爱。

1. 工艺流程

定位放线→隔墙板两侧藏板房施工→上下导轨安装→隔扇制作→隔扇安装→密封条安装→调试验收。

2. 施工工艺

（1）定位放线。按设计确定的隔墙位置，在楼地面弹线，并将线引测至顶棚和侧墙。

（2）隔墙板两侧藏板房施工。根据现场情况和隔断样式设计藏板房及轨道走向，以方便活动隔板收纳，藏板房外围护装饰按照设计要求施工。

（3）上下导轨安装。

1）上轨道安装。为装卸方便，隔墙的上部有一个通长的上槛，一般上槛的形式有两种：一种是槽形，一种是 T 形。都是用钢、铝制成的。顶部有结构梁的，通过金属胀栓和钢架将轨道固定于吊顶上，无结构梁固定于结构楼板，做型钢支架安装轨道，多用于悬吊导向式活动隔墙。

滑轮设在隔扇顶面正中央，由于支撑点与隔扇的重心位于同一条直线上，楼地面上就不必再设轨道。上部滑轮的形式较多。隔扇较重时，可采用带有滚珠轴承的滑轮，隔扇较轻时，以用带有金属轴套的尼龙滑轮或滑钮。

作为上部支承点的滑轮小车组，与固定隔扇垂直轴要保持自由转动的关系，以便隔扇能够随时改变自身的角度。垂直轴内可酌情设置减震器，以保证隔扇能在不大平整的轨道上平稳地移动。

2）下轨道安装。一般用于支承型导向式活动隔墙。当上部滑轮设在隔扇顶面的一端时，楼地面上要相应地设轨道，隔扇底面要相应地设滑轮，构成下部支承点。这种轨道断面多数是 T 形的。如果隔扇较高，可在楼地面上设置导向槽，在楼地面相应地设置中间带凸缘的滑轮或导向杆，防止在启闭的过程中间侧摇摆。

（4）隔扇制作。移动式活动隔墙的隔扇采用金属及木框架，两侧贴有木质纤维板或胶合板，根据设计要求覆装饰面。隔声要求较高的隔墙，可在两层板之间设置隔音层，并将隔扇的两个垂直边做成企口缝，以便使相邻隔扇能紧密地咬合在一起，达到隔音的目的。

隔扇的下部按照设计做踢脚。

隔墙板两侧做成企口缝等盖缝、平缝。活动隔墙的端部与实体墙相交处通常要设一个槽形的补充构件，以便于调节隔墙板与墙面间距离误差和便于安装和拆卸隔扇，并可有效遮挡隔扇与墙面之间的缝隙。隔音要求高的，还要根据设计要求在槽内填充隔音材料。

隔墙板上侧采用槽形时，隔扇的上部可以做成平齐的；采用 T 形时，隔扇的上部应设较深的凹槽，以使隔扇能够卡到 T 形上槛的腹板上。

（5）隔扇的安放与连接。分别将隔扇两端嵌入上下槛导轨槽内，利用活动卡子连接固定，同时拼装成隔墙，不用时可打开连接重叠置入藏板房内，以免占用使用面积。隔扇的顶面与平顶之间保持 50mm 左右的空隙，以便于安装和拆卸。

（6）密封条安装。隔扇的底面与楼地面之间的缝隙用橡胶或毡制密封条遮盖。隔墙板上下预留有安装隔音条的槽口，将产品配套的隔音条背筋塞入槽口内，当楼地面上不设轨道时，可在隔扇的底面设一个富有弹性的密封垫，并相应地采取专门装置，使隔墙于封闭状态时能够稍稍下落，从而将密封垫紧紧地压在楼地面，确保隔音条能够将缝隙较好地密闭。

3. 质量检验

（1）活动隔墙表面应色泽一致、平整光滑、洁净，线条应顺直、清晰。

（2）活动隔墙上的孔洞、槽、盒应位置正确、套割吻合、边缘整齐。

（3）活动隔墙推拉应无噪声。

（4）活动隔墙安装的允许偏差和检验方法应符合表 15-10 的规定。

表 15-10　　活动隔墙安装的允许偏差和检验方法

项次	项目	允许偏差（mm）	检验方法
1	立面垂直度	3	用 2m 垂直检测尺检查
2	表面平整度	2	用 2m 靠尺和塞尺检查
3	接缝直线度	3	拉 5m 线，不足 5m 拉通线，用钢直尺检查
4	接缝高低差	2	用钢直尺和塞尺检查
5	接缝宽度	2	用钢直尺检查

第六节　涂　饰　工　程

涂饰工程是指将涂料敷于建筑物或构件表面，并能与建筑物或构件表面材料很好的黏结，在干结后形成完整涂膜（涂层）的装饰饰面工程。建筑涂料是继传统刷浆材料之后产生的一种新型饰面材料，它具有施工方便、装饰效果好、经久耐用等优点。涂料涂饰是当今建筑饰面采用最为广泛的一种方式。

一、建筑涂料施工

各种建筑涂料的施工过程大同小异，大致上包括基层处理、刮腻子与磨平、涂料施涂三个阶段工作。

1. 基层处理

（1）混凝土及砂浆的基层处理。为保证涂膜能与基层牢固黏结在一起，基层表面必须干净、坚实，无酥松、脱皮、起壳、粉化等现象，基层表面的泥土、灰尘、污垢、黏附的砂浆等应清扫干净，酥松的表面应铲除。为保证基层齐而平整，缺棱掉角处应用 1∶3 水泥砂浆（或聚合物水泥砂浆）修补，表面的麻面、缝隙及凹陷处应用腻子填补修平。

（2）木材与金属基层的处理。为保证涂抹与基层粘接牢固，木材表面的灰尘、污垢和金属表面的油渍、鳞皮、锈斑、焊渣、毛刺等必须清除干净。木料表面的裂缝等在清理和修整后应用石膏腻子填补密实、刮平收净，用砂纸磨光以使表面平整。木材基层缺陷处理好后表面上应作打底子处理，使基层表面具有均匀吸收涂料的性能，以保证面层的色泽均匀一致。金属表面应刷防锈漆，涂料施涂前被涂物件的表面必须干燥，以免水分蒸发造成涂膜起泡，一般木材含水率不得大于 12%，金属表面不得有湿气。

2. 刮腻子与磨平

涂膜对光线的反射比较均匀，因而在一般情况下不易觉察的基层表面细小的凹凸不平和砂眼，在涂刷涂料后由于光影作用都将显现出来，影响美观。所以基层必须刮腻子数遍予以找平，并在每遍所刮腻子干燥后用砂纸打磨，保证基层表面平整光滑。需要刮腻子的遍数，视涂饰工程的质量等级，基层表面的平整度和所用的涂料品种而定。

3. 涂料的施涂

（1）一般规定。涂料在施涂前及施涂过程中，必须充分搅拌均匀，用于同一表面的涂料，应注意保证颜色一致。涂料黏度应调整合适，使其在施涂时不流坠、不显刷纹，如需稀释应用该种涂料所规定的稀释剂稀释。涂料的施涂遍数应根据涂料工程的质量等级而定。施涂溶剂型涂料时，后一遍涂料必须在前一遍涂料干燥后进行；施涂乳液型和水溶性涂料时后一遍涂料必须在前一遍涂料表干后进行。每一遍涂料不宜施涂过厚，应施涂均匀，各层必须结合牢固。

（2）施涂基本方法：涂料的施涂方法有刷涂、滚涂、刮涂、弹涂和喷涂等。

1）刷涂。它是用油漆刷、排笔等将涂料刷涂在物体表面上的一种施工方法。此法操作方便，适应性广，除极少数流平性较差或干燥太快的涂料不宜采用外，大部分薄涂料或云母片状厚质涂料均可采用。刷涂顺序是先左后右、先上后下、先难后易。

2）滚涂。它是利用滚筒（或称辊筒，涂料辊）蘸取涂料并将其涂布到物体表面上的一种施工方法。滚筒表面有的是粘贴合成纤维长毛绒，也有的是粘贴橡胶（称之为橡胶压辊），当绒面压花滚筒或橡胶压花压辊表面为凸出的花纹图案时，即可在涂层上滚压出相应的花纹。

3）刮涂。它是利用刮板将涂料厚浆均匀地批刮于饰涂面上，形成厚度为1～2mm的厚涂层。常用于地面厚层涂料的施涂。

4）弹涂。它是利用弹涂器通过转动的弹棒将涂料以圆点形状弹到被涂面上的一种施工方法。若分数次弹涂，每次用不同颜色的涂料，被涂面由不同色点的涂料装饰，相互衬托，可使饰面增加装饰效果。

5）喷涂。它是利用压力或压缩空气将涂料涂布于物体表面的一种施工方法。涂料在高速喷射的空气流带动下，呈雾状小液滴喷到基层表面上形成涂层。喷涂的涂层较均匀，颜色也较均匀，施工效率高，适用于大面积施工。可使用各种涂料进行喷涂，尤其是外墙涂料用得较多。

二、油漆涂料施工

油漆是一种胶体溶液，主要由胶黏剂、溶剂（稀释剂）及颜料和其他填充料或辅助材料（如催干剂、增塑剂、固化剂）等组成。胶黏剂常用桐油、梓油和亚麻仁油及树脂等，是硬化后生成漆膜的主要成分。颜料除使涂料具有色彩外，尚能起充填作用，能提高漆膜的密实度，减小收缩，改善漆膜的耐水性和稳定性。溶剂为稀释油漆涂料用，常用的有松香水、酒精及溶剂油（代松香水用），溶剂的掺量过多，会使油漆的光泽不耐久。如需加速油漆的干燥，可加入少量的催干剂，如燥漆，但如掺加太多会使漆膜变黄、发软或破裂。

1. 油漆种类

常用的油漆涂料主要有清油、调和漆、清漆、聚醋酸乙烯乳胶漆和厚漆等。

（1）清油。多用于调制厚漆和红丹防锈漆，也可单独涂刷于金属、木材表面，但漆膜柔韧、易发黏。

（2）调和漆。分油性和瓷性两类。油性调和漆的漆膜附着力强，耐大气作用好，不易粉化、龟裂，但干燥时间较长，漆膜较软，适用于室内外金属及木材、水泥表面层涂刷。瓷性调和漆则漆膜较硬，光亮平滑，耐水洗，但不耐气候，易失光、龟裂和粉化，故仅适宜于室内面层涂刷。有大红、奶油、白、绿、灰、黑等色。

（3）清漆。分油质清漆和挥发性清漆两类。油质清漆又称凡立水，常用的有酯胶清漆、酚醛清漆、醇酸清漆等。漆膜干燥快，光泽透明，适于木门窗、板壁及金属表面罩光。挥发性清漆又称泡立水，常用的有漆片，漆膜干燥快、坚硬光亮，但耐水、耐热、耐大气作用差，易失光，多用于室内木质面层打底和家具罩面。

（4）聚醋酸乙烯乳胶漆。它是一种性能良好的新型涂料和墙漆，以水作稀释剂，无毒安全，适用于高级建筑室内抹面、木材面和混凝土的面层涂刷，亦可用于室外抹灰面。其优点是漆膜坚硬平整，附着力强，干燥快，耐暴晒和水洗，墙面稍经干燥即可涂刷。

（5）厚漆。有红、特级白、淡黄、深绿、灰、黑等色，漆膜较软。

2. 施工工艺

油漆施工包括基层处理、打底子和抹腻子、涂刷三道工序。

（1）基层处理。木材表面应清除钉子、油污等，除去松动节疤及脂囊，裂缝和凹陷处均应用腻子填补，用砂纸磨光。金属表面应清除一切麟皮、锈斑和油渍等。基体如为混凝土和抹灰层，含水率均不得大于8%。新抹灰的灰泥表面应仔细除去粉质浮粒。为使灰泥表面硬化，尚可采用氟硅酸镁溶液进行多次涂刷处理。

（2）打底子和抹腻子。打底子的目的是使基层表面有均匀吸收色料的能力，以保证整个油漆面的色泽均匀一致。腻子是由涂料、填料（石膏粉、大白粉）、水或松香水等拌制成的膏状物。抹腻子的目的是使表面平整。对于高级油漆需在基层上全面抹一层腻子，待其干后用砂纸打磨，然后再满抹腻子，再打磨，磨至表面平整光滑为止。有时还要和涂刷油漆交替进行。所用腻子，应按基层、底漆和面漆的性质配套选用。

（3）涂刷油漆。涂刷油漆木料表面涂刷混色油漆，按操作工序和质量要求分为普通、中级、高级三级。金属面涂刷也分三级，但多采用普通或中级油漆，混凝土和抹灰表面涂刷只分为中级、高级二级。油漆涂刷方法有刷涂、喷涂、擦涂、揩涂及滚涂等。方法的选用与涂料有关，应根据涂料能适应的涂漆方式和现有设备来选定。

1）刷除法。刷涂法是用鬃刷蘸油漆涂刷在表面上。其设备简单、操作方便，但工效低，不适于快干和扩散性不良的油漆施工。

2）喷涂法。喷涂法是用喷雾器或喷浆机将油漆喷射在物体表面上。一次不能喷的过厚，要分几次喷涂，要求喷嘴移动均匀。喷涂法的优点是工效高，漆膜分散均匀，平整光滑，干燥快。缺点是油漆消耗大，需要喷枪和空气压缩机等设备，施工时还要有通风、防火、防爆等安全措施。

3）擦涂法。擦涂法是用棉花团外包纱布蘸油漆在物面上擦涂，待漆膜稍干后再连续转圈揩擦多遍，直到均匀擦亮为止。此法漆膜光亮、质量好，但效率低。

4）揩涂法。揩涂法仅用于生漆涂刷施工，是用布或丝团浸油漆在物体表面上来回左右滚动，反复搓揩达到漆膜均匀一致。

5）滚涂法。滚涂法是用羊皮、橡皮或其他吸附材料制成的滚筒滚上油漆后，再滚涂于物面上。适用于墙面滚花涂刷，可用较稠的油漆涂料，漆膜均匀。

在涂刷油漆时，后一遍油漆必须在前一遍油漆干燥后进行。每遍油漆都应涂刷均匀，各层必须结合牢固，干燥得当，以达到均匀而密实。如果干燥不当，会造成涂层起皱、发黏、麻点、针孔、失光、泛白等弊病。

一般油漆工程施工时的环境温度不宜低于10℃，相对湿度小宜大于60％。当遇有大风、雨、雾情况时，不可施工。

第十六章

季节性施工

第一节　冬　期　施　工

一、地基基础工程

1. 土方工程

（1）冻土的挖掘。冻土的挖掘根据冻土层厚度可采用人工、机械和爆破方法。人工挖掘冻土可采用锤击铁楔子劈冻土的方法分层进行挖掘。楔子的长度视冻土层厚度确定，宜为300～600mm；机械挖掘冻土可根据冻土层厚度选用推土机松动、挖掘机开挖或重锤冲击破碎冻土等方法，其设备可按表16-1选用。

表16-1　　冻土挖掘设备选择

冻土厚度（mm）	选择机械
＜500	铲运机、推土机、挖掘机
500～1000	大马力推土机、松土机、挖掘机
1000～1500	重锤或重球

对于冻土层较厚、开挖面积较大的土方工程，可使用爆破法。当冻土层厚度小于或等于2m时宜采用炮孔法。炮孔的直径宜为50～70mm，深度宜为冻土层厚度的0.6～0.85倍，与地面呈60°～90°夹角。炮孔的间距宜等于最小抵抗线长度的1.2倍，排距宜等于最小抵抗线长度的1.5倍，炮孔可用电钻、风钻或人工打钎成孔。

炸药可使用黑色炸药、硝铵炸药或TNT炸药。冬季严禁使用甘油类炸药。炸药装药量宜由计算确定或不超过孔深的2/3，上面的1/3填装砂土。雷管可使用电雷管或火雷管。

当采用冻土爆破法施工时，土方工地离建筑物的距离应大于50m，距高压电线的距离应大于200m，并应符合《土方与爆破工程施工及验收规范》（GB 50201—2012）的有关规定。

（2）冻土的融化。冻土融化方法应视其工程量大小，冻结深度和现场施工条件等因素确定。可选择烟火烘烤、蒸汽融化、电热等方法，并应确定施工顺序。

工程量小的工程可采用烟火烘烤法，其燃料可选用刨花、锯末、谷壳、树枝皮及其他可燃废料。在拟开挖的冻土上应将铺好的燃料点燃，并用铁板覆盖，火焰不宜过高，并应采取可靠的防火措施。

2. 地基处理

（1）同一建筑物基槽（坑）开挖应同时进行，基底不得留冻土层。

（2）基础施工应防止地基土被融化的雪水或冰水浸泡。

（3）在寒冷地区工程地基处理中，为解决地基土防冻胀、消除地基土湿陷性等问题，可采用强夯法施工。

1）强夯法冬期施工适用于各种条件的碎石土、砂土、粉土、黏性土、湿陷性土、人工填土等。当建筑场地地下水位距地表面在2m以下时，可直接施夯；当地下水位较高不利施工或表层为饱和黏土时，可在地表铺填0.5～2m的中（粗）砂、片石，也可以根据地区情况，回填含水量较低的黏性土、建筑垃圾、工业废料等而后再进行施夯。

2）强夯施工技术参数应根据加固要求与地质条件在场地内经试夯确定，试夯可作2～3组破碎冻土的试验，并应按相关规定进行。

3）冻土地基强夯施工时，应对周围建筑物及设施采取隔振措施。

4）强夯施工时，回填时严格控制土或其他填料质量，凡夹杂的冰块必须清除。填方之前地表表层有冻层时也需清除。

5）黏性土或粉土地基的强夯，宜在被夯土层表面铺设粗颗粒材料，并应及时清除黏结于锤底的土料。

3. 桩基础

（1）冻土地基可采用非挤土桩（干作业钻孔桩、挖孔灌注桩等）或部分挤土桩（沉管灌注桩、预应力混凝土空心管桩等）施工。

（2）非挤土桩和部分挤土桩施工时，当冻土层厚度超过500mm，冻土层宜选用钻孔机引孔，引孔直径应大于桩径50mm。

（3）振动沉管成孔应制定保证相邻桩身混凝土质量的施工顺序；拔管时，应及时清除管壁上的水泥浆和泥土。当成孔施工有间歇时，宜将桩管埋入桩孔中进行保温。

（4）钻孔机的钻头宜选用锥形钻头并镶焊合金刀片。钻进冻土时应加大钻杆对土层的压力，并防止摆动和偏位。钻成的桩孔应及时覆盖保护。

（5）预应力混凝土空心管桩施工应符合下列要求：

1）施工前，桩表面应保持干燥与清洁。

2）起吊前，钢丝绳索与桩机的夹具应采取防滑措施。

3）沉桩施工应连续进行，施工完成后应采用袋装保温材料覆盖于桩孔上保温。

4. 基坑支护

(1) 基坑支护冬期施工宜选用排桩和土钉墙的方法。

(2) 采用液压高频锤法施工的型钢或钢管排桩基坑支护工程，应考虑对周边建筑物、构筑物和地下管道的振动影响。

(3) 钢筋混凝土灌注桩的排桩施工应符合下列要求：

1) 基坑土方开挖应待桩身混凝土达到设计强度时方可进行，且不宜低于C25。

2) 基坑土方开挖前，排桩上部的自由端和外侧土应进行保温。

3) 桩身混凝土施工可选用氯盐型防冻剂。

二、钢筋工程

1. 钢筋负温冷拉和冷弯

(1) 冷拉钢筋应采用热轧钢筋加工制成，钢筋冷拉温度不宜低于－20℃，预应力钢筋张拉温度不宜低于－15℃。

(2) 钢筋负温冷拉方法可采用控制应力方法或控制冷拉率方法。用作预应力混凝土结构的预应力筋，宜采用控制应力方法；不能分炉批的热轧钢筋冷拉，不宜采用控制冷拉率的方法。

(3) 在负温条件下采用控制应力方法冷拉钢筋时，由于钢筋强度提高，伸长率随温度降低而减少，如控制应力不变，则伸长率不足，钢筋强度将达不到设计要求，因此在负温下冷拉的控制应力应较常温提高。冷拉率的确定应与常温时相同。

(4) 在负温下冷拉后的钢筋，应逐根进行外观质量检查，其表面不得有裂纹和局部颈缩。

(5) 钢筋冷拉设备仪表和液压工作系统油液应根据环境温度选用，并应在使用温度条件下进行配套校验。

(6) 当温度低于－20℃时，不得对 HRB335、HRB400 钢筋进行冷弯操作，以避免在钢筋弯点处发生强化，造成钢筋脆断。

2. 钢筋负温焊接

(1) 负温闪光对焊。

1) 负温闪光对焊。适用于热轧 HPB300、HRB335、HRB400 级钢筋，直径 10～40mm；热轧 HRB500 级钢筋，直径 10～25mm；余热处理钢筋，直径 10～25mm。

2) 热轧钢筋负温闪光对焊。宜采用预热闪光焊或闪光-预热-闪光焊工艺。钢筋端面比较平整时，宜采用预热闪光焊；端面不平整时，宜采用闪光-预热-闪光焊。钢筋直径变化时焊接工艺应符合表 16-2 规定。

表 16-2　　钢筋负温闪光对焊焊接工艺

钢筋级别	直径（mm）	焊接工艺
HPB300 HPB335 HPB400	12～4	预热—闪光焊
	≥16	预热—闪光焊或闪光—预热—闪光焊

3）钢筋负温闪光对焊参数，在施焊时可根据焊件的钢种、直径、施焊温度和焊工技术水平灵活选用。

4）闪光对焊接头处不得有横向裂纹，与电极接触的钢筋表面，不得有烧伤。接头处弯折角度不应大于3°，轴线偏移不应大于直径的0.1倍，且不应大于2mm。

（2）负温电弧焊。

1）钢筋负温电弧焊时，可根据钢筋级别、直径、接头形式和焊接位置，选择焊条和焊接电流。焊接时应采取措施，防止产生过热、烧伤、咬肉和裂纹等缺陷，在构造上应防止在接头处产生偏心受力状态。

2）在进行帮条或搭接电弧焊时，平焊时，第一层焊缝，先从中间引弧，再向两端运弧；立焊时，先从中间向上方运弧，再从下端向中间运弧，使接头端部的钢筋达到一定的预热效果，降低接头热影响区的温度差。焊接时，第一层焊缝应具有足够的熔深，焊缝应熔合良好。以后各层焊缝焊接时，应采取分层控温施焊，层间温度宜控制在150～350℃之间，以起到缓冷作用，防止出现冷脆性。

3. 钢筋负温机械连接

钢筋机械连接主要有：带肋钢筋套筒挤压连接、钢筋剥肋滚轧直螺纹连接。

（1）带肋钢筋套筒挤压连接。

1）带肋钢筋套筒挤压连接施工时，当冬期施工环境温度低于－10℃时，应对挤压机的挤压力进行专项标定，在标定时应根据负温度和压力表读数之间的关系，画出温度-压力标定曲线，以便于在温度变动时查用。通常在常温下施工时，压力表读数一般在55～80MPa之间，负温时可参考进行标定。

2）由于钢材的塑性随着温度降低而降低，当环境温度低于－20℃时，应进行负温下工艺、参数专项试验，确认合格后才能大批量连接生产。

3）挤压前，应提前将钢筋端头的锈皮、沾污的冰雪、污泥、油污等清理干净；检查套筒的外观尺寸，清除污泥、冰雪等。

（2）钢筋剥肋滚轧直螺纹套筒连接。

1）加工钢筋螺纹时，应采用水溶性切削冷却液，当气温在0℃以下时，应使用掺入15%～20%的亚硝酸钠溶液，不应使用油性液体作为润滑液或不加润滑液。

2）冬期施工过程中，钢筋丝头不得沾污冰雪、污泥冻团，应清洁干净。

3）钢筋连接用的力矩扳手应根据气温情况，进行负温标定修正。

三、混凝土工程

1. 混凝土原材料的加热

（1）冬期施工混凝土原材料一般需要加热，加热时优先采用加热水的方法。加热温度根据热工计算确定，但不得超过表16-3的规定。如果将水加热到最高温度，还不能满足混凝土温度要求，再考虑加热骨料。

表16-3　　拌和水及骨料加热最高温度

项次	水泥强度等级	拌和水	骨料
1	小于42.5	80	60
2	42.5、42.5R及以上	60	40

（2）加热方法。水泥不得直接加热，使用前宜运入暖棚内存放。水加热宜采用蒸汽加热、电加热或汽水加热等方法。加热水使用的水箱或水池应予保温，其容积应能使水达到规定的使用温度要求。砂加热应在开盘前进行，并应掌握各处加热均匀。当采用保温加热料斗时，宜配备两个，交替加热使用。每个料斗容积可根据机械可装高度和侧壁斜度等要求进行设计，每一个斗的容量不宜小于3.5m^3。

2. 混凝土的运输与浇筑

在运输过程中，要注意防止混凝土热量散失、表面冻结、混凝土离析、水泥浆流失、坍落度变化等现象。混凝土浇筑时入模温度除与拌和物的出机温度有关外，主要取决于运输过程中的蓄热程度。因此，运输速度要快，距离要短，倒运次数要少，保温效果要好。同时要注意以下几点：

（1）冬期不得在强冻胀性地基土上浇筑混凝土，在弱冻胀性地基土上浇筑时，基土应进行保温，以免遭冻。

（2）混凝在浇筑前，应清除模板和钢筋上的冰雪和污垢。运输和浇筑混凝土用的容器应有保温措施。

（3）混凝土拌和物入模浇筑，必须经过振捣，使其内部密实，并能充分填满模板各个角落，制成符合设计要求的构件，木模板更适合混凝土的冬期施工。模板各棱角部位应注意加强保温。

（4）冬期振捣混凝土要采用机械振捣，振捣要迅速，浇筑前应做好必要的准备工作。混凝土浇筑前宜采用热风机清除冰雪和对钢筋、模板进行预热。

（5）浇筑基础大体积混凝土时，施工前要对地基进行保温以防止冻胀。新拌混凝土的入模温度以7～12℃为宜。混凝土内部温度与表面温度之差不得超过

20℃。必要时应做保温覆盖。

（6）分层浇筑厚大的整体式结构混凝土时，已浇筑层的混凝土温度在未被上一层混凝土覆盖前不得低于2℃。采用加热养护时，养护前的温度不得低于2℃。

（7）浇筑承受内力接头的混凝土（或砂浆），宜先将结合处的表面加热到正温。浇筑后的接头混凝土（或砂浆）在温度不超过45℃的条件下，应养护至设计要求强度，当设计无要求时，其强度不得低于设计强度的70%。

3. 暖棚法养护

暖棚法施工适用于地下结构工程和混凝土量比较集中的结构工程。

暖棚通常以脚手架材料（钢管或木杆）为骨架，用塑料薄膜或帆布围护。塑料薄膜可使用厚度大于0.1mm的聚乙烯薄膜，也可使用以聚丙烯编织布和聚丙烯薄膜复合而成的复合布。塑料薄膜不仅质量轻，而且透光，白天不需要人工照明，吸收太阳能后还能提高棚内温度。加热用的能源一般为煤或焦炭，也可使用以电、燃气、煤油或蒸汽为能源的热风机或散热器。

采用暖棚法施工时要注意以下几点：

（1）当采用暖棚法施工时，棚内各测点温度不得低于5℃，并应设专人检测混凝土及棚内温度。暖棚内测温点应选择具有代表性的位置进行布置，在离地面500mm高度处必须设点，每昼夜测温不应少于4次。

（2）养护期间应测量棚内湿度，混凝土不得有失水现象。当有失水现象时，应及时采取增湿措施或在混凝土表面洒水养护。

（3）暖棚的出入口应设专人管理，并应采取防止棚内温度下降或引起风口处混凝土受冻的措施。

（4）在混凝土养护期间应将烟或燃烧气体排至棚外，注意采取防止烟气中毒和防火措施。

四、屋面工程

1. 保温层施工

（1）冬期施工采用的屋面保温材料应符合设计要求，并不得含有冰雪、冻块和杂质。

（2）干铺的保温层可在负温度下施工，采用沥青胶结的整体保温层和板状保温层应在气温不低于－10℃时施工，采用水泥、石灰或乳化沥青胶结的整体保温层和板状保温层，应在气温不低于5℃时施工。如气温低于上述要求，应采取保温、防冻措施。

（3）采用水泥砂浆粘贴板状保温材料以及处理板间缝隙，可采用掺有防冻剂的保温砂浆。防冻剂掺量应通过试验确定。

（4）干铺的板状保温材料在负温施工时，板材应在基层表面铺平垫稳，分层铺设。板块上下层缝隙应相互错开，缝隙应采用同类材料的碎屑填嵌密实。

（5）雪天和五级风及以上天气不得施工。

（6）当采用倒置式屋面进行冬期施工时，应符合以下要求：

1）倒置式屋面冬期施工，应选用憎水性保温材料，施工之前应检查防水层平整度及有无结冰、霜冻或积水现象，合格后方可施工。

2）当采用 EPS 板或 XPS 板做倒置式屋面的保温层，可用机械方法固定，板缝和固定处的缝隙应用同类材料碎屑和密封材料填实。表面应平整无瑕疵。

3）倒置式屋面的保温层上应按设计要求做覆盖保护。

2. 找平层施工

（1）屋面找平层施工应符合下列规定。

1）找平层应牢固坚实、表面无凹凸、起砂、起鼓现象。如有积雪、残留冰霜、杂物等应清扫干净，并应保持干燥。

2）找平层与女儿墙、立墙、天窗壁、变形缝、烟囱等突出屋面结构的连接处，以及找平层的转角处、水落口、檐口、天沟、檐沟、屋脊等均应做成圆弧。采用沥青防水卷材的圆弧，半径宜为 100～150mm；采用高聚物改性沥青防水卷材，圆弧半径宜为 50mm；采用合成高分子防水卷材，圆弧半径宜为 20mm。

（2）采用水泥砂浆或细石混凝土找平层时，应符合下列规定。

1）应依据气温和养护温度要求掺入防冻剂，且掺量应通过试验确定。

2）采用氯化钠作为防冻剂时，宜选用普通硅酸盐水泥或矿渣硅酸盐水泥，不得使用高铝水泥。施工温度不应低于－7℃。

（3）找平层宜留设分格缝，缝宽宜为 20mm，并应填充密封材料。当分格缝兼作排汽屋面的排汽道时，可适当加宽，并应与保温层连通。找平层表面宜平整，平整度不应超过 5mm，且不得有酥松、起砂、起皮现象。

3. 屋面防水层施工

（1）冬期施工的屋面防水层采用卷材时，可用热熔法和冷黏法施工。防水材料施工的环境温度见表 16-4。

表 16-4　防水材料施工环境气温要求

防水材料	施工环境气温
高聚物改性沥青防水卷材	热熔法不低于－10℃
合成高分子防水卷材	冷黏法不低于 5℃，惧接法不低于－10℃
高聚物改性沥青防水涂料	溶剂型不低于 5℃；热熔型不低于－10℃
合成高分子防水涂料	溶剂型不低于－5℃
防水混凝土、防水砂浆	符合混凝土、砂浆相关规定
改性石油沥青密封材料	不低于 0℃
合成高分子密封材料	溶剂型不低于 0℃

（2）当采用涂料做屋面防水层时，应选用合成高分子防水涂料（溶剂型），施工时环境气温不宜低于－5℃，在雨、雪天及五级风及以上时不得施工。

（3）热熔法施工宜使用高聚物改性沥青防水卷材，并符合下列规定。

1）基层处理剂宜使用挥发快的溶剂，涂刷后应干燥10h以上，并应及时铺贴。

2）水落口、管根、烟囱等容易发生渗漏部位的周围200mm范围内，应涂刷一遍聚氨酯等溶剂型涂料。

3）卷材搭接应符合设计规定。当设计无规定时，横向搭接宽度宜为120mm，纵向搭接宽度宜为100mm。搭接时应采用喷灯或热喷枪加热搭接部位，趁卷材熔化尚未冷却时，用铁抹子把接缝边抹好，再用喷灯或热喷枪均匀细致地密封。平面与立面相连接的卷材，应由上向下压缝铺贴，并应使卷材紧贴阴角，不得有空鼓现象。

4）热熔铺贴防水层应采用满粘法。当坡度小于3%时，卷材与屋脊应平行铺贴；坡度大于15%时卷材与屋脊应垂直铺贴；坡度为3%～15%时，可平行或垂直屋脊铺贴。铺贴时应采用喷灯或热喷枪均匀加热基层和卷材，喷灯或热喷枪距卷材的距离宜为0.5m，不得过热或烧穿，应待卷材表面熔化后，缓缓地滚铺铺贴。

5）卷材搭接缝的边缘以及末端收头部位应以密封材料嵌缝处理，必要时也可在经过密封处理的末端接头处再用掺防冻剂的水泥砂浆压缝处理。

（4）涂膜屋面防水施工应符合下列规定。

1）基层处理剂可选用有机溶剂稀释而成。使用时应充分搅拌，涂刷均匀，覆盖完全，干燥后方可进行涂膜施工。

2）涂膜防水应由两层以上涂层组成，总厚度应达到设计要求，其成膜厚度不应小于2mm。

3）可采用涂刮或喷涂施工。当采用涂刮施工时，每遍涂刮的推进方向宜与前一遍互相垂直，并应在前一遍涂料干燥后，方可进行后一遍涂料的施工。

4）使用双组分涂料时应按配合比正确计量，搅拌均匀，已配成的涂料及时使用。配料时可加入适量的稀释剂，但不得混入固化涂料。

5）在涂层中夹铺胎体增强材料时，位于胎体下面的涂层厚度不应小于1mm，最上层的涂料层不应少于两遍。胎体长边搭接宽度不得小于50mm，短边搭接宽度不得小于70mm。采用双层胎体增强材料时，上下层不得互相垂直铺设，搭接缝应错开，间距不应小于一个幅面宽度的2/3。

6）天沟、檐沟、檐口、泛水等部位，均应加铺有胎体增强材料的附加层。水落口周围与屋面交接处，应作密封处理，并应加铺两层有胎体增强材料的附加层，涂膜伸入水落口的深度不得小于50mm，涂膜防水层的收头应用密封材料封严。

7）涂膜屋面防水工程在涂膜层固化后应做保护层。保护层可采用分格水泥砂浆或细石混凝土或块材等。

五、砌体工程

1. 材料要求

（1）普通砖、空心砖、灰砂砖、混凝土小型空心砌块、加气混凝土砌块和石材在砌筑前，应清除表面的冰雪、污物等，严禁使用遭水浸泡和冻结的砖或砌块。

（2）砌筑砂浆宜优先选用干粉砂浆和预拌砂浆，水泥优先采用普通硅酸盐水泥，冬期砌筑不得使用无水泥拌制的砂浆。

（3）石灰膏等宜保温防冻，当遭冻结时，应融化后才能使用。

（4）拌制砂浆所用的砂，不得含有直径大于10mm的冻结块和冰块。

（5）拌和砂浆时，水温不得超过80℃，砂的温度不得超过40℃。砂浆稠度，应比常温时适当增加10～30mm。当水温过高时，应调整材料添加顺序，应先将水加入砂内搅拌，后加水泥，防止水泥出现假凝现象。冬期砌筑砂浆的稠度见表16-5。

表16-5　　冬期砌筑砂浆的稠度

砌体种类	常温时砂浆稠度（mm）	冬期时砂浆稠度（mm）
烧结砖砌体	70～90	90～110
烧结多孔砖、空心砖砌体	60～80	80～100
轻骨料小型空心砌块砌体	60～90	80～110
加气混凝土砌块砌体	50～70	80～100
石材砌体	30～50	40～60

2. 施工方法

常见的施工方法有外加剂法和暖棚法。

（1）外加剂法。

1）采用外加剂法施工时，砌筑时砂浆温度不应低于5℃，当设计无要求且最低气温等于或低于－15℃时，砌筑承重砌体时，砂浆强度等级应比常温施工提高1级。

2）在拌和水中掺入如氯化钠（食盐）、氯化钙或亚硝酸钠等抗冻外加剂，使砂浆砌筑后能够在负温条件下继续增长强度，继续硬化，可不必采取防止砌体冻胀沉降变形的措施。砂浆中的外加剂掺量及其适用温度应事先通过试验确定。

3）当施工温度在－15℃以上时，砂浆中可单掺氯化钠，当施工温度在

－15℃以下时，单掺低浓度的氯化钠溶液降低冰点效果不佳，可与氯化钙复合使用，其比例为氯化钠：氯化钙＝2：1，总掺盐量不得大于用水量的10％，否则会导致砂浆强度降低。

4）当室外大气温度在－10℃以上时，掺盐量在3％～5％时，砂浆可以不加热；当低于－10℃时，应加热原材料。首先应加热水，当满足不了温度需要时，再加热砂子。

5）通常情况固体食盐仍含有水分，氯化钠的纯度在91％左右，氯化钙的纯度在83％～85％之间。

6）盐类应溶解于水后再掺加并进行搅拌，如要再掺加微沫剂，应按照先加盐类溶液后加微沫剂溶液的顺序掺加。

7）氯盐对钢筋有腐蚀作用，采用掺盐砂浆砌筑配筋砌体时，应对钢筋采取防腐蚀措施，常用方法有涂刷樟丹、沥青漆和刷防锈涂料等。

（2）暖棚法。暖棚法是将需要保温的砌体和工作面，利用简单或廉价的保温材料，进行临时封闭，并在棚内加热，使其在正温条件下砌筑和养护。由于暖棚搭设投入大，效率低，通常宜少采用。在寒冷地区的地下工程、基础工程等便于围护的部位，量小且又急需使用的砌体工程，可考虑采用暖棚法施工。

暖棚的加热，可根据现场条件，应优先采用热风装置或电加热等方式，若采用燃气、火炉等，应加强安全防火、防中毒措施。

采用暖棚法施工时，砖石和砂浆在砌筑时的温度均不得低于5℃，而距所砌结构底面0.5m处的棚内气温也不应低于5℃。

在确定暖棚的热耗时，应考虑围护结构材料的热量损失，地基土吸收的热量和在暖棚内加热或预热材料的热量损耗。

砌体在暖棚内的养护时间，根据暖棚内的温度，按表16-6确定。

表16-6　　暖棚法砌体的养护时间

暖棚内温度（℃）	5	10	15	20
养护时间（d）	≥6	≥5	≥4	≥3

第二节　雨　期　施　工

一、施工准备

（1）雨期到来之前应编制雨期施工方案。

（2）雨期到来之前应对所有施工人员进行雨期施工安全、质量交底，并做好交底记录。

（3）雨期到来之前，应组织一次全面的施工安全、质量大检查，主要检查雨期施工措施落实情况，物资储备情况，清除一切隐患，对不符合雨期施工要求的要限期整改。

（4）做好项目的施工进度安排，室外管线工程、大型设备的室外焊接工程等应尽量避开雨期。露天堆放的材料及设备要垫离地面一定的高度，防潮设备要有毡布覆盖，防止日晒雨淋。施工道路要用级配砂石铺设，防止雨期道路泥泞，交通受阻。

（5）施工机具要统一规划放置，要搭设必要的防雨棚、防雨罩，并垫起一定高度，防止受潮而影响生产。雨期施工所有用电设备，不允许放在低洼的地方，防止被水浸泡。雨期前对现场配电箱、闸箱、电缆临时支架等仔细检查，需加固的及时加固，缺盖、罩、门的及时补齐，确保用电安全。

二、设备材料防护

1. 土方工程

（1）排水要求。坡顶应做散水及挡水墙，四周做混凝土路面，保证施工现场水流畅通，不积水，周边地区不倒灌；基坑内，沿四周挖砌排水沟、设集水井，泵抽至市政排水系统，排水沟设置在基础轮廓线以外，排水沟边缘应离开坡脚≥0.3m。排水设备优先选用离心泵，也可用潜水泵。

（2）土方开挖。土方开挖施工中，基坑内临时道路上铺渣土或级配砂石，保证雨后通行不陷。雨期时加密对基坑的监测周期，确保基坑安全。雨期土方工程需避免浸水泡槽，一旦发生泡槽现象，必须进行处理。

（3）土方回填。土方回填应避免在雨天进行施工。回填过程中如遇雨，用塑料布覆盖，防止雨水淋湿已夯实的部分。雨后回填前认真做好填土含水率测试工作，含水率较大时将士铺开晾晒，待含水率测试合格后方可回填。严格控制土方的含水率，含水率不符合要求的回填土，严禁进行回填，暂时存放在现场的回填土，用塑料布覆盖防雨。

2. 钢筋工程

（1）钢筋的进场运输应尽量避免在雨天进行。

（2）大雨时应避免进行钢筋焊接施工。小雨时如有必须施工部位应采取防雨措施以防触电事故发生，可采用雨布或塑料布搭设临时防雨棚，不得让雨水淋在焊点上，待完全冷却后，方可撤掉遮盖，以保证钢筋的焊接质量。

（3）若遇连续时间较长的阴雨天，对钢筋及其半成品等需采用塑料薄膜进行覆盖。

（4）雨后钢筋视情况进行防锈处理，不得把锈蚀的钢筋用于结构上。

（5）雨后要检查基础底板后浇带，清理干净后浇带内的积水，避免钢筋锈蚀。

3. 混凝土工程

(1) 雨期搅拌混凝土要严格控制用水量，应随时测定砂、石的含水率，及时调整混凝土配合比，严格控制水灰比和坍落度。雨天浇筑混凝土应适当减小坍落度，必要时可将混凝土强度等级提高半级或一级。

(2) 随时接听、搜集气象预报及有关信息，随尽量避免在雨天进行混凝土浇筑施工，大雨和暴雨天不得浇筑混凝土。小雨可以进行混凝土浇筑，但浇筑部位应进行覆盖。

(3) 底板大体积混凝土施工应避免在雨天进行。如突然遇到大雨或暴雨，不能浇筑混凝土时，应将施工缝设置在合理位置，并采取适当措施，已浇筑的混凝土用塑料布覆盖。

(4) 雨期期间如果高温、阴雨造成温差变化较大，要特别加强对混凝土振捣和拆模时间的控制，依据高温天气混凝土凝固快、阴雨天混凝土强度增长慢的特点，适当调整拆模时间，以保证混凝土施工质量的稳定性。

(5) 雨后应将模板表面淤泥、积水及钢筋上的淤泥清除掉，施工前应检查板、墙模板内是否有积水，若有积水应清理后再浇筑混凝土。

(6) 混凝土中掺加的粉煤灰应注意防雨、防潮。

4. 脚手架工程

(1) 脚手架基础座的基土必须坚实，立杆下应设垫木或垫块，并有可靠的排水设施，防止积水浸泡地基。

(2) 遇风力六级以上（含六级）强风和高温、大雨、大雾、大雪等恶劣天气，应停止脚手架搭设与拆除作业。风、雨、雾、雪过后要检查所有的脚手架、井架等架设工程的安全情况，发现倾斜、下沉、松扣、崩扣要及时修复，合格后方可使用。每次大风或大雨后，必须组织人员对脚手架、龙门架及基础进行复查，有松动应及时处理。

(3) 要及时对脚手架进行清扫，并采取防滑和防雷措施，钢脚手架、钢垂直运输架均应可靠接地，防雷接地电阻不大于 10Ω。高于四周建筑物的脚手架应设避雷装置。

(4) 雨期要及时排，除架子基底积水，大风暴雨后要认真检查，发现立杆下沉、悬空、接头松动等问题应及时处理，并经验收合格后方可使用。

5. 模板工程

(1) 雨天使用的木模板拆下后应放平，以免变形。钢模板拆下后应及时清理、刷脱模剂（遇雨应覆盖塑料布），大雨过后应重新刷一遍。

(2) 模板拼装后应尽快浇筑混凝土，防止模板遇雨变形。若模板拼装后不能及时浇筑混凝土，又被雨水淋过，则浇筑混凝土前应重新检查、加固模板和支撑。

（3）制作模板用的多层板和木方要堆放整齐，且须用塑料布覆盖防雨，防止被雨水淋而变形，影响其周转次数和混凝土的成型质量。

6. 屋面工程

（1）保温材料应采取防雨、防潮的措施，并应分类堆放，防止混杂。

（2）金属板材堆放地点宜选择在安装现场附近，堆放应平坦、坚实且便于排除地面水。

（3）保温层施工完成后，应及时铺抹找乎层，以减少受潮和浸水，尤其在雨期施工，要采取遮盖措施。

（4）雨期不得施工防水层。油毡瓦保温层严禁在雨天施工。材料应在环境温度不高于45℃的条件下保管，应避免雨淋、日晒、受潮，并应注意通风和避免接近火源。

7. 装饰装修工程

（1）外墙贴面砖工程。基层应清洁，含水率小于9%。外墙抹灰遇雨冲刷后，继续施工时应将冲刷后的灰浆铲掉，重新抹灰。水泥砂浆终凝前遇雨冲刷，应全面检查砖黏结程度。

（2）外墙涂料工程。涂刷前应注意基层含水率（<8%）；环境温度不宜低于+10℃，相对湿度不宜大于60%。腻子应采用耐水性腻子。使用的腻子应坚实牢固，不得粉化、起皮和裂纹。施涂工程过程中应注意气候变化。当遇有大风、雨、雾情况时不可施工。当涂刷完毕，但漆膜未干即遇雨时应在雨后重新涂刷。

三、防雷措施

1. 避雷针

当施工现场位于山区或多雷地区，变电所、配电所应装设独立避雷针。正在施工建造的建筑物，当高度在20m以上应装设避雷针。施工现场内的塔式起重机、井字架及脚手架机械设备，若在相邻建筑物、构筑物的防雷设置的保护范围以外，则应安装避雷针。若最高机械设备上安装了避雷针，且其最后退出现场，则其他设备可不设避雷针。

2. 避雷器

装设避雷器是防止雷电侵入波的主要措施。

高压架空线路及电力变压器高压侧应装设避雷器，避雷器的安装位置应尽可能靠近变电所。避雷器宜安装在高压熔断器与变压器之间，以保护电力变压器线路免于遭受雷击。避雷器可选用FS-10型阀式避雷器，杆上避雷器应排列整齐、高低一致。10kV避雷器安装的相间距离不小于350mm。避雷器引线应力求做到短直、张弛适度、连接紧密，其引上线一般采用16mm^{2}的铜芯绝缘线，引下线一般采用25mm^{2}的钢芯绝缘线。

避雷器防雷接地引下线采用“三位一体”的接线方式，即：避雷器接地引下线、电力变压器的金属外壳接地引下线和变压器低压侧中性点引下线三者连接在一起，然后共同与接地装置相连接。这样，当高压侧落雷使避雷器放电时，变压器绝缘上所承受的电压，即为避雷器的残压，将无损于变压器绝缘。

在多雷区变压器低压出线处，应安装一组低压避雷器，以用来防止由于低压侧落雷或由于正、反变换电压波的影响而造成低压侧绝缘击穿事故。低压避雷器可选用FS系列低压阀式避雷器或FYS型低压金属氧化物避雷器。

尚应注意，避雷器在安装前及在用期的每年三月份应作预防性试验。经检验证实处于合格状态方可投入使用。

3. 接地装置

众所周知，避雷装置是由接闪器（或避雷器）、引下线的接地装置组成。而接地装置由接地极和接地线组成。

独立避雷针的接地装置应单独安装，与其他保护的接地装置的安装分开，且保持有3m以上的安全距离。

除独立避雷针外，在接地电阻满足要求的前提下，防雷接地装置可以和其他接地装置共用。接地极宜选用角钢，其规格为40mm×40mm×4mm及以上；若选用钢管，直径应不小于50mm，其壁厚不应小于3.5mm。垂直接地极的长度应为2.5m；接地极间的距离为5m；接地极埋入地下深度，接地极顶端要在地下0.8m以下。接地极之间的连接是通过规格为40mm×4mm的扁钢焊接。焊接位置距接地极顶端50mm。焊接采用搭接焊。扁钢搭接长度为宽度的2倍，且至少有3个棱边焊接。扁钢与角钢（或钢管）焊接时，为了保证连接可靠，应事先在接触部位将扁钢弯成直角形（或弧形），再与角钢（或钢管）焊接。

接地极与接地线宜选用镀锌钢材，其将埋于地下的焊接处应涂沥青防腐。

第三节　暑　期　施　工

一、暑期施工管理措施

（1）成立夏季工作领导小组，由项目经理任组长，办公室主任担任副组长，对施工现场管理和职工生活管理做到责任到人，切实改善职工食堂、宿舍、办公室、厕所的环境卫生，定期喷洒杀虫剂，防止蚊、蝇滋生，杜绝常见病的流行。关心职工，特别是生产第一线和高温岗位职工的安全和健康，对高温作业人员进行就业和入暑前的体格检查，凡检查不合格者不得在高温条件下作业。认真督促检查，做到责任到人，措施得力，确实保证职工健康。

（2）做好用电管理，夏季是用电高峰期，定期对电气设备逐台进行全面检查、保养，禁止乱拉电线，特别是对职工宿舍的电线及时检查，加强用电知识教育。

(3) 加强对易燃、易爆等危险品的贮存、运输和使用的管理，在露天堆放的危险品采取遮阳降温措施。严禁烈日曝晒，避免发生泄露，杜绝一切自燃、火灾、爆炸事故。

(4) 建立太阳能收集系统，用来加热洗澡等方面的用水；高温沙尘天气建立沙尘系统，防止环境污染。

二、混凝土工程施工

暑期高温天气会对混凝土浇筑施工造成负面影响，消除这些负面影响的施工措施，要着重对混凝土分项工程施工进行计划与安排。

1. 高温天气对混凝土的影响

(1) 对混凝土搅拌的影响主要有：混凝土凝固速率增加，从而增加了摊铺、压实及成形的困难；混凝土流动性下降快，因而要求现场施工水量增加；拌和水量增加；控制气泡状空气存在于混凝土中的难度增加。

(2) 对混凝土固化过程的影响主要有：较高的含水量、较高的混凝土温度，将导致混凝土 28d 和后续强度的降低，或混凝土凝固过程中及初凝过程中混凝土强度的降低；整体结构冷却或不同断面温度的差异，使得固化收缩裂缝以及温度裂缝产生的可能性增加；水合速率或水中黏性材料比率的不同，会导致混凝土表面摩擦度的变化，如颜色差异等；高含水量、不充分的养护、碳酸化、轻骨料或不适当的骨料混合比例，可导致混凝土渗透性增加。

2. 混凝土浇筑施工措施

(1) 粗骨料的冷却。粗骨料冷却的有效方法是用冷水喷洒或用大量的水冲洗。由于粗骨料在混凝土搅拌过程中占有较大的比例，降低粗骨料大约 1±0.5℃的温度，混凝土的温度可以降低 0.5℃。由于粗骨料可以被集中在筒仓内或箱柜容器内，因此粗骨料的冷却可以在很短时间内完成，在冷却过程中要控制水量的均匀性，以避免不同批次之间形成的温度差异。骨料的冷却也可以通过向潮湿的骨料内吹空气来实现。粗骨料内空气流动可以加大其蒸发量，从而使粗骨料降温在 1℃温度范围内。该方法的实施效果与环境温度、相对湿度和空气流动的速度有关。如果用冷却后的空气代替环境温度下的空气，可以使粗骨料降低 7℃。

(2) 用冰代替部分拌和水。用冰替代部分拌和水可以降低混凝土温度，其降低温度的幅度受到用冰替代拌和水数量的限制，对于大多数混凝土，可降低的最大温度为 11℃。为 T 保证正确的配合比，应对加入混凝土中冰的质量进行称重。如果采用冰块进行冷却，需要使用粉碎机将冰块粉碎，然后加入混凝土搅拌器中。

(3) 混凝土的搅拌与运输。混凝土拌制时应采取措施控制混凝土的升温，并一次控制附加水量，减小坍落度损失，减少塑性收缩开裂。在混凝土拌制、运输过程中可以采取以下措施：

1）使用减水剂或以粉煤灰取代部分水泥以减少水泥用量，同时在混凝土浇筑条件下允许的情况下增大骨料粒径。

2）如果混凝土运输时间较长，可以用缓凝剂控制混凝土的凝结时间，但要注意混凝剂的用量。

3）如需要较高坍落度的混凝土拌和物，应使用高效减水剂。有些高效减水剂产生的拌和物其坍落度可维持 2h。高效减水剂还能够减少拌和过程中骨料颗粒之间的摩擦，减缓拌和筒中的热积聚。

4）在混凝土浇筑过程中，始终保持搅拌车的搅拌状态。为防止泵管暴晒，可以用麻袋或草袋覆盖，同时在覆盖物上浇水，以降低混凝土的入模温度。

（4）施工方法。

1）检测运到工地上的混凝土的温度，必要时可以要求搅拌站予以调节。

2）暑期混凝土施工时，振动设备较易发热损坏，故应准备好备用振动器。

3）与混凝土接触的各种工具、设备和材料等，如浇筑溜槽、输送机、泵管、混凝土浇筑导管、钢筋和手推车等，不要直接受到阳光曝晒，必要时应洒水冷却。

4）浇筑混凝土地面时，应先湿润基层和地面边模。

5）夏季浇筑混凝土应精心计划，混凝土应连续、快速地浇筑。混凝土表面如有泌水时，要及时进行修整。

6）根据具体气候条件，发现混凝土有塑性收缩开裂的可能性时，应采取措施（如喷洒养护剂、麻袋覆盖等），以控制混凝土表面的水分蒸发。混凝土表面水分蒸发速度如超过 0.5kg/(m^2/h) 时就可能出现塑性收缩裂缝；当超过 1.0kg/(m^2/h) 就需要采取适当措施，如冷却混凝土、向表面喷水或采用防风措施等，以降低表面蒸发速度。

7）应做好施工组织设计，以避免在日最高气温时浇筑混凝土。在高温干燥季节，晚间浇筑混凝土受风和温度的影响相对较小，且可在接近日出时终凝，而此时的相对湿度较高，因而早期干燥和开裂的可能性最小。

（5）混凝土养护。夏季浇筑的混凝土必须加强对混凝土的养护：

1）在修整作业完成后或混凝土初凝后立即进行养护。

2）优先采用麻袋覆盖养护方法，连续养护。在混凝土浇筑后的 1～7d，应保证混凝土处于充分湿润状态，并应严格遵守规范规定的养护龄期。

3）当完成规定的养护时间后拆模时，最好为其表面提供潮湿的覆盖层。

三、防暑降温措施

（1）在工程施工开始前对施工人员进行夏季防暑降温知识的教育培训工作。

培训的内容主要有：夏季防暑常识、防暑要求的使用方法、中毒的症状、中暑的急救措施等。

（2）合理安排高温作业时间、职工的劳动和休息时间，减轻劳动强度，缩短或避开高温环境的作业时间。

（3）上级管理人员应向施工队发放清凉油、风精油等防暑降温药品，并保证发放到每个施工人员手中，并每天携带。

（4）加强夏季食堂管理，注意饮食卫生，食物应及时放到冰柜中，防止因天气炎热而导致食物变质腐烂，造成食物中毒。食堂炊事员合理安排夏季饮食，增加清淡有营养的食物。

（5）对现场防暑降温组织进行不定期的安全监督检查。其内容包括：检查各施工作业队防暑降温方案的执行和落实情况；检查药品的发放情况；检查施工队的工作时间和休息时间是否合理等。

（6）员工宿舍的设置做到卫生、整洁、通风，并安装空调，保证员工在夏季施工能有一个良好的休息环境。

第十七章

施 工 管 理

第一节 现场施工管理

一、施工作业计划

1. 施工作业计划的概述

编制施工作业计划的目的是要组织连续均衡生产，以取得较好的经济效果。因此编制施工作业计划必须从实际出发，充分考虑施工特点和各种影响因素。

施工作业计划，可分为月作业计划和旬作业计划。月作业计划的内容要能体现月度应完成的施工任务，即分部分项实物工作量，实物形象进度，开始和完成日期，劳动力需求平衡计划，材料、预制品、构件及混凝土的需要计划，大型机械和运输平衡计划及技术措施计划等。旬计划的内容基本与月计划相同，只是更加具体，应排出日施工进度计划，班组施工进度计划，还要编出机械运输设备需用计划，混凝土及预制构件进场计划，材料需用量进场计划及劳动力需要计划等。

2. 编制施工作业计划的主要作用

（1）把施工任务层层落实。具体地分配给车间、班组和各个业务部门，使全体职工在日常施工中有明确的奋斗目标，组织有节奏地、均衡地施工，以保证全面完成年度、季度各项技术经济指标。

（2）及时地、有计划地指导进行劳动力、材料和机具设备的准备和供应。

（3）其是开展劳动竞赛和实行物质奖励的依据。

（4）指导调度部门，据以监督、检查和进行调度工作。

月度施工作业计划的编制，以分公司为主，施工队参加。计划编制一般要经过指标下达、计划编制和平衡审批三个阶段，都应在执行月度前完成。在计划月前15天施工队将各类计划报各供应单位和分公司，并于计划月前5d召开平衡会，将平衡结果汇总，报公司领导审批下达。

二、施工任务书

1. 施工任务书的概述

施工任务书（单）是施工企业中施工队向生产班组下达施工任务的一种工

具。它是向班组下达作业计划的有效形式，也是企业实行定额管理、贯彻按劳分配、实行班组经济核算的主要依据。通过施工任务书，可以把企业生产、技术、质量、安全、降低成本等各项技术经济指标分解为小组指标落实到班组和个人，使企业各项指标的完成同班组和个人的日常工作和物质利益紧密地连在一起，达到多快好省和按劳分配的目的。

2. 施工任务书的一般内容

（1）任务书。是班组进行施工的主要依据，内容有工程项目、工程数量、劳动定额、计划用工数、开完工日期、质量及安全要求等。

（2）班组记工单。是班组的考勤记录，也是班组分配计件工资或奖金的依据。

（3）限额领料单。是班组完成一定的施工任务所必需的材料限额，是班组领退材料和节约材料的凭证。

3. 施工任务书的一般要求

施工任务书一般由施工队长或主管工长会同定额人员根据施工作业计划的工程数量和定额进行签发。为了使施工任务书（单）起到计划、下达任务、指导施工、进行结算、业务核算、按劳分配的作用，施工任务书（单）的签发和回收应遵循一套合理的流程，各有关人员必须按时、按要求完成所承担的流水性业务工作。这种责任制形式，已为生产实践证明是有效的。在施工任务书的签发和流通中，应掌握下列要求：

（1）施工任务书必须以施工作业计划为依据，按分部分项工程进行签发，任务书一经签发，不宜中途变更，签发时间一般要在施工前2～3d，以便班组进行施工准备。

（2）任务书的计划人工和材料数量必须根据现行全国统一劳动定额和企业规定的材料消耗定额计算。

（3）向班组下达任务书时要做好交底工作，要交任务、交操作规程、交施工方法、交定额、交质量与安全，做到任务明确，责任到人。

（4）施工任务书又是核算文件，所以要求数字准确，包括工程量、套用定额、估工、考勤、统计取量与结算用工、用料和成本，都要准确无误。

（5）任务书在执行过程中，各业务部门必须为班组创造正常施工条件，帮助工人达到和超额完成定额。

（6）施工任务书可以按工人班组签发，也可以按承包专业队签发（大任务书），目前各企业正在推行单位工程，分部分项工程承包及包工、包料、包清工等不同类型的多种经济承包责任制。

（7）一份施工任务书的工期以半个月至一个月为宜，太长则易与计划脱节，与施工实际脱节，太短则又增加工作量。

（8）班组完成任务后应进行自检，工长与定额员在班组自检的基础上，及时验收工程质量、数量和实际做工日数，计算定额完成数字。

劳动部门将经过验收的任务书回收登记，汇总核实完成任务的工时，同时记载有关质量、安全、材料节约等情况，作为结算和核发奖金的依据。

三、现场施工调度

1. 现场施工调度的概述

由于施工的可变因素多，计划也不可能十分准确和一成不变，原订计划的平衡状态在施工中总会出现不协调和新的不平衡。为解决新出现的不协调和不平衡而进行的及时调整、平衡、解决矛盾、排除障碍，使之保持正常的施工秩序的工作，就是现场调度工作。

2. 现场施工调度的内容

（1）监督、检查计划和工程合同的执行情况，掌握和控制施工进度，及时进行人力、物力平衡，调配人力，督促物资、设备的供应，促进施工的正常进行。

（2）及时解决施工现场上出现的矛盾，协调各单位及各部门之间的协作配合。

（3）监督工程质量和安全施工。

（4）检查后续工序的准备情况，布置工序之间的交接。

（5）定期组织施工现场调度会，落实调度会的决定。

（6）及时公布天气预报，做好预防准备。

3. 现场施工调度的要求

（1）调度工作的依据要正确，这些依据有施工过程中检查和发现出来的问题，计划文件、设计文件、施工组织设计、有关技术组织措施、上级的指示文件等。

（2）调度工作要做到“三性”，即及时性（指反映情况及时、调度处理及时）、准确性（指依据准确、了解情况准确、分析问题原因准确、处理问题的措施准确）、预防性（即对工程中可能出现的问题，在调度上要提出防范措施和对策）。

（3）采用科学的调度方法，即逐步采用新的现代调度方法和手段，广泛应用电子计算机技术。

（4）建立施工调度机构网，由各级主管生产的负责人兼调度机构的负责人。

（5）为了加强施工的统一指挥，必须给调度部门和调度人员应有的权力。

（6）调度部门无权改变施工作业计划的内容，但在遇到特殊情况无法执行原计划时，可通过一定的批准手续，经技术部门同意，按下列原则进行调度。

1）一般工程服从于重点工程和竣工工程。

2）交用期限迟的工程，服从于交用期限早的工程。

3）小型或结构简单的工程，服从于大型或结构复杂的工程。

四、现场平面管理

1. 现场平面管理的概述

施工现场平面管理是现场施工管理的重要组成部分，当前建筑施工现场存在由工期较紧、场地狭小、交叉作业多而引起的施工材料乱放、加工厂距离施工现场远等场地平面布置不当的问题，因此在施工现场管理中要根据工程特点和实际情况对现场布置进行科学组织，以满足施工的需求，加大周转效益，保证工程质量。

2. 现场平面管理的内容

（1）建立统一的平面管理制度，以施工总平面规划为依据，进行经常性的管理工作，若有总包，则应根据工程进度情况，由总包单位负责施工总平面图的调整、补充修改工作，以满足各分包单位不同时间的需要。进入现场的各单位应尊重总包单位的意见，服从总包单位的指挥。

（2）施工总平面的统一管理和区域管理密切地结合起来。在施工现场施工总平面管理部门统一领导下，划分各专业施工单位或单位工程区域管理范围，确定各个区域内部有关道路、动力管线、排水沟渠及其他临时工程的维修养护责任。

（3）做好现场平面管理的经常性工作；做好土石方的平衡工作；审批各单位在规定期限内，对清除障碍物，挖掘道路，断绝交通，断绝水电动力线路等的申请报告；对运输大宗材料的车辆，做出妥善安排；大型施工现场在施工管理部门内，应设专职组，负责平面管理工作，一般现场也应指派专人掌握此项工作。

五、现场场容管理

1. 现场场容管理的概述

施工现场场容管理，实际上是根据施工组织设计的施工总平面图，对施工现场进行的管理。搞好施工现场场容管理，不但可以清洁城市，还可以为建设者创造良好的劳动环境、工作环境和生活环境，振奋职工精神，从而保证工程质量，提高劳动生产率。

2. 现场场容管理的内容

（1）施工现场用地。施工现场用地应以城市规划管理部门批准的工程建设用地的范围为准，也就是通常所说的建筑红线以内。如果建筑红线以内场地过于狭小，无法满足施工需要，需在批准的范围以外临时占地时，应会同建设单位按规定分别向规划、公安交通管理部门另行报批。

（2）围挡与标牌。原则上所有施工现场均应设围挡，禁止行人穿行及无关人员进入。根据工程性质和所在地区的不同情况，可采用不同标准的围挡措施，但均应封闭严密、完整、牢固、美观，上口要平，外立面要直，高度不得低于1.8m。施工现场必须设置明显的标牌，标牌面积不得小于0.7m×0.5m，下沿距自然地坪不得低于1.2m。

（3）现场整洁。施工现场要加强管理，文明施工。整个施工现场和门前及围墙附近应保持整洁，不得有垃圾、废弃物。对已产生的施工垃圾要及时清理集中，及时运出。

（4）道路与场地。施工现场的道路与场地是施工生产的基本条件之一。开工前现场应具备三通一平（水通、电通、路通、场地平整）的基本条件。

（5）临设工程。现场的临时设施应根据施工组织设计进行搭设，是直接为工程施工服务的设施，不得改变用途，移做他用。施工现场的各种临设工程应根据工程进展逐步拆除；遇有市政工程或其他正式工程施工时，必须及时拆除；全部工程竣工交付使用后，即将其拆除干净，最迟不得超过一个半月。

（6）成品保护。施工现场应有严格的成品保护措施和制度。凡成型后不再抹灰的预制楼梯板在安装以后即应采取护角措施。每一道工序都要为下一道工序以至最终产品创造质量优良的条件。已竣工待交付建筑中的厕所、卫生间等一律不得使用。

（7）环境保护。施工中要注意环境保护，不得乱扔乱倒废弃物，不得随地吐痰、大小便，不得乱泼、乱倒脏水。注意控制和减少噪声扰民。

（8）保护绿地与树木。城镇中的绿地和树木花草一定要加以爱护，不得任意破坏、砍伐。当因建设需要占用绿地和砍伐、移植、更新，影响和改变环境面貌时，必须经城市园林部门和城市规划管理部门同意并报市政府批准。

（9）保护文物。埋藏在地下、水域中的一切文物，都属于国家，施工时，必须注意对文物进行保护。

3. 现场场容管理的责任制

（1）落实领导责任制。施工现场场容管理是一项涉及面广、工作难度大、综合性很强的工作，由哪一个业务部门单独负责都无法达到预期的效果，必须由各级领导负责，组织和协调各部门共同加强施工现场场容管理。

（2）实行区域责任制。施工现场场容管理实行区域责任制，即将施工现场划分为若干区域，将每个区域的场容责任落实到有关班组，分片包干。在划分区域时，应在平面图上标明界限，并不得遗漏，使整个施工现场区域划分责任明确，而任何一个角落都有人负责。

（3）分口负责，共同管理。施工现场场容管理涉及生产、技术、材料、机械、安全、消防、行政、卫生等各部门，可由生产部门牵头，进行场容管理的各项组织工作，但并不是由生产部门替代其他各个业务部门。

（4）做到制度化、标准化、经常化。加强现场场容管理就必须加强日常的管理工作，从每一个部门、每一个班组、每一个人做起，抓好每一道工序、每一个环节，从而提高劳动生产率，减少浪费，降低成本，实现文明施工，更好地完成施工生产任务。

（5）落实奖罚责任制。有奖有罚，奖罚分明。

六、施工日志

1. 施工日志的概述

施工日志是施工过程的真实记录，也是技术资料档案的主要组成部分。它能有效地发挥记录工作、总结工作、分析工作效果的作用。

2. 施工日志的内容

施工日志的内容应包括任务安排、组织落实、工程进度、人力调动、材料及构配件供应、技术与质量情况、安全消防情况、文明施工情况、发生的经济增减以及事务性工作记录，既要记成功的经验，也要记失败的教训，以便及时总结，逐步提高认识，提高管理水平。切忌把施工日志记成流水账。施工日志主要记录以下几点：

（1）工程的准备工作，包括现场准备，熟悉施工组织设计，各级技术交底要求，研究图纸中的重要问题、关键部位和应抓好的措施，向班组交底的日期、人员和主要内容，有关计划安排等。

（2）进入施工以后，对班组自检活动的开展情况及效果，组织互检的交接检和情况及效果，施工组织设计和技术交底的执行情况及效果的记录和分析。

（3）项目的开竣工日期以及主要分部分项工程的施工起讫日期，技术资料供应情况。

（4）临时变动的设计，含设计单位在现场解决的设计问题和对施工图修改的记录，或在紧急情况下采取的特殊措施和施工方法。

（5）质量、安全事故的记录，包括原因调查分析、责任者、研究情况、处理结论等。对人、财、物损失均需记录清楚，重要工程的特殊质量要求和施工方法。

（6）分项工程质量评定，隐蔽工程验收、预检及上级组织的检查活动等技术性活动的日期、结果、存在问题及处理情况的记录。

（7）原材料检验结果、施工检验结果的记录，包括日期、内容、达到效果及未达到要求问题的处理情况及结论。

（8）气候、气温、地质以及其他特殊情况（如停电、停水、停工待料）的记录等。

（9）有关新工艺、新材料的推广使用情况，以及小改、小革、小窍门活动的记录，包括项目、数量、效果及有功人员。

(10) 有关领导或部门对工程所做的生产、技术方面的决定或建议。

(11) 有关归档技术资料的转交时间、对象及主要内容的记录。

(12) 施工过程中组织的有关会议、参观学习、主要收获、推广效果。

第二节 施工机具管理

一、施工机具管理的意义

施工机具是建筑生产力的重要组成因素，现代建筑企业是运用机器和机械体系进行工程施工的，施工机具是建筑企业进行生产活动的技术装备。加强施工机具的管理，使其处于良好的技术状态，是减轻工人劳动强度、提高劳动生产率、保证建筑施工安全快速进行、提高企业经济效益的重要环节。

施工机具管理就是按照建筑生产的特点和机械运转的规律，对机械设备的选择评价、有效使用、维护修理、改造更新的报废处理等管理工作的总称。

二、施工机具的分类及装配的原则

建筑企业施工机具包括的范围较为广泛，有施工和生产用的建筑机械和其他各类机械设备以及非生产机械设备，统称为施工机具。

建筑企业合理装配施工机具的目的是既能保证满足施工生产的需要，又能使每台机械设备发挥最高效率，以达到最佳经济效益，总的原则是：技术上先进、经济上合理、生产上适用。

三、施工机具的选择、使用、保养和维修

1. 施工机具的选择

对于建筑工程而言，施工机具的来源有购置、制造、租赁和利用企业原有设备四种方式，正确选择施工机具是降低工程成本的一个重要环节。

(1) 购置。购置新施工机具是较常采用的方式，其特点是需要较高的初始投资，但选择余地大，质量可靠，其维修费用小，使用效率较稳定、故障率低。企业购置施工机具，应当由企业设备管理机构或设备管理人员提出有关设备的可靠性和有利于设备维修等要求。进口的设备到达后，应认真验收，及时安装、调试和投入使用，发现问题应当在索赔期内提出索赔。

(2) 制造。企业自制设备，应当组织设备管理、维修、使用方面的人员参加设计方案的研究和审查工作，并严格按照设计方案做好设备的制造工作。大型或通用性强的设备，一般不采用此法。

(3) 租赁。根据工程需要，向租赁公司或有关单位租用施工机具。当前发达的资本主义国家的建筑企业有三分之二左右的设备靠租赁，我国也不例外。

(4) 利用。利用企业原有的施工机具，实际是租赁的延伸方式。项目部向公司租赁施工机具，并向公司支付一定的租金，我国比较普遍。

根据以上 4 种方式分别计算施工机具的等值年成本，从中挑选等值年成本最低的方式作为选择的对象，总的选择原则为：技术安全可靠、费用最低。

2. 施工机具的使用

使用是施工机具管理中的一个重要环节。正确、合理地使用施工机具可以减轻磨损，保持良好的工作性能和应有的精度。为把施工机具用好、管好，企业应当建立健全设备的操作、使用、维修规程和岗位责任制。

(1) 定人定机定岗位。定人定机定岗位、机长负责制的目的，是把人机关系相对固定，把使用、维修、保管的责任落实到人，其具体形式如下：

1) 多人操作或多班作业的设备，在定人的基础上，任命一位机长全面负责。

2) 一人使用保管一台设备或一人管理多台设备者，即为机长，对所管设备负责。

3) 掌握有中、小型机械设备的班组，不便于定人定机时，应任命机组长对所管设备负责。

(2) 合理使用施工机具。合理使用，就是要正确处理好管、用、养、修四者的关系，科学地使用施工机具，具体形式如下：

1) 新购、新制、经改造更新或大修后的机械设备，必须按技术标准进行检查、保养和试运转等技术鉴定，确认合格后，方可使用。

2) 对选用机械设备的性能、技术状况和使用要求等应作技术交底。要求严格按照使用说明书的具体规定正确操作，严禁超载、超速等拼设备的野蛮作业。

3) 任何机械都要按规定执行检查保养。机械设备的安全装置、指示仪表，要确保完好有效，若有故障应立即排除，不得带病运转。

4) 机械设备停用时，应放置在安全位置。设备上的零部件、附件不得任意拆卸，并保证完整配套。

(3) 建立安全生产制度。为确保施工机具在施工作业中安全生产，应做到如下要求：

1) 认真执行定人定机定岗位、机长负责制。机械操作人员持有操作证方可上岗操作。

2) 按使用说明书上各项规定和要求，认真执行试运转、安全装置试验等工作，严禁违章作业。

3) 在设备大检查和保养修理中，要重点检查各种安全、保护和指示装置的灵敏可靠性。对于自制、改造更新或大修后的机械设备，检验合格后方可使用。

(4) 建立设备事故处理制度。事故发生后，应立即停机并保持现场，事故情况要逐级上报，主管人员应立即深入现场调查分析事故原因，进行技术鉴定和处理；同时要制定出防止类似事故再发生的措施，并按事故性质严肃处理和如实上报。

（5）建立健全施工机具的技术档案。主要的机械设备必须逐台建立技术档案，内容包括：使用（保修）说明书、附属装置及工具明细表、出厂检验合格证、易损件图册及有关制作图等原始资料；机械技术试验验收记录和交接清单；机械运行、消耗等汇总记录；历次主要修理和改装记录以及机械事故记录等。

3. 施工机具的保养及维修

（1）施工机具的检查。通过检查可全面地掌握实况、查明隐患、发现问题，以便改进维修工作、提高修理质量和缩短修理时间。

1）按检查的时间间隔可分为：

① 日常检查。主要由操作工人对机械设备进行每天检查，并与日常保养结合。若发现不正常情况，应及时排除或上报。

② 定期检查。在操作人员参与下，按检查计划由专职维修人员定期执行。要求全面、准确地掌握设备性能及实际磨损程度，以便确定修理的时间和种类。

2）按检查的技术性能可分为：

① 机能检查。对设备的各项机能进行检查和测定，如漏油、漏水、漏气、防尘密封等，以及零件耐高温、高速、高压的性能等。

② 精度检查。对设备的精度指数进行检查和测定，为设备的验收、修理和更新提供较为科学的依据。

（2）施工机具的保养。保养是预防性的措施，其目的是使机械保持良好的技术状况，提高其运转的可靠性和安全性，减少零部件的磨损以延长使用寿命、降低消耗，提高机械施工的经济效益。

1）日常保养。由操作人员每日按规定项目和要求进行保养，主要内容是清洁、润滑、紧固、调整、防腐及更换个别零件。

2）定期保养。每台设备运转到规定的期限，不管其技术状态如何，都必须按规定进行检查保养。一般分为一、二、三级保养；个别大型机械可实行四级保养。

① 一级保养。操作工为主，维修工为辅。不仅要普遍地进行紧固、清洁、润滑，还要部分地进行调整。

② 二级保养。维修工为主，主要是进行内部清洁、润滑、局部解体检查和调整。

③ 三级保养。要对设备的主体部分进行解体检查和调整工作，并更换达到磨损极限的零件，还要对主要零部件的磨损情况作检测，记录数据，以此作为修理计划的依据。

④ 四级保养。对大型设备要进行四级保养，修复和更换磨损的零件。

(3) 施工机具的修理。设备的修理是修复因各种因素而造成的设备损坏，通过修理和更换已磨损或腐蚀的零部件，使其技术性能得到恢复。

1) 小修。以维修工人为主，对设备进行全面清洗、部分解体检查和局部修理。

2) 中修。要更换与修复设备的主要零件和数量较多的其他磨损零件，并校正设备的基准，以恢复和达到规定的精度、功率和其他技术要求。

3) 大修。对设备进行全面解体，并修复和更换全部磨损零部件，恢复设备原有的精度、性能和效率，其费用由大修基金支付。

第三节 计 划 管 理

一、施工进度计划

施工进度计划应包括从施工现场的准备、进入土建和专业施工操作、设备安装直到工程竣工验收、交付使用为止的全部施工工程的计划。

建筑企业根据各项生产经营活动的不同要求，编制的各种计划，构成了一个计划体系，把企业的全部生产经营活动纳入企业统一的计划，建立起企业的计划管理秩序。建筑企业的计划按时间划分由长期计划、年度计划、季度计划和月（旬、周、日）作/业计划等构成。

作为施工进度计划的编制与实施的计划管理方法，通常有条形进度计划表和网络进度计划表两种。

1) 条形进度计划表。用粗的横道线表示工程各项目的开工与竣工日期，延续时间。由于这种进度计划表简单易画，明了易懂，无论过去和现在均为一种运用最广泛的表述进度计划的方法，即使普及了网络计划，而最终的工作进度表或编制轮廓性进度计划时，仍然是要采用条形进度计划表的形式。

2) 网络进度计划表。用一个网络图来模拟一项工程施工进度中，各工作项目的相互联系和相互制约的逻辑关系，并通过计算，找出关键线路，通过网络计划的调整，选择最优方案，在执行过程中，又不断根据主客观条件的变化信息，进行有效控制和监督，使计划任务能在最合理地使用资源条件下，更好地完成。

二、计划管理的任务、特点

1. 计划管理的任务

主要是在总工期的约束下，在经常地综合平衡基础上，确定各阶段、各工序之间的施工进度，协调各方面的关系，从而保证工程项目能符合计划要求和质量标准，各项工程能成套地、按期地交付生产使用。

2. 计划管理的特点

（1）计划的被动性。由于建筑工程施工是按照投资者合同和工程设计要求进行建造，这就使施工计划具有被动性，而不像工业生产那样具有较大的自主性。

（2）计划的多变性。建筑工程形式多样，结构复杂多变，受自然条件影响较大。

（3）计划的不均衡性。由于建筑工程施工受工程开工、竣工时间和季节性施工以及施工过程中各阶段工作面大小不一的影响，施工工期又较长，所以使年度、季度、月度计划之间较难做到均衡性。

（4）计划的周期长。建筑产品的工程量大，生产周期长，它需要长时间占用和消耗人力、物力、财力，一直到生产性消费的终了之日，才是出产品之时。

3. 计划管理应注意的事项

（1）从工程施工项目管理班子建立开始，应第一时间根据合同的规定、施工项目总体进度计划和阶段性目标，组织制订各项计划。

（2）编制施工计划力求全面配套，要把施工项目实施的全过程、全部工作和全体人员及各种计划严密衔接起来，纳入统一的计划控制系统。

（3）计划的编制及实施，应积极可靠，又留有余地，既强调实事求是，判断准确，又要保证计划的先进指标。

（4）从总体进度计划到具体作业计划的工作内容要分解并逐级展开，逐一对每一个单项工程都确定相互衔接的逻辑关系，明确最早、最迟开工、竣工时间、工程量以及需要投入的资源量和用工量，把一项复杂工程分解为相互衔接的单项工程。

（5）施工过程中的需要与可能往往发生矛盾，应根据可能支配的人力、机械设备、物资供应、技术条件等诸方面条件，做好综合平衡，确保施工的连续性和均衡性。

三、施工进度的检查

检查计划应实行专业检查和群众性的自检、互检相结合。检查的方法一般采用对比法，即实际进度与计划进度进行对比，从而发现偏差，以便调整或修改计划。

1. 条形计划检查

在图 17-1 中，细线表示计划进度，而上面的粗线表示实际进度。图中显示，工序 G 提前 0.5d 完成，而整个计划拖后 0.5d 完成。

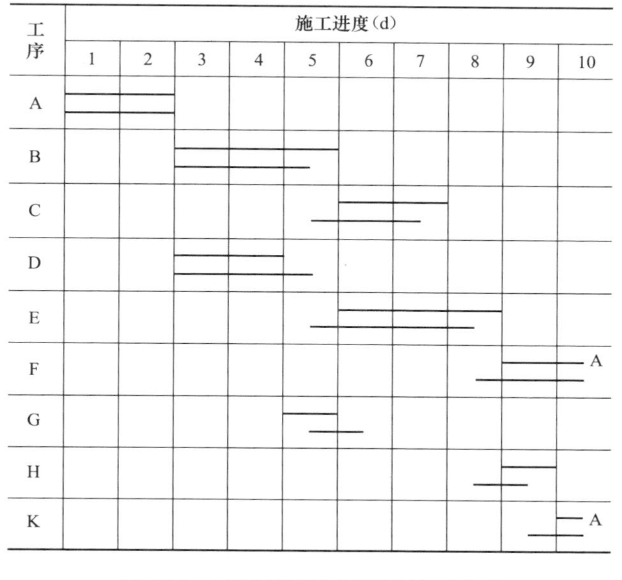

图 17-1 利用横道计划记录施工进度

2. 利用网络计划检查

(1) 记录实际作业时间。例如某项工作计划为 8d，实际进度为 7d，如图 17-2 所示，将实际进度记录于括号中，显示进度提前 1d。

(2) 记录工作的开始日期和结束日期进行检查。例如图 17-3 所示某项工作计划为 8d，实际进度为 7d，如图中标法记录，也表示实际进度提前 1d。

图 17-2 实际作业时间记录　　图 17-3 工作实际开始和结束日期记录

(3) 标注已完工作。可以在网络图上用特殊的符号、颜色记录其已完成部分，如图 17-4 所示，阴影部分为已完成部分。

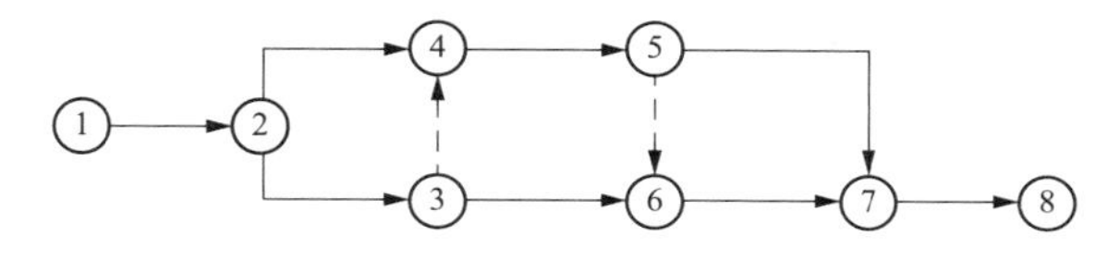

图 17-4 已完工作的记录

(4) 当采用时标网络计划时，可以用“实际进度前锋线”记录实际进度，如图 17-5 所示。图中的折线是实际进度前锋的连线，在记录日期右方的点，表示提前完成进度计划，在记录日期左方的点，表示进度拖期。进度前锋点的确定可采用比例法，这种方法形象、直观，便于采取措施。

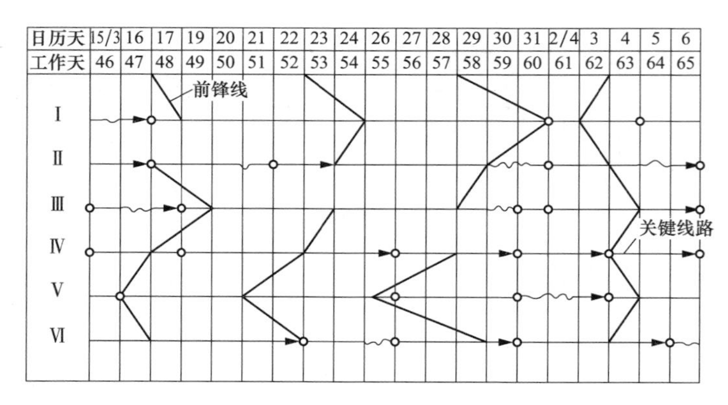

图 17-5　用“实际进度前锋线”记录实际进度

（5）用切割线进行实际进度记录。如图 17-6 所示，点划线称为“切割线”。到第 10d 进行记录时，D 工作尚需 1d（括号内的数）才能完成，G 工作尚需 8d 才能完成，L 工作尚需 2d 才能完成。这种检查方法可利用表 17-1 进行分析。经过计算，判断进度进行情况是 D、L 工作正常，G 拖期 1d。由于 G 工作是关键工作，所以它的拖期很有可能影响整个计划导致拖期，故应调整计划，追回损失的时间。

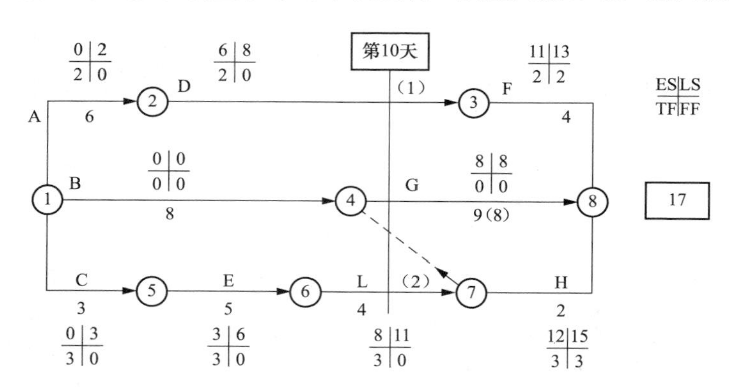

图 17-6　用切割线记录实际进度

表 17-1　　网络计划进行到第 10 天的检查结果

工作编号	工作代号	检查时尚需时间	到计划最迟完成前尚有时间	原有总时差	尚有时差	情况判断
2～3	D	1	13－10＝3	2	3－1＝2	正常
4～8	G	8	17－10＝7	0	7－8＝－1	拖期 1 天
6～7	L	2	15－10＝5	3	5－2＝3	正常

3. 利用“香蕉”曲线进行检查

图 17-7 是根据计划绘制的累计完成数量与时间对应关系的轨迹。A 线是按最早时间绘制的计划曲线，B 线是按最迟时间绘制的计划曲线，P 线是实际进度记录线。由于一项工程开始、中间和结束时曲线的斜率不相同，总的呈 S 形，故称 S 形曲线或香蕉曲线。

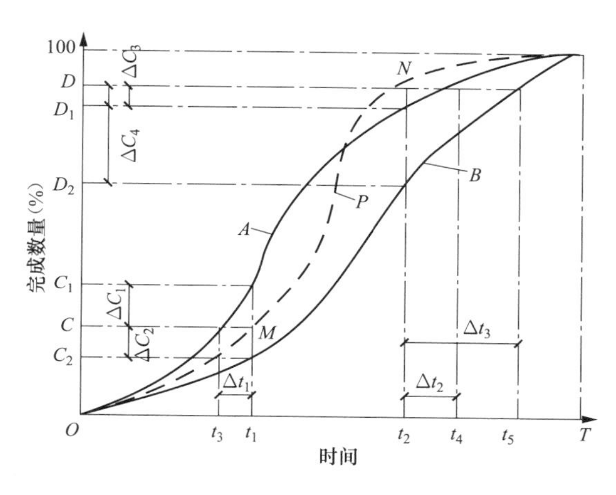

图 17-7 “香蕉”曲线图

检查方法是：当计划进行到时间 t_1 时，实际完成数量记录在 M 点。这个进度比最早时间计划曲线 A 的要求少完成 $\Delta C_1 = OC_1 - OC$，比最迟时间计划曲线 B 的要求多完成 $\Delta C_2 = OC - OC_2$。由于它的进度比最迟时间要求提前，故不会影响总工期，只要控制得好，有可能提前 $\Delta t_1 = Ot_1 - Ot_3$ 完成全部计划。同理可分析 t_2 时间的进度状况。

四、利用网络计划调整进度

利用网络计划对进度进行调整，一种较为有效的方法是采用“工期一成本”优化原理，就是当进度拖期以后，进行赶工时，要逐次缩短那些有压缩可能，且费用最低的关键工作，以图 17-8 为例。

如图 17-8 所示，箭线上数字为缩短一天需增加的费用（元/天）；箭线下括号外数字为工作正常施工时间；箭线下括号内数字为工作最快施工时间。原计划工期是 210d。假设在第 95 天进行检查，工作④—⑤（垫层）前已全部完成，工作⑤—⑥（构件安装）刚开工，即拖后了 15d 开工。因为工作⑤—⑥是关键工作，它拖后 15d，将可能导致总工期延长 15d。于是便应当进行计划调整，使其按原计划完成。根据上述结论，得出办法为缩短工作⑤—⑥以后的计划工作时间，所以按以下步骤进行调整：

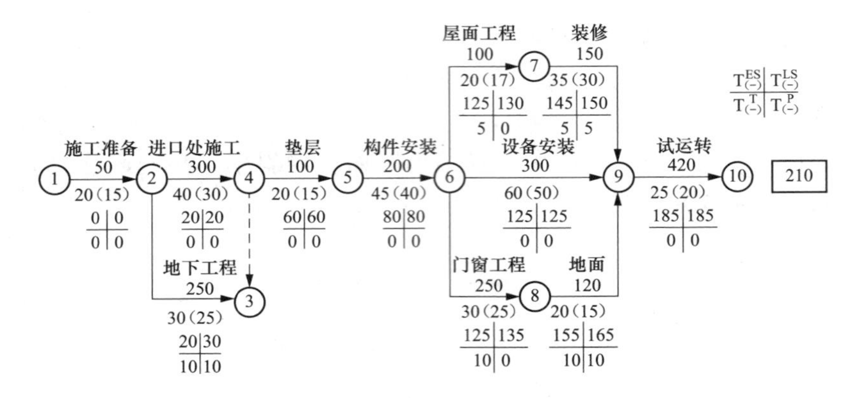

图 17-8 单项工程网络进度计划

第一步：先压缩关键工作中费用增加率最小的工作，压缩量不能超过实际可能压缩值。从图 17-8 中可以看出，三个关键工作⑤—⑥、⑥—⑨、⑨—⑩中，赶工费最低的是 $a_{⑤-⑥}=200$，因此先压缩工作⑤～⑥5d。于是需支出压缩费 5×200＝1000（元）。至此，工期缩短了 5d，但⑤—⑥不能再压缩了。

第二步：删去已压缩的工作，按上述方法，压缩未经调整的各关键工作中费用增加率最省者。比较⑥—⑨和⑨—⑩两个关键工作，$a_{⑥-⑨}=300$ 元为最小，所以压缩⑥—⑨。但压缩⑥—⑨工作必须考虑与其平行的作业工作，它们最小时差为 5d，所以只能先压缩 5d，增加费用 5×300＝1500（元），至此工期共压缩 10d。此时⑥—⑦与⑦—⑨也变成关键工作。如⑥—⑨再加压缩还需考虑⑥—⑦或⑦—⑨同时压缩，不然不能缩短工期。

第三步：⑥—⑦与⑥—⑨同时压缩，但压缩量是⑥—⑦小，只有 3d，故先各压缩 3d，费用增加了 3×100＋3×300＝1200（元），至此工期共压缩 13d。

第四步：分析仍能压缩的关键工作，⑥—⑨与⑦—⑨同时压缩每天费用增加为 $a_{⑥-⑨}+a_{⑦-⑨}=300+150=450$，而⑨—⑩工作较节省，压缩⑨—⑩2d，费用增加为 2×420＝840（元），至此工期共压缩 15d，完成任务。总增加费用为 1000＋1500＋1200＋840＝4540（元）。

调整后工期仍是 210d，但各工作的开工时间和部分工作作业时间有变动。劳动力、物资、机械计划及平面布置按调整后的进度计划做相应的调整。

第四节 施工材料管理

一、施工材料管理的意义和任务

1. 施工材料管理的意义

施工材料管理是指项目部对施工和生产过程中所需各种材料，进行有计划地组织采购、供应、保管、使用等一系列管理工作的总称。搞好材料管理的重要意义如下：

(1) 是保证施工生产正常进行的先决条件。

(2) 是提高工程质量的重要保障。

(3) 是降低工程成本、提高企业的经济效益的重要环节。

(4) 可以加速资金周转，减少流动资金占用。

(5) 有助于提高劳动生产率。

2. 施工材料管理的任务

施工材料管理的任务主要表现在保证供应和降低费用两个方面。

(1) 保证供应。适时、适地、按质、按量、成套齐备地供应材料。

(2) 降低费用。在保证供应的前提下，尽量节约材料费用。

二、材料的分类

1. 按其在建筑工程中所起的作用分类

(1) 主要材料。指直接用于建筑物上能构成工程实体的各项材料（如：钢材、水泥）。

(2) 结构件。指事先对建筑材料进行加工，经安装后能够构成工程实体一部分的各种构件（如：屋架、梁、板）。

(3) 周转材料。指在施工中能反复多次周转使用，而又基本上保持其原有形态的材料（如：模板、脚手架）。

(4) 机械配件。指修理机械设备需用的各种零件、配件（如：曲轴、活塞）。

(5) 其他材料。指虽不构成工程实体，但间接地有助于施工生产进行和产品形成的各种材料（如：燃料、润滑油料）。

(6) 低值易耗品。指单位价值不到规定限额或使用期限不到一年的劳动资料（如：小工具、防护用品）。

2. 按材料的自然属性分类

(1) 金属材料。指钢筋、型钢、钢脚手架管、铸铁管等和有色金属材料等。

(2) 非金属材料。指木材、橡胶、塑料和陶瓷制品等。

3. 按材料的价值在工程中所占比重分类

建筑工程需要的材料种类繁多，资金占用差异极大。有的材料品种数量小，但用量大，资金占用量也大；有的材料品种很多，但占用资金的比重不大；另一种介于这两种之间。根据企业材料占用资金的大小把材料分为A、B、C三类，见表17-2。

表 17-2　　　　ABC 分类法示意表

物资分类	占全部品种百分比（%）	占用资金百分比（%）
A类	10～15	80
B类	20～30	15
C类	60～65	5
合计	100	100

从表中可以看出，C类材料虽然品种繁多，但资金占用却较少，而A类、B类品种虽少，但用量大，占用资金多，因此把A类及B类材料购买及库存控制好，对资金节约将起关键性的作用。所以材料库存决策和管理应侧重于A类和B类两类物资上。

三、材料的采购、存储、收发和使用

1. 材料订购采购

（1）订购采购的原则。材料订购采购是实现材料供应的首要环节。在材料订购采购中应做到货比三家，“三比一算”。

供货单位落实以后，应签订材料供需合同，以明确双方经济责任。合同的内容应符合合同法规定，一般应包括：材料名称品种、规格、数量、质量、计量单位、单价及总价、交货时间、交货地点、供货方式、运输方法、检验方法、付款方式和违约责任等条款。

（2）材料订货的方式。

1）定期订货。它是按事先确定好的订货时间组织订货，每次订货数量等于下次到货并投入使用前所需材料数量，减去现有库存量。

2）定量订货。它是在材料的库存量，由最高储备降到最低储备之前的某一储备量水平时，提出订货的一种订货方式。订货的数量是一定的，一般是批量供给，是一种不定期的订货方式。

（3）材料经济订货量的确定。所谓材料的经济订货量，是指用料企业从自己的经济效果出发，确定材料的最佳订货批量，以使材料的存储费达到最低。材料存储总费用主要包括以下费用：

1）订购费。主要是指与材料申请、订货和采购有关的差旅费、管理费等费用。它与材料的订购次数有关，而与订购数量无关。

2）保管费。主要包括被材料占用资金应付的利息、仓库和运输工具的维修折旧费、物资存储损耗等费用。它主要与订购批量有关，而与订购次数无关。从节约订购费出发，应减少订购次数增加订购批量；从降低保管费出发则应减少订购批量，增加订购次数，因此，应确定一个最佳的订货批量，使得存储总费用最小。

采用经济批量法确定材料订购量，要求企业能自行确定采购量和采购时间，订购批量与费用的关系如图 17-9 所示。

2. 材料的储备及管理

(1) 材料储备。建筑材料在施工过程中是逐渐消耗的，而各种材料又是间断的、分批进场的，为保证施工的连续性，施工现场必须有一定合理的材料储备量，这个合理储备量就是材料中的储备定额。材料储备应考虑经常储备、保险储备和季节性储备等。

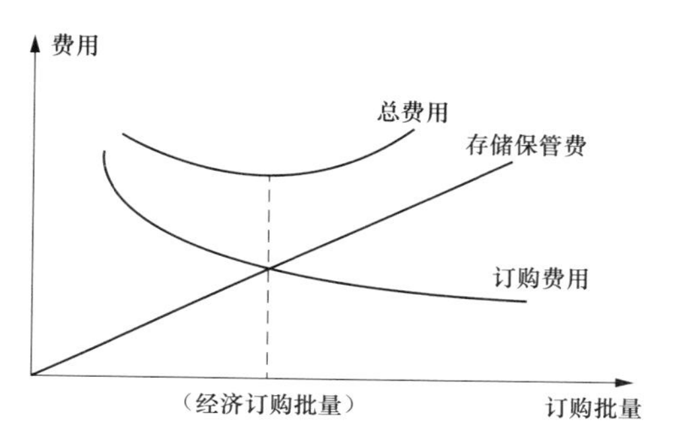

图 17-9 订购批量与费用的关系

1) 经常储备。在正常的情况下，为保证施工生产正常进行所需要的合理储备量，这种储备是不断变化的。

2) 保险储备。企业为预防材料未能按正常的进料时间到达或进料不符合要求等情况下，为保证施工生产顺利进行而必须储备的材料数量。这种储备在正常情况下是不动用的，它固定地占用一笔流动资金。

3) 季节性储备。某种材料受自然条件的影响，使材料供应具有季节性限制而必须储备的数量。对于这类材料储备，必须在供应发生困难前及早准备好，以便在供应中断季节内仍能保证施工生产的正常需要。

(2) 仓库管理。对仓库管理工作的基本要求是：保管好材料，面向生产第一线，主动配合完成施工任务，积极处理和利用库存闲置材料和废旧材料。

仓库管理的基本内容如下：

1) 按合同规定的品种、数量、质量要求验收材料。

2) 按材料的性能和特点，合理存放，妥善保管，防止材料变质和损耗。

3) 组织材料发放和供应。

4) 组织材料回收和修旧利废。

5) 定期清仓，做到账、卡、物三相符。做好各种材料的收、发、存记录，掌握材料使用动态和库存动态。

(3) 现场材料管理。现场材料管理是对工程施工期间及其前后的全部料具管理。包括施工前的料具准备，施工过程中的组织供应，现场堆放管理和耗用监督，竣工后组织清理、回收、盘点、核算等内容。

现场材料管理的具体内容如下：

1) 施工准备阶段的现场管理工作。

① 编好工料预算，提出材料的需用计划及构件加工计划。

② 安排好材料堆场和临时仓库设施。

③ 组织材料分批进场。

④ 做好材料的加工准备工作。

2）施工过程中的现场材料管理工作。

① 严格按限额领料单发料。

② 坚持中间分析和检查。

③ 组织余料回收，修旧利废。

④ 经常组织现场清理。

3）工程竣工阶段的材料管理工作。

① 清理现场，回收、整理余料，做到工完场清。

② 在工料分析的基础上，按单位工程核算材料消耗，总结经验。

第五节　质　量　管　理

一、质量管理的基本概念

1. 工程质量的概念

建筑工程质量亦具有特性，具体表现在以下几个方面：

（1）结构性能方面。工程结构布置合理，轴线、标高准确，基础施工缝处理符合规范要求，钢筋、型钢骨架用材恰当，几何尺寸能保持设计规定不变，强度、刚度、整体性好，抗震性能和结构的安全度，均能满足设计要求。

（2）外观方面。造型新颖、整洁、比例协调、美观、大方，给人以艺术享受。

（3）材质方面。材料的物理性能、化学成分、砂石级配和清洁度，成品、半成品的外观几何尺寸，以及耐酸、耐碱、耐火、隔热、隔声、抗冻、耐腐蚀性能都符合设计、规程、标准、规范的要求。

（4）时间方面。建筑物、构筑物的使用寿命、返修（大修）年限符合设计要求。

（5）使用功能方面。布局合理，居住舒适；屋面、楼面不漏水，上下水管不滴漏；阳台、厕所地面找坡正确，流水畅通；内、外装饰材料不脱落，管线安装正确，安全可靠等。

（6）经济使用方面。质量好、造价低、维修费用省，使用过程中损耗少、寿命长等。

2. 工作质量的概念

工作质量就是企业、部门和职工个人的工作，对工程（产品）达到和超过质量标准、减少不合格品、满足用户需要起到保证的作用。企业工作质量等于企业各个岗位上的所有人员工作效能的总和。

3. 质量检验的概念

质量检验是由特定检查手段，将产品的作业状况实测结果，与要求的质量标准进行对比，然后判定其是否达到优良或合格，是否符合设计和下道工序的要求。也可以说，建筑安装工程的整个质量检查过程，就是人们常说的质量检查评定工作。工程质量检验评定，是决定每道工序是否符合质量要求，能否交付下一道工序继续施工，或者整个工程是否符合质量要求，能否交工等的技术业务活动。

质量检验评定的基本环节如图 17-10 所示。

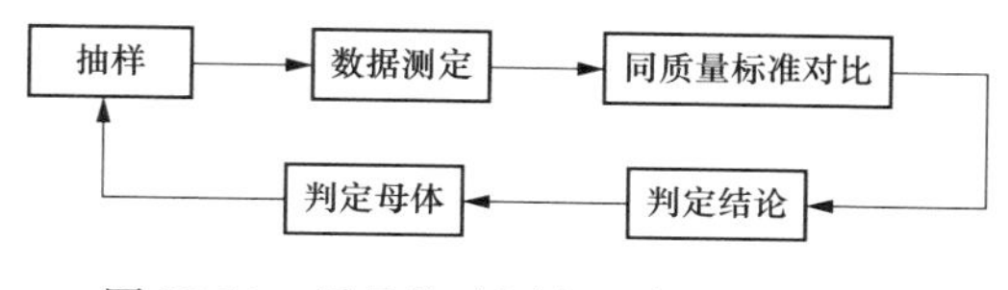

图 17-10 质量检验评定基本环节示意图

4. 质量管理的概念

施工企业质量管理的目的，就是为了建成经济、合理、适用、美观的工程。而建筑安装工程的施工质量，又与勘察设计质量、辅助过程质量、检查质量和使用质量四个方面的质量紧密相关。这五个方面能否统一，统一到什么程度，就看分担这些工作的有关部门、环节的职工的工作能否协调以及协调一致的程度。因此，质量管理就是用科学的方法把工程质量在形成过程中的各种矛盾统一起来，各种工作协调一致。

二、质量管理的基础工作

质量管理基础工作包括：质量教育工作、标准化工作、计量工作、质量情报工作和质量责任制等。

（1）质量教育工作。质量教育工作主要包括以下两个方面：

1）质量管理知识的宣传与教育。质量问题是企、事业生产管理的综合反映，涉及各级行政领导、技术领导、生产班组和许多部门。质量工作不仅是质量管理部门和技术人员的事，也是企业领导、科室管理人员、生产班组大家的事。实质上企业的经济效益的核心就是质量。要把“质量第一”这个精神贯穿到所有活动之中，不搞形式主义。

2）技术教育与培训。新中国成立以来，建立了许多行之有效的法规、规程、规范、规则和各项规章制度，我们必须结合生产实际，组织生产技术和质量管理技术的培训，不断提高全体职工的技术水平、业务水平和管理水平，以适应规模更大的工程建设发展的需要。

（2）标准化工作。标准是衡量产品质量和各项工作质量的尺度，又是企业进行技术活动和各项经营管理工作的依据。标准化是质量管理的基础，质量管理是执行标准化的保证。企业标准，主要分为技术标准和管理标准两大类。

（3）计量理化工作。计量理化工作是保证计量的量值准确和统一，确保技术标准的贯彻执行，保证零部件、构件互换和工程质量的重要手段和方法。搞好计量理化工作，要把施工生产中所需要的量具、设备、仪器配齐配全，并注意维修保养，使用灵活，保证仪表随时处于优良的状态。

（4）质量情报工作。质量情报是指建筑工程在设计、施工过程中，各个环节有关工程质量和工作质量的信息。包括设计方案的合理性，施工准备和施工组织工作的周密性，原材料质量的稳定性、施工操作认真程度等，所收集的基本数据、原始记录和工程竣工交付使用后反映出来的各种质量情报。

（5）质量责任制。工程质量是建筑安装企业经营管理的核心，是企业各项管理工作的综合反映。建立健全质量责任制，是质量管理的一项重要基础工作，具体落实到企业每个部门、每个人员身上，形成一个完整的质量保证体系，才能保证稳步提高工程（产品）质量。

三、全面质量管理

1. 全面质量管理的概述

全面质量管理，是企业为了保证和提高产品质量而形成和运用的一套完整的质量管理活动体系、手段和方法。具体地说，它就是根据提高产品（工程）质量的要求，充分发动全体职工，综合运用现代科学和管理技术的成果，把积极改善组织管理、专业技术革新研究和应用数理统计等科学方法结合起来，实现对生产（施工）全过程各因素的控制，多快好省地研制和生产（施工）出用户满意的优质产品（工程）的一套科学管理方法。

全面质量管理的基本思想，是通过一定的组织措施和科学手段，来保证企业经营管理全过程的工作质量，以工作质量来保证产品（工程）质量，提高企业的经济效益和社会效益。

2. 全面质量管理的基本观点

（1）质量第一的观点。“质量第一”是建筑工程推行全面质量管理的思想基础。建筑工程质量的好坏，不仅关系到国民经济的发展及人民生命财产的安全，而且直接关系到施工企业的信誉、经济效益及生存和发展。

（2）用户至上的观点。“用户至上”是建筑工程推行全面质量管理的精髓。坚持用户至上的观点，企业就会蓬勃发展，背离了这个观点，企业就会失去存在的必要。

现代企业质量管理“用户至上”的观点是广义的，它包括两个含义：一是直接或间接使用建筑工程的单位或个人；二是企业内部，在施工过程中上一道工序应对下一道工序负责，下一道工序则为上一道工序的用户。

（3）预防为主的观点。工程质量是设计、制造出来的，而不是检验出来的。检验只能发现工程质量是否符合质量标准，但不能保证工程质量。在工程施工过程中，每个工序，每个分部、分项工程的质量，都会随时受到许多因素的影响，只要有一个因素发生变化，质量就会产生波动，不同程度地出现质量问题。全面质量管理强调将事后检验把关变为工序控制，从管质量结果变为管质量因素，防检结合，防患于未然。

（4）全面管理的观点。全面质量管理突出的是一个“全”字，即实行全员、全过程、全企业的管理。施工企业的全体人员，包括各级领导、管理人员、技术人员、政工人员、生产工人、后勤人员等都要参加到质量管理中来，人人都要学习运用全面质量管理的理论和方法，明确自己在全面质量管理中的义务和责任，使工程质量管理有扎实的群众基础。

（5）一切用数据说话的观点。全面质量管理强调“一切用数据说话”，是因为它是以数理统计方法为基本手段，而数据是应用数理统计方法的基础，这是区别于传统管理方法的重要一点。它依靠实际的数据资料，运用数理统计的方法作出正确的判断，采取有力措施进行质量管理。

（6）通过实践，不断完善提高的观点。重视实践，坚持按照计划、实施、检查、处理的循环过程办事，经过一个循环后，对事物内在的客观规律就有进一步的认识，从而制订出新的质量管理计划与措施，使质量管理工作及工程质量不断提高。

3. 工程质量保证体系

为保证工程质量，我国在工程建设中逐步建立了比较系统的质量管理的三个体系。

（1）设计、施工单位的全面质量管理保证体系。

1）质量保证的概念。质量保证是指企业对用户在工程质量方面作出的担保，即企业向用户保证其承建的工程在规定的期限内能满足的设计和使用功能。它充分体现了企业和用户之间的关系，即保证满足用户的质量要求，对工程的使用质量负责到底。

2）质量保证的作用。质量保证的作用，表现在对工程建设和施工企业内部两个方面。

对工程建设，通过质量保证体系的正常运行，在确保工程建设质量和使用后服务质量的同时，为该工程设计、施工的全过程提供建设阶段有关专业系统的质量职能正常履行及质量效果评价的全部证据，并向建设单位表明，工程是遵循合同规定的质量保证计划完成的，质量是完全满足合同规定的要求的。

对建筑企业内部，通过质量保证活动，可有效地保证工程质量，或及时发现工程质量事故征兆，防止质量事故的发生，使施工工序处于正常状态之中，进而达到降低因质量问题产生的损失，提高企业的经济效益。

3）质量保证的内容。质量保证的内容，贯穿于工程建设的全过程。

按照建筑工程形成的过程分类，主要包括：规划设计阶段质量保证，采购和施工准备阶段质量保证，施工阶段质量保证，使用阶段质量保证。

按照专业系统不同分类，主要包括：设计质量保证，施工组织管理质量保证，物资、器材供应质量保证，建筑安装质量保证，计量及检验质量保证，质量情报工作质量保证等。

4）质量保证的途径。质量保证的途径包括：在工程建设中的以检查为手段的质量保证，以工序管理为手段的质量保证和以开发新技术、新工艺、新工程、新产品为手段的质量保证。

5）全面质量保证体系。全面质量保证体系是以保证和提高工程质量为目标，运用系统的概念和方法，把企业各部门、各环节的质量管理职能和活动合理地组织起来，形成一个既有明确任务、职责权限，又互相协调、互相促进的管理网络和有机整体，使质量管理制度化、标准化，从而生产出高质量的建筑产品。

（2）建设监理单位的质量检查体系。工程项目实行建设监理制度，这是我国在建设领域管理体制改革中推行的一项科学管理制度。建设监理单位受业主的委托，在监理合同授权范围内，依据国家的法律、规范、标准和工程建设合同文件，对工程建设进行监督和管理。

在工程项目建设的实施阶段，监理工程师既要参加施工招标、投标，又要对工程建设进行监督和检查，但主要的是对工程施工阶段的监理工作。在施工阶段，监理人员不仅要进行合同管理、信息管理、进度控制和投资控制，而且对施工全过程中各道工序进行严格的质量控制。国家明文规定，凡进入施工现场的机械设备和原材料，必须经过监理人员检验合格后才可使用，每道施工工序都必须按批准的程序和工艺施工，必须经施工企业的“三检”（初检、复检、终检），并经监理人员检查论证合格，方可进入下道工序。工程的其他部位或关键工序，施工企业必须在监理人员到场的情况下才能施工，所有的单位工程、分部工程、分项工程，必须由监理人员参加验收。

（3）政府部门的工程质量监督体系。1984 年，我国部分省、自治区、直辖市和国务院有关部门，各自相继制定了质量监督条款，建立了质量监督机构，开展了质量监督工作。国务院〔1984〕123 号文件《关于改革建筑业和地区建设管理体制若干问题的暂行规定》中明确指出：工程质量监督机构是各级政府的职能部门，代表其政府部门行使工程质量监督权，按照“监督、促进、帮助”的原则，积极支持、指导建设、设计、施工单位的质量管理工作，但不能代替各单位原有的质量管理职能。

各级工程质量监督体系，主要由各级工程质量监督站代表政府行使职能，对工程建设实施第三方的强制性监督，其工作具有一定的强制性。其基本工作内容有：对施工队伍资质审查、施工中控制结构的质量、竣工后核验工程质量等级、参与处理工程事故、协助政府进行优质工程审查等。

4. 全面质量管理基本工作方法

(1) 质量管理的四个阶段。全面质量管理的一个重要概念，就是要注意抓工作质量。任何工作除了做好协调一致工作外，还必须有一个应该遵循的工作程序和方法，要分阶段、分步骤地做到层次分明，有条不紊的科学管理，才能使工作更切合客观实际，避免盲目性，不断提高工作质量和工作效率。要按照计划、实施、检查、处理的四个阶段不断循环。这个循环简称 PDCA 循环，又称“戴明环”，循环示意见图 17-11。

第一阶段是计划（也叫 P 阶段），包括制订企业质量方针、目标、活动计划和实施管理要点等。

第二个阶段是实施（也叫 D 阶段），即按计划的要求去做。

第三个阶段是检查（也叫 C 阶段），即计划实施之后要进行检查，看看实施效果，做对的要巩固，错的要进一步找出问题。

第四个阶段是处理（也叫 A 阶段），把成功的经验加以肯定，形成标准，以后再干就按标准进行，没有解决的问题，反映到下期计划。

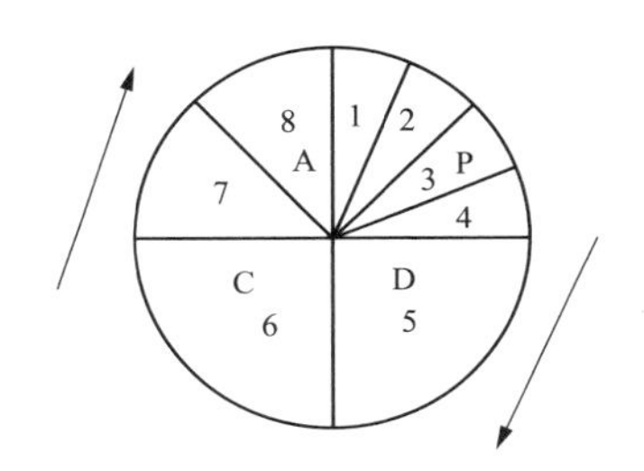

图 17-11 四个阶段与八个步骤循环关系示意图

(2) 解决和改进问题的八个步骤。为了解决和改进质量问题，通常把 PDCA 循环进一步具体化为八个步骤。

1) 分析现状，找出存在的质量问题。

2) 分析产生质量问题的各种原因或影响因素。

3) 找出影响质量的主要因素。

4) 针对影响质量的主要因素，制定措施，提出行动计划，并预计效果。

5) 执行措施或计划。

6) 检查采取措施后的效果，并找出问题。

7) 总结经验，制定相应的标准或制度。

8) 提出尚未解决的问题。

以上 1)～4) 步骤在计划（P）阶段，5) 是实施阶段，6) 是检查阶段，7) 和 8) 两个步骤就是处理阶段。这八个步骤中，需要利用大量的数据和资料，作出科学的分析和判断，对症下药，才能真正解决问题。

(3) 质量管理的统计方法。在全面质量管理过程中，一个过程、四个阶段、八个步骤，是一个循序渐进的工作环，是一个逐步充实、逐步完善、逐步深入细致的科学管理方法。在整个过程中，每一个步骤都要用数据来说话，都要经过对数据进行整理、分析、判断来表达工程质量的真实状态，从而使质量管理工作更加系统化、图表化。目前常用的统计方法有：排列图法、因果分析图法、分层法、频数直方图（简称直方图）法、控制图（又称管理图）法、散布图（又称相关图）法和调查表（又称统计调查分析法）法等。施工质量管理应用较多的是排列图、因果分析图、直方图、管理图等。

四、建筑工程质量检查、控制、验收、评定及不合格工程的处理

建筑工程的质量检查、控制、验收与评定是质量管理工作中的监督环节，以此来衡量与确定施工工程质量的优劣，并通过这一环节进一步改善和提高工程质量。

1. 工程质量检查

质量检查是依据质量标准和设计要求，采用一定的测试手段，对施工过程及施工成果进行检查，使不合格的工程交不了工，这是起到把关的作用。因为建筑产品（建筑物、构筑物）是通过一道道工序不同工种的交叉作业逐渐形成分项、分部工程，直至最后完成的，只是操作者和操作地点在工程上不停地变动。对工程施工中的质量及时进行检查，发现问题立刻纠正，才能达到改善、提高质量的目的。

2. 建筑工程质量控制

（1）建筑工程采用的主要材料、半成品、成品、建筑构配件、器具和设备应进行现场验收。凡涉及安全、功能的有关产品，应按各专业工程质量验收规范规定进行复验，并应经监理工程师（建设单位技术负责人）检查认可。

（2）各工序应按施工技术标准进行质量控制，每道工序完成后，应进行检查。

（3）相关各专业工种之间，应进行交接检验，并形成记录。经监理工程师（建设单位技术负责人）检查认可。

3. 建筑工程施工质量应按下列要求进行验收

（1）建筑工程质量应符合本标准和相关专业验收规范的规定。

（2）建筑工程施工应符合工程勘察、设计文件的要求。

（3）参加工程施工质量验收的各方人员应具备规定的资格。

（4）工程质量的验收均应在施工单位自行检查评定的基础上进行。

（5）隐蔽工程在隐蔽前应由施工单位通知有关单位进行验收，并应形成验收文件。

（6）涉及结构安全的试块、试件以及有关材料，应按规定进行见证取样检测。

（7）检验批的质量应按主控项目和一般项目验收。

（8）对涉及结构安全和使用功能的重要分部工程应进行抽样检测。

(9) 承担见证取样检测及有关结构安全检测的单位应具有相应资质。

(10) 工程的感官质量应由验收人员通过现场检查，并应共同确认。

4. 建筑工程质量评定

建筑工程质量等级划分为合格与不合格。合格的给以验收，不合格的不予验收。参加验收的单位有建设单位、勘测单位、设计单位、监理单位、施工单位和质量监督部门，前五家单位参与质量合格与否的评定，后者只对评定的程序、方法的合法性与否作评价，但有建议和保留意见的权利。

5. 当建筑工程质量不符合要求时的处理规定

(1) 经返工重做或更换器具、设备的检验批，应重新进行验收。

(2) 经有资质的检测单位检测鉴定能够达到设计要求的检验批，应予以验收。

(3) 经有资质的检测单位检测鉴定达不到设计要求，但经原设计单位核算认可能够满足结构安全和使用功能的检验批，可予以验收。

(4) 经返修或加固处理的分项、分部工程，虽然改变外形尺寸但仍能满足安全使用要求，可按技术处理方案和协商文件进行验收。

(5) 通过返修或加固处理仍不能满足安全使用要求的分部工程、单位（子单位）工程，严禁验收。

第六节 财 务 管 理

一、建筑产品的成本

建筑产品的价值与其他物质产品价值一样，包括三个部分：一是在生产过程中已消耗的生产资料的转移价值 C；二是劳动者的必要劳动所创造的价值 V；三是劳动者的剩余劳动所创造的价值（盈利）M。前两部分的货币形式即构成工程成本，它包括施工中耗费的各种材料的费用，机械设备等固定资产的折旧费，支付给生产工人、工程技术人员和管理人员的工资，企业为进行生产活动所开支的各项管理费用等。在工程成本中，不包括劳动者为社会所创造的价值 M，即税金和计划利润。建筑产品的利润，按现行规定，就是从工程价款中扣除成本后的盈利。

(1) 按生产费用计入成本的方法，工程成本可分为直接费用和间接费用。

1) 直接费用是指直接耗用于并能直接计入工程对象的费用。

2) 间接费用是指不直接用于也无法直接计入工程对象，但为进行施工所必须发生的费用。

(2) 按生产费用与工程量的关系，工程成本可分为固定费用和变动费用。

1) 固定费用是指在一定时期内与工程量增减无关的费用，如管理人员的工资、办公费、固定资产折旧费等。

2）变动费用是指与工程量增减有直接联系的费用，它随企业完成的工程量的增减而按一定的比例增加或减少，如直接用于工程的材料费，实行计件的人工费。

（3）根据成本水平和管理的要求，工程成本可划分为工程预算成本、计划成本和实际成本。

1）预算成本是确定工程造价的基础，也是编制成本计划，衡量实际成本节、超的依据。目前建筑企业采用承包方式，大多数工程造价是按概（预）算确定的，因此，预算成本也称承包成本。

2）计划成本是根据工程量具体情况，考虑如果实现各项技术组织措施的经济效果，所应达到的预期成本，也是企业考虑降低成本措施后的成本计划。它是对工程用工、供料和成本费用进行控制的目标，故又称目标成本。

3）实际成本是工程施工中实际发生的各项生产费用的总和，它与计划成本比较，所得到的费用的节约或超支，可用来考核企业的经营效果、施工技术水平及技术组织措施的贯彻执行情况，它与预算成本比较可以反映工程的盈亏情况。

工程预算成本是对每个分项工程或每道工序的各种费用进行分析和汇总，它是依据已经确定的施工方法、进度和资源计划来做的。为了使预算成本和实际成本能够进行直接的比较对照，以便实现管理和控制，必须按照同样的分类方式进行整理。

二、施工项目成本计划

1. 施工项目成本计划的内容

施工项目成本计划是以货币形式预先规定施工项目进行中的施工生产耗费的水平，确定对比项目总投资（或中标额）应实现的计划成本降低额与降低率，提出保证成本计划实施的主要措施方案。

施工项目成本计划的具体内容包括：编制说明，成本计划指标，成本计划汇总表。

（1）编制说明。是对工程的范围、合同条件、企业对项目经理提出的责任成本目标、项目成本计划编制的指导思想和依据等的具体说明。

（2）项目成本计划的指标。应经过科学地分析预测确定，可以采用对比法、因素分析法等进行测定。

（3）按工程量清单列出的单位工程计划成本汇总表，见表17-3。

表17-3　　单位工程计划成本汇总表

序号	清单项目编码	清单项目名称	合同价格	计划成本
1				
2				
…				

（4）按成本性质划分的单位工程成本汇总表，见表 17-4。

根据清单项目的造价分析，分别对人工费、材料费、机械费、措施费、企业管理费和规费进行汇总，形成单位工程成本计划表。

表 17-4　　单位工程计划成本表

序号	成本项目	合同价格	计划成本	备注
一	直接成本			
1	人工费			
2	材料费			
3	施工机械使用费			
4	措施费			
二	间接成本			
5	企业管理费			
6	规费			
	合计			

2. 施工项目成本计划编制的依据

（1）合同报价书。

（2）已签订的工程合同、分包合同、结构件外加工计划和合同等。

（3）企业定额、施工预算。

（4）施工组织设计或施工方案。

（5）公司颁布的材料指导价格、企业内部的机械台班价格、劳动力价格。

（6）人工、材料、机械的市场价格。

（7）周转设备内部租赁价格、摊销损耗标准。

（8）有关成本预测、决策的资料，有关财务成本核算制度和财务历史资料。

（9）项目经理部与企业签订的承包合同及企业下达的成本降低额、降低率和其他有关技术经济指标。

（10）以往同类项目成本计划的实际执行情况及有关技术经济指标完成情况的分析资料。

（11）拟采取的降低施工成本措施等。

3. 施工项目成本计划编制的程序

（1）搜集和整理资料。

（2）估算计划成本，确定目标成本。

目标成本的计算公式如下：

项目目标成本=预计结算收入−税金−项目目标利润

目标成本降低额=项目的预算成本−项目的目标成本

$$目标成本降低率=\frac{目标成本降低额}{项目的预算成本}\times 100\%$$

（3）编制成本计划草案。

（4）综合平衡，编制正式的成本计划。

4. 施工项目成本计划编制的方法

（1）施工预算法。施工预算是项目经理部根据企业下达的责任成本目标，在详细编制施工组织设计，不断优化施工技术方案和合理配置生产要素的基础上，通过工料消耗分析和节约措施，制订的计划成本——亦称现场目标成本。一般情况下施工预算总额应控制在责任成本目标的范围内，并留有一定余地。在特殊情况下，项目经理部经过反复挖潜措施，不能把施工预算总额控制在责任成本目标的范围内，应与公司主管部门进一步协商修正责任成本目标或共同探索进一步降低成本的措施，以使施工预算建立在切实可行的基础上，作为控制施工程生产成本的依据。

（2）中标价调整法。中标价调整法是施工项目成本计划编制的常用方法，其基本思路是：根据已有的投标、概预算资料，确定中标合同价与施工图概预算的总价差额；根据技术组织措施计划确定采取的技术组织措施和节约措施所能取得的经济效果，计算出施工项目可节约的成本额；考虑不可预见因素、风险因素、工期制约因素、市场价格变动等加以计算调整；综合计算出工程项目的目标成本降低额及降低率。

三、目标成本管理

实施目标成本管理，是有效降低成本的途径。目标成本管理是指企业根据社会市场环境，企业潜力和发展规划，进行综合测算确定目标利润后，以目标利润约束成本支出的管理方法。它具有全面、综合的特征，也改变了以往侧重于成本的事后管理为强化成本的超前管理。因此，目标成本管理的实质就是对成本支出进行量化、目标化和责任化。

成本管理的基本任务，是保证降低成本，实现利润，为国家提供更多的税收，为企业获得更大的经济效益。为了实现成本管理的任务，有两方面的工作，一是成本管理的基础工作，做好所需的定额、记录，并健全成本管理责任制和其他基本制度；二是做好成本计划工作，加强预算管理，做好施工图预算和施工预算对比，并在施工中进行成本的核算和分析，保证一切支出控制在预算成本之内，而实行成本控制。

1. 成本管理的一般方法

成本管理大体可分为三个阶段：计划成本的编制阶段；计划成本的实施阶段；计划成本的调整阶段，如图 17-12 所示。

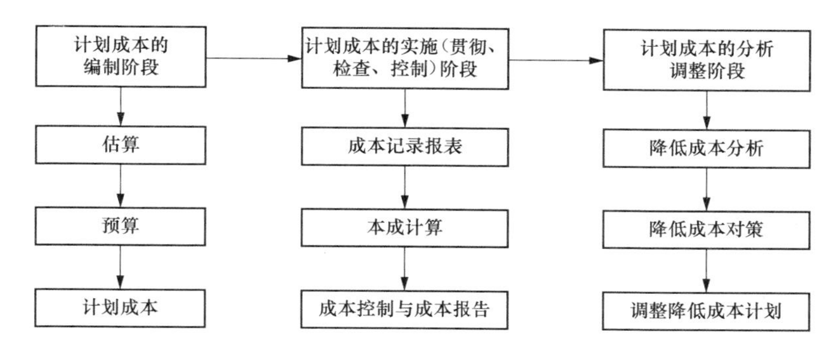

图 17-12 成本管理的系列阶段

（1）成本管理工作的内容。

1）收集和整理有关资料，正确地按工程预算项目编好工程成本计划。

2）及时而准确地掌握施工阶段的工程完成量、费用、支出等工程成本情况。

3）与计划成本相比较，作出细致的成本分析。

4）在总结原因的基础上采取降低成本的积极对策。

（2）成本管理的范围。随着开工和工程的进展，由于各种原因，工程的实际成本与预算成本发生差异，因此在成本管理中必须对工程成本的构成加以分析。在成本构成中，有的成本费用项目与工程量有关（如直接费），有的与工程持续的时间有关（如间接费），成本管理工作应在工程成本可能变动的范围，也就是可控制范围内去进行。

（3）成本计划编制的准则。

1）制定合理的降低成本目标。既要积极，又要可靠。

2）以挖掘企业内部潜力来降低成本。不得偷工减料，降低质量，也不能不顾机械的维修和忽视必需的劳动保护与安全工作。

3）针对工程任务，采取先进可行的技术组织措施和定额达到降低成本的目的。

4）从改善经营管理着手，降低各项管理费用。

5）参照上期实际完成的情况。

（4）降低产品成本的途径。

1）提高劳动生产率。它不仅能够减少单位产品负担的工资和工资附加费，而且能够降低产品成本中的其他费用负担。如减少折旧费和企业管理费等。

2）节约原材料、燃料和动力的消耗。在不影响产品质量，满足产品功能要求的前提下，节约各种物资消耗对降低产品成本作用很大。

3）合理利用机械设备，提高设备利用率，减少折旧和大修理费用负担。这还会引起其他有关费用的减少，如设备的保养费用等。盲目追求超前的机械化和自动化，也会造成损失或提高成本。

4）提高产品质量，减少和消灭废品损失。废品是没有使用价值的产品。生产废品，消耗了原材料的使用价值，但又不创造新的使用价值。因此，生产废品不仅是对追加到原材料上去的活劳动的浪费，也是对已经凝结在原材料中的物化劳动的浪费，使已经形成价值的有效劳动重新转化为无效劳动。在生产中出现废品，分摊到新产品上的原材料消耗量也就增大，就会使产品成本增加。

5）工程任务饱满，增加产品产量。由于产量增加，使固定费用相对节约而使成本降低。

6）节约管理费用。首先是精简机构，节约管理人员，提高管理工作效果，采取现代化管理方法，另外就是降低管理费（如差旅费、利息支出、损失性费用、水电费支出），其他如降低物资采购价格和费用、运输费用、房屋设备的中小修建费用及修旧利废、回收废旧物资等，都能导致产品成本的降低。

2. 成本控制

成本控制就是在工程形成的整个过程中，对工程成本形成可能发生的偏差进行经常的预防、监督和及时的纠正，使工程成本费用被限制在成本计划范围内，以实现降低成本的目标。

（1）分级、分口控制。分级控制是从纵的方面把成本计划指标按所属范围逐级分解到处、队、栋号、班组，班组再把指标分解到个人。分口控制是从横的方面把成本计划指标按性质分解到各职能科室，每个科室又将指标分解到职能人员。

（2）成本预测预控。指企业在一定的生产经营条件下，运用成本预测预控方法进行科学计算，挖掘企业潜力，实现成本最优化方面，做出正确的判断和选择。

成本的预测预控是以上一年度的实际成本资料作为测算的主要依据，根据客观存在的成本与产量之间的依存关系，找出成本升降的规律。

开展成本预测预控，要把成本按其与产量的关系，分为固定成本与变动成本两大类：固定成本是在短期内与产量的变动无直接关系，相对稳定的成本，它是为保持企业一定经营条件而发生的；变动成本是随着产量的增减成正比例地变动。正确划分固定成本与变动成本是预测预控的前提条件。

（3）成本报表。成本报表及其分析是成本控制最为重要的环节，应系统地建立较完整的工作制度。它包括成本记录报表、成本分报表、成本报告（成本完成情况报告）。按日、周、月和完工工程组成报告系统。

3. 成本管理的措施

（1）组织措施。组织措施是从施工项目成本管理的组织方面采取的措施，如实行项目经理责任制，落实施工成本管理的组织机构和人员，明确各级施工项目成本管理人员的任务和职能分工、权利和责任，编制施工项目成本控制工作计划和详细的工作流程图等。组织措施是其他各类措施的前提和保障，而且一般不需要增加什么费用，运用得当可以收到良好的效果。

（2）技术措施。技术措施是降低成本的保证，在施工准备阶段应多进行不同施工方案的技术经济比较。找出既保证质量，满足工期要求，又降低成本的最佳施工方案。另外，由于施工的干扰因素很多，因此在作方案比较时，应认真考虑不同方案对各种干扰因素影响的敏感性。

（3）经济措施。经济措施是最易为人接受和采用的措施。管理人员应编制资金使用计划，并在施工中进行跟踪管理，严格控制各项开支。对施工项目管理目标进行风险分析，并制定防范性对策。通过偏差原因分析和未完工程施工成本预测，可发现一些将引起未完工程施工成本增加的潜在的问题，对这些问题应以主动控制为出发点，及时采取预防措施。由此可见，经济措施的运用绝不仅仅是财务人员的事情。

（4）合同措施。选用合适的合同结构对项目的合同管理至关重要。在施工组织模式中，有多种合同结构模式，在使用时，必须对其分析、比较，要选用适合于工程规模、性质和特点的合同结构模式。

合同条款应严谨细致。在合同的条文中应细致地考虑一切影响成本、效益的因素。特别是潜在的风险因素，通过对引起成本变动的风险因素的识别和分析，采取必要的风险对策，如通过合理的方式同其他参与方共同承担，增加承担风险的个体数量，降低损失发生的比例，并最终使这些策略反映在签订的合同的具体条款中。在和外商签订的合同中，还必须很好地考虑货币的支付方式。

采用合同措施控制项目成本，应贯彻在合同的整个生命期，包括从合同谈判到合同终结的整个过程。

四、财务分析

财务计划就是资金收支的进度计划。为了做出支出费用计划，必须给出网络进度上每个工序所耗资源的种类、数量和单价。譬如所需资源的种类为人工、材料、施工机械等，把同一时段上施工的工序，按同一种资源的数量累加起来，就得到了某种资源计划的柱状图。将该图的数字乘以该种资源的单价，就可转换成该种资源的费用柱状图（图 17-13）。柱状图上的纵坐标都是费用强度，即每月要支付的费用。某些工序的外包费用和不直接用于某个工序或工程上的间接费用（包括管理费），也要分别做出其费用计划的柱状图。把每个柱状图分别地逐月累加起来，就得到各种费用的累计曲线，再将它们按相同的时间坐标叠加，就可得到总的计划支出累计曲线（计划成本累计曲线），如图 17-14 所示。

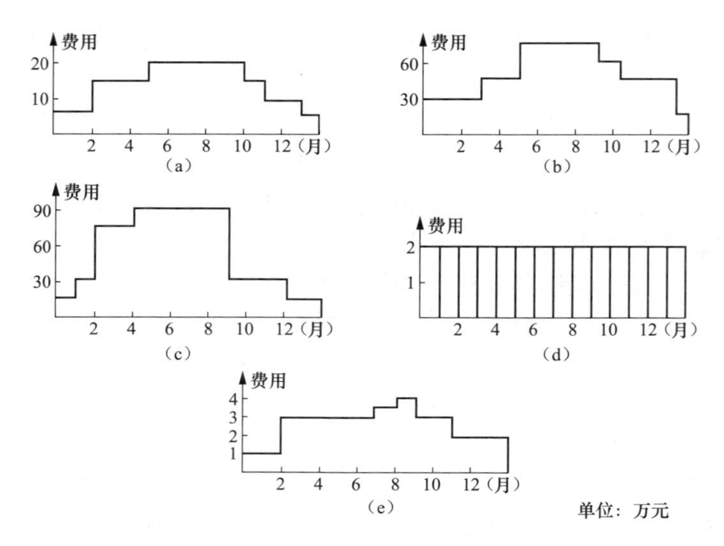

图 17-13 柱状图

（a）工资、奖金、福利费；（b）机械台班费；（c）物质、材料消耗费；（d）施工管理费；（e）其他费用

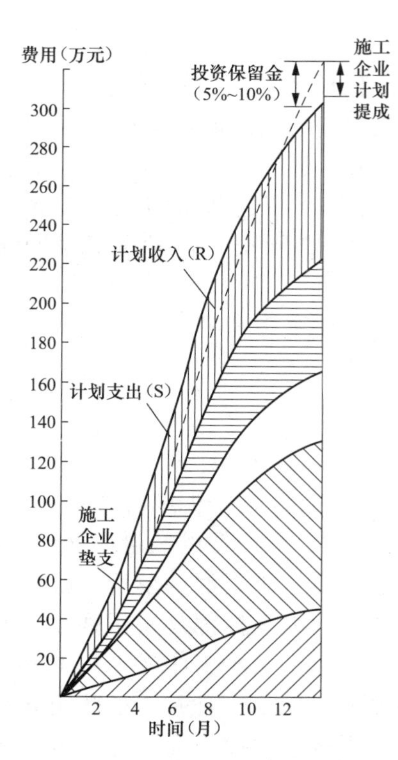

图 17-14 计划成本曲线

施工企业的资金收入计划，取决于承包合同中规定的支付条件。一般投资者是根据完成的工程量分阶段向施工企业拨款，所以，依据合同条件，参照进度计划和成本估价，也可做出收入资金的累计曲线。通常工程投资要在完成分阶段工程量以后才会付款，而各种成本费总是在分阶段工程开始或进行过程中就要支付，所以收入累计曲线往往滞后支出累计曲线一个时段。直到最后阶段，经过全面验收才把剩余的保留金额全部结算付清。

从支出累计曲线可以看出，它通常是呈S形。即工程刚开工和结尾工作进度均较慢，施工的高峰都在中期，如图 17-15 所示。实线表示计划支出累计曲线，也就是计划完成固定资产曲线。若是完全按计划执行，竣工时工程造价全部转化为工程的固定资产。在该图上再画实际完成固定资产曲线，以虚线表示。虚线在实线以下，说明进度已拖延，反之说明进度提前了。

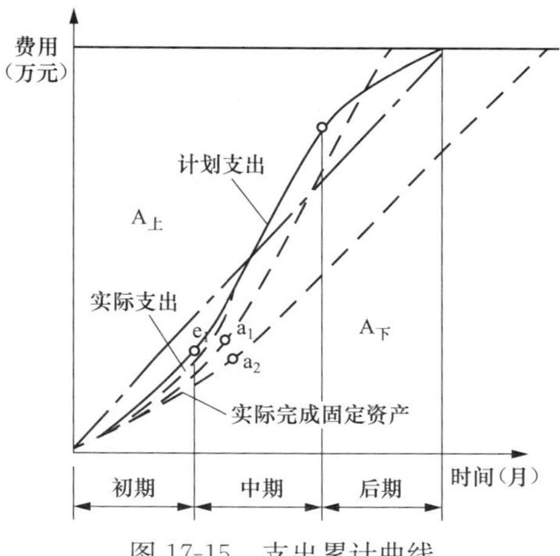

图 17-15 支出累计曲线

财务管理通过经济核算来反映、监督、促进和改善企业的经营管理。反映是指通过记账、算账，记录企业人、财、物的来源及其运用情况，核查经济活动的过程和结果，为搞好企业经营管理提供可靠的数据资料；监督是指通过经营过程中的数据资料，监督、检查企业在经济活动中贯彻国家制度，执行经济合同，遵守财经纪律，保证企业经营合法，经济运转合理；促进是指通过经济核算进行分析、比较，从中总结正反两方面的经验，揭示经营管理中存在的矛盾和问题，从而进一步挖掘企业潜力，增加生产，厉行节约，搞好经济预测，控制企业各方面的工作。

五、施工项目成本核算

1. 施工项目成本核算的对象

施工项目成本一般以每一独立编制施工图预算的单位工程为成本核算对象，但也可以按照承包工程项目的规模、工期、结构类型、施工组织和施工现场等情况，结合成本控制的要求，灵活划分成本核算对象。一般说来有以下几种划分的方法：

（1）一个单位工程由几个施工单位共同施工时，各施工单位都应以同一单位工程为成本核算对象，各自核算自行完成的部分。

（2）规模大、工期长的单位工程，可以将工程划分为若干部位，以分部位的工程作为成本核算对象。

（3）同一建设项目，由同一施工单位施工，并在同一施工地点，属于同一建设项目的各个单位工程合并作为一个成本核算对象。

（4）改建、扩建的零星工程，可根据实际情况和管理需要，以一个单项工程为成本核算对象，或将同一施工地点的若干个工程量较少的单项工程合同作为一个成本核算对象。

2. 施工项目成本核算的方法

（1）直接费成本核算。

1）人工费核算。人工费核算包括内包人工费和外包人工费两种。

2）材料费核算。工程耗用的材料，根据各种表单的收据，由财务人员统一规划编制材料耗用汇总表，计入项目成本。

3）周转材料费核算。周转材料实行内部租赁制，以租费的形式反映消耗情况。

4）结构件费核算。项目结构件的使用必须要有领发手续，并根据这些手续，按照单位工程使用对象编制“结构件耗用月报表”。

5）机械使用费核算。机械设备实行内部租赁制，以租赁费形式反映其消耗情况，按“谁租用谁负担”的原则，核算其项目成本。

6）措施费核算。施工生产过程中实际产生的措施费，凡能分清受益对象的，应直接计入收益成本核算对象的工程施工中。

（2）间接费成本核算。间接费成本核算应注意以下问题：

1）应以项目经理部为单位编制工资单和奖金单列支工作人员薪金。项目经理部工资总额每月必须正确核算，以此计提职工福利费、工会经费、教育经费、劳保统筹费等。

2）劳务分公司所提供的炊事人员代办食堂承包、服务、警卫人员提供区域岗点承包服务以及其他代办服务费用计入施工间接费。

3）内部银行的存贷款利息，计入“内部利息”（新增明细子目）。

4）间接费，先在项目“施工间接费”总账归集，再按一定的分配标准计入受益成本核算对象（单位工程）“工程施工—间接成本”。

（3）分包费成本核算。总分包方之间所签订的分包合同价款及其实际结算金额，应列入总承包方相应工程的成本核算范围。分包工程的实际成本由分包方进行核算，总承包方不可能也没有必要掌握分包方的真实的实际成本。

在施工项目成本管理的实践中，施工分包的方式是多种多样的，除上述按部位分包外，还有施工劳务分包，即包清工、机械作业分包等。即使按部位分包也还有包清工和包工包料（即双包）之分。对于各种分包费用的核算，要根据分包合同价款并对分包单位领用、租用、借用总包方的物资、工具、设备、人工等费用，根据项目经理部管理人员开具的、且经分包单位指定专人签字认可的专用结算单据，如“分包单位领用物资结算单”及“分包单位租用工器具设备行的算单”等结算依据，入账抵作已付分包工程款进行核算。

第七节 施工项目管理

一、项目与项目管理

1．项目

项目是指那些作为管理对象，按限定时间、预算和质量标准完成的一次性任务，其特征如下：

（1）项目的一次性。项目的一次性是项目的最主要特征，也可称为单件性。指的是没有与此完全相同的另一项任务，其不同点表现在任务本身与最终成果上。

(2) 项目目标的明确性。项目的目标有成果性目标和约束性目标。成果性目标是指项目的功能性要求，如钢厂的炼钢能力；约束性目标是指限制条件，如期限、预算、质量都是限制条件。

(3) 项目作为管理对象的整体性。一个项目，是一个整体管理对象，在按其需要配置生产要素时，必须以总体效益的提高为标准，做到数量、质量、结构的总体优化。

每个项目都必须具备上述三个特征，缺一不可。重复的、大批量的生产活动及其成果，不能称作“项目”。项目的种类按其最终成果划分，有建设项目、科研开发项目、航天项目及维修项目等。

2. 建设项目

建设项目是指需要一定量的投资，经过决策和实施（设计、施工等）的一系列程序，在一定的约束条件下形成固定资产为明确目标的一次性事业，其特征如下：

(1) 在一个总体设计或初步设计范围内，由一个或若干个互相有内在联系的单项工程所组成的、建设中实行统一核算、统一管理的建设单位。

(2) 在一定的约束条件下，以形成固定资产为特定目标。一是时间约束，即一个建设项目有合理的建设工期目标；二是资源约束，即一个建设项目有一定的投资总量目标；三是质量约束，即一个建设项目都有预期的生产能力、技术水平或使用效益目标。

(3) 需要遵循必要的建设程序和经过特定的建设过程。即一个建设项目从提出建设的设想、建议、方案选择、评估、决策、勘测、设计、施工一直到竣工、投产或投入使用，有一个有序的全过程。

(4) 按照特定的任务，具有一次性特点的组织形式。表现为投资的一次性投入，建设地点的一次性固定，设计单一，施工单件。

(5) 具有投资限额标准。只有达到一定限额投资的才作为建设项目，不满限额标准的称为零星固定资产购置。随着改革开放，这一限额将逐步提高，如投资 50 万元以上称建设项目。

3. 施工项目

施工项目是建筑施工企业对一个建筑产品的施工过程及成果，也就是建筑施工企业的生产对象，其特征如下：

(1) 它是建设项目或其中的单项工程或单位工程的施工任务。

(2) 它作为一个管理整体，是以建筑施工企业为管理主体的。

(3) 该任务的范围是由工程承包合同界定的。但只有单位工程、单项工程和建设项目的施工才谈得上是项目，因为单位工程才是建筑施工企业的产品。分部、分项工程不是完整的产品，因此也不能称作“项目”。

二、项目管理与施工项目管理

1．项目管理

项目管理是为使项目取得成功所进行的全过程、全方位的规划、组织、控制与协调。因此，项目管理的对象是项目。项目管理的职能同所有管理的职能均是相同的。需要特别指出的是，项目的一次性，要求项目管理的程序性和全面性，也需要有科学性，主要是用系统工程的观念、理论和方法进行管理。项目管理的目标就是项目的目标。该目标界定了项目管理的主要内容，那就是"三控制、二管理、一协调"，即进度控制、质量控制、费用控制、合同管理、信息管理和组织协调。

2．建设项目管理

建设项目管理是项目管理的一类，其管理对象是建设项目。它可以定义为：在建设项目的生命周期内，用系统工程的理论、观点和方法，进行有效的规划、决策、组织、协调、控制等系统性的、科学的管理活动，从而按项目既定的质量要求、动用时间、投资总额、资源限制和环境条件，圆满地实现建设项目目标。

建设项目的管理者应当是建设活动的参与各方组织，包括业主单位、设计单位和施工单位。

3．施工项目管理

施工项目管理是由建筑施工企业对施工项目进行的管理，其特点如下：

（1）施工项目的管理者是建筑施工企业。

（2）施工项目管理的对象是施工项目。

（3）施工项目管理的内容是在一个较长时间进行的有序过程之中，按阶段变化的。管理者必须做出设计、签订合同、提出措施、进行有针对性的动态管理，并使资源优化组合，以提高施工效率。

（4）施工项目管理要求强化组织协调工作。施工项目管理中的组织协调工作最为艰难、复杂、多变，必须通过强化组织协调的办法才能保证施工顺利进行。主要强化方法是优选项目经理，建立调度机构，配备称职的调度人员，努力使调度工作科学化、信息化，建立起动态的控制体系。

三、"项目法"管理

"项目法"管理是以工程项目为对象，以项目经理负责制为基础，以实现项目目标为目的，以构成工程项目要素的市场为条件，以与此相适应的一整套施工组织制度和管理制度作保证，对工程项目建设全过程进行控制和管理的工程项目系统管理的方法体系。

（1）"项目法"的含义。

1）"项目法"管理是一种生产方式，它是解决企业生产关系与生产力相适应的问题。

2）“项目法”管理是按照工程项目的内在规律来组织施工生产的，有一套与此相适应的法则。如，由于工程的单件性、固定性造成施工生产的流动性，工程项目的结构造成的工程施工的立体层次性，投入产出的经济性，组织施工的社会性等。

3）项目管理是系统工程，要有一整套制度保障体系，各项制度之间配套衔接，互相制约，在实践上寻求这些制度的完善。

4）“项目法”管理的“法”字，有方法的意思，即施工企业传统管理方法、现代管理方法、体现新技术与管理相结合的新方法等。

也就是说，“项目法”管理包涵生产方法、运行法则、管理制度和施工方法四个方面的意思。

（2）“项目法”的特征。

1）实现了项目经理负责制，并有一个精干高效的项目管理班子及其组织保证体系。

2）优化劳动组合，实现了管理层与劳务层的分离，双方以总分包合同联结，明确了各自的责、权、利，建立了严格的经济责任制和按劳分配制度体系。

3）优化施工方案。项目施工组织设计采用了先进适用的施工技术与方法，有能保证合同工期的先进科学的进度控制计划。

4）建立了生产要素市场，工程所需的材料、周转工具、施工机械等生产资料，按供销合同和租赁合同严格执行。

5）建立了以工程项目为成本中心、实行独立核算的核算体制，重视投入产出，加强成本控制。

6）科学组织施工。实行了目标管理，运用了全面质量管理、网络法、价值工程等先进的管理方法，建立了完整的质量保证体系。

四、施工项目经理

1. 项目经理应具备的素质

（1）政治素质。

1）具有高度的政治思想觉悟和职业道德，政策性强。

2）有强烈的事业心和责任感，敢于承担风险，有改革创新和竞争进取精神。

3）有正确的经营管理理念，讲求经济效益。

有团队精神，作风正派，能密切联系群众．发扬民主作风，不谋私利，实事求是，大公无私。

4）言行一致，以身作则；任人唯贤，不计个人恩怨；铁面无私，赏罚分明。

（2）管理素质。

1）对项目施工活动中发生的问题和矛盾有敏锐的洞察力，并能迅速作出正确分析判断和有效解决问题的严谨思维能力。

2）在与外界洽谈（谈判）及处理问题时，多谋善断的应变能力、当机立断的科学决策能力。

3）在安排工作和生产经营活动时，有协调人、财、物的能力。排除干扰实现预期目标的组织控制能力。

4）有善于沟通上下级关系、内外关系、同事间关系，调动各方积极性的公共关系能力。

5）知人善任、任人唯贤，善于发现人才，敢于提拔使用人才的用人能力。

（3）知识素质。

1）具有大专以上工程技术或工程管理专业学历，受过有关施工项目经理的专门培训，取得任何资质证书。

2）具有可以承担施工项目管理任务的工程施工技术、经济，项目管理和有关法规、法律知识。

3）具备资质管理规定的工程实践经历、经验和业绩，有处理实际问题的能力。

4）一级或承担涉外工程的项目经理应掌握一门外语。

（4）身心素质。

1）年富力强、身体健康。

2）精力充沛、思维敏捷、记忆力良好。

3）有坚强的毅力和意志品质，健康的情感、良好的心理素质。

2. 项目经理的任务

（1）确定项目管理组织机构的构成并配备人员，制定规章制度，明确有关人员的职责，组织项目经理班子开展工作。

（2）确定管理总目标和阶段目标，进行目标分解，制订总体控制计划，并实施控制，确保项目建设成功。

（3）及时、适当地做出项目管理决策，包括前期工作决策、投标报价决策、人事任免决策、重大技术措施决策、财务工作决策、资源调配决策、进度决策、合同签订及变更决策，严格管理合同执行。

（4）协调本组织机构与各协作单位之间的协作配合及经济、技术关系，代表企业法人进行有关签证，并进行相互监督、检查，确保质量、工期及投资的控制和节约。

（5）建立完善的内部及对外信息管理系统。项目经理既作为指令信息的发布者，又作为外源信息及基层信息的集中点，同时要确保组织内部横向信息联系、纵向信息联系、本单位与外部信息联系畅通无阻，从而保证工作高效率地展开。

3. 项目经理的职责

（1）项目经理要向有关人员解释和说明项目合同、项目设计、项目进度计划及配套计划、协调程序等文件。

（2）落实建设条件，做好实施准备，包括组织项目班子、落实征地、拆迁、三通一平、资金、设计、队伍等建设条件，在总体计划落实的基础上，进一步落实具体计划，形成切实可行的实施计划系统。

（3）落实设备、材料的供应渠道。

（4）协调项目建设中甲乙方之间、部门之间、阶段与阶段之间、地上与地下之间、子项目与子项目之间、土建与安装之间、安装与调试之间等关系，减少扯皮和梗阻。同时要通过职责划分把项目结构和组织结构对应起来，尽量理顺关系，以提高管理效率。

（5）建立高效率的通信指挥系统。即理顺指挥调度渠道，配备现代化通信手段，强化调度指挥系统，提高信息流转速度，提高管理效率。

（6）预见问题，处理矛盾。项目建设中发生矛盾也是有规律可循的，是可以预见的，但要求项目经理有丰富的经验。预见到矛盾以后，要事先采取措施防患于未然。有了矛盾，解决时也应抓住关键，项目经理切不可充当“消防员”角色。

（7）监督检查工期、质量、成本、技术、管理、执法等，发现问题，要及时通报业主或建设单位，防止施工中出现重大反复。

（8）组织好会议。

（9）注意在工作中开发人才，培养下属。

（10）及时做好有关总结，促进管理的 PDCA 循环（即计划、实施、检查、总结的循环过程）正常运转。

4. 项目经理的权力

（1）用人决策权。项目经理应有权决定项目管理机构班子的设置，选择、聘任有关人员，领导班子内的成员的任职情况进行考核监督，决定奖惩，乃至辞退。

（2）财务决策权。在财务制度允许的范围内，项目经理应有权根据工程需要和计划的安排，做出投资动用、流动资金周转、固定资产购置、使用、大修和计提折旧的决策，对项目管理班子内的计酬方式、分配办法、分配方案等做出决策。

（3）进度计划控制权。项目经理应有权根据项目进度总目标和阶段性目标的要求，对项目建设的进度进行检查、调整，并在资源上进行调配，从而对进度计划进行有效的控制。

（4）技术质量决策权。项目经理应有权批准重大技术方案和重大技术措施，必要时，召开学术方案论证会，把好技术决策关和质量关，防止技术上决策失误，主持处理重大质量事故。

（5）设备、物资采购决策权。项目经理应有对采购方案、目标、到货要求，乃至对供货单位的选择、项目库存策略进行决策及对由此而引起的重大支付问题做出决策。

为了使项目经理获得以上权力。必须由该项目经理的委派者对项目经理授权，做出文字认定并由授权方和项目经理协商一致后进行签证，也可以结合项目经理的承包问题签订授权合同。

5. 项目经理的利益

（1）项目经理的工资主要包括基本工资、岗位工资和绩效工资，其中绩效工资应与施工项目的效益挂钩。

（2）在全面完成《施工项目管理目标责任书》确定的各项责任目标、交工验收并结算，接受企业的考核、审计后，应获得规定的物质奖励和相应的表彰、记功、优秀项目经理荣誉称号等精神奖励。

（3）经企业考核、审计，确认未完成责任目标或造成亏损的，要按有关条款承担责任，并接受经济或行政处罚。

6. 施工项目经理承包责任制体系

施工项目经理责任制是指以施工项目经理为主体的施工项目管理目标责任制度。它是以施工项目为对象，以项目经理为主体，以项目管理目标责任书为依据，以求得项目的最佳经济效益为目的，实行从施工项目开工到竣工验收交工的施工活动以及售后服务在内的一次性全过程的管理责任制度。

承包责任制体现了施工企业生产方式与建筑市场招标承包制的统一，有利于企业经营机制的转换，其作用的最大限度发挥取决于是否建立起以项目管理为核心的承包网络体系。做到承包纵向到底、横向到边、纵横交错、不留死角。许多企业在推行施工项目管理过程中积极探索，创造了不少好的承包模式和方法。这里重点介绍一条原则、两个坚持、三种承包类型、四种分配制度的四全二多（全员、全额、全过程、全方位，多层次、多形式）的承包责任制系统。

（1）一条原则，两个坚持。即本着“宏观控制，微观搞好”的原则；坚持推行以项目管理为核心，业务系统管理为基础，思想政治工作为保证的全员承包制；坚持运用法律手段建立企业内部全员合同制。

（2）三种承包类型。

1）以施工项目为对象的三个层次承包。施工项目管理的好坏不仅关系到经理部的命运，而且直接关系到企业的根本利益。所以，项目、栋号、班组这三个层次之间发包与承包必须首先体现企业和国家的利益，本着“包死基数、确保上缴、超额分成、歉收自补”和“指标突出、责任明确、利益直接、考核严格、个人负责、全员承包、民主管理”的原则。

① 企业对项目经理部是以工程项目的施工图预算为依据，扣除上缴企业有关费用后为承包基数（一般为施工图预算的82%左右）。项目经理承包的总费用基数，无特殊情况，一般中途不做调整。为使各经理承包的基数水平接近，企业无论是对新开或是原在施工程都要统一按国家预算定额标准计算承包基数。经理部自行与设计、建设单位办理洽商签证，经有关鉴证机关认可后，可追加其承包基数。目前，不少企业实行的是“一包”（包施工图预算）、“二保”（保证利润上缴和竣工面积）、“五挂”（工资总额核定与质量、工期、成本、安全、文明施工挂钩）和“超额按比例分成”的承包经营责任制。

② 施工项目经理部与栋号作业承包队的承包制。经理部对栋号（作业）承包队的发包与承包，是局限于施工项目承包制范围内的又一个层次的承包。通常情况下，是以单位工程为对象，施工预算为依据，质量管理为中心，成本票据管理为手段，通过签订栋号承包合同，实行“一包，两奖，四挂，五保”经济责任制。“一包”是承包队按施工预算的有关费用一次包死；“二奖”是实行优质工程奖和材料节约奖；“四挂”是工资总额的核定与质量、工期（形象进度）、成本、文明施工四项指标挂钩；“五保”是项目经理部发包时要保证任务安排连续性、料具按时供应、技术指导及时、劳动力和技术工种配套、政策稳定合同兑现。栋号承包队队长与项目经理签订一次性承包合同，并交纳风险抵押金，竣工验收审计考核后一次奖罚兑现。

③ 栋号（作业）承包队对班组实行“三定一全四嘉奖”承包制。“三定”是定质量等级、定形象进度、定安全标准，“一全”是全额计件承包，“四嘉奖”是材料节约奖、工具包干及模板架具维护奖和四小活动奖（小发明、小建设、小革新、小创造）。

2）第二种类型是指以施工项目分包单位为对象的承包。

① 项目经理部与水电承包队之间的总分包制。经理部被授权代表公司向建设单位总包后，将水电安装工程按设计预算总费用做必要的调整后（一般以企业规定为准），划块分包给从事水电设备安装施工的专业承包队。水电设备安装施工中的项目质量目标、安全文明现场管理、形象进度等，必须服从项目经理部的总体要求，并接受其监督管理。

② 项目经理与土方运输专业队之间的承发包制。项目经理部与土方运输专业承包队之间，是一种总分包关系。土方工程产值由项目经理部统计上报，双方按实际土方量、运距和地方统一规定的预算单价标准计算费用，并签订承发包合同。

③ 项目经理部同外包工队伍之间的承包制。随着施工企业用工制度的改革，许多企业用外包工队参与项目工程的施工。但这些施工队人员的技术素质、安

全生产意识、管理水平差异很大，在参加工程项目施工中又多属于包工不包料，这样给项目管理带来很多问题。如何搞好这一层次的承包制落实，是目前施工项目管理中不可忽略的一项重要工作。

3）第三种类型是指以公司机关职能部门与各项目经理部之间的包保责任制。机关部室承包责任制的目的，是为项目管理创造和提供服务、指导、协调、控制、监督保证的条件和环境。为了使部室业务考核及分配趋向基本合理，应把部室工作分为三个部分，实行业务管理责任承包。

① 对企业管理负责的职能性工作，包括制定规章制度、研究改进工作、指导基层管理、监督检查执行情况、沟通对外联系渠道、提供决策方案等。

② 对企业效益负责的职权性工作，包括严格掌管财与物，为现场提供业务服务，帮助现场解决问题等。

③ 按照软指标硬化的原则，对部室实行“五费”包干，即包工资，增人不增资，减人不减资；包办公费、招待费、交通费、差旅费，做到超额自负，节约按比例提取奖励。

项目硬指标的规定，有动力，也有压力；部室没有硬指标的考核，缺少压力，也没有动力。企业是个联动机，项目是企业的主要经济来源，要使项目这个轮子正常运转，部室也必须同步转动，而同步运转的关键是要抓好部室承包责任制的落实和考核。从一些企业的经验看，部室的考核必须与施工项目挂钩，通过经济杠杆把部室与项目联成一个整体。

（3）四种工资制度。

1）一线工人实行全额累进计件工资制。

2）二、三线工人实行结构浮动效益工资制。

3）干部实行岗位效益工资制。

4）对于无法用以上三种方式计酬的部分职工，则视不同情况，分别实行档案工资和内部待业、待岗工资制。

（4）施工项目经理承包责任制中各类人员的岗位责任制施工项目管理承包网络体系中的个人岗位责任制，是项目经理部集体承包、个人负责制的延伸。项目经理之所以能对工程项目负责，就是因为有自上而下的全员岗位责任制作为“后盾”。

1）项目经理与企业经理（法人代表）之间的承包责任制。

① 项目经理产生后，与企业经理就工程项目全过程管理签订目标合同书。其内容是对工程项目从开工到竣工交付使用全过程及项目经理部建立、解体和善后处理期间重大问题的办理而事先形成的具有企业法规性的文件。

② 在《项目承包合同书》的总体指标内，按企业当年综合计划，与企业经理签订《年度项目经理承包经营责任状》。因为有些经理部承担的施工任务跨年

度过长，如果只有《项目承包合同书》而无近期年度责任状，就很难保证工程项目的最终目标实现。

2）项目经理与本部其他人员之间的责任制。项目经理在实行个人负责制的过程中，还必须按“管理的幅度”和“能位匹配”等原则，将“一人负责”转变为“人人尽职尽责”，在内部建立以项目经理为中心的群体责任制。

① 按“双向选择、择优聘用”的原则，配备合格的管理班子。

② 确定每一业务岗位的工作职责。按业务系统管理方法，在系统基层业务人员的工作职责基础上，进一步将每一业务岗位工作职责具体化、规范化，尤其是各业务人员之间的分工协作关系，一定要用《业务协作合同书》的形式规定清楚。

五、施工项目目标管理

1. 目标管理的概念

一个建设项目的分解体系如图 17-16 所示。施工项目是由整体系统和大小子系统构成。因此，施工项目管理也是一个系统。在进行管理时必须首先界定其工程系统，再针对工程系统确定施工项目管理目标，从而实施项目管理。

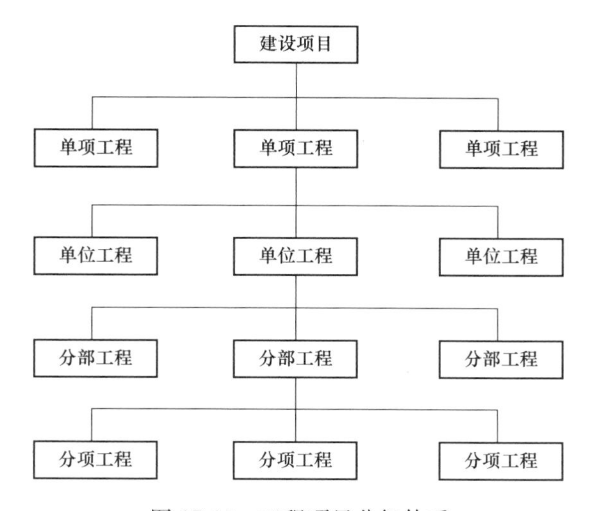

图 17-16 工程项目分解体系

目标是一定时期集体活动预期达到的成果或结果。目标应尽量用数量表示，以便使标准明确、检查和考核方便。施工项目管理应用目标管理方法，可大致划分为以下几个阶段。

（1）确定施工项目组织内各层次、各部门的任务分工，既对完成施工任务提出要求，又对工作效率提出要求。

（2）把项目组织的任务转换为具体的目标。该目标有两类：一类是产品成果性目标，如工程质量、进度等；一类是管理效率性目标，如工程成本、劳动生产率等。

(3) 落实制定的目标。落实目标，一是要落实目标的责任主体，即谁对目标的实现负责；二是明确目标主体的责、权、利；三是要落实对目标责任主体进行检查、监督的上一级责任人及手段；四是要落实目标实现的保证条件。

(4) 对目标的执行过程进行调控。即监督目标的执行过程，进行定期检查，发现偏差，分析产生偏差的原因，及时进行协调和控制。对目标执行好的主体进行适当的奖励。

(5) 对目标完成的结果进行评价。即把目标执行结果与计划目标进行对比，评价目标管理的好坏。

2. 施工项目的目标管理体系

施工项目的总目标是企业目标的一部分。企业的目标体系应以施工项目为中心，形成纵横结合的目标体系结构，如图 17-17 所示。表 17-5 是职能部门的目标展开图表，可供进行目标管理参考。

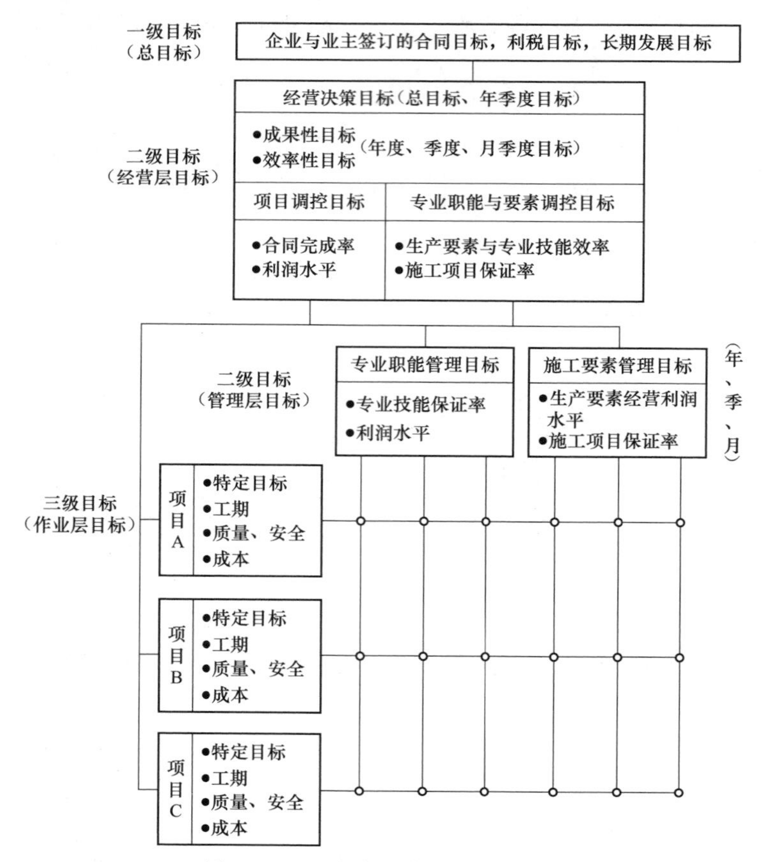

图 17-17　目标管理体系一般模式

表 17-5 职能部门目标展开表

目标项目			管理点	对策	相关单位 ○关联 △强相关				实施进度				责任者
									一季度	二季度	三季度	四季度	
类别	目标	量值			×部门	×部门	×部门	×部门	计划	计划	计划	计划	
									实际	实际	实际	实际	
主管目标													
自控目标													
相关目标													

从分析图 17-17 可以了解，企业的总目标是一级目标，其经营层和管理层的目标是二级目标，项目管理层（作业管理层）的目标是三级目标。对项目而言，需要制定成果性目标；对职能部门而言，需要制定效率性目标。不同的时间周期，要求有不同的目标，故目标有年、季、月度目标。指标是目标的数量表现。不同的管理主体、不同的时期、不同的管理对象，目标值（指标）不同。

企业总目标制定后，目标应自上而下地展开。目标分解与展开从三方面进行：一是纵向展开，把目标落实到各层次；二是横向展开，把目标落实到各层次内的各部门，明确主次关联责任；三是时序展开，把年度目标分解为季度、月度目标。如此，可把目标分解到最小的可控制单位或个人，以利于目标的执行、控制与实现。

六、施工项目竣工验收

1. 施工项目竣工验收条件和标准

(1) 施工项目竣工验收条件。

1) 完成建设工程设计和合同规定的各项内容。

2) 有完整的技术档案和施工管理资料。

3) 有工程使用的主要建筑材料、建筑构配件和设备的进场试验报告 5。

4) 有勘察、设计、施工、工程监理等单位分别签署的质量合格文件。

5) 有施工单位签署的工程保修书。

(2) 施工项目竣工验收标准。建筑施工项目的竣工验收标准有以下三种情况。

1) 生产性或科研性建筑工程施工项目验收标准：土建工程，水、暖、电气、卫生、通风工程（包括其室外的管线）和属于该建筑物组成部分的控制室、操作室、设备基础、生活间及至烟囱等，均已全部完成，即只有工艺设备尚未安装者，即可视为房屋承包单位的工作达到竣工标准，可进行竣工验收。

2）民用建筑（即非生产、科研性建筑）和居住建筑施工项目验收标准：土建工程，水、暖、电气、通风工程（包括其室外的管线），均已全部完成，电梯等设备亦已完成，达到水到灯亮，具备使用条件，即达到竣工标准，可以组织竣工验收。

3）具备下列条件的建筑工程施工项目，也可按达到竣工标准处理。

① 房屋室外或小区内管线已经全部完成，但属于市政工程单位承担的干管干线尚未完成，因而造成房屋尚不能使用的建筑工程，房屋承包单位可办理竣工验收手续。

② 房屋工程已经全部完成，只是电梯尚未到货或晚到货而未安装，或虽已安装但不能与房屋同时使用，房屋承包单位亦可办理竣工验收手续。

③ 生产性或科研性房屋建筑已经全部完成，只是因为主要工艺设计变更或主要设备未到货，因而剩下设备基础未做的，房屋承包单位也可办理竣工验收手续。

2. 竣工验收管理程序

竣工验收准备→编制竣工验收计划→组织现场验收→进行竣工结算→移交竣工资料→办理竣工手续。

3. 竣工验收准备

（1）建立竣工收尾工作小组，做到因事设岗，以岗定责，实现收尾的目标。该小组由项目经理、技术负责人、质量人员、计划人员和安全人员组成。

（2）编制一个切实可行、便于检查考核的施工项目竣工收尾计划，该计划可按表 17-6 编制。

表 17-6　　施工项目竣工收尾计划表

序号	收尾工程名称	施工简要内容	收尾完工时间	作业班组	施工负责人	完成验收

项目经理：　　　　技术负责人：　　　　编制人：

（3）项目经理部要根据施工项目竣工收尾计划，检查其收尾的完成情况，要求管理人员做好验收记录，对重点内容重点检查，不使竣工验收留下隐患和遗憾而造成返工损失。

（4）项目经理部完成各项竣工收尾计划，应向企业报告，提请有关部门进行质量验收评定，对照标准进行检查。各种记录应齐全、真实、准确。需要监理工程师签署的质量文件，应提交其审核签认。实行总分包的项目，承包人应对工程质量全面负责，分包人应按质量验收标准的规定对承包人负责，并收分包工程验收结果及有关资料交结承包人。承包人与分包人对分包工程质量承担连带责任。

(5) 承包人经过验收，确认可以竣工时，应向发包人发出竣工验收函件，报告工程竣工准备情况，具体约定交付竣工验收的方式及有关事宜。

4. 施工项目竣工验收的步骤

(1) 竣工自验。

1) 施工单位自验的标准与正式验收一样，主要是工程要符合国家（或地方政府主管部门）规定的竣工标准和竣工规定；工程完成情况是否符合施工图纸及设计的使用要求；工程质量是否符合国家和地方政府规定的标准和要求；工程是否达到合同规定的要求和标准等。

2) 参加自验的人员，应由项目经理组织生产、技术、质量、合同、预算以及有关作业队长（或施工员、工程负责人）等共同参加。

3) 自验的方式，应分层分段、分房间地由上述人员按照自己主管的内容逐一检查，并做好记录。

4) 复检。在基层施工单位自我检查的基础上，查出的问题全部修补完毕后，项目经理进行复检，检查完毕无问题后，为正式验收做好充分准备。

(2) 正式验收。施工单位应于正式竣工验收前 10 日，向建设单位发送《工程竣工报告》。然后组织验收工作。

5. 施工项目竣工资料

(1) 施工项目档案分类。

1) 综合管理类。包括决定、通知、报告、来往函件、会议纪要等。

2) 商务管理类。包括各类工程预算、结算文件，合同等。

3) 项目工程资料。包括建设工程中勘察资料、施工管理、技术等各类记录资料。

4) 财务资料。

(2) 财务档案管理。

1) 会计档案主要内容。

会计档案的管理包括会计凭证、会计账簿和财务报告等会计核算专业材料，是记录和反映公司经济业务的重要资料和证据。具体包括：

① 会计凭证类：原始凭证、记账凭证、汇总凭证、其他会计凭证。

② 会计账簿类：总账、明细账（依据科目建立）、日记账、固定资产卡片、辅助账簿、其他会计账簿。

③ 财务报告类：月度、季度、年度财务报告，包括会计报表及附表、附注和文字说明，其他财务报告。

④ 其他类：会计档案移交清册，会计档案保管清册，会计档案销毁清册，银行余额调节表，其他应保存的会计核算专业资料。

2) 会计档案的借阅。

① 会计档案查阅要按规定办理手续。上级机关或外单位需要查阅的，要经

公司领导批准，且派专人陪同阅看；原件不得借出。

② 项目撤销，会计档案应随同转移到企业财务部门，并办理好交接手续。

③ 调阅会计档案要填写借阅登记表，注明查阅会计档案名称、调阅时间、调阅人姓名和工作单位、调阅理由等。

④ 会计档案原则上不得外借，特殊情况须征得项目经理同意。

⑤ 调阅会计档案人员，不能私自对会计档案勾画，不准拆原卷册，不准更换张页。

⑥ 所有查阅完毕的会计档案必须及时送还、放回原处。

3）会计档案保管。

① 每月形成的会计档案，应由专人按照归档要求，负责整理立卷、装订成册，编制会计档案保管清册。档案依据上述分类，分别保存，凭证按月整理保存，年终将本年账簿存档。

② 财务部门对每年形成的会计档案，按照归档的要求，负责整理立卷或装订成册。当年会计档案，在会计年度终了后，可暂由财务部门保管 1 年。期满后原则上编制清册移交公司档案部门。

③ 档案部门接受保管的会计档案，原则应当保持原卷册的封装；个别需拆封重新整理的，会同项目以及企业财务部门和经办人共同拆封整理，以分清责任。

④ 财务档案必须按期将应当归档的会计档案全部移交档案室，不得自行封包保存。档案室必须按期点收，不得推诿拒绝。

⑤ 会计档案应科学管理妥善保管、存放有序、查找方便，严格执行安全和保密制度，不得随意堆放，严防毁损、散失和泄密。

⑥ 档案室对于违反会计档案管理制度的，有权进行检查纠正。情节严重的，应当报告公司领导进行严肃处理。

第八节　安全生产管理

一、安全生产的基本概念

安全生产就是在工程施工中不出现伤亡事故、重大的职业病和中毒现象。就是说在工程施工中不仅要杜绝伤亡事故的发生，还要预防职业病和中毒事件的发生。

二、建设工程安全生产管理，坚持安全第一、预防为主的方针

建设单位、勘察单位、设计单位、施工单位、工程监理单位及其他与建设工程安全生产有关的单位，必须遵守安全生产法律、法规的规定，保证建设工

程安全生产，依法承担建设工程安全生产责任。

三、安全责任

（1）从事建设工程的新建、扩建、改建和拆除等活动，应当具备国家规定的注册资本、专业技术人员、技术装备和安全生产等条件，依法取得相应等级的资质证书，并在其资质等级许可的范围内承揽工程。

（2）主要负责人依法对本单位的安全生产工作全面负责。应当建立健全安全生产责任制度和安全生产教育培训制度，制定安全生产规章制度和操作规程，保证本单位安全生产条件所需资金的投入，对所承担的建设工程进行定期和专项安全检查，并做好安全检查记录。

（3）对列入建设工程概算的安全作业环境及安全施工措施所需费用，应当用于施工安全防护用具及设施的采购和更新、安全施工措施的落实、安全生产条件的改善，不得挪作他用。

（4）应当设立安全生产管理机构，配备专职安全生产管理人员。

（5）建设工程实行施工总承包的，由总承包单位对施工现场的安全生产负总责。

（6）垂直运输机械作业人员、安装拆卸工、爆破作业人员、起重信号工、登高架设作业人员等特种作业人员，必须按照国家有关规定经过专门的安全作业培训，并取得特种作业操作资格证书后，方可上岗作业。

（7）应当在施工组织设计中编制安全技术措施和施工现场临时用电方案，对下列达到一定规模的危险性较大的分部分项工程编制专项施工方案，并附有安全验算结果，经施工单位技术负责人、总监理工程师签字后实施，由专职安全生产管理人员进行现场监督。

1）基坑支护与降水工程。

2）土方开挖工程。

3）模板工程。

4）起重吊装工程。

5）脚手架工程。

6）拆除、爆破工程。

7）国务院建设行政主管部门或者其他有关部门规定的其他危险性较大的工程。

对所列工程中涉及深基坑、地下暗挖工程、高大模板工程的专项施工方案，应当组织专家进行论证、审查。

（8）建设工程施工前，负责项目管理的技术人员应当对有关安全施工的技术要求向施工作业班组、作业人员作出详细说明，并由双方签字确认。

（9）应当在施工现场入口处、施工起重机械、临时用电设施、脚手架、出入通道口、楼梯口、电梯井口、孔洞口、桥梁口、隧道口、基坑边沿、爆破物及有害危险气体和液体存放处等危险部位，设置明显的安全警示标志。安全警示标志必须符合国家标准。

（10）应当将施工现场的办公、生活区与作业区分开设置，并保持安全距离；办公、生活区的选址应当符合安全性要求。职工的膳食、饮水、休息场所等应当符合卫生标准。不得在尚未竣工的建筑物内设置员工集体宿舍。

（11）对因建设工程施工可能造成损害的毗邻建筑物、构筑物和地下管线等，应当采取专项保护措施。

（12）应当在施工现场建立消防安全责任制度，确定消防安全责任人，制定用火、用电、使用易燃易爆材料等各项消防安全管理制度和操作规程，设置消防通道、消防水源，配备消防设施和灭火器材，并在施工现场入口处设置明显标志。

（13）应当向作业人员提供安全防护用具和安全防护服装，并书面告知危险岗位的操作规程和违章操作的危害。

（14）作业人员应当遵守安全施工的强制性标准、规章制度和操作规程，正确使用安全防护用具、机械设备等。

（15）采购、租赁的安全防护用具、机械设备、施工机具及配件，应当具有生产（制造）许可证、产品合格证，并在进入施工现场前进行查验。

（16）在使用施工起重机械和整体提升脚手架、模板等自升式架设设施前后，都应当组织有关单位进行验收，也可以委托具有相应资质的检验检测机构进行验收；使用承租的机械设备和施工机具及配件的，由施工总承包单位、分包单位、出租单位和安装单位共同进行验收，验收合格的方可使用。

（17）施工单位的主要负责人、项目负责人、专职安全生产管理人员应当经建设行政主管部门或者其他有关部门考核合格后方可任职。

（18）作业人员进入新的岗位或者新的施工现场前，应当接受安全生产教育培训。未经教育培训或者教育培训考核不合格的人员，不得上岗作业。

（19）应当为施工现场从事危险作业的人员办理意外伤害保险。

四、生产安全事故的应急救援和调查处理

（1）县级以上地方人民政府建设行政主管部门应当根据本级人民政府的要求，制定本行政区域内建设工程特大生产安全事故应急救援预案。

（2）应当制定本单位生产安全事故应急救援预案，建立应急救援组织或者配备应急救援人员，配备必要的应急救援器材、设备，并定期组织演练。

（3）应当根据建设工程施工的特点、范围，对施工现场易发生重大事故的部位、环节进行监控，制定施工现场生产安全事故应急救援预案。实行施工总承包的，由总承包单位统一组织编制建设工程生产安全事故应急救援预案，工程总承包单位和分包单位按照应急救援预案，各自建立应急救援组织或者配备应急救援人员，配备救援器材、设备，并定期组织演练。

（4）发生生产安全事故，应当按照国家有关伤亡事故报告和调查处理的规定，及时、如实地向负责安全生产监督管理的部门、建设行政主管部门或者其他有关部门报告；特种设备发生事故的，还应当同时向特种设备安全监督管理部门报告。接到报告的部门应当按照国家有关规定，如实上报。

实行施工总承包的建设工程，由总承包单位负责上报事故。

（5）发生生产安全事故后，应当采取措施防止事故扩大，保护事故现场。需要移动现场物品时，应当做出标记和书面记录，妥善保管有关证物。

（6）建设工程生产安全事故的调查、对事故责任单位和责任人的处罚与处理，按照有关法律、法规的规定执行。

第十八章

工 程 建 设 监 理

第一节 建设监理的概念

一、监理概念

监理就是有关执行者根据一定的行为准则，对某些或某种行为进行监督和管理、约束和协调，使这些行为符合准则的要求，并协助行为主体实现其行为目的。

构成监理需要具有一定的基本条件，应当有监理的组织、实施监理的依据、监理的具体内容、监理的对象、明确的监理目的、监理的思想、方法和手段。

二、建设监理概念

建设监理是指针对一个具体的工程项目，政府有关机构根据工程项目建设的方针、政策、法律、法规对参与工程项目建设的各方进行监督和管理，使他们的工程建设行为能够符合公众利益和国家利益；并通过社会化、专业化的工程建设监理单位为业主提供工程服务，使他们的工程项目能够在预定的投资、进度和质量目标内得以实现。

在工程建设领域，建设监理的实施旨在形成一项根本制度，从而就工程项目建设行为准则、规程和管理体制做出规定，并对它应当如何进行提供一个完整的组织和运行模式。这项制度包括：针对什么，根据什么，采用何种体制，建立何种运行机制，由谁来推行和实施等诸方面。从思想、组织到方法和手段形成一个完整的一体化的可实施系统。

建设监理制度的内容有：工程项目，它是建设监理制度实施对象；工程项目建设管理体制，它是就工程项目管理组织提出的基本框架；建设监理运行体系，它是实施建设监理的组织体系；建设监理法规体系，它是工程建设和监理的依据。

三、建设监理的范围

建设监理是针对工程项目而展开的，其范围含以下两个方面。

（1）建设监理覆盖我国所有的工程项目。一切建设工程必须接受政府监理。无论是内资项目，还是外资项目，或是一般工业与民用项目，一旦这个项目成立，政府有关部门即按照目前的职责分工，从不同的阶段和不同的方面，对它进行强制性监理。所有建设工程均允许委托监理单位实施监理（政府有规定的秘密工程除外）。根据建设监理制度的发展步骤，我国现阶段应委托社会监理的工程项目是：国家投资的新建、扩建、改建的大型技改工程项目。鼓励集体、个人投资兴建的工程也实行监理。国家机密工程和工程规模较小、业主又有相应的工程建设管理能力的，可不委托监理。

（2）建设监理贯穿于工程建设全过程。所有工程项目的建设过程都可分为建设前期阶段和工程实施阶段。政府以贯彻国家投资计划、提高投资效益和维护公众利益为目的，从工程项目的可行性研究开始，到设计施工，直至竣工验收，把建设全过程都纳入监督的控制之下，实施强制性监理。按照我国当前的部门分工，大体上是建设前期阶段由计划部门以及规划、土地管理、环保、消防、公安等部门负责；工程建设实施阶段由建设主管部门负责。社会监理工作也涉及工程建设全过程。任何工程项目，建设单位都可以将可行性研究、勘测、设计、施工直至竣工验收的全过程委托给社会监理。当然，社会监理是自愿委托性质的，建设单位根据需要和工程特点，可以将全过程委托给一个社会监理单位，也可以将工程的不同建设阶段分别委托给若干个监理单位，可以全过程委托监理，也可以某一阶段或某几个阶段委托监理。

四、建设监理的依据

按照我国建设监理的有关规定，建设监理的依据是国家有关工程建设和建设监理的方针、政策、法规、规范及有关工程建设文件，从依法签订的监理委托合同到工程建设承包合同，其内容如下：

（1）政策。指我国经济发展战略，产业发展规划，固定资产投资计划等。

（2）法律。指与工程建设活动有关的法律，如《土地管理法》、《城市规划法》、《环境保护法》以及《经济合同法》等。

（3）法规。主要包括：国务院制定的行政法规，如《中华人民共和国经济合同仲裁条例》等；省级人大及常委会、省所在市人大及常委会，国务院批准的较大的市人大及常委会制定的地方性法规。

（4）政府批准的建设计划、规划、设计文件。这既是政府有关部门对工程建设进行审查、控制的结果，也是一种许可，又是工程实施的依据。

（5）依法签订的工程承包合同。监理人员以此为尺度严格监理，并使之成为工程实施的依据。

五、我国实行建设监理的意义

实行建设监理制度的意义是巨大的，它可以提高我国的建设水平，适应社会主义市场经济发展的需要，大大促进生产力的发展，提高投资效益，提高综合竞争能力，更多地吸收国外资金，更有力地打入国际市场，增强我国的经济实力和国际竞争力。其具体内容如下：

（1）有利于发展生产力。实行建设监理制度，可以用专业化、社会化的监理队伍代替小生产管理方式，可以加强建设的组织协调，强化合同管理监督，公正地调解权益纠纷，控制工程质量、工期和造价，提高投资效益。监理单位可以以第三者的身份改变政府单纯用行政命令管理建设的方式，加强立法和对工程合同的监督。可以充分发挥法律、经济和行政与技术手段的协调约束作用，抑制建设的随意性，抑制纠纷的增多。还可以与国际通行的监理体制相沟通。总之，这样就无疑会增强改革效果，建立新的生产关系和上层建筑，促进生产力的发展。

（2）有利于提高经济效益。实行建设监理制度，使监理组织承担起投资控制、质量控制和进度控制的责任，是监理组织分内之事，也是他们的专业特长，解决了建设单位自行管理不能在控制上奏效的问题。实践证明，实行建设监理的工程，在投资控制、质量控制和进度控制方面可以收到良好的效果，也就是说，综合效益均能得到提高。几十年来不能得到解决的建设经济效益低下的老大难问题，由于实行监理制度，找到了一条理想的解决途径。

（3）有利于对外开放与加强国际合作。实行改革开放以来，我国大量引进外资进行建设。三资工程一般都按国际惯例实行建设监理制度。我们也大力发展对外工程承包事业，在国外承包工程，也要实行监理制度。我们如果不实行监理制度，便不能适应吸收外资的要求，造成经济上受损；我们如果不熟悉监理制度，便不能适应国际承包的需要，同样会蒙受损失。因此，我国实行建设监理制度，不但是必需的，而且是紧迫的，是我国置身国际工程承包市场之中的一项不可缺少的举措。推行建设监理制度以来，我们已经变被动为主动，改善了投资环境，提高了投资效益，增强了我国的国际竞争能力，壮大了我国的建设事业。

第二节　建设监理组织机构

一、监理组织的设计原则

组织设计是监理总工程师为完成不同阶段监理任务所设计出来的“组织机构”，其设计的原则如下：

（1）建立职权与责任结合的指挥系统；建立集权、分权、控制幅度等人与人之间互相影响的制约机制、激励机制和开拓机制。

（2）探索和建立最有效的协调手段。

（3）工作职务要专业化、层次要简化、直线指挥与职能参谋相结合。

二、监理组织机构的设立

1. 设立监理组织机构应考虑的主要因素

（1）必须反映目标和计划。一切管理活动都是从目标和计划推导出来的。监理单位在接受委托后要根据监理委托合同中规定的监理范围和内容，监理的深度和广度确定监理预期目标和计划，设立相应规模的监理组织机构，视其工程规模大小、监理范围、人员多少，可称监理处、站、所或监理小组。其组织结构要与工程项目合同结构相适应，以便对口管理，还要考虑其承发包方式和监理内容，不同的承发包方式和不同的监理内容，直接影响监理组织结构和人员的多少。

（2）必须反映领导者可运用的职权。由行政上级和委托单位决定的处理问题的权限，是随着授权范围不同而变化的。监理单位应根据承担的监理任务，设立由总监理工程师、监理工程师和其他监理工作人员组成的项目工作小组。总监理工程师是监理单位履行监理委托合同的全权负责人，行使合同授予的权限，并领导监理工程师的工作，监理工程师具体履行监理职责，及时向总监理工程师报告现场监理情况，并领导其他监理工作人员的工作。

（3）必须反映它的环境条件。组织机构必须有序的、高效的运行，并使集体中的每个成员能做出力所能及的贡献，从而有助于人们在不断变动的环境中有效的实现目标。由于工程进展是动态的活动过程，其内在的、外界的环境条件也是不断变化的，因此监理组织机构内的结构、专业、成员数量，也应该是变化的。

（4）必须反映精干、高效的配备原则。组织机构内规定的业务工作分类、分工和职权，必须考虑到人员的限度和能力，不能因人设事，而要层次少、人员少、一专多能、精干高效。

2. 设立监理组织机构的原则

（1）目的性原则。设置监理组织机构的根本目的，在于确保监理目标的实现。从“一切为了确保监理目标的实现”这一根本目的出发，要因目标而设事，因事而设人、设机构、分层次，因事而定岗定责，因责而授权，这一设置逻辑流程关系如图 18-1 所示。

（2）管理跨度原则。管理跨度是指一个领导者直接管辖的下级人数。适当的管理跨度，加上适当的层次划分是建立高效组织机构的基础。

管理跨度与层次划分的多少成反比的关系。管理跨度大则层次少，但并不是说跨度越大越好，因为跨度大，上级主管需要协调的工作量就大。而每个人的知识、能力和精力也是有限的，也决定了管理跨度不能无限增加。

（3）统一指挥原则。建设部明确规定在监理组织机构中实行总监理工程师负责制，这样可以避免多头指挥。但在今天组织结构比较复杂的情况下，完全

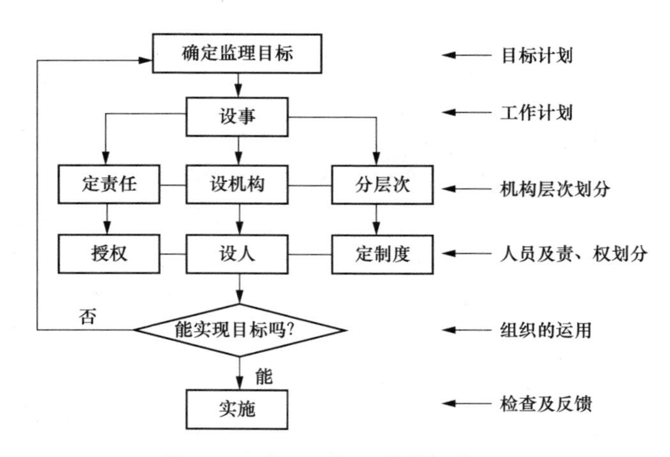

图 18-1 监理组织机构设置流程图

听从一个人的指挥是不现实的，这就要求下达指令之前，领导人之间要互相沟通，统一意见。做到执行者只能接受到统一的命令。

(4) 责权一致的原则。有责无权，不仅束缚监理人员的主动性和积极性，而且使责任制度形同虚设，最后无法完成任务；有权无责，必然助长瞎指挥和官僚主义。因此，要求监理组织机构授予每个成员的权力与职责相适应。

(5) 分工与协作的原则。分工就是把监理目标、监理内容分配到各个层次、各个有关专业以及个人头上，明确各个层次、各个专业乃至各个监理人员应该做的工作，完成任务的手段、方式和方法。协作是与分工相联系的一个概念，是指明确部门与部门之间、专业与专业之间、层次与层次之间、个人与个人之间的协调关系与配合方法。

只有分工没有协作是完不成任务的，因此在设置监理组织机构时，层次间、专业间的分工和协作都是不可忽视的。

(6) 精干的原则。要以较少的人员，较少的层次完成监理目标，是设置监理组织机构的期望目标。层次过多，会造成人浮于事，办事迟缓，并使管理费用增加；层次过少，必然加大管理跨度，使领导工作不深入、不具体，指挥无力。为此监理机构一定要层次适当，人员精干，做到统一、高效。

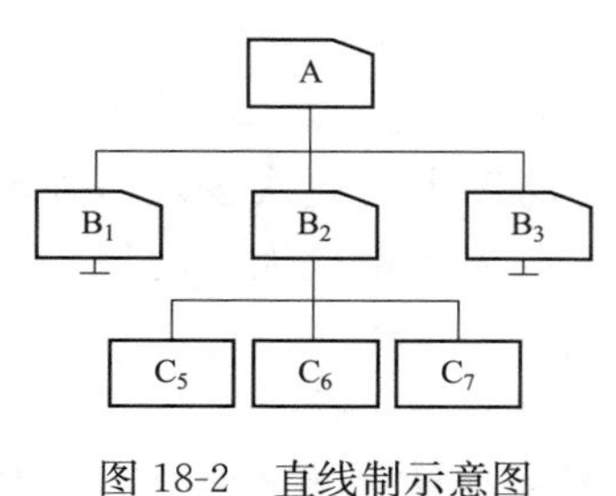

图 18-2 直线制示意图

3. 常用的监理组织机构形式

(1) 直线制（线性结构）。这种组织形式是一种传统的组织结构形式，其特点是：一个下级只接受一个上级领导者的指令，一级对一级负责，指挥管理统一，责任和权限明确，如图 18-2 所示。它比较适合施工现场的管理，也是目前现场施工管理常见的组织形式。

(2) 职能制(多线制)。它实际上是直线制的一种演变,随着科学技术的进步和生产力的发展,工程建设规模和结构趋向大型化和复杂化,需要组织上的细致分工和专业化管理,而直线制已不能适应这种要求,如图 18-3 所示。

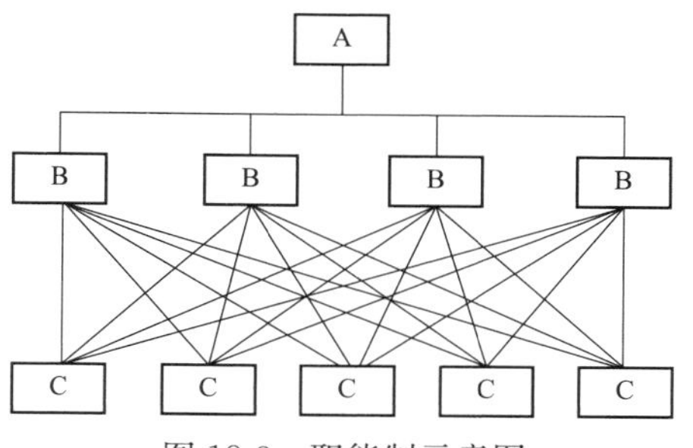

图 18-3 职能制示意图

其优点如下:

1) 把相应的管理职责和权力授给各职能部门或专业负责人,有利于领导集中精力。

2) 后者在其职权范围内,直接指挥下级单位,有利于各级负责人工作积极性的发挥。

3) 它有利于发挥各职能机构的专业管理作用,提高工作效率。

(3) 直线一职能制(直线参谋制)。它实际上是上面两种体制的结合,并吸收了两者的优点。这种形式的特点,一是按企业机能和管理职能来划分部门和设置机构,实行专业分工管理;二是把管理机构和人员分成两类。这种形式综合了直线制和职能制的优点,既能保持指挥统一,又能发挥专业分工的作用,管理组织结构比较完整,隶属关系分明,因而能够对本部门的生产、技术、经济监理活动进行有效的组织和指挥,如图 18-4 所示。

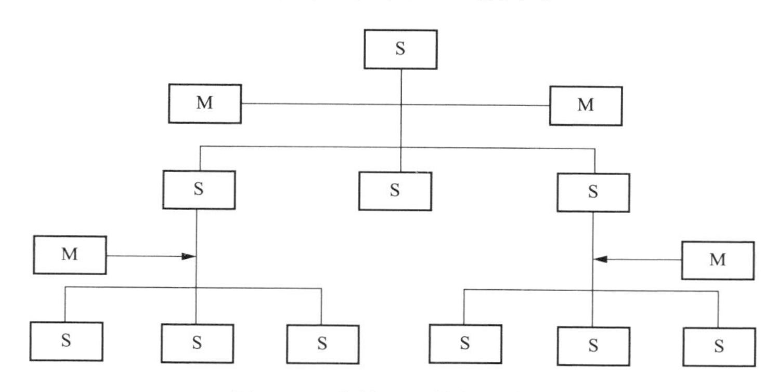

图 18-4 直线一职能制示意图

(4) 矩阵制(目标一规划制)。是从专门从事某项工作小组形成发展而来的一种组织结构。所谓工作小组一般是由一群不同背景、不同专业、不同技能、不同知识的人员所组成的,通常人数不多,如图 18-5 所示。小组内的专业和人员也不固定,需要谁,谁就来,任务完成后就离开。其优点是适应性强,不窝工,机动灵活,效率高;缺点是成员有临时观点,缺乏稳定性。这种工作小组组织结构适用建设监理需要不同时期、不同专业的人在一起完成监理工作,这种工作小组的形式长期存在,就成为建设监理中的矩阵制组织形式。

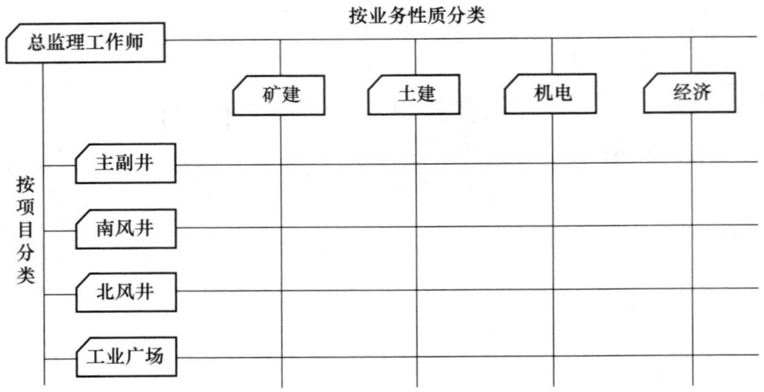

按业务性质分类

	矿建	土建	机电	经济
总监理工作师				
按项目分类：主副井				
南风井				
北风井				
工业广场				

图 18-5　矩阵制示意图

4. 监理组织机构的人员组成及职责分工

一个建设监理机构的大小，需要配备的人员多少，专业的类别，目前没有统一的规定和标准，而是根据受委托的工程项目类型，工程的复杂程度，工期长短，监理的内容，监理的广度和深度，以及监理人员的素质而定，由于从事的行业不同其差别也甚大。

据有关资料介绍，水利系统小型项目（年度投资额 1000 万元以下）4 人左右，中型项目（年度投资额 1000 万至 8000 万元）10 人左右，大型项目，如广州抽水蓄能工程，监理人员 54 人，漫湾水电站工程配监理人员 60 人。

交通系统在《公路工程施工监理暂行办法》中规定，一般道路工程的监理人员配备密度为 0.8～1.0 人/km，京津塘高速公路的监理人员配备密度为 1.3～1.5 人/km，相当于年投资每 100 万元人民币 0.7 个监理人员。

煤炭系统规定，只负责施工阶段监理的大中型项目控制在年平均 15～20 人，小型项目 8～12 人；对总承包工程监理，大中型项目控制在年平均 8～12 人，小型项目 5～8 人。而北京市城建系统的监理人员配备标准平均投资额每 100 万元人民币配备 1 个监理人员。

据资料介绍，在国外中小型项目每 100 万美元左右需配 1 个监理人员，大型项目每 150 万美元配 1 个监理人员。除了工程投资规模以外，工程类型、行业特点也是决定监理人数的重要因素。

（1）监理机构的人员层次划分。监理机构内部一般来说要配备工程技术人员、经济管理人员、财会人员、服务人员。

监理机构内部管理层次配备，应根据监理内容而决定。如在项目设计阶段的监理，一般分为两个层次，即该项目的总监理工程师和各专业分项监理工程师；在项目施工阶段的监理，则一般要分三个层次，即总监理工程师，专业分项监理工程师，监理员或技术员和服务人员等。

各层次、各专业人员数量要随工程项目的进展而调整，其目的是精干、高效。所以监理的组织机构和结构也是动态的、可变的。

（2）总监理工程师的职责。

1）根据监理合同，确定监理组织机构和人员，并对所属人员明确分工，做到责任落实到人。

2）根据监理合同，编制项目监理规划或方案，确定监理目标以及实施计划和措施，上报建设单位，并向内部贯彻执行。

3）负责对外关系，作为对外关系的总代表，要密切联系建设、施工、设计等外协单位，交换意见，互通情报，并及时了解各方面的要求和意向，为平衡、协调做好各项准备工作。

4）监督、检查合同双方履行工程承发包合同或协议的情况，调解双方之间的合同争议与纠纷，审查索赔要求，并提出监理意见。

5）参加建设单位召集的工程平衡例会和各类工程会议，协调各方关系，帮助解决施工中的各类制约和干扰问题。

6）确认承包单位选择的分包单位及其资质审查结果。

7）组织并主持重大单位工程的设计交底，审查设计概算和重要工程施工图纸。

8）组织、主持审查施工单位提报的施工组织设计，施工进度计划和各种组织措施、施工措施、安全措施、质量措施、进度措施，以及设备、材料、人员进场计划等。

9）负责签署工程变更、设计修改、材料代用、隐蔽工程记录和新技术应用等有关书面文件，签署拟发的监理通知书和各类监理报表。

10）参与工程验收，确认工程数量和质量，审查工程结算，签署工程付款凭证。

11）监督检查并帮助施工单位完成进度计划，敦促各施工单位的质保体系运行正常，确保工程质量符合规程、规范的标准和合同要求。

12）负责填写监理日记和撰写监理工作总结，按规定每月向建设单位提交上月的监理工作报告和各类报表。

13）负责制定监理组织内部的规章制度，审批内部的财务支出，以及确定监理人员的任免、调动、奖罚等事宜。

14）督促、检查合同文件和监理文件、监理记录以及各类信息资料的整理、存储、鉴别、归档等工作。

15）负责组织监理人员的学习和业务培训工作，业务考核工作，并对监理人员转正、定级以及职称晋升提供鉴定意见。

（3）专业分项监理工程师的职责。

1）接受总监理工程师的指令和授权，在授权的范围内行使监理职责和权力，实施监理规划。

2）负责制订为实现本专业或本分部分项监理目标的监理实施计划和措施，编制单位工程监理程序。

3）审查设计文件、概算以及施工图纸，包括设计修改、工程变更、材料代用等具体实施意见，并提出监理意见。

4）审查施工单位提交的施工组织设计、施工进度计划和施工措施，并提出监理意见。

5）参加施工单位工程协调会，应经常的深入工地了解施工动态和进程，帮助施工单位解决施工中的困难干扰和各类矛盾，促使完成进度目标和质量目标。

6）负责处理施工过程中的设计修改、工程变更、隐蔽工程和新工艺、新材料、新技术应用等事宜，并提出监理意见交总监理工程师审定。

7）监督、检查施工单位的质量保证体系运行情况，敦促施工单位严格按规范标准和合同要求施工，确保工程质量。支持和帮助施工单位为提高工程质量和优良品率的各项合理化建议和措施的推行和落实工作。

8）审查主要建筑材料、主要设备的订货。核定其性能标准，查验其合格证，必要时复核其试验或化验报告，对不符合合同要求的材料设备一律不准进厂和使用。

9）参加定期的工程月末验收和竣工验收，核实、确认工程数量和质量，并签署工程验收凭证。

10）审查施工单位提交的施工月报表和工程结算报表，保证进度与支付同步。掌握好工程预付款的起扣点，预审索赔文件，协同经济师做好单位工程的投资控制。

11）监督、检查施工单位的安全防护措施，提出监理意见。协助施工单位消除安全隐患，确保施工安全。

12）负责填写本分项或本专业监理日记，每月月初向总监理工程师提交上月监理工作报告。

13）负责指导和安排本分项或本专业监理员的工作，并帮助本专业的监理人员不断提高业务水平和监理工作水平。

（4）专业分项监理员的职责。

1）接受专业分项监理工程师的指令，执行监理任务。当好专业监理工程师的助手。

2）熟悉合同文件和施工图纸，根据专业监理工程师的指令，对重点项目或重要工序进行跟踪检查和旁站监理。

3）经常深入工地了解施工动态，发现问题及时向专业监理工程师汇报，帮助解决施工中的有关问题。

4）督促、检查施工单位完成进度计划，严格执行施工规范和合同要求，严把各道工序的工程质量关。

5）检查工程变更、隐蔽工程、材料代用、新技术应用的执行情况，检查监理通知书执行情况，做好现场实况记录，并汇总给专业监理工程师。

6）负责验证工程材料取样试验、化验。检验主要材料和设备的出厂合格证和报告单，对不符合设计要求标准的各类情况即时上报。

7）负责操作使用监理检查测试工具，取得完整的、系统的数据，并做好检测详细记录，汇报给专业监理工程师。

8）参加工程验收，实测、实量完成数量和质量，取得第一手数据，为专业分项监理工程师签署工程验收凭证提供真实可靠的数据。

9）参加质量评定和质量事故分析会议，提出监理意见。

10）详细记录施工单位的施工进度、质量和施工操作安全情况，掌握施工动态，并即时填入监理日志。

第三节 监理施工控制

一、工程施工质量控制

1. 工程施工质量控制

（1）用于建筑工程的主要材料、半成品、成品、建筑构配件、器具和设备的进场检验和重要建筑材料、产品的复验。为把握重点环节，要求对涉及安全、节能、环境保护和主要使用功能的重要材料；质量进行复验，体现了以人为本、节能、环保的理念和原则。

（2）为保障工程整体质量，应控制每道工序的质量。目前各专业的施工技术规范正在编制，并陆续实施，施工单位可按照执行。考虑到企业标准的控制指标应严格于行业和国家标准指标，鼓励有能力的施工单位编制企业标准，并按照企业标准的要求控制每道工序的施工质量。施工单位完成每道工序后，除了自检、专职质量检查员检查外，还应进行工序交接检查，上道工序应满足下道工序的施工条件和要求；同样，相关专业工序之间也应进行交接检验，使各工序之间和各相关专业工程之间形成有机的整体。

（3）工序是建筑工程施工的基本组成部分，一个检验批可能由一道或多道工序组成。根据目前的验收要求，监理单位对工程质量控制到检验批，对工序的质量一般由施工单位通过自检予以控制，但为保证工程质量，对监理单位有要求的重要工序，应经监理工程师检查认可，才能进行下道工序施工。

2. 工程质量的事前控制

(1) 核查承包单位的质量管理体系。

1) 核查承包单位的机构设置、人员配备、职责与分工的落实情况，督促各级专职质量检查人员的配备。

2) 检查承包单位质量管理制度是否健全，查验各级管理人员及专业操作人员的持证情况。

(2) 核查分包单位和试验室的资质。

1) 承包单位填写分包单位资质报审表，报项目监理部审查及审查验试验室资质。

2) 核查分包单位的营业执照、企业资质等级证书、专业许可证、岗位证书等，经审查合格，签批分包单位资质报审表。

3) 核查分包单位的业绩。

(3) 查验承包单位的测量放线。

1) 承包单位应将红线桩校核成果、水准点的引测结果填写施工测量放线报验表，并附工程定位测量记录报告给项目监理部。

2) 承包单位在施工场地设置平面坐标控制网（或控制导线）、高程控制网后，应填写施工测量放线报验表报项目监理部，由监理工程师签认。

3) 对施工轴线控制桩的位置，各楼层墙柱轴线、边线、门窗洞口位置线、水平控制线、轴线竖向投测控制线等放线结果应填写施工测量放线报验表，并附楼层放线记录报项目监理部确认。

4) 沉降观测记录也应采用施工测量放线报验表报验。

(4) 签认材料的报验。

1) 要求承包单位应按有关规定对主要材料进行复试，并将复试结果及材料备案资料、出厂质量证明等随工程物资进场报验表报项目监理部签认。

2) 对新材料、新设备要检查鉴定证明和确认文件，及对进场材料按规定进行见证取样试验。

3) 审查混凝土、砌筑砂浆配合比申请，混凝土浇灌申请，对现场搅拌设备及现场管理进行检查，对预拌混凝土单位资质和生产能力进行考察。

4) 必要时进行检验或会同建设单位到材料厂家进行实地考察。

(5) 签认构配件、设备报验。

1) 审查构配件和设备厂家的资质证明及产品合格证明、进口材料和设备商检证明。

2) 参与加工订货厂家的考察、评审，根据合同的约定参与订货合同的拟定和签约工作。

3) 要求承包单位对拟采用的构配件和设备进行检验、测试，合格后，填写工程物资进场报验表报项目监理部。

4）监理工程师进行现场检验，签认审查结论。

（6）检查进场的主要施工设备。

1）要求承包单位在主要施工设备进场并调试合格后，填写××月工、料、机动态表报项目经理部。

2）应审查施工现场主要设备的规格和型号是否符合施工组织设计的要求。

3）要求承包单位对需要定期检定的设备有检定证明。

二、工程施工进度控制

1．进度控制的原则

（1）工程进度控制的依据是建设工程施工合同所约定的工期目标。

（2）在确保工程质量和施工安全的原则下，控制进度。

（3）应采用动态控制的方法，对工程进度进行主动控制。进度控制的程序图，如图18-6所示。

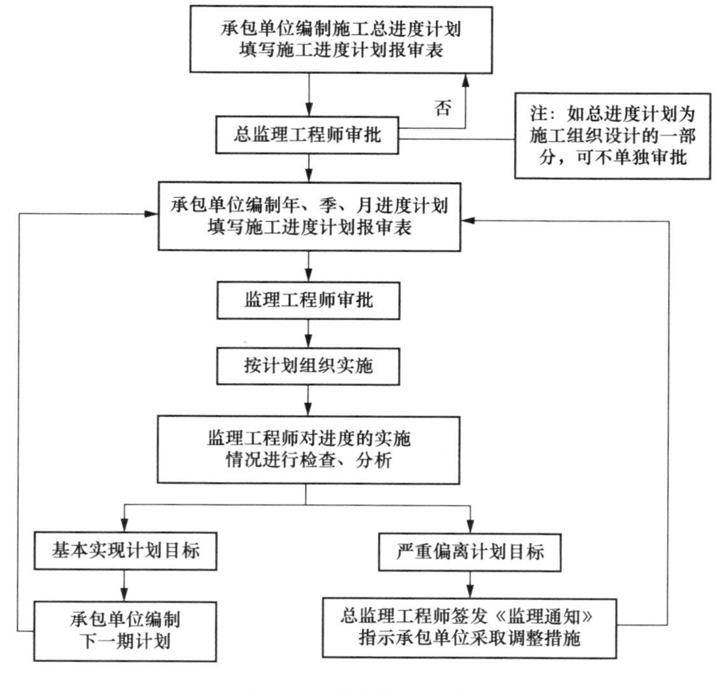

图18-6 进度控制程序图

2．进度控制的内容

（1）进度事前控制的内容。

1）审核承包商进度计划，要求承包商根据工程施工合同约定的工期目标及施工总进度计划、季（月）度进度计划和周（旬）实施进度计划，按时填报施工进度计划报审表报项目监理部审批。

2）监理工程师必须在工程动工前熟悉设计图纸，清楚本工程的工程特点、结构类型、难易程度，了解工程强度，掌握较确切的工程实物量，周密分析施工步骤和方法，协助建设单位编制工程总体控制进度计划。

3）监理工程师应结合本工程的工程条件实施工程的事前控制：

① 工程规模、质量目标。

② 工艺的繁简程度、现场条件、施工设备配置情况。

③ 技术和质量管理体系及作业层的素质水平，全面分析其承包商编制的施工进度计划的合理性和可行性并重点审查以下内容。

a. 进度安排是否符合工程项目施工总进度计划的要求，是否符合施工承包合同开竣工日期的规定；施工顺序的安排是否符合合理工序的要求。

b. 建设单位提供的条件（如场地、图纸、临时水电等）及由其供应或加工订货的原材料和配件是否到位，总包工程及各分包工程分别编制的分部分项工程进度计划之间是否相协调，专业分包工程和计划衔接是否满足合理工艺搭接的要求。

④ 监理工程师审查中如发现施工进度计划存在问题，应及时向承包商提出书面修改意见或发监理通知令其修改，其中的重大问题应及时向建设单位汇报。

（2）进度施工过程中控制的内容。

1）对进度计划进行监督。在进度计划的实施过程中，监理工程师应根据各专业的特点进行监控，及时对实施情况进行记录，侧重监控的内容包括：

① 气候变化因素。

② 作业人员配备情况（出勤人数），施工机具设备进出场和运行情况。

③ 原材料、工器具配套供应情况。

④ 建设单位指令和设计图纸修改及供应情况。

⑤ 周边环境对工程进度影响情况。

2）组织协调。协调参加工程项目建设各方之间的关系是监理单位的重要工作，监理单位应将自己置于协调工作的中心位置而发挥积极作用。整个工程项目的建设过程，都应处于总监理工程师的协调之下。

项目监理机构内部的协调工作，以总监理工程师为核心，协调项目监理机构各专业、各层次之间的关系。

① 定期召开项目监理机构内部协调会，全体监理人员参加，交流信息，安排布置工作。

② 在监理例会之前召开协调会，统一步调，交流情况，决定监理例会的主要内容及会议召开程序。

③ 加强与建设单位及其驻施工现场代表的联系，听取对监理工作的意见。

④ 在召开监理例会或专题会议之前，先与建设单位驻施工现场代表进行研究与协调，必要时与建设单位领导及其驻施工现场代表开碰头会，沟通各方面情况，并进行部署。

⑤ 邀请建设单位驻施工现场代表及专业技术人员参加工程质量、安全、消防、文明施工及环保、卫生的现场会或检查会，使建设单位人员获得第一手资料。

⑥ 当建设单位不能听取正确的意见或坚持不正当的行为时，应采取说服、劝阻的态度；必要时可发出备忘录，以记录在案并明确责任。

（3）施工进度后期控制的内容。

1）签发工程进度款支付凭证。监理工程师对总承包商申报的已完分项工程量进行核实，在质量检查合格的基础上签发工程量计量意见和进度款支付凭证。

2）向建设单位提供进度报告。监理工程师应随时建立进度档案资料，并做好工程记录，定期在监理月报中加以反映，必要时还应专题向建设单位不定期地报告进度情况，确保建设单位充分地了解工程实际动态，以求得建设单位的大力支持。

3）工程延误的处理。当工程实施过程中发生工期延误时，监理工程师有权要求承包商采取有效措施加快施工进度。如果拖后于计划进度且将立接影响工程按期竣工时，监理工程师应及时让承包商修改进度计划，并报监理工程师重新确认。

监理工程师对进度计划的重新确认并不是对工程延期的批准，而只是此时监理工程师要求承包商在合理的状态下施工。因此，监理工程师对进度计划的确认并不能解除总承包应负的一切责任，承包商需要承担赶工的全部额外开支和误期损失。

三、工程施工造价控制

1. 工程造价的控制

采用工程技术比较的方法，使工程在建设上符合建设单位的要求，其主要分为：

（1）在招标阶段控制合理的合同造价。

（2）在施工阶段，建立健全的监控组织，明确投资控制方面的责任和分工。

（3）认真审核已完成的实物工程的计量和支付凭证的签认。

（4）对材料设备的采购进行价格比较，审核施工方案和措施的合理性，在保证质量的前提下，实行设计变更签证的审批制度。

（5）按照合同支付的工程款，全面执行合同，避免造成索赔条件。

2. 设计阶段对造价控制的影响

在项目设计阶段，项目决策对工程造价的影响非常大。建设单位向设计单位提供设计委托书时所进行的各种资料的详细分析，可以帮助设计方通过工程计量法以最小的投资来满足项目所能达到的设计要求。

3. 工程造价控制的原则

（1）坚持对报验资料不全、与合同文件的约定不符、未经质量签认合格或有违约的不予审核和计量。

（2）严格执行双方签订的工程施工合同中所确定的合同价、单价和约定的工程款支付方法。

（3）对工程量及工程款的审核应在建设工程施工合同所约定的时限内完成。

（4）工程量与工作量的计算应符合有关的计算规则，处理由于设计变更、合同变更和违约索赔引起的费用增减应坚持合理、公正。

（5）对有争议的工程量计量和工程款，采取协商的方法确定，在协商无效时，由总监理工程师与建设单位方协商作出决定。

4. 工程造价控制的内容

（1）总监理工程师审核造价的工程概算、概算分解、资金使用、控制计划，做好专业分包合同的造价控制。

（2）严格审查投标文件报价，对变更、洽商的造价予以审核。

（3）合同文件的审核。

（4）有关程序按照监理规程和企业质量管理制度执行。

（5）针对工程设计所列设备清单情况，对重点设备物资提出甲控方案及招标进度计划。

（6）以满足工程建设总进度目标为原则，制定相应的造价分项限额控制体系及资金分期使用计划。

（7）明确在工程中限制或防止发生重大设计变更的重点监控范围，提出控制工程造价的重要的合同限制性条件。

（8）以项目总监为主导，各专业监理工程师参与，投资合同主管人员具体执行的项目授资控制管理体系。

（9）本着对建设单位负责出发，对项目投资造价构成元素进行分类解析，每月向建设单位提交一次投资分析汇总，使工程的造价目标在建设单位面前逐步清晰起来，为建设单位资金调配计划的制订提供充分的依据。

（10）工程结算。

5. 工程造价控制的要点

（1）工程资金使用计划的编制及限额设计。

（2）科学、合理的工程概算及概算分解、概算调整。

（3）控制招标过程的合同价格以及审核合同条款的严密性。

（4）工程量计量保证按时计量、合格地计量。

（5）控制变更、洽商的费用。

6. 工程造价控制的措施与方法

（1）监理工程师在施工阶段全面实施监控的过程中，对于工程造价控制应从组织、经济、技术、合同等多方面采取措施，严格控制工程造价在合理范围之内。

（2）项目投资成本控制的组织措施。

配备专业的建设监理组织、专业配套的造价工程师，并做到分工明确。

（3）工程项目投资成本控制的经济措施。

（4）工程项目投资成本控制的技术措施。

（5）竣工结算。

7. 投资成本控制的途径

（1）组织专业人员对材料设备选型方案的沦证、市场询价。

（2）建设周期分析。

（3）各相关政府报批时限的把握及需设计配合提供报批文件的时间。

（4）各建设招标阶段所需的设计出图时间。

（5）设计文件的正确性、全面性、图纸深度、功能设施完备程度。

（6）对施工者应具备的深化设计能力要求。

8. 投资控制的方法

（1）反馈机制的建立与实施。信息的收集、分析、反馈机制应贯穿始终。针对项目运作和变化因素多、工程材料设备论证多，涉及新技术、新工艺、新材料、新设备的考察多。

（2）共享平台的建立。

1）对参与投资控制行为的专业工程师的业绩考核和能力评估，应基于其对所在项目中的岗位职责胜任情况、其执业资格情况，以及所用工作软件的权威性、公平性。

2）由建设单位、监理、估算师三方构成的工程造价评估体系，应分别对项目所涉及的同类工程分项子目的投资经验进行统计并提出经济指标测算数据，并最终由造价工程师结合监理提供的技术经济参数确定合理的造价测算意见。

（3）设计审核体系的建立。

（4）建立造价控制工作计划、编制造价控制目标文件的要求：

1）审核初步设计概算。

2）设定甲控设备采购项目。

3）对指定设备暂定价格。

4）指定分包商暂定金额的询价、限价，制定限额发包控制框架。

5）总包招标文件中有关分包配合费原则的设定。

6）进口设备优惠取费条件的设定。

7）总建设进度及各分项发包工程进场。

8）用款计划的编制。

（5）建立资金使用管理台账。

9. 工程量清单管理

（1）工程量清单数量核算。

1）核算图纸数量表中的数量，确定实际图纸数量。

2）根据实际图纸数量和清单说明，核算中标工程量清单数量，确定工程量清单数量控制值。

（2）单价划分。

（3）工程量清单调整与确认。

（4）工程量清单分解。

项目监理部应督促承包单位对调整后的工程量清单按分项工程工程量清单进行严格审批，并报建设单位备案。

（5）工程量清单变化。

1）清单增补或补充协议。

2）工程变更。

10. 中间计量的管理

（1）中间计量的依据。

1）建设单位和承包单位签订的施工承包合同文件，主要是合同条件、合同工程量清单及其说明、合同工程施工设计图纸。

2）建设单位和总监理工程师书面发布的有关文件。如工程变更通知和工程变更令。

3）质量验收和质量评定结果及其质量保证资料。

4）项目监理部提供的造价索赔评估报告。

（2）中间计量的方法。

（3）中间计量的原则。

1）按实计量原则。工程量清单中所列工程数量为施工图提供的暂估数量，不作为承包单位履行合同时应予完成的实际和准确工程量。计量工程量应是按合同工程施工设计图纸和实际要求完成的，经监理工程师按照规定的要求（办法）计算和现场测量的工程量。

2）按合同计量原则。

① 准确计量原则。计量工作要做到不超计、不漏计、不重计。

② 三方联测会签原则。对于数量比较大的现场确诊，应由建设单位、监理和承包单位三方联测，共同确定。

（4）中间计量的程序。

1）计量支付许可证。

① 计量支付体系建立完毕，并经监理工程师批准。

② 工程量清单核算完成，并经监理部批准。

③ 工程细目清单编制和标价划分完成，并经项目监理部批准。

④ 工程量清单分解完成，分项工程完工，结算清单编制完毕，并经项目监理部批准。

⑤ 承包单位的测量复核结果经项目监理部批准。

⑥ 承包单位已提交总体工程计量支付申请。

2）周计量。

① 承包单位应以周为单位对符合合同文件要求的所完工程项目进行计量，填报周中间计量单。

② 专业监理工程师对其进行审查，项目监理部合约工程师对其进行审定。

3）月汇总。

4）分项完工计量。承包单位应当月对质量评定达到规定等级的所完分项工程进行完工计量，同时附详细的证明资料，专业监理工程师以分项工程支付清单为基础，以质量达标、数量准确、资料齐全为原则对其进行审查。

项目监理部合约工程师及总监理工程师对其进行审核，建设单位对其进行审定。

11. 中期支付的管理

（1）中期支付依据。合同条款、工程量清单及其说明、合同工程施工设计图纸。

（2）清单控制数量和分项工程完工计量清单。

（3）经总监理工程师和建设单位批准的计量汇总表。

（4）支付条件的要求：

1）承包单位已获得计量支付许可证。

2）承包单位已完成了合同文件规定的工程项目及所完工程项目质量合格。

3）承包单位提交有准确可靠的支付依据和凭证。

4）工程数量计量准确。

5）相关监理工程师指令得到执行且结果令监理工程师满意。

6）中间支付方法。

① 工程预付款。按照合同条款规定的方法分次支付或回扣。

② 以物理单位计量的项目。将由建设单位和监理工程师批准的月计量汇总

表中的工程数量与工程量清单中相应的单价相乘，得出的金额作为该清单。

③ 以自然单位计量的项目。按照总监理工程师批准的单价和工程数量办理支付。

④ 工程变更项目。依据工程变更令中总监理工程师和建设单位批准的单价和工程数量办理支付。

⑤ 索赔项目。依据总监理工程师经与建设单位协商后签发的索赔审批表办理支付。

⑥ 保留金。在办理支付的同时，用确认支付额乘以合同规定的保留金比例得到应扣保留金款额。

（5）中期支付的程序。

1）承包单位提出申请。在施工合同规定的期限内，承包单位应通过项目监理部向建设单位提出工程款支付申请，说明当月应支付工程款及扣还的费用。

承包单位申请工程款支付包括：①财务支付月报；②月计量汇总表；③清单支付月报；④变更支付月报。

2）项目监理部审核汇总。项目监理部对承包单位提交的支付月报应进行认真审查和核实，并在合同规定的时间内编制中期支付证书和工程支付汇总表提交建设单位审批。

3）建设单位应在合同规定的时间内予以审批。经批准的支付证书作为本月工程款拨付的依据，建设单位在合同规定时间内向承包单位拨付工程款。

① 按合同索赔审核制度开展工作。

② 有项目总监核签索赔意见，并书面通知当事双方。

（6）审核施工单位提交的追加工程量、工程量结算书。

第四节　监理合同文件管理

一、合同管理的原则

合同管理在工程实施的全过程中，无论是建设单位、总承包商、设计还是监理单位，都必须遵守全面履行的原则和实际履行的原则，切实维护合同的严肃性、权威性，各方面都应做到“重合同、守信誉”，使得工程实施始终处于良好的合同约束下的管理状态之中。

监理工程师还应采取预控在先、深入调查的方法，经常跟踪合同执行情况，发现施工中有违反合同的问题，及时通过不同方式（如会议、发通知、函件）督促和纠正承包商。违反合同约定的行为要提前向建设单位和承包商发出预示，防止各方有偏离合同的行为发生。所以合同的订立必须依据《合同法》等法律法规。

1. 合同订立

当事人订立合同，应当具有相应的民事权利能力和民事行为能力，依法可以委托代理人订立合同。

(1) 合同形式。当事人订立合同时，有书面形式、口头形式及其他形式。法律法规规定采用书面形式的，或当事人约定采用书面形式的，应当采用书面形式。书面形式是指合同书、信件和数据电文（包括电报、电传、传真、电子数据交换和电子邮件）等可以有形地表现所载内容的形式。建设工程合同、建设工程监理合同、项目管理服务合同应当采用书面形式。

(2) 合同内容。合同内容由当事人约定，其包括：

1) 当事人的名称或姓名和住所。

2) 价款或者报酬。

3) 履行期限、地点和方式。

4) 违约责任。

5) 解决争议的方法。当事人可以参照各类合同的示范文本订立合同。

(3) 合同订立程序。当事人订立合同，需要经过要约和承诺两个阶段。

1) 要约。要约是希望与他人订立合同的意思表示。要约应符合：具体内容确定；表明接受要约人承诺，要约人即受该意思表示约束。也就是说，要约必须是特定人的意思表示，必须是以缔结合同为目的，必须具备合同的主要条款。

2) 要约生效。要约到达受要约人时生效。采用数据电文形式订立合同，收件人指定特定系统接收数据电文的，该数据电文进入该特定系统的时间，视为到达时间；未指定特定系统的，该数据电文进入收件人的任何系统的首次时间，视为到达时间。

3) 要约撤回与撤销。要约可以撤回，但有下列情形之一的，要约不得撤销：

① 要约人确定了承诺期限或者以其他形式明示要约不可撤销；

② 受要约人有理由认为要约是不可撤销的，并已经为履行合同做了准备工作。

4) 要约失效。邀约失效包括：拒绝要约的通知到达要约人；要约人依法撤销要约；承诺期限届满，受要约人未作出承诺。受要约人对要约的内容作出实质性变更。

5) 承诺。承诺是受要约人同意要约的意思表示。除根据交易习惯或者要约表明可以通过行为作出承诺的之外，承诺应当以通知的方式作出。

6) 承诺期限。承诺应当在要约确定的期限内到达要约人。

7) 承诺生效。包括：承诺通知到达要约人时生效。承诺不需要通知的，根据交易习惯或者要约的要求作出承诺的行为时生效。采用数据电文形式订立合同的，承诺到达的时间适用于要约到达受要约人时间的规定。

受要约人在承诺期限内发出承诺，按照通常情形能够及时到达要约人，但因其他原因承诺到达要约人时超过承诺期限的，除要约人及时通知受要约人因承诺超过期限不接受该承诺的以外，该承诺有效。

8）承诺撤回。承诺可以撤回。

9）逾期承诺。受要约人超过承诺期限发出承诺的，除要约人及时通知受要约人该承诺有效的以外，为新邀约。

10）要约内容变更。承诺的内容应当与要约的内容一致。

11）合同成立。合同成立的时间、地点等，应该由双方当事人自行商定。

12）格式条款。格式条款是当事人为了重复使用而预先拟定，并在订立合同时与对方协商的条款。

13）缔约过失责任。

（4）合同效力。

1）合同生效。

2）效力合同待定。

3）无效合同。有下列情况之一的，属于无效合同。

① 一方以欺诈、胁迫的手段订立合同，损害国家利益。

② 恶意串通，损害国家、集体或第三人利益。

③ 损害社会公共利益。

④ 违反法律、行政法规的强制性规定。

⑤ 造成对方人身伤害或故意造成对方财产损失的。

4）可变更或可撤销合同。

（5）合同履行。当事人应当按照约定全面履行自己的义务。当事人应当遵循诚实信用原则，根据合同的性质、目的和交易习惯履行通知、协助、保密等义务。

（6）合同变更和转让。

1）合同变更。当事人协商一致，可以变更合同。

2）合同转让。合同转让是合同变更的一种特殊形式，合同转让不是变更合同中规定的权利和义务内容，而是变更合同主体。

3）债权转让。债权人在规定的条件下可以将合同的权利全部或者部分或者部分转让给第三人。

4）债务转让。

5）债券债务一并转让。当事人一方经过对方同意，可以将自己在合同中的权利和义务一并转让给第三人。

（7）合同终止。合同权利义务的终止，不影响合同中结算和清理条款的效力以及通知、协助、保密等义务的履行。

（8）合同解除。当事人协商一致，可以解除合同。当事人可以约定一方解除合同的条件，解除合同的条件成立时，解除权人可以解除合同。

（9）违约责任。

1）继续履行。当事人一方未支付价款或报酬的，对方可以要求其支付价款或者报酬。

2）采取补救措施。质量不符合约定的，应当按照当事人的约定承担违约责任。

3）补偿措施。当事人一方不履行合同义务或者履行合同义务不符合约定的，在履行义务或者采取补救措施后，对方还有其他损失的，应当赔偿损失。损失赔偿额应当相当于因违约所造成的损失，包括合同履行后可以获得的利益，但不得超过违反合同一方订立合同时预见到或者应当预见到的因违反合同可能造成的损失。

当事人一方违约后，对方应当采取适当措施防止损失的扩大；没有采取适当措施致使损失扩大的，不得就扩大的损失要求赔偿。当事人因防止损失扩大而支出的合理费用，由违约方承担。

4）支付违约金。当事人可以约定一方违约时应当根据违约情况向对方支付一定数额的违约金，也可以约定因违约产生的损失赔偿额的计算方法。约定的违约金低于造成的损失的，当事人可以请求人民法院或者仲裁机构予以增加；约定的违约金过分高于造成的损失的，当事人可以请求人民法院或者仲裁机构予以适当减少。当事人就迟延履行约定违约金的，违约方支付违约金后，还应当履行债务。

5）定金。当事人可以依照《担保法》约定一方向对方给付定金作为债权的担保。债务人履行债务后，定金应当抵作价款或者收回，给付定金的一方不强行约定的债务的，无权要求返还定金；收受定金的一方不履行约定的债务的，应当双倍返还定金。

当事人既约定违约金，又约定定金的，一方违约时，对方可以选择使用违约金或者定金条款。

（10）合同争议解决。当事人可以通过和解或者调解解决合同争议。当事人不愿和解、调解或者和解、调解不成的，可以根据仲裁协议向仲裁机构申请仲裁。涉外合同的当事人可以根据仲裁协议向中国仲裁机构或者其他仲裁机构申请仲裁。当事人没有订立仲裁协议或者仲裁协议无效的，可以向人民法院起诉。当事人应当履行发生法律效力的判决、仲裁裁决、调解书；拒不履行的，对方可以请求人民法院执行。

2. 建设工程合同的有关规定

(1) 建设工程承发包。发包人可以与总承包人订立建设工程合同，也可以分别与勘察人、设计人、施工人订立勘察、设计、施工承包合同。发包人不得将应当由一个承包人完成的建设工程肢解成若干部分发包给几个承包人。

总承包人或者勘察、设计、施工承包人经发包人同意，可以将自己承包的部分工作交由第三人完成。第三人就其完成的工作成果与总承包人或者勘察、设计、施工承包人向发包人承担连带责任。承包人不得将其承包的全部建设工程转包给第三人或者将其承包的全部建设工程肢解以后以分包的名义分别转包给第三人。

禁止承包人将工程分包给不具备相应资质条件的单位。禁止分包单位将其承包的工程再分包。建设工程主体结构的施工必须由承包人自行完成。

(2) 建设工程合同的主要内容。勘察、设计合同的主要内容包括提交有关基础资料和文件的期限、质量要求、费用，以及其他协作条件等条款。

(3) 建设工程合同履行的义务。

1) 发包人的权利和义务。

2) 承包人的权利和义务。

3. 委托合同的有关规定

(1) 委托人的主要权利和义务。

1) 委托人应当预付处理委托事务的费用。受托人为处理委托事务垫付的必要费用，委托人应当偿还该费用及其利息。

2) 有偿的委托合同，因受托人的过错给委托人造成损失的，委托人可以要求赔偿损失。无偿的委托合同，因受托人的故意或者重大过失给委托人造成损失的，委托人可以要求赔偿损失。受托人超越权限给委托人造成损失的，应当赔偿损失。

3) 受托人完成委托事务的，委托人应当向其支付报酬。因不可归责于受托人的事由，委托合同解除或者委托事务不能完成的，委托人应当向受托人支付相应的报酬。当事人另有约定，按照其约定。

(2) 受托人的主要权利和义务。

1) 受托人应当按照委托人的指示处理委托事务。需要变更委托人指示的，应当经委托人同意；因情况紧急，难以和委托人取得联系的，受托人应当妥善处理委托事务，但事后应当将该情况及时报告委托人。

2) 受托人应当亲自处理委托事务。经委托人同意，受托人可以转委托。转委托经同意的，委托人可以就委托事务直接指示转委托的第三人，受托人仅就第三人的选任及其对第三人的指示承担责任。转委托未经同意的，受托人应当对转委托的第三人的行为承担责任，但在紧急情况下受托人为维护委托人的利益需要转委托的除外。

3）受托人应当按照委托人的要求，报告委托事务的处理情况。委托合同终止时，受托人应当报告委托事务的结果。

4）受托人处理委托事务时，因不可归责于自己的事由受到损失的，可以向委托人要求赔偿损失。

5）委托人经受托人同意，可以在受托人之外委托第三人处理委托事务。因此给受托人造成损失的，受托人可以向委托人要求赔偿损失。

6）两个以上的受托人共同处理委托事务的，对委托人承担连带责任。

二、监理合同的订立依据

1. 监理人的义务

（1）收到工程设计文件后编制监理规划，并在第一次工地会议7d前报委托人。根据有规定和监理工作需要，编制监理实施细则。

（2）熟悉工程设计文件，并参加由委托人主持的图纸会审和设计交底会议。

（3）参加由委托人主持的第一次工地会议；主持监理例会并根据工程需要主持或参加专题会议。

（4）审查施工承包人提交的施工组织设计，重点审查其中的质量安全技术措施、专项施工方案与工程建设强制性标准的符合性。

（5）检查施工承包人工程质量、安全生产管理制度及组织机构和人员资格。

（6）检查施工承包人专职安全生产管理人员的配备情况。

（7）审查施工承包人提交的施工进度计划，核查承包人对施工进度计划的调整。

（8）检查施工承包人的试验室。

（9）审核施工分包人资质条件。

（10）查验施工承包人的施工测量放线成果。

（11）审查工程开工条件，对条件具备的签发开工令。

（12）审查施工承包人报送的工程材料、构配件、设备质量证明文件的有效性和符合性，并按规定对用于工程的材料采取平行检验或见证取样方式进行抽检。

（13）审核施工承包人提交的工程款支付申请，签发或出具工程款支付证书，并报委托人审核、批准。

（14）在巡视、旁站和检验过程中，发现工程质量、施工安全存在事故隐患的，要求施工承包人整改并报委托人。

（15）经委托人同意，签发工程暂停令和复工令。

（16）审查施工承包人提交的采用新材料、新工艺、新技术、新设备的论证材料及相关验收标准。

(17) 验收隐蔽工程、分部分项工程。

(18) 审查施工承包人提交的工程变更申请，协调处理施工进度调整、费用索赔、合同争议等事项。

(19) 审查施工承包人提交的竣工验收申请，编写工程质量评估报告。

(20) 参加工程竣工验收，签署竣工验收意见。

(21) 审查施工承包人提交的竣工结算申请并报委托人。

(22) 编制、整理工程监理归档文件并报委托人。

2. 委托人的义务

(1) 告知。委托人应在委托人与承包人签订的合同中明确监理人、总监理工程师和授予项目监理机构的权限。如有变更，应及时通知承包人。

(2) 提供资料。

(3) 委托人代表。

(4) 委托人意见或要求。

(5) 答复。

(6) 支付。

3. 监理及相关服务的依据

(1) 适用的法律、行政法规及部门规章。

(2) 与工程有关的标准。

(3) 工程设计及有关文件。

(4) 委托监理合同及委托人与第三方签订的与实施工程有关的其他合同。双方根据工程的行业和地域特点，在专用条件中具体约定监理依据。

4. 项目监理人员

监理人应组建满足工作需要的项目监理机构，配备必要的检测设备。项目监理机构的主要人员应具有相应的资格条件。

合同履行过程中，总监理工程师及重要岗位监理人员应保持相对稳定，以保证监理工作正常进行。

监理人可根据工程进展和工作需要调整项目监理机构人员。监理人更换总监理工程师时，应提前7d向委托人书面报告，经委托人同意后方可更换；监理人更换项目监理机构其他监理人员，应以相当资格与能力的人员替换，并通知委托人。监理人应及时更换有下列情形之一的监理人员：

(1) 有严重过失行为的。

(2) 有违法行为不能履行职责的。

(3) 涉嫌犯罪的。

(4) 不能胜任岗位职责的。

(5) 严重违反职业道德的。

（6）专用条件约定的其他情形。

监理人应遵循职业道德准则和行为规范，严格按照法律法规、工程建设有关标准及合同履行职责。在监理与相关服务范围内，对委托人和承包人提出的意见和要求，监理人应及时处罚。

三、合同管理的内容

1. 确定合同模式

在合同关系上，建设单位应该请估算师、咨询公司进行研讨确定合同模式。为了便于管理，建设单位要与一家公司签订总承包合同，建设单位确定的指定分包商仍与总承包商签订分包合同，明确总承包商在工程实施过程的总承包地位，以及对各分包的协调、照管责任。为了便于总承包管理，建设单位及项目公司、设计、监理仅与总承包商发生工作关系，同时，为了监督总承包商的行为，在合同中应明确，如果分包商不能从总承包商处取得应得工程款，建设单位有权直接支付。

（1）总承包合同应采用工程量清单包干合同，分包合同可采用图纸包干合同及确定各合同标段的招投标计划。

（2）按招标计划组织招标工作。对于招标文件，重点是招标范围、内容、技术规范、开办项目、工程量清单、合同条款，尤其是专用条件。评标应确定评标人员、评标办法。

答疑过程中应将招标文件未明确的内容，以及在工程实施过程中可能出现的问题，要求承包商、供应商予以澄清，并列入合同的范围。合同谈判重点是工期和投资方面的控制。

（3）合同执行过程中的预控及监督。合同管理人员应结合工程项目的进展，对合同内容进行研究，对潜在风险尽早提出意见，以避免给项目带来不利的影响。项目管理人员和监理人均应充分学习合同条例等相关规定，对合同执行过程中当事人的行为予以监督，并对可能出现的问题尽早提示，尽量减少索赔事项和合同纠纷的发生。其中包括：工程暂停及复工的管理；工程延期的管理；工程费用索赔的管理；合同争议的调解和违约处理。

2. 监理工程师对延期事件的受理条件

（1）工程项目变化或设计变更。

（2）非承包商的责任使工程不能按合同约定的动工日期动工。

（3）由于建设单位违约，承包商主动提出并经批准的暂停施工或建设单位要求的暂停施工。

（4）意外情况导致的暂时停工。如不可抗力事件的发生。此类事件发生后，建设单位和总承包商应分别在合同约定的时间内提出和确认。

（5）因建设单位加工订货不能按计划供应到场或因质量不符合标准而退场

造成的缺少材料而停工，或非承包商原因停水、停电等一系列问题造成的一周内停工累计超过一定时间。

（6）工程延期事件发生和终止后，承包商已在合同约定的期限内提交了延期意向报告、详细资料和证明材料，以及工程延期申请表。

3. 合同的管理方法及措施

（1）成立合同管理小组，有总监理工程师、项目经理，人员包括概预算人员、招投标人员、合同管理人员。

（2）对合同文件及招标文件实施评审制度。

（3）根据已签订的合同，对项目实施控制，如有工程延期、索赔及工程变更等问题应及时处理。

四、合同的违约处理

1. 监理人的违约责任

（1）监理人未履行合同义务的，应承担相应的责任。因监理人违反合同约定给委托人造成损失的，监理人应当赔偿委托人的损失。赔偿金额的确定方法在专用条件中约定。监理人承担部分赔偿责任的，其承担赔偿金额由双方协商确定。其违约处理的基本程序如图 18-7 所示。

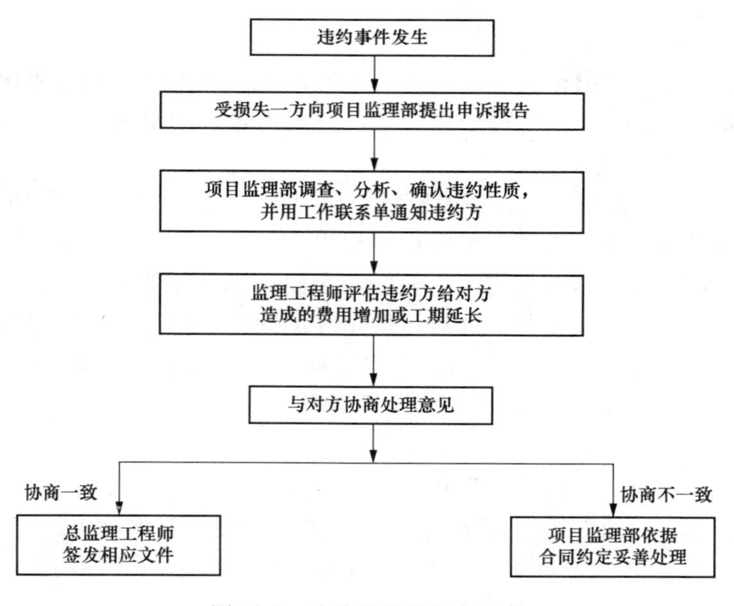

图 18-7　违约处理的基本程序

（2）监理人向委托人的索赔不成立时，监理人应赔偿委托人由此发生的费用。

监理人违约责任赔偿金额的计算方法：

赔偿金＝直接经济损失×正常工作酬金÷工程概算投资额（或建筑安装工程费）

2．委托人的违约责任

（1）委托人违反合同约定造成监理人损失的，委托人应予以赔偿。

（2）委托人向监理人的索赔不成立时，应赔偿监理人由此引起的费用。

（3）委托人未能按期支付酬金超过 28d，应按专用条件约定支付逾期付款利息。

委托人违约责任赔偿金额的计算方法：

逾期付款利息＝当期应付款总额×银行同期贷款利率×拖延支付天数

3．除外责任

因非监理人的原因，且监理人无过错，发生工程质量事故、安全事故、工期延误等造成的损失，监理人不承担赔偿责任。因不可抗力导致合同全部或部分不能履行时，双方各自承担其因此而造成的损失、损害。

4．索赔的控制与管理

索赔是工程承包施工合同履行中，当事人因对方不履行或不完全履行合同中既定的义务，或者是由于对方的行为造成当事人受到损失时，要求对方正常补偿损失的权利。费用索赔管理程序如图 18-8 所示。

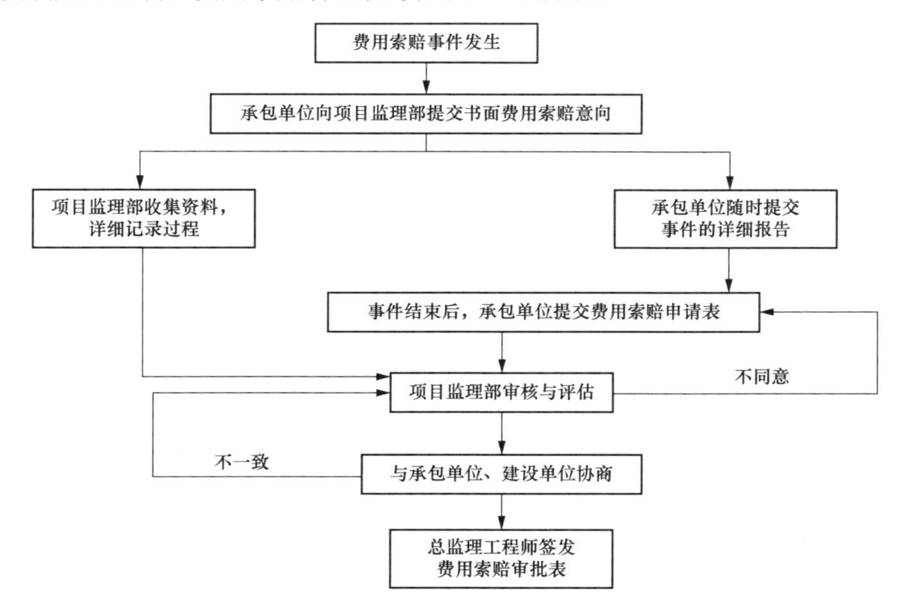

图 18-8　费用索赔管理程序

5．监理工程师处理索赔的原则

（1）处理双方所提出索赔与反索赔必须以合同中既定的义务与相关的政策、

法规为依据进行判断。

(2) 监理工程师必须收集一切可能涉及索赔论证的资料。取得签订合同双方的签字作为正式文档资料。

6. 对索赔事件的审查与评估

(1) 索赔过程必须符合程序和时限的要求。否则，可要求承包商进一步补充索赔理由和证据。索赔申请资料证据必须真实齐备、完整、有效。

(2) 申请索赔的依据理由必须正确、充分，计算原则、方法必须合理、合法。总监理工程师根据审评结果与建设单位、承包商协商、协调一致后予以确认，并签署费用索赔审批表。此时总承包商方可按正常的支付程序办理费用索赔的支付。

五、合同生效、变更与终止

1. 合同生效

建设工程监理合同属于无生效条件的委托合同，因此，合同双方当事人依法订立后合同即生效。

2. 合同变更

在合同履行期间，由于主观或客观条件的变化，当事人任何一方均可提出变更合同的要求，经过双方协商达成一致后可以变更合同。

(1) 建设工程监理合同履行期限延长、工作内容增加。除不可抗力外，因非监理人原因导致监理人履行合同期限延长、内容增加时，监理人应将此情况与可能产生的影响及时通知委托人。增加的监理工作时间、工作内容应视为附加工作。附加工作酬金的确定方法在专用条件中约定。

附加工作分为延长监理或相关服务时间、增加服务工作内容两类。延长监理或相关服务时间的附加工作酬金，应按下式计算：

附加工作酬金＝合同期限延长时间(d)×正常工作酬金/
协议书约定的监理与相关服务期限(d)

(2) 建设工程监理合同暂停履行、终止后的善后服务工作及恢复服务的准备工作。监理合同生效后，如果实际情况发生变化使得监理人不能完成全部或部分工作时，监理人应立即通知委托人。其善后工作及恢复服务的准备工作应为附加工作，附加工作酬金的确定方法在专用条件中约定。监理人用于恢复服务的准备时间不应超过28d。

(3) 相关法律法规、标准颁布或修订引起的变更。

(4) 工程投资额或建筑安装工程费增加引起的变更。

(5) 因工程规模、监理范围的变化导致监理人员的正常工作量的减少。

3. 监理合同的终止

(1) 监理人完成合同约定的全部工作。

(2) 委托人与监理人结清并支付全部酬金。

参 考 文 献

[1] 国务院. 中华人民共和国标准化法 [M]. 北京：中国民主法律出版社，2008.

[2] 国务院. 中华人民共和国建筑法 [M]. 北京：中国法制出版社，2010.

[3] 王祖华. 混凝土与砌体结构 [M]. 广州：华南理工出版社，1996.

[4] 滕智明. 钢筋混凝土基本构件 [M]. 北京：清华大学出版社，1992.

[5] 史耀武. 焊接技术手册 [M]. 北京：化学工业出版社，2009.

[6] 中华人民共和国住房和城乡建设部. 关于进一步强化住宅工程质量管理和责任的通知 [S]. 北京：住房和城乡建设部，2010.

[7] 中华人民共和国住房和城乡建设部. 建设工程施工合同（示范文本）[M]. 北京：中国法制出版社，2013.

[8] 中华人民共和国住房和城乡建设部. 建设工程监理合同（示范文本）[M]. 北京：中国建筑工业出版社，2013.

[9] 中华人民共和国住房和城乡建设部. JGJ 166—2008 建筑施工碗扣式钢管脚手架安全技术规范 [S]. 北京：中国建筑工业出版社，2010.

[10] 中华人民共和国住房和城乡建设部. 建筑施工手册 [M]. 5 版. 北京：中国建筑工业出版社，2012.

[11] 国务院. 建设工程安全生产管理条例 [M]. 北京：中国建筑工业出版社，2010.

[12] 国务院. 建设工程质量管理条例 [M]. 北京：中国建筑工业出版社，2000.

[13] 李伟. 防水工程 [M]. 北京：中国铁道出版社，2012.

[14] 张婧芳. 防水工程施工技术 [M]. 北京：中国铁道出版社，2012.

[15] 张蒙. 建筑防水工程 [M]. 北京：中国铁道出版社，2013.

[16] 梁立峰. 建筑工程安全生产管理及安全事故预防 [M]. 广东建材出版社，2011.

[17] 高显义. 工程合同管理 [M]. 上海：同济大学出版社，2005.

[18] 孙曾武，刘亚丽. 工程项目建设管理优化 [M]. 太原：山西经济出版社，2005.

[19] 丛培经. 工程项目管理 [M]. 北京：中国建筑工业出版社，2008.

[20] 俞宗卫. 监理工程师实用指南 [M]. 北京：中国建材工业出版社，2004.

[21] 潘全祥. 建筑装饰工程质量监督手册 [M]. 北京：中国建筑工业出版社，1998.

[22] 杨茂森，郭清燕，梁利生. 混凝土与砌体结构 [M]. 北京：北京理工大学出版社，2009.

[23] 徐占发，许大江. 砌体结构 [M]. 北京：中国建筑工业出版社，2010.